普通高等教育农业农村部"十四五"规划教材
科学出版社"十三五"普通高等教育本科规划教材

生物信息学

（第二版）

主　编　樊龙江

参　编　吴三玲　叶楚玉　褚琴洁　毛凌峰

　　　　邱　杰　贾　磊　徐海明　沈恩惠

　　　　吴东亚　陈洪瑜　仓晓慧　孙砚青

　　　　沈一飞

科 学 出 版 社

北 京

内 容 简 介

本书主要介绍生物信息学基本概念、主要算法和常用工具。全书共15章，涵盖生物分子数据产生、数据库、序列联配、基因组拼接及其基因预测、系统发生树构建、组学数据（转录、三维、单细胞等）分析、群体遗传分析等内容，同时包括生物信息学统计与算法基础和计算机基础。每章（绪论除外）前均设计了思维导图，帮助读者更好地理解各章知识点和逻辑关系；每章后均安排了一篇以相关领域代表人物为主线的"历史与人物"短文，有助于读者理解学科发展脉络。书后还提供了丰富的生物信息学资源（主流软件工具和数据库），作为学习本书的辅助资料。

本书可作为生物信息学等相关专业本科生和研究生的入门教材，也可供从事生物学、生物信息学及相关专业领域科研工作者阅读。

图书在版编目（CIP）数据

生物信息学 / 樊龙江主编. —2版. —北京：科学出版社，2021.5

科学出版社"十三五"普通高等教育本科规划教材

ISBN 978-7-03-068101-0

Ⅰ. ①生… Ⅱ. ①樊… Ⅲ. ①生物信息论－高等学校－教材

Ⅳ. ① Q811.4

中国版本图书馆CIP数据核字（2021）第030291号

责任编辑：张静秋 / 责任校对：严 娜
责任印制：吴兆东 / 封面设计：蓝正设计

科学出版社 出版

北京东黄城根北街 16 号
邮政编码：100717
http://www.sciencep.com

北京建宏印刷有限公司印刷

科学出版社发行 各地新华书店经销

*

2017 年 9 月第 一 版 开本：787×1092 1/16
2021 年 5 月第 二 版 印张：29
2025 年 1 月第七次印刷 字数：850 000

定价：88.00 元

（如有印装质量问题，我社负责调换）

《生物信息学》（即网络版备课笔记《生物信息学札记》第四版）自 2017 年出版以来，受到广大读者的喜爱，反响热烈，编者深感欣慰。华中科技大学一位同行告诉我，《生物信息学札记》当年对他影响很大，其中动态规划算法就是读了札记后才看懂的。本书被不少院校和研究机构作为教学用书，例如，中国科学院遗传与发育生物学研究所将本书列为研究生课程的主要参考书，华中农业大学信息学院将本书作为生物信息学专业本科生的主要教材，等等。这使我倍感压力，也给了我更大的动力来修订好这本教材。生物信息学是一个快速发展的学科，技术变革很快，加之上一版中存在一些疏漏和不足（感谢许多同行和读者给我的来信），深感有些内容已惨不忍睹，亟待更新。

第二版的修订工作自 2019 年 5 月启动。在此之前，我们刚刚完成了《植物基因组学》的编写。因此我们可以合理安排《生物信息学》（第二版）和《植物基因组学》的有关内容，使它们相辅相成，便于读者阅读和学习。在第二版中，我对有关算法原理的描述过程给了更多关注。入门教材不应写得太简略，否则卡在某处可能许多年都无法理解。经过近两年的努力，总算拿出了目前的版本。

第二版主要在以下 4 个方面进行了修改和完善：①调整了全书组织框架，全书现共 15 章、3 个附录。由于高通量测序数据已成为常态数据，是目前生物信息学分析的主体，已没有必要将高通量数据分析单独成篇进行介绍。同时，将第一版"生物信息学外延与交叉篇"中有关交叉学科整合到生物信息学学科中的部分纳入整个生物信息学框架内集中介绍更为合适；第一版"生物信息学资源与实践篇"各章内容（实验除外）在第二版中均列为附录内容。这样的调整使全书逻辑更加清楚，内容更加紧凑，便于阅读。②增设"生物信息学统计与算法基础"一章，强化了贝叶斯统计和机器学习在生物信息学中的应用相关内容。其中，相关统计和算法内容都结合具体生物信息学应用案例进行讲述；第一版中原有的统计和算法内容，部分整合到该章内。该章与"生物信息学计算机基础"一章构成了本书两大基础支撑。③为了紧跟生物信息学应用前沿领域，增设"新类型组学数据分析与利用"一章，专门介绍三维基因组、单细胞组学等新领域中的生物信息学分析方法前沿。④为了有利于学习学科发展历史和增强教材趣味性，第二版补充了生物信息学学科相关人物和重要历史事件介绍。每章最后都增加了一篇以代表性人物为主线的"历史与人物"趣味短文。历史有利于读者理解学科发展脉络，大师会为学生树立榜样，激励他们更好地学习相关知识。此外，为了配合生物信息学教学需求，编者在实验室主页（http://ibi.zju.edu.cn/bioinplant/）提供了本书所有彩图的下载链接，同时提供了编者的教学课件、教学大纲和思政教学切入点等材料，供"生物信息学"课程授课教师参考。

感谢有关专家（按姓氏笔画排序）：王向峰、王秀杰、王希胤、左光宏、吴为人、陈玲玲、周琦、罗静初、高歌、章元明、章张和葛颂。特别感谢罗静初先生通过视频方式给了许多具体指导。本书的完成，离不开编写团队的共同努力，他们虽然学科背景或研究领域不同，但都在生物信息学分析一线工作，具有丰富的研究经历和实践经验。感谢杜天宇、董晨风、姚洁、李田、刘芳杰、尹新新、丁昱雯、蒋博文、翁溪坊、谢玲娟、沈子杰、钱青宏等。本书的出版得到浙江大学本科生院和农业与生物技术学院的联合资助。

2018 年 3 月，郝柏林院士不幸离世。他为本书第一版撰写的序言就此成为绝唱。在他去世的第二天，我撰写了一篇追忆文章《郝柏林院士在浙大的那三年——我眼中的郝先生》。为了纪念郝先生——我国生物信息学学科开创者之一、我的生物信息学启蒙导师，特将此文作为本书后记，寄予哀思。

最后，囿于编者学识，本书一定存在不少疏漏和偏颇，望同行和读者批评指正（fanlj@zju.edu.cn）。

樊龙江

2021 年 2 月 6 日

于浙江大学紫金港校区启真湖畔

　　1959 年 9 月我国自行研制的 104 真空管电子计算机通过国家鉴定。它每秒钟可以执行 1 万条浮点运算指令。2016 年 6 月在世界超级计算机 500 强名单中，位居首位的我国无锡超算中心的神威太湖之光计算机，其峰值运算速度达到每秒 9 亿亿次（93 104.6T flops）。57 年间，计算机的运算速度提高了 9 万亿倍。信息技术的发展速度是所有其他科学技术领域不能比拟的，它注定要改变社会生产和生活的方方面面。生物学和医学的研究也不例外。

　　1953 年 DNA 双螺旋结构的发现，把生物学推进到分子水平。生命活动的核心过程由核酸和蛋白质两大类高分子，以及它们与其他分子的相互作用决定。DNA 和蛋白质符号序列的测定，特别是永无止境的基因组测序，导致生物大数据迅猛增长。生物信息学应运而生。

　　1999 年我提出建立国家级生物医学信息中心，虽然该中心的建立"中心"由于各种原因而长期搁浅，但我国生物信息学的研究和教学在广大同行推动下仍然不断进步。2001 年初，我和张淑誉在杭州参加华大基因的籼稻基因组测序任务，相当一部分测序工作在西湖边上曲院风荷附近的杭州华大基因完成。西湖"西进"之后，那里只剩下金庸茶馆的一座亭子。

　　那时华大基因杨焕明教授等学者与浙江大学相关院系商议，着手建立生物信息学的研究生点。我自始至终参与了筹划过程，并且承诺为 2001～2003 年的三届研究生讲授"生物信息学"大课。浙江大学请当时已经是副教授的农学院樊龙江博士做我的助教，这是一位极其称职的助教，他每课必在，认真地批改学生作业，同时还参加了水稻基因组的研究。

　　2004 年以后，朱军教授和樊龙江等继续进行生物信息学的讲授和研究。我高兴地看到，十几年来浙江大学的生物信息学无论在学生培养还是科学研究方面都取得了明显成绩。现在樊龙江聚团队之力，主编了《生物信息学》一书，更是值得祝贺的好事。不过我自己只有同一两位合作者共同写书的经历，对于现在比较时兴的团队著述没有经验，也不大放心。好在樊龙江告诉我，他在统一全书文字和体例方面，下了很大功夫。我想，读者们是会对此有所评价的。

郝柏林

2017 年 7 月 26 日

于复旦大学理论生命科学研究中心

第一版前言

自开始接触生物信息学以来，一晃已近二十年了。我是在攻读博士研究生期间开始注意并学习生物信息学的。我的博士研究生导师胡秉民是应用数学专业教授，主要从事生态系统模型模拟研究。虽然已具备一定的数量统计和数量遗传学基础，但当时对于生物信息学，我还是非常陌生的，通过自学才开始一点点了解这门新兴学科。2001~2003 年，中国科学院理论物理研究所郝柏林院士在浙江大学首次开设"生物信息学"研究生课程，我作为他的助教，系统地学习了生物信息学；同时，在他的带领下从事水稻基因组分析。自那时起，浙江大学生物信息学学科和相应研究机构也逐步建立起来，例如，2001 年浙江大学成立生物信息学研究所，朱军和杨焕明任所长；2003 年浙江大学建立 IBM 生物计算实验室等。2004 年郝院士离开杭州加入复旦大学，"生物信息学"研究生课程就由朱军教授和我承担下来。现在该课程作为浙江大学全校性研究生公共课程，已成为一门重点建设课程，每年选课人数都在 150 人左右。

20 世纪末，我国生物信息学还处于起步阶段，学习资料很少。学生时常索要学习材料，于是我整理了备课笔记，取名《生物信息学札记》，于 2001 年 6 月挂到实验室主页上供学生参考。随着生物信息学的发展，我分别于 2005 年 3 月和 2010 年 1 月更新札记两次。由于网络传播的作用，许多生物信息学初学者都读过该札记，在国内形成一定的影响。本书是在札记的框架基础上，补充大量新材料编写而成。

生物信息学学科内容涵盖广且发展很快。基于国内外生物信息学相关教材，以及自身对生物信息学的粗浅理解，我把生物信息学大致分为四部分（篇）内容：第一部分基础篇，为生物信息学的基础知识。这部分内容总体变化不大（与 10~15 年前相比），它是生物信息学的核心知识、生物信息学教学最重要的部分，是必讲内容。第二部分高通量测序数据分析篇，涵盖了最近十年才出现的生物信息学新内容。2005 年高通量测序技术突破后，针对该技术产生的序列数据，出现了大量生物信息学新算法和新工具。第三部分生物信息学外延与交叉篇，重点介绍与生物信息学密切相关的其他生物学学科。生物信息学引入了这些学科的部分核心技术（或反过来被引入），如数量遗传学、群体遗传学和新兴学科合成生物学等。第四部分为生物信息学资源与实践篇。生物信息学数据库和软件工具对生物学学科至关重要，所以这部分也是生物信息学的重要组成部分，同时，该篇中以实践为目的的生物信息学教学资源是课堂教学的一个很好补充。

我重点编写了本书第一部分基础篇，我的学生参与了撰写了有关章节，同时也邀请了相应领域研究者参与部分章节撰写，最后由我统稿。我们尽可能完整地列出参考书目、标注材料来源，但一定还会有所遗漏。本书由浙江大学本科专业核心课程教材建设专项经费资助出版。

每次拿起书稿总是能发现一些不准确的地方，但由于时间关系，只好交稿了。如果您发现书中问题，望赐教指正（fanlj@zju.edu.cn），以便我们再版时更正。

樊龙江

2017 年 8 月

本书使用说明

本书分为 15 章，涵盖生物信息数据产生、数据库、序列联配、基因组拼接及基因预测、系统发生树构建、转录组等组学数据分析（非编码 RNA、宏基因组、三维基因组、单细胞基因组等）、群体遗传分析等，同时涵盖生物信息学统计与算法基础和计算机基础。附录提供了生物信息学资源，主要包括生物信息学常用代码、主要数据库和软件工具等。本书的主要目标是帮助读者掌握生物信息学基本概念、主要方法和工具。本书可作为本科生和研究生的基础或入门教材，也可供生物学、生物信息学及相关专业科研工作者阅读。

本书各章之间的关系及建议阅读顺序如图 1 所示：①如果你是初学者（"青铜"），建议从第 1 章绪论开始阅读和学习，依次学习到第 6 章。②如果你已掌握了生物信息学最基础的知识（从"青铜"进阶为"白银"），那么再往下学习（第 7～10 章），你会掌握基因组水平相关生物信息学知识和技术，对生物学与生物信息学关系的认识会更加深刻（为了配合这些章节的学习，我们同时设计了生物信息学实践环节——实战分析实验，将作为本书配套的实验指南单独出版）。③当然，如果你已有了一定生物信息学基础，也可以直接跳过"青铜"学习阶段。再往下，就是当下火热的组学大数据及其分析了（第 11～13 章），有了前面的基础，你就可以在数据的海洋里畅游了。第 14 章和第 15 章是生物信息学的基础部分，特别是统计与算法（第 14 章），无处不在，如同天上飘动的雨云，雨滴会落到任何地方。贝叶斯统计和机器学习算法是处理生物大数据的有力武器，是生物信息学分析人才或工作者（权且称为"王者"）必须掌握的知识。当然，熟悉操作系统、会写代码也是"王者"的标配。

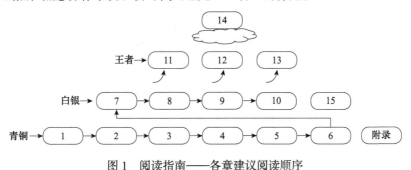

图 1　阅读指南——各章建议阅读顺序

本书如果作为本科生教学用书，建议在第 1～9 章范畴内进行讲授，并配合生物信息学实践环节；如果用于研究生教学，可根据情况增加第 10～13 章内容。生物信息学专业学生可以学习第 14 章和第 15 章内容。对于生物信息学领域从业者或科研工作者，也许本书后面一些章节内容对他们更加有用。

为了更好地理解本书各章知识顺序和逻辑关系，本书每章（绪论除外）前均设计了思维导图，即对于一些涉及共性和多个章节的内容，以缩略图方式呈现，便于读者阅读和理顺思路。希望本书能为初学者提供帮助，让他们站着走出"生物信息学迷宫"（图 2）！

图 2　初学者
ExPASy 为著名的在线蛋白质序列数据资源与分析平台

　　因为本书仅提供了静态的、结构化的知识和信息，限定在一定范畴内，不可能面面俱到，因此读者还可以在一些在线生物信息学技术论坛寻求帮助，如 SeqAnswer（http://seqanswers.com）和 Biostar（www.biostars.org）。同时，网络中有大量生物信息学资源可供参考或配套使用，例如，NCBI 的 Training & Tutorials（www.ncbi.nlm.nih.gov/guide/training-tutorials/）、欧洲生物信息学研究所的在线训练课程（www.ebi.ac.uk/training/）、全球生物信息学教育与培训协作网 GOBLET（www.mygoblet.org）、德国马普分子遗传学研究所的 Online Lectures on Bioinformatics（http://lectures.molgen.mpg.de/online_lectures.html）、北京大学生物信息学中心 Applied Bioinformatics Course（www.cbi.pku.edu.cn）等。

致 敬 经 典

本书讲述的部分人物

Margaret Dayhoff	Walter Goad	Saul Needleman	Michael Waterman	David Sankoff
Linus Pauling	Russell Doolittle	Clark Cockerham	Leonard Baum	Masatoshi Nei
Geoffrey Hinton	Pavel Pevzner	Stephen Altschul	郝柏林	陈润生

人物详细介绍见各章"历史与人物"短文及正文相关介绍。

扫右侧二维码可见本书主编与上述人物联系的趣事。

目 录

第 1 章　绪　论

我们处在一个激动人心的时代——基因组时代。科学的进步已使人类可以窥探生命的奥秘，甚至包括人类自身。人类基因组在世纪之交被人类自己破译了，这部由 30 亿个字符组成的人类遗传密码本已活生生地摆在了我们面前。与此同时，来自其他生物的基因组信息源源不断地从自动测序仪中涌出，堆积如山，浩如烟海。这些海量的生物信息主要由特殊的"遗传语言"——DNA 的 4 个碱基字符（A、T、G 和 C）和蛋白质的 20 个氨基酸字符（A、R、N、D、C、Q、E、G、H、I、L、K、M、F、P、S、T、W、Y 和 V）写成。

扫码见本章
英文彩图

Science 杂志在 2001 年 2 月 16 日人类基因组专刊上发表了一篇题为《生物信息学：努力在数据的海洋里畅游》（"Bioinformatics—Trying to Swim in A Sea of Data"）的文章（Roos，2001），文章写道："我们身处急速上涨的数据海洋中……我们如何避免生物信息的没顶之灾呢？"近年来高通量测序技术的出现，使数据海洋更添排山倒海之势。生物信息学便是使我们可以畅游数据海洋的一条"轻舟"（甚至"快艇"）。生物信息学是一门年轻的学科，它充满挑战和机遇，引人入胜。

第一节　生物信息与生物信息学

一、迅速增长的生物信息

近 20 年来，分子生物学发展的一个显著特点是生物信息的剧烈膨胀，且迅速形成了巨量的生物信息库。这里所指的生物信息包括多种数据类型，如分子序列数据（核酸和蛋白质）、蛋白质二级结构和三维结构数据等（详见第 2 章）。由测序仪等产生的大量核酸序列和三维结构数据被存储在各类数据库中，这些原始数据构成的数据库就是所谓的初级数据库（primary database）；那些由原始数据分析而来的如功能区（domain）、二级结构、疏水位点等数据，则组成了所谓的二级数据库（secondary database）。

生物信息的增长是惊人的。近年来随着高通量测序技术的出现，核酸库的数据每 14 个月左右就要翻一番。2000 年底，国际公共核酸数据库数据超过了 100 亿个碱基对（GenBank Release 120，2000）（图 1.1），2020 年 4 月已达到 4158 亿个碱基对，如果再加上更加巨大的基因组测序数据（GenBank 将其单独列为 WGS 类数据，7.8 万亿个碱基对），国际公共核酸序列数据已达到近 8.2 万亿个碱基对或 14.8 亿条序列数据。大量生物（包括人类自身）的整个基因组序列被测序完成或正在进行中，遍布世界各地的科研实验室或商业服务公司的高通量测序仪在日夜不停地运转，每天都有成千上万的数据被源源不断地输入公开或内部的生物信息库中。同时，由这些原始数据获得的蛋白质序列等数据信息，也被世界各地的分子生物学、生物信息学等学科领域的专家深入分析，进一步挖掘出重要信息（如功能域）并存入二级数据库中（详见第 3 章）。

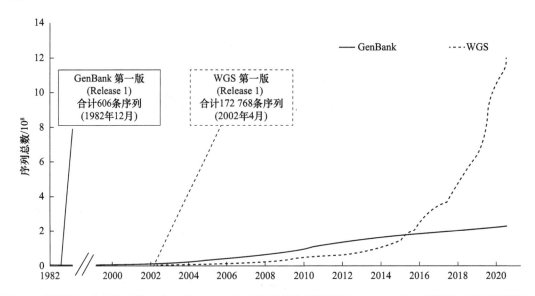

图 1.1　美国国家生物技术信息中心（NCBI）核苷酸序列公共数据库 GenBank 和全基因组鸟枪法测序数据库（Whole Genome Shotgun，WGS）序列数据（条数）增长情况（改自 Gauthier et al.，2018；数据截至 2020 年 2 月，Release 236）

迅速膨胀的生物信息给科学家们提出了一个新问题：如何有效管理、准确解读和充分使用这些信息？

二、生物信息学概念

生物信息学学科是在生物信息急剧膨胀的压力下诞生的。生物信息学的诞生和发展最早可以追溯到 20 世纪 60 年代，而"生物信息学"（bioinformatics）一词被人们认识则是在 20 世纪 90 年代（详见本章第二节）。

一般意义上，生物信息学是研究生物信息的采集、处理、存储、传播、分析和解释等的一门学科。它通过综合利用分子生物学、遗传学、计算机科学与技术，来揭示大量且复杂的生物数据所赋有的生物学奥秘。具体而言，生物信息学作为一门新的学科领域，它是把基因组 DNA 序列信息分析作为源头，在获得基因序列和蛋白质编码区的信息后，进行蛋白质功能、结构的模拟和预测等；然后依据特定蛋白质的功能进行必要的药物设计等一系列应用性研究。从生物信息学研究的具体内容来看，生物信息学应包括三个主要部分：新算法和统计学方法研究；各类数据的分析和解释；研制有效利用和管理数据的新工具。Claverie（2000）的描述给出了一个比较清晰的定义："生物信息学是利用信息来理解生物学的一门科学，是一门探究基因组或蛋白质序列数据信息的学科。它涉及数据库的相似性搜索、序列间比较，或者基于已有知识对序列进行预测"。根据 Wikipedia 有关"bioinformatics"的词条解释，生物信息学是统计学和计算机科学在分子生物学领域应用的一门学科。20 世纪 80 年代晚期，生物信息学主要集中在基因组学和遗传学领域，特别是基因组 DNA 大规模测序出现后。生物信息学的根本目标是增加对生物学过程的认识，具体而言，它更加注重发展和应用有效的计算方法（如模式识别、数据挖掘、机器学习算法和可视化技术）来达到这一目标。目前该学科主要的研究领域包括序列联配、基因预测、基因组拼接、药物设计和筛选、蛋白质结构预测、基因表达和蛋白质互作预测、全基因组关联和进化分析等。图 1.2 给出了生物信息学早期的一个"路线图"（www.

kisac.ki.se，现为 www.bea.ki.se）。由于高通量测序技术的出现，以及系统生物学和其他新兴领域的发展，生物信息学已大大超越了该图的领域范围。

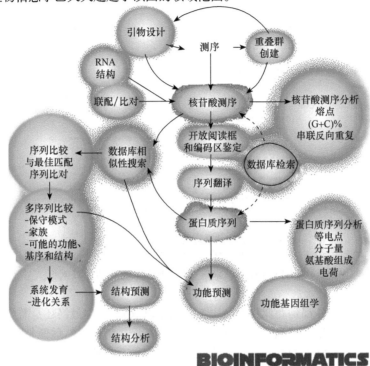

图 1.2　生物信息学早期的一个"路线图"

该图给出了生物信息学主要涉及的领域

　　生物信息学最初更多关注数据库，其有效存储着来自基因组等测序计划完成的序列数据（详见第 3 章）。目前生物信息学关注的是各类数据，包括生物大分子的三维结构、代谢途径和基因表达等。生物信息学最使人们感兴趣的是它利用计算方法分析大规模生物数据，如根据基因组 DNA 序列预测基因序列等。虽然这些预测有时不是很精准，但可以作为一盏"路灯"，指示人们开展实验，大大提高了分子生物学等研究的效率。

　　虽然生物信息学的历史并不长，但正像生物信息的迅猛发展一样，生物信息学已发展了大量独具学科特色的分析方法和分析软件（图 1.3 展示了 NCBI 提供的部分在线生物信息学分析工具）。例如，当获得了大量序列数据以后，我们现在已能进行基因家族或同源性分析；进行基因序列的比对，建立进化树并确定序列间的进化关系；进行代谢途径相关基因的同源性分析，以及获取其他生物代谢途径的相关信息等。很多生物信息学软件已成为商业化产品，但仍有很多软件可以免费获取或利用。这些分析软件（详见附录 2）已成为生物学的重要研究工具，是生物学家获取信息的重要途径和生物信息学显示其价值的窗口。

　　正确认识和理解生物信息学这门新学科非常重要。*Bioinformatics* 杂志 2000 年的一篇社论文章，评析了人们对生物信息学的一些不正确的认识——"人人可以从事生物信息学研究"。这一认识的根源来自对生物信息学的两个误解：一是生物信息学研究不需要大量经费投入，因为有如此多的数据资源，只要找本生物学教科书，有台电脑并连上互联网，就可以从事生物信息学研究；二是生物信息学的软件是免费的。殊不知目前生物信息的巨量特征使计算机面临着严峻考验，一台大型计算机的售价可能要以百万甚至千万元计算，同时大量先进、最

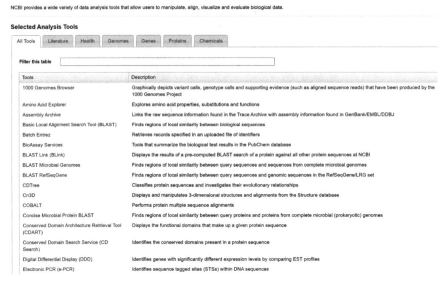

图 1.3　美国国家生物技术信息中心网站数据分析工具网页
包括 BLAST、e-PCR 等工具软件

新的生物信息学分析软件都是商业化产品，不付费难以取得。"你最终还是需要具体的实验"。实验生物学家非常羡慕生物信息学家，认为"他们只是敲敲键盘，然后便是写论文"，他们的研究结果只是一种试验结果的预测，是对实验研究的一种"支持"。在分子生物学研究中，固定的模式是先有某一假设，然后用某一实验去验证或支持这一最初的猜测。在生物信息学研究中，也同样进行着这一模式：有一无效假设（如某一序列在数据库中没有同源序列），然后进行实验（如搜索数据库）并验证，明确拒绝还是接受无效假设（如该序列的确有或无同源序列）。这是一个标准的假设—实验模式。在其他学科中，计算科学已被作为深入理解科学问题的重要手段，而在生物学领域还没有形成这样的共识。"生物信息学是门新技术，但只是一门技术而已"，由此把生物信息学仅定位为一门新的应用性学科。正如前面所说，虽然生物信息学是一门新学科，但在 20 世纪 60～70 年代，该学科最重要的一些算法便已被提出，生物计算和理论研究已形成雏形。把生物信息学仅仅认为是一门应用技术、是将从信息学移植来的技术应用于生物学科领域，这是一个致命的误解。生物信息学实际是一门具有丰富知识内涵的学科，它有很多尚待解决的科学问题，这些问题包括生物学方面的（如分子的功能如何进化）和计算方面的（如数据库系统间如何最有效地协同）。生物信息学不仅是一个技术平台，它同样需要周密的实验计划和准确的操作，同样需要丰富的想象和一瞬即逝的运气。

第二节　生物信息学历史与展望

一、发展简史

生物信息学的诞生和发展最早可以追溯到 20 世纪 60 年代。1962 年，诺贝尔奖得主鲍林（Linus Pauling）提出基于蛋白质序列的分子进化理论，标志着生物信息学的来临。"bioinformatics"一词最早由荷兰理论生物学家 Paulien Hogeweg 于 1978 年提出（Hogeweg，

1978a；Hogeweg and Hesper，1978b）。根据她的回顾文章，她及团队成员于 20 世纪 70 年代便在荷兰乌得勒支大学（Utrecht University）开始使用"生物信息学"一词，用于定义他们开展的生物系统的信息学研究（"the study of informatic processes in biotic systems"）（Hogeweg，2011）。这之前普遍认为"生物信息学"一词在 1990 年才出现（Claverie，2000），由出生于马来西亚的华裔学者林华安（Hwa A. Lim）首次提出。据说 1987 年他在佛罗里达州立大学任教期间，认为生物学和信息学结合交叉是未来发展趋势，构思了"bioinformatics"一词作为这个新领域的名字，并于 1990 年组织了第一届生物信息学与基因组研究国际会议（Bioinformatics and Genome Research International Conference）。一般认为生物信息学学科的开创者为 Margaret Dayhoff（第 3 章"历史与人物"短文）、Michael Waterman（第 4 章"历史与人物"短文）和 David Sankoff（简介扫右侧二维码可见）等人。

　　生物信息学发展过程中的主要事件（表 1.1），不少在"生物信息学"一词出现前便已发生了。纵观生物信息学的发展历史，可以分为 4 个主要阶段：①萌芽期（20 世纪 60～70 年代），以 Dayhoff 的替换矩阵和 Needleman-Wunsch 算法为代表，它们实际组成了生物信息学的一个最基本内容——序列联配。它们的出现，代表了生物信息学的萌芽，以后的发展基本是在这两项内容上的不断改善。1977 年，Rodger Staden 发表利用计算机处理数据的文章，开创了生物信息学工具开发的先河，持续开发并最终成就分子生物学领域第一个免费软件包 Staden（http://staden.sourceforge.net/）。②形成期（20 世纪 80 年代），以分子数据库和 BLAST 等数据库序列搜索程序为代表。1981 年国际上第一个核酸序列数据库 EMBL Data Library 诞生，1982 年 GenBank 成立（前身为 Los Alamos Sequence Data Bank），之后联合建立国际公共核苷酸序列数据库。同时为了有效管理与日俱增的数据，以 BLAST、FASTA 等为代表的数据库工具软件和相应的新算法被大量提出和研制，极大地改善了我们管理和利用分子数据的能力。在这一阶段，生物信息学作为一个新兴学科已经形成，并确立了自身学科的特征和地位。③基因组与互联网时期（20 世纪 90 年代至 2005 年），以基因组测序及其拼接与分析技术为代表。基因组测序计划，特别是人类基因组计划的实施，产生以亿计的分子数据；基因组水平上的分析使生物信息学的优势得以充分表现，基因组信息学成为生物信息学中发展最快的学科前沿。Philip Green 开发的 Phred-Phrap-Consed 系统软件包 1993 年问世，1995 年已广泛应用于鸟枪法测序中序列碱基识别、拼装和编辑等，是当时人类基因组等测序计划的主要生物信息学软件，与 BLAST 一起在人类基因组计划的研究历史中占有一席之地（详见 Science 2001 年 2 月人类基因组专刊的"A History of Human Genome Project"一文）。由于互联网的普及，这个时期还有一个重要进展就是在线数据库和生物信息学分析平台的出现。1993 年，欧洲分子生物学实验室（EMBL）在互联网上公布了世界上第一个核苷酸序列数据库（EMBL Nucleotide Sequence Data Library）；1994 年，NCBI 开始提供 GenBank 等在线服务。在此阶段，生物信息学已成为举世瞩目、各国竞相发展的热点学科。GenBank 数据库中直线上升的数据增长趋势（图 1.1）正是生物信息学发展的写照。生物信息学在这十余年间经历了长足的发展，并迅速成为生命科学新的生长点。人类基因组计划的实施和生物医药工业的介入是生物信息学迅猛发展的主要推动力。④高通量测序技术时期（2005 年至今），以第二代和第三代测序技术及其相关数据分析方法为代表。高通量测序技术彻底改变了生物信息学研究对象（序列）的产生数量、成本、特征和应用领域等，它带来了一系列生物信息学方法的变革和创新，如基因组拼接方法等。该技术使特定生物群体在基因组水平遗传变异的检测成为可能，基于如此大规模基因组水平的遗传变异数据（如 SNP）可以从根本上改变我们的许多研究思路和水平，例如，个性化医疗使基于生物信息学的遗传诊断更加便捷和准确（所谓精准医疗），作物基因组设计育种和基因组选择育种成为可能。

表 1.1　生物信息学学科发展的主要事件

年份	事件	文献
1962	Pauling 提出分子进化理论	Zucherkandl and Pauling，1962
1965	Dayhoff 构建蛋白质序列数据库	Dayhoff et al.，1965
1970	Needleman-Wunsch 算法	Needleman and Wunsch，1970
1977	Staden 开发计算机软件分析 DNA 序列	Staden，1977
1977	第一个基因组（噬菌体 ΦX174）被测序	Sanger et al.，1977
1978	"bioinformatics" 一词出现	Hogeweg，1978a；Hogeweg and Hesper，1978b
1981	Smith-Waterman 算法	Smith and Waterman，1981
1981	基序（motif）概念被提出	Doolittle，1981
1982	美国 Los Alamos Sequence Data Bank 更名为 GenBank	—
1982	基因组鸟枪法测序（λ 噬菌体）	Sanger et al.，1982
1983	数据库序列搜索算法（Wilbur-Lipman 算法）	Wilbur and Lipman，1983
1985	第一个序列搜索引擎 FASTP/FASTN 发布	Lipman and Pearson，1985
1987	邻接法（Neighbour-Joining）	Saitou and Nei，1987
1988	美国生物技术信息中心（NCBI）、欧洲分子生物学网络组织（EMBnet）创立	—
1988	Lander-Waterman 曲线	Lander and Waterman，1988
1988	GenBank/ENA/DDBJ 联盟成立	—
1990	数据库搜索工具 BLAST 发布	Altschul et al.，1990
1991	表达序列标签（EST）测序技术发明	Adams et al.，1991
1993	英国 Sanger 中心建立	—
1994	欧洲生物信息学研究所（EBI）在英国成立	—
1994	ClustalW	Thompson et al.，1994
1994	HMM 应用于基因预测和功能域	Krogh et al.，1994a；1994b
1995	第一个细菌基因组测序完成	Fleischman et al.，1995
1995	TIGR Assembler	Sutton et al.，1995
1995	SAGE 技术	Velculescu et al.，1995
1996	酵母基因组测序完成	Goffeau et al.，1996
1996	RepeatMasker 发布	—
1997	GENSCAN	Burge and Karlin，1997
1997	PSI-BLAST（BLAST 系列程序之一）发布	Altschul et al.，1997
1998	Phred-Phrap-Consed	Ewing and Green，1998
1998	多细胞线虫基因组测序完成	The C. elegans Sequencing Consortium，1998
1999	果蝇基因组测序完成	Adams et al.，1999
2000	拟南芥基因组测序完成	The Arabidopsis Genome Initiative，2000
2000	Celera Assembler	Myers et al.，2000
2001	人类基因组草图公布	Venter et al.，2001；Lander et al.，2001
2001	图论欧拉路径用于基因组拼接（EULER 工具）	Pevzner et al.，2001
2002	BLAT	Kent，2002

年份	事件	文献
2002	UCSC Genome Browser	Kent，2002
2002	Ensemble	Hubbard et al.，2002
2004	环境基因组（宏基因组）拼接	Venter et al.，2004
2005	Galaxy	Giardine et al.，2005
2005	第二代高通量测序仪（454）面世	Margulies et al.，2005
2007	MEGA4 发布	Tamura et al.，2007
2007	ChIP-Seq 技术	Johnson et al.，2007
2008	ALLPATHS	Butler et al.，2008
2008	Velvet	Zerbino and Birney，2008
2008	RNA-Seq 技术	Mortazavi et al.，2008
2009	Bowtie	Langmead et al.，2009
2009	BWA	Li and Durbin，2009
2009	SAMtools	Li et al.，2009
2009	TopHat	Trapnell et al.，2009
2009	BreakDancer	Chen et al.，2009
2009	翻译组测序技术（ribosome profiling）	Ingolia et al.，2009
2010	SOAPdenovo	Li et al.，2010a
2010	GATK	McKenna et al.，2010
2010	Cufflinks	Trapnell et al.，2010
2010	第三代高通量测序仪（PacBio）面世	—

注：主要参考 NCBI 教学材料 "Bioinformatics Milestone"（2000）、Shendure 等（2017）

　　英国剑桥大学出版社出版的 *Bioinformatics* 期刊（http://academic.oup.com/bioinformatics/）是目前世界最知名的生物信息学学术期刊之一，它的前身是 *Computer Applications in the Bioscience*（CABIOS），1998 年更名为 *Bioinformatics*，其为国际计算生物学会（International Society for Computational Biology，ISCB）的官方期刊，主要发表计算分子生物学、生物数据库和基因组生物信息学方面的文章。名称中带有生物信息学字样的期刊还有 *Briefings in Bioinformatics*、*BMC Bioinformatics*、*Applied Bioinformatics* 等。其他与生物信息学相关的出版物还有很多，如 *Nucleic Acids Research*（NAR）、*Genome Research*、*Genome Biology*、*PLOS Computational Biology* 等。另外，生物信息学历史上还有一个 "神刊" ——*Journal of Molecular Biology*（JMB），许多生物信息学早期耳熟能详的经典算法都发表其上，这些算法有：①最经典的两个序列联配动态规划算法，Needleman-Wunsch 算法（Needleman and Wunsch，1970）和 Smith-Waterman 算法（Smith and Waterman，1981）；②数据库序列搜索工具，BLAST（Altschul et al.，1990）；③ HMM，用于生物信息学领域的功能域分析和基因预测（GENSCAN）（Krogh et al.，1994b；Burge and Karlin，1997）。JMB 创刊于 1959 年，它是伴随着分子生物学的兴起而出现。在众多学术期刊中，它非常不起眼（目前影响因子在 5 分左右）。*Bioinformatics* 和 NAR 的创刊发行，特别是 NAR 数据库和生物信息学在线工具专刊的发行，使它们逐步取代了 JMB 的地位，成为生物信息学最重要的两个学术刊物。

二、应用领域

　　虽然是一个年轻学科，生物信息学却对整个生物学发展产生了巨大的推动作用。*Nature* 回顾了生物学领域引用率最高的 100 篇论文，生物信息学（包括系统进化方面）领域共有 10 篇入选，其中 1 篇甚至进入前十（表 1.2）。

表 1.2　入选生物学领域引用率前 100 篇的生物信息学论文及其相关工具（引自 Richard et al.，2014）

工具 / 方法	引用率位次	发表年份	文献
ClustalW	10	1994	Thompson JD, Higgins DG, Gibson TJ. Clustal W：Improving the sensitivity of progressive multiple sequence alignment through sequence weighting, position-specific gap penalties and weight matrix choice. Nucleic Acids Res, 22（22）：4673-4680
	28	1997	Thompson JD, Gibson TJ, Plewniak F, et al. The CLUSTAL_X Windows interface：Flexible strategies for multiple sequence alignment aided by quality analysis tools. Nucleic Acids Res, 25（24）：4876-4882
BLAST	12	1990	Altschul SF, Gish W, Miller W, et al. Basic local alignment search tool. J. Mol. Biol, 215（3）：403-410
	14	1997	Altschul SF, Madden TL, Schaffer AA, et al. Gapped BLAST and PSI-BLAST：A new generation of protein database search programs. Nucleic Acids Res, 25（17）：3389-3402
邻接法	20	1987	Saitou N, Nei MD. The neighbor-joining method：A new method for reconstructing phylogenetic trees. Mol. Biol. Evol, 4（4）：406-425
自举法	41	1985	Felsenstein J. Confidence limits on phylogenies：An approach using the bootstrap. Evolution, 39（4）：783-791
MEGA4	45	2007	Tamura K, Dudley J, Nei M, et al. MEGA4：Molecular Evolutionary Genetics Analysis（MEGA）software version 4.0. Mol. Biol. Evol, 24（8）：1596-1599
UWGCG	75	1984	Devereux J, Haeberli P, Smithies O. A comprehensive set of sequence-analysis programs for the VAX. Nucleic Acids Res, 12（1）：387-395
ModelTest	76	1998	Posada D, Crandall KA. MODELTEST：Testing the model of DNA substitution. Bioinformatics, 14（9）：817, 818
MrBayes	100	2003	Ronquist F, Huelsenbeck JP. MrBayes 3：Bayesian phylogenetic inference under mixed models. Bioinformatics, 19（12）：1572-1574

　　生物信息学家们除了潜心研发新算法和新软件，同时也在努力使他们的方法"平民化"，使广大生物学研究者能自己使用这些方法。他们主要在两个方面做了很大努力：一是生物信息学方法的程序化，研发适用于 PC 机操作系统（如 Windows 系统）的生物信息学软件；二是使他们的方法网络化，提供一种所谓网络在线服务的生物信息学分析平台，生物学家只要在网上递交数据，不需要操心后台计算机问题。目前这种"平民化"方法已成为生物信息学家与生物学家建立联系的最主要桥梁。根据欧洲生物信息学研究所的分类，生物信息学网络分析平台一般分为三类：SSS（sequence search service）、MSA（multiple sequence alignment）和BSA（biological sequence analysis），即序列搜索、多序列联配和序列分析。同时，除了单一分析界面，现在还可以为特定目的构建一个生物信息学分析流程系统（bioinformatics workflow management system）。这一趋势在著名生物信息学相关刊物 NAR 中得到了充分体现：该刊从

1993 年开始，每年第一期均刊出所谓分子数据库专刊（*Database Issue*），专门介绍世界范围内提供网络访问的主要公开分子数据库，其中包括已有数据库的更新情况和新出现的数据库，这是生物信息学家构建的与生物学家建立联系的第一座桥梁；2004 年，该刊再次创立生物信息学软件在线工具专刊（*Web Server Issue*），于每年七月第一期刊出，该专刊主要介绍提供网络访问和在线分析的主要生物信息学方法，这是生物信息学家构建的与生物学家建立联系的第二座桥梁。

那么有了这些生物信息学家构建好的方法或平台，生物学研究者利用 PC 机能做什么分析呢？①可以做 DNA、RNA 和蛋白质序列分析，包括观察序列构成、蛋白质三维结构、RNA 二级结构、DNA 的回文结构预测等；②可以做 DNA 编码区分析，获得编码的蛋白质序列；③可以做基因组水平的分析等。但绝大多数人的工作集中在数据库搜索，包括 PubMed/Medline 文献搜索、DNA 和蛋白质序列检索；利用 BLAST 比较数据库序列与自己获得的序列；利用 ClustalW 进行多序列连配等。目前已有不少在线数据库提供生物信息学在线分析（详见附录 2），例如，NCBI、EBI、BIGD 等重要生物信息学门户网站，以及 ExPASy、ClustalW、ORF finder、HMMER、FGENESH 等专业分析工具。

生物学家们有时需要做出一个重要的判断：何时需要寻求生物信息学专业人员的帮助，而不是一味地花费大量时间进行简单重复工作，或尝试不必要的复杂生物信息学分析？当你想分析超过 100 条以上序列、使用需要 Linux 系统的软件、利用高通量测序数据进行分析、需要处理大规模数据（如芯片数据），当你的数据结构或完整性有问题，或需要进行复杂数据分析（如需要许多假设或先决条件或统计测验等）时，我们建议你寻求生物信息学专业人员的建议或帮助。

一个生物信息学研究者需要怎样的基本条件呢？ Gibas 和 Jambeck 在他们出版的 *Developing Bioinformatics Computer Skills* 一书中大致给出了如下标准。

- 应该具备分子生物学的核心知识，否则你会经常碰壁。
- 你当然要对分子生物学的中心法则知道得一清二楚。
- 你应该对至少 1 或 2 个用于序列分析或模型的主要分子生物学软件了如指掌。
- 你可以在用计算机命令行环境下轻松工作。
- 你应该能用 C/C++ 计算机语言或 Perl 或 Python 脚本语言进行编程。

三、学科展望

蛋白质、DNA 和 RNA 序列的计算分析在不断发生变化。生物学实验新技术，如测序技术使实验数据急剧增长，当基因组测序计划持续开展时，生物信息学的研究重点已逐步从数据的积累转向数据的解释（图 1.4）。用于基因组拼接、序列相似性搜索、DNA 序列编码区识别、分子结构与功能预测、进化过程的构建等的计算工具已成为生物信息学的重要组成部分。这些工具有助于我们了解生命的本质和进化过程。生物信息学已成为介于生物学和计算机科学之间的重要前沿学科，在许多方面影响着医学、农学乃至人类社会。现在要成为一名优秀的分子生物学研究者，不具备一些基本的生物信息学技能已几乎难以胜任。实验室的每一项技术，从简单的克隆、PCR 到基因表达分析都需要利用计算机进行数据处理，这些工作均需要理解 DNA 和蛋白质分析工具的基本算法。

我们处在一个基因组时代。许多新技术，如高通量测序技术（第二代和第三代）、人工智能技术等应用于基因组研究，使我们能在以前不可能达到的尺度和角度上观察生物学现象，例

图 1.4　生物信息学家们面对的是堆积如山的 DNA 片段

这是在 2001 年人类基因组测序完成后出现的一幅漫画。有了序列数据，接下来（图中的"Phase Two"）最重要的是如何解读人类自身 3Gb 的基因组

如，某一基因组的所有基因，某一个细胞中的所有转录产物，某一组织中的所有代谢过程。这些新技术的一个共同特点是产生了大量的数据，例如，GenBank 数据库已拥有了超过 10^{10} 个 DNA 序列数据，并以每年翻一番的速度增长；那些分析基因表达模式、蛋白质结构、蛋白质间互作等的新技术又会产生更多的数据。如何管理、解读这些数据并使生物学家们能容易地使用它们是生物信息学面临的巨大挑战。我们目前还处于一个大数据时代：数据的产生越来越快速，成本越来越低，但数据处理的能力严重滞后。一个明显的例子是人类基因组测序（图 1.5），基于 2015 年以前人类基因组测序的进展，每 7 个月数据量增长一倍（Eisenstein，2015），从最近 5 年的发展趋势看，增长速率还在加快（每 5～6 个月人类基因组数据翻一番）。

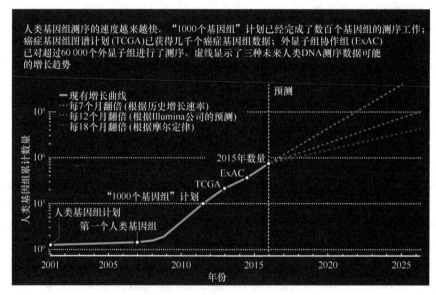

图 1.5　人类基因组测序数量的增长（引自 Eisenstein，2015）

图中给出了数据增长的三个不同预测曲线。截至 2020 年实际增长率均超过预测值

目前测定一个人类基因组可以以 1000 美元甚至更低的成本进行，测序成本在快速下降，基因组测序群体数量在快速攀升。我们正在从读懂基因组进入书写基因组和基因组社会化时代

（图 1.6）。今后人类基因组测序会变成医院等进行常规遗传诊断的手段，这样产生的数据将是海量的。这就使生物信息学分析面临更加严峻的挑战——高速和准确地分析数据并为诊断提供信息。

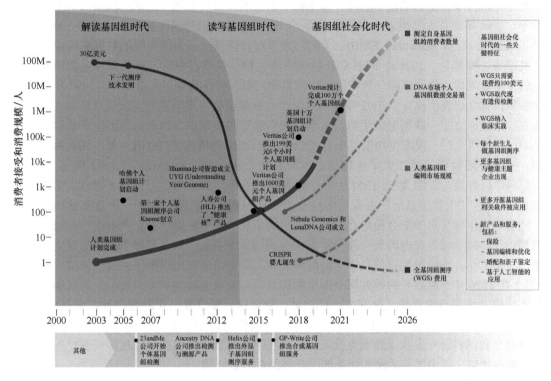

图 1.6　人类基因组研究已从读懂基因组进入书写基因组和基因组社会化时代（Veritas 公司 2019 年预测）

生物信息学还面临许多其他困难，这些困难是在大规模生物学科技项目中所有生物学家都可能会碰到的。对初学者而言，同时具有计算机科学和生物学的扎实背景难度较大。如果生物信息学者对合作方提出的生物学问题不了解，就可能导致对合作方要求的误解。生物学研究已越来越多地通过计算机完成，同时，越来越多的计算机科学课题将来自生物学问题。

生物信息学家 C. T. Brown 在第 15 届生物信息学开源会议上做了一个有趣的报告：他从 20 年后（即 2039 年）一位生物学家的角度，介绍了生物信息学的历史。在他预测的未来世界，生物学和生物信息学紧密交织，已没有必要区分彼此，统称为生物学（Gauthier et al., 2018）。生物信息学离不开大规模序列数据，序列数据的共享性变得非常重要。测序仪每天产生的大量初级数据（primary data）归谁所有？应何时和如何公开？对数据的进一步使用可否设置限制？这些问题往往对生物信息学者的介入和数据的应用产生直接影响。数据的尽早释放对许多研究具有重要意义，人类基因组计划（Human Genome Project，HGP）采用了一种数据正式公布前即上网释放的政策，许多其他基因组计划目前也采用了相同的做法。目前政府资助的大规模基因组水平的研究计划（如表达分析和蛋白质组学研究）一般都能及时共享数据。在后基因组时代（postgenomic era），人们期待在生物发育机理、代谢过程和疾病认识等方面有所突破。可以肯定，生物信息学研究将使我们的一些认识产生根本性改变，如基因表达调控、蛋白质结构预测、比较进化学和药物开发等领域。只有在数据共享的情况下，基因组水平的研究才有可能进行。要在数据的海洋中畅游，捆住手脚将很难实现。

生物信息学学科在我国受到重点扶持和投入，显露出蓬勃发展的势头。许多高校和科研院所已经开设生物信息学专业、建立生物信息学研究所（中心），并开展相关研究工作，如北京大学、清华大学、天津大学、中国科学院北京基因组研究所和生物物理研究所、中国科学院上海生命科学院生物信息中心和计算生物学研究所、复旦大学、哈尔滨医科大学及浙江大学等。1996 年北京大学成立生物信息中心（CBI），成为欧洲分子生物学网络组织（European Molecular Biology Network，EMBnet）的国家节点和镜像点，为国内提供数据库资源和软件工具服务（罗静初，2021）。同时 CBI 持续举办生物信息学讲习班，邀请国外生物信息学领域的主要专家作为授课教师，为我国生物信息学的引入和普及做了大量工作。1997 年清华大学生物信息学研究所成立，2002 年我国第一个省部级生物信息学重点实验室在清华大学挂牌成立。最近成立了一些国家级生物信息学相关实验室和数据库，如国家基因组科学数据中心（NGDC）（图 1.7）、国家生物信息中心（CNCB）、国家基因库（CNGB）等。郝柏林、杨焕明、朱军等陆续创建浙江大学生物信息学研究所（http://ibi.zju.edu.cn）（2001 年）、沃森基因组科学研究院（2003 年）、IBM 生物计算实验室（2003 年）等，并创立了浙江大学的生物信息学学科。"生物信息学"在我国学科分类中从无到有，目前已成为一个重要学科领域；一些省市级生物信息学学会纷纷建立起来，生物信息学国家一级学会正在申报中。包括已故的郝柏林、顾孝诚等在内的老一辈科学家在生物信息学引入、普及和分子数据库建立等方面做了大量工作，为我国生物信息学学科的形成和发展做出了突出贡献。中国生物信息学学会（筹）在 2020 年 9 月召开的第九届全国生物信息学与系统生物学学术大会上，首次颁发了中国生物信息学终身成就奖，陈润生、郝柏林、李衍达、罗辽复、张春霆和孙之荣获此殊荣。生物信息学作为现代生物学研究的有力武器，可被广泛用于农学、医学、药学等前沿领域，如何结合我国科研开发状况并重点投入，从而在生物信息学关键技术和遗传资源挖掘国际竞赛中取得优势，是中国科学家和相关部门必须面对的新课题。

图 1.7　国家基因组科学数据中心主页（https://bigd.big.ac.cn/）

面对生物大数据，以下生物信息学关键技术急需解决或优化（杨焕明，2012；Salzberg，2019）。①大基因组从头（de novo）组装算法与软件。基因组组装是进行基因组分析的第一步，也是目前影响基因组学发展的最大阻碍之一。由于测序技术的不断更新，数据量的爆炸直接对组装的算法提出更高要求。同时，一些物种基因组很大且复杂，其重复序列和高杂合度等特征直接导致其基因组组装非常困难。需要从现有算法（图论等）和测序技术（长读序和单细胞测序等）中寻求突破。②基因组注释核心技术。由于基因组拼接错误和局限，快速获得准确的基因组注释还充满挑战。目前主要包括 4 类问题：重复序列的识别、非编码 RNA 基因的预测、蛋白质编码基因和结构的预测，以及基因功能的注释。③比较基因组与进化分析核心技术。通过对动植物基因组数据的比较基因组学分析，可以识别物种间共有保守基因和物种内特有保守基因，以及系统发生、正向选择、染色体进化等分析技术。④群体基因组重测序数据分析核心技术。遗传多态性包括单核苷酸多态性（SNP）、插入删除变异（Indel）、结构变异（SV）、拷贝数变异（CNV）等检测方法的开发和优化，该技术是动植物基因组的遗传变异及进化研究的基础，可以为分子育种提供指导。⑤ RNA 分析技术。一个基因组内编码和非编码 RNA 的数量巨大。转录组在有无基因组参考序列的情况下，其分析组装算法和数据利用效果完全不同。同时，由于非编码小 RNA 和长 RNA 特异的作用机制，其分析方法研究尤其重要。

目前，许多生物学前沿都离不开生物信息学技术的介入[1]。例如，美国基因组学家克雷格·文特尔（Craig Venter）领导的研究小组 2010 年 5 月在 *Science* 上刊文，宣布他们创造了一个人造生命，合成基因组时代已经来临。合成生物的起点是利用生物信息学方法设计生物基因组组成或结构，然后在实验室里进行基因组的生物合成、细胞导入和功能实现等（张春霆，2009）。目前合成生物学的核心技术引入了生物信息学方法，如基因线路（genetic circuit）和最小基因组等。此外，三维基因组、单细胞基因组、翻译组等一系列组学研究，都涉及大量生物信息学分析。

生物信息学专业领域的就业形势一片光明。最近 *Science* 专门对生物信息学的职业前景进行了调查（Levine，2014）。调查报告表明，产业界和学术圈对于生物信息学认知上的转变和大数据的扩张，促成了生物信息学领域工作机会的增长。以前科学家和公司往往会将生物信息学作为一种工具，如今这门学科已经进化，拥有了自己的研究领域，"生物信息学家现在是创新的马达"。因此，当前生物信息学家可以在生物技术、大型制药行业中寻找到很多生物信息、大数据分析方面的工作。在不同的公司，生物信息学岗位的组织安排会有所不同。在制药企业和大型生物技术公司中，大数据科学家可能会发现自己处于完全不同类型的组织架构，一种情况是所有的大数据科学家和生物信息学家都集中在核心团队工作；另一种情况是生物信息学家的岗位分散在不同的部门或领域。目前行业对生物信息学从业者也有明确的要求，专家一致认为，最成功（或获得理想岗位）的生物信息学家往往具有大量的生物信息学技能，但最重要的一点是对生命科学知识的掌握，也称作该行业的"专业知识"，实际上，对生物学的理解越深，越能在工作中游刃有余。人事部门会专门寻找在多个生命科学领域拥有博士学位的科学家，包括分子生物学、细胞生物学、化学、遗传学、免疫学和流行病学。除此之外，产业界的大数据工作也要求额外的关键技能，如文本挖掘、本体论、数据集成、机器学习和信息架构。当然，一些公司还要求从业者具备优异的"量化能力"，包括一系列的统计能力及强大的计算能力，这些能力的基础是编程（如 Python 的脚本编写），还包括能够控制操作

---

① 国际生物信息学发展动态及会议相关信息可查看网站 www.bioinformatics.org

系统（如 Unix 和 Linux），以及具备 Hadoop 和 MySQL 数据库等常用工具的知识。如果能够具备数据可视化和建立有效用户界面的经验，以及对于硬件具有一定熟悉度，则会更增加竞争力。除了解决科学问题的能力，生物信息学家还必须具备沟通能力。"生物信息学是团队作战"，因此还要求具有项目管理、团队建设和沟通的经验。此外，灵活度及能够迅速适应环境也是至关重要的。"这是一个快节奏的环境，你必须要有不断使用新工具的心态，要不然两年内你就要被淘汰了"。

习　题

1. 什么是生物信息学？
2. 生物学领域广泛应用的生物信息学工具有哪些？
3. 请简述生物信息学历史。
4. 请列举若干对生物信息学学科发展做出突出贡献的人物。
5. 生物信息学领域目前亟待解决的问题有哪些？

历史与人物

"bioinformatics" 之名的由来

　　宝琳·霍格维（Paulien Hogeweg）（1943～），荷兰乌得勒支大学（Utrecht University）教授，"生物信息学"一词的提出者之一。生于荷兰阿姆斯特丹，1969 年获阿姆斯特丹大学生物学硕士学位，1976 年获乌得勒支大学生物学博士学位，1991 年成为该校理论生物学教授（www-binf.bio.uu.nl/ph/）。

　　据她回忆，2002 年的某一天，她收到牛津出版社的一封 Email，告诉他们准备在牛津词典中收录 "bioinformatics" 一词。他们在追溯历史时，认为她可能是该术语的最早（1978 年）提出者（Hogeweg, 2011）。

　　20 世纪 70 年代，分子生物学还不是一门"数据驱动"的科学，研究数据驱动的生物科学是被看不起的。霍格维能在那个年代提出并致力于生物系统的信息学分析，实属不易（当然，现代"生物信息学"一词与霍格维等最初提出的相比，其内涵已发生很大变化）。霍格维一生致力于计算生物科学领域研究，开发了不少生物计算方法。例如，1984 年，当 EMBL 刚开始释放测序数据时，她就提出一种迭代多序列联配算法，如今该算法已经成为序列联配和系统发生分析的一种重要方法；提出用于 RNA 二级结构预测的折叠算法，并用于进化生物学分析；提出非线性基因型-表型定位等。她在计算生物学领域发表了大量文章，促进了生物信息学理论的发展。

　　再介绍另一位与"生物信息学"的由来有关的人物——林华安（Hwa A. Lim）博士（1957～）。他是马来西亚华裔，1975 年赴英国帝国学院开始大学学习，获得数学和物理专业学位；1981 年，在美国 Rochester 大学计算机专业攻读研究生；1987 年受聘佛罗里达州立大学超级计算机中心，担任计算遗传学与生物物理学部门主任，开展有关 DNA 计算相关研究。据他回忆，1988 年他先提出了略带法国味的名词——"bio-informatique"来称呼这个新兴领域，后来以"statistics""mathematics"等为蓝本，将"bio-informatique"正式改名为"bioinformatics"。1990 年，他组织了世界上第一个国际生物信息学学术会议（Bioinformatics and Genome Research International Conference）。国际生物信息学界著名科学家 Jean-Michel Claverie（主编出版著名生物信息学教材 *Bioinformatics for Dummies*）在 *Genome Research* 上撰文"From Bioinformatics to Computational Biology"，明确指出"生物信息学"一词在 1990 年才出现（Claverie, 2000），也许正基于林华安组织的这场会议。

　　林华安在佛罗里达州立大学一直工作到 1996 年，之后进入生物信息学产业界，目前是美国生物信息技术专业顾问服务公司 D'Trends、生物信息公司 Genego 及抗体测试新药筛选公司 AbMetrix 三家公司的董事长。通过 D'Trends 公司网站（www.dtrends.com）可见其个人主页，该主页收集了许多有关生物信息学的历史资料，包括林华安从 20 世纪 80 年代开始投身该领域的点点滴滴，郝柏林院士的论文集，以及本书编者早年编写的《生物信息学札记》等。

第2章 生物信息类型及其产生途径

分子序列（如核苷酸和蛋白质序列）是生物信息学研究的主要对象，针对这两类数据的测序技术是目前生物学研究最为活跃的领域之一。传统 DNA 测序技术（如 Sanger 测序）极大推进了分子生物学和遗传学研究，而近 15 年高通量测序技术（包括第二代和第三代）的快速发展，带动了大量基于高通量测序的新技术迅猛发展和新类型数据大量涌现，使分子生物学和遗传学迎来了第二次发展浪潮。

本章思维导图

扫码见本章
英文彩图

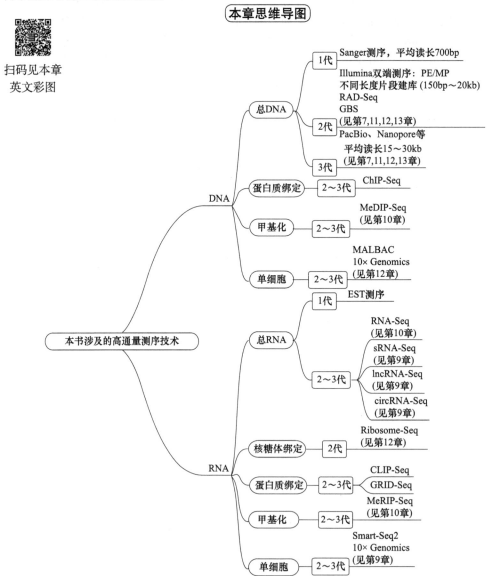

第一节　生物信息类型与测序技术

一、生物信息的类型

1. 核苷酸序列数据　常见的核苷酸序列数据包括脱氧核糖核酸（DNA）和核糖核酸（RNA）数据。DNA 的组成单位为 4 种脱氧核苷酸：脱氧腺苷酸（dAMP）、脱氧鸟苷酸（dGMP）、脱氧胞苷酸（dCMP）、脱氧胸苷酸（dTMP）。RNA 的组成单位为 4 种核糖核苷酸：腺苷酸（AMP）、鸟苷酸（GMP）、胞苷酸（CMP）、尿苷酸（UMP）。核苷酸序列就是指 DNA 或者 RNA 中 4 种碱基的排列顺序。核苷酸序列数据的测定及核苷酸序列数据库将在本章第二节和第 3 章阐述。

2. 蛋白质序列和结构数据　蛋白质序列指 20 种氨基酸代码的排列顺序（也就是蛋白质的一级结构）。这 20 种氨基酸的名称及缩写符号代码见附录 1。氨基酸代码最初由三个字母表示，后缩减为单字母代码。为了减少描述蛋白质氨基酸序列的文件大小，戴霍夫（Margaret Dayhoff）最早系统性地运用了氨基酸单字母表示方法（Dayhoff et al., 1965）。

蛋白质结构数据主要是蛋白质的三级结构信息。蛋白质的三级结构是蛋白质的多肽链在各种二级结构的基础上，进一步盘曲或者折叠形成的具有一定规律的三维空间结构。目前蛋白质的三级结构数据的主要来源是通过实验（X 射线晶体衍射、核磁共振等）来测定，该内容将在本章第三节和第 9 章详细阐述。

3. 其他类型数据

（1）分子标记数据　分子标记（molecular marker）是遗传标记的一种。遗传标记是指在染色体上位置已知的一个基因或者一段 DNA 序列，可用于鉴定生物个体或者物种，包括形态标记（morphological marker）、细胞学标记（cytological marker）、生化标记（biochemical marker）和分子标记 4 种类型。其中，分子标记指能反映生物个体或种群间基因组中某种差异特征的 DNA 片段，它直接反映基因组 DNA 间的差异。分子标记基于其鉴定技术大致可分为三类（表 2.1）。

表 2.1　分子标记举例

核心技术	分子标记名称	简称
分子杂交	限制性片段长度多态性标记（restriction fragment length polymorphism）	RFLP
	DNA 指纹（DNA finger printing）	—
	荧光原位杂交（fluorescence in situ hybridization）	FISH
聚合酶链式反应（PCR）	随机扩增多态性 DNA 标记（random amplification polymorphism DNA）	RAPD
	简单序列重复标记（simple sequence repeat）	SSR
	简单序列长度多态性（simple sequence length polymorphism）	SSLP
	扩展片段长度多态性标记（amplified fragment length polymorphism）	AFLP
	序列标签位点（sequence tagged site）	STS
	序列特征化扩增区域（sequence characterized amplified region）	SCAR
测序和芯片	单核苷酸多态性（single nucleotide polymorphism）	SNP

（2）生物芯片数据　生物芯片（biochip，bioarray）技术起源于核酸分子杂交。该技术根据生物分子间特异相互作用的原理，将生化分析过程集成于芯片表面，实现生物信息的存储和集成，从而实现对 DNA、RNA、多肽、蛋白质及其他生物成分的高通量快速检测。

生物芯片按其成分可以分为基因芯片、蛋白质芯片、细胞芯片和组织芯片：①基因芯片又称为 DNA 芯片（DNA chip）或 DNA 微阵列（DNA microarray），是将 cDNA 或寡核苷酸固定在微型载体上形成微阵列；②蛋白质芯片是将蛋白质或抗原等一些非核酸生命物质固定在微型载体上形成微阵列；③细胞芯片是将细胞按照特定的方式固定在载体上，用来检测细胞间的相互影响或相互作用；④组织芯片是将组织切片等按照特定的方式固定在载体上，主要用来对免疫组织等组织内成分差异进行研究。

（3）生物表型数据　　生物表型（phenotype）数据是指生物体的个体形态、外观、生理、功能等相关的一些指标数据，如作物农艺性状（株高、粒重、产量、淀粉含量等）和人类特征性状（身高、肤色、血型、酶活力、药物耐受力乃至性格等）。一般情况下通过常规的测量和检测就能够得到相应的数据集，而近年来发展起来的表型组学技术，可以高通量获得大量生物表型数据。

二、第一代测序技术

1. 双脱氧链终止法　　第一代 DNA 测序技术主要为 1977 年桑格（Sanger）等提出的双脱氧链终止法（dideoxy sequencing technique，也称为 Sanger 法）。Sanger 法的核心原理：双脱氧核糖核苷酸（ddNTP）的 2′ 和 3′ 位置都不含羟基（图 2.1 右），因此 ddNTP 在 DNA 的合成过程中不能形成磷酸二酯键，从而中断 DNA 的合成反应；在 4 个 DNA 合成反应体系中分别加入一定比例的带有放射性同位素标记的 ddATP、ddCTP、ddGTP 和 ddTTP，通过凝胶电泳和放射自显影后可根据电泳条带的位置确定待测分子的 DNA 序列（图 2.2）。

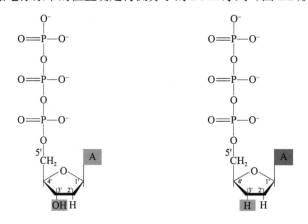

图 2.1　脱氧核苷酸（左）和双脱氧核苷酸（右）

左图为正常的脱氧核苷酸（dNTP），其 3′ 位置含有羟基；右图为双脱氧核苷酸（ddNTP），其 2′ 和 3′ 位置都不含羟基

如图 2.2 所示，Sanger 法测序的具体步骤如下。

1）分离待测核酸模板，在 4 支试管中分别加入适当的引物、模板、DNA 聚合酶和 4 种脱氧核糖核苷酸（dNTP），再在这 4 支试管中分别加入一定浓度的带有放射性同位素标记的 ddATP、ddCTP、ddGTP 和 ddTTP。

2）进行 DNA 合成反应。加入的引物在 DNA 聚合酶作用下从 5′ 端向 3′ 端进行延伸反应。当 ddNTP 掺入时，由于它在 3′ 位置没有羟基，故不能与下一个 dNTP 结合，从而使链延伸终止。由于 ddNTP 在不同位置掺入，因而产生一系列不同长度的新 DNA 链。

3）用变性聚丙烯酰胺凝胶电泳同时分离 4 支反应管中的反应产物，由于每一反应管中只

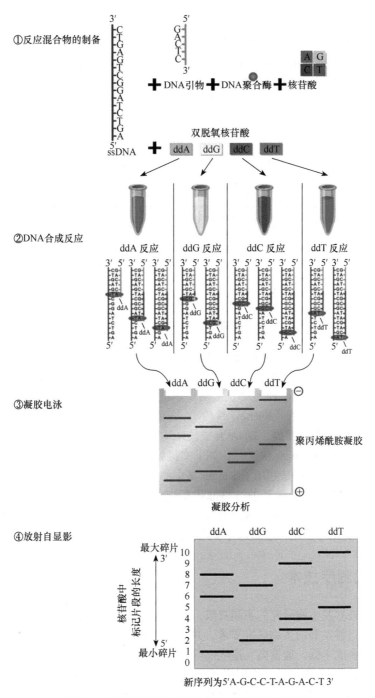

①反应混合物的制备

②DNA合成反应

③凝胶电泳

④放射自显影

新序列为5′A-G-C-C-T-A-G-A-C-T 3′

图 2.2　双脱氧链终止法（Sanger 法）测序原理

加一种 ddNTP（如 ddATP），则该管中各种长度的 DNA 都终止于该种碱基（如 A）处，所以凝胶电泳中该泳道不同带的 DNA 的 3′ 端都为同一种双脱氧碱基。

4）放射自显影。根据 4 个泳道的编号和每个泳道中 DNA 带的位置直接从自显影图谱上读出与模板链互补的新链序列。

2. 化学降解法　　几乎在双脱氧链终止法出现的同时，Maxam 和 Gilbert 在 1977 年提出了化学降解法。化学降解法测序的基本原理如下。

1）对待测 DNA 末端进行放射性标记。

2）通过 5 组（或 4 组）相互独立的化学反应分别得到部分降解产物，其中每一组反应特异性地针对某一种或某一类碱基进行切割（表 2.2）。因此产生 5 组（或 4 组）不同长度的放射性标记的 DNA 片段，每组中的每个片段都有放射性标记的共同起点，但长度取决于该组反应针对的碱基在原样品 DNA 分子上的位置。

3）各组反应物通过聚丙烯酰胺凝胶电泳进行分离。

4）通过放射自显影检测末端标记的分子，直接读取待测 DNA 片段的核苷酸序列。

表 2.2　化学降解法涉及的 5 种化学反应

碱基体系	化学修饰试剂	化学反应	断裂部位
G	硫酸二甲酯	甲基化	G
A + G	哌啶甲酸，pH 2.0	脱嘌呤	G 和 A
C + T	肼	打开嘧啶环	C 和 T
C	肼 + NaCl（1.5mol/L）	打开胞嘧啶环	C
A > C（可选）	90℃，NaOH 溶液（1.2mol/L）	断裂反应	A 和 C

3. 双脱氧链终止法与化学降解法的比较　　在双脱氧链终止法与化学降解法刚被提出的时候，化学降解法不仅重复性高，而且只需要简单的化学试剂和一般的实验条件，易为普通实验室和研究人员所掌握。而链终止法需要单链模板、特异的寡核苷酸引物和高质量的大肠杆菌 DNA 聚合酶 I 大片段（Klenow 片段），这在 20 世纪 80 年代的一般实验室很难做到。但随着 M13mp 系列载体的发展、DNA 合成技术的进步及 Sanger 法测序反应的不断完善，至今 DNA 测序已大多采用 Sanger 法进行，如下文提到的 Roche 公司的 454 测序技术、ABI 公司的 SOLID 技术，核心方法都是利用了 Sanger 法中的可中断 DNA 合成反应的脱氧核苷酸。

当然，化学降解法不需要进行酶催化反应；可对合成的寡核苷酸进行测序；可以分析 DNA 甲基化修饰情况；还可以通过化学保护及修饰等干扰实验来研究 DNA 的二级结构和 DNA 与蛋白质的相互作用，这些是化学降解法所独具的特点。

三、第二代测序技术

随着信息技术及生物研究的不断突破，第一代测序技术由于其成本高、通量低等缺点，越来越满足不了日益发展的生物研究需求，并且难以实现大规模的应用。经过不断的技术研发和改善，同时具备成本低、通量高、速度快等特点的第二代测序技术应运而生。

第二代测序技术又称下一代测序（next generation sequencing，NGS）技术，其与第一代测序技术最大的不同是实现了高通量测序，其技术原理大多基于边合成边测序（sequencing by synthesis，SBS）。1996 年 Ronaghi 和 Uhlen 发明了焦磷酸测序（Ronaghi et al.，1998）。2005 年 454 Life Sciences 公司基于焦磷酸测序的原理推出第一台第二代测序系统 Genome Sequencer 20 System，这是改变测序发展进展的重要历史事件，标志着第二代测序技术的正式商用（图 2.3）。紧接着 2006 年和 2007 年 Solexa 公司和 ABI 公司相继推出 GA（Genetic Analyzer）和 SOLiD 高通量测序平台（van Dijk et al.，2014）。2010 年 Life Technologies 公司推出 Ion PGM 高通量测序系统。2014 年华大基因在收购 Complete Genomics 公司后，基于其核心测序技术推出了 BGISEQ-1000 高通量测序平台。上述测序平台在通量、读长、准确度、速度和成本方面各具优势，在基因组从头测序、重测序、转录组、表观遗传学研究中发挥了不可替代的作用。但是 454 和 SOLiD 测序平台被测序通量和成本限制了发展，目前相关业务已经终止。下文将对目前主要的三种测序平台的技术特点和差异进行介绍。

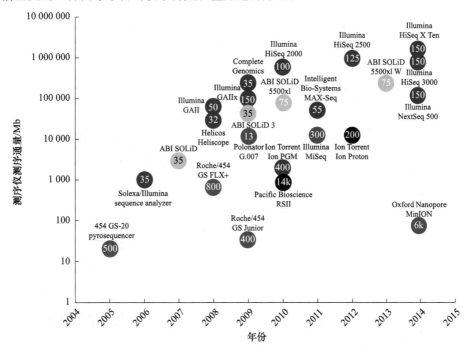

图 2.3　高通量测序技术出现年代及其测序通量（引自 Router et al., 2015）
圆圈中的数字表示各测序技术产生的读序长度（nt）

1. Illumina/Solexa 测序平台　　2006 年 Solexa 公司推出第二代测序系统 GA，其中 DNA 簇（DNA cluster）、桥式 PCR（bridge PCR）和可逆阻断（reversible terminator）等核心技术使 GA 系统具有高通量、低成本的显著优势。Illumina 在创立之初仅是一家主要销售微阵列芯片的公司，2006 年底通过收购 Solexa 公司及其测序技术，Illumina 开始大规模进军测序市场，并在随后数年内发布了多种测序仪，包括低通量的桌面测序仪（MiSeq、MiniSeq 及 ISeq 系列）和高通量的台式测序仪（Seq 系列、HiSeq 系列及 NextSeq 系列）。基于高通量、低成本、高准确度等优势，Illumina 渐渐成为测序市场的主流公司，基本覆盖行业内所有测序应用。

　　世界上采用最广泛的第二代测序平台是 Illumina 公司的 HiSeq 系列及 NovaSeq 系列。HiSeq 2000 能够在单次运行中产生 600Gb 的数据，每天最高产生 55Gb；HiSeq 1500/2500 系统是在 HiSeq 2000 系统的基础上开发的。2014 年，Illumina 公司又发布了 HiSeq×Ten 系统，这是针对大规模人群全基因组测序的系统，它可以实现临床期待已久的真正的 "1000 美金人基因组测序"；2017 年，Illumina 公司推出了 NovaSeq 系列测序系统，单次运行最多能产生 6Tb 的数据，是目前最高通量的测序仪之一。另外，MiSeq 系统是唯一一种在单个仪器上整合了扩增、测序和数据分析的测序仪，每次运行最多能产生超过 12Gb 的数据。Illumina 所有测序平台的核心原理均采用边合成边测序（SBS）的方法（具体流程如图 2.4 所示）。

　　1）DNA 文库制备（图 2.4 ①）：利用超声波把待测的 DNA 片段打断成 200～500bp 长的小片段，并在这些小片段的两端连上特异性接头，构建双链 DNA 文库。

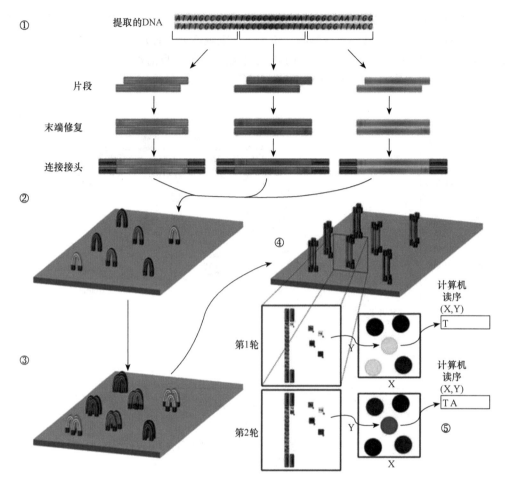

图 2.4　Illumina 测序的具体流程

①DNA 文库制备；②流动槽杂交；③桥式 PCR 扩增；④洗掉 DNA 反链；⑤测序

　　2）流动槽杂交（图 2.4②）：流动槽的表面结合着一层 oligo 接头，是用于吸附流动 DNA 片段的槽道。当 DNA 文库建好后，这些文库中的 DNA 在通过流动槽的时候会杂交到流动槽表面的 oligo 引物上。DNA 片段杂交到流动槽表面后，oligo 引物就会在聚合酶的作用下延伸。

　　3）桥式 PCR 扩增与变性（图 2.4③和④）：合成 DNA 双链之后，双链分子变性分开，其中的模板链被洗掉，新合成的单链以共价键的形式紧紧连接在流动槽表面。此外，新合成的单链弯曲杂交在相邻的 oligo 引物上形成一个桥式结构。杂交之后，引物在聚合酶的作用下延伸，形成双链的桥式结构。双链的桥式结构变性打开，形成 2 个以共价键结合在流动槽表面的单链模板。单链再弯曲杂交在相邻的 oligo 引物上形成桥式结构，杂交之后再延伸。由此，桥式扩增一直循环重复，直至形成 5000~10 000 个拷贝。拷贝足够多之后，双链 DNA 桥变性分开，DNA 反链被剪接后洗掉，仅留下由正链组成的簇，并且游离的 3′端被封闭，防止不必要的 DNA 延伸（图 2.4④）。最后，测序引物被杂交到接头序列上，便于之后的测序。

　　4）测序（图 2.4⑤）：测序采用的是边合成边测序的方法。向反应体系中同时添加 DNA 聚合酶、接头引物和带有碱基特异荧光标记的 4 种 dNTP（如同 Sanger 测序法）。这些 dNTP 的 3′端羟基被化学方法所保护，因而每次只能添加一个 dNTP。在 dNTP 被添加到合成链上后，所有未使用的游离 dNTP 和 DNA 聚合酶会被洗脱掉。接着，再加入激发荧光所需的缓冲液，用激光激发荧光信号，并有光学设备完成荧光信号的记录，最后利用计算机分析将光学信号转化为测序碱基。这样荧光信号记录完成后，再加入化学试剂猝灭荧光信号并去除 dNTP 3′ 端羟基保护基团，以便能进行下一轮的测序反应。Illumina 测序技术每次只添加一个 dNTP 的特点，能够很好地解决同聚物长度的准确测量问题，它的主要测序错误来源是碱基的替换。

2．Thermo Fisher/Life Technologies/Ion Torrent 测序系统　　Ion Torrent 测序系统基于半导体测序原理，是第一个没有光学感应的高通量测序平台（Rothberg et al.，2011；Heather et al.，2016），但其采用的仍是 SBS 的思路。文库制备基本延续 454 测序平台，但测序过程不再检测荧光素或者生物素来源的光信号，而是通过检测 dNTP 结合释放的 H⁺ 获取碱基信息。具体来说，当核苷酸（dNTP）掺入正在生长的 DNA 链中时，质子（H^+）释放，从而改变孔的 pH（ΔpH）。这引起金属氧化物感测层的表面热量的变化（ΔQ），以及下面的场效应晶体管的源极端子的电势（ΔV）变化，通过收集电势（ΔV）变化并识别出碱基的类型来完成测序（图 2.5）。

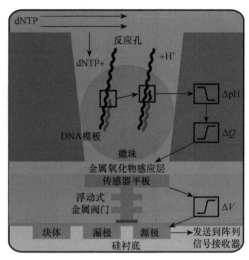

图 2.5　Ion Torrent 半导体测序原理
（引自 Rothberg et al.，2011）

Life Technologies 在 2010 年收购了 Ion Torrent 公司后，迅速推出了 Ion PGM，该平台能够在 2h 内准确读取一千万个碱基（即 10Mb）的数据，而且由于该平台不需要标记、激光和成像等设备，所以价格较其他测序仪低很多（当时售价仅 5 万美元）。这种经济快速的测序平台为测序技术的普及带来了希望，而后续测序芯片的迭代更新，使得 Ion PGM 的通量提升了 100 倍以上。2012 年发布了更高通量的 Ion Proton，只花费 1000 美元即可对人全基因组进行测序。2013 年 Thermo Fisher 收购了 Life Technologies，并在 2015 年发布 Ion S5 系列测序平台，该平台操作更加简单，从样本到数据产出的整个过程仅需 24h。Ion Torrent 测序系统由于其测序系统相对快速简单但通量相对较低的特点，特别适合不需要高通量但对时间操作要求较高的应用，如小基因组测序、靶向测序等。

3．MGI/Complete Genomics 测序系统　　华大基因（BGI）于 2013 年收购 Complete Genomics（CG）公司，并在 2016 年专门成立深圳华大智造科技有限公司（简称华大智造，MGI）来负责研发量产高通量基因测序仪。华大基因在 2014 年推出在原国家食品药品监督管理总局（China Food and Drug Administration，CFDA）注册的高通量测序平台 BGISEQ-1000，并陆续推出 BGISEQ-500、Revolocity、MGISEQ-200、MGISEQ-2000 及 DNBSEQ-T7 等一系列测序平台，其中 DNBSEQ-T7 测序平台可在 24h 内进行通量高达 7Tb 的双端长度为 150bp 的测序（https://www.mgitech.cn/products/），是目前测序通量最大的测序平台之一。

MGI 基因测序系统的核心技术是 DNA 纳米球测序技术（DNA nanoball sequencing，DNBSEQ）。DNBSEQ 测序技术主要包括 DNB 制备、规则阵列芯片（patterned array）、DNB 加载、联合探针锚定聚合测序法（combinatorial probe anchor synthesis，cPAS）、二链测序和碱基识别算法等（图 2.6）。具体测序流程如下。

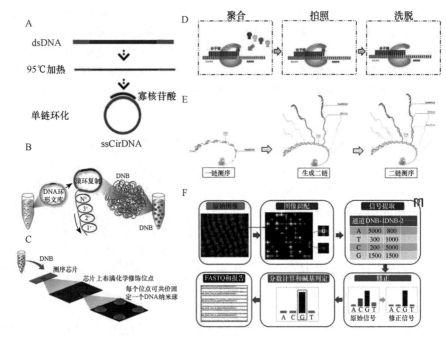

图 2.6　DNA 纳米球（DNB）测序技术

A. DNA 单链环化；B. DNB 制备；C. 规则阵列芯片和 DNB 加载；D. cPAS 技术；E. 测序；F. 碱基识别

（1）DNB 制备（图 2.6A、B）　　DNB 制备技术包括 DNA 单链环化及 DNB 制备。DNA 单链环化是将带有接头序列的双链 DNA，通过高温变性形成单链 DNA（ssDNA），环化引物与 ssDNA 的两端互补配对，在连接酶的催化下，ssDNA 的首尾相连接，形成单链环状 DNA（图 2.6A）。DNB 制备是以单链环状 DNA 为模板，在 DNA 聚合酶作用下进行滚环扩增（RCA），将单链环状 DNA 扩增到 100～1000 拷贝扩增产物，即 DNB（图 2.6B）。

（2）规则阵列芯片和 DNB 加载（图 2.6C）　　规则阵列芯片是指采用先进的半导体精密加工工艺，在硅片表面形成结合位点阵列，实现 DNA 纳米球的规则排列吸附。阵列芯片修饰位点的间距均一，每个位点只固定一个 DNB，可保证不同纳米球的光信号不会互相干扰，这不仅保证了测序准确度，而且提高了测序芯片的利用效率，提供了最高的成像效率和最优的试剂用量。DNB 在酸性条件下带负电，在表面活化剂的辅助下，通过正负电荷的相互作用被加载到芯片中有正电荷修饰的活化位点的过程称为 DNB 加载。DNB 与芯片上活化位点的直径大小相当，尽可能避免了多个 DNB 结合到同一个位点的情况，从而大大提高了有效 DNB 的利用率。

（3）cPAS 技术（图 2.6D）　　在 DNA 聚合酶的催化下，DNA 分子锚和荧光探针在 DNB 上进行聚合，洗脱掉未结合的探针后，在激光的作用下荧光信号被激发，随后高分辨率成像系统对光信号进行采集，光信号经过数字化处理后，获得当前待测碱基的信息，然后加入再生洗脱试剂，去除荧光基团，进入下一个循环的检测。

（4）二链测序（图 2.6E）　　在完成一链测序后，加入具有链置换功能的 DNA 聚合酶进行 DNA 二链合成反应，在持续的延伸过程中，当遇到双链结构的时候，在 DNA 聚合酶的解旋作用下，完成边解旋边复制反应，形成大量的单链 DNA 作为二链测序的模板，然后杂交二链测序引物，开始二链的 cPAS 测序。利用 DNA 聚合酶的链置换特性，实现了 DNB 的双端测序，而且重新合成的二链拷贝数多，能够获得更强的荧光信号，有效提高了测序的准确性。

（5）碱基识别（图 2.6F）　　通过对已有数据模型的训练，建立信号的特征和测序错误的对应关系，在进行碱基识别的时候，根据每个碱基的信号特征输出预估的错误率。质量得分依据 Phred-33 质量得分标准。华大智造自主开发的 Sub-pixel Registration 算法，使图像配准精确度达到了亚像素级别，大大提高了碱基识别的准确度。

四、第三代测序技术

最理想的测序技术应该能够对原始的核酸进行直接、准确的测序且不受读长的限制。尽管第二代测序技术具有通量大和准确度高的优势，但仍无法对核酸进行直接测序且读长往往限制在数百个碱基以内。第三代测序（third generation sequencing，TGS）是基于单分子信号检测的 DNA 测序，其中美国 Pacific Biosciences（PacBio）的 SMRT（single molecule real-time，SMRT）和英国 Oxford Nanopore Technology 的纳米孔（nanopore）测序技术已经实现了长读长和单分子测序。这两种技术一次可读取长达数万乃至数百万碱基的片段，其中纳米孔测序技术最长测到过单条超过 2Mb 的读序（Panne et al.，2018），大大降低了基因组拼接难度。此外纳米孔测序技术对核酸的直接测序避免了扩增带来的偏好性，同时可直接检测出核酸上除 ATCG 之外的信息，如碱基修饰 polyA 等。因此有学者称"第三代测序的出现照亮了过去从未看到的基因组暗物质"（Sedlazeck et al.，2018）。

1. SMRT 测序技术　　PacBio 公司开发的单分子实时测序，采用四色荧光标记的 dNTP 和被称为零级波导（zero-mode waveguides，ZMW）的纳米结构对单个 DNA 分子进行测序。这些 ZMW 是直径 50～100nm、深度 100nm 的孔状纳米光电结构，通过微加工在二氧化硅基质的金属铝薄层上形成微阵列，光线进入 ZMW 后会呈指数级衰减，从而使孔内仅有靠近基质的部分被照亮。DNA 聚合酶被固定在 ZMW 的底部，模板和引物结合之后被加到酶上，再加入四色荧光标记的 dNTP。当 DNA 合成进行时，连接上的 dNTP 由于在 ZMW 底部停留的时间较长（约 200ms），其荧光信号能够与本底噪音区分开来，从而被识别。荧光基团被连接在 dNTP 的磷酸基团上，因此在延伸下一个碱基时，上一个 dNTP 的荧光基团被切除，从而保证了检测的连续性，提高了检测速度。SMRT 的测序原理如图 2.7 所示。

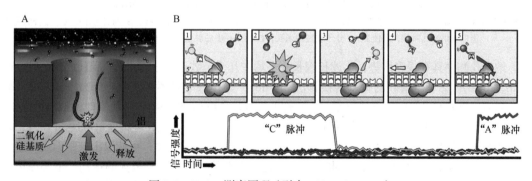

图 2.7　SMRT 测序原理（引自 Eid et al.，2009）

图 A 显示的是 ZMW 的结构，激光进入 ZMW 后呈指数级衰减，仅能照亮靠近底部的约 30nm 区域，因此大部分游离的荧光标记 dNTP 不会被激发，只有结合到 DNA 聚合酶上的 dNTP 其荧光基团被激光照亮，激发荧光；图 B 显示的是 DNA 合成过程中检测到的荧光信号及持续时间。结合到酶上的 dNTP 停留时间较长，信号呈脉冲式激发，因而能与噪音区分

SMRT 的一大优势是超长的读长，PacBio RS Ⅱ 测序平台能够得到的最大读长为 30kb，平均读长约 15kb，是目前所有商品化测序仪中读长最长的测序平台。因为单分子的荧光信号较弱，SMRT 的单碱基准确率仅有 87.5%，但由于错误是随机产生的，通过多重测序和校正，在

10 倍覆盖度的条件下，准确率可提高到 99.9%。2019 年出现的 CCS 技术产生的高精度 Hifi 读序，测序准确度大幅提高（＞99%），目前已被广泛应用于基因组测序。

2. 纳米孔测序技术 在 20 世纪 90 年代已有利用纳米孔进行核酸序列的识别的报道（Deamer et al., 2016）。其基本原理是：当单链 DNA 或 RNA 分子通过纳米级的小孔时，由于碱基形状大小不同，引起孔内电阻变化，因此在小孔两端保持一个恒定的电压，则能够检测到通过小孔的电流变化情况，通过检测这些特征电流，就能识别出通过小孔的 DNA 分子上的碱基排列。该方法具有检测速度快、成本低、准确率高等特点，但也面临 DNA 易位速率过快、电流变化幅度较小、制备纳米孔材料的稳定性不足等问题。Oxford Nanopore Technologies 公司应用这一原理开发了两种纳米孔测序技术：外切酶测序（exonuclease sequencing）和链测序（strand sequencing）。

（1）外切酶测序 外切酶测序是将 α-溶血素和环化糊精组成的纳米孔固定在脂质双分子膜上，两侧为浓度不同的 KCl 溶液，并加以电压，DNA 单链在核酸外切酶 I 的作用下被依次剪接为单核苷酸，通过记录单核苷酸分子通过纳米孔时引起的电流变化进行 DNA 测序。

（2）链测序 链测序技术是利用马达蛋白和解旋酶将 DNA 或者 RNA 双链解旋为单链，核酸本身带负电，利用其通过纳米孔产生的电压变化进行连续测序，在这个过程中马达蛋白通过控制核酸通过纳米孔的速度（400～450 个碱基 /s），实现更高的准确度，解决了因为核酸易位速率过快和电流变化幅度较小而造成的测序准确度低的问题（图 2.8）。

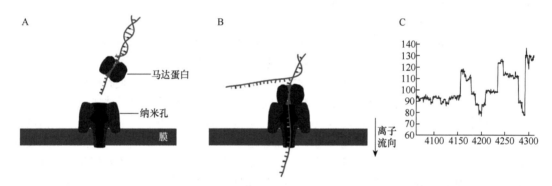

图 2.8　纳米孔测序（链测序）原理（引自 Leggett et al., 2017）
A. 纳米孔嵌入在电阻合成膜中，电阻膜两侧存在施加电势差，离子流帮助核酸通过纳米孔；B. 与另一个衔接子结合的马达蛋白与纳米孔对接，并使 DNA 分子通过纳米孔；C. 纳米孔中的碱基导致电流中断，形成序列特征

纳米孔测序具有很多优势：①读长很长，平均在几十至数百 kb，最长纪录超过 2Mb（Panne et al., 2018）；②基于最新的碱基转换算法 flip-flop，其核酸准确率在 93%～95%，错误随机分布，可通过提升测序深度降低错误率，一致性准确度最高可达 99.999%；③可实时读取获得数据，并进行实时分析；④测序通量随芯片种类和通道数量变化，单平台最高理论通量可达 7T～9T，是目前测序通量最高的测序平台之一；⑤可对 DNA/RNA 进行直接测序，可读取出核酸的表观遗传修饰，不限种类，这对于在基因组水平直接研究表观遗传相关现象有极大的帮助，不必像传统 NGS 测序那样需要先对基因组进行亚硫酸氢盐（bisulfite）处理，才能检测甲基化的胞嘧啶；⑥样品制备简单且相对便宜，单个样品常规 DNA 建库时间为 1h，特有快速建库方法仅为 10min，同时芯片可以反复使用数次直至纳米孔损耗低于质检标准。

3. 第三代与第二代高通量测序平台的比较 目前按照测序技术原理的不同，可将高通量测序平台大致分为第二代和第三代测序平台。上述三种二代测序技术和两种三代测序技术是目前使用最多的高通量测序平台，这 5 种测序平台有关参数和优缺点的比较如表 2.3 所示。

表 2.3 主流第二代和第三代高通量测序平台的比较

	测序平台	测序化学方式	检测方法	读长范围*	优势、局限性及应用
第二代	ThermoFisher Ion Iorrent	边合成边测序	pH	200~600bp	优势：测序流程简单，仪器运行速度快，运行时间为2~4h；所需样本量少，仅需10ng DNA/RNA
					局限性：单端测序，读长短；难以处理同种碱基多聚区域；通量较低，最高通量仅10~15Gb
					应用：适合靶向RNA和DNA测序、微生物、转录组测序、外显子组测序等
	Illumina/ Solexa	边合成边测序	光学	75~250bp	优势：双端测序，测序通量高；广泛的应用灵活性；测序准确度高，无同聚物错误问题；平台测序成本低
					局限性：读长短，仪器昂贵，更新换代成本高；建库操作复杂且时间长；扩增偏好，高GC或AT偏好性；低通量测序平台测序成本很高；部分平台单张芯片通量过大，多样品共同上机等待时间过长
					应用：适用于基因组、转录组、表观组及靶向测序
	华大智造 （MGI）	探针锚定聚合技术	光学	50~200bp	优势：单双端测序兼有，测序通量高；广泛的应用灵活性；测序准确度高；测序成本低
					局限性：读长短，仪器昂贵，更新换代成本高；建库操作复杂且时间长；测序时间长；部分平台单张芯片通量过大，多样品共同上机等待时间过长
					应用：适用于基因组、转录组、表观组及靶向测序
第三代	Nanopore	纳米孔	电信号	20~50kb	优势：超长读长；直接DNA/RNA测序；测序设备稳定，可移动，可在多环境下运行；建库操作简单、成本低；芯片可反复利用；可实时获取数据，测序灵活，可根据需求随测随停；测序速度快，通量高
					局限性：测序准确度仍需提升，仍存在同聚物错误
					应用：适用于基因组、转录组、表观组及靶向测序
	PacBio Bioscience	边合成边测序	光学	10~30kb	优势：读长长；需要样品量较少（10~100ng）；运行灵活，有不同规格芯片（30min~10h），可同时运行1~16张芯片
					局限性：仪器昂贵，更新换代成本高，测序成本高；建库操作复杂且时间过长；对安装环境要求高；测序时间过长
					应用：适用于基因组、转录组、表观组测序

*指平均读长范围，不包括特殊应用

目前高通量测序技术可以根据以下标准来进行区别。

（1）测序读长 读长是区别二代测序技术和三代测序技术的重要标准。测序的本质在于还原序列本身最原始的信息，利用鸟枪法对核酸进行打断是为了更高通量、更容易地进行测序，因此读长越长，还原所需的难度会越小。通常二代测序的读长在几十到数百bp，而三代测序的读长可达数kb、数十kb甚至数百kb和Mb水平。

（2）单分子测序还是克隆扩增后测序　　这是区别二代测序技术和三代测序技术的另一个标准，三代测序（包括 PacBio 和 Oxford Nanopore 测序平台）均采用单分子测序，而二代测序采用的则是克隆扩增后的核酸进行序列测定。

（3）测序化学方式　　Ion Iorrent、Illumina 和 PacBio 三种测序平台均利用边合成边测序的方式作为测序化学方式，华大智造采用探针锚定聚合技术，而 Oxford Nanopore Technology 选择纳米孔测序。

（4）检测方法　　Illumina、华大智造和 PacBio 这三种测序平台是以光学信号作为检测对象来进行测序，Ion Iorrent 是第一台没有光学感应的高通量测序平台，而纳米孔测序则是通过检测碱基带来的电信号差异来获取碱基信息。

每种测序技术由于测序化学方式或者使用的检测方法不同，与其他测序平台相比有相似处也有不同，从测序结果来看，包括通量、测序准确度、测序偏好性、读序长短等存在差异，这些差异为整个测序技术的发展带来很大助力——因为目前还没有一种测序技术是完美的，每种技术都有自己的缺陷，但也都有自身特定应用的强势领域。

第二节　组学数据及其测定

一、基因组

1. 基因组及基因组重测序　　目前高通量测序技术的主要应用领域为基因组及基因组重测序（图 2.9）。基因组包括核基因组、线粒体基因组和叶绿体基因组，其中高通量测序以核基因组为主。基于无参考基因组的物种基因组测序的目的更多是为了获得其从头拼接的基因组序列（详见第 7 章），而基因组重测序则是通过对有参考基因组序列的物种群体进行不同个体的基因组测序，从而找到群体内遗传变异（SNP、插入/缺失突变、结构变异，以及拷贝数变异等，详见第 7 章第三节）。基因组重测序可以通过全基因组测序（WGS）（10～30×）或简化基因组测序（如 GBS 和 RAD-Seq）方式进行。目前二代测序更擅长于 SNP 和长度较短（＜10bp）的插入/缺失突变的变异检测，而三代测序由于其长读长的特点，在结构变异和拷贝数变异的检测方面更具优势。

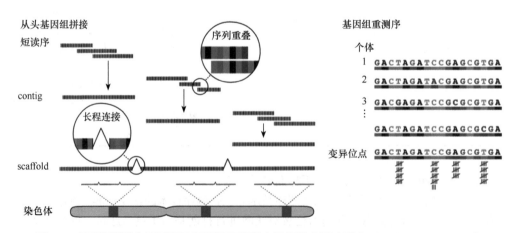

图 2.9　高通量测序在基因组及基因组重测序中的相关应用（引自 Shendure et al., 2017）

contig、scaffold、染色体为基因组组装的三个层次简化基因组测序（reduced representation sequencing）是在第二代测序基础上发展起来的一种利用酶切技术、序列捕获芯片技术或其他实验手段降低物种基因组复杂程度，针对基因组特定区域进行测序，进而反映部分基因组序列结构信息的测序技术。目前发展起来的简化基因组测序包括：复杂度降低的多态序列（complexity reduction of polymorphic sequence，CRoPS）测序，限制性酶切位点相关 DNA（restriction site associated DNA，RAD）测序，基因分型测序（genotyping by sequencing，GBS）。其中应用最为广泛的是限制性酶切位点相关 DNA 测序技术，即 RAD-Seq。这些技术已广泛用于遗传群体和自然群体遗传多态性调查（详见第 13 章）。

2. 目标区域靶向捕获测序　　相对于全基因组测序，目标区域靶向捕获测序更加精准高效，检测灵敏度更高，测序成本更低，同时大大降低了后续分析的难度。以外显子测序为例，外显子区域的累计长度通常只占全基因组序列的很小比例，但却包含了绝大多数受关注的变异信息。目标序列捕获测序，其原理是将感兴趣的基因组区域通过设计特异性探针或者引物，将基因组 DNA 在序列捕获体系中进行反应，然后将目标基因组区域的 DNA 片段进行富集后，再利用高通量测序技术进行测序。目前的序列捕获技术包括以下几种。

（1）杂交捕获　　杂交捕获根据双链 DNA 互作的原理进行杂交进而捕获目标核酸，该技术通常分为固相捕获和液相捕获两种：①固相捕获的本质为固定的芯片，芯片上固定了设计好的探针，将制备好的 DNA 文库与芯片上的探针杂交，洗脱未杂交的片段，回收探针富集的核酸片段；②液相捕获的探针保存于液体中，同时探针携带生物素，当探针捕获到目标 DNA 时，可以通过链亲和素修饰的磁珠吸附探针，并洗脱未杂交的片段，回收捕获到的目标片段。杂交捕获最常见的应用就是外显子测序，可极大降低测序和分析的成本。

（2）多重 PCR　　多重 PCR 是一种广泛应用的目标区域靶向捕获技术，该技术是指在同一 PCR 反应体系里加上两对以上引物，同时扩增出多个核酸片段的 PCR 反应，其反应原理、反应试剂和操作过程与一般 PCR 相同。针对某些病原微生物、遗传病或癌基因突变 / 缺失存在多个部位的情况，多重 PCR 可提高其检出率并同时鉴定其型别及突变等，可系统应用的有：乙型肝炎病毒的分型；乳头瘤病毒的分型；单纯疱疹病毒的分型；癌基因的检测等。

（3）基于 Cas-9 的目标区域靶向捕获技术　　传统的目标区域靶向捕获技术仅能捕获数十或者数百碱基的片段，而基于 Cas-9 的目标区域靶向捕获技术可捕获长度达数十 kb 甚至数百 kb 的片段，结合 Nanopore 直接核酸测序技术，可检测表观遗传修饰且无 PCR 偏好性。2018年 CATCH（Cas9-assisted targeting of chromosome segment）技术被提出，该技术利用 Cas-9 技术对人类 *BRCA1* 基因进行长片段靶向捕获并利用纳米孔测序技术进行最终测序，其中捕获的片段长达 200kb，包括 80kb 的 *BRCA1* 基因（Gabrieli et al.，2018）。2020 年 nCATs（Nanopore Cas9-targeted sequencing）技术出现（Gilpatrick et al.，2020），该技术首先通过碱性磷酸酶去除基因组 DNA 末端原有的磷酸基团，然后通过针对目标区域的 Cas-9/gRNA 复合物在目标区域的两端切割产生含有磷酸基团的新 DNA 末端，加入 Tap 酶和 dATP 从而将 dATP 连接到新的含有磷酸基团的目标 DNA 片段末端，随后连接上适合纳米孔测序的接头，上机测序。另外，最新技术包括基于纳米孔测序的适应性采样技术（计算靶向测序）等。

相对于以往只能将基因突变锁定在染色体某一片段区域的检测方法，目标区域测序技术是一个非常高效的检测手段。目标区域测序技术可以对经过连锁分析锁定了目标范围或经过全基因组筛选的特定基因或区域进行更深一层的研究，是解决连锁分析无法发现致病基因的问题的有效手段。目标区域测序技术对于已知基因突变的筛查具有明显优势，可以快速、全面地检测出目标基因突变。同时，由于目标区域受到了限制，测序范围大幅度减少，测序时间和费用相应降低。

3. 三维基因组　　通过在三维空间中基于其邻近优先相互作用的 DNA 片段方法，1993 年有研究者对三维基因组进行了首次测定（Cullen et al.，1993），随后在 2002 年对其进行了改进和扩展（Dekker，2002），形成了染色体基础构象捕获（3C）技术，包括 3C 的高通量衍生物——Hi-C 技术（Lieberman-Aiden et al.，2009）。三维基因组测定的流程可以简单分为三个步骤：固定互作片段、通过打断序列来更好地捕获互作片段和通过 PCR 或测序确定互作关系和位置。在 Hi-C 技术中，高通量测序往往扮演了第三步检测的作用，三维基因组更加关键的是前两个步骤，如何更加有效地固定和捕获互作片段是三维基因组测序的关键（详见第 12 章第一节）。

二、转录组

1. 转录组基本概念与测定方法

（1）基本概念　　随着后基因组时代的到来，转录组学、蛋白质组学、代谢组学等各种组学技术相继出现。转录组学作为一个率先发展起来的学科，是研究细胞表型和功能的重要手段，是研究基因表达、基因结构和功能的新型研究方向，受到了广泛关注。转录组研究是基因功能及结构研究的基础和出发点，了解转录组是解读基因组功能元件和揭示细胞及组织中分子组成所必需的，并且对理解机体发育和疾病具有重要作用。转录组分析一般包括：①对所有转录产物进行分类；②确定基因的转录结构，如转录起始位点，5′ 和 3′ 端，剪接模式和其他转录后修饰等；③量化各转录本在发育过程中和不同条件下（如生理/病理）表达水平的变化等。与基因组不同，转录组更具有时间性和空间性。例如，人体大部分细胞具有一模一样的基因，即使同一细胞在不同的生长时期及生长环境下，其基因表达情况也是不完全相同的。所以，除了异常的 mRNA 降解现象（如转录衰减）以外，转录组反映的是特定条件下活跃表达的基因集。

（2）测定方法　　用于转录组数据获取和分析的方法主要包括基于杂交技术的芯片技术（gene chip 或 microarray）、基于序列分析的基因表达系列分析（serial analysis of gene expression，SAGE）、大规模平行信号测序系统（massively parallel signature sequencing，MPSS）及 RNA-Seq 技术等。基于杂交技术的芯片技术是开发最早也是目前应用较广的高通量转录组检测技术，该技术成本适中，数据分析软件较多，方法较为成熟，然而该技术只限用于已知序列，无法检测新的 RNA；杂交技术灵敏度有限，难以检测低丰度的目标（需要更多的样品量）和重复序列；很难检测出融合基因转录、多顺反子转录等异常转录产物。与芯片技术不同，SAGE 技术不需要任何基因序列的信息，能够全局性地检测所有基因的表达水平，除了具有显示基因差异表达谱的作用外，还对那些未知基因特别是低拷贝基因的发现起到了巨大的推动作用。MPSS 技术是对 SAGE 技术的改进，简化了测序过程，提高了精度，但二者都是基于昂贵的传统 Sanger 测序，需要大量的测序工作，技术难度较大，而且涉及酶切、PCR 扩增、克隆等可能会产生碱基偏向性的操作步骤，因此限制了其推广。相比之下，RNA-Seq 技术具有如下独特优势。

1）数字化信号：直接测定每个转录本片段序列，单核苷酸分辨率的精确度，可以检测单个碱基差异、基因家族中相似基因及可变剪接造成的不同转录本的表达，同时，不存在传统微阵列杂交的荧光模拟信号带来的交叉反应和背景噪音问题，能覆盖信号超高的动态变化范围。

2）高灵敏度：能够检测到细胞中低表达的转录本。

3）转录组分析：不需要预先设计特异性探针，因此不需要了解物种基因信息就能够直接对任何物种进行转录组分析，这对非模式生物的研究尤为重要。同时能够检测未知基因，发现新的转录本，并精确识别可变剪接位点及 SNP、UTR 区域。

4）更广的检测范围：能够同时鉴定和定量稀有转录本和正常转录本；而芯片技术对过低或过高表达的基因缺乏敏感性，因而动态检测范围小。此外，RNA-Seq 技术重复性好、起始样品比芯片技术要少得多，尤其适用于来源极为有限的生物样品（如癌症干细胞）分析。

RNA-Seq 技术与其他转录组学技术的比较如表 2.4 所示。

表 2.4　RNA-Seq 技术与其他转录组学技术的比较

项目	技术		
	芯片	cDNA/EST 等	RNA-Seq
原理	杂交	Sanger 测序	高通量测序
信号	荧光模拟信号	数字化信号	数字化信号
分辨率	数个 100bp	单碱基	单碱基
通量	高	低	高
背景噪声	高	低	低
分析成本	高	低	低
起始 RNA 用量	多	多	少
基因表达	特定基因	有限的基因	全部
是否能够区分不同亚型	有限	是	是
是否能够区分等位基因表达	有限	是	是

RNA 测序（RNA-Seq）技术发展于十几年前（Emrich et al., 2007），随即成为分子生物学中无处不在的工具，使我们对生物学的许多方面有了更深入的理解，如 mRNA 的剪接程度、非编码 RNA 和增强子 RNA 对基因表达的调控等。迄今为止，已经从标准 RNA-Seq 技术中衍生出了近 100 种不同的方法（Illumina Inc., 2020）。这些方法大多已经在 Illumina 的短读长测序仪器上实现，但是不断出现的长读序 cDNA 测序和直接 RNA 测序（dRNA-Seq）方法，可以更好地解决 Illumina 短读长测序技术无法解决的问题（图 2.10）。目前基于短读序 cDNA 的 RNA-Seq 方式正在大规模地应用于鉴定转录本结构和差异表达基因上，但仍存在许多限制。以人类转录组为例，90% 以上的基因存在两个或者两个以上的转录本，而 50% 以上的转录本长度大于 2500bp，其中转录本的长度范围在 186bp～109kb（Frankish et al., 2019；Piovesan et al., 2016）。基因可变剪接目前可以通过短读序 cDNA 测序的方式、长读序 cDNA 测序的方式及直接对 RNA 进行测序的方式进行鉴定，能够获得的信息随着技术的发展也随之增加（图 2.10）。短读序测序的优势是通量高、可以低成本获得大量表达数据；长读序 cDNA 方法可以生成全长转录本，可以消除或极大减少短读序拼接造成的假象，并改善差异转录本的表达分析。但是，长读序 cDNA 的方法依赖于 cDNA 的反转录过程，而该过程会删除有关 RNA 碱基修饰的信息，并且只能对聚腺苷酸化（polyA）尾巴长度进行粗略估计。直接对 RNA 进行测序的长读序测序方法可以同时进行全长转录本分析、碱基修饰检测（如 N6-甲基腺苷，m6A）和 polyA 尾部长度估算等。目前可以进行短读序 cDNA 测序的平台有 Illumina、BGI 和 Ion Torrent，可以进行长读序 cDNA 测序的平台有 Nanopore 和 PacBio，而对 RNA 直接进行测序的平台仅有 Nanopore。

2. RNA-Seq 技术流程　将高通量测序技术应用到由 mRNA 反转录生成的 cDNA 上，从而获得来自特定样本不同基因的 mRNA 片段和含量，这就是 mRNA 测序或 mRNA-Seq，同样原

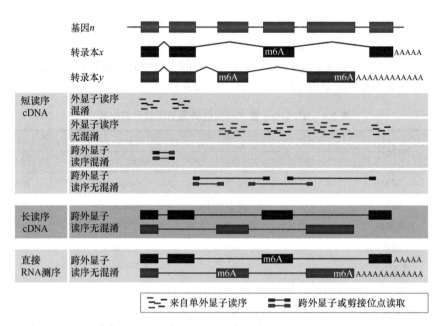

图 2.10　短读序 cDNA、长读序 cDNA 及直接 RNA 测序三类 RNA-Seq 方法比较（引自 Stark et al., 2019）

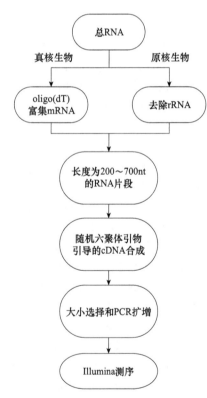

图 2.11　RNA-Seq 技术流程
（以 Illumina 测序为例）

理，各种类型的转录本都可以用该原理进行高通量检测。RNA-Seq 技术的流程：首先将细胞中的所有转录产物反转录为 cDNA 文库，然后将 cDNA 文库中的 DNA 随机剪碎为小片段，在 cDNA 两端加上接头后利用高通量测序仪测序，直接获得足够的序列（图 2.11）。具体而言，提取总 RNA 后，在真核生物中使用 oligo（dT）方法来富集 mRNA，在原核生物中直接去除 rRNA。在获得长度为 200～700nt 的 RNA 片段后，将 RNA 反转录为 cDNA 文库，在 cDNA 两端加上接头利用高通量测序仪测序。

3. RNA-Seq 技术发展前景　随着测序技术的不断进步，我们能够对转录组开展更为深入的测序工作，发现更多、更可靠的转录本，目前的大规模并行测序技术已经彻底改变了我们对转录组的研究方法，测序结果的质量也在不断提高，得到的信息量也在爆炸式增长。然而和所有其他新生技术一样，RNA-Seq 技术也面临着一系列新问题：①庞大的数据量所带来的生物信息学难题，例如，如何最好地诠释和比对、鉴定多个类似的同源基因？如何确定最佳测序量？如何获得高质量的转录图谱等；②如何针对更复杂的转录组来识别和追踪所有基因中罕见 RNA 的表达变化；③目前的高通量测序技术大多需要较多的样品起始量，这使来源极为有限的生物样品分析受到限制，因此如何对单细胞或少量细胞进行转录组测序是一个亟待解决的问题（最近进行单细胞转录组测定已成研究热点）；④标准的 RNA-Seq 技术不能提供序列转录的方向信息，目前可采用单链测序（single-strand sequencing）

或链特异性测序（strand-specific sequencing）技术来解决这一问题，这已经成为 RNA-Seq 技术发展的一个重要方向；⑤基于短读序 cDNA 测序的 RNA-Seq 技术往往难以提供完整转录本结构的鉴定、RNA 的碱基修饰信息和完整的 polyA 结构信息，目前长读序 cDNA 测序和直接RNA 测序的 RNA-Seq 技术可以很好地解决这个问题。

虽然 RNA-Seq 技术还面临着种种困难，但该技术已经显示出其他转录组学技术无可比拟的优势。就目前来看，RNA-Seq 技术和芯片技术作为两种高通量的转录组学研究技术，在某些应用方面既存在重叠和竞争，也存在优势互补。芯片技术的缺点在于它是一个"封闭系统"，只能检测人们已知序列的特征（或有限的变异）；而 RNA-Seq 技术的优势，就在于它是一个"开放系统"，它的发现能力和寻找新信息的能力从本质上高于芯片技术，随着相关学科的进一步发展和测序成本的进一步降低，RNA-Seq 技术已在转录组学研究领域占主导地位。

4. 非编码 RNA 类型与测序

（1）非编码 RNA 类型　　内源性非蛋白质编码小 RNA（small non-protein-coding RNA，18～24nt）广泛存在于高 / 低等生物体内，通过对靶标 mRNA 直接剪接或抑制其翻译，主要在转录后水平对基因表达起调节作用。已知的小 RNA 主要分为两大类：一类是微小 RNA（microRNA，缩写为 miRNA）；另一类是小干扰 RNA（small interfering RNA，siRNA）。在植物和动物体内，miRNA 与 siRNA 的产生机制和作用形式均有所不同。miRNA 是由具有发夹结构的初级转录本（pri-miRNA）经过一系列加工过程（包括核酸内切酶 DCL1 加工）后生成，而小干扰 RNA 则是通过核酸内切酶 DCL1、DCL2、DCL3 和 DCL4 对具有较好互补结构的长双链 RNA 前体进行加工形成的（Khraiwesh et al., 2012）。目前发现的 siRNA 种类很多，它们的前体序列类型和形成机制各不相同。迄今为止，在 miRNA 国际数据库 miRBase（www.mirbase.org）中已经有超过 4000 条植物 miRNA 序列记录（Release 21.0）。miRNA 参与调控许多蛋白质编码基因，特别是转录因子类基因。miRNA 参与调控基因的功能涉及植物生长发育、生殖发育、抗性等各个方面。

长链非编码 RNA（long noncoding RNA，lncRNA）通常指长度大于 200 个核苷酸的非编码RNA。已有研究表明，lncRNA 对 mRNA 的转录及转录后都存在着调控作用，并且能够与 DNA及蛋白质互作，进一步影响生物体的生命活动。长链非编码 RNA 被认为是真核生物基因调控的功能调控元件，很多不同类型的 lncRNA 在真核生物中被发现，并且分别在不同的调控网络中发挥作用。根据 lncRNA 与相邻编码蛋白基因的关系，可以将其分为不同类型（Quan et al., 2015）。部分 lncRNA 像 mRNA 一样具有 5′ 帽子和 polyA 尾巴，剪接之后形成成熟 RNA。生物物理学分析表明，lncRNA 可以折叠形成有功能的二级结构。有些 lncRNA 在不同的物种间相当保守，可能调节不同物种间共有的信号通路，使这些物种具有某些共同的生物学功能。此外，有些非保守的lncRNA 的功能具有物种特异性，这可能受限于不同物种的环境选择压力和表型分离相关的进化。

（2）样品采集及其测序方法　　由于 RNA 表达的时空特异性，导致传统的实验方法研究RNA 的效率很低、成本较高，因此借助计算方法研究 RNA 是一个很好的补充。同时随着高通量测序技术的迅猛发展，科学界也开始越来越多地应用第二代测序技术来解决生物学问题。例如，在转录组水平上进行全转录组测序，从而开展可变剪接、编码序列单核苷酸多态性、基因表达情况等研究；小分子 RNA 群体测序，通过分离特定大小的 RNA 分子进行测序，从而发现新的 miRNA 分子；通过去核糖体 RNA 并建立链特异性文库，进而鉴定新的 lncRNA 分子。在转录组水平上，与染色质免疫共沉淀（ChIP）和甲基化 DNA 免疫共沉淀（MeDIP）技术相结合，从而检测与特定转录因子结合的 DNA 区域和基因组上的甲基化位点。利用紫外交联免疫沉淀结合高通量测序（CLIP-Seq），可以在全基因组水平揭示 RNA 分子与 RNA 结合蛋白的相互作用。上述技术对植物样品的采集方式及涉及的测序方法均有所不同。

目前可以用 Illumina、BGI、Ion torrent 等二代测序平台进行小 RNA 测序。使用第二代测序技术对小 RNA 进行检测的基本步骤主要包括：①构建 DNA 模板文库，从总 RNA 中分离纯化出 20~30nt 的小 RNA 后，使用 T4 连接酶分别在 miRNA 的 5′ 端和 3′ 端连上接头序列，进行 RT-PCR 得到 70~80bp 的 DNA 片段；②将所得单链模板文库固定在平面或微球的表面；③通过桥式 PCR、微乳滴 PCR 或原位成簇对模板链进行扩增；④采集并记录 PCR 循环中的光学事件；⑤对产生的阵列图像进行时序分析，获得 DNA 片段的序列。

对于送样的 RNA 样品也有一定的要求：①样品浓度，总 RNA 浓度≥350ng/ul；②样品总量，总 RNA 用量 >6μg；③样品纯度，$OD_{260/280}$ 为 1.8~2.2，260nm 处有正常峰值；④ RNA 完整性，总 RNA 28S/18S≥1.5，小 RNA 要求电泳后有单一 5S 条带。

在植物中，小 RNA 以碱基互补配对的方式靶向 mRNA，导致 mRNA 的降解。为了大规模验证小 RNA 与 mRNA 的互作关系，常常会用到降解组测序（degradome sequencing）。降解组测序的原理是：在植物体内绝大多数的 miRNA 是利用剪接作用调控靶基因的表达，且剪接常发生在 miRNA 与 mRNA 互补区域的第 10 位核苷酸上。靶基因经剪接产生 2 个片段，即 5′ 剪接片段和 3′ 剪接片段。其中 3′ 剪接片段包含自由的 5′ 单磷酸和 3′ polyA 尾巴，可被 RNA 连接酶连接，连接产物可用于下游高通量测序；而含有 5′ 帽子结构的完整基因，或者含有帽子结构的 5′ 剪接片段或其他缺少 5′ 单磷酸基团的 RNA 无法被 RNA 酶连接，因而无法进入下游的测序实验；对测序数据进行深入比对分析，可以直观地发现在 mRNA 序列的某个位点会出现一个波峰，而该处正是候选的 miRNA 剪接位点（完整实验流程见图 2.12）。利用降解组测序，科研人员摆脱了生物信息学预测的限制，真正从实验中找到了 miRNA 的作用靶基因。

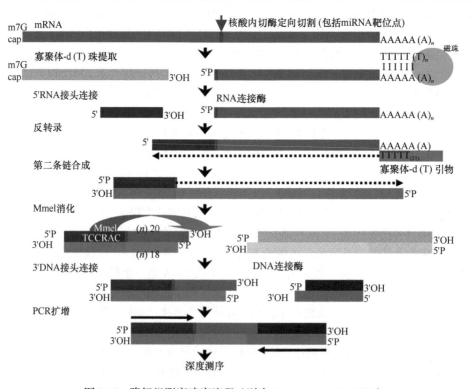

图 2.12　降解组测序建库流程（引自 Thomson et al., 2011）

收集的靶基因经剪接产生 2 个片段：5′ 剪接片段和 3′ 剪接片段，用 RNA 连接酶连接 3′ 剪接片段（含有 polyA 尾巴的片段），进行反转录 PCR 扩增可得到目标片段此外，利用第三代测序技术也可对非编码 RNA 进行测序分析，如利用 Nanopore 平台对酵母中带有 polyA 结构的非编码 RNA 和人类 / 小鼠非线性 RNA（包括 trans-spliced RNA，tsRNA 和 circRNA）进行的测序调查（Jenjaroenpun et al., 2018；Chuang et al., 2018；Rahimi et al., 2019）。

为了便于 lncRNA 群体的研究，出现了专门针对长非编码 RNA 的测序技术。与 mRNA 相比，lncRNA 表达水平较低，但数量却是 mRNA 的几倍甚至几百倍。在总 RNA 样本中，核糖体 RNA（rRNA）的丰度最高，占总 RNA 的 80% 以上。这些 rRNA 所含的转录组信息很少，浪费了宝贵的测序资源。因此在提取总 RNA 过程中，去除 rRNA 可以最大限度地保留转录组信息，从而达到富集 lncRNA 的效果。之后再进行 cDNA 文库构建，进入测序仪测序。

三、其他组学数据

1. 甲基化组　　在表观遗传中，DNA 序列不发生变化，但基因表达却发生了可遗传的改变，并最终导致了表型的变化。它不符合孟德尔遗传规律。由此可认为，基因组含有两类遗传信息：一类是传统意义上的遗传信息，即 DNA 序列所提供的信息；另一类是表观遗传学信息，它提供了何时、何地、以何种方式去执行遗传信息的指令，主要通过 DNA 甲基化、组蛋白修饰、染色质重塑和非编码 RNA 调控 4 种方式来控制表观遗传。

（1）DNA 甲基化及其测序　　DNA 甲基化（DNA methylation）是最早发现的修饰途径之一。大量研究表明，DNA 甲基化能引起染色质结构、DNA 构象、DNA 稳定性及 DNA 与蛋白质相互作用方式的改变，从而控制基因表达。甲基化位点可随 DNA 的复制而遗传，因为 DNA 复制后，甲基化酶可将新合成的未甲基化的位点进行甲基化。DNA 的甲基化可引起基因的失活，具体来说，DNA 甲基化导致某些区域 DNA 构象变化，从而影响了蛋白质与 DNA 的相互作用，甲基化达到一定程度时会发生从常规的 B-DNA 向 Z-DNA 的过渡，由于 Z-DNA 结构收缩，螺旋加深，使许多蛋白质因子赖以结合的原件缩入大沟而不利于转录的起始，导致基因失活。DNA 甲基化是指 DNA 序列上特定的碱基在 DNA 甲基转移酶（DNMT）的催化作用下，以 S-腺苷甲硫氨酸（SAM）作为甲基供体，通过共价键结合的方式获得一个甲基基团的化学修饰过程。目前 DNA 甲基化主要包括 5-甲基胞嘧啶（5-mC）等类型（图 2.13）。

DNA 甲基化测序方法按原理可以分成五大类：①重亚硫酸盐测序；②基于限制性内切酶测序；③靶向富集甲基化位点测序；④ Nanopore 直接 DNA 测序；⑤ PacBio 甲基化测序。

1）重亚硫酸盐（bisulfite）测序原理是用重亚硫酸盐使 DNA 中未发生甲基化的胞嘧啶脱氨基转变成尿嘧啶，而甲基化的胞嘧啶保持不变，用 PCR 扩增（引物设计时尽量避免含有 CpG，以免受甲基化因素的影响）所需片段，则尿嘧啶全部转化成胸腺嘧啶。最后，对 PCR 产物进行测序，并且与未经处理的序列比较，判断 CpG 位点是否发生甲基化。该方法可靠性及精确度都很高，能明确目的片段中每一个 CpG 位点的甲基化状态（图 2.14）。在寻找有意义的关键性 CpG 位点方面具有其他方法无法比拟的优点。该方法的主要不足是耗时较长和成本过高，过程较为烦琐、昂贵；在甲基化变异细胞占少数的混杂样品中，由于所用链特异性 PCR 不是特异扩增变异靶序列，故灵敏度并不是很高。

基于限制性内切酶发展出来的甲基化测序方法有多种，简化重亚硫酸盐测序技术（reduced representation bisulfite sequencing，RRBS）是其中一种重要的方法。该方法在重亚硫酸盐处理前，使用 *Msp* I（该酶的酶切位点为 CCGG）酶切对样本进行处理，去除低 CG 含量 DNA 片段，使用较小的数据量富集到尽可能多的包含 CpG 位点的 DNA 片段（图 2.15）。该方法优点如下：

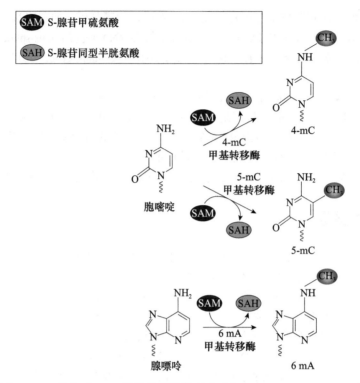

图 2.13　三种主要 DNA 甲基化修饰类型（引自 Beaulaurier et al., 2019）

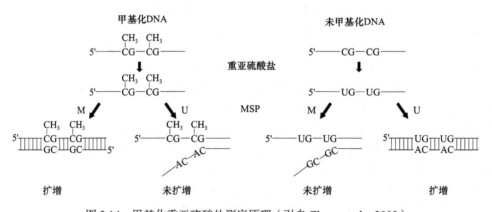

图 2.14　甲基化重亚硫酸盐测序原理（引自 Zhang et al., 2009）

M（methylated specific）. 甲基化特有；U（unmethylated specific）. 非甲基化特有；MSP（methylation-specific PCR）. 甲基化特异性 PCR

①具有较高的精确度，在其覆盖范围内可达到单碱基分辨率；②重复性好，多样本的覆盖区域重复性可达 85%～95%，适用于多样本间的差异分析；③检测范围广，能够覆盖全基因组范围内超过五百万个 CpG 位点；④性价比高，测序区域更有针对性，数据利用率更高。酶切的效率不高是该方法的弱点，有些甲基化的位点并没有被酶切开，导致分析结果不全面。

2）甲基化修饰依赖性内切酶测序法（methylation-dependent restriction-site associated DNA sequencing，MethylRAD-Seq），该方法基于甲基化修饰依赖性内切酶和 2b-RAD 技术的结合，既能对全基因组中的甲基化位点进行定性和定量分析，又能用于评估基因组染色体区段 DNA 甲基化水平分布，是一种高效、低成本的全基因组 DNA 甲基化检测技术。MethylRAD-Seq 方法的主

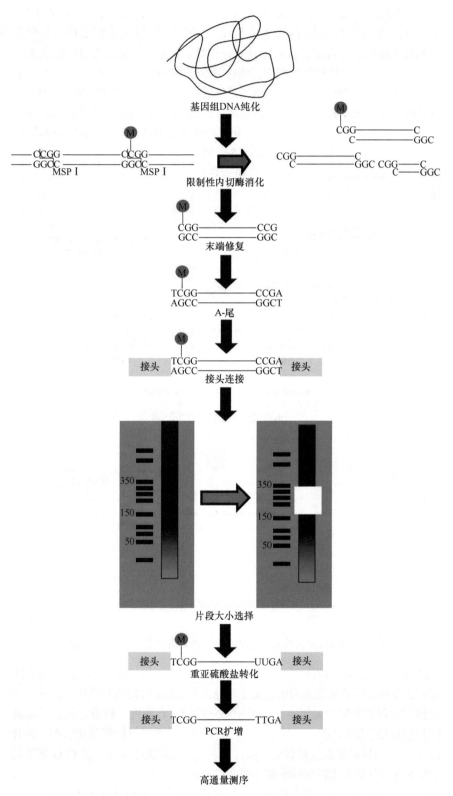

图 2.15 甲基化简化重亚硫酸盐测序（RRBS）原理（引自 Smith et al., 2009）

要原理是利用甲基化修饰依赖性内切酶 *Fsp*E Ⅰ 对 基因组 DNA 进行酶切，基因组中 C^{m}CGG 或 C^{m}CHGG 位点上的甲基化修饰均可被 *Fsp*E Ⅰ 识别，酶切后产生具有核心甲基化位点的等长标签，设计有黏性末端的接头可以直接对标签进行连接、扩增，还可以通过在接头末端添加选择性碱基，从而控制获得甲基化标签的密度，然后对标签文库进行高通量测序，可以获得全基因组范围内的甲基化位点序列信息（图 2.16）。由于等长标签在 PCR 反应中扩增效率一致，因此可以用甲基化位点的覆盖深度来衡量该位点的甲基化水平。MethylRAD-Seq 方法建库流程简便快速，手动操作需要 4h，完成整个建库流程仅需 3d，可同时对多个样本的全基因组 DNA 甲基化谱进行比较分析，并且所需的成本较低。MethylRAD-Seq 对甲基化位点的分析检测不需要基因组参考序列，对于基因组信息相对匮乏的非模式生物是一种成本较低、简单快速的高通量全基因组甲基化分析方法。

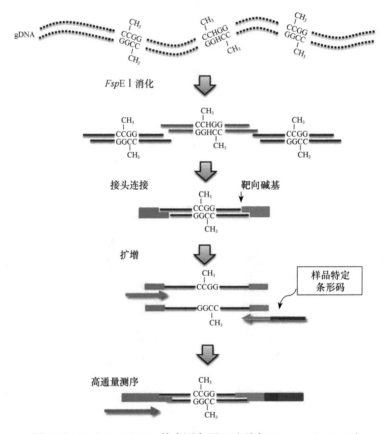

图 2.16　MethylRAD-Seq 技术测序原理（引自 Wang et al., 2015）

3）甲基化 DNA 免疫共沉淀测序（methylated DNA immunoprecipitation sequencing，MeDIP-Seq）是通过胞嘧啶抗体特异性地富集基因组上发生甲基化的 DNA 片段进行测序的方法。该方法优点在于覆盖范围广，可以对整个基因组范围的甲基化区域进行研究，性价比高，可以进行多样品间 DNA 甲基化区域的比较分析。不足之处是无法精确到单个碱基的甲基化状态，并且所需起始 DNA 量较大，抗体的价格昂贵且对富集区域有偏好性，对高度甲基化、高 CpG 密度的区域更为敏感。MeDIP-Seq 方法是基于富集的原理（图 2.17）。

基于抗体富集原理进行测序的全基因组甲基化检测技术，采用甲基化 DNA 免疫共沉淀技术，通过 5-甲基胞嘧啶抗体特异性富集基因组上发生甲基化的 DNA 片段，可以利用芯片技术进行芯片杂交，也可通过高通量测序在全基因组水平上进行高精度的 CpG 密集的高甲基化区域研究。

4）第三代测序 SMRT 和 Nanopore（图 2.18），无须 PCR 扩增即可直接对 DNA 甲基化进行检测，这样保留了 DNA 中的化学修饰，实现对全基因组水平各种类型 DNA 甲基化修饰的检测。

SMRT 测序中，每个模板分子都由一个双链天然 DNA 片段组成，该片段已通过发夹型接头连接至每个末端而环化（图 2.18A），DNA 聚合酶与适应发夹的模板分子结合，并将聚合酶-模板复合物固定在零模波导孔（ZMW）的底部（图 2.18B）。合成测序开始时，结合到 DNA 聚合酶上的 dNTP 被激发荧光，通过识别聚合酶沿 DNA 模板移动时的脉冲持续时间变化，可以检测到 DNA 修饰（图 2.18C）。研究表明，脉冲持续时间变化会受到 DNA 模板分子的一级和二级结构及共价 DNA 修饰的干扰，其中 4-mC 和 6mA 的信噪比足够高，可以直接在天然 DNA 中检测到。但是，检测 5-mC 和 5-hmC 需要高测序深度或其他步骤才能被准确检测到（Schadt et al., 2013；Clark et al., 2013）。

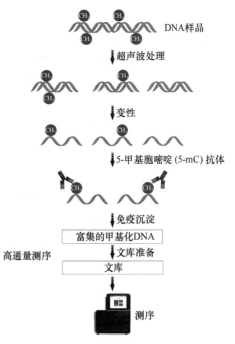

图 2.17　MeDIP-Seq 方法工作流程
（www.cd-genomics.com）

Nanopore 测序中，通过将改造后的蛋白质纳米孔放置在脂质膜上，在脂质膜上施加电压以驱动带负电荷的单链 DNA（ssDNA）通过纳米孔进行测序。通过 1D 连接法来构建用于纳米孔测序的 DNA 文库，将接头序列与马达蛋白偶联到天然双链 DNA（dsDNA）片段上（图 2.18D）。其中接头序列有助于将 DNA 片段集中在含有纳米孔的脂膜附近，而马达蛋白则有助于 ssDNA 在测序过程中以固定的速率通过蛋白质纳米孔从而进行逐步测序。传感器在此过程中监视通过每个纳米孔的电流，并检测由阻碍通道的多核苷酸链移位引起的变化（图 2.18E）。这些电流波动通过专有的递归神经网络进行处理，以构建纳米通道中的核苷酸序列，其中修饰过的 DNA 和未修饰过的 DNA 会给出完全不同的电流波动，从而基于此鉴定出 DNA 甲基化修饰（图 2.18F）。大量研究证明了基于纳米孔测序的甲基化检测方案的可行性（Rand et al., 2017；Simpson et al 2017；Giesselmann et al., 2019；Liu et al., 2019）。虽然该方法仍存在一些挑战，例如，该方法还未用于未知 DNA 甲基化修饰类型的鉴定、电信号转换的准确度尚未完全达到短读序测序的程度等，但是 Nanopore 测序的快速发展及其在 DNA 上的快速应用已使纳米孔测序成为一个非常值得关注的领域。

（2）RNA 甲基化及其测序　　RNA 甲基化修饰是一种常见的真核生物转录后修饰，m6A（N6-methyladenosine，N6-甲基腺嘌呤）是最常见的 RNA 甲基化修饰方式，占全部甲基化修饰 RNA 的 80%。m6A 修饰在调控基因表达、转录本剪接、RNA 编辑、RNA 稳定性和控制 mRNA 的降解等方面起重要作用（Meyer and Jaffrey, 2014）。早在 20 世纪 70 年代，m6A 修饰就在真核生物中被发现，但是由于技术的限制，其修饰机制、调控方式及生物学意义尚不明确。近年来，随着高通量测序技术的发展，RNA 甲基化修饰在全基因组水平的研究成为可能。

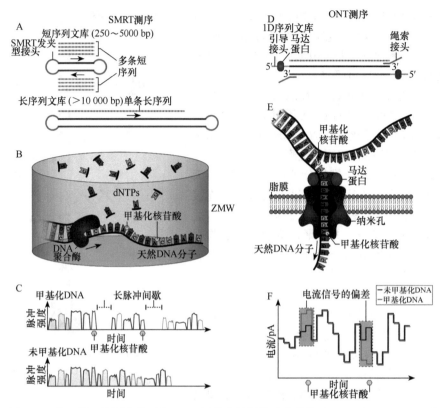

图 2.18　基于第三代测序的天然 DNA 甲基化检测技术（引自 Beaulaurier et al., 2019）

目前，检测 m6A 修饰常用的高通量测序方法为 RNA 甲基化免疫共沉淀高通量测序，即 MeRIP-Seq（methylated RNA immunoprecipitation sequencing）。MeRIP-Seq 技术（Meyer et al.，2012；Dominissini et al., 2012）使用 RNA 甲基化特异性抗体（如 N6-甲基腺嘌呤抗体）进行免疫沉淀，从而富集高甲基化的 RNA 片段，结合高通量测序在全转录组范围检测发生 m6A 修饰的 RNA 转录本（图 2.19）。该方法可将 m6A 修饰定位在 100～200bp 的转录本区域中，但是无法在全转录组水平上鉴定 m6A 的精确位置。

除了 MeRIP-Seq 的 RNA 甲基化检测方法外，Nanopore 直接 RNA 测序方法也在近几年迅速发展。Nanopore 测序是目前唯一能对 RNA 进行直接测序的方法，在直接 RNA 测序时，单个碱基通过纳米孔时因为形状和大小不同引起的电流变化不同，尤其是修饰过的碱基引起的电流和未修饰过的碱基信息具有明显差异（图 2.20A、B），通过已有碱基修饰训练集建立的机器学习算法来判断电信号关联的碱基是否修饰过（图 2.20C）。根据此原理，Nanopore 直接 RNA 测序可以对所有已经建立训练集的碱基修饰类型进行鉴定。目前关注较多的 RNA 碱基修饰主要是 m6A 和 5-mC 两种，但实际碱基修饰的类型远不止这两种。例如，通过 Nanopore 对大肠杆菌 16S rRNA 进行直接测序，鉴定出 m7G 甲基化修饰，说明一些耐药相关基因含有额外的 m7G 修饰（Smith et al., 2019）。

其他测序手段如 miCLIP 能够在单碱基水平检测 m6A 修饰；SCARLET 能够在单基因通量下检测 RNA 甲基化修饰。但是 miCLIP 和 SCARLET 由于成本高、操作难度较大等原因，并没有被广泛应用于 RNA 甲基化的检测。

2. 宏基因组　宏基因组以环境样品中全部微生物的混合基因组序列或者 16S rDNA 等基因

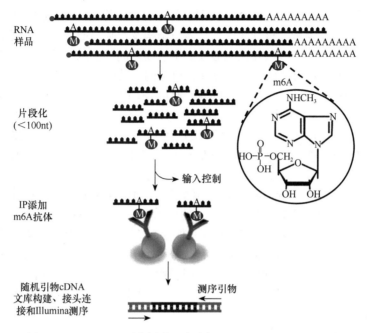

图 2.19　MeRIP-Seq 测序原理（引自 Dominissini et al., 2012）

正常的免疫沉淀（IP）实验条件，添加了 m6A 抗体的实验体系。通常情况下测序读段大致分布在甲基化位点附近，而对照条件下测序读段的分布与正常的每个基因的表达值正相关（没有甲基化影响）

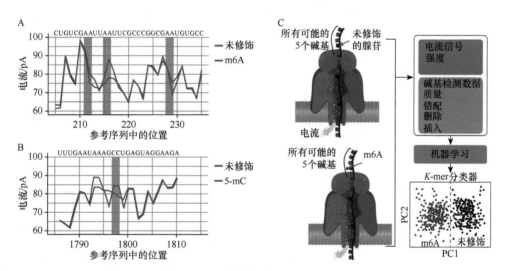

图 2.20　Nanopore 直接 RNA 测序鉴定碱基修饰模式图（引自 Liu et al., 2019；Garalde et al., 2018）

A、B. 直接 RNA 测序鉴定 m6A 和 5-mC 碱基修饰时的电信号差别；C. 直接 RNA 测序鉴定碱基修饰的算法模式图，PC1 和 PC2 分别为主成分（PC）分析第 1 和第 2 主成分

序列，以及最新发展起来的以环境中所有转录本为研究对象。因此，宏基因组学发展了基于 16S rDNA 等基因测序、宏基因组测序和宏转录组测序方法。

（1）16S rDNA 测序原理及特点　　16S rDNA（16S ribosome RNA gene）是指编码核糖体上 16S rRNA 亚基的基因。需要说明的一点是 rRNA 通常指 rDNA 的转录产物，它是构成核糖体的重要成分，核糖体由许多小的 rRNA 分子组装而成，16S rRNA 是其中一个组件。一般所分析的对象都是 16S rDNA，因为 DNA 提取容易，也比较稳定。微生物 rRNA 在漫长的进化过程中，由于其在碱基组成、核苷酸序列、高级结构及生物功能等方面表现出高度保守性而有微生物 "化石" 之称。这些保守性能够反映微生物之间的亲缘关系，为系统发育重建提供线索。然而 rRNA 的序列组成也不是完全保持恒定的，其中存在一定的高度可变性区域，称为 "可变区"。这种高可变区具有属或种的特异性，随亲缘关系不同而有一定的差异，因此，rRNA 基因可以作为揭示生物物种的特征核酸序列，被认为是最适于细菌系统发育和分类鉴定的指标。原核微生物的 rRNA 按沉降系数可以分为 5S rRNA、16S rRNA 和 23S rRNA，大小分别约为 120bp、1540bp 和 2904bp（以 *E. coli* 为例）。其中，5S rRNA 的基因序列较短，易于测定，但是由于其缺乏足够的遗传信息，不适用于系统分类研究；相反，23S rRNA 含有的核苷酸序列较长，分析较困难；16S rRNA 占细菌总 RNA 量的 80% 以上，基因序列长短适中，其结构中既有保守区域又有变异区域，是较好的生物标志物。人们根据 16S rRNA 基因不同区域序列的可变性，将其分为 9 个可变区和 9 个保守区（图 2.21）。16S rDNA 扩增子测序（16S ribosome DNA amplicon sequencing），通常是选择一个或几个变异区域或者通过三代长读序对 16s rDNA 全长进行测序，利用保守区设计通用引物进行 PCR 扩增，然后对高变区进行测序分析和菌种鉴定，从而实现环境样品中微生物组成结构和种群分布特征的探索与发掘。

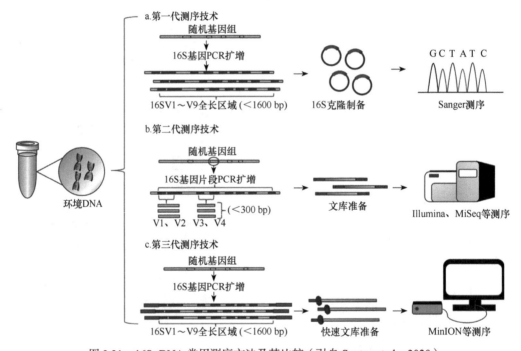

图 2.21　16S rDNA 常用测序方法及其比较（引自 Santos et al., 2020）

（2）宏基因组测序原理及特点　　区别于传统的微生物分离、培养与筛选方法，宏基因组测序包括从环境样品中提取基因组 DNA、随机打断、选择合适的测序平台上机测序。相对于其他测序方法，它的最大特点是可以一次进行多个物种 DNA 混合测序。该方法的第一个难点在于如何将 DNA 从环境杂质中分离出来（这些杂质可能会影响到后续的研究）；第二个难点在于建立大型 DNA 文库和鉴定不同物种的 DNA 基因组片段。

宏基因组测序方法概括如下：将来自环境样品中的 DNA 与杂质分离，根据研究的类型，克隆不同大小的 DNA 片段。对于大片段，可以用黏粒、F 黏粒和 BAC 载体来产生插入文库，通过针对特定遗传标志基因的引物和探针，利用 PCR 或杂交的方法，扫描文库以寻找未获培养微生物的基因组片段。此外，也可以从插入片段中产生随机序列，来鉴定大插入片段文库中的遗传标记基因。无论哪一种方法，特定靶生物被鉴定的基因组片段都可以进行后续分析。也可以将小片段克隆到高通量测序载体中，这种方法的主要缺点在于需要组装和拼接序列，与分析培养微生物基因组不同，这是一项非常有难度的工作。不仅因为文库中存在大量不同基因组，而且在单个微生物群体中也存在基因组的异质性，这些序列的可信度小于来自更大基因组片段的序列。但是可以利用这些不同插入片段文库，通过两种不同途径来寻找新的酶或药物：①在表达文库中基于活性的搜索可以鉴定新的基因产物，此方法依赖于载体中的强启动子或者内源的启动子表达编码环境的基因；②也可以通过同源的搜索方法，即用针对所需要酶基因保守区域的兼并引物，通过 PCR 进行搜索，鉴定之后，表达这些基因以鉴定活性。

　　对于样本采集和 DNA 提取，通常需要仔细的前期工作来优化样品类型的处理条件，主要目标是收集足够的微生物生物量以满足测序要求，并尽量减少样品污染。需要注意的是样品采集和冷冻的时间，以及样品经历的冻融循环次数等因素会影响检测到的微生物群落特征。DNA 提取方法则必须对多种微生物类群有效，否则测序结果可能仅来自易于裂解的微生物 DNA。另外，需要明确测序前富集微生物细胞和 DNA 方法的优点和局限性（表 2.5）。

表 2.5　测序前富集微生物细胞和 DNA 方法的优点和局限性

方法	优点	局限性
全基因组扩增	① 微量样品也可以产生足够的 DNA 用于测序 ② 可以用于提取环境 DNA ③ 可以在一类样品中扩增全部物种	① 扩增会产生显著的偏差，对宏基因组表征产生影响 ② 扩增中可能产生嵌合体影响组装质量 ③ 对感兴趣的物种无法改变其丰富比例
单细胞基因组	① 可以从未培养的生物体中产生基因组 ② 可以与荧光原位杂交等靶向方法结合使用，将基因组数据置于正确的系统发育背景中 ③ 参考基因组可以辅助宏基因组拼接	① 分离单个细胞成本高且需要专业设备 ② 需要全基因组扩增步骤 ③ 基因组扩增过程中容易引起偏差 ④ 易受到污染
流式分选	① 提供对感兴趣的细胞进行高通量分选的方法 ② 可选择特定分类群（如群落中罕见成员分类群）	① 需要专业操作人员和昂贵的设备 ② 需要细胞完整性 ③ 可能无法回收附着表面或固定在特定结构中的细胞（如生物膜） ④ 收集细胞数量受流速和分选体积限制
原位富集	① 简化微生物群落结构 ② 富集样品中特定分类群的存在可提供有关其在微生物群落中功能作用的线索	① 需感兴趣的细胞在富集期内稳定存在 ② 简化微生物群落结构
培养和微培养	① 允许对表型特征分离株进行广泛测试 ② 参考基因组可以帮助宏基因组拼接 ③ 提供功能数据辅助宏基因组学注释 ④ 将基因组数据放在正确的系统发育背景中	① 通量低 ② 受到一些在实验室中难培养的微生物的限制 ③ 不太能恢复微生物群落的稀有成员
序列捕获技术	① 可用寡核苷酸探针鉴定感兴趣的物种 ② 通过仅关注感兴趣物种来实现更高的灵敏度	① 试剂盒价格昂贵 ② 与 PCR 一样可能无法做到完全捕获

方法	优点	局限性
免疫磁珠分离	① 可以富集特定的分类群 ② 远比单细胞基因组学或流式分选技术便宜	① 需要完整的细胞 ② 需要针对目标靶细胞的特异性抗体 ③ 目标细胞数量低，需要细胞分离后全基因组扩增 ④ 技术上更具挑战性，耗时长
背景（人和真核生物）消减技术	① 对微生物细胞数远低于真核细胞的样品特别有效 ② 增强了对微生物基因组数据的检测 ③ 需要较低序列深度以获得良好微生物基因组覆盖率 ④ 相对便宜	① 在加工步骤可能失去感兴趣的细菌 DNA ② 可能引入污染

（3）宏转录组测序原理及方法　　宏转录组测序是宏基因组测序及分析的衍生物，兴起于宏基因组之后，以环境微生物的全部转录本为对象。通过群落功能、代谢通路差异分析，宏转录组可以实时反映采样地点微生物群落的基因表达情况，研究活跃菌种及高表达基因的组成情况，更好地挖掘潜在新基因，揭示特定环境因子影响下菌种的适应性及基因表达可能的调控机制，解决了宏基因组及 16S rDNA 无法做表达及定量分析的难题。2006 年，Leininger 等首次使用 454 测序技术实现了一个复杂微生物群落的宏转录组的研究，当下已成为新的研究热点。

宏转录组测序的方法包含 5 个步骤：① 样品收集；② 群体 RNA 的提取；③ cDNA 的合成；④ 随机测序；⑤ 数据分析。其中群体 RNA 的处理及数据比较分析是最关键的两步。由于 RNA 的稳定性比 DNA 差很多，有些转录组样品的放置时间不能超过 1min。因此有必要采取一些有效措施来防止 RNA 的降解。另外，在一个细菌细胞的总 RNA 中，mRNA 仅占 1%～5%，所以需要在提取之后进行 mRNA 的富集。宏转录组数据分析包括菌群物种的鉴定（可参照宏基因组测序菌群鉴定步骤进行），基因差异表达分析及新基因发掘，可参考转录组测序数据分析流程进行。

3. 单细胞基因组／转录组

（1）单细胞分选技术　　分离单个细胞是单细胞测序工作流程的第一步，而准备单细胞悬液是分离单个细胞的前提，由于植物细胞存在细胞壁，相比动物细胞，植物细胞悬液的制备操作较复杂，时间较长。根据不同的研究对象，可以采用机械分离法和酶解法来制备植物单细胞悬液：机械分离法指切割已经发生质壁分离的植物组织；酶解法主要是利用纤维素酶、果胶酶等生物酶酶解植物细胞壁。机械分离法具体来说就是针对需要分析的组织，首先利用高渗溶液处理引起植物细胞原生质体收缩从而与细胞壁分开，然后切割掉细胞壁后使收缩的原生质体从细胞切开的一端释放。机械分离法最大的优势在于能够消除酶解法给植物原生质体转录代谢带来的较大影响，但是操作复杂、困难，所获得的具有活性的原生质体的产率极低。所以目前几乎所有分离植物原生质体的工作都是用酶解法来进行（王莉等，2009）。

制备好单细胞悬液后，需要选取合适的单细胞分选方法将单个细胞分离分析。目前已经存在多种单细胞分选技术（表 2.6），常见的包括口吸移液、LCM（显微激光切割）和 FACS（流式细胞分选）（Vermeulen et al., 2008）。①口吸移液技术主要借助显微镜，利用口吸管人为选择形态较好的细胞，对细胞几乎无损伤，因此下游实验的成功率非常高，但对操作人员的熟练度要求较高。②显微激光切割术可以针对性地将样本内的单一细胞或细胞群切割下来进行研究，极大地保留了细胞的位置信息（Suarez et al., 1999）。但该方法容易污染相邻细胞，在样本固定及激光切割的过程中可能会破坏细胞的完整性，对细胞核酸损伤较大，从而影响后续的遗传物质的扩增。③流式细胞分选技术能够很好地实现大量细胞及复杂样本的分选。但是流式机械剪切力比较大，影响细胞活性，同时要求的细胞数量多，对于一些无法获取足够数目细胞的项目来说并不适用。

表 2.6　单细胞分选技术

技术	描述	优势	缺点
FACS	使用电荷分离的带有单细胞的微滴	细胞表面标记的特异性免疫标志提高了精度；高通量	需要特异性抗体/标记；设备昂贵
连续稀释	连续稀释至每孔一个细胞	方法简单	可能分离多个细胞
口吸移液	使用玻璃移液管分离单个细胞	方法简单	技术困难
自动显微操作	自动微量移液管分离单个细胞	高精确度	低通量
微流体平台	微流体芯片分离流动槽中的细胞	从微小体积样品中分离细胞；高通量	要求细胞大小一致；耗材昂贵
光学镊	离解的细胞悬液	聚焦且受控的细胞分离；细胞的荧光标志	技术困难；长期激光照射可损伤细胞
单核	从组织匀浆分离细胞核并通过 FACS 分选	柔和处理以避免基因表达杂峰；高通量	细胞质转录和小 RNA 无法检测
纳米过滤	过滤器上的尺寸排阻过滤	通过尺寸选择的细胞	细胞可黏附到过滤器上
Mag Sweeperl	带 EpCAM 抗体的旋转磁铁	富集稀有细胞	需要标记才可分离
显微操作	离解的细胞悬液	可从混合群体分离多种细胞类型	低通量；需要较大的起始体积
TIVA	光激活的 mRNA 从活的单细胞捕获分子	与活组织兼容，保留单细胞微环境；非侵入性方法	低通量
CellSearch	带耦合抗体纳米粒的磁珠	高通量	对分离标记的偏倚
CellCelectorl	自动毛细管显微操作器	高通量	昂贵
DEP-Array	带电介质架的微芯片	高灵敏度，可分离稀有细胞	低通量；耗时较长
LCM	细胞在显微镜下通过激光从组织切片切取	保留空间关系	技术困难；对 RNA/DNA 有潜在 UV 损伤
Microwell-Seq	利用微孔板分离单个细胞	高通量	操作复杂

资料来源：www.illumina.com

近年发展的微流体和基于液滴的技术极大增加了单细胞测序工作流程的通量，在单细胞数据分析中有更高的精确度和特异性。该技术通过微米级别的流道精确操控微升、毫升级别样品，利用重力离心、流体力学、电场力等来捕获细胞，集细胞捕获、细胞裂解及后续的检测分析于一体，实现高通量、自动化、集成化（Hsiao et al.，2010）。应用广泛的商业化单细胞分选测序平台——10×Genomics 平台就是利用液滴法的原理，使用 GemCode 技术，通过控制微流体的进入，将带有 barcode、分子标签（unique molecular index，UMI）、引物及酶的凝胶珠（Gel Beads）与单细胞混合，从而实现大规模的单细胞分离及单细胞文库构建。其优势在于分选速度快，分选 1 万个左右的细胞仅需 7~8min。但也存在局限——分选细胞的直径需小于 40μm。另外，基于微孔板的单细胞测序平台（如 BD）也发展迅猛。

（2）单细胞全基因组扩增方法　　单细胞基因组学主要用于罕见细胞类型鉴定分析，检测单细胞层面基因组结构变异、基因拷贝数变异（CNV）、单核苷酸变异（SNV）等，克服由异质性样品带来的数据混杂挑战，对于了解在有机物整个生命期间发生的基因和表观遗传变异至关重要。然而单个细胞的 DNA（大约只有 6pg[①]）无法满足测序的毫克（mg）级样品量需求，目前急需对应的全基因组扩增方法。由此开发出了许多扩增测序技术平台（图 2.22），如 MDA、MALBAC、LIANTI 等。

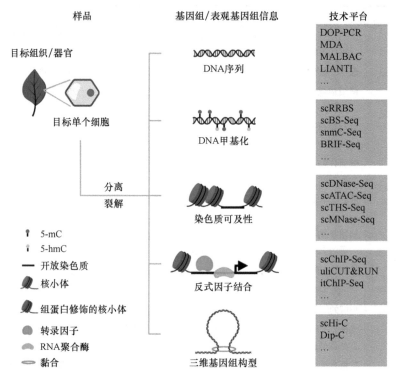

图 2.22　单细胞基因组和 DNA 甲基化测序技术平台（引自 Luo et al., 2020）

1）多重置换扩增（MDA）技术是 1998 年由耶鲁大学首次提出的一种指数扩增方法（Lizardi et al., 1998），需要使用由 6 个随机核苷酸组成的多种引物六聚体和 φ29 DNA 高保真聚合酶，在恒温条件下，引物六聚体随机结合到样品 DNA 模板上，然后在 φ29 DNA 聚合酶调节下延伸，当遇到另一条新链随机引物时，φ29 DNA 聚合酶会替换引物，继续延伸，形成支链结构，新的引物和聚合酶会在支链上重新结合延伸，所形成的 DNA 片段一般为 50～100kb。由于 MDA 是一种等温扩增方法，对模板质量要求相对较高，同时也存在一定的非特异性扩增，在不含模板的情况下也会有扩增产物，并且 MDA 指数扩增的随机性太大，时常会导致整个基因组不同区域的扩增倍数相差好几个数量级。多次退火环状循环扩增（MALBAC）技术（Beaudet et al., 2012）结合了 MDA 与 PCR 方法的特点，使用由一段固定的 27nt 通用引物序列和 8nt 随机碱基序列（N8）组成的长 35nt 的引物。在 0℃时，8nt 随机碱基序列与模板随机结合；梯度升温至 65℃后在具有链置换活性的 DNA 聚合酶作用下发生链置换聚合反应，得到一系列长度不一（0.2～2.0kb）的半扩增子（semi amplicon）；在 94℃变性、0℃退火及 65℃延伸循环后，以上个循环中的半扩增子为模板形成了两端具有互补结构（27nt）的全扩增子（amplicon）；随后降低温度至 58℃使得到的扩增子两端互补形成环状结构，从而避免引物与其进行结合导致指数扩增，可以很大程度上保证该循环发生的是线性扩增。在经过线性扩增循环

———————————

① 1pg=10^{-12}g

后，可得到大量全扩增子再作为指数扩增反应的模板，并使用该 27nt 通用引物进行指数 PCR 反应，因此只有全扩增子才能得到有效扩增，从而实现对整个基因组的高效、均衡的全扩增。由于 MALBAC 克服了对微量初始模板进行 PCR 放大过程中产生的偏倚，同时对单细胞全基因组扩增具有很高的覆盖率（93%）和均衡性，所以应用范围较 MDA 更广。

2）纯线性单细胞基因组扩增（LIANTI）技术于 2017 年被提出（Chen et al., 2017），该技术全程扩增过程使用线性化的转录过程，不存在任何指数扩增步骤。LIANTI 技术利用 Tn5 转座子结合 LIANTI 序列，形成 Tn5 转座复合体，之后该复合体随机插入单细胞基因组 DNA，经转座后，将 DNA 随机片段化并连接 T7 启动子。随后 T7 启动子行使体外转录功能，通过转录获得大量线性扩增的转录本，转录本再经过反转录之后得到大量的扩增产物，随后进行正常的建库测序操作。整个 LIANTI 扩增过程仅进行线性扩增，没有进行指数扩增，大大增强了扩增稳定性，降低了 PCR 干扰。

（3）单细胞转录组扩增方法　　除单细胞基因组学研究外，近年来广泛应用的是单细胞转录组技术。单细胞转录组分析主要用于揭示单个细胞内整体水平的基因表达状态等信息，准确反映细胞间的异质性，深入理解其基因表达与表型之间的相互关系。目前已经存在多种转录组扩增测序技术，如 CEL-Seq（Hashimshony et al., 2012），CEL-Seq2（Hashimshony et al., 2016），Drop-Seq（Macosko et al., 2015），InDrop-Seq（Klein et al., 2015），MARS-Seq（Jaitin et al., 2014），SCRB-Seq（Soumillon et al., 2014），Seq-well（Gierahn et al., 2017），Smart-Seq（Ramskold et al., 2012），Smart-Seq2（Picelli et al., 2014），SMARTer STRT-Seq（Islam et al., 2013），Microwell-Seq（Han et al., 2018）等。

1）CEL-Seq 是一种采用线性扩增的测序方法。线性扩增的主要优势是错误率比较低，不过线性扩增和 PCR 都存在序列偏好。这种方法利用带有唯一条形码的引物在单管中对每个细胞进行反转录。在第二链合成后，将所有反应管的 cDNA 混合，并进行 PCR 扩增。扩增后 DNA 的双端深度测序能够准确检测两条链的序列。2016 年，CEL-Seq2 基于 CEL-Seq 进行开发，其具有更高的灵敏度和更低的成本，并且手动操作时间缩短。

2）Smart-Seq 和 Smart-Seq2 技术的主要优势在于能够检测 mRNA 的全长。提取单个细胞转录组后，加入 MMLV 反转录酶、dNTP、oligo（dT）VN Primer、MgCl$_2$ 等，对 mRNA 进行反转录，获得 cDNA 第一条链，同时由于 MMLVRT 的末端转移酶活性会向 cDNA 的 5′ 端加上非模板化的胞嘧啶（C）残基。两对引物所加的 C 碱基进行互补配对，然后引导 MMLVRT 再次发挥聚合作用，得到双链 cDNA。cDNA 合成之后，进行 12～18 个循环的 cDNA PCR 扩增，将扩增的 cDNA 用于构建测序文库。Smart-Seq 技术操作相对复杂，导致单细胞分析通量较低（一般 10～1000 个细胞）。

3）Drop-Seq 提高了单细胞分析的通量，由哈佛大学医学院 Steven McCarroll 教授团队开发，该技术采用微流体装置，将制备好的单细胞悬液与携带多种引物的微粒及所需引物、细胞裂解液一起包裹在一个微小的液滴中，随后进行 RNA 扩增以达到测序要求。Drop-Seq 技术分选细胞速度极快（一次实验可分选约 1 万个细胞）。但由于细胞数的倍数扩增，其单个细胞测序深度相较于 Smart-Seq 技术低很多。

4）Microwell-Seq 使用一种特制的琼脂糖微孔板即 Microwell 作为单细胞捕获的平台，由浙江大学郭国骥团队开发，其是由刻有数万个小孔的 PDMS（聚二甲基硅氧烷）板作为载体，再在其上包裹琼脂糖凝胶制成。当单细胞悬液加样到 Microwell 时，单个细胞会落入微孔板的小孔中，而每一个小孔相当于一个独立的反应腔，之后的细胞裂解、磁珠吸附操作都会在此完成，进而保证了一个磁珠上的 RNA 只来源于一个细胞。该技术避免使用昂贵的细胞分选试剂，捕获单细胞的 PDMS 板可以反复利用，极大减少了成本；同时在细胞、磁珠捕获等操作过程中可实时进行显微镜检，减少双细胞的出现率，提高建库成功率。

4. 翻译组 研究翻译中的 RNA（translating RNA）是翻译组学的重要任务。目前用来测定正在翻译的 RNA 的方法包括多聚核糖体测序（polysome profiling）、正在翻译的全长 mRNA 测序（full-length translating mRNA profiling，RNC-Seq）、正在翻译的核糖体亲和纯化（translating ribosome affinity purification，TRAP-Seq）和核糖体测序（ribosome profiling，Ribo-Seq）（Stark et al.，2019；Zhao et al.，2019）等（图 2.23）。由于信使 RNA 的翻译活性受到核糖体的调节，而蛋白质水平由翻译活性决定，因此在一定程度上，一条转录本上占用的核糖体数量及核糖体的分布与蛋白质的合成水平正相关。下面简单介绍几个测序翻译中的 RNA 方法。

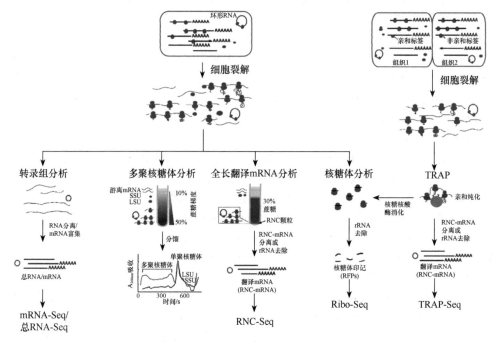

图 2.23 翻译中的 RNA 主要测定方法（引自 Zhao et al.，2019）

RNC. 核糖体新生肽链复合物；TRAP. 正在翻译的核糖体亲和纯化

1）多聚核糖体分析：与较多核糖体结合的 RNA 分子在蔗糖梯度中沉积较快，通过离心可以分离出与不同数量核糖体结合的转录本，然后使用 Northern 杂交或 RT-PCR 的方法进一步分析，以反映翻译的转录本的分布情况。多聚核糖体图谱的主要缺点是难以对所有正在翻译的 mRNA 进行深入分析，因为从蔗糖梯度离心的过程中回收的 RNA 一般只够用于 RT-PCR 定量，难以用于 RNA 测序。

2）RNC-Seq：从沉积的核糖体新生肽链复合物（ribosome nascent-chain complex，RNC）中回收正在翻译的 RNA，通过优化离心和蔗糖缓冲液，RNC 的回收率可达 90%。其缺点是 RNC 的易碎性容易使核糖体解离和 RNA 降解。Meteignier 等（2017）利用 RNC-Seq 研究了拟南芥中植物免疫相关的重要蛋白（Meteignier et al.，2017）。

3）TRAP-Seq：使用在组织特异启动子和融合亲和标签的控制下产生的大核糖体亚基蛋白 Rpl25p，相关核糖体通过亲和纯化从不同组织或细胞类型中分离出来，随后再对相应的转录本进行高通量测序。TRAP-Seq 的最大优势是可以从复杂组织或特定细胞类型中分离出正在翻译的 RNA。Zhao 等（2017）通过 TRAP-Seq 在水稻中分析正在翻译的 mRNA，发现转录本的长短和 GC 含量对翻译有重要影响（Zhao et al.，2017）。

4）Ribo-Seq：使用核糖核酸酶（RNase）来降解暴露的 RNA，同时保留那些被核糖体保护的 RNA，通过对这些核糖体保护 RNA 进行测序可以揭示出核糖体的密度与位置。基于核糖体在每条转录本上的位置、分布和密度，可以推测翻译起始密码子的位置、上游 ORF、翻译终止位置等信息。Ribo-Seq 的缺点是实验复杂且昂贵，测序片段的拼接算法效果较差，转录本可变剪接引起的翻译事件难以检测到。

5. 蛋白质 /DNA/RNA 互作

（1）ChIP-Seq　　研究蛋白质与 DNA 互作的主要技术是染色质免疫共沉淀技术（chromatin immunoprecipitation，ChIP），也称结合位点分析法。该技术通常用于转录因子结合位点或者组蛋白特异性修饰位点的研究。将 ChIP 与第二代测序技术相结合的 ChIP-Seq 技术，能够在全基因组范围内高效地检测与组蛋白、转录因子等互作的 DNA 区段。ChIP-Seq 的原理：首先通过染色质免疫共沉淀技术特异性地富集目的蛋白结合的 DNA 片段，并对其进行纯化与文库构建；然后对富集到的 DNA 片段进行高通量测序。通过将获得的数百万条序列标签精确定位到基因组上，获得全基因组范围内与组蛋白、转录因子等互作的 DNA 区段信息。

（2）CLIP-Seq　　紫外交联免疫沉淀结合高通量测序（cross-linking immunoprecipitation and high-throughput sequencing，CLIP-Seq）是一项在全基因组水平揭示 RNA 分子与 RNA 结合蛋白相互作用的技术，主要原理是基于 RNA 分子与 RNA 结合蛋白在紫外照射下发生耦联，以 RNA 结合蛋白的特异性抗体将 RNA-蛋白质复合体沉淀后回收其中的 RNA 片段，经添加接头、RT-PCR 等步骤，对这些分子进行高通量测序，再经生物信息学的分析、处理和总结，挖掘出其特定规律，从而深入揭示 RNA 结合蛋白与 RNA 分子的调控作用，以及其对生命的意义。

（3）GRID-Seq　　全基因组范围内研究 RNA-DNA 相互作用的测序技术（global RNA interactions with DNA by deep sequencing，GRID-Seq），其主要原理是通过 DSG 和甲醛固定 RNA-DNA 相互作用，提取细胞核，并用 *Alu* I 进行酶切，加入预先设计的特殊 linker（一端是单链 RNA，另一端是双链 DNA），与要捕获的 RNA、DNA 连接，对连接的 RNA 进行反转录并扩增，用整合素磁珠捕获 DNA，之后使用 *Mnm*E I 酶进行酶切等。该技术弥补了 ChIRP、CHART 和 RAP-DNA 等技术每次只能研究一个已知 RNA 的不足，有助于全面识别染色质-RNA 的相互作用及其对应的结合位点。

第三节　蛋白质序列及其结构测定

一、蛋白质序列与蛋白质互作测定

1. 蛋白质序列　　测定蛋白质序列常用的是蛋白质谱技术。蛋白质谱技术简单来说就是一种将质谱仪用于研究蛋白质的技术，基本原理是蛋白质经过蛋白酶的酶切消化后形成肽段混合物，在质谱仪中肽段混合物电离形成带电离子，质谱分析器的电场、磁场将具有特定质量与电荷比值（即质荷比，m/z）的肽段离子分离开来，经过检测器收集分离的离子，确定每个离子的质荷比。经过质量分析器可分析出每个肽段的质荷比，得到蛋白质所有肽段的质荷比图谱，即蛋白质的一级质谱峰图。离子选择装置自动选取强度较大的肽段离子进行二级质谱分析，输出选取肽段的二级质谱峰图，通过和理论上蛋白质经过胰蛋白酶消化后产生的一级质谱峰图和二级质谱峰图进行比对而鉴定蛋白质。

2. 蛋白质互作

（1）酵母双杂交系统　　酵母双杂交系统（yeast two hybrid）是当前广泛用于蛋白质相互作用组学研究的一种重要方法。其原理是当靶蛋白和诱饵蛋白特异结合后，诱饵蛋白结合于报道基因的启动子，启动报道基因在酵母细胞内的表达，如果检测到报道基因的表达产物，则说明两者之间有相互作用，反之则两者之间没有相互作用。将这种技术微量化、阵列化后可用于大规模蛋白质之间相互作用的研究。在实际工作中，人们根据需要还发展了单杂交系统、三杂交系统和反向杂交系统等。

（2）噬菌体展示技术　　在编码噬菌体外壳蛋白基因上连接一单克隆抗体的 DNA 序列，当噬菌体生长时，表面就表达出相应的单抗，再将噬菌体过柱，柱上若含目的蛋白，就会与相应抗体特异性结合，这被称为噬菌体展示技术（phage display technology）。此技术不仅有高通量及简便的特点，还具有直接得到基因、高选择性地筛选复杂混合物、在筛选过程中适当改变条件可以直接评价相互结合的特异性等优点。目前，利用优化的噬菌体展示技术，已经展示了人和鼠两种特殊细胞系的 cDNA 文库，并分离出了人上皮生长因子信号传导途径中的信号分子。

（3）表面等离子共振技术　　表面等离子共振（surface plasmon resonance，SPR）技术已成为蛋白质相互作用研究中的新手段。它的原理是利用一种纳米级的薄膜吸附诱饵蛋白，当待测蛋白与诱饵蛋白结合后，薄膜的共振性质会发生改变，通过检测便可知这两种蛋白的结合情况。SPR 技术的优点是不需标记物或染料，反应过程可实时监控，测定快速且安全，还可用于检测蛋白与核酸及其他生物大分子之间的相互作用。

（4）荧光共振能量转移　　荧光共振能量转移（fluorescence resonance energy transfer，FRET）是指在两个不同的荧光基团中，如果一个荧光基团（donor）的发射光谱与另一个基团（acceptor）的吸收光谱有一定重叠，当这两个荧光基团间的距离合适时（一般小于 100Å），就可观察到荧光能量由供体向受体转移的现象，即前一种基团的激发波长激发时，可观察到后一个基团发射的荧光。荧光共振能量转移广泛用于研究分子间的距离及其相互作用，与荧光显微镜结合，可定量获取有关生物活体内蛋白质、脂类、DNA 和 RNA 的时空信息。随着绿色荧光蛋白（green fluorescent protein，GFP）的发展，FRET 荧光显微镜有可能实时测量活体细胞内分子的动态性质。

（5）蛋白质芯片　　蛋白质芯片技术的出现给蛋白质组学研究带来新的思路。蛋白质组学研究中一个主要的内容就是研究在不同生理状态下蛋白质水平的量变，微型化、集成化、高通量化的抗体芯片就是一个非常好的研究工具，它也是芯片中发展最快的一种，而且在技术上已经日益成熟。这些抗体芯片有的已经在向临床应用上发展，如肿瘤标志物抗体芯片等。

（6）免疫共沉淀技术　　免疫共沉淀（co-immunoprecipitation）技术是以抗体和抗原之间的专一性作用为基础的用于研究蛋白质相互作用的经典方法，是确定两种蛋白质在完整细胞内生理性相互作用的有效方法。用免疫共沉淀技术得到的目的蛋白是在细胞内与兴趣蛋白天然结合的，符合体内实际情况，得到的结果可信度高。这种方法常用于测定两种目标蛋白是否在体内结合，也可用于确定一种特定蛋白质新的作用搭档。

（7）蛋白质体外结合技术　　蛋白质体外结合（binding assay in vitro）技术又叫作 GST pull-down 技术（GST 指谷胱甘肽硫基转移酶），是一种在试管中检测蛋白质之间相互作用的方法。其基本原理是将靶蛋白-GST 融合蛋白亲和固化在谷胱甘肽亲和树脂上，作为与目的蛋白亲和的支撑物，充当一种"诱饵蛋白"，目的蛋白溶液过柱，可从中捕获与之相互作用的"捕获蛋白"（目的蛋白），洗脱结合物后通过 SDS-PAGE 电泳分析，从而证实两种蛋白质之间的相互作用或筛选相应的目的蛋白。"诱饵蛋白"和"捕获蛋白"均可通过细胞裂解物、纯化的蛋白质、表达系统及体外转录翻译系统等方法获得。此方法简单易行、操作方便。

（8）双分子荧光互补　双分子荧光互补（bimolecular fluorescence complementation，BiFC）技术利用绿色荧光蛋白及其突变体（YFP，CFP，BFP）的特性作为报告基因，按照规则将荧光蛋白分割成没有荧光的两个分子片段，将标记分子分别与诱饵蛋白和捕获蛋白融合并在细胞内共表达。若两个目的蛋白有相互作用，则荧光蛋白的两个分子片段就会在空间上相互靠近，并重新发出荧光。在荧光显微镜下，就能直接观察到两个目的蛋白之间是否具有相互作用，并且在最接近活细胞生理状态的条件下观察到其相互作用发生的时间、位置、强弱、所形成蛋白质复合体的稳定性，以及细胞信号分子对其相互作用的影响等，这些信息对研究蛋白质相互作用有一定意义。

（9）串联亲和纯化技术　串联亲和纯化（tandem affinity purification，TAP）技术将TAP 标签融合到目的蛋白上，经过两步亲和纯化，获得融合蛋白及其结构关联蛋白，通过凝胶电泳、质谱等技术进一步分析鉴定。串联亲和纯化技术与免疫共沉淀技术原理类似。不同的是 TAP 技术使诱饵蛋白带上了两个纯化标签，利用标签对蛋白复合物进行了两轮纯化（串联亲和纯化），使洗脱液中的非特异性蛋白降至较低水平。结合 LC-MS/MS 技术，分别鉴定出实验组和阴性对照组洗脱液中的蛋白质种类，从而找到实验组中独有的蛋白质，即可能的互作蛋白。

（10）萤光素酶分离互补　萤光素酶互补（split luciferase complementation）的实验原理是以萤光素（luciferin）为底物来检测萤光素酶的活性。具体而言，生物体来源的萤光素酶催化底物萤光素发生氧化，发出最强波长在 560nm 左右的生物萤光（bioluminescence）。目前，应用最为广泛的萤光素酶基因来源于北美萤火虫（firefly luciferase），该基因编码 550 个氨基酸组成的萤光素酶蛋白（大小为 62kDa）。萤光素酶蛋白被切成 N 端和 C 端两个功能片段，即NLuc（2～416AA）和 CLuc（398～550AA）。在一个实验体系中，待检测的两个目标蛋白分别与 NLuc 和 CLuc 融合，如果两个目标蛋白相互作用，则萤光素酶的 NLuc 和 CLuc 在空间上会足够靠近并正确组装，从而发挥萤光素酶活性，即分解底物产生萤光（赵燕和周俭民，2020）。

二、蛋白质结构测定

传统的蛋白质结构测定技术是利用 X 射线晶体学（X-ray crystallography，XRC）和核磁共振（nuclear magnetic resonance，NMR）谱。在蛋白质结构数据库（PDB）目前收录的 16 万个结构中，有近 90% 是由 X 射线晶体法测定的。XRC 方法解析的结构数量近年来基本稳定，维持在每年 1 万个左右；NMR 方法解析的结构数量有逐年递减的趋势。近年来，随着冷冻电镜（Cryo-EM）技术的突破，PDB 数据库中收录的高分辨率冷冻电镜结构增长迅速，获得了很多以前不能解析的生物大分子复合物（如剪接体、呼吸链复合物）的结构，使蛋白质结构和功能的研究被提升到一个全新的高度。

XRC、NMR 和 Cryo-EM 这三种技术都有非常严格的实验要求，对于每一个蛋白质来说，必须根据经验来确定它们准确的实验条件。XRC 技术中，蛋白质晶体的制备被认为是一门"艺术"，测定蛋白质结构的很多尝试都是因为得不到合适的晶体而失败。对于 NMR 谱，则是蛋白质以溶液状态测定结构，蛋白质必须在高浓度下可溶且稳定，而且在这样的条件下不能聚集或变性。Cryo-EM 对于样品状态的要求也极高，蛋白质溶液需要迅速冷却，以形成对样品结构几乎没有破坏的非结晶固体，同时，包裹分子样品的冰层必须非常薄以提高信噪比。此外，这三种技术都需要对大量的数据进行收集和处理，最终生成原子坐标。特别是 Cryo-EM 的三维重构需要采集大量的图像数据，计算量尤其大。三种技术的原理如下。

1）XRC 技术利用 X 射线经过蛋白质晶体时会以一种可预测的方式被散射或衍射的原理。X 射线在遇到电子时会发生衍射，因此散射的特征依赖于出现在每个原子中电子的数量和原子在空间的排列。与其他的波一样，衍射的 X 射线彼此之间会发生正向或负向的干涉。当蛋白质分子有规律地排列在一个晶体中时，由不同分子的等价原子散射产生的在同一方向的 X 射线会发生相互作用，这将在探测仪上生成一个斑点图案。这些衍射图案可以用于构建分子电子云的三维图像，这种三维图像被称为电子密度图。蛋白质的结构模型就是基于这些电子密度图搭建的。

2）核磁共振是因为某些原子核具有磁的性质而发生的一种现象。在 NMR 谱中，这些性质可以用来获得化学的信息。可以认为亚原子的微粒都在绕着它们的轴旋转，并且在很多原子中，这些旋转彼此平衡抵消。在氢（^{1}H）和某些天然存在的碳、氮的同位素（^{13}C、^{15}N）中，这些旋转不能抵消，这类原子核会拥有一个所谓的磁矩。这样的原子核可以采取两种可能磁矩取向中的一种，在正常情况下，这两种取向都有相同的能量。但是在一个外加磁场的情况下，这些能级就会分裂，这是因为原子核磁矩的一个取向是与外加磁场平行的，而另一个取向则不是。如果这种能量间隔存在，并且原子暴露在某一特定频率的电磁辐射中时，那么这个原子核就会被诱导发生跃迁，从低能量的磁旋转状态跃迁到不优先选择的高能量旋转状态。因为电磁辐射的频率与原子核旋转的频率是一致的，所以这种吸收称为共振。当原子核回到它们的初始定向时，这些原子核会发射出电磁波，这些电磁波可以被测量出来。质子能够给出最强的信号，这一点正是利用 NMR 谱进行蛋白质结构分析的基础。

3）Cryo-EM 是针对探测像蛋白质这类生物活性分子结构而发展的一类电子显微镜。电子显微镜的成像原理与我们熟知的光学显微镜基本相同，所不同的是光学显微镜利用可见光作为探针来观测微观物体，而电子显微镜采用的是 80～300kV 电压加速下的稳定电子束作为探针（电子的波长仅为光子波长的十万分之一左右），这是一根极细的探针，因此电子显微镜的分辨率远优于光学显微镜。当这些电子束打在蛋白质等生物分子上时能被反射，这些反射的电子就能生成一系列二维图像，基于这些二维图像进行三维重构，就是电子显微镜解析蛋白质结构的基本原理。由于电子显微镜的电子束需要在真空中才能保持稳定动能，而且低温有利于降低高能电子束对蛋白质的损伤，因此需要将蛋白质快速冷冻固定在玻璃化的薄膜中进行检测。1975年，Henderson 通过冷冻电镜首次解析得到了分辨率为 0.7nm 的细菌视紫红质的结构。而近年来高分辨率冷冻电镜的飞速发展得益于以下三个方面的技术突破：①样品制备，通过利用薄膜碳层甚至石墨烯可以用更薄的冰层包裹分子样品来提高信噪比。②电子探测器的发明，在电子探测器的发明之前，需要将电子先打在探测器上变成光信号，再通过 CCD 相机把光信号转成电信号后得到图像，这一转换过程降低了信噪比。而电子探测器能够直接探测电子数量，同时支持电影模式，可以在一秒钟之内获得几十张投影图片，通过这些图片的叠加可以大幅提高成像的信噪比。③冷冻电镜通常要基于几万甚至几十万张投影图像进行三维重构，计算量非常大，这需要先进的计算资源配合有效的算法才能实现。因此近年来高性能计算机的发展，尤其是 GPU 加速技术的成熟和普及，以及软件算法的进步也是冷冻电镜技术获得飞速发展的重要条件。

习　题

1. 生物信息的类型有哪些？

2. 第二代测序有哪些主流的测序技术? 简述这些测序技术的原理。

3. 第二代测序技术相比于第一代 Sanger 测序技术有何不同?

4. 第三代测序技术有哪些?

5. 什么是基因组重测序、转录组测序和小 RNA 测序?

6. 检测蛋白与蛋白互作的方法有哪些?

历史与人物

第一台高通量测序仪与罗斯伯格

　　乔纳森·马克·罗斯伯格（Jonathan Marc Rothberg）（1963～），以发明高通量 DNA 测序仪而闻名，有人称他为生物科技领域的乔布斯。他发明了第一台高通量测序仪——454 测序仪和第一台半导体测序仪——个人基因组检测仪 PGM（Personal Genome Machine）。

　　罗斯伯格 1985 年毕业于卡内基梅隆大学化学工程专业，1991 年获得耶鲁大学生物学博士学位，其间创办了他的第一家公司 CuraGen（提供自动化方法搜寻新基因）。2000 年，他创立了 CuraGen 的子公司——著名的 454 生命科学公司（454 Life Sciences），这是第一家高通量 DNA 测序仪制造公司。创建 454 公司的想法来自他的孩子罹患遗传疾病的痛苦经历。他 17 岁的女儿在 1997 年被确诊患有一种罕见遗传性疾病——结节性硬化症。当时主要的基因测序方法还是传统的毛细管电泳测序技术，由于成本昂贵且耗时长，只有实验室中的科学家才能使用。他期望能找到一种快速扫描基因组的方法，将基因测序用于个人医疗，确保儿童出生时不患有遗传病。2005 年底，454 公司推出了基于焦磷酸测序法的革命性高通量基因组测序系统——Genome Sequencer 20 System，开创了边合成边测序的先河，这是世界上第一台高通量测序仪。2006 年，454 公司推出了性能更优的第二代基因组测序系统——GS FLX。2007 年，454 公司和贝勒医学院基因组中心合作率先完成了第一个个人基因组测序（沃森，DNA 双螺旋的发现者之一），耗时两个月，花费不到 100 万美元。

　　2007 年 3 月，454 公司被罗氏诊断公司以 1.4 亿美元收购。同年，罗斯伯格离开 454 公司并创办 Ion Torrent 公司。他想开发一种可以阅读“神经元之间传递的电子信号”的微型化学感应器。这一想法促成了 Torrent 芯片——一种可分析基因的半导体的诞生。这种半导体极大地简化了测序工序，削减了机器的成本。2010 年 2 月，Ion Torrent 推出了世界上第一台半导体测序仪——个人基因组检测仪 PGM。这是当时世界上体积最小、检测成本最低的测序产品，可在 2h 内以较高的精度解读出一千万个基因碱基代码，而售价不到当时同类功能仪器的十分之一。PGM 打开了基于“个人化测序仪”的未来个性化医疗大门，全世界为之震动。国际知名的 Life 公司（Life Technologies Corporation）随即于 2010 年 10 月以 7.2 亿美元价格收购了 Ion Torrent 公司。2013 年 6 月，赛默飞公司（Thermo Fisher Scientific）又以 136 亿美元价格收购了 Life 公司。2013 年 7 月，在罗斯伯格人生的巅峰时刻，他又离开了 Ion Torrent 公司，创办了 LAM Therapeutics 公司，专门研发治疗肺淋巴管肌瘤病（LAM）的药物。

第3章 分子数据库

蛋白质和DNA测序技术发明后立即带来大量序列数据，对这些数据进行有效管理（如存储、分类）就成为生物信息学最初的任务，因此建立了各类分子数据库。这些数据库收集的序列数据（蛋白质、DNA和RNA）有着千丝万缕的关系，无论在遗传方面（DNA → RNA →蛋白质），还是在数据层次方面（原始测序数据→分析提炼归纳后的数据）。这些不同类型的数据库都是重要的分子数据资源，在分子生物学的许多领域，包括生物信息学分析中发挥着各自不同的作用。

扫码见本章
英文彩图

本章思维导图

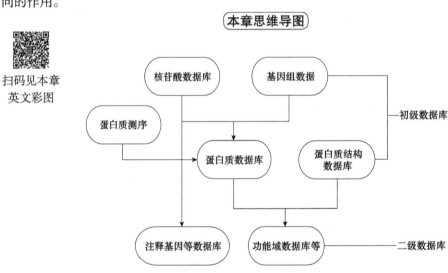

第一节 分子序列数据库概述

一、分子数据库及其记录格式

1. 分子数据库概念 分子数据库是生命科学数据信息库的集合，种类繁多，主要有核苷酸序列和蛋白质序列与结构初级数据库，以及基于初级数据库建立起来的二级数据库（表3.1）。二级数据库是在初级数据库和相关文献等数据基础上，经加工和增加相关信息而构建的具有特殊生物学意义和专门用途的数据库，如启动子序列库和蛋白质功能域数据库等。

表 3.1　主要分子数据库分类

类级	数据类型	举例
初级	核苷酸序列	GenBank

续表

类级	数据类型	举例
初级	蛋白质序列	Swiss-Prot
初级	蛋白质结构	PDB
二级	注释基因序列	NCBI RefSeq
二级	蛋白质功能域	Pfam

数据库由记录（entry）构成。每个记录一般由两部分组成：原始序列数据和描述这些数据的生物信息学注释（annotation）。注释中包含的信息与相应的序列数据同样重要。对于那些从自动测序仪中出来的序列，我们往往只知道它们来自何种物种、何种细胞类型，对其他方面知之甚少。通过生物信息学方法确定一段未知蛋白质序列的可能功能，相应的研究工作便会变得容易些。

不同数据库的记录注释质量差异很大，因为一个数据库往往要在数据的完整性和注释工作量之间寻找一个平衡点。一些数据库提供的序列数据很广，但其提供的序列注释信息不大；相反，一些数据库数据面较窄，但它提供了非常全面的注释。数据库记录的注释工作是一个动态过程，新的发现不断被补充进去。另外需要注意的是，不是所有数据库的信息都是正确的，在生物信息数据库中总会有少部分的记录（包括原始序列数据和注释）可能是不正确的，这是一个无法避免的事实。不同数据库对基因组版本注释的起始与终止位置有时也会不同，有的数据库以 1 为起始，有的数据库以 0 位为起始，使用时应特别注意。

2. 数据库记录格式 所谓格式是对信息描述的统一规范，规范的格式为数据的收集、整理、交流和应用提供了方便。分子生物信息数据库的格式有多种，较为常见的有 FASTA、FASTQ、GFF、GBFF 等，下文主要对这几种格式进行介绍。

（1）FASTA 格式 又称 Pearson 格式，是一种最简单的序列文件格式。最初由 Pearson 与 Lipman 一起于 1988 年首次提出，用于序列数据快速处理和存储。FASTA 最后一个字母 A 表示联配（alignment）。FASTA 格式主要分两部分（图 3.1 为 FASTA 格式实例），第一部分即首行，为描述行，以"＞"为起始，后接这段序列的描述信息；首行之后即为原始序列。

```
>gi|332309159|ref|NM_181652.2| Homo sapiens peroxiredoxin 5 (PRDX5), nuclear gene encoding
mitochondrial protein, transcript variant 3, mRNA
CGCGCCTGCGCAGTGGAGGCGGCCCAGGCCCGCCTTCCGCAGGGTGTCGCCGCTGTGCCGCTAGCGGTGC
CCCGCCTGCTGCGGTGGCACCAGCCAGGAGGCGGAGTGGAAGTGGCCGTGGGGCGGGTATGGGACTAGCT
GGCGTGTGCGCCCTGAGACGCTCAGCGGGCTATATACTCGTGGTGGGGCCGGCGGTCAGTCTGCGGCAG
CGGCAGCAAGACGGTGCAGTGAAGGAGAGTGGGCGTCTGGCGGGGTCCGCAGTTTCAGCAGAGCCGCTGC
AGCCATGGCCCCAATCAAGGTTCGGCTCCTGGCTGATCCCACTGGGGCCTTTGGGAAGGAGACAGACTTA
TTACTAGATGATTCGCTGGTGTCCATCTTTGGGAATCGACGTCTCAAGAGGTTCTCCATGGTGGTACAGG
ATGGCATAGTGAAGGCCCTGAATGTGGAACCAGATGGCACAGGCCTCACCTGCAGCCTGGCACCCAATAT
CATCTCACAGCTCTGAGGCCCTGGGCCAGATTACTTCCTTCCACCCCTCCCTATCTCACCTGCCCAGCCCT
GTGCTGGGGCCCTGCAATTGGAATGTTGGCCAGATTTCTGCAATAAACACTTGTGGTTTGCGGCCATCTC
CTTGGTTAAAAAAAAA
```

图 3.1 FASTA 格式

（2）FASTQ 格式 FASTQ 格式（图 3.2）与 FASTA 格式类似，但比 FASTA 格式多了序列的质量信息。一般情况下，FASTQ 格式的一条序列有四部分信息（即四行一序列）。

1）第一行一般包含序列的名称等其他描述信息，以"@"开头。

2）第二行即序列的具体碱基信息。

3）第三行的内容与第一行的内容相同，但以"＋"开头；有时"＋"后面的内容可以省略，但是"＋"一定不能省略。

4）第四行是序列的质量信息（quality value，即测序的质量评价），与第二行的碱基序列一一对应。

```
@ST-E00169:117:HG2T3CCXX:4:1101:23794:1432 1:N:0:NTGTCA
NTCTAAGAATTCAATGGCTTTAAGAAGGCTTAGATAGCGAGTATTCTCAGAATTCAACGATATCTTCGCATTATCGGTTACTAGACG
+
#AA<FFFKKFKKKKKKKKKKKKKKKKKKKKKKKKKKKKKKKKKKKKKKKKKKKKKKKFKKKKFFFA<FKKKKKKFFAKKFKKFKKK
```

图 3.2　FASTQ 格式

FASTQ 质量编码格式有如下几种：Sanger 格式、Illumina1.8＋格式，以及 Solexa 格式（即 Illumina1.0＋格式、Illumina1.3＋格式和 Illumina1.5＋格式），需注意不同编码格式表示的范围不同（详见 https://en.wikipedia.org/wiki/FASTQ_format）。图 3.2 为 Sanger 格式，第四行中每个字符对应的 ASCII 值减去 33，即为对应第二行碱基的测序质量值。对于 Illumina1.8＋之前的版本，则需要每个字符对应的 ASCII 值减去 64，即为对应第二行碱基的测序质量值。如果测序错误率用 e 表示，测序碱基质量值用 Q_{phred} 表示，则有下列关系：

$$Q_{phred} = -10 \lg e \tag{3.1}$$

另外经常用的 Q20 或 Q30，同样表示一个碱基的质量值，也表示碱基错误率百分比。例如，Q20 表示原始数据中 Q_{phred} 数值大于 20 的碱基数量占总碱基数量的百分比。测序质量与错误率的对应关系如表 3.2 所示。

表 3.2　Illumina 测序质量与错误率对照表

测序错误率 /%	测序质量值（Q_{phred}）	Q 值	对应字符
5	13	Q13	.
1	20	Q20	5
0.1	30	Q30	?
0.01	40	Q40	I

（3）GFF 格式　　GFF（general feature format）格式是 Sanger 研究所定义的一种简单方便的数据格式，对 DNA、RNA 及蛋白质序列的特征进行描述。图 3.3 为 GFF 格式实例，具体每列的详细解释如下。

```
##gff-version 3
##sequence-region ctg123 1 1497228
seqid source  type start  end score strand phase attributes
ctg123 . gene 1000 9000 . + . ID=gene00001;Name=EDEN
ctg123 . TF_binding_site 1000 1012 . + . Parent=gene00001
ctg123 . mRNA 1050 9000 . + . ID=mRNA00001;Parent=gene00001
ctg123 . mRNA 1050 9000 . + . ID=mRNA00002;Parent=gene00001
ctg123 . mRNA 1300 9000 . + . ID=mRNA00003;Parent=gene00001
ctg123 . exon 1300 1500 . + . Parent=mRNA00003
ctg123 . exon 1050 1500 . + . Parent=mRNA00001,mRNA00002
```

图 3.3　GFF 格式

1）列 1：序列的 ID（seqid），一般是序列的名称，如 scaffold 编号或染色体号。

2）列 2：注释软件来源（source），若没有则用点代替。

3）列 3：注释的类型（type），mRNA、CDS、gene 等。

4）列 4 和列 5：对应序列的起始位置（Start）和终止位置（end）。

5）列 6：得分（score），序列相似性比对时的 E-value 值或者基因预测时的 P-value 值，"."表示空。

6）列 7：序列方向（strand），问号表示未知，正 / 负号代表正 / 反链。

7）列 8：相位（phase），表明 CDS 或可编码的 exon 的相位。

8）列 9：群（attribute），表明附属关系，也可用作注释用途。

（4）GBFF 格式　　GBFF 格式（GenBank file format）为 GenBank 数据库使用的记录格式。GBFF 格式整体分为三部分，分别为描述部分、注释部分和序列部分，如图 3.4 所示。

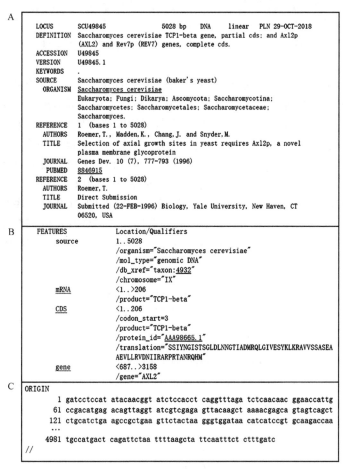

图 3.4　GenBank 数据库记录格式（GBFF 格式）

A. 描述部分；B. 注释部分；C. 序列部分

1）描述部分包括了整个记录的相关信息，例如，位置（LOCUS），定义（DEFINITION），检索号（ACCESSION），版本（VERSION），关键词（KEYWORDS），来源（SOURCE），参考文献（REFERENCE）等。

2）注释部分（FEATURES）描述基因和基因的产物，以及与序列相关的生物学特性。对该序列的 mRNA、CDS、gene 等进行描述，通过点击带有下划线的 mRNA、CDS、gene 等字符，可以在序列部分查看相关注释信息。

3）序列部分（ORIGIN），即核苷酸序列本身。在 GBFF 文件的最后，以类似于 FASTA 格式的方式给出了所记录的序列。末尾的"//"是结束符，所有 GBFF 格式序列数据库记录中最后一行都以"//"结尾。

其他相关数据库（如 ENA 数据库）记录格式类似，不再详细介绍。

二、数据库序列递交与检索

1. 数据库的冗余　　在进行 DNA 和蛋白质序列分析时，碰到的一个棘手问题是数据库的冗余（redundancy）。DNA 和蛋白质数据库中的很多记录是属于同一基因和蛋白质家族，或在不同生物体中发现的同源基因。不同的研究机构可能向数据库递交了相同的序列数据，如果没有被检查出来，则这些记录或多或少紧密相关。当然，这些记录如果的确非常相近，可以认定是相同序列，但一些显著的差异可能是由于基因组的多样性，导致序列看似不同实则相同。

冗余数据至少可能导致以下三个潜在的错误：一是如果一组 DNA 或氨基酸序列包含了大量非常相关的序列族，则相应的统计分析将偏向这些族，在分析结果中，这些族的特性被夸大；二是序列间不同部分的显著相关，可能是在数据样本抽样时是有偏的和不正确的；三是如果这些数据是被用于预测，则这些序列将使预测方法（如人工智能方法等）发生偏离。

基于以上原因，必须避免在数据库中存在太过于相似的序列。很多数据库通过全局序列联配及人工复查等方式使数据库为非冗余（non-redundant，NR）。例如，应用比较广泛且数据比较齐全的 NCBI 的蛋白质 NR 数据库，包括 GenBank 的 CDS 翻译序列、RefSeq、PDB 等（详见表 3.3）。这些数据库去除了其中多数冗余序列，但要真正做到百分之百无冗余是困难的，而且较少的冗余度对于大多数使用者的查询来说并不会带来太多影响（尤其在数据库相对庞大时）。

表 3.3　NCBI 蛋白质 NR 数据库分类情况

子库名称	说明
RefSeq	蛋白质序列来自 NCBI 参考序列库
Swiss-Prot	蛋白质序列来自 UniProtKB/Swiss-Prot 最新版本的蛋白数据库
PAT	蛋白质序列来自 NCBI 的专利蛋白数据库
PDB	蛋白质序列来自 PDB 三维结构数据记录
env_nr	蛋白质序列翻译自环境基因组核苷酸序列中的 CDS 注释
tsa_nr	蛋白质序列翻译自转录组拼接序列中的 CDS 注释
PIR	蛋白质序列来自已经注释蛋白质序列数据库
PRF	蛋白质序列来自 PRF（Protein Research Foundation）最新版本数据库

注：NR 数据库包括非冗余的 GenBank CDS 翻译序列＋RefSeq＋PDB＋Swiss-Prot＋PIR＋PRF，同时包括 PAT、TSA 和 env_nr 等来源序列

对于生命科学工作者而言，初始序列是待挖掘的"金矿"，所以序列的质量关系到研究者是否能够挖到"金矿"。而初始序列数据的偏差或错误（artifact）主要来自实验过程，这与其他科学数据的情况相同。这些错误主要来自以下几个方面：①载体序列污染，在测序等实验过程中，载体序列可能造成污染，致使序列记录数据中包含了载体序列；②异源（heterologous）序列污染，有研究表明一些人类 cDNA 测序结果在实验过程中被酵母和细菌序列污染；③序列的重排和缺失；④重复序列污染，cDNA 克隆方法有时会受到反转录因子的影响；⑤测序误差和自然多态性，测序过程存在一定的误差概率。其中去除载体污染是获得准确干净序列的最重要、最关键的一步。目前有一些去除污染的专门软件和工具，如 NCBI 的 VecScreen 网站

提供了去除载体污染的在线服务（http://www.ncbi.nlm.nih.gov/tools/vecscreen/）。VecScreen 能够快速发现核苷酸序列中可能的载体片段，这能够帮助科研工作者在分析前或者上传序列前快速鉴定和移除载体污染片段。VecScreen 基于 UniVec（非冗余载体数据库），UniVec 数据库也随着 NCBI 的扩充而不断更新，紧跟科研工作者的需求。

2. 向数据库递交序列数据及其说明　　下文简单介绍如何向相关数据库发送自己的序列数据，以及如何准确、全面地表述生物信息学研究的"材料与方法"。

许多学术期刊在发表含有序列数据的论文时，均要求作者先将该序列发送并存储到相应数据库中。这些数据库的主页上均有详细的发送说明，按照要求操作即可。数据库往往特别要求发送者要注意去除载体污染，如 NCBI 提供了 VecScreen 的相关服务（网址见上文）。序列的发送可以通过网上进行。发送序列前需要在上传网站进行注册。GenBank 有多种可供选择的发送系统，如 BankIt、Sequin、tbl2asn、Submission Portal、Barcode Submission Tool 等。其中 BankIt、Submission Portal 和 Barcode Submission Tool 是自动向 NCBI 发送序列的；而 Sequin 和 tbl2asnb 必须向邮箱 gbsub@ncbi.nlm.nih.gov 发送邮件进行说明，如果序列文件过大超过邮件可上传的限定，则需直接上传至 Sequin MacroSend。Sequin（http://www.ncbi.nlm.nih.gov/Sequin/index.html）工具适用于多平台（Mac/PC/Unix），由 NCBI 独立开发，适用于 EMBL、GenBank 和 DDBJ 数据库的发送服务。具体发送格式和要求可到这些网站上查询。一旦数据被接收，一个记录号（对应于发送的数据）将产生并发送给发送者，该记录号即发送的数据在数据库中的索引号，可用于论文发表（论文中需注明记录号）与查询。其中 ENA 的序列优先上传系统为 WEBIN（http://www.ebi.ac.uk/ena/submit），该系统除了可进行一般大小的序列数据发送外，还可进行大批量的数据发送（bulk submission）。

试验结果的可重复性是科学研究的一个重要特征。为了保证生物信息学研究结果的可重复性，准确、全面的"材料与方法"说明比其他学科显得更为重要和严格。一份清楚、准确的"材料与方法"说明应包括以下内容：①数据库的名称，如 Swiss-Prot、PIR、GenBank、EMBL、dbEST 等；②数据库的版本，数据库的更新速度远快于期刊的发行速度，所以应严格注明所用数据库的版本，如果检索是实时的，则应注明最后检索的日期等。

3. 数据库检索与序列搜索系统　　许多系统可以为使用者提供简便的序列库信息查寻服务，最著名、操作性最强的两个系统是 Entrez（由 NCBI 创建）和 SRS（sequence retrieval system，由 EMBL 的 Theore Etzold 博士建立）。下文以 Entrez 为例讲解如何在数据库中进行检索和序列搜索。

Entrez 是一个基于 Web 界面的综合生物信息数据库检索系统。用户不仅可以方便地检索 GenBank 的核酸数据，还可以检索来自其他数据库的蛋白质序列数据、基因组图谱数据、分子模型数据库的蛋白质三维结构数据、种群序列数据集，以及由 PubMed 获得 Medline 的文献数据。如图 3.5 所示，在 NCBI 主页默认 All Databases 时点击搜索框右边的"Search"进入，在搜索栏输入你要查找的关键词，点击"GO"即可开始搜索。如果输入多个关键词，它们之间默认的是"与"（AND）的关系。搜索的关键词可以是一个单词、短语、句子、数据库的识别号、基因名字等，但必须明确，不能是"gene""protein"等没有明确指向的词语。输入关键词，点击"Search"之后，每个数据库图标前方出现了数字，代表的是在相对应的数据库里搜索到的条目数。点击进入对应的数据库，可以查看搜索到的条目。如果数据库前面显示"0"，说明在对应的数据库里没有搜索到任何结果。也可以在 NCBI 任一页面上的搜索栏里输入关键字，点击搜索框前面的下拉菜单，选择数据库，点击"Search"即可（图 3.6A）。

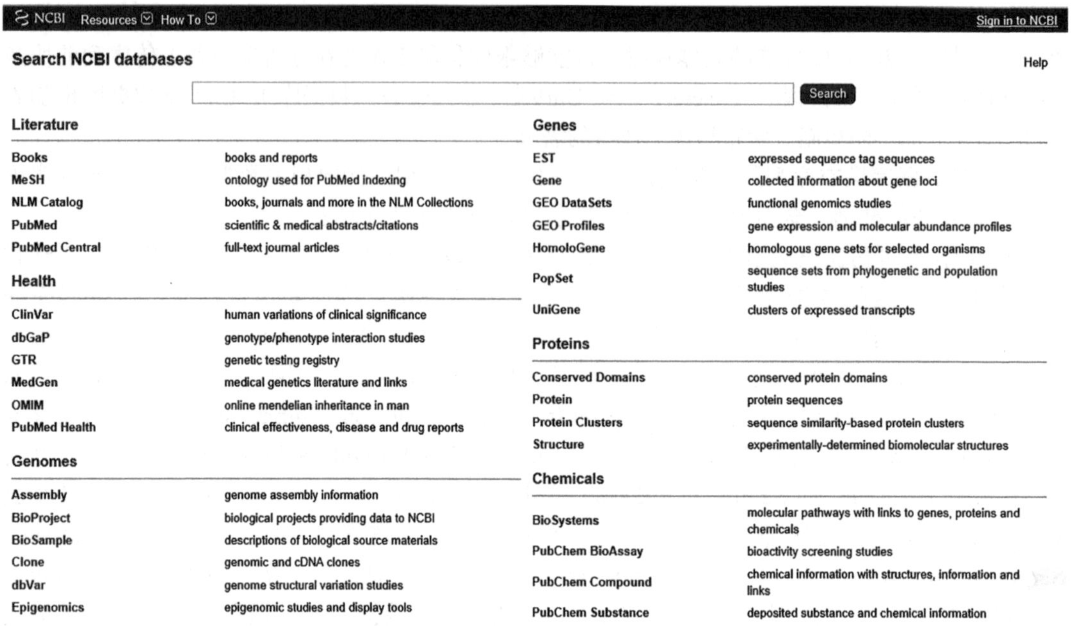

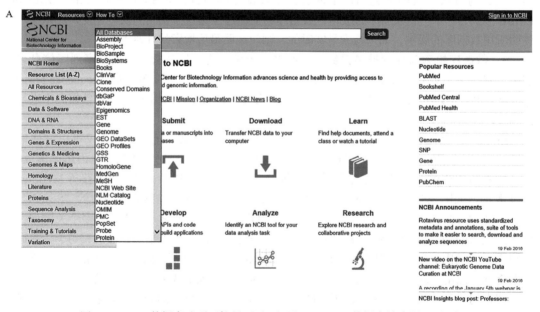

图 3.5　NCBI 数据库 Entrez 搜索首页

　　但是这种简单搜索会产生大量的结果，其中很多信息都不是我们所需要的，NCBI 提供了"Limits"（限制性）搜索和"Advanced"（高级）搜索等辅助功能，只有充分理解并熟练运用这些工具进行复杂的检索，才能充分发挥 Entrez 的强大功能，实现精确高效的检索。限制性搜索和高级搜索结构可以根据该数据库结构，将输入的关键词的查询范围限制在某个范围内，如领域、物种、分子类型等。不同的数据库，其限定内容略有不同（图 3.6 B）。

图 3.6　NCBI 数据库选项下拉界面（A）及 Gen Bank 数据库搜索界面（B）

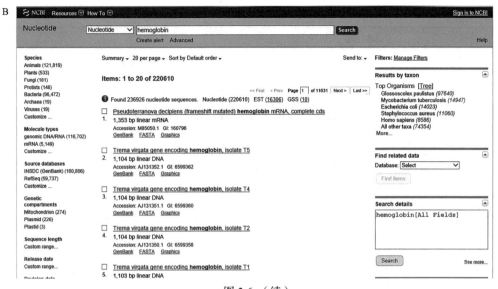

图 3.6 （续）

第二节　核苷酸序列相关数据库

一、核苷酸初级数据库

1. 综合性数据库　　DNA/RNA 序列构成了一级数据库的主体部分。目前国际上有三个主要核苷酸序列公共数据库（表 3.4）：①位于英国剑桥的欧洲分子生物学实验室（EMBL）维护的欧洲核苷酸档案库（European Nucleotide Archive，ENA）；②位于美国国家卫生研究院（NIH）的美国国家生物技术信息中心（National Center for Biotechnology Information，NCBI）维护的 GenBank 数据库；③日本 DNA 数据库（DNA Databank of Japan，DDBJ）。这三个大型数据库于 1988 年达成协议，组成国际核苷酸序列数据库合作联盟（International Nucleotide Sequence Database Collaboration，INSDC）。它们每天交换信息，并对数据库 DNA 序列记录的统一标准达成一致。这三个数据库又被称为公共序列数据库（public sequence database）。所以从理论上说，这三个数据库所拥有的 DNA 序列数据是完全相同的，但是由于同步时间的关系，这些数据库之间的记录可能有一定差异。中国科学院北京基因组研究所 / 国家生物信息中心（China National Center for Bioinformation，CNCB；2019 年 11 月研究所加挂 CNCB）下设的国家基因组科学数据中心（National Genomics Data Center，NGDC），通过建立大数据存储、开展原始组学存储与共享服务，成为生物大数据汇交共享平台，其核苷酸序列数据库（GSA）（图 3.7）成为继 GenBank、ENA、DDBJ 之后的第四个核酸序列公共数据库。

表 3.4　国际主要核苷酸序列数据库

数据库	维护管理	网址
GenBank	美国	www.ncbi.nlm.nih.gov/Genbank/GenbankSearch.html
ENA	欧洲	www.ebi.ac.uk/ebi_docs/embl_db/ebi/topembl.html

续表

数据库	维护管理	网址
DDBJ	日本	www.ddbj.nig.ac.jp
GSA	中国	http://bigd.big.ac.cn/gsa

图 3.7　GSA 核苷酸序列数据库主页

　　核苷酸序列数据库的数量呈爆炸式增长。国际公共核苷酸数据近 35 年的增长情况（表 3.5）充分说明了这一点。2015 年 12 月，ENA（Release 126）的 DNA 碱基对数已接近 15 000 亿，序列数超过 6 亿条，均为 2005 年的 10 倍以上，而 1995 年的数据仅是其一个零头。由此可见近 20 年的生物分子大数据增长非常迅速。从历史来看，每 22 个月数据库的数据规模就翻一番，其中以基因组乌枪法测序所占比例最高（超过一半）。数据库的膨胀对于我们进行数据库搜索非常有益——也许这次找不到的一个匹配序列，在下一次更新的数据中就可以寻获。所以，在进行生物信息学分析时，分析结果中务必要注明当时所使用序列数据库的数据状况及时间。1982 年～2018 年 1 月，可以观察到大量数据的增加。为了后续能够继续对这些庞大的数据进行管理并同时为国际社会提供数据访问，ENA 在 Release 135 时，放弃一般的测序数据（WGS）和转录组数据（TSA），转而变成存储组装或者注释过的序列，以便数据库管理和后续数据增长的可持续发展。在更改了数据的存储格式后，可以明显发现数据存储的增长变缓，存储效率更高，这也是未来数据库存储的趋势（随着大量数据的产生，人们更看重的是组装或注释过的序列）。

表 3.5　ENA 序列数据库增长情况

数据库版本（Release）	释放日期（月 / 年）	记录数	核苷酸数
1	06/1982	568	585 433
7	12/1985	5 789	5 622 638
43	06/1995	420 111	315 840 053
85	12/2005	64 739 833	116 106 677 726
126	12/2015	668 347 471	1 496 520 157 048

数据库版本（Release）	释放日期（月/年）	记录数	核苷酸数
134	01/2018	1 157 925 701	2 700 988 919 811
135*	05/2018	249 139 351	250 505 346 447
140	07/2019	261 149 873	339 264 788 161
142	01/2020	262 294 587	387 071 790 478

* 从 Release 135 开始不包括 WGS 和 TSA 类型数据

为了有效地管理如此庞大的数据，数据库数据分别以物种情况（taxonomic division）和数据种类（data class）进行分类，每个记录都被严格地归入某一类中。每一类用三个字母代码表示（表 3.6 和表 3.7）。这些分类并非一成不变，随着时间的推移可能进行一定的修正，如新加入的高通量测序数据（HTG）等。ENA 和 GenBank 等数据库的使用手册均可在相应的网站（表 3.4）找到，这些手册提供了详尽的数据库组成、分类等细节。

表 3.6　ENA 按物种划分数据情况（Release142，2020 年 1 月）

类别	代码	记录数	核苷酸数
环境样品（environmental sample）	ENV	16 711 387	9 248 487 402
真菌（fungi）	FUN	7 444 031	9 929 521 415
人（human）	HUM	27 480 943	23 702 790 413
无脊椎动物（invertebrate）	INV	40 388 798	33 939 950 996
其他哺乳动物（other mammal）	MAM	16 559 342	28 595 974 106
小鼠（*Mus musculus*）	MUS	10 477 489	10 198 129 954
噬菌体（bacteriophage）	PHG	16 669	618 864 148
植物（plant）	PLN	85 480 137	94 693 140 789
原核生物（prokaryote）	PRO	3 540 251	80 624 333 592
啮齿类动物（rodent）	ROD	3 259 345	7 274 681 472
合成生物（synthetic）	SYN	9 950 214	9 990 777 204
跨物种（transgenic）	TGN	286 471	859 224 124
未分类（unclassified）	UNC	15 581 520	10 889 893 912
病毒（virus）	VRL	3 104 328	5 081 332 827
其他脊椎动物（other vertebrate）	VRT	22 013 662	61 424 688 124
合计		262 294 587	387 071 790 478

表 3.7　ENA 按数据种类划分数据情况（Release142，2020 年 1 月）

数据种类	代码	记录数	核苷酸数
构建或合成的序列（constructed）	CON	45 124 946	1 639 551 614 521
表达序列标签（expressed sequence tag）	EST	77 995 984	43 513 812 949
基因组调查测序（genome sequence scan）	GSS	41 049 446	26 364 555 925
高通量 cDNA 测序（high throughput cDNA sequencing）	HTC	580 619	687 727 625
高通量基因组测序（high throughput genome sequencing）	HTG	176 382	27 688 222 584

续表

数据种类	代码	记录数	核苷酸数
专利（patent）	PAT	45 119 031	24 962 875 631
标准（standard）	STD	33 923 582	249 054 789 185
序列标签位点（sequence tagged site）	STS	1 346 965	640 917 725
转录组拼接（transcriptome shotgun assembly）	TSA	16 977 632	14 158 888 854
合计		262 294 587	387 071 790 478*

* 未包括构建的序列

2. 基因组数据库　　除了 DNA 序列数据库之外，还有一个主要的初级数据源——各种基因组测序计划。基因组数据库主要收集基因组序列、注释结果并且展示这些序列。目前许多基因组已经测序完成，这些基因组的大部分信息在 ENA、GenBank 等数据库中均可找到。有一些基因组数据库（表 3.8）值得关注，特别是一些模式生物基因组数据库，不仅有基因组数据，还有许多其他重要的信息，这对于相应模式生物的相关研究来说有非常巨大的参考价值。

表 3.8　部分基因组数据库

数据库	网址	备注
Ensembl Genomes	http://ensemblgenomes.org/	细菌、原生生物、真菌、植物及无脊椎动物基因组数据库
NCBI Genome	www.ncbi.nlm.nih.gov/genome	NCBI 整合基因组各类信息，包括序列、图谱、染色体、拼装、注释等
Phytozome	https://phytozome.jgi.doe.gov/	植物基因组数据库
TAIR	www.arabidopsis.org/	拟南芥基因组资源数据库

在表 3.8 的基因组数据库中，Ensembl Genomes 是较为常用的数据库之一。图 3.8 以 Ensembl Genomes 中的粳稻（*Oryza sativa* ssp. *japonica*）基因组为例，展示一般基因组数据库的格式。基因组数据库的基本信息界面包括物种信息、基因组版本及基因组可视化工具 GBrowser 链接；下载界面包括基因组序列及注释等相关信息的下载链接。基本信息界面和下载界面是一般基因组数据库都具备的，基因组数据库一般还会提供 BLAST 及相关在线分析服

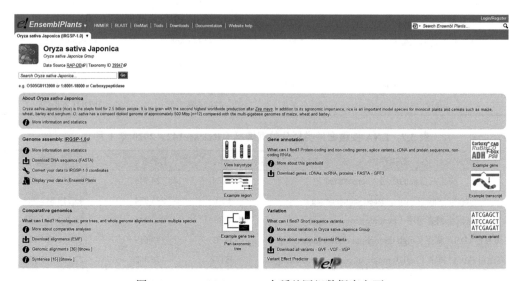

图 3.8　Ensembl Genomes 水稻基因组数据库主页

务。除此之外，Ensembl Genomes 还提供了比较基因组学和基因组变异的相关内容。有关植物基因组数据库的详细情况可参见本书编者主编的《植物基因组学》有关章节。

二、核苷酸二级数据库

核苷酸二级数据库非常多。例如，非编码 RNA 数据库和 NCBI 的 RefSeq、Gene 等常用数据库。其他数据库包括同源保守基因数据库、基因功能分类数据库等。以下对部分数据库进行简要介绍。

1. 非编码 RNA 数据库　　非编码 RNA（ncRNA）包括 rRNA、tRNA、snRNA、snoRNA 和 microRNA 等，它们的共同特点是都能转录但是不翻译成蛋白质，在 RNA 水平上就能行使各自的生物学功能。非编码 RNA 从长度上可以分为两类：非编码小 RNA（sncRNA，<200nt）和长非编码 RNA（lncRNA，≥200nt）。非编码 RNA 是目前生物学研究的前沿之一，因而从各个物种中鉴定了大量非编码 RNA，并建立了许多非编码 RNA 相关数据库。欧洲生物信息学研究所（EBI）建立了一个综合性非编码 RNA 数据库 RNAcentral（www.rnacentral.org/），整合了目前国际上 40 个主要非编码 RNA 数据库的相关数据（图 3.9）。这是一个全物种的一站式非编码 RNA 数据库，为生物学家提供了便捷搜索和比对等功能。

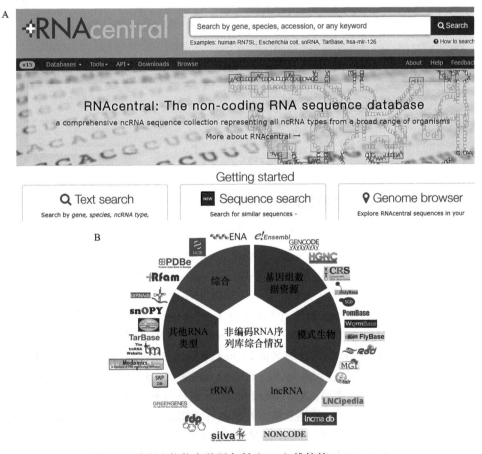

图 3.9　欧洲生物信息学研究所（EBI）维护的 RNAcentral
数据库主页（A）和收录的相关数据库情况（B）

RNAcentral 数据库收录的长非编码 RNA 数据库包括 NONCODE、LNCipedia 等。NONCODE（http://www.noncode.org/index.php）为非编码 RNA 的综合性数据库，该数据库由陈润生院士团队于 2005 年创建，主要收录长非编码 RNA，此外也包括 tRNA 和 rRNA（图 3.10）。截至 2017 年 9 月，NONCODE 已更新到 v5.0 版本，一共收录了来自 17 个物种（包括人、小鼠、果蝇、斑马鱼、线虫、酵母、拟南芥等）354 855 个位点的 548 640 个长非编码 RNA 转录本。NONCODE 收录的数据主要来源于文献和其他公共数据库。LNCipedia（https://lncipedia.org/）和其他一些数据库［如 RefLnc（http://reflnc.gao-lab.org/）和 lncBook（http://bigd.big.ac.cn/lncbook）］均为人类长非编码 RNA 专门数据库，提供了人类长非编码 RNA 参考注释集及其相关知识等。

图 3.10   非编码 RNA 数据库 NONCODE 主页

RNAcentral 数据库还收录了 rRNA 等非编码 RNA 其他数据库。① SILVA（http://www.arb-silva.de/）是一个核糖体 RNA（rRNA）数据库，该数据是软件 ARB 的官方数据库，同样收录真核生物、细菌和古生菌。② RDP 同样也是核糖体 RNA 数据库，但只提供微生物（16S 细菌和古生菌 rRNA 序列，以及 28S 真菌 rRNA 序列）。③ Rfam（http://rfam.xfam.org/）是一个包含非编码 RNA（ncRNA）家族及其他一些 RNA 元素家族的数据库，该数据库目前由 EMBL-EBI 维护（图 3.11）。Rfam 数据库与著名的 Pfam 数据库（Pfam 数据库旨在注释蛋白质家族）相似，是为了注释 RNA 家族。但是与蛋白质结构不同的是，同一家族的 RNA 通常是相似的二级结构而不是相似的初级序列。RNA 家族在 Rfam 进行搜索的方式与 Pfam 有所不同，主要以联配、搜索识别二级结构的一致性及协方差模型对 ncRNA 家族进行匹配搜索。Rfam 目前的版本为 14.2，发布于 2020 年 4 月，共有 3024 个 RNA 家族。

下文介绍一些其他非编码 RNA 专门数据库。

1）miRBase（http://www.mirbase.org/）是一个收录已发表的 microRNA 序列及相关注释的

图 3.11　非编码 RNA 家族数据库 Rfam 主页

权威数据库。2018 年 10 月发布版本 22.1，共有 38 589 个条目。数据库中的每个条目均包含 miRNA 的前体序列和成熟序列及它们的位置，条目均能够通过名字、关键词、文献和注释进行搜索。

　　2）随着大量环状 RNA 被鉴定，相应数据库被建立起来，如 circBase、CIRCpedia、CircRNADb、circAtlas 等。① circBase 是最早公布的 circRNA 相关数据库，发表于 2014 年，最近一次更新在 2017 年 7 月。该数据库收集了 9 篇文献鉴定的人类和动物 circRNA。② circRNADb 是 2016 年发表的人类 circRNA 数据库，至今没有任何更新版本。③ CIRCpedia 是 2016 年发表的动物 circRNA 数据库，并且在 2018 年 7 月发布了第二个版本。该数据库收集了来自 180 多个 RNA-Seq 测序数据的 6 个物种（分别为人和模式动物）的 262 782 个 circRNA。④ circAtlas 是 2019 年发表的脊椎动物 circRNA 数据库。该数据库中收集了来自 6 个物种（人和动物）不同组织的数百万个 circRNA。到目前为止，不管是从收集的 circRNA 的信息，还是从数据库所具有的工具，还是从用户的友好性来看，circAtlas 都是一个相对较完善的 circRNA 综合性数据库。基于公共发表的植物 RNA-Seq 数据和植物环状 RNA 相关文献，本书编者构建了首个植物环状 RNA 数据库 PlantcircBase（Chu et al., 2017）。该数据库 2020 年 3 月最新一版收录了来自 19 个植物物种的 121 971 个 circRNA。除了每个 circRNA 记录的详细信息，PlantcircBase 还具有物种浏览、关键词和序列搜索（BLASTcirc）、下载、circRNA 结构可视化、circRNA 基因组可视化等功能。

　　3）NPInter（http://bigdata.ibp.ac.cn/npinter4/）为非编码 RNA 相互作用数据库，系统收录了绝大多数种类非编码 RNA 的相互作用，并对相互作用及相关分子进行了详细的注释及可视化。该数据库 2006 年创建，最新版本（v4.0）整合了近几年来发表的非编码 RNA 相互作用文献及高通量 RNA 相互作用测序数据，环状 RNA（circRNA）的相互作用和 ChIRP-Seq 获得的非编码 RNA-基因组的相互作用等，记录数量上升到 11 万条，涵盖了 35 个物种。

　　4）GtRNAdb（Genomic tRNA Database, http://gtrnadb.ucsc.edu/）是一个转运 RNA（tRNA）数据库，数据均通过软件 tRNAscan-SE 在完整基因组或接近完整基因组 tRNA 基因预测自动获

得。该数据库收录的物种包括真核生物、古生菌和细菌。

5）植物非编码 RNA 数据库。①除了上文提及的植物环状 RNA 数据库 PlantcircBase 之外，PNRD（http://structuralbiology.cau.edu.cn/PNRD/index.php）也是一个综合性的植物非编码 RNA 数据库，包括 miRNA、lncRNA、snoRNA、snRNA、tasiRNA、tRNA。截至 2016 年 5 月，PNRD 一共收录了来自 166 个植物物种的 28 214 条非编码 RNA 数据，其中大部分是 miRNA 相关记录，仅有包括拟南芥、水稻、玉米在内的 20 个物种具有 lncRNA 相关信息。② sRNAanno（www.plantsRNA.org）是一个植物非编码小 RNA 数据库，包括了 140 余个植物基因组上小 RNA 的注释结果。

2．其他

1）RefSeq 数据库（Reference Sequence Database，RefSeq）是美国 NCBI 开发并维护的基因参考序列数据库，广泛用于基因功能和基因功能比较研究。RefSeq 数据库中所有的数据是非冗余的，提供标准的参考序列数据，包括染色体、基因组（细胞器、病毒、质粒）、蛋白质、RNA 等。

2）Gene 数据库以基因为记录对象，为用户提供基因序列注释和检索服务，收录了来自 5300 多个物种的 430 万条基因记录。

3）BUSCO（Benchmarking Universal Single-Copy Ortholog，https://busco.ezlab.org/）是一个不同生物单拷贝直系同源基因基准数据库，它提供了所有或某类物种的保守基因集。它利用 OrthoDB 直系同源数据库，将所有单拷贝基因数据按照六类主要物种（Bacteria、Eukaryota、Protists、Metazoa、Fungi 和 Plants）进行划分（图 3.12）。例如，目前该数据库中植物数据集包含了 1440 个非常保守的基因（基于 30 个植物基因组分析鉴定）。另外一个类似的基因集 CEGMA（Core Eukaryotic Genes Mapping Approach），它提供了生物界最保守的基因集（基因数量非常有限）。BUSCO 目前一个非常重要的应用是从基因完整度层面上评估基因组的组装质量。进行基因组组装评估时，BUSCO 首先调用 AUGUSTUS 软件进行基因从头预测，再使用 HMMER3 比对参考基因集。根据比对上的序列的比例、完整性等，评估组装的准确性和完整性。

Datasets

Bacteria sets　Eukaryota sets　
Protists sets　
Metazoa sets　
Fungi sets　
Plants set

图 3.12　不同类生物同源保守基因数据库 BUSCO 主页

4）Gene Ontology（简称 GO）是一个国际标准化的基因功能分类体系，提供了一套动态更新的标准词汇表（controlled vocabulary）来全面描述生物体中基因和基因产物的属性。GO 数据库共有三大类，分别描述基因的分子功能（molecular function）、所处的细胞位置（cellular component）和参与的生物学过程（biological process）。GO 数据库中一个基本的概念是节点，每个节点就是一个记录，都有一个名称，如 "Fibroblast Growth Factor Receptor Binding" 或者 "Signal Transduction"；同时有一个唯一的编号（ID 号），如 "GO：0003723"。对未知基因进行 GO 功能注释时，采用 "mapping" 方式在 Uniprot 蛋白质数据库确定同源蛋白，从中得到蛋白质的注释信息，进而对蛋白质进行功能分类注释。

第三节　蛋白质相关数据库

一、蛋白质序列与结构数据库

1. 蛋白质序列数据库　　Swiss-Prot 和 PIR 是国际上两个主要的蛋白质序列数据库（表 3.9）。

表 3.9　主要蛋白质数据库及其记录情况
（ **UniProt，Release 2020_3；iProClass Release 4.91，2020 年 2 月** ）

数据库		说明	记录数量	维护单位
UniProtKB	Swiss-Prot	人工注释与审核	562 755	Swiss Institute of Bioinformatics（SIB），瑞士
	TrEMBL	自动程序化注释	184 998 855	European Bioinformatics Institute（EMBL-EBI），英国
PIR	PIR-PSD	分类并程序化注释	283 416*	Georgetown University Medical Center，美国
	PIRSF	自动程序化注释	16 436 295	Georgetown University Medical Center，美国
	iProClass	整合 UniProtKB 和 NCBI Unique 数据	217 817 228	Georgetown University Medical Center，美国

*基于其最后一个版本 Release 80（2004 年 12 月 31 日）

（1）Swiss-Prot 数据库　　Swiss-Prot 数据库包括了从 EMBL 翻译而来的蛋白质序列，这些序列经过人工检验和注释。该数据库主要由日内瓦大学医学生物化学系和欧洲生物信息学研究所（EBI）合作维护。Swiss-Prot 的序列数量呈直线增长，其数据存在一个滞后问题，即把 EMBL 的 DNA 序列准确地翻译成蛋白质序列并进行注释需要时间，一大批含有开放阅读框（ORF）的 DNA 序列尚未列入 Swiss-Prot。为了解决这一问题，TrEMBL（Translated EMBL）被建立了起来。TrEMBL 也是一个蛋白质数据库，它包括了所有 EMBL 库中的蛋白质编码区序列，提供了非常全面的蛋白质序列数据源，但这势必导致其注释质量的下降。目前 Swiss-Prot 和 TrEMBL 已经合并为 UniProtKB 数据库（Universal Protein Knowledgebase）（图 3.13），作为 UniProt（www.uniprot.org）的一部分（详见下文）。2020 年 3 月公布的版本包括人工注释经审核的 Swiss-Prot 条目 562 755 条，自动注释未经审核的 TrEMBL 条目 184 998 855 条（表 3.9）。

（2）PIR 数据库　　PIR（Protein Information Resource, http://proteininformationresource.org）以 Margaret Dayhoff 在 1965～1978 年构建的 "Atlas of Protein Sequence and Structure" 为基础，于 1984 年由美国 National Biomedical Research Foundation（NBRF）正式创立。1988 年，NBRF 与德国和日本蛋白质数据库联合建立国际蛋白质序列数据库 PIR-PSD（PIR-International Protein Sequence Database），2002 年 PIR 与 EMBL-EBI 和 SIB 共享数据资源，建立了通用蛋白质资源数据库 UniProt（Universal Protein Resource），统一收集、管理、注释和发布蛋白质序列数据及其注释信息。有关 UniProt 数据库的详细情况见罗静初（2019）介绍文章。

2004 年 12 月 31 日发布 PIR-PSD 最后一版数据（Release 80）后，PIR 建立了 iProClass 综合蛋白质数据库（Integrated Protein Knowledgebase）（图 3.14）。该数据库整合了几乎所有类型的数据，如蛋白质结构、基因家族、表达、互作、功能分类等。其最新版本（Release

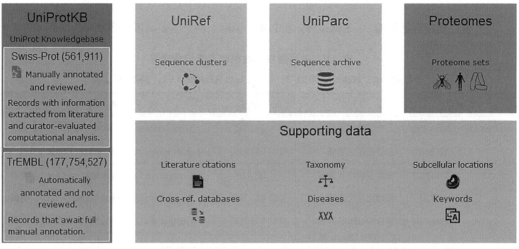

图 3.13   蛋白质数据库 UniProt（Swiss-Prot＋TrEMBL）数据库主页

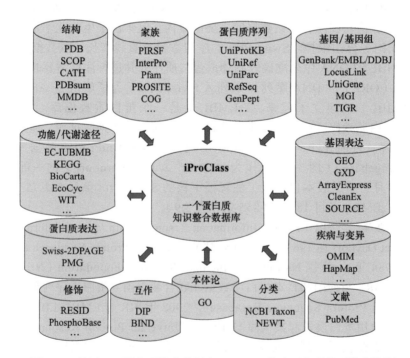

图 3.14   美国 PIR 蛋白质综合数据库 iProClass 整合了各种类型数据资源

4.91，2020 年 2 月）整合了超过 175 个数据库资源（表 3.10）。另外，PIR 还建立了一个蛋白质家族数据库 PIRSF（PIR SuperFamily），目前收录了超过 1600 万个记录（表 3.9）。

表 3.10　美国 PIR 蛋白质综合数据库 iProClass 整合的数据库具体情况
（Release 4.91，2020 年 2 月）

数据库类型	数据库
DNA 序列	GenBank、EMBL、DDBJ
基因组 / 基因	Entrez Gene、HGNCR、GD、MGI、GeneCards、Ensembl、GenAtlas、UniGene、TAIR、MIPS、PATRIC、GenProtEC、SGD、FlyBase、Gramene、DictyBase、EcoGene、Leproma、MaizeGDB、ZFIN、WormBase、WormPep、BioCyc、UCSC、H_InvDB、CGD、AGD、EuPathDB、KEGG、PseudoCAP、EchoBASE、Xenbase、EnsemblBacteria、EnsemblMetazoa、EnsemblPlants、EnsemblProtists、EnsemblFungi、VectorBase、GeneDB、WBParaSite
基因表达	CleanEx、SOURCE、OUMCF、Bgee、ExpressionAtlas、Genevisible、CollecTF
遗传变异 / 疾病	HapMap、OMIM、Orphanet、GeneReviews
本体论	Gene Ontology、PRO
酶 / 功能	IUBMB、KEGG、BRENDA、MetaCyc
通路	KEGG、EcoCyc、Reactome、UniPathway、ChiTaRS、SABIO-RK、SignaLink、SIGNOR
复合体 / 互相作用	DIP、EcoCyc、IntAct、STRING、MINT、BioGRID
蛋白质表达	Swiss-2DPAGE、COMPLUYEAST-2DPAGE、UCD-2DPAGE、OGP、Aarhus-Ghent-2DPAGE、REPRODUCTION-2DPAGE、Rat-heart-2DPAGE、World-2DPAGE、DOSAC-COBS-2DPAGE、ECO2DBASE
结构	PDB、SCOP、CATH、FSSP、MMDB、PDBsum、CSA、Modbase、ProteinModelPortal、DisProt、HSSP、SMR
特征和翻译后修饰	RESID、Phosphosite、UniCarbKB、DEPOD
蛋白质组学	NIST、PeptideAtlas、ProMEX、PaxDb、PRIDE、Proteomes、MaxQB、TopDownProteomics、EPD
其他数据库	REBASE、HPA、NextProt、BindingDB、DrugBank、GeneTree、ConoServer、PharmGKB、euHCVdb、TubercuList、LegioList、ArachnoServer、GeneFarm、InParanoid、PMAP-CutDB、NextBio、CTD、DMDM、DNASU、ChEMBL、GenomeRNAi、PomBase、EvolutionaryTrace、ChiTaRS、GeneWiki、PHARMACOLOGY、MalaCards、SwissLipids、SwissPalm、BioMuta、iPTMnet、DisGeNET、OpenTargets、PhosphoSitePlus
蛋白质分类	UniRef、PIRSF、Pfam、PROSITE、InterPro、SCOP、PANTHER、PRINTS、SMART、TIGRFAMs、ProDom、HAMAP、MEROPS、HomoloGene、eggNOG、OrthoDB、PhylomeDB、HOGENOM、HOVERGEN、OMA、Gene3D、Allergome、PeroxiBase、TCDB、KO、CAZy、mycoCLAP、TreeFam、MoonProt、ESTHER、CDD

2. 蛋白质结构数据库　蛋白质结构数据库主要可分为蛋白质结构分类数据库（structural motif database，如 SCOP 和 CATH 等）和实验测定蛋白质结构数据库。

（1）蛋白质结构分类数据库　蛋白质结构分类是蛋白质结构研究的一个重要方向，是三维结构数据库的重要组成部分。蛋白质结构分类可以包括不同层次，如折叠类型、拓扑结构、家族、超家族、结构域、二级结构、超二级结构等。蛋白质分类数据库很多，最著名的蛋白质结构分类数据库是由英国的两个研究小组建立的：由剑桥大学的 Chothia 小组建立的 SCOP 库（http://scop.mrc-lmb.cam.ac.uk/）和由伦敦大学 Thornton 小组建立的 CATH 库（https://www.cathdb.info/）。SCOP 与 CATH 的分类方法大同小异，两者最大的区别是 SCOP 基本靠人工分类，而 CATH 主要利用程序进行自动化计算。下文简要介绍这两个主要的蛋白质结构分类数据库。

1）SCOP（Structural Classification of Protein）由英国医学研究委员会（Medical Research Council，MRC）的分子生物学实验室和蛋白质工程研究中心开发与维护。该数据库的建立基于蛋白质进化关系和折叠原理，其对已知三维结构的蛋白质进行分类，并描述了它们之间的结构和进化关系。SCOP 数据库的构建除了使用计算机程序外，主要依赖于人工注释。

SCOP 将蛋白质结构分为 4 个层次：结构类型（class）、折叠模式（fold）、超家族（superfamily）和家族（family）。蛋白质的结构类型分为六类：①全 α 蛋白；②全 β 蛋白；③ α/β 蛋白；④ α+β 蛋白；⑤多结构域蛋白；⑥其他，如膜蛋白、细胞表面蛋白、多肽、小蛋白质及人工设计的蛋白质等。以全 β 蛋白为例，SCOP 将全 β 蛋白的折叠模式分为 61 种；β 蛋白的第一种折叠模式为免疫球蛋白样 β 三明治结构，其所包含的超家族数为 9 个；其中的第一个超家族为免疫球蛋白，含有 5 种蛋白质家族；而其中的 C2 set 结构域又含有 4 种蛋白质结构域。SCOP 数据库主要作为一个工具，通过序列与结构的关系来理解蛋白质进化，以及确定未知序列和未知结构是否与已知蛋白质相关。

2）CATH 数据库与 SCOP 类似，也是自上而下把已知蛋白质结构分为 4 个层次：类型（class）、构架（architecture）、拓扑结构（topology）和同源性（homology）。CATH 这个名称也是来源于这 4 个层次英文名称的首字母。CATH 数据库的分类基础是蛋白质结构域。①与 SCOP 不同的是，CATH 数据库的第一个层次把蛋白质分为 4 类：α 主类、β 主类、α-β 类（α/β 类和 α+β 类）和低二级结构类。低二级结构类是指二级结构成分含量很低的蛋白质分子。② CATH 数据库第二个层次的分类依据为由 α 螺旋和 β 折叠形成的超二级结构排列方式，不考虑它们之间的连接关系。形象地说，蛋白质分子的构架，如同建筑物的立柱、横梁等主要部件。这一层次的分类主要依靠人工方法。③第三个层次为拓扑结构，即二级结构的形状和二级结构间的联系。④第四个层次为结构的同源性，它是先通过序列比对，再用结构比较来确定。CATH 数据库的最后一个层次考虑了序列水平上的相似性。对于较大的结构域，则至少要有 60% 与小的结构域相同。

（2）实验测定蛋白质结构数据库　早在 20 世纪 70 年代，美国 Brookhaven 国家实验室就建立了实验测定蛋白质结构数据库（PDB）。从 1998 年开始 PDB 转由美国圣迭戈超级计算机中心、Rutgers 大学及美国国家标准局（NIST）共同成立的结构生物信息学联合实验室（Research Collaboratory for Structural Bioinformatics，RCSB）负责（Berman et al.，2000）（图 3.15，www.rcsb.org/pdb/）。2020 年 7 月，PDB 中共有 166 594 个结构数据记录，其中绝大多数都是蛋白质结构数据（154 562 个），同时也包括核苷酸等其他分子结构。另外，PDB 与欧洲（PDBe）和日本（PDBj）相应蛋白质结构数据库联合，建立了一个国际蛋白质结构数据库（The Worldwide PDB，wwPDB，www.wwpdb.org），整合了来自三个数据库的数据记录。对来自 PDB 中每个已知三维结构的蛋白质序列进行多序列同源性比较（multiple sequence alignment）的结果，被存储在 HSSP（Homology-Derived Secondary Structures of Proteins）数据库中。被列为同源的蛋白质序列很可能具有相同的三维结构。

3. 蛋白质组数据库　蛋白质组学（proteomics）一词，意指"一种基因组所表达的全套蛋白质"，即包括一种细胞乃至一种生物所表达的全部蛋白质。1995 年 Marc Wikins 首次提出蛋白质组的概念。1997 年，Peter James 在此基础上率先提出蛋白质组学的概念，基因组学和蛋白质组学的概念又进一步催生了各种各样的组学。

蛋白质鉴定数据库（Proteomics Identification Database，PRIDE，http://www.ebi.ac.uk/pride/archive/）是欧洲生物信息研究所建立的主要基于质谱鉴定数据的蛋白质组学数据库（图 3.16）。PRIDE 允许研究者们存储、分享并比较他们的结果。这个免费使用的数据库目的就在于通过集合不同来源的蛋白质识别资料，让研究者们能方便地搜索已经公开发表的标准数据。

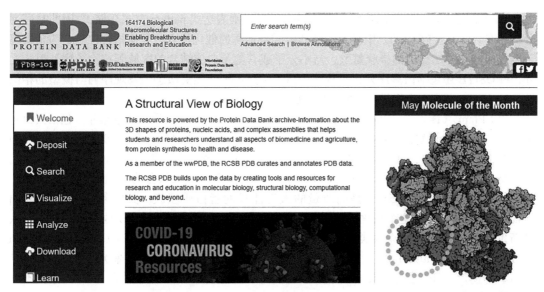

图 3.15　实验测定蛋白质结构数据库 PDB 主页

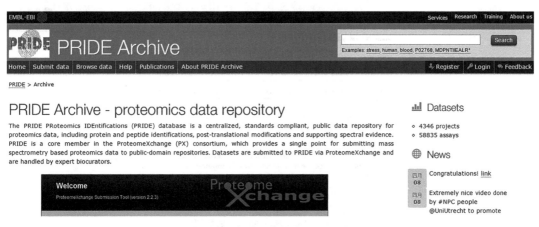

图 3.16　蛋白质组数据库 PRIDE 主页

二、蛋白质功能域等其他数据库

1. 蛋白质功能域数据库　　蛋白质功能域一般是指一条蛋白质序列中一段保守的区域，该区域能够独立行使功能、进化等。许多蛋白质序列包含若干结构功能域。在分子进化方面，不同功能域可以作为一个单元被重组，产生新的蛋白质序列，行使不同的功能，因此，一个功能域可能在许多不同蛋白质序列中存在。功能域的长度不一，可以从 25 到 500 个氨基酸不等。目前国际上的蛋白质功能域数据库主要包括 PROSITE、Pfam、ProDom、PRINTS、SMART 等，它们均属于 InterPro 功能域联盟。另外还有 BLOCKS、CDD 等（详见第 5 章多序列联配相关介绍）。

（1）PROSITE 数据库　　PROSITE（http://prosite.expasy.org/）数据库收集了有显著生物学意义的蛋白质位点和序列模式，并能根据这些位点和模式快速可靠地鉴别一个未知功能的蛋白质序列应该属于哪一个蛋白质家族。有的情况下，某个蛋白质与已知功能蛋白质的整体序列相似性很低，但由于功能的需要保留了与功能密切相关的序列模式，这样就可能通过

PROSITE 的搜索找到隐含的功能基序（motif，以正则表达式 pattern 方式存储），因此是序列分析的有效工具。PROSITE 中涉及的序列模式包括酶的催化位点、配体结合位点、与金属离子结合的残基、二硫键的半胱氨酸、与小分子或其他蛋白质结合的区域等；除了序列模式之外，PROSITE 还包括由多序列比对构建的概型（profile），能更敏感地发现序列与概型的相似性。PROSITE 的主页上提供各种相关检索服务。

（2）Pfam 数据库   Pfam（http://pfam.xfam.org/）是一个蛋白质家族数据库，包括蛋白质家族的注释及通过隐马尔可夫模型产生的多序列联配结果（图 3.17）。截至 2020 年 5 月，Pfam 已经发布了版本 33.1，其中包含 18 259 个条目（entry），序列、结构或者 HMM 模型相似、相关的条目汇聚为更高等级的 635 个族（clan）。Pfam 蛋白家族又被分为质量高和低的两类：Pfam-A 和 Pfam-B。①Pfam-A 是高质量的人工注释的蛋白质家族，其中条目来自 Pfamseq（Pfam 序列数据库），这个数据库基于最新发布的 UniProtKB。②Pfam-B 是未经注释的、从最新发布的 ADDA 非冗余聚类中自动生成的低质量蛋白质家族。ADDA（automatic domain decomposition algorithm）是一个用于对所有蛋白质家族进行结构域分解和聚类的自动算法，专门用于建立 Pfam-B，虽然 Pfam-B 的质量不高，但是在功能保守性区域且在 Pfam-A 中找不到结果的时候就可以发挥作用。

图 3.17   功能域数据库 Pfam 主页

2. 蛋白质分子互作数据库

（1）BioGRID 数据库   BioGRID（http://thebiogrid.org/）是一个包含了蛋白质互作、遗传互作、化学物质与蛋白质互作及翻译后修饰的专业生物数据库。2020 年发布的版本 3.5.187，共收录 56 300 篇已发表文献中主要模式生物的 1 039 815 个蛋白质及遗传互作，28 093 个化学物质与蛋白质互作，817 400 个翻译后修饰。

（2）DIP 数据库   DIP（Database of Interacting Proteins，http://dip.doe-mbi.ucla.edu/dip/Main.cgi）收录蛋白质之间的相互作用。目前共收录来自 7937 篇文献 803 个物种的 28 384 个蛋白质及 80 715 种相互作用。

（3）IntAct Molecular Interaction Database 数据库   IntAct Molecular Interaction Database（http://www.ebi.ac.uk/intact/）是 EBI 数据库关于分子互作的一个分数据库，其中包括蛋白质互作、蛋白质小分子互作、蛋白质核酸互作。

（4）STRING 数据库　　STRING（http://string-db.org/）数据库由瑞士生物信息学研究所建立，收纳了已知蛋白质之间的相互作用并能够预测蛋白质互作。目前（版本 v11.0，2020 年 7 月）共收录了 5090 个物种的 3 123 056 667 种蛋白质互作。

3. 代谢途径数据库　　生物体内基因经转录并翻译成蛋白质后，参与的各种复杂的生化反应，使物质 A 到物质 X 的酶反应常规程序（A → B → C →…→ X），称为 A 至 X 的代谢途径（metabolic pathway）。代谢途径数据库中较为常用也较为知名的数据库是 KEGG，其他一些常用的数据库见表 3.11。

表 3.11　部分代谢途径数据库

数据库	网址
KEGG	www.genome.jp/kegg/
IMP	http://imp.princeton.edu/
PlantCyc	www.plantcyc.org/
NCBI BioSystems	www.ncbi.nlm.nih.gov/biosystems
MANET	www.manet.illinois.edu/
MetaNetX	http://metanetx.org/mnxdoc/cite.html
MetaCyc Database	www.metacyc.org/
MapManWeb	http://mapman.gabipd.org/web/guest/mapmanweb

（1）KEGG 数据库　　KEGG（Kyoto Encyclopedia of Genes and Genomes）是由日本京都大学和东京大学联合开发的数据库，是现在常用的查询代谢途径的数据库，也可用来查询酶（或编码酶的基因）、产物等，以及通过 BLAST 比对查询未知序列的代谢途径信息。KEGG 主要通过 Web 界面进行访问，也可通过本地运行的 perl 或 java 等程序进行访问。

（2）MANET 数据库　　MANET（Molecular Ancestry Network）是一个蛋白质结构演化关系直接映射到生物分子网络上的数据库。MANET 数据库的主旨是以生物信息、进化及数据统计的方式来研究、调查代谢酶个体的祖先及代谢的演化问题。MANET 数据库目前利用 SCOP（Structural Classification of Protein）、KEGG 进行系统发生关系重建，从全局的角度来阐释蛋白质折叠结构的演化问题。

（3）MetaNetX 数据库　　MetaNetX 是一个能够在基因组水平对代谢网络及生化通路进行收集分析操作的在线数据库。该数据库提供了直观可视化的在线生物信息工具，为通路的基础研究、基因组分析、系统生物的发展和教育提供可能。目前为 4.0 版本，于 2019 年更新。

（4）MapManWeb 数据库　　MapManWeb 为 MapMan 在线使用数据库。MapMan 是一个以用户为主导的将大量代谢组表达数据通路以图像形式表现出来的软件。MapManWeb 仅能提供大麦、拟南芥和苜蓿三个物种的表达数据集。

代谢途径数据库仅是通路（pathway）数据库中的一员（表 3.12）。通路数据库总汇网站 Pathguide（http://www.pathguide.org/）对通路数据库进行了详细总结，所有通路相关数据库都能在 Pathguide 上找到，包括一些历史上已经不可用的网站。根据 Pathguide 2017 年 9 月发布的版本，目前共有 1031 个生物通路相关和分子间相互作用相关资源（表 3.12）。各类通路数据库在 Pathguide 均有链接和详细介绍，本书不再做详细介绍。

表 3.12　Pathguide 数据库总结

数据库分类	数据库数量 / 个	数据库分类	数据库数量 / 个
蛋白质间相互作用	320	蛋白质成分间相互作用	88
代谢途径或通路	166	遗传互作网络	44
信号通路	133	特定蛋白质序列	27
通路图	115	其他	37
转录因子 / 基因调控网络	101	合计（综合性数据库仅记为一个）	1031

代谢组学数据库是收录在代谢组学通路中的酶、化合物及基因等成分的信息的数据库。MetaboLights 是 EMBL 下的代谢组学数据库（图 3.18），主要内容包含代谢组学实验数据及相关联的衍生信息。该数据库的信息物种交叉、技术交叉，覆盖了包括代谢组结构及参考光谱、生物作用、位置、着重点、实验数据等一系列信息。模式生物人、酵母、大肠杆菌有各自独立的代谢组学数据库（表 3.13）。

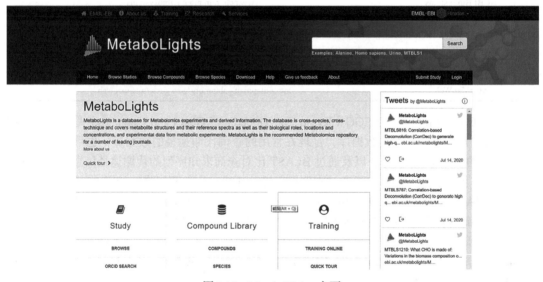

图 3.18　MetaboLights 主页

表 3.13　部分代谢组学数据库

数据库	网址
MetaboLights	www.ebi.ac.uk/metabolights/
HMDB	www.hmdb.ca/
YMDB	www.ymdb.ca/
ECMDB	http://ecmdb.ca/

4. 蛋白质相关数据生物信息学分析平台　　蛋白质相关数据分析是生物信息学学科的一个重要研究方向。为了方便生物学研究者使用，一些综合性生物信息学分析平台或数据库纷纷建立起来。其中 ExPASy 是最著名的平台，其集数据资源与生物信息学分析于一体，为生物学研究者提供了极为高效和便捷的生物信息学分析。

ExPASy（Expert Protein Analysis System）从字面理解即为专业蛋白质分析系统，它由

瑞士生物信息学研究所（SIB）创建并维护，提供从序列到结构等蛋白质相关的全套生物信息学分析服务。它囊括了 SIB 所有（22 个）研究团队建立和维护的数据库（如 Swiss-Prot、PROSIDE、STRING）和生物信息学分析工具（如 SWISS-MODEL 结构预测）。ExPASy 将所有数据和工具分成 12 大类，如 "proteomics" "genomics" "structure analysis" 等，每个大类下都分为两部分："Databases" 和 "Tools"（如图 3.19 所示为 "proteomics" 大类涉及的数据库和生物信息学工具）。ExPASy 应该是目前世界上蛋白质相关数据分析最权威、最全面的生物信息学平台，对于蛋白质序列分析初学者，ExPASy 可以作为学习的第一站。

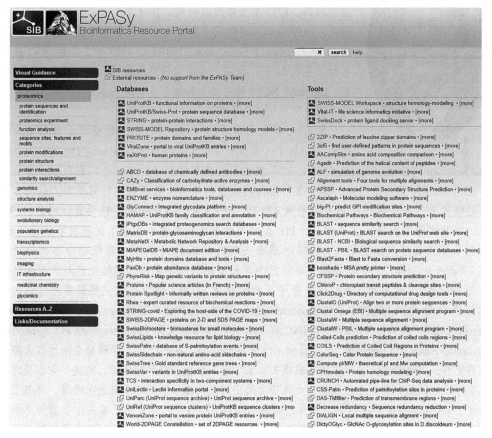

图 3.19　蛋白质序列数据资源与生物信息学分析平台 ExPASy 主页

习　　题

1. 什么是一级数据库和二级数据库？它们有什么异同？
2. 简述 FASTA 和 FASTQ 格式，并比较它们的异同。
3. 如何向 NCBI 递交序列？列举三种方法。如果序列文件数据很大或序列条数很多，应该如何解决？
4. 如何下载水稻基因组的特定区段序列或注释？
5. 如何对 PDB 数据库记录进行三维结构的可视化？
6. 如何确定未知基因 / 序列属于哪个 KEGG 代谢途径？

分子数据库与戴霍夫和戈德

　　玛格丽特·戴霍夫（Margaret Dayhoff）（1925～1983），美国物理化学家。1948 年毕业于哥伦比亚大学，获得量子化学专业博士学位。1952 年，戴霍夫生下一对双胞胎，随后退出研究领域成为全职妈妈。1957 年重新回归研究，在马里兰大学开展两年博士后研究，1959 年加入刚刚成立的国家生物医学研究基金会（National Biomedical Research Foundation，NBRF）。1983 年 2 月由于心脏病去世，年仅 58 岁。戴霍夫对生物信息学学科的形成做出了关键贡献。Lipman（NCBI 前主任）称她为生物信息学之母，也有人认为她是第一位生物信息学家。

　　戴霍夫建立了有史以来第一个分子数据库。她和 Eck 于 1965 年出版了《蛋白质序列和结构图谱》（*Atlas of Protein Sequence and Structure*）（Dayhoff et al.，1965），这是其蛋白质序列数据库的第一个印刷版本。该版包含 65 个家族的蛋白质序列，其中每个家族内成员间包含少数氨基酸种间变异。该图谱数据后续发表了若干版本，最后一卷共 470 页，于 1978 年出版并对外提供数据磁盘。1984 年，基于该图谱数据建立了知名的 PIR 蛋白质数据库。戴霍夫建立了氨基酸单字母代码，简化了蛋白质序列数据格式，1963 年戴霍夫改进了 Šorm 等的单字母代码命名和使用方法（Jost et al.，1961），将氨基酸代码从三个字母缩减为一个字母。国际纯粹与应用化学联合会（IUPAC）和国际生物化学与分子生物学联盟（IUB）随后提出使用戴霍夫总结的氨基酸单字母代码（IUPAC-IUB Tentative Rules，1966；IUPAC-IUB Commission on Biochemical Nomenclature，1968）；1983 年，IUPAC 和 IUB 在共同指导文件 "Nomenclature and Symbolism for Amino Acids and Peptides" 中推荐使用该单字母代码。在此之后，这种命名法被各大期刊推荐使用，并逐渐成为主流方法。戴霍夫创立了第一个氨基酸替换矩阵，解决了蛋白质序列联配的计分问题。利用上述收集的大量蛋白质序列，构建了它们的系统进化关系，并基于此构建了 PAM 氨基酸替换矩阵。她自己编写 FORTRAN 程序，开发出了第一个生物信息学软件 COMPORTEIN；使用大型计算机搜索和分析肽序列，试图将部分序列组装成完整的蛋白质序列。戴霍夫致力于将计算机科学应用于生化领域，在当时来说是一个了不起的创举。

　　当年戴霍夫收集所有已知蛋白质序列并建立数据库的工作，并未得到大家的理解与认可。当时许多研究人员认为她是个过时的"局外人"，她的工作类似于 19 世纪的材料收集和编目工作。戴霍夫的成就不得不感谢罗伯特·莱德利（Robert Ledley）（1926～2012）的知遇之恩。在申请 NIH 研究员职位被拒后，戴霍夫接受了莱德利的邀请，1959 年加入了刚刚成立的 NBRF，由此开启了她职业生涯中最重要的二十年。NBRF 为一家非盈利研究机构，由莱德利创办，致力于计算机在医学诊断等领域的应用。莱德利担任该基金会主任 50 年（Seising，2013），戴霍夫担任他的副手（即基金会副主任）21 年。莱德利是一位富有远见的生物物理学家和计算机学家，他知道戴霍夫的计算机技能对实现基金会的目标至关重要，包括计算科学、生物学和医学领域的结合。戴霍夫 1983 年意外离世后，莱德利与 Winona

Barker 于 1984 年基于戴霍夫数据库创立了 PIR 蛋白质数据库，并继续领导该数据库工作，直至 1989 年 PIR 被 NIH 接管。

沃尔特·戈德（Walter Goad）（1925～2000），美国洛斯阿拉莫斯国家实验室（Los Alamos National Laboratory）核物理学家。戈德出生于大萧条时期的一个工人阶级家庭，年仅 12 岁便开始了无线电修理工的工作。1941 年，戈德在雇主的赞助下前往联合大学（Union College）学习物理学。1946 继续在加州大学伯克利分校物理系攻读研究生。次年，他转到杜克大学开始在 Lothar Nordheim 教授指导下攻读宇宙射线物理学的博士学位。戈德在读博期间参与氢弹研制工作并做出了重要贡献。1953 年他获得物理学博士学位。

（1984 年摄于 GenBank 的一台计算机前）

20 世纪 60 年代，戈德逐渐对分子生物学产生了兴趣，到 70 年代初期，他将几乎所有的时间都花在研究生物学而不是物理问题上。1974 年，戈德成为洛斯阿拉莫斯国家实验室 T-10 研究小组（理论生物学和生物物理学）的重要成员。T-10 研究小组致力于解决核苷酸数据的存储、检索和分析等相关问题，并构想将计算机作为分析生物学研究中合作和分析的主要工具。这个小组的成员都是"大神"级人物，如 Temple Smith、Mike Waterman 和 Minoru Kanehisa（KEGG 数据库创始人）。经过不懈努力，1979 年，戈德带领团队建立了 Los Alamos Sequence Data Bank，用于收集、存储核苷酸序列以便后续分析。在美国 NIH 等机构的资助下，该数据库不断发展壮大，并于 1982 年更名为 GenBank。GenBank 的 DNA 序列经过翻译后被存储在蛋白质数据库 PIR 中。戈德与欧洲分子生物学实验室（EMBL）和日本 DNA 数据库（DDBJ）建立了牢固的工作关系，促成了国际公共核苷酸数据库的建立。

可以说戈德的职业生涯经历了 3 次飞跃，最后因创建了 GenBank 数据库的杰出贡献而被世人铭记。戈德与戴霍夫的相应贡献被视为"现代分子序列数据库"的双重起源。

第4章 两条序列联配及其算法

序列联配是生物信息学中的核心问题之一，涉及两条序列联配和多条序列联配。要进行有效的序列联配，涉及计分矩阵、联配算法和统计判断三个关键问题，本章介绍两条序列联配，下章将聚焦多条序列联配。两条序列联配的主要算法——动态规划算法，是生物信息学领域最著名的经典算法，也被用于多条序列联配和其他许多生物信息学领域。

扫码见本章
英文彩图

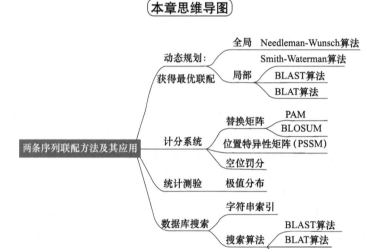

本章思维导图

第一节 序列联配与计分矩阵

一、序列联配

序列联配（sequence alignment）也称为序列对比，是生物信息学的重要内容之一，许多生物信息学分析内容均涉及序列联配方法，如同源基因、功能域查找等。如下所示的两条 DNA 序列：

>seq1

TGCGGAGC

>seq2

TCGGAGC

我们简单地把它们联配如下，仅有两个碱基匹配：

TGCGGAGC

|　　|

TCGGAGC

如果我们引入一个空位或空格（gap），即一条 DNA 序列在进化过程中经常发生的碱基删除事件，它们的联配结果会显著改善：

TGCGGAGC

|　||||||

T　CGGAGC

我们可以将序列联配定义如下：根据特定的计分规则，通过一定的算法对两条或多条 DNA 或蛋白质序列进行比较，找出它们之间的最优匹配或最大相似度匹配。序列联配的意义在于，通过序列比对可以获得一个序列相似性度比对值，通过这个值的统计学特征分析（详见本章第三节），可以获得对两条序列相似度或同源性的统计学判断结果。如果达到显著水平，说明两条序列相似度高，进化上有亲缘关系。在序列分析中，大量问题涉及这样的相似度判断，如基因家族、系统发育等分析。根据序列联配的目的不同，序列联配可以分为全局联配和局部联配两种方式。

1）全局联配（global alignment）的目的是对两条序列的全长进行比对，目标是基于它们的全长序列获得最优匹配结果。如上文所示的两条序列，以一定计分规则（如碱基匹配得 1 分，错配罚 1 分，一个空位罚 3 分），它们的全局最优联配结果为

TGCGGAGC

|　||||||

T　CGGAGC（7－3＝4 分）

2）局部联配（local alignment）的目的是获得两条序列比对中得分最高的匹配片段。上例的局部最优联配结果为

CGGAGC

||||||

CGGAGC（6 分）

上文所示的两条序列很短，略加比较就可以获得最佳匹配结果。而实际分析中序列往往很长，可能的联配方式很多，这就需要一个快速找到两条序列的最佳匹配结果的算法（详见本章第二节）。由此可见，进行序列匹配首先需要一个计分规则或矩阵和一个确定最优联配的算法，同时，还需要一个统计方法以确定序列间的相似程度。

二、计分矩阵

计分矩阵（scoring matrix）是序列联配过程中使用的计分规则，是序列比对的重要组成部分，它给出序列联配中碱基或氨基酸匹配或错配值，故又称替换矩阵（substitution matrix）。DNA 序列相对比较简单，只有 4 种碱基，而蛋白质序列有 20 种氨基酸，如何给出这些氨基酸匹配和错配的科学、准确评价值，即准确反映它们的生物学特征，是生物信息学发展之初就面临的第一个重要问题，也是最早被解决的序列联配关键问题。

1. 计分矩阵的一般原理　　构建计分矩阵，我们需要找到一个可以估计任何联配的统计数，使生物学关系最显著的联配统计数最大。先看以下两条氨基酸序列的联配情况。如果我们

将各残基按相同率处理，则两种联配方式（a 和 b）的得分是相等的（9 个残基中 5 个匹配）：

a. TTYGAPPWCS   b. TTYGAPPWCS

   TGYAPPPWS   TGYAPPPWS

   * ***   *   * *   ** *

但是联配 a 中是一些相对常见的残基（A、P、S 和 T）保持一致，而联配 b 则是有一些相对稀有的残基［W（色氨酸）和 Y（酪氨酸）］相一致。我们需要一个更科学的赋分方法来反映匹配氨基酸间的生物学和化学关系。实际联配中，C—C 匹配相对比 S—S 匹配更重要，因为半胱氨酸（C）是具有特殊性质的相对稀有氨基酸，而丝氨酸（S）则相对常见或普通。同样，D—E 错配值应取正值，因为这两个残基具有相同的化学性质，在两条联配的蛋白质序列中能起到相同的功用。但是，V—K 匹配结果则应被罚分，因为这两个残基毫不相似，不可能在两条序列中起到一样的作用。

用于 DNA 序列联配的替换矩阵相对比较直观。以下是一个常被使用的 DNA 替换矩阵：

	A	C	G	T
A	0.9	−0.1	−0.1	−0.1
C	−0.1	0.9	−0.1	−0.1
G	−0.1	−0.1	0.9	−0.1
T	−0.1	−0.1	−0.1	0.9

矩阵中每个匹配的碱基对均计为 0.9 分，每个不匹配（错配）的碱基对被罚 0.1 分，这样，下面这个联配的得分应为 $5 \times 0.9 + 2 \times (-0.1) = 4.3$ 分：

GCGCCTC

GCGGGTC

***   **

用于蛋白质联配的替换矩阵相对复杂，因为没有一个矩阵可以适用各种情况。构建矩阵时应考虑不同的蛋白质家族在进化过程中，一种氨基酸突变成另一种氨基酸概率的差异，根据不同的蛋白质家族和预期的相似程度构建不同的替换矩阵。两个最著名的蛋白质替换矩阵分别是 PAM 和 BLOSUM，它们分别在 1979 年和 1992 年被提出。必须明确，同源性（homology）和相似性（similarity）是两个的不同概念，不能混淆和混用：两条序列具有同源性，意味着这两条序列存在进化方面的关系，它们从一条共同的祖先序列进化而来；而相似性只是表明两条序列间具有一定的相似程度。

序列联配计分中的一个重要问题是空位（gap）问题。空位处理是针对序列进化过程中可能发生的插入和缺失而设计的。插入和缺失可能只涉及 1 个或多个碱基或残基，也可能是整个功能域（domain），所以在进行空位罚值设计时必须反映这些情况。一般有两个参数应用于空位罚值（gap penalty）设定：一个与空位设置（gap opening）有关；另一个与空位扩展（gap extension）有关。任一空位的出现均处以空位设置罚值，而任一空位的扩大则处以空位扩展罚值。一个空位长度为 k 的罚值 w_k 可用下式表示：

$$w_k = a + bk \tag{4.1}$$

式中，a 为空位设置罚值，b 为空位扩展罚值。这两个参数值设置的变化会对联配产生明显影响（表 4.1）。

表 4.1　空位设置罚值和空位扩展罚值对联配的影响

空位设置罚值（a）	空位扩展罚值（b）	联配效果
大	大	极少插入或缺失，适用于非常相关蛋白质间的联配
大	小	少量大块插入，用于整个功能域可能插入的情况
小	大	大量小块插入，适用于亲缘关系较远的蛋白质同源性分析

如何设定罚值并无明确的理论可循，但大的空位设置罚值配以很小的空位扩展罚值，被普遍证实是最佳的设定思路。经过多年的试验，一个合适的空位罚值方式已经被确定下来，大多数联配程序均对特定的替换矩阵设定了空位罚值的缺略值（default）。如果使用者希望使用不同的替换矩阵，则可以根据特殊问题设置合适的空位罚值标准。

2. 氨基酸替换矩阵

（1）PAM 替换矩阵　　Dayhoff 是蛋白质序列比较的先驱，她和她的同事们通过对蛋白质进化模式的研究，建立了一组被广泛应用的氨基酸替换矩阵，这些矩阵常被称为 Dayhoff 矩阵、MDM（mutation data matrix）矩阵或 PAM（percent accepted mutation）矩阵。

由于蛋白质最有可能是自然选择的目标，可以认为蛋白质序列的分析比 DNA 分析更具有生物学意义。蛋白质分析完全避免了几个三联体可能编码同一氨基酸的遗传密码简并问题。各种氨基酸间的特性不一样，在进化过程中一种氨基酸被另一种氨基酸替换的概率也不一样。例如，氨基酸可分成中性疏水（G、A、V、L、I、F、P、M）、中性亲水（S、T、Y、W、N、E、C）、碱性（K、R、H）和酸性（D、E）等。在比较许多具有相似特性蛋白质序列的基础上，Dayhoff 等（1979）确定了进化过程中一种氨基酸被另一种氨基酸替换的经验数据。她们收集了大量蛋白质家族序列，通过比较，共观测到 1572 次替换"事件"。以此为基础，她们建立了表 4.2 的可观测或可接受点突变矩阵 A（accepted point mutation matrix）（由于舍入误差使表中的数值相加不完全等于 1572）。氨基酸 i 被氨基酸 j 替换的经验次数（记作 A_{ij}）可从表 4.2 中找到。矩阵 A 可被称为原始 PAM 矩阵。

表 4.2　氨基酸替换次数表（引自 Dayhoff et al., 1979）

	A	R	N	D	C	Q	E	G	H	I	L	K	M	F	P	S	T	W	Y
R	30																		
N	109	17																	
D	154	0	532																
C	33	10	0	0															
Q	93	120	50	76	0														
E	266	0	94	831	0	422													
G	579	10	156	162	10	30	112												
H	21	103	226	43	10	243	23	10											
I	66	30	36	13	17	8	35	0	3										
L	95	17	37	0	0	75	15	17	40	253									
K	57	477	322	85	0	147	104	60	23	43	39								
M	29	17	0	0	0	20	7	7	0	57	207	90							
F	20	7	7	0	0	0	0	17	20	90	167	0	17						
P	345	67	27	10	10	93	40	49	50	7	43	43	4	7					
S	772	137	432	98	117	47	86	450	26	20	32	168	20	40	269				

续表

	A	R	N	D	C	Q	E	G	H	I	L	K	M	F	P	S	T	W	Y
T	590	20	169	57	10	37	31	50	14	129	52	200	28	10	73	696			
W	0	27	3	0	0	0	0	0	3	0	13	0	0	10	0	17	0		
Y	20	3	36	0	30	0	10	0	40	13	23	10	0	260	0	22	23	6	
V	365	20	13	17	33	27	37	97	30	661	303	17	77	10	50	43	186	0	17

注：总计观测到 1572 次替换；表中次数均已乘 10；祖先序列不明时，次数以平分处理

由矩阵 A 可以进一步获得突变概率矩阵 M（mutation probability matrix）。矩阵 M 的元素 M_{ij} 表示经过一定的进化时期氨基酸 j 被氨基酸 i 所替换的经验频率。Dayhoff 等进而把可观测突变百分率（percent accepted mutation 或 point accepted mutation per 100 residues，即 PAM）作为一种时间度量单位。假设同一位点不会发生两次以上的突变，则 1 PAM 等于 100 个氨基酸多肽链中预计发生一次替换所需的时间。Schwarts 和 Dayhoff（1979）发现将突变概率矩阵 M 250 次方处理获得的 PAM250 矩阵，对于研究远缘蛋白质之间的进化关系是一个合适的时间单位。Dayhoff 等（1979）进一步定义了一个相对概率矩阵 R（relatedness odds matrix），表 4.3 中各元素已经对数处理，为对数概率矩阵（log-odds matrix），并将最有可能发生相互替换的氨基酸归类排列。

表 4.3　PAM250 的对数概率矩阵（引自 Dayhoff et al.，1979）

	C	S	T	P	A	G	N	D	E	Q	H	R	K	M	I	L	V	F	Y	W
C	12																			
S	0	2																		
T	−2	1	3																	
P	−3	1	0	6																
A	−2	1	1	1	2															
G	−3	1	0	−1	1	5														
N	−4	1	0	−1	0	0	2													
D	−5	0	0	−1	0	1	2	4												
E	−5	0	0	−1	0	0	1	3	4											
Q	−5	−1	−1	0	0	−1	1	2	2	4										
H	−3	−1	−1	0	−1	−2	2	1	1	3	6									
R	−4	0	−1	0	−2	−3	0	−1	−1	1	2	6								
K	−5	0	0	−1	−1	−2	1	0	0	1	0	3	5							
M	−5	−2	−1	−2	−1	−3	−2	−3	−2	−1	−2	0	0	6						
I	−2	−1	0	−2	−1	−3	−2	−2	−2	−2	−2	−2	−2	2	5					
L	−6	−3	−2	−3	−2	−4	−3	−4	−3	−2	−2	−3	−3	4	2	6				
V	−2	−1	0	−1	0	−1	−2	−2	−2	−2	−2	−2	−2	2	4	2	4			
F	−4	−3	−3	−5	−4	−5	−4	−6	−5	−5	−2	−4	−5	0	1	2	−1	9		
Y	0	−3	−3	−5	−3	−5	−2	−4	−4	0	−4	−4	−2	−1	−1	−2		7	10	
W	−8	−2	−5	−6	−6	−7	−4	−7	−7	−5	−3	2	−3	−4	−5	−2	−6	0	0	17

注：表中数值均乘以 10

　　1 PAM 相当于所有的氨基酸平均有 1% 发生了变化，经过 PAM 100 次的进化，并非每个氨基酸的残基均发生变化：有一些可能突变多次，甚至又变成原来的氨基酸，而另一些氨基酸可能根本没有发生过变化。总体上说，利用大于 100 个 PAM 的时间间隔可能区分进化关系较远的同源性蛋白质。应该注意，PAM 与进化时间之间没有大致对应关系，因为不同蛋白质家族的进化速率是不同的。当两条序列进行相似性比较时，事先不知道怎样的进化时间（PAM）是恰当的。对于相近的序列，比较容易选择，即使不太合适的矩阵也无妨。在很多年里，PAM250（矩阵后面的数字，如 PAM250、PAM100 等，表示一种进化的距离，数字越大，进化距离越远）是应用最广的替换矩阵，因为该矩阵是唯一由 Dayhoff 最初发表的矩阵。后来一些学者利用大量新出现的蛋白质序列数据更新 Dayhoff 矩阵的频率数值，由此构建新的 PAM 矩阵。例如，JTT 矩阵（或 PET91）（Jones et al.，1992）利用了 16 130 条蛋白质序列及其 59 190 个氨基酸突变。这差不多是 Dayhoff 当年构建 PAM 矩阵所用氨基酸突变数量的 40 倍。总体上这些新矩阵与最初的 PAM 矩阵差异并不大。

　　（2）BLOSUM 替换矩阵　　Henikoff 等于 1992 年提出一种构建矩阵的方法，建成的矩阵称为 BLOSUM（blocks substitution matrix）。他们直接利用多序列联配分析亲缘关系较远的蛋白质，而不是用近缘的序列。这种方法的优点是符合实际观测结果，不足之处是它不能与进化挂钩。大量的试验表明，BLOSUM 矩阵总体比 PAM 矩阵更适合生物学关系的分析和局部相似性搜索。

　　假设 f_{ij} 为序列联配中氨基酸 i 和 j 对（忽略顺序），则 i 和 j 对氨基酸所占比例为

$$q_{ij} = f_{ij} / \sum_{i,j} f_{ij} \qquad (4.2)$$

　　在完全独立的状况下，该比例的期望值为

$$e_{ij} = \begin{cases} p_i^2 & i = j \\ 2p_i p_j & i \neq j \end{cases} \qquad (4.3)$$

式中，p_i 和 p_j 分别为第 i 和第 j 个氨基酸所占比例。其中，

$$p_i = q_{ii} + \frac{1}{2} \sum_{j \neq i} q_{ij} \qquad (4.4)$$

　　则 BLOSUM 矩阵单元（i，j）值（s_{ij}）定义为

$$s_{ij} = 2\log_2 \left(q_{ij} / e_{ij} \right) \qquad (4.5)$$

　　蛋白质序列的高度保守区［highly conserved regions，或称为模块（block）］数据被用于构建 BLOSUM 矩阵。BLOSUM 矩阵后的数字表示用于构建矩阵模块的最小相似比例，例如，BLOSUM62 为用于构建矩阵的模块序列数据中，序列片段的各联配点上一致性小于 62%。矩阵后的数字越大，则表示关系越近。

　　3. 位置特异性计分矩阵　　位置特异性计分矩阵（position-specific scoring matrix，PSSM）是由一个简单对数变换而来的矩阵，它给出不同来源的一小段保守序列（基序）各个特定位置氨基酸的频率。PSSM 可以用于一条序列的保守序列的搜索。一条序列中，与 PSSM 最相似的位置即为 PSSM 代表的基序位置。PSSM 在数据库搜索，特别是保守短序列（功能域）搜索方面有很好的应用，如 PSI-BLAST、DELTA-BLAST 等均使用 PSSM 进行搜索等（详见本章第三节）。

下文举例说明 PSSM 构建过程。例如，如下一个保守序列联配结果：联配有 5 条序列，每条由 6 个碱基构成，即从左到右 6 个位置上均由 5 个碱基构成。

```
AAGCTA
TAACTA
AAACTT
AGGCTT
AGACTT
```

我们如何将其转换成一个 PSSM？

步骤1：统计联配6列位置上4种碱基数量；合计（即背景）4种碱基		#1	#2	#3	#4	#5	#6	合计
	A	4	3	3	0	0	2	12
	G	0	2	2	0	0	0	4
	C	0	0	0	5	0	0	5
	T	1	0	0	0	5	3	9

步骤2：计算各个位置4种碱基频率；合计4种碱基频率		#1	#2	#3	#4	#5	#6	背景频率
	A	0.80	0.60	0.60	0	0	0.40	0.40
	G	0	0.40	0.40	0	0	0	0.13
	C	0	0	0	1.00	0	0	0.17
	T	0.20	0	0	0	1.00	0.60	0.30

步骤3：标准化（去除背景碱基的影响），即各个位置碱基频率除以背景相应碱基频率		#1	#2	#3	#4	#5	#6	背景频率
	A	2.00	1.50	1.50	0	0	1.00	0.40
	G	0	3.08	3.08	0	0	0	0.13
	C	0	0	0	5.88	0	0	0.17
	T	0.60	0	0	0	3.33	2.00	0.30

步骤4：进行以2为底的对数 log2 数据转换，完成 PSSM 构建 *		#1	#2	#3	#4	#5	#6
	A	1.0	0.6	0.6	-3.3	-3.3	0
	G	-3.3	1.6	1.6	-3.3	-3.3	-3.3
	C	-3.3	-3.3	-3.3	2.6	-3.3	-3.3
	T	0.6	-3.3	-3.3	-3.3	1.7	1.0

* 碱基频率为零的取一个小的伪值（本例取 0.1）进行计算（Mount, 2001）

PSSM 可以直接用于序列搜索，确定未知序列中与 PSSM 序列相似的保守区段。对于一条未知序列，可以用 PSSM 对该序列进行扫描（即从左到右以 PSSM 宽度为窗口宽度逐个碱基位置进行比对），这样就可以获得未知序列中各个位置片段与 PSSM 相似性的概率。例如，某一未知序列如下：

…	A	G	A	C	T	A	…
	#1	#2	#3	#4	#5	#6	
A	**1.0**	0.6	**0.6**	−3.3	−3.3	**0**	
G	−3.3	**1.6**	1.6	−3.3	−3.3	−3.3	
C	−3.3	−3.3	−3.3	**2.6**	−3.3	−3.3	
T	0.6	−3.3	−3.3	−3.3	**1.7**	1.0	

利用上述 PSSM（6 个碱基窗口）对该条未知序列进行逐个碱基位点扫描。在上述未知序列的一个特定位点，基于该 PSSM 的概率对数值（log odds score）为（1.0＋1.6＋0.6＋2.6＋1.7＋0）＝7.5。"7.5"意味着 180∶1 比率支持未知序列中该 6 个碱基连续片段与 PSSM 并非随机匹配。也就是说，该未知序列的确包含与该保守区域高度同源的序列片段。

以上有关替换矩阵的讨论仅涉及蛋白质序列的比较，相关的原则同样适用于 DNA 序列的比较。如前所述，DNA 替换矩阵非常简单，所有 4 个碱基的匹配与不匹配的数值均设为相同，不同的只有匹配与否（匹配 0.9 分，错配罚 0.1 分）。一个较复杂的模型可以把转换（transition，两种嘧啶或两种嘌呤间的突变）频率设为高于颠换（transversion，嘧啶与嘌呤间的突变）频率。

第二节　两条序列联配算法

一、Needleman-Wunsch 算法

Needleman-Wunsch 算法是一种全局联配算法，它从整体上分析两个序列的关系，即考虑序列总长的整体比较，用类似于使整体相似（global similarity）最大化的方式，对序列进行联配。两个不等长度序列的联配分析必须考虑在一个序列中一些碱基的删除，即在另一序列做空位（gap）处理。Needleman 和 Wunsch（1970）最初提出的算法寻求使两条序列间的距离最小，即最短距离，它使用的是一个动态规划（dynamic programming，DP）的方法。该算法可以用于核酸和蛋白质序列，是生物信息学最经典算法之一。在给定计分规则（替换矩阵和空位罚值）的情况下，它们总是能给出具有最高（优）联配值的联配结果。但是，这个联配结果并不一定具有生物学意义，因为它可能达不到生物学意义上的显著水平。

如果将两条联配的序列沿双向表的上轴和左侧轴放置，两条序列的所有可能的联配方式都将在它们所形成的方形图中（图 4.1A）。图中标出了一条序列所有碱基与另外一条序列碱基所有可能的联配方式（碱基匹配、不匹配和删除，即空位），这样所有可能的联配方式都在这个方形图中。从左上角出发，到右下角结束，任何一个联配方式均可以画出一条联配路径，或反过来，任何一条路径也对应一种联配方式（如图中标注的一条路径及其对应的联配结果）。这样我们确定任意两条序列最优联配结果的问题就转化为寻找最优路径了。所有可能的路径（联配方式）如果都在这个方形图中，那么我们如何找到最短路径？

对于任一联配位点，即图中的任一单元格，仅有三种可能的延伸联配方式（图 4.1B）：第一种方式（x）为碱基匹配或错配，即每一序列均加上一个碱基，并给其增加一个规定的距离权重（匹配加分，错配罚分）；其他两种方式（y 和 z）为在一个序列中增加一个碱基而在另一序列中引入一个空位或反之亦然。这三种延伸方式的权重值分别加上到达上一个位点的累计得分（$x, y,$

z），就可以得到三种可能联配方式的得分，然后得分最高（H）的路径作为到达本位点的最佳路径。引入一个空位时也将增加一个规定的距离权重（空位罚分）。因此，表中的一个单元可以从（最多）三个相邻的单元到达。为了获得最优路线，我们必须保证从一开始就每步最优，即把到达单元格距离最小的方向作为序列延伸的方向。将这些方向记录下来，并在计算了所有的单元之后，沿着记录的方向就有一条路径可从方形图右下角（两个序列的末端）追踪到左上角（两个序列的起点）。由此所产生的路径将给出具有最短距离的序列联配（即最优联配结果）。如两条路径获得等距离（相同得分），意味着存在两种可能的路径方向或最短路径。

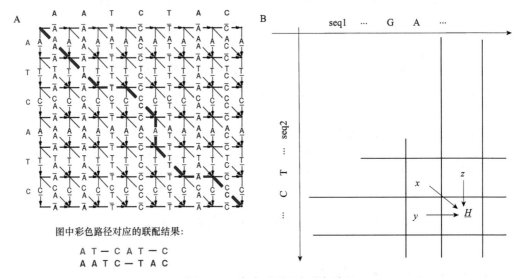

图中彩色路径对应的联配结果：

```
A T — C A T — C
A A T C — T A C
```

图 4.1　两条序列联配方式与路径

A. 两条序列联配方形示意图。图中标出了两条联配序列（一条在最顶端，另一条在最左列）之间所有可能的联配方式（匹配、错配和引入空位）。对于全局联配，从头到尾存在许多路径（即全局联配结果），图中标出一条途径及其对应的联配结果（最下端）。B. 联配方式示意图。对于任何一个联配位点，联配延伸路径仅存在三个方向，即对角线（导致匹配或错配）、横向或纵向（均引入空位）

以两个短序列为例，将上述过程说明如下：

>seq1

CTGTATC

>seq2

CTATAATCCC

设定计分规则为：碱基匹配不罚分（0），碱基错配时距离权重（罚分）为 −1，引入一个空位时距离权重为 −3。

两条序列分列于图两侧（图 4.2）：初始值设为 0，然后依次从左上角向右下角计算最佳路径。根据图 4.1B，每个联配位点均可以计算其 x、y、z、H 值，如图 4.2 所示，第一位点（浅色框）为：$(x, y, z, H) = (0, -3, -3, \underline{0})$，意思是进行碱基联配路径（$x$）得 0 分（不罚分），而在其中任何一条序列中引入一个空位（y, z）均罚 3 分，最后到达这个位点的最高得分是进行碱基联配（即最佳路径），H 得 0 分（初始位点值=0+碱基匹配=0），而其他两个路径分别得 −6 [上一个位点得分 = −3+该路径得分（−3）]。再看一个位点（深色框）：$(x, y, z, H) = (-1, -3, -3, \underline{-3})$，其最佳路径是在序列 1 中插入一个空位（$z$），其得分为 −3 [上一个位点得分 = 0+（−3）]，而序列 2 中引入空位的路径（y）到达本位点最后得分为 −9 [上一个位点得分 = −6+（−3）]，碱基联配路径（x）得分为 −4 [上一个位点得分 = −3+（−1）]，后两个路径值均不及第一个路径（z），因此 $H=-3$。

联配过程中可以用箭头标出最佳路径。依次类推，就可以最终确定这两条序列最后一个联配位点的得分。反推得到这个得分的路径，就可以得到其联配方式，而该联配方式就是这两条序列的最佳联配结果。本例中，沿箭头所指方向在表中从右下角向左上角追踪，可以发现 6 条路径可以从初始位点抵达最后一个位点，说明存在 6 种最佳联配方式：

CTATAATCCC	CTATAATCCC	CTATAATCCC
CTGTA-TC--	CTGTA-T-C-	CTGTA-T--C

CTATAATCCC	CTATAATCCC	CTATAATCCC
CTGT-ATC--	CTGT-AT-C-	CTGT-AT--C

上述 6 种联配中，罚分均为 -10，即在较短序列中有 6 个匹配碱基、1 个错配碱基和 3 个空位。

该算法可以用代数形式来描述。设具有碱基 a_i 和 b_j 的两个序列 a 和 b，这两个序列之间的距离为 $d(a,b)$。通过评价序列 a 中前 i 个位置和序列 b 前 j 个位置的距离 $d(a^i,b^j)$，递归地得到距离 $d(a,b)$。如果 a 和 b 的长度为 m 和 n，则其期望距离为 $d(a^m,b^n)$。图 4.2 中引入的第 1 行 1 列单元的距离为 0（相当于空序列或初始位点），在单元 (i,j) 内，使到达该单元距离增加的三种可能事件如下。

1）从单元 $(i-1,j)$ 向 (i,j) 的垂直移动，相当于在 b 序列中插入一个空位使相似序列延伸。换言之，b 序列由 a 序列中 a_i 的缺失所产生，这一事件的权重记作 $w_-(a_i)$。

2）从单元 $(i-1,j-1)$ 向 (i,j) 的对角线移动，相当于增加碱基 a_i 和 b_j 使相似序列延伸。换言之，b 序列由 a 序列中的 a_i 被 b_j 取代所产生，这一事件的权重记为 $w(a_i,b_j)$。

3）从单元 $(i,j-1)$ 向 (i,j) 的水平移动，相当于在序列 b 中引入一个空位使相似序列延伸。换言之，b 序列由 b_j 插入 a 序列所产生，这一事件的权重记为 $w_+(b_j)$。

因此，单元 (i,j) 的距离 $d(a^i,b^j)$ 可看成三个相邻单元的距离加上相应权重后的最小者，即

$$d(a^i,b^j)=\min\begin{cases} d(a^{i-1},b^j)+w_-(a_i) \\ d(a^{i-1},b^{j-1})+w(a_i,b_j) \\ d(a^i,b^{j-1})+w_+(b_i) \end{cases} \tag{4.6}$$

且初始条件为

$$d(a^0,b^0)=0 \tag{4.7}$$

$$d(a^0,b^j)=\sum_{k=1}^{j}w_+(b_k) \tag{4.8}$$

$$d(a^i,b^0)=\sum_{k=1}^{i}w_-(a_k) \tag{4.9}$$

在图 4.2 的实例中

$$w_-(a_i)=-3 \quad （对于每一个 i） \tag{4.10}$$

$$w(a_i,b_j)=\begin{cases} 0 & （i=j） \\ -1 & （i\neq j） \end{cases} \tag{4.11}$$

$$w_+(b_j)=-3 \quad （对于每一个 j） \tag{4.12}$$

当联配两个序列时，通过计算其随机重排序列的联配距离（如 1000 次），可以得到这两

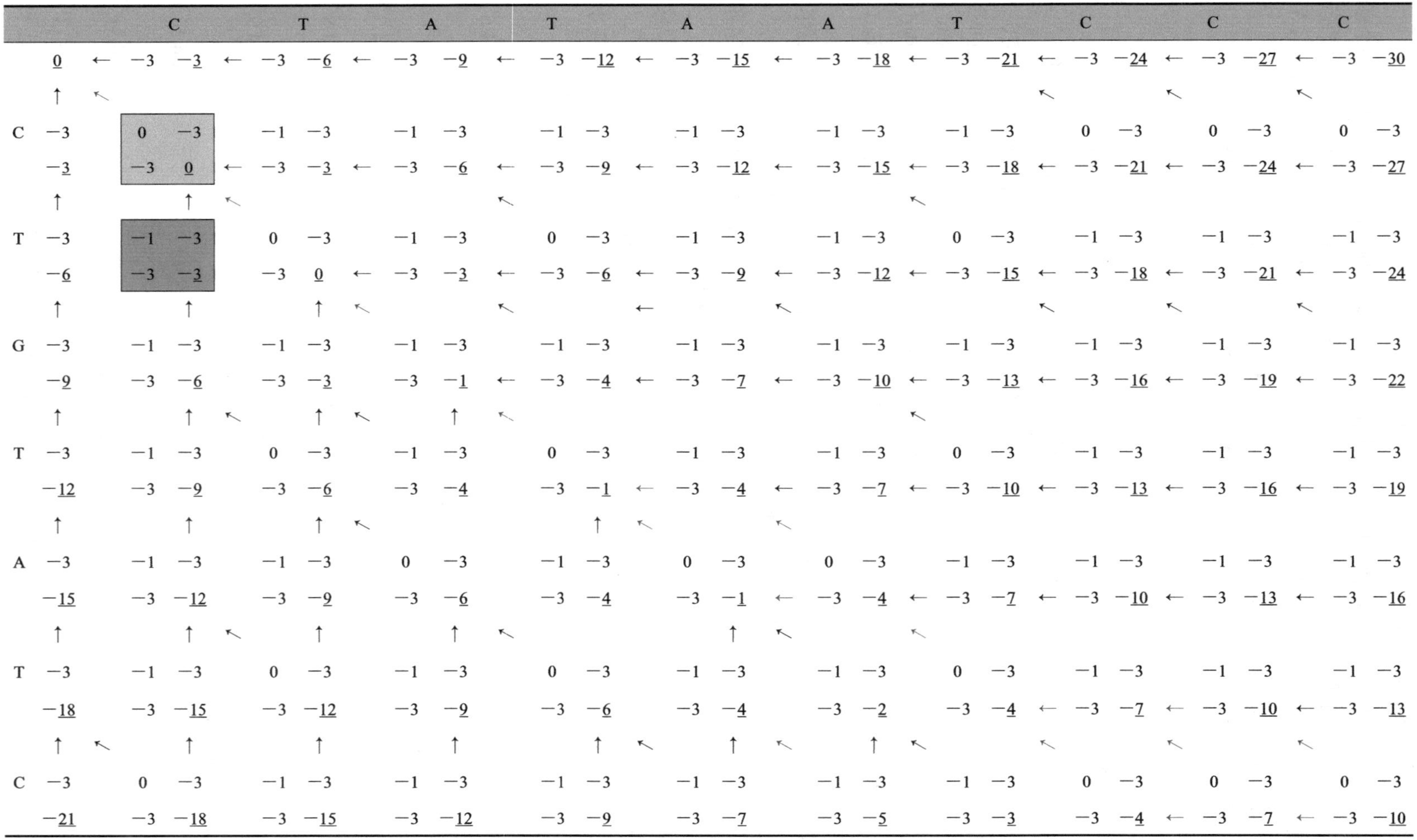

图 4.2 Needleman-Wunsch 算法实例

计分方式：设定碱基错配罚 1 分，单个碱基缺失或插入时罚 3 分，碱基匹配不罚分即得 0 分。图中箭头为每个位点最佳联配方向（来源）。每个单元格（特别标出三个例子）内有 4 个数字，分别为 x、y、z、H 值（H 值下画线）。两条序列的全局最优联配 H 值=−10（即罚 10 分），其联配路径见红色箭头

个序列间的最小距离估计（距离分布）。如果实际得到的联配距离小于 95% 的重排序列距离（1000 个距离值），则表明实际获得的联配距离达到了 5% 的显著水平，是不可能由机误造成的。

二、Smith-Waterman 算法

Smith-Waterman 算法是在 Needleman-Wunsch 算法基础上发展而来的，它是一种局部联配算法。由于亲缘关系较远的蛋白质序列间可能只有一些区域存在保守片段，所以进行局部相似性分析有时可能比整体相似性分析更合理。Smith 和 Waterman（1981）提出了一种查找具有最高相似性片段的算法。对于序列 A＝（a_1, a_2, …, a_m）和 B＝（b_1, b_2, …, b_n），H_{ij} 被定义为以 a_i 和 b_j 碱基对结束的片段（亚序列）的相似性值。与 Needleman-Wunsch 算法一样，Smith-Waterman 算法也要利用递推关系来确定 H 值，H 的初始值为

$$H_{i,0}=0, \ 0 \leqslant i \leqslant n; \ H_{0,j}=0, \ 0 \leqslant j \leqslant m \tag{4.13}$$

相似性计算中包括两个统计量：碱基对（或氨基酸等序列因子对）a_i 和 b_j 的相似性值 $S(a_i, b_j)$ 和空位权重（罚分）$w_k=v+uk$（v 为空位设置罚值，u 为空位扩展罚值，k 为空位长度）。Smith-Waterman 算法可以给出两条序列的最大相似性值。以 a_i 和 b_j 碱基对结束的片段可以由以 a_{i-1} 和 b_{j-1} 结束片段增加碱基（因子）来获得 $[H_{i-1,j-1}+S(a_i, b_j)]$，或者 a_i 可删除 k 长度的碱基片段（P_{ij}），b_j 可删除 l 长度的碱基片段（Q_{ij}）。具体算法如下：

$$P_{ij}=\max(H_{i-1,j}-w_1, P_{i-1,j}-u) \tag{4.14}$$

$$Q_{ij}=\max(H_{i,j-1}-w_1, P_{i,j-1}-u) \tag{4.15}$$

则

$$H_{ij}=\max \begin{cases} H_{i-1,j-1}+S(a_i, b_j) \\ P_{ij}=\max_{1 \leqslant k \leqslant i}(H_{i-k,j}-w_k) \\ Q_{ij}=\max_{1 \leqslant l \leqslant j}(H_{i,j-l}-w_l) \\ 0 \end{cases} \quad (1 \leqslant i \leqslant m, \ 1 \leqslant j \leqslant n) \tag{4.16}$$

其中，$P_{0,0}=P_{0,j}=Q_{0,0}=Q_{i,0}=0$。

该算法可以确保具有最大 H_{ij} 值的序列片段是最优联配结果或相似性最好的。以（a_i, b_j）为起点，向后追踪 H_{ij} 矩阵，直至到达 0 值。对于具有最大相似性片段以外部分的差异性不会影响到该片段的 H 值。

我们同样以 Needleman-Wunsch 算法中的两条短序列为例，说明该算法。将两条序列（CTGTATC 和 CTATAATCCC）排于表 4.4 的两侧，相应的 H_{ij}、P_{ij} 和 Q_{ij} 值分别列入表中。本例的权重等根据 Smith 和 Waterman（1981）的例子设定为

$$S(a_i, b_j)=\begin{cases} 1 & (a_i=b_j) \\ -1/3 & (a_i \neq b_j) \end{cases} \tag{4.17}$$

$$w_k=-(1+k/3) \quad (1 \leqslant k) \tag{4.18}$$

对于 4 个碱基具有相同频率的随机长序列，$S(a_i, b_j)$ 值的平均值为 0。w_k 值应至少不小于匹配与不匹配权重的差值。

表 4.4 的最大 H_{ij} 为 4.33（$i=8$, $j=7$），说明该位点是局部可以达到最高序列相似度的联配位点，反推其到达路径，就得到一条最优路径（用 * 表示），其对应具有最大相似性的片段联配方式为

CTGTA-TC

CTATAATC

表 4.4 Smith-Waterman 算法举例

			$j=0$	$j=1$	$j=2$	$j=3$	$j=4$	$j=5$	$j=6$	$j=7$
				C	T	G	T	A	T	C
$i=0$		H_{ij}	0	0	0	0	0	0	0	0
		P_{ij}	0	0	0	0	0	0	0	0
		Q_{ij}	0	0	0	0	0	0	0	0
$i=1$	C	H_{ij}	0	**1.00***	0	0	0	0	0	1.00
		P_{ij}	0	−0.33	−0.33	−0.33	−0.33	−0.33	−0.33	−0.33
		Q_{ij}	0	−0.33	−0.33	−0.67	−1.00	−1.33	−1.33	−1.33
$i=2$	T	H_{ij}	0	0	**2.00***	0.67	1.00	0	1.00	0
		P_{ij}	0	−0.33	−0.67	−0.67	−0.67	−0.67	−0.67	−0.33
		Q_{ij}	0	−0.33	−0.67	0.67	0.33	0	−0.33	−0.33
$i=3$	A	H_{ij}	0	0	0.67	**1.67***	0.33	2.00	0.67	0.67
		P_{ij}	0	−0.67	0.67	−0.67	−0.33	−1.00	−0.33	−0.67
		Q_{ij}	0	−0.33	−0.67	−0.67	0.33	0	0.67	0.33
$i=4$	T	H_{ij}	0	0	1.00	0.33	**2.67***	1.33	3.00	1.67
		P_{ij}	0	−1.00	0.33	0.33	−0.67	0.67	−0.67	−0.67
		Q_{ij}	0	−0.33	−0.67	−0.33	−0.67	1.33	1.00	1.67
$i=5$	A	H_{ij}	0	0	0	0.67	1.33	**3.67***	2.33	2.67
		P_{ij}	0	−1.33	0	0	1.33	0	1.67	0.33
		Q_{ij}	0	−0.33	−0.67	−1.00	−0.67	0.00	2.33	2.00
$i=6$	A	H_{ij}	0	0	0	0	1.00	**2.33***	3.33	2.00
		P_{ij}	0	−1.33	−0.33	−0.33	1.00	2.33	1.33	1.33
		Q_{ij}	0	−0.33	−0.67	−1.00	−1.33	−0.33	1.00	2.00
$i=7$	T	H_{ij}	0	0	1.00	0	1.00	2.00	**3.33***	3.00
		P_{ij}	0	−1.33	−0.67	−0.67	0.67	2.00	2.00	1.00
		Q_{ij}	0	−0.33	−0.67	−0.33	−0.67	−0.33	0.67	2.00
$i=8$	C	H_{ij}	0	1.00	0	0.67	0.33	1.67	2.00	**4.33***
		P_{ij}	0	1.33	−0.33	−1.00	0.33	1.67	2.00	1.67
		Q_{ij}	0	−0.33	−0.33	−0.67	−0.67	1.00	0.33	0.67
$i=9$	C	H_{ij}	0	1.00	0.67	0	0.33	1.33	1.67	3.00
		P_{ij}	0	−0.33	−0.67	−0.67	0	1.33	1.67	3.00
		Q_{ij}	0	−0.33	−0.33	−0.67	−1.00	−1.00	0	0.33
$i=10$	C	H_{ij}	0	1.00	0.67	0.33	0	1.00	1.33	2.67
		P_{ij}	0	−0.33	−0.67	−1.00	−0.33	1.00	1.33	2.67
		Q_{ij}	0	−0.33	−0.33	−0.67	−1.00	−1.33	−0.33	0

Needleman-Wunsch 和 Smith-Waterman 算法作为生物信息学领域最早出现的序列联配算法，很早就被程序化，用于序列比对或数据库搜索。例如，BLAST 和 EMBOSS（European molecular biology open software suite）软件包中的全局比对程序"needle"和局部比对程序"water"等。

第三节　BLAST 算法及数据库搜索

当面对大量两条序列间的比对时，运算时间变得非常重要。例如，数据库序列搜索就是这样一个问题，递交序列（query sequence）需要与数据库（如 GenBank）中大量已有序列进行比对，确定与递交序列相似的序列，这时就需要在短时间内（如 1min）返回搜索比对结果。直接利用上节所述两种算法，将需要大量运算时间，难以达到要求，必须提出新算法来解决这一问题。Altschul 等于 1990 年提出的用于数据库搜索的 BLAST（basic local alignment search tool）算法，以及 Pearson 和 Lipman 于 1988 年提出的 FASTA（fast all）算法很好地解决了这一问题。美国生物信息技术中心（NCBI）和欧洲生物信息学研究所（EBI）等分别应用这两种算法来进行 DNA 和蛋白质序列相似性搜索。这两种算法都是基于局部联配搜索工具，给出的是递交序列与数据库序列的最佳局部联配结果。目前 BLAST 应用最为广泛，经常被誉为生物学的"谷歌"或"百度"，本节以 BLAST 为例进行讲解。

一、BLAST 算法

与 Smith-Waterman 算法类似，BLAST 算法同样是利用动态规划算法，其不同之处是引入了所谓"词"或"字符串"（word 或 K-tuple，K-mer 等）的检索技术。基于"K-tuple"的序列数据库快速搜索算法最初由 Wilber 和 Lipman（1983）提出。基于该算法最初开发出全局联配搜索工具（FASTP）（Lipman and Pearson，1985），而后进一步提出了局部联配搜索工具（FASTA）（Pearson and Lipman，1988）。所有序列其实都是由若干字符串组成，以三个碱基长度的字符串为例，下列 DNA 序列包括了 6 个字长为 3 的字符串，其中两个字符串（GCG 和 CGG）各出现了两次：

　　>seq1

　　TGCGGAGCGG

其包含的字符串为：TGC、GCG、CGG、GGA、GAG、AGC。为了降低比对时间，BLAST 算法中一个重要手段是建立序列数据库的"字"检索系统，即将数据库中所有序列所包含的不同长度字符串进行扫描，并建立索引。这样数据库中存储的序列包含哪些特定长度字符串就已知了，如常见的 11 个碱基长度 DNA 和 3 个氨基酸长度蛋白质字符串等。当对递交序列进行数据库搜索比对时，首先对待检索序列进行扫描，确定其包含的所有特定长度字符串，然后进行实际数据库搜索时，仅对包含相同字符串的数据库序列（一般仅占整个数据库序列很小的比例）进行进一步比对。这样就节省了大量无关序列的比对时间。对于包含相同字符串的数据库序列，进一步进行序列比对：基于匹配上的字符串，分别向两端延伸，序列延伸算法基于动态规划算法。下面用图解方式进行具体说明（图 4.3）。

1）第一步（图 4.3A）：扫描递交序列的每个位点，发现特定位点（p）起始的字长为 w 的所有词或字符串（即"p_word"），获得所有词的一个列表。也可以扩大这个列表的词条数量，如允许错配 1 或 2 个碱基，这样类似的词或与 p_word 匹配值超过一个临界值 T 的词也纳入列

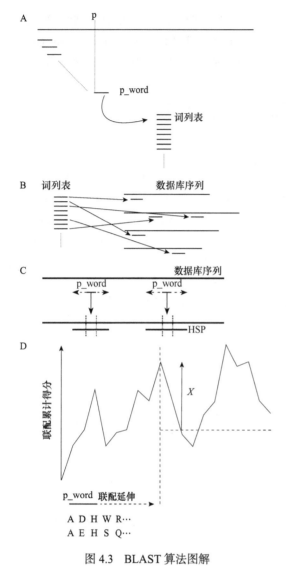

图 4.3　BLAST 算法图解

表。这样避免遗漏一些相似度低的序列。

2）第二步（图 4.3B）：根据上述词列表，确定搜索目标数据库中所有包含与列表中词完全一样的序列。包含相同词的数据库序列将与递交序列进一步进行比较（见下步），而那些不包含相同词的序列将不再进行任何序列比对。这样大大节省了搜索时间。

3）第三步（图 4.3C、D）：对于每个数据库序列包含或匹配的词得到的联配（所谓 "hit"），向两端以动态规划算法向外延伸（图 4.3C）。延伸过程中联配值 S 不断变动，当联配过程中联配值 S 降低超过某一临界值 X 时，延伸结束（图 4.3D）。这样我们可以获得所谓高得分联配对（high scoring segment pair，HSP）。然后列出所有超过某一设定临界联配值或 E 值的 HSP。E 值是一个统计参数（详见下节），随机情况下是指可以获得等于或超过联配 S 值的 HSP 数量。该值越小，说明在统计学意义上递交序列与得到的联配序列相似性越高。

上述对于每个匹配字得到的联配，以动态规划算法向两端延伸，延伸方式是以一个特定数值（X）为限定，如果超过该值就终止联配。这种动态规划联配方式是一种数值限定类型（score-limited DP，图 4.4）。当然，我们也可以用其他条件进行限定联配，如不允许插入空格（ungapped DP），或插入空格数量进行限定（banded DP）。如果没有限定，就是我们熟知的全局联配方式，即允许空格的全联配。这些限定 DP 往往针对特殊问题或目的进行选用，以提高搜索速度和高效获得特定目标序列。

二、利用 BLAST 进行数据库序列搜索

采用 BLAST 的基本算法目前形成了若干不同的工具，分别用于特定序列数据库和特定目的的序列搜索。以 NCBI 提供的在线序列数据库搜索工具 BLAST 为例（图 4.5），BLASTN 是对核苷酸递交序列库搜索核苷酸序列，BLASTP 是在蛋白质序列库中搜索蛋白质序列，TBLASTN 则可以在核酸序列库中搜索蛋白质序列，此时序列库在搜索之前要按所有 6 种读框即时翻译。与此相反的一项分析则由 BLASTX 来完成，它要将所输入的核酸序列按所有 6 种读框翻译，然后再用它搜索蛋白质序列库。同时，特定目的或方式的搜索工具正不断被开发出来（图 4.6）。

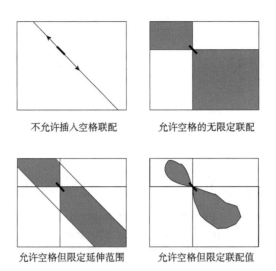

不允许插入空格联配　　　　　允许空格的无限定联配

允许空格但限定延伸范围　　　允许空格但限定联配值

图 4.4　序列动态规划联配方式
可以利用空格（是否允许）、空格数量和联配值等进行限定联配过程

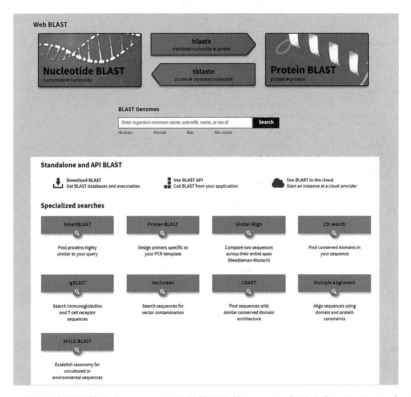

图 4.5　美国国家生物信息中心（NCBI）提供的在线 BLAST 序列搜索工具（2020 年 5 月）

1. 利用常规 BALST 工具搜索数据库

（1）BLASTN 工具　　对一条未知 DNA 序列，利用 BLASTN 工具搜索核苷酸数据库（图 4.7），获得如图 4.8 所示搜索结果。

上述结果中可见未知 DNA 序列与搜索获得的数据库序列的联配得分（score）和统计测验

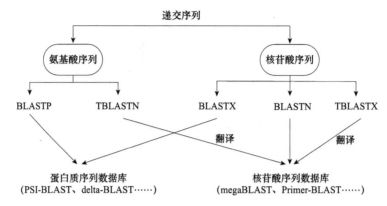

图 4.6   数据库 BLAST 搜索工具大全

基于局部动态规划算法，除了标准 BLAST 工具（如 BLASTP 等），不断发
展了新的用于蛋白质和核苷酸序列数据的 BLAST 工具（如 PSI-BLAST 等）

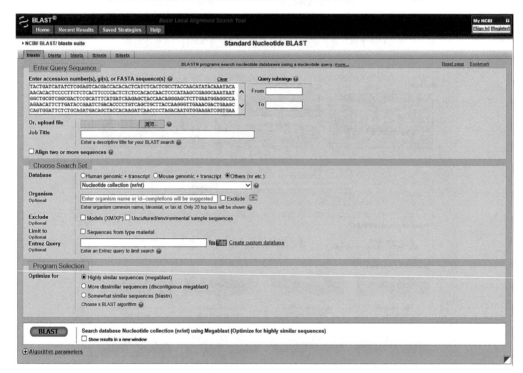

图 4.7   利用 BLASTN 工具搜索核苷酸数据库

结果（E-value）等。其中一条数据库记录（KP751445）与未知序列的具体联配结果如图 4.9
所示。该搜索相关参数见表 4.5。

表 4.5   BLASTN 搜索相关参数

搜索参数	
程序（program）	BLASTN
字长（word size）	28
默认联配值（expect value）	10

搜索参数	
搜索结果返回数量（hitlist size）	100
匹配 / 错配赋分（match/ mismatch score）	1，−2
空位罚分（gapcost）	0，0
序列低复杂度过滤（low complexity filter）	Yes
过滤字符串（filter string）	L；m
遗传密码（genetic code）	1
数据库	
发布时间（posted date）	Feb 8, 2016, 1:49 AM
碱基数量（number of letter）	111 527 859 682
序列条数（number of sequence）	34 665 943
Entrez 查询（Entrez query）	none

Karlin-Altschul 统计		
参数（parameter）	不引入空格（ungapped）	加空格（gapped）
λ	1.332 71	1.28
K	0.620 991	0.46
H	1.124 09	0.85

结果统计	
长度调整（length adjustment）	35
有效搜索长度（effective length of query）	2 158
有效数据库序列长度（effective length of database）	110 314 551 677
有效搜索空间（effective search space）	238 058 802 518 966
有效使用搜索空间（effective search space used）	238 058 802 518 966

从该参数列表中，可以看到使用的搜索参数：默认搜索字长（word size）为 28nt，结果输出的默认联配值（expect value）为 10（调低该值，可以减少低相似度的序列输出），序列联配计分系统（match/mismatch scores/gapcosts）为匹配 1 分，错配罚 2 分，不考虑空位罚分（下文的 BLASTX 为新开空位罚 11 分，空位每延伸一个罚 1 分）。数据库情况：与数据库中 3466.6 万条序列进行了比对；统计了测验参数（Karlin-Altschul statistics）λ、K 和 H 的取值情况（详见下节）。数据库搜索的有效序列数据统计结果等列在最后。

（2）BLASTX 工具　　同样，可以对该未知 DNA 序列用 BLASTX 工具进行蛋白质序列数据库搜索。该工具首先按照 6 个 ORF 方式对未知 DNA 序列进行翻译，然后比对蛋白质数据库序列数据。搜索结果如图 4.10 和表 4.6 所示。

Sequences producing significant alignments:

Select: All None Selected:0

Alignments Download GenBank Graphics Distance tree of results

Description	Max score	Total score	Query cover	E value	Ident	Accession
Lilium davidii var. unicolor granule-bound starch synthase (GBSS1) mRNA, complete cds	3605	3605	95%	0.0	98%	KP179405.1
Lilium davidii granule-bound starch synthase 1 gene, partial cds	965	965	25%	0.0	97%	KP751445.1
PREDICTED: Musa acuminata subsp. malaccensis granule-bound starch synthase 1, chloroplastic/amyloplastic-like (LOC103996709), mRNA	798	798	70%	0.0	76%	XM_009417716.1
Musa acuminata AAA Group cultivar Brazilian granule bound starch synthase (GBSSI-1) mRNA, complete cds	798	798	70%	0.0	76%	KF512020.1
Musa acuminata AAA Group cultivar Tianbao granule bound starch synthase (GBSSI) mRNA, complete cds	793	793	70%	0.0	76%	HQ646360.4
PREDICTED: Vitis vinifera granule-bound starch synthase 1, chloroplastic/amyloplastic (LOC100243677), mRNA	610	610	70%	4e-170	74%	XM_002273572.3
Vitis vinifera clone SS0AFA25YF06	603	603	70%	7e-168	74%	FQ393574.1
Vigna unguiculata granule-bound starch synthase Ib precursor, mRNA, complete cds	523	523	70%	5e-144	73%	EF472253.1
Ricinus communis starch synthase, putative, mRNA	455	455	55%	2e-123	74%	XM_002524371.1
Ipomoea batatas GBSSI mRNA for granule-bound starch synthase I, complete cds	427	427	72%	4e-115	72%	AB071604.1
Ipomoea batatas GBSSI mRNA for granule-bound starch synthase I, complete cds, clone: 120	422	422	72%	2e-113	72%	AB524727.1
Ipomoea batatas starch synthase (SPSS67) mRNA, complete cds	416	416	72%	9e-112	72%	U44126.1
Ipomoea trifida clone dWx6-C9a granule bound starch synthase I (Waxy) gene, partial sequence	99.0	99.0	5%	4e-16	82%	EU192901.1
Ipomoea batatas GBSSI gene for granule-bound starch synthase I, complete cds, clone: 4	95.3	95.3	5%	5e-15	81%	AB524726.1
Ipomoea trifida clone dWx13-H5b granule bound starch synthase I (Waxy) gene, partial cds, alternatively spliced	95.3	95.3	5%	5e-15	81%	EU192912.1
Ipomoea trifida clone dWX13A granule bound starch synthase I (Waxy) gene, partial cds, alternatively spliced	95.3	95.3	5%	5e-15	81%	EU192910.1
Ipomoea batatas GBSSI gene for granule-bound starch synthase I, partial cds, clone: 1	93.5	93.5	5%	2e-14	81%	AB534171.1
Ipomoea batatas GBSSI gene for granule-bound starch synthase I, complete cds, clone: 3	93.5	93.5	5%	2e-14	81%	AB524725.1

图 4.8　BLASTN 搜索结果

Lilium davidii granule-bound starch synthase 1 gene, partial cds
Sequence ID: gb|KP751445.1| Length: 567 Number of Matches: 1

Range 1: 1 to 567 GenBank Graphics　　　　　▼ Next Match ▲ Previous Match

Score	Expect	Identities	Gaps	Strand
965 bits(522)	0.0	552/567(97%)	0/567(0%)	Plus/Plus

```
Query  1024  GGGAGAAAAATAAACTGGATGAGGGCTGGAATTTTAGAATCCGACGCCGTTGTAACTGTG  1083
             ||||| |||||| |||||||||| |||||||||||||||||||||||||||||||||||||
Sbjct  1     GGGAGGAAAATCAATTGGATGAAGGCTGGAATTTTAGAAGCCGACGCCGTTGTAACTGTG  60

Query  1084  AGCCCATACTATGCTAAAGAGCTCGTCTCTGGAGAAGATAAAGGTGTTGAGTTGGACAAA  1143
             || |||||||||||||||||||||||||||||||||||||||||||||||||||||||||
Sbjct  61    AGTCCATACTATGCTAAAGAGCTCGTCTCTGGAGAAGATAAAGGTGTTGAGTTGGACAAA  120

Query  1144  GATATAACCATGATTGGCATCAAAGGGATTGTGAATGGGATGGATATTAATTTTTGGAAT  1203
             ||||||||||||||||||||||||||||||||||||||||||||||||||||||||||||
Sbjct  121   GATATAACCATGATTGGCATCAAAGGGATTGTGAATGGGATGGATATTAATTTTTGGAAT  180

Query  1204  CCATTGACAGACAAGTATATCACTGCCAATTATGATGCGACAACGGTAATGGAGGCAAAG  1263
             |||||||||||||||||||||||||||||||||||||||||||||||||| |||||||||
Sbjct  181   CCATTGACAGACAAGTATATCACTGCCAATTATGATGCGACAACGGTAACGGAGGCGAAG  240

Query  1264  CGTGTCAATAAGCAAGCACTACAAGCAGAAGTTGGCTTGCCTGTAGACCCAGACATTCCA  1323
             |||||||||||||||||||||||||||||||||||||||||||| |||||||||||||||
Sbjct  241   CGTGTCAATAAGCAAGCACTACAAGCAGAAGTTGGCTTGCCTGTTGACCCAGACATTCCA  300

Query  1324  GTGATAGTCTTCGTAGGAAGGCTAGAGGAGCAGAAAGGCTCAGACATTCTCGCTGCAGCA  1383
             ||||||||||||||||||||||||||||||||||||||||||||||||||| ||||||||
Sbjct  301   GTGATAGTCTTCGTAGGAAGGCTAGAGGAGCAGAAAGGCTCAGACATTCTCACTGCAGCA  360

Query  1384  ATTCCAGATTTCATTGATGAGAATGTGCAGATAATAATTCTCGGAACCGGCAAGAAAATC  1443
             ||||||||||||||||||||||||||||||||||||||||||||||||||||||||||||
Sbjct  361   ATTCCAGATTTCATTGATGAGAATGTGCAGATAATAATTCTCGGAACCGGCAAGAAAATC  420

Query  1444  TTTGAAAAACAGGTCGAAGAAATAGAAGAAAAGTACCCGGACAAGGCGAGAGGAATTGCG  1503
             ||||||||||||||||||||||||||||||||||||||||||||||||||||||||||||
Sbjct  421   TTTGAAAAACAGGTCGAAGAAATAGAAGAAAAGTACCCGGACAAGGCGAGAGGAATTGCG  480

Query  1504  AAATTCAATATTCCCTTAGCTCATATGATGATGGCTGGAGGTGATCTTATCATAGTTCCT  1563
             ||||||| |||||||||||||||||||||||||||||||||||||||||||||||||||
Sbjct  481   AAATTCAACATTCCCTTAGCTCATATGATGATGGCTGGAGGTGATCTTATCATAGTTCCT  540

Query  1564  AGTAGATTTGAGCCGTGTGGGCTTATT  1590
             |||||||||||| ||||| || || ||
Sbjct  541   AGTAGATTTGAACCGTGCGGTCTCATT  567
```

图 4.9　BLASTN 具体联配结果

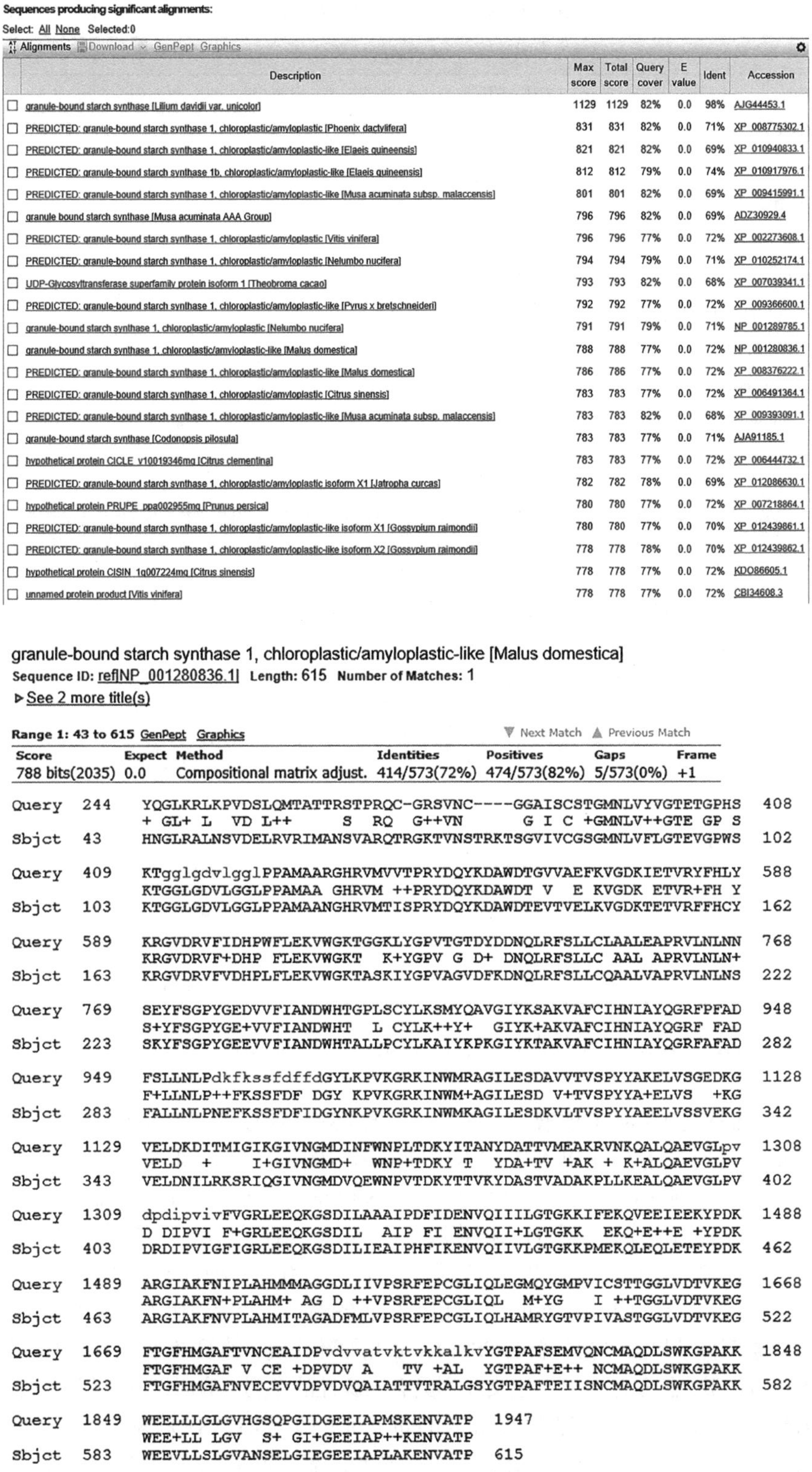

Sequences producing significant alignments:

Select: All None Selected:0

⟲ Alignments 🗎Download ⌄ GenPept Graphics   ⚙

Description	Max score	Total score	Query cover	E value	Ident	Accession
☐ granule-bound starch synthase [Lilium davidii var. unicolor]	1129	1129	82%	0.0	98%	AJG44453.1
☐ PREDICTED: granule-bound starch synthase 1, chloroplastic/amyloplastic [Phoenix dactylifera]	831	831	82%	0.0	71%	XP_008775302.1
☐ PREDICTED: granule-bound starch synthase 1, chloroplastic/amyloplastic-like [Elaeis guineensis]	821	821	82%	0.0	69%	XP_010940833.1
☐ PREDICTED: granule-bound starch synthase 1b, chloroplastic/amyloplastic-like [Elaeis guineensis]	812	812	79%	0.0	74%	XP_010917976.1
☐ PREDICTED: granule-bound starch synthase 1, chloroplastic/amyloplastic-like [Musa acuminata subsp. malaccensis]	801	801	82%	0.0	69%	XP_009415991.1
☐ granule bound starch synthase [Musa acuminata AAA Group]	796	796	82%	0.0	69%	ADZ30929.4
☐ PREDICTED: granule-bound starch synthase 1, chloroplastic/amyloplastic [Vitis vinifera]	796	796	77%	0.0	72%	XP_002273608.1
☐ PREDICTED: granule-bound starch synthase 1, chloroplastic/amyloplastic [Nelumbo nucifera]	794	794	79%	0.0	71%	XP_010252174.1
☐ UDP-Glycosyltransferase superfamily protein isoform 1 [Theobroma cacao]	793	793	82%	0.0	68%	XP_007039341.1
☐ PREDICTED: granule-bound starch synthase 1, chloroplastic/amyloplastic-like [Pyrus x bretschneideri]	792	792	77%	0.0	72%	XP_009366600.1
☐ granule-bound starch synthase 1, chloroplastic/amyloplastic [Nelumbo nucifera]	791	791	79%	0.0	71%	NP_001289785.1
☐ granule-bound starch synthase 1, chloroplastic/amyloplastic-like [Malus domestica]	788	788	77%	0.0	72%	NP_001280836.1
☐ PREDICTED: granule-bound starch synthase 1, chloroplastic/amyloplastic-like [Malus domestica]	786	786	77%	0.0	72%	XP_008376222.1
☐ PREDICTED: granule-bound starch synthase 1, chloroplastic/amyloplastic [Citrus sinensis]	783	783	77%	0.0	72%	XP_006491364.1
☐ PREDICTED: granule-bound starch synthase 1, chloroplastic/amyloplastic-like [Musa acuminata subsp. malaccensis]	783	783	82%	0.0	68%	XP_009393091.1
☐ granule-bound starch synthase [Codonopsis pilosula]	783	783	77%	0.0	71%	AJA91185.1
☐ hypothetical protein CICLE_v10019346mg [Citrus clementina]	783	783	77%	0.0	72%	XP_006444732.1
☐ PREDICTED: granule-bound starch synthase 1, chloroplastic/amyloplastic isoform X1 [Jatropha curcas]	782	782	78%	0.0	69%	XP_012086630.1
☐ hypothetical protein PRUPE_ppa002955mg [Prunus persica]	780	780	77%	0.0	72%	XP_007218864.1
☐ PREDICTED: granule-bound starch synthase 1, chloroplastic/amyloplastic-like isoform X1 [Gossypium raimondii]	780	780	77%	0.0	70%	XP_012439861.1
☐ PREDICTED: granule-bound starch synthase 1, chloroplastic/amyloplastic-like isoform X2 [Gossypium raimondii]	778	778	78%	0.0	70%	XP_012439862.1
☐ hypothetical protein CISIN_1g007224mg [Citrus sinensis]	778	778	77%	0.0	72%	KDO86605.1
☐ unnamed protein product [Vitis vinifera]	778	778	77%	0.0	72%	CBI34608.3

granule-bound starch synthase 1, chloroplastic/amyloplastic-like [Malus domestica]

Sequence ID: ref|NP_001280836.1| Length: 615   Number of Matches: 1

▷ See 2 more title(s)

Range 1: 43 to 615 GenPept Graphics   ▽ Next Match ▲ Previous Match

Score	Expect	Method	Identities	Positives	Gaps	Frame
788 bits(2035)	0.0	Compositional matrix adjust.	414/573(72%)	474/573(82%)	5/573(0%)	+1

```
Query  244   YQGLKRLKPVDSLQMTATTRSTPRQC-GRSVNC----GGAISCSTGMNLVYVGTETGPHS   408
             + GL+ L   VD L++      S   RQ  G++VN       G I C +GMNLV++GTE GP S
Sbjct  43    HNGLRALNSVDELRVRIMANSVARQTRGKTVNSTRKTSGVIVCGSGMNLVFLGTEVGPWS   102

Query  409   KTgglgdvlgglPPAMAARGHRVMVVTPRYDQYKDAWDTGVVAEFKVGDKIETVRYFHLY   588
             KTGGLGDVLGGLPPAMAA GHRVM ++PRYDQYKDAWDT V E KVGDK ETVR+FH Y
Sbjct  103   KTGGLGDVLGGLPPAMAANGHRVMTISPRYDQYKDAWDTEVTVELKVGDKTETVRFFHCY   162

Query  589   KRGVDRVFIDHPWFLEKVWGKTGGKLYGPVTGTDYDDNQLRFSLLCLAALEAPRVLNLNN   768
             KRGVDRVF+DHP FLEKVWGK  K+YGPV G D+ DNQLRFSLLC AAL VAPRVLNLN+
Sbjct  163   KRGVDRVFVDHPLFLEKVWGKTASKIYGPVGVDFKDNQLRFSLLCQAALVAPRVLNLNS   222

Query  769   SEYFSGPYGEDVVFIANDWHTGPLSCYLKSMYQAVGIYKSAKVAFCIHNIAYQGRFPFAD   948
             S+YFSGPYGE+VVFIANDWHT  L CYLK++Y+  GIYK+AKVAFCIHNIAYQGRF FAD
Sbjct  223   SKYFSGPYGEEVVFIANDWHTALLPCYLKAIYKPKGIYKTAKVAFCIHNIAYQGRFAFAD   282

Query  949   FSLLNLPdkfkssfdffdGYLKPVKGRKINWMRAGILESDAVVTVSPYYAKELVSGEDKG   1128
             F+LLNLP++FKSSFDF DGY KPVKGRKINWM+AGILESD V+TVSPYYA+ELVS  +KG
Sbjct  283   FALLNLPNEFKSSFDFIDGYNKPVKGRKINWMKAGILESDKVLTVSPYYAEELVSSVEKG   342

Query  1129  VELDKDITMIGIKGIVNGMDINFWNPLTDKYITANYDATTVMEAKRVNKQALQAEVGLpv   1308
             VELD +  I+GIVNGMD+ WNP+TDKY T  YDA+TV +AK + K+ALQAEVGLPV
Sbjct  343   VELDNILRKSRIQGIVNGMDVQEWNPVTDKYTTVKYDASTVADAKPLLKEALQAEVGLPV   402

Query  1309  dpdipvivFVGRLEEQKGSDILAAAIPDFIDENVQIIILGTGKKIFEKQVEEIEEKYPDK   1488
             D DIPVI F+GRLEEQKGSDIL  AIP FI ENVQII+LGTGKK  EKQ+E++E +YPDK
Sbjct  403   DRDIPVIGFIGRLEEQKGSDILIEAIPHFIKENVQIIVLGTGKKPMEKQLEQLETEYPDK   462

Query  1489  ARGIAKFNIPLAHMMMAGGDLIIVPSRFEPCGLIQLEGMQYGMPVICSTTGGLVDTVKEG   1668
             ARGIAKFN+ PLAHM+ AG D ++VPSRFEPCGLIQL  M+YG   I ++TGGLVDTVKEG
Sbjct  463   ARGIAKFNVPLAHMITAGADFMLVPSRFEPCGLIQLHAMRYGTVPIVASTGGLVDTVKEG   522

Query  1669  FTGFHMGAFTVNCEAIDPvdvvatvktvkkalkvYGTPAFSEMVQNCMAQDLSWKGPAKK   1848
             FTGFHMGAF V CE +DPVDV A   TV +AL  YGTPAF+E++ NCMAQDLSWKGPAKK
Sbjct  523   FTGFHMGAFNVECEVVDPVDVQAIATTVTRALGSYGTPAFTEIISNCMAQDLSWKGPAKK   582

Query  1849  WEELLLGLGVHGSQPGIDGEEIAPMSKENVATP   1947
             WEE+LL LGV S+ GI+GEEIAP++KENVATP
Sbjct  583   WEEVLLSLGVANSELGIEGEEIAPLAKENVATP   615
```

图 4.10　利用 BLASTX 工具搜索的结果

表 4.6 利用 BLASTX 工具搜索相关参数

搜索参数	
程序（program）	BLASTX
字长（word size）	6
期望值（expect value）	10
搜索结果返回条数（hitlist size）	100
空位罚分（gapcost）	11，1
计分矩阵（matrix）	BLOSUM62
低复杂度过滤（low complexity filter）	Yes
过滤字符串（filter string）	L
遗传密码（genetic code）	1
窗口大小（window size）	40
阈值（threshold）	21
序列构成统计（composition-based stats）	2

数据库	
发布日期（posted date）	Feb 8, 2016, 1: 46 AM
氨基酸数量（number of letters）	29 838 499 437
序列条数（number of sequences）	81 622 391
Entrez 查询（Entrez query）	none

参数（parameter）	不引入空格（ungapped）	加空格（gapped）
λ	0.317 606	0.267
K	0.133 956	0.041
H	0.401 215	0.14
α	0.791 6	1.9
α_v	4.964 66	42.602 8
Ω	—	43.636 2

（Karlin-Altschul 统计）

可见 BLASTX 与 BLASTN 分别在核苷酸和蛋白质序列水平上进行搜索，所使用的搜索参数完全不同。

2. 基于 PSSM 的 BLAST 搜索 前文提及的 PSSM 计分矩阵在生物信息学领域应用非常广泛，一个最常见的应用就是 BLAST 搜索中的应用。例如，Altschul 等（1997）提出了一个寻找蛋白质家族保守序列的新算法——PSI-BLAST（position-specific iterated BLAST）算法，并开发了相应的软件。在蛋白质序列搜索的几种算法中，PSI-BLAST 和 DELTA-BLAST 均使用了 PSSM（见图 4.11 所示 NCBI 的 BLAST 主页）。这两种算法均利用了一种循环搜索策略，即利用初次 BLASTP 搜索结果，临时构建一个新的计分矩阵（即 PSSM），然后利用该 PSSM 作为下次搜索的计分矩阵，搜索获得结果后再构建新的 PSSM，如此循环往复，直到搜索结果不再变化为止。这样的搜索算法可以最大限度地找到与递交序列具有同源性的序列（有时序列相似性会很低）。

3. BLAT BLAT（BLAST-Like alignment tool）即类 BLAST 联配工具，由 James Kent 于 2002 年开发。当时随着人类基因组计划的进展，需要在短时间内将大量表达序列标签（EST）比对到人类基因组来进行注释，BLAST 针对这种需求存在几个明显的缺陷：① BLAST 处理的速度偏慢，而且运算得到的结果难以处理；② BLAST 无法表示出包含内含子的基因位置

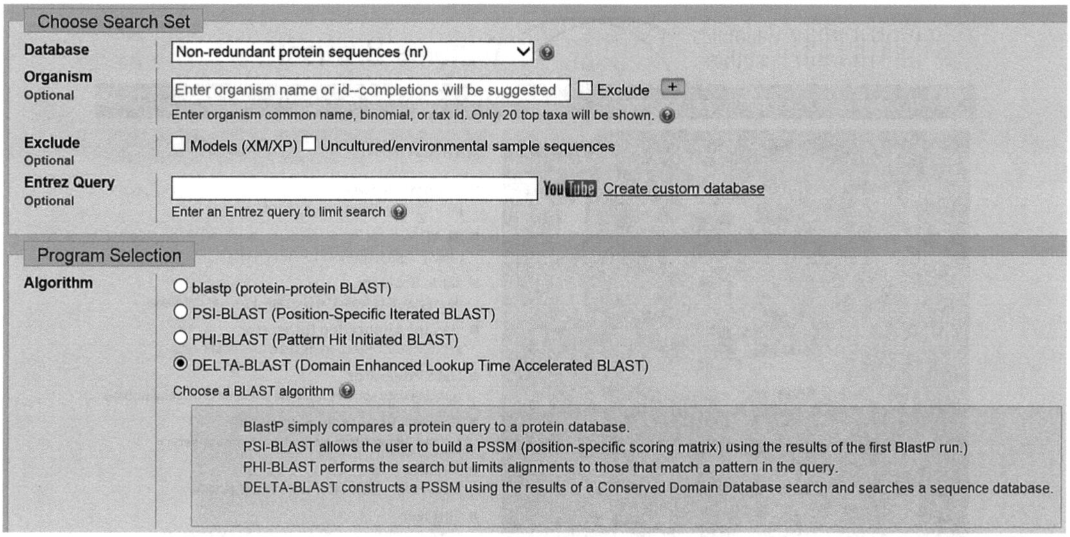

图 4.11　NCBI 的 BLAST 主页

信息。BLAT 由此应运而生，相对于 BLAST，BLAT 最主要的优势在其速度：BLAT 的速度大概是 BLAST 的 500 倍，可以将核苷酸序列快速联配到基因组上。BLAT 相比于 BLAST 主要有以下区别。

首先，BLAST 是将查询序列索引化，然后线性搜索庞大的目标数据库，其间频繁地访问硬盘数据，时间和空间上的数据相关性较小；BLAT 则将庞大的目标数据库索引化，然后线性搜索查询序列，这种搜索方式在时间和空间上的数据相关性比较大。BLAT 将数据库索引一次性读入内存，可以反复地高速调用，无须访问硬盘，占用的系统资源很少。只要索引建立，查询序列的量越大，BLAT 的优势就越明显。

其次，BLAST 是将搜索数据库中所有与子序列精确匹配的序列（hit）向两个方向继续延伸，即延伸发生在一个相邻位置的 hit 之间；BLAT 则可以扩展任何数目的 hit。

最后，BLAST 将两个序列之间的每个同源区域作为单独的比对结果返回；BLAT 则将它们"缝合"在一起，返回一个大的联配结果（如整个基因序列或数个基因序列）。BLAT 有特殊的代码处理 RNA/DNA 比对过程中的内含子。因此在 RNA/DNA 比对中，BLAST 返回的是一个包含每个外显子的联配结果，而 BLAT 返回的是一个大的完整的基因联配结果，可以给出正确的剪接位点。

BLAT 在 DNA 上可以快速发现长度≥25 个碱基（"word"长度为 20 个碱基），相似性≥95% 的序列；在蛋白质上发现长度≥20 个氨基酸，相似性≥80% 的序列。此外，蛋白质或翻译后的序列查询可以比 DNA 序列查询更有效地识别远缘匹配和跨物种分析。

BLAT 的典型用途包括：①将 mRNA 比对到同种基因组来预测其在基因组上的位置；②在进化关系较近的物种之间，可以将一个物种的蛋白质或者 mRNA 比对到另外一个同源物种的数据库（基因组），来确定同源区域；③确定基因的外显子和内含子在基因上的分布等。BLAT 有几种形式可供选择：由于建立整个基因组的索引是一个相对较慢的过程，可以使用 BLAT 服务器构建的索引并通过 BLAT 客户端来在线查询（如美国加州大学圣克鲁兹分校，http://genome.ucsc.edu；图 4.12）；此外，BLAT 也有本地的版本可供使用。

4. HMMER　HMMER 是基于隐马尔可夫模型的概型（profile HMM，详见第 5 章第二节）的同源蛋白或核苷酸序列比对和搜索工具。与 BLAST、FASTA 等数据库搜索工具相比，HMMER 更精准，可搜索到同源性较差的序列。HMMER 最初由 Sean Eddy 实验室研发，后经多次改进，形成数据库搜索在线工具（www.hmmer.org）（Eddy，2011），之后由实验室与欧洲生物信息学研究

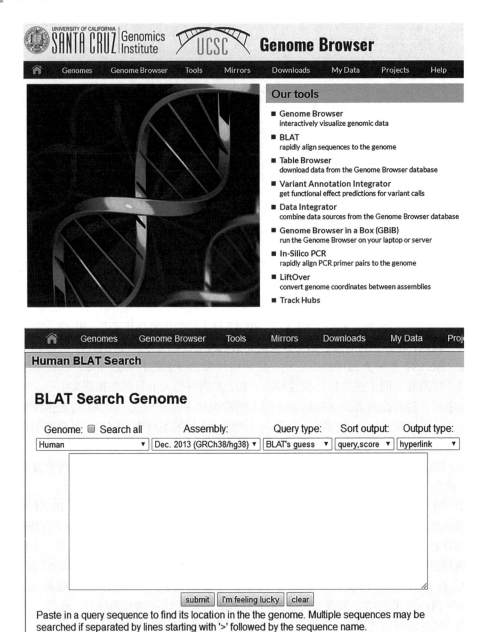

图 4.12　美国加州大学基因组学研究所 BLAT 主页

所合作在 EMBL 提供 HMMER 在线服务（https://www.ebi.ac.uk/Tools/hmmer）（Potter et al.，2018）。

　　HMMER 搜索目前提供了 4 种搜索功能（图 4.13）：单条蛋白质序列对蛋白质序列数据库的搜索（phmmer）、单条蛋白质序列对蛋白质功能域 HMM 概型数据库（Pfam）的搜索（hmmscan）、一个多序列联配结果或 HMM 概型对蛋白质序列数据库的搜索（hmmsearch）、单条蛋白质序列或一个联配结果对蛋白质序列数据库的迭代搜索（jackhmmer）。其迭代搜索方式与 PSI-BLAST 类似。

　　HMMER 搜索不同于其他搜索算法的主要一点是其都是以一个 HMM 概型形式作为递交序列（query）。一个多序列联配结果或本身就是一个功能域记录（HMM 概型方式）作为递交序列比较好理解，因为基于一个多序列联配结果可以构建其 HMM 概型。那么单条递交序列如何

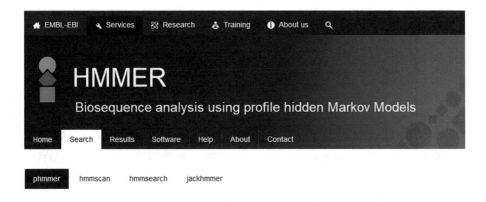

图 4.13　欧洲生物信息学研究所提供的数据库 HMMER 在线搜索界面

构建其 HMM 概型或用 HMM 表示？对于单条序列，HMMER 将该序列的每个氨基酸作为一个"态"构建马尔可夫模型，转移概率基于标准的氨基酸替换矩阵（默认 BLOSUM62）概率，空格（即空位及其扩展）也作为一个态，同样赋予一个转移概率（默认 0.02 /0.4）。

三、序列相似性的统计推断

BLAST 搜索返回的结果中，提供了递交序列与数据库中序列比对结果的得分（score）和一个统计测验结果（E-value）。到目前为止，对局部联配的统计学问题已基本明确，特别是那些不含有空位（gap）的局部联配更是如此。我们不妨先考虑不含有空位的局部联配问题，BLAST 最初的搜索程序便是以此为基础。

无空位局部联配涉及的是等长度的一对序列片段，两个片段的各部分彼此比较。Smith-Waterman 算法可以找到所有最高比值片段对（HSP），即这些片段对的比值（S）不会因片段的延伸而进一步升高。为了分析上述分值随机性产生的概率，需要建立一个随机序列模型。对于蛋白质而言，最简单的序列模型可通过从一条序列中随机地选取氨基酸残基来获得，当然这条序列中各种残基的频率必须固定。另外，一对随机氨基酸的联配期望值必须为负值，否则不论联配片段是否相关，都会得到高比值，统计理论也将派不上用场。

就像独立随机变量之和总是倾向正态分布一样，独立随机变量的最大值倾向极值分布（extreme value distribution）（图 4.14）。在进行两条序列最佳局部联配结果统计测验时，主要

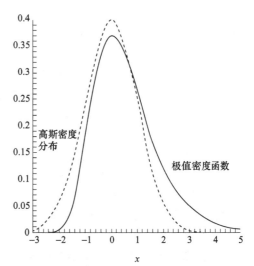

图 4.14　概率密度函数正态分布（虚线）和极值分布（实线）比较

x 表示变量

涉及的是后一种情况。

对于两条序列，在一定的序列长度 m 和 n 的限定下，HSP 的统计值可由两个参数（k 和 λ）确定。最简单的形式，即不小于比值为 S 的 HSP 个数，可由下列公式算得其期望值：

$$E=kmne^{-\lambda S} \tag{4.19}$$

我们称该期望值为比值 S 的 E 值（E-value）。上述公式非常灵敏。在给定比值的情况下，将两条比较序列长度加倍，则 HSP 数（即 E 值）也将加倍，同样，S 值为 $2X$ 的某个 HSP，其长度必是 S 值为 X 的 HSP 的两倍，所以 E 值将随着 S 值的增大而急剧减少。参数 k 和 λ 可分别被简单地视为搜索空间（search space size，即数据库序列数据量）和计分系统的特征数。最初获得的比值（S）在没有计分系统或统计量 k 和 λ 的辅助下，没有什么意义。单独的比值就如同没有单位（米或者光年）的距离。可使比值按下式标准化：

$$S'=\frac{\lambda S-\ln k}{\ln 2} \tag{4.20}$$

获得 S' 值就如同得到了具有标准单位的数值。E 值因此可简化为

$$E=mn2^{-S'} \tag{4.21}$$

二进制值使所用的计分系统被赋予了统计学意义，除了可以确定搜索空间外，同样可以计算相应的显著水平。具有大于或等于某一比值 S 的随机 HSP 数可由泊松分布确定。由此可以计算出搜索到某一比值大于或等于 S 的 HSP 的概率为

$$e^{-E}\frac{E^X}{X!}$$

E 由式（4.19）确定。

作为一个特例，搜索不到比值 $\geqslant S$ 的 HSP 概率为 e^{-E}，所以至少发现一个 HSP 比值 $\geqslant S$ 的概率为

$$P=1-e^{-E}=1-\exp\left(-kmne^{-\lambda X}\right) \tag{4.22}$$

这是与比值 S 相关的 P 值（概率值）。例如，在可能搜索到三个 HSP 比值 $\geqslant S$ 的情况下，至少发现一个 HSP 的概率为 0.95［可由式（4.22）算得］。BLAST 程序中使用了 E 值而非 P 值，这主要是从直观和便于理解的角度考虑。例如，E 值等于 5 和 10，比 P 值等于 0.993 和 0.999 95 更直观。但是当 $E<0.01$ 时，P 值与 E 值趋于相同。

E 值计算公式（4.19）可以直接应用于两个蛋白质序列长度分别为 m 和 n 的比较，但是对于某一序列长度为 m 的蛋白质序列，如何在那些长短不一的数据库序列中找到与之匹配良好的序列呢？一种思路是把数据库中所有的蛋白质序列与递交序列的关系都视为相同重要，也就是说对于 E 值均较低的短或长序列，它们是同等重要的。FASTA 程序便是采用这一策略。另一种思路是把长序列视为比短序列更重要，因为长序列往往包括更多的特异功能域。如果对序列长度进行相关优先处理，则在计算数据库序列长度为 n 的 E 值时，将乘以 N/n，其中 N 为数据库中序列的总长度。根据公式（4.19），E 值的计算可简单地把整个数据库序列视为长度为 N 的单条序列。BLAST 程序采用了这一策略。FASTA 策略中 E 值的计算还需再乘上数据库的序列条数。如果考虑到核酸数据库的序列长度变化更大，则在 DNA 序列相似性搜索时，BLAST 的策略可能会是合理的选择。

一些数据库搜索程序（如 FASTA 或其他基于 Smith-Waterman 算法的程序）在进行序列搜索时，会对数据库中的每条序列进行联配并给出联配值，这些值大部分与递交序列无关，但它们被用于参数 k 和 λ 的估计。这一方法避免了因使用真实序列（real sequence）造成随机序列模型的偏向性，但同时产生了使用相关序列估计参数的难题。BLAST 仅通过部分而不是全部无关序列计算最适联配值，这赢得了搜索速度。因此，对于某一选定的替换矩阵和空位罚值，

必须进行参数 k 和 λ 的预先估计，估计时使用真实序列，而非通过随机序列模型产生的模拟序列。这一估计的结果目前看来非常准确。

根据统计理论，上述统计方法只适用于不含有空位的局部联配（非空位联配）。但是，许多计算试验和分析结果充分证明，上述统计方法同样适用于包括空位的联配结果。对于非空位联配，可用基于替换矩阵和比较序列的残基频率的办法估计统计参数；对于空位联配，参数的估计则必须根据大量无关序列的比较。以上统计学方法对于短序列来说有些偏差。这些统计方法的基础理论是一个渐近理论，该理论假设局部联配可以适用于任何规模的联配。但是，一个高比值联配必须有一定的长度，不能从接近两条序列末端的地方开始。这种边际效应（edge effect）可以通过计算序列的"有效长度"（effective length）来修正。BLAST 程序中包含了这一修正过程。对于长于 200 残基的序列可以不进行边际效应的修正。

局部联配的结果与所选用的替换矩阵紧密相关。没有任何一个计分系统（即替换矩阵＋罚分办法）可以适用于所有研究目标，对于局部联配的计分基础理论的正确理解可以极大促进序列分析准确性（相关内容详见本章第一节）。

如前所述，BLAST 算法中空位罚值应用两个参数：一个与空位设置（gap opening）有关；另一个与空位扩展（gap extension）有关。任一空位的出现均处以空位设置罚值，而任一空位的扩大必须加入空位扩展罚值。经过多年的试验，一个合适的空位罚值已经被确定下来。大多数联配程序均对特定的替换矩阵设定了空位罚值的默认值（default），如果使用者希望使用不同的替换矩阵，则原来的空位罚值设定不一定合适。如何设定罚值并无明确的理论可遁，较大的空位设置罚值配以很小的空位扩展罚值（如 11/1）被普遍证实是最佳的设定思路。

在上文 BLAST 搜索结果中，有一个统计量 H。它用于估计 BLAST 搜索所用计分矩阵的相对信息量或熵值（详见第 5 章），H 值越大说明所用替换矩阵或计分系统的特异性越高，区分相关与不相关序列的能力就越强。

习　题

1. 目前计分矩阵主要有哪些？比较它们的异同。

2. 请利用动态规划 Needleman-Wunsch 算法对下列两条蛋白质序列进行全局联配，获得最优联配结果。

   P1＝AGWGAHEA

   P2＝PAWHEAEAG

计分系统：计分矩阵 BLOSUM50（见下表），空位罚 8 分。

BLOSUM50（部分）

	A	E	G	H	P	W
A	5	−1	0	−2	−1	−3
E		6	−3	0	−1	−3
G			8	−2	−2	−3
H				10	−2	−3
P					10	−4
W						15

3. 数据库搜索同源性或相似性较远序列时，为什么用蛋白质序列搜索比 DNA 序列更好？

4. 请解释 BLAST 搜索结果中 "score" 和 "E-value" 的含义。

5. BLASTN 和 BLASTX 两者搜索方式有何不同？

历史与人物

序列联配算法与三个 "man"

索尔·尼德曼（Saul Needleman）（1927～2019）因提出生物信息学领域最经典的 Needleman-Wunsch 算法而闻名。不同于其他 "man"，他是一位谜一样的人物。

首先，几乎无法找到有关他的生平介绍，本书编者唯一可以找到的相关介绍是来自一家殡葬公司有关他的葬礼公告（2019 年 7 月 22 日，https://www.shiva.com/saulneedleman-0702/）。根据公告，尼德曼 1927 年出生于美国伊利诺伊，1957 年获得美国西北大学生物化学与医学哲学博士学位。他从事过许多职业，早期从业经历主要在大学：西

北大学生化系（1960～1973），任副教授；罗斯福大学生物化学系主任（1973～1975）。后进入企业和美国海军。

其次，尼德曼提出的动态规划算法是生物信息学领域的经典，但奇怪的是他仅此一篇巨作，再难觅其他生物信息学方面的成果。根据他发表的文章和经历，可以知道其主要从事生物化学和进化方面的研究工作（如细胞色素 c 基因蛋白质序列的比较和变异分析），曾与当时大名鼎鼎的分子进化先驱 Emanuel Margoliash 一起工作过。其 1969 年在 *PNAS* 发表了一篇文章，比较了细胞色素 c 基因序列在人和其他动物中的差异，提出了序列比较的方法及其计算机程序，这算是其后来提出的动态规划方法的雏形。1970 年尼德曼等提出 Needleman-Wunsch 算法，并不知道其为动态规划算法，其实两年前一个非常类似的算法已被提出，用于语音自动识别（Vintsyuk T.K., 1968. "Speed Discrimination by Dynamic Programming". *Kibernetika*），但很明显他们并没有注意到。1970 年他们发表 Needleman-Wunsch 算法时，同样给出了计算机软件工具。

迈克·沃特曼（Michael Waterman，1942～　），美国生物信息学家，生物信息学的创始人之一。美国南加州大学教授，美国科学院院士（2001），美国工程院院士（2012），中国科学院外籍院士（2013），2015 年获得丹·大卫奖（Dan David Prize）。

与许多生物信息学先驱的化学或生物化学背景不同，沃特曼应该是第一个跨入生物信息学领域的数学家。他在美国俄勒冈州立大学数学系获得学士学位，芝加哥州立大学获得统计学和概率论的博士学位。沃特曼在生物信息学领域最重要的贡献是生物序列分析算法，他为这一领域奠定了坚实的理论基础，例如，他与坦普尔·史密斯（Temple

F. Smith）于 1981 年一起提出的序列局部联配算法（即 Smith-Waterman 算法），是目前许多序列生物信息分析和数据库搜索的基础方法。史密斯是沃特曼跨入生物信息学领域的引路人。据沃特曼回忆，"直到 1974 年夏天，我还是一个无知的数学家，之后我认识了史密斯，在美国 Los Alamas 国家实验室与他在一个办公室工作了两个月。这个经历改变了我的研究方式，我的生活，甚至我的头脑。我们见面后不久，他拿出一个小黑板，开始给我讲生物学：它为什么重要？将来它会怎样？有些地方也暗示了我们将要做什么，而事实上他也不知道那将是什么。我非常困惑，生物学里的数学在哪？""最有趣之处是探讨问题，史密斯和我花了几天甚至是几个星期来弄清我们要做的是什么。这一点对于生物学研究其实非常重要"。

除 Smith-Waterman 算法外，沃特曼在生物信息学领域还有许多贡献。例如，①他与 Eric Lander 于 1988 年提出著名的 Lander-Waterman 曲线，用于估计人类基因组测序克隆覆盖度和测序规模，成为人类基因组计划的重要理论基石，现在这一模型已被扩展到基因组大小估计等许多领域中；②沃特曼与 Pevzner 开拓性地提出了基于 de Bruijn 图的基因组拼接算法，成为高通量测序数据进行基因组拼接的最主流算法（详见第 7 章 "历史与人物"）；③沃特曼提出基于 K-mer（当时使用了 "ℓ-tuple" 一词）估计基因组大小的经典算法（Li and Waterman, 2003），随着高通量数据的出现，这一方法成为生物信息学的重要分析内容。

沃特曼对中国生物信息学的发展做出了十分重要的贡献。早在 1997 年，沃特曼就应邀出席国内学术会议并访问了北京大学，他的那次访问和学术报告对中国早期计算生物学研究产生了显著影响。2003 年沃特曼受北京大学钱敏平教授邀请访问北大并进行学术报告，本书编者有幸聆听报告并与他相识。2008 年起，沃特曼受聘为清华大学讲席教授，在清华领导由海外杰出学者组成的研究团队开展工作。后续在国内多所大学任兼职教授，开展生物信息学教学和推广。

大卫·利普曼（David Lipman），NCBI 前主任，美国科学院院士，生物信息学领域先驱之一。毕业于布朗大学，1980 年获得医学博士学位。早年他在美国国立卫生研究院（NIH）糖尿病、消化病及肾病研究所（NIDDK）开展研究工作，1989 年 NIH 成立 NCBI，他出任首任主任。他至少创造了两个传奇：一是领导开发了最著名的生物信息学工具——数据库搜索工具 BLAST；二是领导 NCBI 近 30 年。NCBI 成立之初他就出任主任，一干就是近 30 年，2017 年才卸任。在他的领导下，NCBI

成为国际最知名的开放公共分子数据（如 GenBank）和文献（PubMed）数据库。2005 年他当选为美国科学院院士。

利普曼从 20 世纪 80 年代开始进行序列相似性搜索算法的研究工作。1983 年提出基于字符串（K-tuple）的数据库快速搜索算法（Wilbur-Lipman 算法），1985 年与威廉·皮尔森（William Pearson，另一位生物信息学领域先驱，至今还活跃在生物信息学领域，实验室主页网址为 http://www.people.virginia.edu/~wrp）一起开发了首个数据库搜索引擎工具 FASTA，1990 年与他的博士后 Stephen Altschul 等一起开发了著名的 BLAST 工具，1997 年进一步优化（Gapped BLAST，即允许延伸联配中加空位），并开发出 PSI-BLAST。这些耳熟能详的生物信息学工具至今还是数据库序列搜索的首选工具。

说起序列数据库搜索工具，目前最著名的当属 BLAST。BLAST 已成为几乎所有序列数据库的标配。相反，利普曼他们最初开发的搜索工具——FASTA/FASTP，已难觅其踪迹。虽然皮尔森后续对 FASTA 进行了两次改进（1990 和 1996），但最终没有火起来，目前只有少数数据库中安装了该搜索引擎（如 www.genome.jp/tools/fasta/）。不免要问，为什么不是 FASTA，而是 BLAST 如此成功？这不得不提及斯蒂芬·阿尔舒尔（Stephen Altschul）和他的统计工作。BLAST 算法的一个巨大优势，是其提供了序列联配结果的统计测验，这对于搜索结果的判断非常重要。阿尔舒尔和其他数学家（如 Sam Karlin）一起，明确了序列联配最佳分值的统计特征（Karlin and Altschul, 1990）。发表上述统计和 BLAST 的论文，他均为通讯作者，可见其贡献。他是利普曼的博士后，1989 年 NCBI 成立，他随利普曼一起加入了 NCBI，从此开启了一个生物信息学家的辉煌事业。目前他还在 NCBI 工作（https://irp.nih.gov/pi/stephen-altschul）。

第5章 多序列联配及功能域分析

许多生物学研究都涉及多条序列甚至几十、上百条序列的比较，因此多序列联配是生物信息学的一个重要课题。基于多序列联配结果，我们可以确定这些序列的亲缘关系，通过序列保守性判断功能域或功能位点等。这些重要信息往往被收录到专门的数据库中。多序列联配涉及多维空间路径搜索难题（NP 问题），目前尚无确定最优路径的有效算法，只有另辟蹊径——采用启发式算法。

本章思维导图

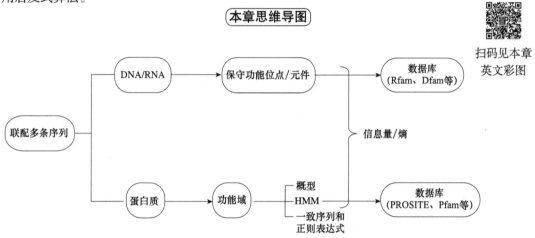

扫码见本章
英文彩图

第一节 多序列联配算法

一、多序列全局联配算法

上一章说明了两条序列的联配问题，通过两条序列联配算法（Needleman-Wunsch 算法）和一定的计分系统，总是可以获得一个最优联配结果。但是，当将三条及三条以上的序列放在一起联配时，情况就不一样了，问题变得异常复杂。以三条序列为例：如上一章所述，两条序列联配所有可能的联配方式（即路径）均在由两条序列构成的平面内（图 4.1），那么三条序列所有可能的联配方式（路径）是在三条序列构成的立体空间内（图 5.1），这样从起始到终点可能的路径数量将呈几何式增长，从中找出最优路径就困难得多。如果三条以上序列进行联配，可能的联配方式就更多了。Lipman 团队由此提出多维动态规划算法（multidimensional dynamic programming），可以获得多序列最优联配结果（Carrillo and Lipman，1988），并基于该算法开发了软件工具 MSA（Lipman et al.，1989）（算法详细描述可见 Durbin 等主编的 *Biological Sequence Analysis：Probabilistic Models of Proteins and Nucleic Acids* 一书）。该工具可以获得最多5～7条蛋白质序列的最优联配结果。目前还没有一种有效算法能很快获得更多条序列的最优联配结果。

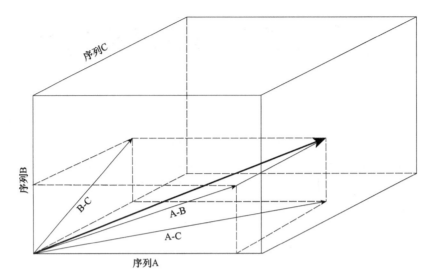

图 5.1 三条序列全局联配路径空间示意图

目前实用的多序列联配方法均采取启发式算法（heuristic technique），即往往能给出一个很好的联配结果，但不能保证给出的一定是最优联配结果。这类算法分为渐进式全局联配（progressive global alignment）、迭代（iterative method）和基于统计模型的方法等类型，主流算法是以 Clustal 算法为代表的渐进式全局联配算法。渐进式全局联配算法是 20 世纪 80 年代发展起来的一种算法（Waterman and Perlwitz，1984；Feng and Doolittle，1987），其中以 Clustal 算法最为成功。Clustal 算法是基于 Feng 和 Doolittle（1987）提出的渐进式全局联配算法而发展的，后来不断完善和程序化（Thompson et al.，1994a；Higgins et al.，1996），ClustalW 是目前最新的算法和程序版本，许多数据库和生物信息学网站均提供该算法的在线服务。Clustal 算法作为渐进式全局联配算法的代表，其基本思路是利用动态规划算法：首先判断各条序列间差异度的大小，然后将最相近的两条序列进行序列联配，采取动态规划算法获得其最优联配结果，再逐步增加次相近的单条序列或序列联配（作为一条序列看待）。换句话说，由于两条序列的最优联配结果可以很容易地获得，多序列联配便可以在连续使用两条序列联配算法（如 Needleman-Wunsch 算法）的基础上，通过先建"树"的思路来逐一进行多序列联配，所以该方法同样是一种动态规划方法。多序列联配过程大致如下。

1）对所有序列进行两两联配分析，N 条序列应有 $N×（N-1）/2$ 对。

2）基于两两联配的结果（如碱基替换率）进行聚类分析，产生联配等级或次序。该等级可用分叉树（binary tree）形式或简单的排序来表示。

3）根据以上联配次序，从所有联配中相似性最好的两条序列开始，然后是剩余联配中相似性最好的两条序列……依次类推，直至多序列联配结束。一旦两条序列的联配被列入，则序列的位置就被固定下来。例如，对于序列 A、B、C、D，如果 A 与 C、B 与 D 分别是两两联配的最佳联配结果，则 A、B、C、D 4 条序列的联配是通过比对 A-C 和 B-D 两个联配（作为一条序列看待）来确定。

下面以一个实际例子说明上述具体算法。

　　对来自 7 种不同生物的 7 条同源序列（HA1、HB1、HA2、HB2、MY、PIL 和 LG）进行多序列联配（图 5.2）。先进行两两比对，获得任何两条序列之间的相同率，形成 7×7 的矩阵；根据该两两联配的结果，可以获知替换率最低（相似度最高）到最高的两条序列，构建系统发生树，然后根据系统发生树确定各序列联配次序。从相似度最高的两条序列开始进行联配。树中 HB1/HB2 分在一支，序列相同率最高，先利用动态规划算法进行它们的两序列联配，获得最优联配结果；HA1/HA2 次高，再进行它们两条序列的联配。根据系统发生树，HB1/HB2 和 HA1/HA2 依次相近，需要对它们进行联配。接下来是该算法的关键：将 HA1/HA2 和 HA1/HA2 联配结果分别作为一条独立序列进行两条序列联配！联配还是采用动态规划算法进行。如此联配，计分方式需进行一定的调整。如将一个联配结果作为一条序列看待，联配时需一起引入空格。该联配结果进一步与树中最邻近的物种（MY）进行两序列联配，直至所有序列都完成联配。由此可见，该算法实际是把多序列联配问题转化为两序列联配问题，而两序列联配已有成熟的方法（如动态规划方法）。

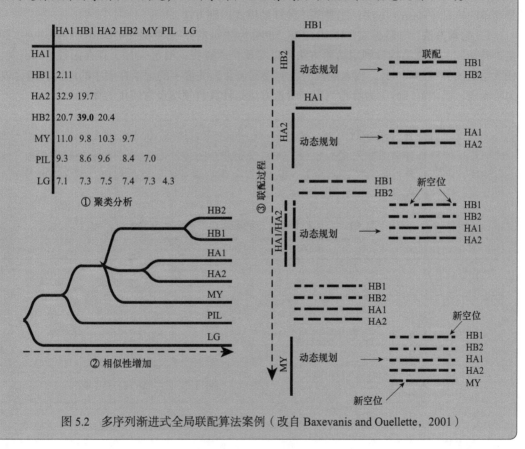

图 5.2　多序列渐进式全局联配算法案例（改自 Baxevanis and Ouellette，2001）

　　应该指出，目前还没有一个快速获得最优多序列联配的有效算法，多序列联配程序给出的结果往往可以通过人为修正而得到改进。

二、多序列局部联配算法

　　具有相同功能的基因往往在序列上存在局部相似性或保守性，这些保守性往往与相应功能和选择压等有关（详见下节）。图5.3为一个多序列局部保守性的例子。生物信息学的一个重要任务就是找到这些保守序列。

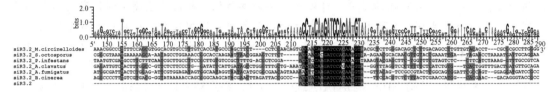

图5.3　多序列局部保守性

7条序列中有一段序列高度保守（黑色区域）；图最上方为相对信息量图，表示各列信息量大小

多序列局部联配的目的是找出多条序列共同保守的区域。进行多序列局部联配一般可以采取两个策略：一个是进行上述多序列全局联配，基于全局联配结果，获得局部保守序列的联配结果；另外一个是不基于全局联配找出保守区域。后一个策略目前有两种比较常用的方法：一是简单的哈希（Hash）方法；二是基于统计的模式识别方法。

1. 哈希方法　　哈希表（Hash table，也称为散列表），是根据关键码值（key value）而直接进行访问的数据结构，利用哈希方法可以实现快速查找。给定表 M，存在函数 $f(\mathrm{key})$，对任意给定的关键字码 key，代入函数后若能得到包含该关键字的记录在表中的地址，则称表 M 为哈希表，函数 $f(\mathrm{key})$ 为哈希函数。哈希方法是计算机领域经常使用的算法。

下文以两条蛋白质序列为例（表5.1）说明如何利用哈希表进行联配：首先基于一个统一地址给两条蛋白质序列建立索引，然后每条序列上各个氨基酸在两条序列中的索引位置相减，观察到两条蛋白质序列中 C、S、P 三个氨基酸对应的数值相同，将它们的位置对应起来，这样就找到了一种可能的联配方式。

表5.1　利用哈希表进行两条蛋白质序列局部联配

位置	1	2	3	4	5	6	7	8	9	10	11
seq1	N	C	S	P	T	A	—	—	—	—	—
seq2	—	—	—	—	—	A	C	S	P	R	K

氨基酸	所在位置		位差
	seq1	seq2	seq1－seq2
A	6	6	0
C	2	7	−5
K	—	11	—
N	1	—	—
P	4	9	−5
R	—	10	—
S	3	8	−5
T	5	—	—

三个氨基酸（C、S 和 P）在两条蛋白质序列中具有相同的位差。一个可能的联配结果可以马上得出：

seq1	N	C	S	P	T	A
		|	|	|		
seq2	A	C	S	P	R	K

2. 基于统计的模式识别方法　该方法包括最大期望（EM）、吉布斯抽样（Gibbs sampling）和 HMM 等算法。下文重点介绍 EM 方法。使用 EM 方法进行多序列保守区块识别分为 9 个步骤完成，其中步骤 1～7 为计算期望（"E"），步骤 8 为最大化（"M"）。具体如下。

步骤 1　对多条序列随机排列形成一个多序列联配结果。

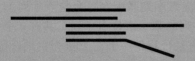

步骤 2　对上述多序列联配结果选择一个联配宽度。

步骤 3　基于该多序列联配结果和宽度构建其初始 PSSM 矩阵。

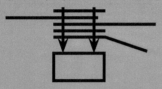

步骤 4　利用该 PSSM 对每条序列进行逐位点扫描。

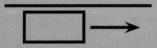

步骤 5　计算每条序列各个位点与 PSSM 的匹配概率：
　　　　例如，…，100/1，1/25，33/1，1/3，…

步骤 6　合计一条序列的所有匹配概率值（如 5000），计算该序列各个位点与上述 PSSM 的匹配概率：
　　　　…，100/5000（即 0.02），0.04/5000，33/5000，1/15 000，…

步骤 7　对所有序列进行上述计算。

步骤 8　基于上述步骤获得的所有序列 PSSM 匹配概率值，更新该 PSSM（即最大化步骤）：
　　　　例如，上述某一序列某一位点 PSSM 匹配概率为 0.1，而该位点碱基为 A，对应使用的 PSSM 第一列有 100 个 A，则更新 PSSM 第一列 A 的数量为 100.1 个 A；该位点下一个碱基（即 PSSM 第二列位置）依次如此更新。

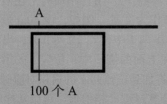

步骤 9　基于更新后的 PSSM 重复步骤 4～7，即再扫描所有序列，计算它们的 PSSM 匹配概率。此过程重复 100 次以上，直到 PSSM 各列的碱基频率不再变化为止。

以下举例说明 EM 方法。生化和遗传证据表明，由 100nt 构成的 10 条 DNA 序列共同具有一段长度为 20nt 的蛋白质结合位点。如何利用 EM 方法在 10 条序列中找到它们这保守的 20nt 结合位点？

1）根据上述算法，首先进行步骤 1～3（计算期望值）：随机排列 10 条序列构成一个长度为 20nt 的多序列联配结果，然后统计各列和背景（所有序列）碱基构成的频率，得到初始 PSSM（表 5.2）。具体过程如下：首先，随机在 10 条 DNA 序列上确定一个 20nt 区段，组成一个初始的结合位点联配结果；然后，统计该 20nt 多序列联配在每个位点（列）上各个碱基个数，并将其转换为频率。例如，在这 10 条序列的第一个位点（列）共有 4 个 G，则第一个位点（列）G 的频率为 4/10＝0.4。按照这个方法计算每一个在 20nt 蛋白结合位点（列）碱基的频率。

表 5.2　EM 方法查找多序列蛋白质结合位点案例——初始 PSSM 矩阵的构建

碱基	背景频率	位点（列）1	位点（列）2	…	位点（列）20
G	0.27	0.4	0.1	…	0.2
C	0.25	0.4	0.1	…	0.2
A	0.25	0.2	0.1	…	0.4
T	0.23	0.2	0.7	…	0.2
合计	1.00	1.0	1.0	…	1.0

将上述 20nt 区段以外的序列称为背景序列，同样计算每个碱基出现的频率，作为背景碱基频率。4 个碱基的背景频率定义为它在背景中出现的次数除以背景碱基总数。例如，G 在 800 个背景中出现了 224 次，则 G 的背景频率为 224/800＝0.28。由此可以构建基于随机排列获得的 10 条序列联配结果（20nt 宽度），即 5×20 的初始 PSSM 矩阵（表 5.2）。

2）然后利用初始 PSSM 矩阵对序列中每个位点进行扫描，计算每个位点的匹配概率，每次扫描窗口长度为 20nt（步骤 4）。设序列 1（seq1）中以位置 1（site1）为起始的两个碱基是 A 和 T，则序列 1 中位置 1 的概率 $P_{\text{site1, seq1}}$＝0.2（A 在位置 1）× 0.7（T 在位置 2）× …（下面 18 个位置）× 0.25（A 在 20nt 蛋白结合位点以外的第一位置）× 0.23（T 在第二个边侧位置）× …（下面 78 个边侧位置）。相似地，可以计算 $P_{\text{site2, seq1}}$ 至 $P_{\text{site78, seq1}}$（步骤 5）。然后综合比较推测结合位点出现在序列中位置的概率。

3）对于序列 1，匹配定位概率定义为结合位点在位置 k 的概率，除以所有可能结合位点位置概率的总和（步骤 6），即：

$$P_{\text{site}k, \text{seq1}} / \left(P_{\text{site1, seq1}} + P_{\text{site2, seq1}} + \cdots + P_{\text{site78, seq1}} \right)$$

4）对于每条序列计算匹配定位概率（方法同上）（步骤 7），用各序列的上述匹配定位概率，生成每个位点碱基数量期望值的新表格，位点概率作为度量。例如，设 20nt 蛋白结合位点出现在 100nt 序列的第一个位点的匹配定位概率 P（序列 1 中位点 1）＝0.01，出现在第二个位点的匹配定位概率 P（序列 1 中位点 2）＝0.02。在上面的例子中，位置 1 的第一个碱基是 A，位置 2 的第一个碱基是 T。然后 0.01 A 和 0.02 T 将加到位点列 1 的累积对应碱基频率表中，对序列 1 的其他 76 个可能结合位点位置重复这一计算过程。相似地，可以从序列 1 的 78 个可能位点列 2（20nt 的第二位置）计算位点列 2 的期望值新表。

5）最后期望值最大化（步骤 8）。对所有序列 PSSM 匹配概率值更新 PSSM。然后利用更新后的 PSSM 重复上述过程，直到 PSSM 碱基频率不再变化（步骤 9）。

MEME 是利用 EM 进行基序（motif）查找的一个成功案例。该生物信息学工具由美国内华达大学 Timothy Bailey 于 1994 年开发，可以对多条核苷酸序列或蛋白质序列进行基序的从头预测（图 5.4）。经过 20 多年的不断开发，目前已建成一个以基序分析为主题的 MEME 软件包，并提供在线预测（Bailey et al., 2009）。

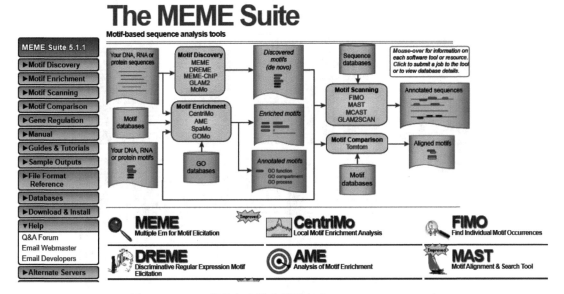

图 5.4　MEME 软件包在线分析平台（http://meme-suite.org/）

第二节　蛋白质序列功能域

一、功能域概念

蛋白质功能域（domain）的概念最早由 Wetlaufer（1973）研究蛋白质结构时提出。蛋白质功能域一般指一条蛋白质序列中的一段保守区域，该区域能够独立行使功能、进化等。在蛋白质结构中，功能域是指一个蛋白质结构的一部分，它能形成一个紧密的三级结构，能独立折叠且结构稳定，同样具有独立功能和进化等特征。许多蛋白质序列包含若干结构功能域。在分子进化上，不同功能域可以作为一个单元被重组，产生新的蛋白质序列，行使不同的功能，因此，一个功能域可能在许多不同蛋白质序列中存在。功能域长度不一，一般可以从 25 到 500 氨基酸不等。由此可见，功能域可以从序列和结构两个水平来定义和研究。结构功能域，特别是在二级结构水平上已开展了大量研究，并建立了相应的功能域数据库，如 CATH 和 SCOP 等（详见第 3 章）；在序列水平上，功能域的研究是生物信息学的一个传统研究领域，大量研究者已开展几十年的深入研究，并建立了相应的功能域数据库。本章将重点介绍序列水平的功能域。

说到蛋白质功能域，就不得不提基序（motif）。在序列水平上，基序是指一小段连续的氨基酸或核苷酸序列，它是构成功能域的功能单元。在蛋白质结构领域，基序是指可以构成三维结构的氨基酸短序列，而这些氨基酸并不一定相邻。基序的概念由 Doolittle 首先提出（Doolittle，1981），为生物信息学领域一个重要进展（详见第 1 章），它是建立序列保守性与序列功能关系的重要基础。一般一个蛋白质功能域由若干个基序串联构成（图 5.5）。

　　由于功能域与基因蛋白质功能直接相关，功能域的查找和应用吸引了大量生物信息学家进行研究，并将发现的基因功能域搜集起来，构建所谓蛋白质功能域数据库（表 5.3），目前这些数据库在基因功能预测等方面发挥重要作用，尤其是 PROSITE 和 Pfam 等数据库。

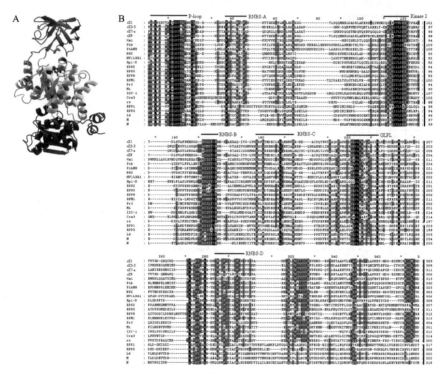

图 5.5　蛋白质功能域举例

A. 蛋白质结构水平上的功能域：丙酮酸激酶（pruvatekinase，PDB 数据库：1PKN）的三个功能域；B. 蛋白质序列水平上的功能域：植物 NBS 类抗性基因的 NBS 功能域（引自 Tian et al.，2004），图中标出了该功能域的若干基序（如 Kinase2、GLPL 等）

表 5.3　国际主要蛋白质功能域数据库及其使用的模型方法

数据库名称	模型方法	InterPro 联盟	数据库名称	模型方法	InterPro 联盟
PROSITE	Pattern/Profile	是	TIGRFAMS	HMM	是
PRINTS	Aligned motif	是	CDD	Aligned motif	是
Pfam	HMM	是	DOMO	Aligned motif	否
SMART	HMM	是	BLOCKS	Aligned motif	否

二、功能域模型

　　功能域和基序通过多序列联配等途径可以获得它们的联配结果（如图 5.5 NBS 功能域）。在分子生物学领域，大量功能基因被克隆，大量功能域被发现，同时，基于序列分析，也可以发现大量基因共同保守的区段，这样大量未知功能的功能域也被发现。通过同源克隆的途径，已知功能基因的同源基因不断增加，这些包含已知功能域的同源序列会增加功能域的总体遗传多态性。随着功能域数量和序列数据的增加，一个问题随之而来——除了多序列联配结果，是否有更好的方式可以描述这些功能域并在实际功能预测中进行应用？生物信息学家提出了多种模型来描述功能域，包括一致序列和正则表达式、概型、HMM 概型等（表 5.3），其中概型和 HMM 概型在生物信息学领域应用最为广泛。

1. 一致序列和正则表达式　一致序列（consensus sequence）和正则表达式（regular expression）相对比较简单。一致序列是多序列联配结果中每一列出现最多的碱基或氨基酸（或使用兼并码）构成的序列，它是一条单一序列。而正则表达式则是把每一列出现的碱基或氨基酸都列出（图 5.6），形成一个正则表达式。这两种功能域描述方式或模型在实际功能域数据库中很少应用（除了 PROSITE 数据库），大量使用的是概型和 HMM 概型（profile HMM）。

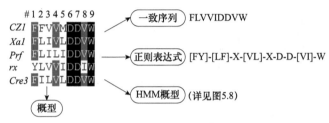

列位	D	F	I	L	M	V	W	Y	其他
#1	0	0.8	0	0	0	0	0	0.2	0
#2	0	0.2	0	0	0	0	0	0.8	0
#3	0	0	0.4	0.2	0	0.4	0	0	0
#4	0	0	0	0.2	0	0.8	0	0	0
#5	0	0	0.4	0.4	0.2	0	0	0	0
#6	1	0	0	0	0	0	0	0	0
#7	1	0	0	0	0	0	0	0	0
#8	0	0	0.2	0	0	0.8	0	0	0
#9	0	0	0	0	0	0	1	0	0

图 5.6　功能域的 4 种表述方法 / 模型（以 NBS 功能域的 Kinase2 基序为例）

2. 概型　概型（profile）是一个类似 PSSM 的矩阵（详见第 4 章 PSSM 构建方法），但它可以包含匹配、错配、插入和缺失等情况。该矩阵提供了多序列联配（功能域）中每一列出现各种氨基酸（或空格）的概率（经过对数转换并取整数）。所以，概型的矩阵一般为 23 列，其中每种氨基酸一列，同时，该功能域序列的一致序列会列在矩阵的左侧。图 5.7 为 PROSITE 功能域数据库（http://prosite.expasy.org）的一个概型记录（PIWI，记录号 PS50822）。该功能域比较长（297 个氨基酸），图中仅列出该记录总体信息及其部分概型或矩阵结果。概型中首先是说明行，说明该概型的总体信息，如长度、默认参数值等（本例为 6 行）。其中赋值参数也列在其中（最后一行），如 D 为缺失延伸罚分、MI 为从 M 状态（联配）到 I 状态（插入）的转换赋分等。然后是矩阵横列，为 22 个氨基酸，纵列为功能域序

 **Entry: PS50822**

General information about the entry

Entry name [info]	PIWI
Accession [info]	PS50822
Entry type [info]	MATRIX
Date [info]	MAY-2002 (CREATED); OCT-2013 (DATA UPDATE); MAR-2016 (INFO UPDATE).
PROSITE Doc. [info]	PDOC50822
Associated ProRule [info]	PRU00150

Name and characterization of the entry

Description [info]	Piwi domain profile.
Matrix / Profile [info]	

```
/GENERAL_SPEC: ALPHABET='ABCDEFGHIKLMNPQRSTVWYZ'; LENGTH=297;
/DISJOINT: DEFINITION=PROTECT; N1=6; N2=292;
/NORMALIZATION: MODE=1; FUNCTION=LINEAR; R1=2.1406; R2=0.01583904; TEXT='NScore';
/CUT_OFF: LEVEL=0; SCORE=402; N_SCORE=8.5; MODE=1; TEXT='!';
/CUT_OFF: LEVEL=-1; SCORE=276; N_SCORE=6.5; MODE=1; TEXT='?';
/DEFAULT: M0=-8; D=-20; I=-20; B1=-60; E1=-60; MI=-105; MD=-105; IM=-105; DM=-105;

/I:                   A    B    C    D    E    F    G    H    I    K    L    M    N    P    Q    R    S    T    V    W    Y    Z
/I:          B1=0; BI=-105; BD=-105;
/M: SY='L'; M=-11,-16,-11,-18,-19, -4,-19,-18,  7,-23, 11,  3,-16,-25,-18,-22,-17,-11,  2,-21, -1,-20;
/M: SY='L'; M= -8,-30,-19,-33,-26, 13,-32,-25, 27,-27, 28, 15,-27,-28,-25,-22,-21, -7, 24,-20,  0,-26;
/M: SY='M'; M=  3,-20,-20,-26,-14,  1,-22,-17, 14,-17, 11,-15,-19,-13,-18,-12, -7, 10,-19, -4,-14;
/M: SY='V'; M= -8,-25,  6,-29,-24,  3,-30,-25, 11,-20, 11,  5,-23,-29,-24,-18,-17,  7, 17,-25, -6,-24;
/M: SY='I'; M= -6,-27,-19,-31,-25,  8,-30,-25, 26,-25, 16, 11,-22,-25,-23,-22,-13, -4, 26,-22, -5,-23;
/M: SY='L'; M= -9,-29,-21,-32,-23,  6,-31,-21, 28,-27, 37, 23,-27,-27,-19,-21,-25, -9, 18,-21, -1,-22;
/M: SY='P'; M= -7, -3,-29,  2,  3,-27,  1,-13,-27, -5,-26,-19, -3, 19, -5, -7,  2, -3,-24,-29,-23, -3;
/M: SY='E'; M= -4,  8,-21, 10, 14,-24,-12, -7,-21,  8,-24,-16,  8,-11,  0,  9,  0,-15,-33,-17,  9;
/M: SY='B'; M=-12,  9,-26,  9,  8,-12,-17,  3,-15, -3,-17,-14,  9, -8, -2, -7, -4, -6,-18,-20,  2,  2;
/I:          I=-4; MI=0; MD=-19; IM=0; DM=-19;
/M: SY='N'; M= -7,  7,-22,  0, -3,-19, -2, -5,-16,  7,-21,-11, 16,-15, -1,  6,  2, -4,-16,-25,-14, -3; D=-4;
/I:          I=-4; DM=-19;
/M: SY='D'; M= -3,  7,-23, 12,  8,-26, -3, -8,-26,  3,-23,-17,  3,  0,  0,  3, -6,-20,-26,-18,  3; D=-4;
/I:          I=-4; DM=-19;
/M: SY='E'; M= -8, 10,-22,  8, 13,-12,-13, -5,-16, -5,-18,-15, 13,-12,  0, -8,  7, -1,-17,-30,-13,  6;
/M: SY='R'; M=-10, -6,-23, -6, -4, -8,-20,-13,-14, -1, -7, -7, -7, -7, -7,  1, -5,  0,-11,-24, -8, -6;
/M: SY='Y'; M=-16,-22,-30,-20,-15, 12,-28,  3, -1,-14,  3, -1,-22, -2,-12,-14,-20,-10,-11,  6, 39,-18;
```

图 5.7　概型举例

列纵排，矩阵中标出功能域中特定位点出现特定氨基酸的频率（以对数转换），同时包括特定位点出现（插入）空格的频率等。

　　很明显，构建好的功能域概型可以用于序列比对和搜索，以及发现未知序列中可能与该概型矩阵高度相似的区段。反之，如果某一序列包含特定功能域（统计上可以给出推测），则该蛋白质序列可能具有与该功能域相同的功能。这是目前基因功能预测的主要生物信息学途径之一。

　　3. HMM 概型　　HMM（hidden Markov model，隐马尔可夫模型）则是通过构建多序列联配隐马尔可夫概率模型进行功能域描述（有关 HMM 的具体介绍见第 14 章）。图 5.8 给出了一个最基本和被广泛应用的"左—右"（left-right）结构模型——标准线性结构 HMM 模型。所谓"左—右"结构是指该结构中不存在从一种状况回复到已有状况的情况。对于 HMM 模型，将一个功能域（图 5.8A 给出多序列联配结果）视为一个从左开始到右结束各个状态（氨基酸匹配或错配、插入和删除）之间的转换（图 5.8B）。该模型各个"态"之间转换（或转移）会有一个概率，每个"态"所处的具体状态（如各种氨基酸）存在一个概率分布（图 5.8C），具体状态是未知的（所谓"隐"）。具体而言，可以从标有"BEG"的状态开始，然后沿任意一条路径（如状态转换箭头所示）变化，最后在标有"END"的状态结束。任意一个多序列联配

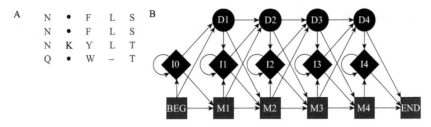

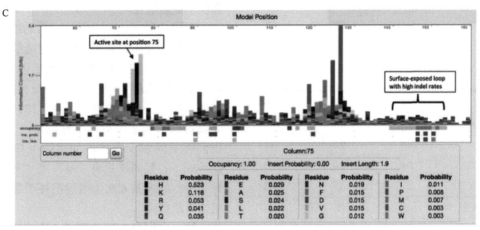

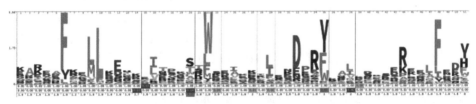

图 5.8　功能域 HMM 模型举例（部分引自 Mount，2004）

A．一个多序列联配结果：对于一个多序列联配结果，可能存在氨基酸匹配或错配（如第 1、3 和 5 列）、插入（第 2 列）和删除（第 4 列）。B．多序列联配的马尔可夫模型：方形表示氨基酸联配状态，菱形表示插入状态，圆形表示缺失状态，箭头表示转移概率。C．功能域数据库 Pfam 的一个记录（http://pfam.xfam.org/）：该记录以类似序列徽标的形式呈现，徽标图内包括每个位点上 20 种氨基酸的出现概率大小（用比特表示），徽标图下面三行给出了 HMM 模型三个态（匹配或错配、插入和删除）之间的转移概率（有关信息量和序列徽标详见下节说明）。作为一个说明，图中下方特别给出了第 75 位氨基酸的相应转移概率和 20 种氨基酸的出现概率。根据该序列徽标，可以清楚看到该功能域蛋白质序列的保守区域，如第 75 位点附近区域

结果都可以用该模型生成，而且每种可能路径都有一个概率。生成 "NKYLT" 序列的一种方法：BEG-> M1-> I1-> M2-> M3-> M4-> END。每个态间转换都有一种概率，且离开一种状态的转移概率之和为 1。就像其他统计方法一样，氨基酸的分布和转移概率可以转换为对数概率计分。一个功能域 HMM 构建完成后，其利用的领域或方式与概型一样。

第三节　熵与信息量

一、熵与不确定性

信息量或熵（entropy）的概念来自信息论。对于一条信息或一个消息，我们会问其信息

表 5.4　一个多序列联配结果中三列碱基构成比例及信息量

#1	#2	#3
G	A	G
G	A	A
G	T	C
G	T	T

↓

	#1	#2	#3
G	1.0	0.0	0.25
A	0.0	0.5	0.25
C	0.0	0.0	0.25
T	0.0	0.5	0.25
熵值	0	1	2
信息量	2	1	0

量有多大或它可以提供多少明确的信息。一条消息的信息量越大，其不确定性就越小。例如，"今年将在中国召开 G20 峰会"和"2016 年 9 月将在杭州召开 G20 峰会"，这两条信息的信息量明显不同，后一条消息包含更大信息量，它涵盖了前一条消息，同时提供了更多信息。

不确定性（uncertainty）可以用必须提问的次数来度量，即为了获得明确信息而不得不提问相关问题的次数（答复只有"是"或"不是"两种）。例如，64 个反扣的杯子，其中只有一个杯子里有一个乒乓球，我们需要获得哪个杯子中有乒乓球的信息。那么，我们需要问多少次才能知道哪个杯子中有乒乓球（答复同样只有"是"或"不是"两种）呢？答案是 6 次（通过把杯子等分成两组来不断提问）。

举一个序列方面的例子（表 5.4）。一个多序列联配结果，其三个位点（列）碱基构成不同。很明显，这三列碱基构成的不确定性不同：第一列不需要问问题，就知道其碱基构成为 G，而第二列至少需要问一个问题才能明确其是 A 还是 T，第三列则需要问两次才能知道特定碱基类型。也就是说，三列从左到右的不确定性逐渐增大。不确定性越大，可以提供的信息量就越少。

用概率来估计不确定性标志着信息论的起始（Hartly，1928）：

$$H = \log N = -\log P \quad (P = 1/N) \tag{5.1}$$

式中，H 为不确定性，N 为可能发生的不同事件总数，P 为事件发生的概率。

香农（Claude Elwood Shannon）的一个重要贡献是将不同事件发生概率作为权重重新定义不确定性，即香农熵[①]（H）：

$$H = -\sum P_i \log_2 P_i \tag{5.2}$$

式中，P_i 为特定事件 i 发生的概率。

再看上述关于杯子的例子，找到特定杯子（内有乒乓球）的概率是 1/64，所以其不确定性 H 为以 2 为底的负对数 $[-\log_2(1/64)] = 6$ 比特。对于多序列联配结果，某一列仅观察到一个碱基（第 1 列），则其不确定性或熵值为 0，因为没有其他可能性；而对于第 2 列存在两个等概率的碱基，必须问一个问题后才能得到答案，这样其熵值则为 $[-(0.5 \times \log_2 0.5 + 0.5 \times \log_2 0.5)] = 1$。

[①] 熵最早由德国科学家克劳修斯（Rudolf Clausius，1822～1888）提出，应用于描述热力学第二定律，后来香农第一次将熵的概念引入到信息论中。"entropie"或"entropy"均与"能"有关。1923 年，我国物理学家胡刚复在翻译该词时找不到一个确切的词，于是造了一个新字——"熵"，因其为热量与温度之商，且与火有关（象征着热），因此商字加火字旁。目前熵在控制论、概率论、数论、天体物理、生命科学等领域都有重要应用，在不同的学科中也有引申出的更为具体的定义，成为各领域十分重要的变量。总体上，熵是指体系的混乱程度。在生物信息学领域，其与不确定性等价

二、多序列联配结果的信息量估计

在生物信息学领域，信息熵有许多应用，如计分矩阵等信息量的估计和列保守性的图形描述等。

1. 计分矩阵和功能域　我们构建了一个计分矩阵（如 PSSM、PAM 和 BLOSUM 矩阵）或功能域之后，经常会问一个问题：该矩阵用于序列搜索或保守区段的搜索效果如何？该问题其实是需了解该矩阵的信息量。生物信息学领域往往用不确定性参数（H）来度量。一般来说，PSSM 特定列各个氨基酸或碱基不确定性的平均数（H_c，以比特为单位）由下式给出：

$$H_c = -\sum P_{ic} \log_2 P_{ic} \qquad (5.3)$$

式中，P_{ic} 是 c 列第 i 个氨基酸或碱基频率。对于整个 PSSM 矩阵，其不确定性为各列之和：

$$H = \sum H_c \qquad (5.4)$$

H 被称为 PSSM 的熵。因为这个值越高，不确定性就越大；相反，不确定性 H 值越低，表明其信息量越大，PSSM 用于从随机匹配鉴别真实基序的能力就越强，可应用性越好。同样，PAM 和 BLOSUM 计分矩阵的不确定性或信息量也可以用 H 值估计。例如，不同进化距离的 PAM 矩阵，从 PAM10 到 PAM250，其 H 值为从高到低，表明其不确定性在不断降低，其区分随机匹配的能力在不断增强。同时，作为序列联配计分系统的一部分——空位罚分方式也会影响整个计分系统的 H 值（Mount，2004）。

同时我们也可以用信息量（information content，IC）来评估矩阵。对于核苷酸 PSSM 的特定列，信息量与不确定性 H 值的关系如下：

$$IC = 2 - H \qquad (5.5)$$

整个 PSSM 的信息量（比特）为各列之和。式中，2 是针对核苷酸序列，针对氨基酸序列等用更大值（如 4.32），该值往往为 H 的理论最大值。

根据上式，我们知道计分矩阵的信息量越大，其不确定性或信息熵值越小。以图 5.5NBS 功能域为例，进行信息量计算（表 5.5）：各列氨基酸组成比例不同，其相应的信息量也相应发生变化，各列信息量合计构成该功能域总的信息量。

表 5.5　NBS 功能域每列位点氨基酸构成比例及其信息量　　　　单位：比特

氨基酸	#1	#2	#3	#4	#5	#6	#7	#8	#9
F	0.80	0.20	0.00	0.00	0.00	0.00	0.00	0.00	0.00
Y	0.20	0.80	0.00	0.00	0.00	0.00	0.00	0.00	0.00
L	0.00	0.00	0.20	0.20	0.40	0.00	0.00	0.00	0.00
I	0.00	0.00	0.40	0.00	0.40	0.00	0.00	0.20	0.00
V	0.00	0.00	0.40	0.80	0.00	0.00	0.00	0.80	0.00
M	0.00	0.00	0.00	0.00	0.20	0.00	0.00	0.00	0.00
D	0.00	0.00	0.00	0.00	0.00	1.00	1.00	0.00	0.00
W	0.00	0.00	0.00	0.00	0.00	0.00	0.00	0.00	1.00
其他	0.00	0.00	0.00	0.00	0.00	0.00	0.00	0.00	0.00
IC	3.59	3.59	2.80	3.59	2.80	4.32	4.32	3.59	4.32

注：以图 5.5 NBS 功能域的 Kinase2 基序为例，该功能域合计信息量（ΣIC）为 32.92

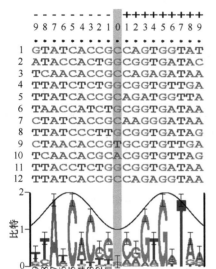

图 5.9　多序列联配结果的序列徽标举例
图中为 12 条 λ 噬菌体 *cI* 和 *cro* 蛋白结合位点序列
联配结果（上）和各位点信息量情况（下）

2. 序列徽标　序列徽标或标识（sequence logo）是一种描述功能域等保守性信息量的可视化图形方式，它将基序或保守区段每列的信息量大小通过氨基酸或碱基字母大小方式进行表示。序列徽标的纵坐标为信息量（比特），横坐标为各列依次出现的字母。该方法最早由 Schelder 和 Stephens（1990）提出。

如图 5.9 所示，λ 噬菌体 *cI* 和 *cro* 蛋白结合绑定位点在碱基水平上表现出保守性（图上部），特别是在其+5、+7 等位点仅观察到一种碱基。计算其不确定性，说明+5、+7 等位点 H 值为 0，其信息量 IC 为最大。反之，其他位点 H 值较大，则其信息量就偏低。

？ 习　题

1．简述渐进多序列联配算法（ClustalW 算法）。

2．什么是功能域和基序？

3．简述几种功能域的描述方式（序列模型）。

4．请构建多序列联配结果（功能域）的马尔可夫模型并简要说明。

5．说明 PSSM 等矩阵的熵（H）和信息量（IC）的概念。

历史与人物

基序、ClustalW 与杜立特

　　罗素·杜立特（Russell Doolittle）（1931～2019）是分子进化和生物信息学领域的先驱之一。1962 年获得哈佛大学生物化学专业博士学位，1964 年进入美国加州大学圣地亚哥分校（UCSD）生物化学系任教至今。1984 年当选美国科学院院士，获得 Paul Ehrlich 奖等奖项。翻开生物信息学科教科书，至少可以发现三项内容与他相关：一是蛋白质序列保守性的概念——基序（1981）；二是多序列渐进联配算法（1987）；三是开创了利用生物信息学数据库辅助分子生物学研究的模式（1983）。

　　20 世纪 60 年代早期，杜立特就开始利用计算机研究蛋白质序列，包括序列测定与分析。他着迷于所有的生命进化可由蛋白质序列来追溯的想法，试图说服 UCSD 计算机中心的教授开展该领域研究，但他们不

愿意学习分子生物学，于是他不得不自己学习计算科学，包括 FORTRAN 编程等。在两个儿子的帮助下，他开发了一些简单的序列联配程序。1978 年戴霍夫等建立的蛋白质序列资源数据库公开（共 1081 条蛋白质序列）。杜立特注意到该蛋白质序列数据集具有一定的偏向性，于是开始建立自己的数据库 Newat（New atlas）。他开始手工打字输入每条能收集到的新序列，并确定每条序列与数据库中已有序列的关系。基于此，他开始了蛋白质进化研究。

1981 年，他作为唯一作者在 *Science* 上发表长文 "Similar Amino Acid Sequences：Chance or Common Ancestry？"。第一次提出蛋白质序列相似性其实代表着序列的保守性，是由共同祖先序列存留下来的共有序列（即 motif）。这篇长达 10 页的论文包含大量序列分析。这篇文章中并没有使用 "motif" 一词，直到大约 10 年后，"motif" 一词才出现在杜立特的文章和其他生物信息学文献中。

1983 年，他同样在 *Science* 上报道了一个已知的猕猴病毒致癌相关基因（oncogene，v-sis）其实来自人类，编码一个人类血小板生长因子（PDGF）。这一发现使癌症生物学家感到震惊。杜立特能建立这两者的关系，得益于其建立的数据库和序列分析能力。经过序列分析，他发现猕猴病毒致癌基因序列与他的数据库里一条来自人类的 PDGF 基因序列高度相似，因此他深入分析发现了两者的关系。当时杜立特利用自己研发的启发式算法进行序列相似性比较。这个轰动发现和研究过程使分子生物学家惊醒：建立数据库和进行序列搜索是如此重要！分子生物学研究由此开启了生物信息学研究模式新时代。

杜立特很早就关注并开展多序列联配方法研究。1987 年提出了著名的渐进多序列联配算法（Feng and Doolittle，1987），后续还开发了软件 ProPack。但奇怪的是，该工具并没有流行起来。相反，同样利用该算法开发的 ClustalW 却流行起来，成为一个主流多序列联配工具。该工具由 EMBL 团队开发（Thompson et al.，1994）。来自爱尔兰一所大学的 Desmond Higgins 最先开发了 Clustal（Higgins and Sharp，1988），他后来进入 EMBL，与 EMBL 团队成员一起开发了 ClustalW。

杜立特始终不认为他是生物信息学家，在生物信息学领域仅仅是 "do little"。回顾过去，他调侃道，业余选手可能偶然完成一些专业的事。虽然他继续保持着对蛋白质进化的兴趣，但后来越来越多地回归了实验室工作。他说要给那些经过正规训练的生物信息学家们留出空间，让他们继续探索。

第6章 系统发生树构建

自 20 世纪中叶以来，随着分子生物学的不断发展，进化生物学也进入了分子水平，并建立了一套依赖于核酸、蛋白质序列变异的理论和方法，由此也开创了生物信息学新领域。如本书绪论所述，Pauling 等第一次（1962 年）将蛋白质序列变异用于分子进化研究，提出生物分子钟概念，标志着生物信息学学科的起始。系统发生是进化生物学的重要内容，构建系统发生树自然成为一个重要研究领域。目前建树方法主要基于 SNP 信息，这是由于群体个体间碱基突变进化机制已有完备的理论基础；基于序列短序列（字符串）构成进行系统发生推断是一种新探索。

本章思维导图

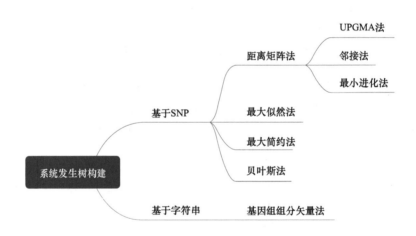

第一节 系统发生树概述

一、系统发生树的概念

将不同生物合理地分成不同的类群，使类群内个体的相似性明显高于类群间个体的相似性，进而可根据其间的差异将这些类群定义为不同的分类等级（科、属、种等）。进化生物学研究的重要任务之一就是阐明类群之间的亲缘关系，即系统发生（又称系统发育）重构（reconstruction of phylogenies）。构建系统发生过程有助于通过物种间隐含的种系关系，揭示进化的历史和机制。Nei 等已对构建系统发生过程进行了全面总结［见《分子进化与系统发育》（*Molecular Evolution and Phylogenetics*）一书］，本章仅简要介绍相关方法。

不同生物表型（phenotype）和基因型（genotype）数据有明显差异。Sneath 和 Sokal（1973）将表型性关系定义为根据物种一组表型性状所获得的相似性，而遗传性关系则含有祖先的遗传信息。这两种关系均可用系统发生树（phylogenetic tree）来表示。Nei（1987）指出，如果表型相似性的尺度意味着进化上的相似性程度，则有关表型的方法就可以提供遗传上的判断。系统发生树（简称系统树）分为有根（rooted）树和无根（unrooted）树两种（图 6.1 给出 4 个物种的有根树和无根树形式）。有根树反映了树上分类单元（如物种）或基因的时间

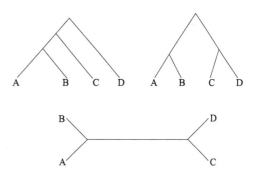

图 6.1　4 个物种（A～D）的 2 种有根树（上）和 1 种无根树（下）形式

顺序；而无根树只反映分类单元之间的距离而不涉及"谁是谁"的祖先问题。通常用 Newick 格式来对系统树进行文本表示，有根树的文本表示是唯一的；而无根树可以通过指定不同树根位置进行文本表示，因此其文本表示也就不是唯一的。

用于构建系统树的数据有两种类型：一是特征数据（character data），它提供了基因、个体、群体或物种的特征信息；二是距离数据（distance data）或相似性数据（similarity data），利用基因、个体、群体或物种两两之间的差异信息。距离数据可由特征数据计算获得，但反过来则不行。这些数据可以用矩阵的形式表达。距离矩阵（distance matrix）是在计算得到的距离数据基础上获得的，距离的计算总体上是要依据一定的遗传模型，并能够表示出两个分类单位间的变化量。系统树的构建质量依赖于距离估算的准确性。

1. 系统发生树构建方法　　系统发生树的构建并非易事。随着用于构建发生树的个体［或称为实用分类单元（operational taxonomic unit，OTU）］数量的增加，可能的树形数量将以 2^S 数量级增加（S＝OTU 数量）。当 OTU 数量为 5 时，可能的有根树和无根树树形分别为 105 和 15 个；OTU 数量为 10 时，可能的树形分别为 34 459 425 和 2 027 025 个；而当 OTU 数量增加到 20 时，可能的树形分别约为 8.20×10^{21} 和 2.22×10^{20} 个。如果考虑树的枝长（进化距离），问题将变得更加复杂。同时，在实际研究中 OTU 数量往往不止 20 个，这就使可能的树形数量非常巨大。

系统发生树的构建主要有以下几种方法：距离矩阵法、最大简约法、最大似然法和贝叶斯法。①距离矩阵（distance matrix）法是根据每对物种之间的距离进行计算，其计算一般很直接，所生成的树质量取决于距离尺度的质量，距离通常取决于遗传模型。②最大简约（maximum parsimony，MP）法较少涉及遗传假设，它通过寻求物种间最小的变更数来完成。由于该方法基于数据测算所有树形的可能性，所以计算量很大。③对模型的巨大依赖性是最大似然（maximum likelihood，ML）法的特征，该方法计算复杂，但为统计推断提供了良好基础。该方法特别适用于那些序列间差异非常明显的进化分析，同时它可以利用不同进化模型构建最佳系统发生树。④贝叶斯法和最大似然法一样，可利用不同进化模型，有坚实的统计学基础。距离矩阵法、最大似然法和贝叶斯法都适用于大群体数据的建树，已开发出了相应软件工具（如 RAxML、FastTree 和 MrBayes）。距离矩阵法、最大简约法和最大似然法在实际分析中的适用性总结如图 6.2 所示。

2. 树形统计测验　　在如此众多的有根树和无根树树形中，如何确定最佳树形或最优树形？或当构建了一个系统发生树后，有多大把握认为它的结构反映了真实的进化关系呢？

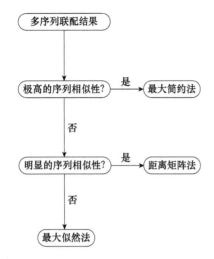

图 6.2 距离矩阵法、最大简约法和最大似然法的建树方法适用性

这就涉及系统树的稳健性和可靠性问题。由于系统树具有复杂的结构，所以很难将传统构建置信区间及进化统计显著性假设检验方法照搬过来，往往采取再抽样统计检验。

统计学教材介绍再抽样方法时，常用这样一个例子：坛子里装有大量颜色不同但质地手感相同的小球，要求用再抽样的方法估计坛子中各种颜色小球的比例。抽样检验的步骤如下：①摇晃罐子使其中小球分布均匀（随机化）；②闭眼从坛子里抽取100 个小球（随机采样）；③清点并记录刚才取出的各种颜色小球的数目；④把刚才采样取出的小球全部放回坛子里；⑤继续从第一步开始操作。上述操作共循环 1000 次以上。对记录下来的数字求平均值和相对比例，最终得出坛中各色小球分布的估计。由于第④步要求把取出的小球送回坛子里去，这一方法被称为"自举法"（bootstrap）。如果把第④步改成"把采样取出的小球均扔掉"，那相应的方法称为"刀切法"（jackknife）。如果坛子中的小球总数不够多（采样空间有限），人们就只能"自举"，不敢"刀切"。这也是文献中"自举法"比"刀切法"法常见的缘由。

自举法是推断进化树可靠性的常用方法——当序列长度为 m 时，把序列的位点都重排，进行 m 次有放回的抽样，然后将这些抽样得到的新的 m 列数据，重新使用相同的方法构建得到树，并重复一定次数（如 1000 次）。对于各种树形中可靠的分枝，必定有大量重排数据支持这一分枝，如 95% 甚至更高比例的支持率。自举法通常需要较大的计算量，特别是对于似然法建树。另外，也有其他的统计测验方法，例如，Kishino 与 Hasegawa 提出的一种基于似然度比较两个候选进化树的 KH 近似检验方法，以及 Shimodaira 与 Hasegawa 提出的 SH 检验。

3. 主要建树软件 目前构建系统发生树的算法及其软件很多。表 6.1 列出了几种常用的软件，其中以 MEGA 最为流行。MEGA 软件包含 Windows、Unix 和 Mac 等多个操作系统下的软件包，当用户需要构建进化树时，只需将原始序列输入至 MEGA 界面，选择特定的联配方法（如 ClustalW、MUSCLE）进行联配即可，同时用户也可直接输入已经联配好的序列进行建树。MEGA 软件提供了多种建树方法，包括最大似然法、最大简约法、距离矩阵法，可以选择bootstrap 法测验，每个方法也提供了不同进化模型供选择使用。

表 6.1 分子进化与系统发生主要分析软件

软件名称	方法	网址	说明
MEGA	距离矩阵法、最大简约法、最大似然法	www.megasoftware.net/	美国宾夕法尼亚州立大学 Masatoshi Nei 开发的分子进化遗传学软件
Phylip	距离矩阵法、最大简约法、最大似然法	http://evolution.genetics.washington.edu/phylip.html	美国华盛顿大学 Felsenstein 开发，可免费下载，适用于绝大多数操作系统
PAML	最大似然法	http://abacus.gene.ucl.ac.uk/software/paml.html	英国 University College London 杨子恒开发，采用最大似然法构树和分子进化模型

续表

软件名称	方法	网址	说明
PAUP	距离矩阵法、最大简约法、最大似然法	https://paup.phylosolutions.com/	国际上通用的系统树构建软件之一，美国佛罗里达大学 David Swofford 开发
RAxML	最大似然法	https://cme.h-its.org/exelixis/web/software/raxml/index.html	德国海德堡理论研究所 Alexandros Stamatakis 开发，大量数据的最大似然法建树常用方法
FastTree	最大似然法	www.microbesonline.org/fasttree	劳伦斯伯克利国家实验室 Morgan Price 研发，适用于大量数据的快速建树
MrBayes	贝叶斯法	http://mrbayes.sourceforge.net/	最常见的贝叶斯法建树工具

二、遗传模型

当我们说两条序列为同源序列（homologous sequence）时，意味着它们有共同的祖先。同源序列的来源主要通过物种分化、基因和基因组片段水平倍增等机制产生。同源基因包括两种类型：旁系同源（paralogous）和直系同源（orthologous）基因（图 6.3），其中旁系同源基因由物种内的基因倍增而来；而直系同源基因是指物种分化后出现在不同物种中的同源基因。

个体发生碱基变异后，新基因型可能在群体内扩散。对环境适应性具有优势的变异，在自然选择下，新基因型比例会明显上升，甚至

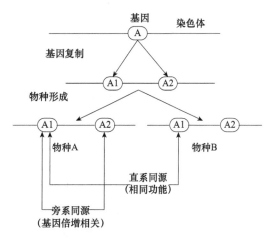

图 6.3　旁系同源基因和直系同源基因的产生机制

在群体内固定下来。因此，在群体水平上，在直系同源基因上可以发现大量单碱基变异，称为单核苷酸多态性（SNP）。根据变异基因型的频率高低，可以把 SNP 分为常见（common）和罕见（rare，如<5%）两种。当然除了碱基变异之外，序列还会在进化过程中发生碱基的插删，即插入与删除（Indel）。例如，测定一段来自栽培稻（*Oryza sativa*）两个亚种（*indica/japonica*）及其祖先野生种（*O. rufipogon* 和 *O. nivara*）的基因片段，会发现不少碱基变异情况，如 SNP 和 Indel 等（图 6.4）。分子进化研究中，由于碱基变异遗传模型等研究比较清楚，

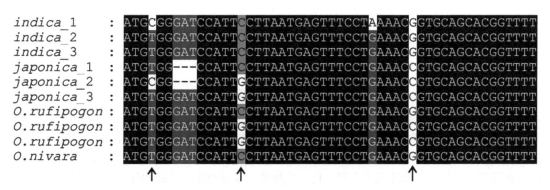

图 6.4　水稻及其祖先野生种碱基变异情况
其中 3 个位点被定义为 SNP 位点（箭头处），一个位点发生插删

目前主要用 SNP 数据构建系统发生树。

遗传模型在系统树构建中非常重要，因为距离计算等建树过程必须在一定的遗传假设下才可能进行。目前主要的遗传进化模型包括 Jukes-Cantor 模型、Kimura 模型、Felsenstein 模型和 Hasegawa-Kishino-Yano（HKY）模型。下文主要介绍在 DNA 序列距离计算中最为常用的两个遗传模型：Jukes-Cantor 模型和 Kimura 模型。

在分子进化研究中往往假设序列是同源的，它们具有单一祖先序列，且这一祖先序列在进化过程中发生了一系列的核苷酸突变（图 6.5）。在该假设基础上，Jukes 和 Cantor（1969）进一步假设每种碱基具有同等概率突变为另外三种碱基，其频率常数为 $\mu/3$（μ 为碱基替换频率）。因此，Jukes-Cantor 模

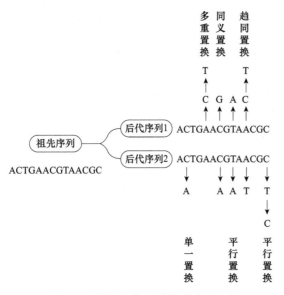

图 6.5　同源序列间的核苷酸变异机制

型通常也被称为单参数进化模型。Kimura（1980）考虑到转换（transition，两种嘧啶或两种嘌呤碱基之间的突变）和颠换（transversion，一个嘧啶和一个嘌呤碱基之间的突变）具有不同的发生频率（α 和 β），提出了一种新模型，该模型由于考虑到了转换率和颠换率的不同，通常称为两参数进化模型。表 6.2 简要说明了以上两种遗传模型。

表 6.2　Jukes-Cantor 模型（对角线上）和 Kimura 模型（对角线下）

碱基	A	T	G	C
A	—	α	α	α
T	β	—	α	α
G	α	β	—	α
C	β	α	β	—

注：α、β 分别为两种碱基间两个不同的置换频率

根据以上遗传模型，Jukes 和 Cantor（1969）提出了 DNA 序列距离（K）计算公式：

$$K=\frac{3}{4}\ln(\frac{4}{4q-1})\approx 2\mu t \tag{6.1}$$

式中，q 为同源 DNA 序列中具有相同碱基的概率，经过 t 世代，由于祖先序列的趋异变化，其值为

$$q_t=\frac{1}{4}+\frac{3}{4}(1-\frac{8\mu}{3})^t \tag{6.2}$$

式中，μ 为碱基替换频率。

距离 K 适用于两条序列从一个祖先序列进化而来的时间估计，并可用于序列间系统发生树的构建。在计算时，均首先需要进行序列联配分析。Kimura 在其两参数进化模型下证实，由于趋异变化，随时间由转换（Ⅰ型变化）或颠换（Ⅱ型变化）造成的碱基替换率为

$$P_{\mathrm{I}}=\frac{1}{4}[1-2e^{-4(\alpha+\beta)t}+e^{-8\beta t}] \tag{6.3}$$

$$P_{\mathrm{II}} = \frac{1}{4}(1 - e^{-8\beta t}) \tag{6.4}$$

如果 $k = \alpha + 2\beta$ 是单位时间碱基替换的总频率，则适合作为系统发生树的距离尺度为

$$K = -\frac{1}{2}\ln[(1 - 2P_{\mathrm{I}} - P_{\mathrm{II}})\sqrt{1 - 2P_{\mathrm{II}}}] \approx 2kt \tag{6.5}$$

以兔和鸡的 β-球蛋白序列为例（GenBank 记录号分别为 J00860 和 J00659），计算上述距离。序列长度为 438bp，有 58 个 I 型变化、63 个 II 型变化。因此，$P_{\mathrm{I}} = 0.132$，$P_{\mathrm{II}} = 0.144$，Kimura 距离为 0.351。这与只根据相同碱基比例（$q = 0.724$）所得 Jukes-Cantor 距离（0.345）差异不大。

DNA 序列距离 K 又可称为 DNA 序列间的分歧度（sequence divergence），即衡量序列间相异性的一个指标。由于密码子的简并性，碱基变异不导致氨基酸的变异，这种情况称为同义突变（synonymous mutation），而导致氨基酸变异的突变则为非同义突变（non-synonymous mutation），因此蛋白质序列的分歧度可分为两序列同义变化的分歧度（K_{S}）和非同义变化的分歧度（K_{A}）。根据 Jukes-Cantor 模型和 Kimura 模型等遗传模型，可以分别计算得到两序列的分歧度（或称为蛋白质序列间的距离）。

Felsenstein（1981）模型是 Jukes-Cantor 模型的一种推广模型。该模型满足稳态概率分布 $q_{\mathrm{A}} + q_{\mathrm{G}} + q_{\mathrm{C}} + q_{\mathrm{T}} = 1$，当取 $q_{\mathrm{A}} = q_{\mathrm{G}} = q_{\mathrm{C}} = q_{\mathrm{T}} = 1/4$ 时，该模型即简化为 Jukes-Cantor 模型。Hasegawa 等于 1985 年提出的 HKY 模型则是对 Felsenstein 模型的进一步推广（类似于 Kimura 模型是对 Jukes-Cantor 模型的推广），即对碱基转换和颠换突变进行了区分。除此之外的核苷酸替代模型还有许多，包括 1986 年 Tavaré 提出的 GTR（generalised time-reversible）模型，以及 1992 年 Tamura 和 1993 年 Tamura 与 Nei 提出的模型等。

第二节　距　离　法

系统发生树可建立在遗传距离矩阵的基础上。这里的遗传距离为所有成对实用分类单位（OTU）之间的距离。对于 t 个 OTU，每一对之间的距离矩阵列于表 6.3。可借助于聚类分析利用这些距离对 OTU 进行表型意义分类，聚类过程可以看作是鉴别具有相近 OTU 类群的过程。

表 6.3　实用分类单位间的距离矩阵

OTU	#1	#2	#3	⋯	#t
#1	—	d_{12}	d_{13}	⋯	d_{1t}
#2	d_{21}	—	d_{23}	⋯	d_{2t}
#3	d_{31}	d_{32}	—	⋯	d_{3t}
⋯	⋯	⋯	⋯	⋯	⋯
#t	d_{t1}	d_{t2}	d_{t3}	⋯	—

距离法包括 4 种主要方法：UPGMA 法、Fitch-Margoliash 法、邻接法和最小进化法。

一、UPGMA 法

UPGMA 法（unweighted pair-group method using an arithmetic average，应用算术平均数的

非加权成组配对法，简称非加权平均连接聚类法）是早期应用最广泛的一种聚类方法。该法将类间距离定义为两个类内成员所有成对距离的平均值。

作为实例，我们考虑图 6.6 所列的 5 条来自人类等生物的线粒体 DNA 序列数据。每对序列间的 Jukes-Cantor 距离取决于每对序列间核苷酸替换率。根据距离 K 估计，5 条线粒体 DNA 序列的差异和距离列于表 6.4。

图 6.6　5 条生物线粒体 DNA 序列

表 6.4　5 条线粒体序列的差异核苷酸数（对角线下）和 Jukes-Cantor 距离（对角线上）

生物	人类（hu）	黑猩猩（ch）	大猩猩（go）	猩猩（or）	长臂猿（gi）
人类（hu）	—	0.015	0.045	0.143	0.198
黑猩猩（ch）	1	—	0.030	0.126	0.179
大猩猩（go）	3	2	—	0.092	0.179
猩猩（or）	9	8	6	—	0.179
长臂猿（gi）	12	11	11	11	—

5 条线粒体 DNA 序列中，人类与黑猩猩之间的距离最近（0.015），首先将它们合并为一个 OTU 新类（hu-ch）。然后计算这个新类与其他序列之间的距离，即其他序列到新类中各成员间的平均距离：

$$d_{(\text{hu-ch}),\ \text{go}} = \frac{1}{2}(d_{\text{hu, go}} + d_{\text{ch, go}}) = 0.037$$

$$d_{(\text{hu-ch}),\ \text{or}} = \frac{1}{2}(d_{\text{hu, or}} + d_{\text{ch, or}}) = 0.135$$

$$d_{(\text{hu-ch}),\ \text{gi}} = \frac{1}{2}(d_{\text{hu, gi}} + d_{\text{ch, gi}}) = 0.189$$

因此，表 6.4 距离矩阵可更新为表 6.5。

表 6.5　更新后的距离矩阵

生物	hu-ch	go	or	gi
hu-ch	—	0.037	0.135	0.189
go	—	—	0.092	0.179
or	—	—	—	0.179
gi	—	—	—	—

该表中人类-黑猩猩（hu-ch）与大猩猩（go）之间的距离最小。将它们再合并为一个新类（hu-ch-go），新距离为

$$d_{(\text{hu-ch-go}),\,\text{or}} = \frac{1}{3}(d_{\text{hu, or}} + d_{\text{ch, or}} + d_{\text{go, or}}) = 0.121$$

$$d_{(\text{hu-ch-go}),\,\text{gi}} = \frac{1}{3}(d_{\text{hu, gi}} + d_{\text{ch, gi}} + d_{\text{go, gi}}) = 0.185$$

距离矩阵进一步更新为表 6.6。

表 6.6　进一步更新后的距离矩阵

生物	hu-ch-go	or	gi
hu-ch-go	—	0.121	0.185
or	—	—	0.179
gi	—	—	—

现在人类-黑猩猩-大猩猩（hu-ch-go）和猩猩（or）之间的距离最小，再将其并为一新类（hu-ch-go-or）。从该四合体到猩猩序列的距离为

$$d_{(\text{hu-ch-go-or}),\,\text{gi}} = \frac{1}{4}(d_{\text{hu, gi}} + d_{\text{ch, gi}} + d_{\text{go, gi}} + d_{\text{or, gi}}) = 0.183$$

上述聚类结果可表示为图 6.7 所示的树状图。在构建树状图时，分枝点安置在两个序列或类距离的中值点，成对序列间的距离为分枝长度之和。

UPGMA 方法广泛用于距离矩阵。Nei 等（1983）模拟了构建树的不同方法，发现当沿树上所有分枝的突变率相同时，UPGMA 法一般能够得到较好的结果。当各分枝突变率相等时，认为分子钟在起作用。因此，有关突变率相等（或几乎相等）的假设对于 UPGMA 的应用是重要的，这在使用 UPGMA 时必须注意。另一些模拟研究已证实，当各分枝的突变率不相等时，该方法的结果不尽如人意。

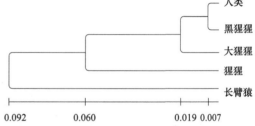

图 6.7　非加权平均连接聚类法（UPGMA）系统树

二、Fitch-Margoliash 法

UPGMA 法包含如下假定：沿着树的所有分枝突变率为常数。Fitch 和 Margoliash（1967）发展的方法去除了这一假定。该法的应用过程包括插入"丧失的"OTU 作为后面 OTU 的共同祖先，并每次使分枝长度拟合于三个 OTU 组。下文同样用图 6.6 的线粒体 DNA 数据来说明 Fitch-Margoliash 法。

将 OTU 分为三组：距离最近的一对为 A＝人类（hu）和 B＝黑猩猩（ch），剩下 X＝［大猩猩（go），猩猩（or），长臂猿（gi）］。引入树节 C 作为 A 和 B 的直接祖先。设从 C 到 A、B 的长度为 a、b，从 C 到 X 的为 x（图 6.8）。A、B、C 之间的三个成对距离提供了可解三个未知数的三个方程：

$$\begin{cases} a+x = d_{AX} = \dfrac{1}{3}(0.045+0.143+0.198) = 0.129 \\[2mm] b+x = d_{BX} = \dfrac{1}{3}(0.030+0.126+0.179) = 0.112 \\[2mm] a+b = d_{AB} = 0.015 \end{cases}$$

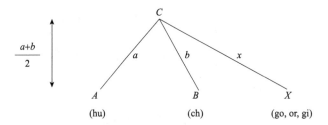

图 6.8　将 Fitch-Margoliash 法应用于图 6.6 线粒体序列分析的初始步骤

第一个方程采用了从 A 到 X 的每一成员的平均距离。解以上三个方程得：$a=0.016$，$b=-0.001$。为了方便起见，负的值定为 0，因此 $b=0$。a、b 的平均值为树节 C 的高度，该值为 0.008。

用 C 代替 A、B 作为新节点，按 UPGMA 所采用的方式再计算距离值，得到下一个最近的一对节点为 C 和 D（$=$go）。引入树节 E 作为 C 和 D 的直接祖先。如图 6.9 所示，节点 C^* 和 E、D 和 E、X 和 E 的分枝长度分别为 c、d 和 x。现在 X 只包含猩猩（or）和长臂猿（gi）。要解的三个方程为

$$\begin{cases} c+d=d_{C^*D}=\dfrac{1}{2}(0.045+0.030)\ =0.038 \\[2mm] c+x=d_{C^*X}=d_{(AB)\,X}=\dfrac{1}{4}(0.143+0.198+0.126+0.179)\ =0.162 \\[2mm] d+x=d_{DX}=\dfrac{1}{2}(0.092+0.179)\ =0.136 \end{cases}$$

因此，$c=0.032$，$d=0.006$。

节点 E 的高度为（$c+d$）$/2=0.019$。由于 c 度量了 C 到 E，以及从 A 和 B 到 C 的平均距离，所以 c 减去树节 C 的高度就得到 C 到 E 之间的分枝长度 c'，计算得 $c'=0.032-0.008=0.024$。

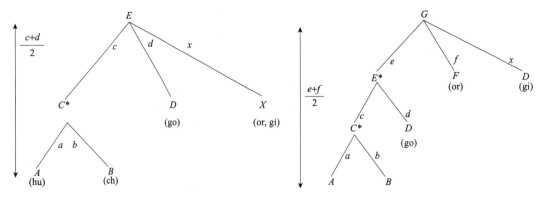

图 6.9　将 Fitch-Margoliash 法应用于图 6.6 线粒体序列分析的中间步骤

随着 OTU 简缩到 E、猩猩（or）和长臂猿（gi）。距离最近的一对就是 E 和 F（$=$or）了。引入 G 作为直接祖先，余下的 $X=$gi。得到分枝长度所要解的方程为

$$\begin{cases} e+f=d_{E^*F}=\dfrac{1}{3}(0.143+0.126+0.092)=0.120 \\ e+x=d_{E^*X}=\dfrac{1}{3}(0.198+0.179+0.179)=0.185 \\ f+x=d_{FX}=0.179 \end{cases}$$

因此，$e = 0.063$，$f = 0.057$。

节点 G 的高度为（$e+f$）/2 = 0.060，从 E 到 G 的分枝长度 e' 为 e 与 E 的高度之差，即 $0.063-0.019 = 0.044$。

Fitch-Margoliash 法计算过程可以到此为止，图 6.10 给出了其无根系统树。

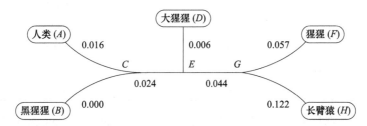

图 6.10　图 6.6 所列线粒体序列的 Fitch-Margoliash 无根系统树

如果不假定沿所有分枝具有相同的变更率，则由 Fitch-Margoliash 算法只能得到无根系统树。如果设置树根 I，并假定从 I 到现在所有序列的两个分枝具有相等的变更率，因而从 G 到 I 的距离 g 与从 H 到 I 的距离 h 是相等的，则有根树就可以采用与 UPGMA 提供的相同拓扑方法来获得。由于

$$g+h=d_{G^*H}=\frac{1}{4}(0.198+0.179+0.179+0.179)=0.184$$

所以 $g = h = 0.092$，且从 G 到 I 的距离 g' 为 g 减去 G 的高度，即 0.032。将所有这些分枝长度一起考虑便得到图 6.11 所示有根系统树。

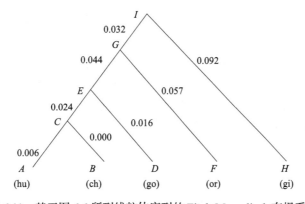

图 6.11　基于图 6.6 所列线粒体序列的 Fitch-Margoliash 有根系统树

Fitch-Margoliash 法给出的拓扑结构有可能不正确。Fitch 和 Margoliash（1967）提出可以采用"百分标准差"的一种拟合优度来比较不同的系统树，最佳系统树应具有最小的百分标准差。设 d_{ij} 为 n 个 OTU 中 i 和 j 的观测距离（即 Jukes-Cantor 距离），e_{ij} 为 i 和 j 之间分枝长度

之和，则百分标准差（s）的计算公式为

$$s=\left\{\frac{\sum\left[(d_{ij}-e_{ij})/d_{ij}\right]^2}{n(n-1)}\right\}^{\frac{1}{2}}\times100 \qquad (6.6)$$

考虑到可加性的假定，任意两个节点之间的距离，就是它们之间分枝长度之和。对于图6.10的系统树，观测距离和分枝长度列于表6.7，其百分标准差为1.94。通过调整适合系统树的分枝长度来降低 s 是可能的。

表6.7　5条线粒体序列的观测距离（对角线上）和采用 Fitch-Margoliash 法计算所得距离（对角线下）

生物	人类	黑猩猩	大猩猩	猩猩	长臂猿
人类	—	0.015	0.045	0.143	0.198
黑猩猩	0.016	—	0.030	0.126	0.179
大猩猩	0.046	0.030	—	0.092	0.179
猩猩	0.141	0.125	0.107	—	0.179
长臂猿	0.208	0.192	0.174	0.181	—

根据百分标准差选择系统树，其最佳系统树可能与由 Fitch-Margoliash 法所得的不相同。当存在分子钟时，可以预期这一标准差的应用将给出类似于 UPGMA 方法的结果。如果不存在分子钟，在不同的世系（分枝）中的变更率是不同的，则 Fitch-Margoliash 标准就会比 UPGMA 好得多。

通过选择不同的 OTU 作为初始配对单位，就可以选择其他的系统树进行考查。具有最低百分标准差的系统树即被认为是最佳的，并且这个标准是建立在应用 Fitch-Margoliash 法的基础上的。例如，首先将人类和大猩猩分为一类，然后依次将黑猩猩、猩猩和长臂猿增加进去。但是，在这种情况下，第二个内部节点 E 的高度低于第一个内部节点 C，观测距离和计算距离之间的适合度就不如第一种情形那么好。

三、邻接法

邻接法（neighbor-joining method，NJ 法）由 Saitou 和 Nei（1987）提出。与 UPGMA 方法类似，该方法通过确定距离最近（或相邻）的成对分类单位来使系统树的总距离达到最小。相邻是指两个分类单位在某一无根分叉树中仅通过一个节点（node）相连。如图6.6所示，人与黑猩猩是相邻的，人与大猩猩则不是；如果人与黑猩猩组成一个新类，则该新类与大猩猩又成为相邻。总之，通过循序地将相邻点合并成新的点，就可以建立一个相应的拓扑树。邻接法与 UPGMA 方法的不同之处，是其确定距离的方法不一样。邻接法的一般步骤如下。

1）计算第 i 终端节点（即分类单位 i）的净分歧度（r_i）：

$$r_i=\sum_{k=1}^{N}d_{ik} \qquad (6.7)$$

式中，N 为终端节点数，d_{ik} 为节点 i 和节点 k 之间的距离，$d_{ik}=d_{ki}$。

2）计算并确定最小速率校正距离（rate-corrected distance，M_{ij}）：

$$M_{ij}=d_{ij}-\frac{r_i+r_j}{N-2} \qquad (6.8)$$

3）定义一个新节点 u，节点 u 由节点 i 和 j 组合而成。节点 u 与节点 i 和 j 的距离分别为

$$s_{iu}=\frac{d_{ij}}{2}+\frac{r_i-r_j}{2(N-2)} \qquad (6.9)$$

$$s_{ju}=d_{ij}-s_{iu} \qquad (6.10)$$

节点 u 与系统树其他节点 k 的距离为

$$d_{ku}=\frac{d_{ik}+d_{jk}-d_{ij}}{2} \qquad (6.11)$$

4）从距离矩阵中删除列节点 i 和 j 的距离，N 值（总节点数）减去 1。

5）如果尚余两个以上终端节点，返回到步骤 1）继续计算，直至系统树完全建成。

以上每一步可以产生一个中间节点，最终画出系统发生树。下文以图 6.6 线粒体序列为例，说明以上计算过程。表 6.8 列出了各步计算的结果。第一步，猩猩（or）和长臂猿（gi）之间的 M_{ij} 值最小，则它们用节点 1 取代，进入第二步，则新节点（节点 1）到这两个节点的距离分别为

$$d_{\text{or},\text{节点1}}=\frac{1}{2}d_{\text{or},\text{gi}}+\frac{r_{\text{or}}-r_{\text{gi}}}{6}=0.057$$

$$d_{\text{gi},\text{节点1}}=d_{\text{or},\text{gi}}-d_{\text{or},\text{节点1}}=0.122$$

节点 1 到其他各节点的距离见表 6.8 第二步矩阵。在该矩阵中，人类（hu）和黑猩猩（ch）的 M_{ij} 值最小，则它们又形成一个新节点（节点 2）……依次类推，便可最终完成矩阵的计算和无根系统发生树的构建（图 6.12）。

表 6.8　邻接法计算图 6.6 线粒体序列的距离 d_{ij}（对角线上）和 M_{ij}（对角线下）

			hu	ch	go	or	gi	净分歧度
			$j=1$	$j=2$	$j=3$	$j=4$	$j=5$	r_i
第一步	hu	$i=1$	0.000	0.015	0.045	0.143	0.198	0.401
	ch	$i=2$	−0.235	0.000	0.030	0.126	0.179	0.350
	go	$i=3$	−0.204	−0.202	0.000	0.092	0.179	0.346
	or	$i=4$	−0.171	−0.171	−0.203	0.000	0.179	0.540
	gi	$i=5$	−0.181	−0.183	−0.181	−0.246	0.000	0.735
			hu	ch	go	节点 1	净分歧度	
			$j=1$	$j=2$	$j=3$	$j=4$	r_i	
第二步	hu	$i=1$	0.000	0.015	0.045	0.081	0.141	
	ch	$i=2$	−0.110	0.000	0.030	0.063	0.108	
	go	$i=3$	−0.086	−0.084	0.000	0.046	0.121	
	节点 1	$i=4$	−0.085	−0.086	−0.110	0.000	0.190	
			go	节点 1	节点 2	净分歧度		
			$j=1$	$j=2$	$j=3$	r_i		
第三步	go	$i=1$	0.000	0.046	0.030	0.076		
	节点 1	$i=2$	−0.141	0.000	0.065	0.111		
	节点 2	$i=3$	−0.141	−0.141	0.000	0.095		

续表

第四步			go	节点3
			$j=1$	$j=2$
	go	$i=1$	0.000	0.005
	节点3	$i=2$	—	0.000

注: hu、ch、go、or 和 gi 分别代表人、黑猩猩、大猩猩、猩猩和长臂猿

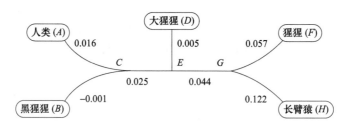

图 6.12　利用邻接法构建的 5 条线粒体序列无根系统发生树

四、最小进化法

最小进化（minimum evolution, ME）法是由 Edwards 和 Cavalli-Sforza（1963, 1967）提出，后经过 Rzhetsky 和 Nei（1992, 1993）等人改进。该方法是一种全局优化思路，即在所有可能树的拓扑结构中，选择分枝长度之和 S 最小的树作为最优树。ME 法的理论基础是 Rzhetsky 和 Nei（1993）的数学证明：当距离使用无偏估计时，无论序列数（m）为多少，对于树的真实拓扑结构的分枝长度之和，其期望值最小。

分枝长度的估计可使用 Fitch-Margoliash 法、最小二乘法等。Rzhetsky 和 Nei（1992）给出了一种快速算法：分类群两两间的距离、抽样误差和分枝长度分别构成列矢量 d、ε、L，用矩阵 A 代表树的拓扑结构矩阵，行对应于分类群的两两配对，列对应于分枝序数：连接分类群 i、j 间的路径包含第 k 个分枝时，矩阵元素 $a_{(ij)k}$ 为 1，否则为 0，有

$$d = AL + \varepsilon$$

抽样误差服从平均值 0 和方差 $V(d_{ij})$ 分布，令 $T = (A^T A)^{-1} A^T$，向量 T 的第 i 行为矢量 T_i，则第 i 个分枝长度（$\hat{L}_i$）的估计为

$$\hat{L}_i = T_i d$$

比较所有分枝长度估计之和 S，值最小的为最优树，或对任意两个树 A、B 分枝累计长度之差（$S_B - S_A$）进行零假设检验：若差值大于零，则 A 比 B 优越；若差值小于 0，则 B 比 A 优越；差值等于 0 时不能判断 A、B 树的好坏。对所有的树两两对比，最终获得最优树（李涛等，2004）。

ME 法要求检验所有可能的拓扑结构，然后找出具有最小 S 值的树，因此相较于 NJ 法建树要耗时许多。Rzhetsky 和 Nei（1992, 1993）建议首先利用邻接法建树，然后对一系列与此 NJ 树相近的拓扑结构进行检验，以找到一个 S 值最小的树（此树为暂定 ME 树）。新的一系列与此暂定的 ME 树相近的拓扑结构再次被检验（除去已被检验过的部分），以找到 S 值更小的树。此过程一直持续到没有 S 值更小的树被发现，具有最小 S 值的树即为最终的 ME 树。上述方法的理论基础是：当 m 值相对较小时，ME 树和 NJ 树通常很相似，甚至相同；当 m 值较大

时，NJ 树即可作为起始树（黄原，2012）。利用 ME 法对图 6.6 的 5 条序列进行进化树构建，获得的 ME 树和利用 NJ 法构建的树是相同的（图 6.12）。

还有一种选择最终 ME 树的方式——近邻交换算法：先获得与暂定 ME 树分割拓扑距离（partition topologic distance）$d_T = 2$ 和 $d_T = 4$ 的不同拓扑结构，然后找 S 值更小的拓扑结构。这一过程重复多次，免去所有已被检验的部分，即可得 ME 树或其相近的树。MEGA 软件中的 ME 法即利用该种算法（Kumar et al.，2004）。

第三节　最大似然法

一、DNA 序列的似然模型

似然法试图避免其他方法构建系统发生树的局限性，尽管它需要的计算量大得惊人。与距离矩阵法不同，似然法试图充分和有效地利用所有数据，而不是将数据简缩为距离的集合。它们与简约法的不同之处在于，其进化概率模型采用了标准的统计方法。

当实施最大似然法时，该方法先假定系统发生树的结构，然后选择分枝长度，以使产生特定系统树的数据似然值最大化。通过比较不同系统树的似然函数值，将具有最大似然值的系统发生树看作最佳估计。一个直接的问题是随着 OTU 的增加，系统树的数目迅速增加。当树端具有 n 个 OTU 时，无根分歧树（在每一内部树节上连接着两个分枝的树）的数目为 $(2n-5)! / [(n-3)! \ 2^{n-3}]$。当 $n = 3$、4、6、8 和 10 时，该数分别为 1、3、105、10 395 和 2 027 025。具有 n 个树端的有根树数目与具有 $n+1$ 个树端的无根树数目相同。实际应用时，只能测验所有系统树的一个亚集。

对于 DNA 序列数据，似然法依据的模型规定了在特定时间内由于突变使一条序列变更为另一条序列的概率。尽管 DNA 序列中的毗邻碱基不是独立的，但模型的确假定了不同位点上进化的独立性，从而某系统树上一组序列的概率就是序列上每一位点概率的乘积。在任何单一位点，在经过时间 T 后，碱基 i 将变更为碱基 j 的概率为 $P_{ij}(T)$。对于碱基 A、C、G、T，下标 i 和 j 的值分别为 1、2、3、4。

最简单的碱基替换突变模型假定突变率为常数。当碱基突变时，它以常数 π_i 的突变率变更为 i 型碱基。这包括了一个碱基突变为与之相同的类型，尽管这种类型的替代是观察不到的。当单位时间（世代）的碱基替换率为 u 时，经过 T 世代后某一位点不发生突变的概率为 $(1-u)^T$，因此发生突变的概率（P）为

$$P = 1 - (1-u)^T \approx 1 - e^{uT} \tag{6.12}$$

经过时间 T 后由碱基 i 变更为碱基 j 的概率可写为

$$P_{ii}(T) = (1-P) + P\pi_i$$
$$P_{ij}(T) = P\pi_j \qquad (j \neq i) \tag{6.13}$$

当设定所有 π_i 均为 1/4 时，这就是 Jukes-Cantor 突变模型，但有关突变率的解释略有不同，本模型中突变率 u 是对所有碱基替换而言，且 u 等于 4/3 乘以 Jukes-Cantor 模型中的可检测替换率 μ。

上述概率只涉及突变率和时间的乘积，采用这里讨论的方法无法对两者作分别估计。因此，我们只讨论乘积 $v = uT$，即沿系统树分枝碱基替换的期望数。如果树的所有分枝以相同的速率发生碱基替换，则分枝长度将显示出树上每对树节间的相对时间。

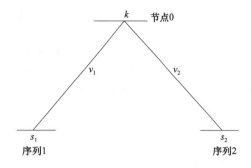

图 6.13   两条序列的有根树状图

在 j 位点，两条序列具有碱基 s_1 和 s_2，相应节点具有碱基 k

在这里所描述的一个参数突变模型下，预期 4 种碱基变具有相等频率，即对于 $i=1$、2、3、4，π_i 设定为 0.25。还有一种可能的方式是估计用于构建系统树的序列碱基平均突变率作为 π_i 值。

二、基于最大似然法建树

1．两条序列系统发生树   具有两条序列的一个有根系统发生树如图 6.13 所示。对于这个序列的第 j 个核苷酸位置，观测到的碱基为 s_1、s_2。设在未知祖先序列（节点 0）中该位点碱基为 k。将所有可能为 k 碱基的概率相加，则该位点似然值 $L(j)$ 为

$$L(j) = \sum_{k=1}^{4} \pi_k P_{ks_1}(v_1)\ P_{ks_2}(v_2) \tag{6.14}$$

对于所有 m 个位点，似然值为

$$L = \prod_{j=1}^{m} L(j) \tag{6.15}$$

该似然值是两个未知分枝长度 v_1、v_2 的函数。

由于只存在一组从序列 1 到序列 2 可观测的转换，因而内部节点 0 不能唯一定位。可以从 Felsenstein（1981）的"滑轮原理"来证实这一点。例如，在 j 位点序列 1 具有碱基 A，序列 2 具有碱基 C，考虑用似然函数显示该位点内部节点的 4 种碱基之和：

$$\begin{aligned}
L(j) &= \pi_A P_{AA}(v_1) P_{AC}(v_2) + \pi_C P_{CA}(v_1) P_{CC}(v_2) \\
&\quad + \pi_G P_{GA}(v_1) P_{GC}(v_2) + \pi_T P_{TA}(v_1) P_{TC}(v_2) \\
&= \pi_A [(1-p_1) + p_1\pi_A] p_2\pi_C + \pi_C p_1\pi_A [(1-p_2) + p_2\pi_C] \\
&\quad + \pi_G p_1\pi_A p_2\pi_C + \pi_T p_1\pi_A p_2\pi_C \\
&\quad + \pi_A (p_1 + p_2 - p_1 p_2)\pi_C \\
&= \pi_A p_{12}\pi_C
\end{aligned} \tag{6.16}$$

换言之，涉及突变概率为 p_1 和 p_2 的两条通径（由 k 到 A 和由 k 到 C）的似然值，与涉及概率为 p_{12} 的一条通径（A 到 C）的似然值相同。注意到：

$$p_{12} = p_1 + p_2 - p_1 p_2 = 1 - e^{-(v_1 + v_2)} \tag{6.17}$$

因此图 6.13 系统树的似然值只取决于两个物种 1 和 2 间总的分枝长度（$v_1 + v_2$），而与节点 0 的位置无关。不可能分别估计 v_1 和 v_2，因而系统树简缩成两条序列间的单个分枝。换言之，可估计得到的系统树是无根的。

当 4 种碱基的概率相等，即 $\pi_i = 1/4$（$i=1$、2、3、4）时，则该分枝系统树的似然值简缩为

$$L = \left(\frac{4-3p}{64}\right)^s \left(\frac{p}{64}\right)^{m-s} \tag{6.18}$$

式中，p 是该分枝的突变概率，且两个序列的 m 个位点中有 s 个具有相同的碱基。将似然值最大化，得到：

$$\hat{p} = \frac{4(m-s)}{3m} \tag{6.19}$$

分枝长度的最大似然估计值为

$$\hat{v} = \ln\left(\frac{3}{4\tilde{q}-1}\right) \tag{6.20}$$

式中，$\tilde{q} = \dfrac{s}{m}$。

回顾一下，u 与 Jukes-Cantor 模型中的 $4\mu/3$ 相对应，且两序列间的时间 T 在那个模型中写作 $2t$（从每一序列到祖先序列的时间的两倍）。这些关系表明，分枝长度也可以从两个序列间的 Jukes-Cantor 距离 K 得到：

$$v = uT = \ln\left(\frac{3}{4q-1}\right) \tag{6.21}$$

$$K = 2\mu t = \frac{3}{4}\ln\left(\frac{3}{4q-1}\right) \tag{6.22}$$

式中，长度 v 是所有碱基替换的期望数，而长度 K 是指可检测到的替换，且 $v = 4K/3$。

2. 三条及多条序列系统发生树　　对于三条序列，则存在三种有根系统树形式，其中之一如图 6.14 所示。除了三条可观测的序列外，在节点 0 与节点 4 还有未定的序列，且有 4 个分枝长度有待估计。可依次考虑三种树状图，其中给出最大似然值的树型就是估计得到的系统发生树。但事实上没有必要这样做，因为三种树状图具有相同的似然函数。

对于图 6.14 所示的树型，位点 j 的似然值可以用节点 4 的碱基 l、节点 0 的碱基 k 表示如下：

$$L(j) = \sum_k \sum_l \pi_k P_{kl}(v_4)\ P_{ks_3}(v_3)\ P_{ls_1}(v_1)\ P_{ls_2}(v_2) \tag{6.23}$$

如果节点 0 移动到节点 3 和 4 之间的任何位置，则 Felsenstein 滑轮原理的应用不会改变该似然值。似然值只取决于总距离 $v_3 + v_4$。如果使节点 0 和 4 叠合，则似然值可写作：

$$L(j) = \sum_k \pi_k P_{ks_1}(v_1)\ P_{ks_2}(v_2)\ P_{ks_3}(v_3) \tag{6.24}$$

无法唯一地确定节点 0 的位置，且对于三条序列只有图 6.15 所示的星状系统发生树需要考虑。

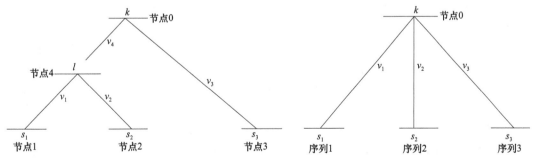

图 6.14　三条序列的一种有根系统发生树
在位点 j，三个序列具有碱基 s_1、s_2、s_3，节点 0 和节点 4 具有碱基 k 和 l

图 6.15　三条序列的星状系统发生树
三条序列来自同一祖先序列 0

在相等碱基频率的假定下，由于存在三个未知的分枝长度，且有三个成对的 Jukes-Cantor 距离可供利用，所以利用 Bailey 法可从下列等式得到最大似然估计：

$$\hat{v}_1 + \hat{v}_2 = K_{12} \tag{6.25}$$

$$\hat{v}_1 + \hat{v}_3 = K_{13} \tag{6.26}$$

$$\hat{v}_2 + \hat{v}_3 = K_{23} \tag{6.27}$$

估值为

$$\hat{v}_1 = \frac{1}{2}(K_{12} + K_{13} - K_{23}) \tag{6.28}$$

$$\hat{v}_2 = \frac{1}{2}(K_{12} + K_{23} - K_{13}) \tag{6.29}$$

$$\hat{v}_3 = \frac{1}{2}(K_{13} + K_{23} - K_{12}) \tag{6.30}$$

实际序列并非具有相等的碱基频率，因而 Jukes-Cantor 距离不会使似然值最大，但它们的确为迭代法提供了很好的初始值。Newton-Raphson 迭代法为找到最大似然值的数值解提供了直接的方法，且从寻求 $p_i = 1 - e^{-vi}$ 的估值来看，这一方法是最为简单的。

当用多条序列作为树端来构建系统发生树时，可采用以上所述的一般过程。先指定一种系统发生树树型，然后对来自该系统树似然函数的方程进行 Newton-Raphson 迭代，估计其分枝长度。在理论上，应研究所有可能系统树来寻找具有最大似然值的系统树。研究证实，至多存在一组对于 L 给出平稳值的分枝长度，且这组分枝长度提供了所需的最大似然估计。将这一方法应用于前述的 5 种线粒体序列，获得了图 6.16 所示的无根树。

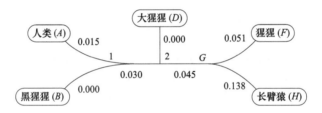

图 6.16　利用 PHYLIP 软件构建图 6.6 5 条线粒体序列的最大似然树

3. 算法优化——快速建树　　针对最大似然法实际应用过程中计算量大、耗时长等问题（OTU 数目多的情况下），最大似然法的研究重点一直放在系统树搜索策略及减少计算时间方面。

PhyML 中使用启发式搜索算法，即首先基于距离方法快速建一棵初始树，对这棵初始树从拓扑结构和分枝长度两个方面同时做简单的启发式搜索。这个同步调整是运算速度和准确性的折中方案，要求只有少数的几次迭代就能够达到最优树（Guindon and Gascuel，2003）。另一种搜索算法模拟退火算法，从一棵起始树开始，以类似于 MCMC 算法（详见第 14 章第三节）的方法在树分布空间取样，似然值大于起始树的所有树都被接受，而似然值较小的树以一个合理的概率被接受，随着取样过程的增加，接受较小似然值树的概率逐渐降低，这个降低的过程就像是退火的冷却过程。在冷却过程中接受的树越来越少，最后发现 ML 树。如适于大量 OTU 建树的 RAxML 即采用这种算法（Stamatakis et al.，2005；黄原，2012）。其他算法还包括四枝树解谜法（quartet puzzling）、遗传算法（详见第 14 章第三节）等。

利用快速估计分枝支持度检验方法，取代十分费时的 ML 自举法，也是一种减少 ML 建树时间的有效手段，如在 PhyML3.0 中的近似似然率检验（approximate likelihood ratio test，aLRT）法（Guindon et al.，2010）。aLRT 与传统的 LRT 相关，检验的零假设为分枝长度等于 0，标准的 LRT 采用的统计值为 2（$L_1 - L_0$），其中 L_1 为检验树的似然值，L_0 为分枝塌陷后检验树的似然值。aLRT 通过近似的方式计算统计值，即 $2(L_1-L_2)$，L_2 对应最近邻交换搜索（nearest neighbor interchange，NNI）的第 2 个最优树检验分枝的似然值。这种方法之所以快速，是因为 L_2 的似然值仅通过优化被检验的分枝来计算，而其他参数都是固定的，仅需要优化一次（Guindon et al.，2010；黄原，2012）。

第四节　其 他 方 法

一、最大简约法

最大简约法（maximum parsimony）由 Edwards 和 Cavalli-Sforza（1963）以"最小进化原理"应用于基因频率和表型特征等其他类型数据。如果有一组来自不同物种的序列可供利用，那么连接它们最为简约的拓扑结构就可能得到。对于每种可能的拓扑结构，每一节点的序列就是产生两个直接后裔序列所需变更最小的序列。然后可以找到整个系统树所需的变更总数，具有最小总数的系统树就是最简约系统发生树。最大简约法的基本假设是，生物序列总是采用某种"最节约成本"或"最经济"的方法完成进化过程。

为说明最大简约法，列举如下一个例子：6 个物种（#A～#F）的序列可以利用，并且在某一特定联配位置，它们分别具有碱基 C、T、G、T、A 和 A。如何构建它们的拓扑结构呢？存在许多可能的拓扑结构，其中之一如图 6.17 所示。

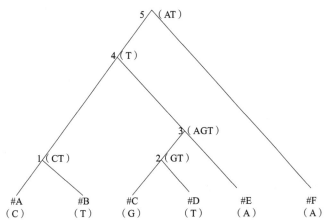

图 6.17　基于 6 条序列（物种 #A～#F）一个位点碱基变异确定最简约树的过程

从离现存序列最近的节点开始，依次考虑节点 1～5 中的每一个节点。在每一节点，写出两后裔序列的"简约式"。该计算（记为 ◇）是一个集运算，如果交集不是空的，则定义此运算为两个集的交；如果交集是空的，则定义为两个集的并。对于不同的集（序列）X、Y、Z，并和交的集合运算可以与简约运算对比如下：

交　$[X、Y] \cap [X、Z] = [X]$　$[X] \cap [Y] = \varnothing$

并　$[X、Y] \cup [X、Z] = [X]$　$[X] \cup [Y] = [X, Y]$

简约　$[X、Y] \diamond [X、Z] = [X]$　$[X] \diamond [Y] = [X, Y]$

对于简约运算，如果两个序列在某位置具有相同碱基，则当它们的共同祖先也具有该碱基时，就产生最小的变更数。如果它们具有不同的碱基，最小变更数则要求它们的祖先有这两个碱基的其中之一。在图 6.17 中，节点 1 和 2 分别为（CT）和（GT），这意味着所列两个碱基之一将给出最小的变更数。对于节点 3 有三种可能性，但对于节点 4 只有一种可能性，节点 5 有两种可能性。如果节点 1~5 都具有碱基 T，则这一拓扑方法所得最小变更数为 4。重复进行上述过程得到其他的拓扑结构，需要最小变更数的拓扑结构可视为最优的系统发生树。

对于最大化的简约，只需考虑那些信息位点（informative site）。对于 DNA 序列，信息位点是指那些至少存在两个不同的碱基且每个不同碱基至少出现两次的位点。以表 6.9 为例，只有位点 5、7、9 为信息位点。只有一个碱基且只在一个序列中出现的位点不属于信息位点，因为那种独特的碱基位点是由在直接通向它所在序列的分枝上发生单个碱基变更所引起的，这种碱基变更可与任何拓扑结构相容。例如，位点 4，其碱基变异无法为评判哪种树型提高任何依据，因为基于该位点每种树型都需要三次碱基变更；相反，位点 5 可以给出碱基最小变更的树型，因此它提供了有用信息，为信息位点。

表 6.9 序列信息位点举例 [a]（以 4 条序列共 9 个位点为例）

序列编号	位点								
	1	2	3	4[b]	5[c]	6	7	8	9
#1	A	A	G	A	G	T	G	C	A
#2	A	G	C	C	G	T	G	C	A
#3	A	G	A	T	A	T	C	C	G
#4	A	G	A	G	A	T	C	C	G

a. 仅有三个位点（位点 5、7、9）为信息位点；同时列出基于非信息位点 4 和信息位点 5 构建系统发生树所需的碱基变更次数

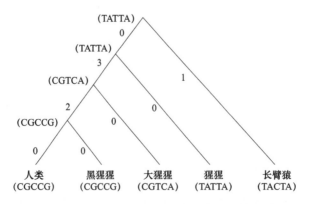

基于上述标准，上述例子中的线粒体序列存在 5 个信息位点（位点 25、39、44、47 和 54）。根据这 5 个位点可以构建它们的简约系统发生树（图 6.18）。该树与其他可能系统树一样存在碱

图 6.18 基于图 6.6 中 5 个物种线粒体序列的最简约系统树

图中数字为节点间的碱基变更数

基变更，但该树仅有 6 个碱基变更，为最简约系统树。我们仅利用了非常有限的位点信息，却获得了与距离矩阵法找到的系统树相同的拓扑结构，可见信息位点提供的可靠系统发生信息。

部分科学家对最大简约法提出了批评，因为该法不是以统计原理为基础。例如，Felsenstein（1983）指出，在试图使进化事件的次数最小时，最大简约法隐含地假定碱基多次发生突变事件是不可能的。如果在进化时间范围内碱基变更的量较小，则最大简约法是很合理的，但对于存在大量变更的情形，随着所用数据的增加，最大简约法可能给出错误的系统树。

二、贝叶斯法

贝叶斯统计理论认为，任何一个未知量 θ 都可看作一个随机变量，能够用一个概率分布来描述 θ 的基本状况。这个概率分布是在抽样前就有的关于 θ 先验信息的概率陈述。先验概率是指根据历史资料（客观）和主观判断（主观）所确定的各事件发生的概率，该类概率未经实验证实，属于检验前概率，所以称为先验概率。有关贝叶斯统计的相关知识可参考本书第 14 章第一节。1996 年，三个研究小组同时将贝叶斯统计理论应用于系统发生分析中（Huelsenbeck et al.，2002）。

系统发生的贝叶斯推断法涉及三个基本概念：进化树的先验概率、后验概率和似然值。树的先验概率是指对进化树未进行分析前的概率，通常是假定所有可能的每棵树都有相同的概率（图 6.19A）；树的似然值 Pr［Data|Tree i］是在指定进化模型和树型条件下从观测数据（比对好的序列）计算得到的（图 6.19B）；树的后验概率 Pr［Tree i|Data］是指通过观测，进化树的条件概率，即在给定的序列数据条件下，某进化树正确的概率（图 6.19C）。后验概率最大的树即为最优树，如图 6.19 所示，［(a, c), b］为最优树。

后验概率分布与先验概率分布和似然值有关，即

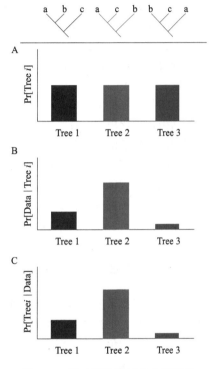

图 6.19　贝叶斯法建树的主要要素
（引自 Huelsenbeck et al.，2001）

$$P(T, \theta|D) = \frac{P(T, \theta)\, P(D|T, \theta)}{P(D)} \tag{6.31}$$

式中，$P(T, \theta)$ 为树 T 和参数 θ 的先验概率，$P(D|T, \theta)$ 为似然值，$P(T, \theta|D)$ 为后验概率，$P(D)$ 为事实概率。任何一棵树的后验概率可以被理解为该树正确的概率，所有可能树的后验概率总和为 1（Yang et al.，2012）。

要得到最优树，常规的方法是计算出所有可能的进化树的后验概率，对每个进化树还要考虑分枝长度与模型参数之间所有可能的组合，而这种分析几乎是不可能的（Huelsenbeck et al.，2001）。因此只能采用后验概率的估算方法，最常用的是马尔可夫链蒙特卡罗（MCMC）算法，其基本思想：虽然因为可能的树的数目太大，无法直接计算每一棵树的后验概率，但可以相对容易地计算出其后验概率的分布密度和相对比例。后验概率的密度通过 MCMC 方法近似估计，即马尔可夫链的稳态分布。具体步骤如下：构造出一条马尔可夫链，该链的状态空间为统计模型参数和不变后验分布参数。链的构造由多步完成，每步状态空间的状态都被推荐为链

的下一个连接点。首先在状态空间中随机挑选一个状态作为链的当前态，随机扰动当前态各参数，从状态空间中推荐一个新状态，计算该新状态的相对后验概率密度，若新态的后验概率密度高于当前态，则链的移动被接受，将该新态作为下一循环的当前态。若该新态的后验概率密度低于当前态，则计算由 Metropolis 和 Hasting 提出的新状态与当前态后验概率的比率，该值接近 1 时接受新状态，接近 0 时则拒绝，此时，当前态作为自身的下一个连接点。对上述过程重复几十万到几百万次，最终马尔可夫链将停留在后验概率高的状态，某种状态的后验概率就是马尔可夫链停留该态的时间分值。每一次状态的改变都伴随着系统树拓扑结构、分枝长度或模型参数的改变（Huelsenbeck et al., 2001；李涛等，2004；黄原，2012）。

如果参数的目标分布具有多个由低谷分隔开的峰，MCMC 方法中马尔可夫链也许很难从一个峰移到另一个峰，结果链只会停留在一个峰上，导致取样不能正确地逼近后验密度。对系统发生重建而言，这是一个严重的实际问题，因为树空间中存在多重局部峰。一种改进多重局部峰混合问题的策略为 Metropolis-偶连 MCMC 或称 MCMCMC（MC^3）算法（Geyer，1992；杨子恒，2006）。

贝叶斯法和最大似然法一样，都具有坚实的统计学基础。不同之处在于：最大似然法指定树的结构和进化模型，计算序列组成的概率，以观察数据的最大概率来拟合系统树；贝叶斯法正好相反，其是由给定的序列组成，计算进化树和进化模型的概率。贝叶斯法得到的系统树是通过后验概率直观反映各分枝的可靠性，不需要通过自举法检验。贝叶斯法可以将现有的系统发生知识整合或体现在先验概率中。在贝叶斯推论法理论研究的同时，其在系统发生上的广泛应用，归功于一些软件的研发，其中应用最为广泛的包括 MrBayes（http://nbisweden.github.io/MrBayes/）和 BEAST（http://beast.community/）。

三、基因组组分矢量法

随着测序技术的进步，大量生物物种全基因组被测序完成。例如，目前细菌基因组测序项目超过十万个，公开的基因组序列也超过十万条。利用全基因组进行系统发生关系研究有其特有优势，可以避免单一基因由于横向转移、基因进化速率等因素的干扰，从而获得更加准确和高分辨率的亲缘关系。目前序列间变异分析往往基于序列联配。序列联配的算法依赖于许多参数，如打分系统等，往往会引入人为误差。另外一个思路是不通过序列联配进行序列间变异估计，即所谓无参数的算法。

基于此，郝柏林院士课题组发展了一个基于全基因组组分矢量方法（CVTree 算法）用于系统发生树构建。从本质上讲，CVTree 算法是一种距离矩阵方法。它首先统计基因组中特定长度短串组，并基于马尔可夫模型预测背景噪声，从而为每个物种构造一个高维代表矢量；然后用矢量之间的夹角余弦计算物种间的遗传距离；最后使用邻接法进行构树。该方法不需要挑选同源基因，不进行序列联配，从根本上避开了人为干预对结果可能造成的影响。该方法在细菌等微生物亲缘关系分析方面取得了很好效果，特别是在细菌的大尺度分类和亚种以下株系的精细分类方面。实践表明，基于蛋白质序列的组分矢量方法与传统的分类系统能更好地吻合。下文以蛋白质序列为例来简要说明 CVTree 算法（左光宏和郝柏林，2015）。

1. 基因组的组分矢量　　假设需要对一个给定物种构造基于长度 K 的组分矢量，首先对该基因组的各个基因，以长度为 K 的窗口、每次滑动一个残基的方式从前向后移动，并求出各种 K 串的出现频度，即次数，记为 $f(a_1 a_2 \cdots a_K)$，其中 a_i 代表氨基酸残基，则该 K 串的出现概率为

$$p(a_1 a_2 \cdots a_K) = \frac{f(a_1 a_2 \cdots a_K)}{N_K} \tag{6.32}$$

式中，N_K 为得到的 K 串的总数目。很显然，K 串 $a_1 a_2 \cdots a_K$，可由 $K-1$ 串通过增加一个 a_K 而获得，所以 $p(a_1 a_2 \cdots a_K)$ 可以通过 $p(a_1 a_2 \cdots a_{K-1})$ 来预测，将其用条件概率表达，则可得

$$\tilde{p}(a_1 a_2 \cdots a_K) = p(a_K | a_1 a_2 \cdots a_{K-1}) \, p(a_1 a_2 \cdots a_{K-1}) \tag{6.33}$$

式中，$\tilde{p}$ 表示这个 K 串的概率是通过条件概率预测出来的。对于其中的条件概率，假设由 $K-1$ 串 $a_1 a_2 \cdots a_{K-1}$ 伸长 a_K 的条件概率不依赖于第一个字母 a_1，即

$$p(a_K | a_1 a_2 \cdots a_{K-1}) \approx p(a_K | a_2 \cdots a_{K-1}) \tag{6.34}$$

则有

$$\tilde{p}(a_1 a_2 \cdots a_K) \approx p(a_K | a_2 \cdots a_{K-1}) \, p(a_1 a_2 \cdots a_{K-1}) \tag{6.35}$$

而对于条件概率 $p(a_K | a_1 a_2 \cdots a_{K-1})$，可以通过统计更短的串获得，即

$$p(a_K | a_2 a_3 \cdots a_{K-1}) = \frac{p(a_2 a_3 \cdots a_K)}{p(a_2 a_3 \cdots a_{K-1})} \tag{6.36}$$

由此可以根据 $K-1$ 串和 $K-2$ 串的概率来推测出 K 串的概率：

$$\tilde{p}(a_1 a_2 \cdots a_K) \approx \frac{p(a_2 a_3 \cdots a_{K-1}) \, p(a_1 a_2 \cdots a_{K-1})}{p(a_2 a_3 \cdots a_{K-1})} \tag{6.37}$$

式中，$\tilde{p}$ 表示这个 K 串的概率是由 $K-1$ 串和 $K-2$ 串的出现概率而做出的估计。把直接统计的 K 串频度 f 与估计值 f^0 之间的偏差作为考察值：

$$v(a_1 a_2 \cdots a_K) \approx \frac{p(a_1 a_2 \cdots a_{K-1}) - \tilde{p}(a_1 a_2 \cdots a_K)}{\tilde{p}(a_1 a_2 \cdots a_K)} \tag{6.38}$$

将每类 K 串对应的考察值 $v(a_1 a_2 \cdots a_K)$ 作为分量构成一个组分矢量。显然当估计值 $\tilde{p}=0$ 时，真值 p 也为 0，此时该维度上的分量设为 0。所有这些分量按照统一的固定顺序排列，就得到该物种的组分矢量 $V = (v_1 v_2 \cdots v_m)$，对于蛋白质序列 $M = 20^K$，当 K 足够大时，存在大量等于 0 的分量。

2. 基因组关联"距离"与系统发生树构建　对于 N 个物种会得到 N 个这样的组分矢量 V_i，其中 i 是物种的编号，介于 1 与 N 之间。它们的遗传距离矩阵 $\boldsymbol{D}$ 是一个对角元素为 0 的 $N \times N$ 对称矩阵。每个元素对应物种间的遗传距离，由组分矢量的夹角的余弦值给出，其数学表达如下：

$$d_{ij} = \frac{1}{2}\left(1 - \frac{V_i \cdot V_j}{|V_i| \cdot |V_j|}\right) \tag{6.39}$$

关联距离是归一的：它的变化范围是从 0 到 1。根据上式，计算所有基因组两两之间的距离，形成距离矩阵。然后就可以利用某种距离方法来构树，如邻接法（NJ 法）。大量研究的经验表明，NJ 法是一种稳定的、从距离出发的构树方法。基于邻接法的 CVTree 工具可以从 Github （https://github.com/ghzuo/cvtree）获取。分析结果证明，CVTree 算法很好地通过了自举和刀切检验，且构建的细菌系统发生树与当前细菌体系高度一致。

3. 肽段长度 K 的意义和选择　对多个基因组所编码的蛋白质集合进行不依靠序列联配的比较，其基本办法是把单个氨基酸的计数（$K=1$）扩展到对 K 肽片段或字符串的计数。定性地说，长 K 串具有较大的物种特异性。但如果 K 取得太大，即过分强调物种特异性，在极端情形下就会获得一棵星形树（star tree），即每个物种各成一支，这样就不能反映出物种之间的联系。物种之间的关系是靠较多物种所共有的较短的 K 串来体现的。

对于细菌，理论推断获得的 K 整数范围应该为 5 和 6，该结果与多年的实际计算经验一致。在 $K=5$ 或 6 时，物种距离之间的三角形不等式全部成立（郝柏林，2015）。在这两个 K 值下，CVTree 结果通过自举和刀切检验的效果最好；更为重要的是，在 $K=5$ 或 6 时，古菌、真细菌和真核生物这三个生命"超界"在 CVTree 结果中明确分开。对于病毒和真菌，可以相应选取的氨基酸总数量级分别为 10^5 和 10^7，基于上述估计，得到它们最佳 K 串的长度范围分别为 3 或 4 和 6 或 7。

从某种意义上讲，细菌在 $K=5$ 或 6 时得到最好的构树和分类结果，这与生物学家们的经验是一致的。诺贝尔化学奖获得者米歇尔（Hartmut Michel）曾说过，只要知道蛋白质的一小部分（6 个氨基酸就足够了），就可以在数据库中确定整个序列；蛋白质组学研究也指出，6 肽或稍长的肽链在一个物种的蛋白质组中几乎是唯一的。他们提及的仅是单个 6 肽，而 CVTree 算法则使用了全部 5 肽或 6 肽的集合，因而分辨力和物种特异性更强。

❓ 习　题

1. 构建进化树有哪几种方法？分别适用于何种情况？
2. 进化树可靠性一般用什么方法评估？
3. 简述利用邻接法建树的过程。
4. 请在 GenBank 数据库中搜索 10～20 条植物已知 NBS 类抗性基因，并用 MEGA 或 PHYLIP 等构建其系统发生树。
5. 什么是序列信息位点？如何判断哪些位点为信息位点？

历史与人物

邻接法、MEGA 与根井正利

　　根井正利（Masatoshi Nei）（1931～），国际著名分子进化学家与遗传学家，美国宾夕法尼亚州立大学教授。根井正利长期从事群体遗传学与分子演化的理论研究。他的研究成果丰硕，提出了著名的"新突变学说"，对木村资生（Kimura Motoo，1924～1994）中性理论和分子序列数据的统计分析做出了里程碑式的重要贡献，推进了分子进化理论的研究。关于根井正利，有不少值得记上一笔的故事。

　　1）农学专业出身。根井正利于 1953 年在日本宫崎大学农学系本科毕业，1959 年在京都大学获得农学博士，后进入国立放射学研究所，研究农作物诱变育种。那么这样一位典型的农业专家如何成为一名进化生物学家呢？这其实与木村资生有关。根井正利与木村资生是校友，都毕业于京都大学。适逢木村资生从美国留学回到日本，根井正利便常常向他请教和探讨群体遗传学问题在结识木村资生后不久，根井正利便创立了著名的进化新理论"分子进化中性学说"（简称"中性理论"）。1969 年根井正利离开日本赴美国，分别在布朗大学和得克萨斯大学等任教。

2）提出了耳熟能详的快速系统发生建树方法——邻接法（Saitou and Nei，1987）。相关论文入选了生物学领域历史上引用率最高的百篇论文，排名第20位（详见第1章第二节）。

3）开发了著名的分子进化遗传学分析软件工具 MEGA，相关论文同样入选了生物学领域历史上引用率最高的百篇论文，排名第45位。

4）创办了一个非常成功的进化生物学领域学术期刊 *Molecular Biology and Evolution*（1983年与 Walter Fitch 共同创办）。

5）撰写了多部重要的分子进化方面的专著。1987年出版的《分子演化遗传学》（*Molecular Evolutionary Genetics*）被认为是经典群体遗传学的集大成之作。另外，他还有一本国内很知名的专著《分子进化与系统发育》（*Molecular Evolution and Phylogenetics*）。

2013年，根井正利获得京都奖。在颁奖典礼上遇到了幻灯片放映故障，无法解决，根井正利面对观众自我调侃道："我总是追求理论，而不是实用性"。但事实恰恰相反，在根井正利的整个科研生涯中，他的理论及其实用性都做得非常出色。可以说，根井正利既是分子进化学家也是生物信息学家。

第7章 基因组调查、拼装与分析

基因组是现代生物学最重要的研究对象，生物信息学是其最重要的研究技术之一。围绕基因组的测序、拼接和分析，许多生物信息学方法被提出，进而构成了生物信息学领域的一个重要部分。本章将集中介绍基因组前端研究涉及的生物信息学内容，如测序前进行的基因组大小倍性等调查、基因组拼接和一些基本分析（如比较基因组学分析），其他一些分析（如编码和非编码基因预测、群体遗传学分析、合成基因组等）则在其他章节详细介绍。

扫码见本章
英文彩图

本章思维导图

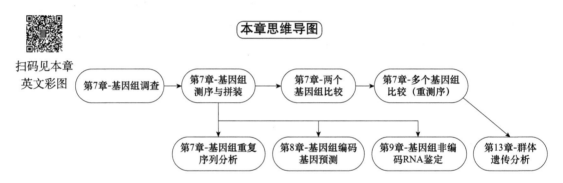

第一节 基于字符串的基因组调查分析

在正式启动一个基因组测序项目前，往往需要先对目标物种进行所谓的基因组调查（genome survey）测序和分析。一般进行短片段插入库（30～70）×基因组覆盖深度测序，并利用该数据进行字符串（*K*-mer）分析，估计目标物种基因组的大小、杂合度、倍性和重复序列比例等基本参数。该估计结果对目标基因组的拼接和分析具有重要指导意义。"*K*-mer"是生物信息学领域的一个热词，是许多基因组分析算法的宠儿。*K*-mer曲线对于生物信息工作者而言，恰似医生做临床诊断时所参考的生化指标。"*K*-mer"中的"mer"自身就是一个英文单词，可以单独使用，表示水、池塘、基体和单体等。"mer"同时也可以做词根，很早就被用于生化领域，如"dimer""trimer""polymers"等，表示蛋白质序列的氨基酸构成单元（如 Grey and Mannik，1965）。"*K*-mer"的"爆红"是最近十几年的事。现在能查到最早使用"*K*-mer"一词的生物信息学相关文献是 1986 年发表的一篇文章（Fristensky B，1986. *Improving the Efficiency of Dot-Matrix Similarity Searches Through Use of An Oligomer Table. Nucleic Acids Res*）。之后该词偶尔出现在一些文章中，如蛋白质序列分析（Morii et al.，1997）、芯片杂交测序数据分析（Peer and Shamir，2000；Shamir and Tsur，2002）、序列搜索工具（BLAT）（Kent，2002）等。随着高通量测序技术的出现，更多的基因组相关文章开始使用该词，如今至少在 650 多篇文章中可以看到它的"芳名"。其实"*K*-mer"以前在生物信息学领域另有其名，曾用名如

"K-tuple" 和 "ℓ-tuple"，这些名字很早就在使用了，如著名的数据库搜索算法文章（Wilber and Lipman，1983），当时进行两条序列联配算法研究时，就需要考虑两条序列内包含的可能保守短串（即 "K-tuple"）。

如上所述，K-mer 是指一条字符串中所有可能具有长度为 K 的子串（子序列）。对于一条长度为 L 的序列，所有可能的长度为 K 的子序列数量为 L−K+1。K-mer 在生物信息学分析中用途非常广泛，K-mer 除了用于基因组序列拼接外，也用于基因组大小、杂合度、重复序列估计等。

一、基因组大小估计

基于测序结果，假设获得了一个基因组的所有 K-mer，根据 Lander-Waterman 曲线（1988），基因组大小（G）可以根据如下公式估计：

$$G = K_{num}/K_{depth} \qquad (7.1)$$

式中，K_{num} 是 K-mer 的总数，K_{depth} 是 K-mer 的期望测序深度。

对于大小为 G 的基因组，测序获得合计 N 条读序（read），读序读长为 L。假设基因组对 K-mer 是特异的，可以得到 G 个不同的 K-mer。则可知 K-mer 总数：

$$K_{num} = (L−K+1) \times N \qquad (7.2)$$

单条读序测序覆盖某个 K-mer 的概率为 $(L−K+1)/G$。因为该概率很小，总的测序读序条数（N）很多，每个 K-mer 的覆盖深度服从泊松分布。通过统计 K-mer 分布可知 K-mer 的期望测序深度：

$$K_{depth} = [(L−K+1)/G] \times N \qquad (7.3)$$

人类基因组测序初期，需要构建基因组的物理图谱。在构建物理图谱过程中，一个棘手问题是需要挑选多少克隆才能覆盖整个基因组？挑选太多，工作量巨大；挑选太少，无法覆盖整个基因组，物理图谱质量不高，无法完成基因组测序。为此，Lander 和 Waterman（1988）进行了理论测算，提出上述方法并给出了一些参数的统计特征。后来，Li 和 Waterman（2003）等把它引入基因组大小估计，随后广泛应用于以高通量基因组测序数据为基础的基因组大小估计。

K-mer 的总数可以根据获得的所有读序进行估计。如果能进一步知道 K-mer 的期望测序深度，就可以基于上述公式估算出基因组大小。根据 Lander 和 Waterman（1988）分析，K-mer 的深度频率分布遵循泊松分布，可以根据 K-mer 深度分布曲线的峰值作为其期望深度。

> 以禾本科物种菰（*Zizania latifolia*）的基因组大小估计为例。本书编者首先构建了一个短序列测序库并测定了约 35× 基因组覆盖度序列，基于该数据得到约 1.72 亿个 17-mer（也可以选用其他长度的 K-mer），其 17-mer 深度分布峰值在 29× 处。因此，可估计其基因组大小为 K-mer 数量 / K-mer 深度 = 17 238.2/29 = 594.4Mb（Guo et al.，2015）。该结果与流式细胞仪测定的该物种基因组大小一致。

二、基因组复杂度估计

由于杂合性和倍性等因素，一些物种的基因组变得异常复杂，增加了基因组拼接的难度。K-mer 深度分布曲线会随着基因组杂合性、倍性、重复序列等因素发生变化，这些变化提供了目标基因组非常有用的信息。

　　基因组的杂合性，会使来自杂合区段的 K-mer 深度较纯合区段降低 50%。例如，对某一基因组进行 2× 深度的测序，来自该基因组的一个 17-mer 片段，在没有杂合性等理想状况下，其深度为 2；如果有一个杂合位点，则这个片段将会有 2 个 17-mer，同等测序量情况下，2 个 17-mer 的深度均为 1。因此，如果目标基因组有一定的杂合性，会在 K-mer 深度分布曲线主峰位置（ c ）的 1/2 处（ $c/2$ ）出现一个小峰（图 7.1A）。同时，杂合率越高，该峰越明显，一个实例——二倍体禾本科物种 *Zizania latifolia* 的杂合率为 0.53%（图 7.1B）。

　　如果目标基因组为多倍体物种，特别是同源多倍体或相近物种杂交形成的多倍体，两个或多个基因组序列高度同源，许多长序列片段（ > K-mer 长度）甚至完全相同，这样就导致在测序量一定的情况下相应区域的 K-mer 数量成倍增加，在 K-mer 深度分布曲线上，会在主峰深度位置的 2 倍（四倍体）出现 1 个峰值或 2 和 3 倍处（六倍体）出现 2 个峰值。以一个禾本科六倍体物种稗草（ *Echinochloa crus-galli* ）为例，我们构建了一个短序列测序库并测定了其 40× 基因组序列，基于该数据构建了其 17-mer 深度分布图（Guo et al., 2017）。从该图可见三个明显的分布峰（图 7.1C）。如果基因组重复序列很高，导致高深度的 K-mer 数量增加，其

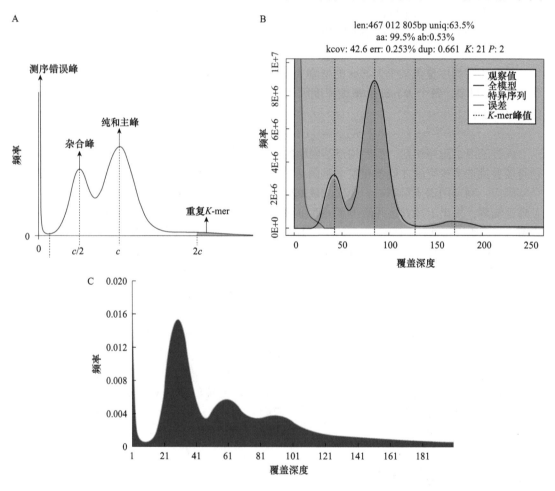

图 7.1　复杂基因组 K-mer 深度分布图及其特征峰

A. 一个复杂基因组 K-mer 深度分布模式图，基因组杂合性和重复序列会在 K-mer 深度分布曲线上产生特征峰。B. 一个杂合物种实例（ *Z. latifolia* ）。len. 长度；uniq. 特异序列；aa. 纯合率；ab. 杂合性；kcov. K-mer 覆盖深度；err. 错误率；dup. 重复率；K. 字符串长度；P. 倍性。C. 多倍化基因组 K-mer 深度分布图，以一个六倍体物种（ *E. crus-galli* ）为例

K-mer 深度频率分布右端会出现一个比较明显的拖尾（图 7.1A）。一个武断但基本靠谱的重复序列比例估计方法，就是将大于 2*c* 深度的 *K*-mer 在调查测序数据集中的比例，作为目标基因组重复序列的估计值。

如果读序测序质量不高，导致出现大量碱基测序误差，就会使低深度 [（1~2）×] 的 *K*-mer 数量大量增加，使主峰不明显或不出现，同时如果测序深度不够（特别是目标基因组比较大的情况下），也同样无法使目标基因组的主要 *K*-mer 分布特征出现。基因组 DNA 的 *K*-mer 分布特征会随基因组的复杂性增加而变化。一些更为复杂的基因组 *K*-mer 分布特征可参见一些理论研究结果（Chor et al., 2009）。由此可见，基因组的 *K*-mer 分布，就像我们体检时的很多生化指标一样，可以为我们了解基因组的基本状况发挥重要作用。

第二节　基因组序列拼接与组装

一、基因组测序策略与步骤

1. 全基因组测序的两种策略　　基因组测序与拼接是生物信息学的一项重要任务。一个完整的基因组序列对于目标物种的遗传研究至关重要，特别是对该物种遗传育种、进化、基因功能等研究具有重要的支撑作用。目前的高通量测序技术（包括第二和第三代测序技术）测序通量大，可以在很短的时间内获得目标物种基因组几十倍甚至几百倍覆盖深度的基因组 DNA 序列数据（详见第 2 章）。但是，目前高通量测序仪产生的序列（读序）通常二代测序在 50~150bp，三代测序在 10~50kb，对于完整的染色体长度而言（以水稻基因组为例，其包含的 12 条染色体，每条都在几十 Mb），利用这些序列拼接出其原始基因组序列，对于生物信息学来说是一个挑战。目前进行全基因组测序的策略主要包括两种：逐步克隆法（clone by clone）和全基因组鸟枪法（whole genome shotgun sequencing，WGS）（图 7.2）。

（1）**逐步克隆法**　　逐步克隆法是传统基因组测序策略，高通量测序技术出现之前完成测序的基因组绝大多数都是基于该策略。例如，人类和许多模式生物基因组。该策略需要构建遗传图谱和物理图谱、大片段克隆文库（如 BAC 文库）等。构建过程：首先通过分子标记和遗传图谱，构建大片段克隆物理图谱，然后进行克隆测序拼接获得克隆全长序列，基于所有克隆序列及其连接关系就可以拼接出基因组序列。该策略获得的基因组序列质量很高，但其烦琐的遗传和物理图谱构建过程使许多物种无法企及。该策略对序列拼接并没有特别需求，基于克隆序列之间的重叠部分就可以获得基因组序列。

（2）**全基因组鸟枪法**　　全基因组鸟枪法简单来说就是把基因组染色体序列打断并测序，然后再拼起来。该策略由文特尔团队首先提出，首先在细菌基因组（1.8Mb）拼接上获得成功（Fleischman et al., 1995），后续用于大基因组（人类基因组）拼接。随着高通量测序技术和辅助组装新技术（如 Hi-C）的发展，该策略已成为目前基因组测序的主要策略。显而易见，该策略快速省时，但强烈依赖基因组拼装算法，获得的基因组序列总体拼装质量不如逐步克隆法。

我们不知道基因组整条序列是如何排列或组合的，同时，目前的技术又无法实现一次把整条染色体序列完整测序。所以，只有通过算法和计算机的帮助，把测序仪产生的短序列（读序）组装起来，成为一条完整有序的序列（即从头拼接，*de novo* assembly）。基因组从头拼接（contig/scaffold 序列层次）强烈依赖测序技术的进步（图 7.3）。第三代测序仪单个读序长度不断提高，其中 Nanopore 测序技术能够测到 Mb 水平（即碱基个数达到 10^6）的连续片段（所谓

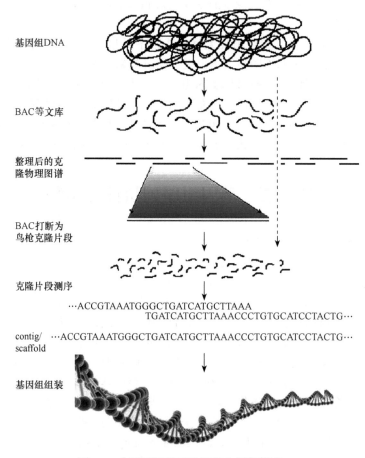

图 7.2　全基因组的两种测序和拼装策略

逐步克隆法（实线箭头）需遗传图谱和物理图谱构建构成，然后基于每个 BAC 测序数据获得全基因组序列；全基因组鸟枪法（虚线箭头）直接将基因组 DNA 打碎进行测序，基于大量短读序及其相互关联数据进行全基因组拼装

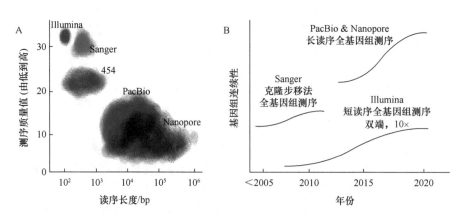

图 7.3　不同测序技术对基因组拼接长度的影响（引自 Michael and van Buren，2020）

A. 传统测序技术和高通量测序技术的读序长度和测序质量值；B. 不同测序技术用于基因组拼接的片段连续性比较

长读序，相对于二代测序技术而言），极大提升了基因组拼接长度或连续性（continuity）。但是目前三代测序的测序质量不断提高（早期错误率普遍在 5%～15%），高质量长读序（如 Hifi 读序）已广泛用于基因组序列拼接。

举个简单例子来说明短序列拼接问题。例如，有这样一句话："It is just a hypothesis, so don't be seriously！"写在一张纸上。假设现在不知道纸上这句话到底是什么，需想办法破解它。我们首先把这张纸复印很多份，并撕成碎片（当然还发生一件离奇的事：所有的空格和标点都消失了！）。我们从这些碎纸片中随机抽取，得到大量字条，上面分别有如下字母：

itis ypo stah the sodo eriou siss ju ntbes sly……

这就如同把基因组 DNA 打断，然后测定获得许多读序一样。我们不断抽取就不断得到更多不同类型的字母组合：

itis ypo stah the sodo eriou siss ju ntbes sly tis yopth sodon beser ssod iti sju……

另外，我们又发明了一种称为"paired-end"（PE）或"mate-pair"（MP）的测序方法（二代测序技术）。这是通过构建不同插入长度测序文库来实现的。例如，构建片段长度 2kb 的测序文库，高通量测序技术会测定出这条序列两端各 100bp 左右的读序，而其中间约 1.8kb 长度的序列未知。但来自同一插入长片段的两端读序关系是已知的。我们的例子就像这样：

iti*****ahyp, sju*****pot, the*****don, sod*****ser bes*****sly, ……

这样我们可以根据这些读序和它们的相关关系，把这句话拼回来：

itisjustahypothesissodontbeseriously

但它不是最终结果，我们再根据现有的语法习惯，给它们加上空格和标点，就能够还原原话了！

2. 基于全基因组鸟枪法的基因组测序步骤 基于全基因组鸟枪法获得一个高质量基因组，一般需要如下几个步骤：①基因组特征预测，包括基因组大小、基因组杂合度、倍性等；②全基因组测序，目前主要包括 Illumina、Nanopore 及 PacBio 测序技术；③原始序列的矫正和质量控制；④基因组拼装；⑤基因组组装质量评估。

基因组组装之前通常需要做好充分的准备工作，即上文提到的基因组调查和全基因组测序（分别参考本章第一节和本书第 2 章）。在获得足够的目标基因组序列之后，并不能马上开始进行基因组组装，因为无论是二代测序还是三代测序技术其本身均存在或多或少的系统偏差，所以需要对原始序列进行质量控制和矫正，以提升基因组拼接输入序列的质量。二代测序可以根据测序文件中对于每个碱基的质量值标注，去除低质量的读序或者碱基，以及测序时引入的接头序列，这就是所谓的质量控制。早期的质控软件功能单一或者运行时间长，最新的质控软件如 FastProNGS、FastP、FaQCs 等以 C++语言编写，功能全面、运行速度快（Chen et al., 2018；Liu et al., 2019a；Lo and Chain, 2014）。尽管二代测序经过质量控制后碱基准确率可以达到 99.9% 以上，但仍存在部分系统错误，目前比较流行的方法是通过 *K-spectrum* 算法对二代数据进行进一步矫正，如 RECKONER、Lighter、Bless2 等，*K-spectrum* 算法的思路主要分四步：①对所有 *K-mer* 进行计数；②根据 *K-mer* 计数分部的表现，确认可信 *K-mer* 和不可信 *K-mer* 之间频数的分界值；③去除不可信 *K-mer*；④依据可信 *K-mer* 对读序进行矫正（Długosz and Deorowicz, 2017；Heo et al., 2016；Song et al., 2014）。三代测序与二代测序相比其碱基偏好性没有那么严重，产生的错误更偏向于随机错误，所以通常可以通过提高测序深度来进行自我矫正，这也是目前三代测序解决原始测序错误率较高问题的最主要策略。当然也有通过二代序列构建 DBG 图对三代序列进行矫正的，如 LoRDEC、Jabba、PBcR 等（Berlin et al.，2015；Miclotte et al.，2016；Salmela and Rivals，2014）。

完成对原始数据的质量控制和矫正后，可以根据数据的情况来针对性地进行组装软件或者策略的选择。以二代测序为主的拼接软件一般是基于 DBG 算法，而以三代测序为主的拼接软件一般是基于 OLC 算法。根据不同基因组项目的测序情况具体可以分为以下几种情况。

（1）仅有足够的二代测序数据（深度＞150×）　　一般同时具有 PE（深度＞100×）和 MP（深度＞50×）的数据，可以选择 SOAPdenovo2、ALLPATHS-LG、AbySS 等软件（Gnerre et al.，2011；Luo et al.，2012；Simpson et al.，2009），完成初步组装后还可以通过 GapFiller、SSPACE 等软件对初步组装通过迭代比对寻找可以填补的 GAP 和序列之间的连接关系，以提升基因组组装指标（Boetzer and Pirovano，2012；Boetzer et al.，2011）。

（2）具有足够的二代数据（深度＞150×）和较少的三代数据（深度＜30×）　　可以在第（1）步的基础上通过 PBJelly、SSPACE-LR、LINKS 等软件（Boetzer and Pirovano，2012，2014；Warren et al.，2015），利用三代数据对第（1）步获得的组装进行进一步提升和组装，完成后需要通过 Pilon 软件（Walker et al.，2014）结合二代数据对组装进行矫正和打磨。

（3）具有足够的二代数据（深度＞150×）和一定的三代数据（深度＞30×）　　可以使用混合组装软件如 MaSuRCA、HybridSPAdes、PBcR、DBG2OLC、Unicycler 等进行组装，完成组装后可以通过二代提升软件 GapFiller、SSPACE 等，以及三代提升软件 PBJelly、SSPACE-LR、LINKS 等对初始组装共同进行提升，值得注意的是每使用一次三代数据都最好使用软件 Pilon（二代数据）进行一次矫正。

（4）具有足够的三代数据（深度＞80×）　　可以使用三代测序组装软件，目前比较流行的有 Canu、Flye、Falcon、wtdbg2、miniasm、MECAT、NECAT、NextDenovo 等，值得注意的是其中 NECAT 和 NextDenovo 是专门针对 Nanopore 测序数据进行开发的组装软件，完成组装后需要利用三代数据 Arrow（PacBio 数据）和 Medaka（Nanopore 数据）进行矫正，建议重复两次以上，最后如果有二代测序建议再利用 Pilon 进行一次矫正。

上述 4 种情况对于简单基因组而言，一般可以获得比较好的拼接结果。但是遇到基因组的杂合度相对比较高（＞1%）、重复序列比例比较高（＞50%）、多倍体物种等复杂情况，可能需要就软件进行相应调整。例如，Platanus（Kajitani et al.，2014）是特别针对植物基因组复杂特性进行设计优化的二代序列拼接软件；FALCON-unzip（Chin et al.，2016）在基因组拼接时，可获得复杂基因组两个完整的拼接版本并做主次划分，这尤其符合复杂基因组的拼接特性；HaploMerger2 可用于构建杂合二倍体两个单倍体草图（Huang et al.，2017）；Reduncе（Pryszcz and Gabaldón，2016）中包括了可以对植物复杂基因组拼接中可能产生的冗余序列进行去除的模块；NOVOPlasty（Dierckxsens et al.，2017）则是专门为线粒体和叶绿体拼接而设计的软件。也有些软件通过参数的变化来解决不同复杂程度的基因组组装，例如，三代测序组装软件 Canu（Koren et al.，2017）就特别针对不同特征的基因组给出了不同参数推荐。我国科学家（如李瑞强、李恒、梁承志等）在基因组拼接方面做出了重要贡献，开发了系列软件工具（扫右侧二维码可见。）

二、基因组序列拼接算法

基因组从头拼接方法目前主要有两个基础算法：OLC(overlap-layout-consensus) 和 DBG(de

Bruijn graph），两者均遵循 Lander-Waterman 模型。在该模型中，如果两条读序重叠并且重叠长度大于截止值（cut-off value），则应将两个读序合并为 contig（重叠群，连续序列），然后重复此过程，直到无法合并任何读序或重叠群为止。两种基础算法适用于不同读序长度和测序深度的序列组装，并且在计算效率上有显著差异。最近一些新算法也不断被提出，如重复图拼接算法（Kolmogorov et al.，2019）。基因组的组装质量不仅取决于测序技术，如读取长度和测序错误率，还取决于重复序列比例、杂合率等基因组特征。

1. OLC 拼接算法　　序列组装算法的发展随着测序技术的进步而进步。OLC 拼接算法（下文简称 OLC 算法）最初由 Staden 在 1979 年提出（Staden，1979），广泛用于第一代 Sanger 测序数据。OLC 算法（图 7.4A）主要分三个步骤：①首先找读序可能的重叠区域（overlap）；②然后通过重叠区域拼接出序列片段（layout）；③最后基于片段关系进行连接，经错误校正后获得最终序列（consensus）。Sanger 测序（第一代测序）有三个技术特点：①读长较长，一般在 500～1000bp；②准确率很高，单次测序准确率可达 99.999 9%（Q60）；③通量较低，无法进行高通量测序。OLC 算法直接通过读序进行组装的特点正好和第一代测序相匹配，也随着在第一代测序中的大量应用而取得成功，Craig Venter 在 2000 年发表的人类基因组就是用基于 OLC 算法的 Celera Assembler 进行组装（Venter et al.，2001）。除了 Celera Assembler 之外，同时期还产生了其他一批优秀的软件，如 Arachne、CAP3、Phusion、Newbler 等（Batzoglou et al.，2002；Egholm et al.，2005；Huang and Madan，1999；Mullikin and Ning，2003）。 尽管后来第一代测序技术随着二代测序的高速发展慢慢淡出，OLC 算法也慢慢被处理高通量短序列的 DBG 算法所取代，但是近年来第三代测序的发展又使 OLC 算法重新焕发了生机，Nanopore/PacBio 等三代测序技术具有超长读长（10～50kb）的优势，这与 OLC 算法的优势正好匹配。

为了发挥三代测序技术长读长的优势，OLC 算法被广泛应用于三代序列的从头组装，产生了一批以 Canu、NECAT、miniasm 等为代表的基于 OLC 算法的三代测序组装软件（Koren et al.，2017；Li，2016；Xiao et al.，2017）。以 Canu 为例，其于 2015 年衍生自 Celera Assembler（Myers，2000），专门用于三代测序序列组装。Celera Assembler 最初被设计用于哺乳动物染色体序列组装，并在 20 世纪初被用于完成包括人类基因组在内的早期多个大型基因组组装。当然也有一些三代组装软件是基于 DBG 算法，如 ABruijn 和 HINGE，它们在 DBG 算法上进行了一些针对性改造，但并不是目前的主流软件。

由于三代测序较高的错误率，目前进行三代测序组装的软件通常采用两类策略：一类是不进行序列的纠错直接进行组装，利用原始数据进行直接组装，代表软件有 miniasm、wtdbg、SMARTdenovo 和 Flye；另外一类是先进行序列自我矫正后，选出矫正后（30～50）× 深度的序列作为输入进行组装，代表软件有 Canu、MECAT、NECAT 和 NextDenovo。这两大类软件在总体上均符合 OLC 算法，但是其中的一些软件为了解决某些组装上的痛点，对算法进行了调整和升级，如 wtdbg 为了提升组装速度，提出了 OLC 衍生算法模糊布鲁因图（fuzzy-Bruijn graph）（Ruan and Li，2019）和 DBG 算法衍生的 ABruijn 算法相关。再如 Flye 的重复图（repeat graph）算法（Kolmogorov et al.，2019），这种算法与现有的尝试生成 contig 的算法不同。该算法将所有容易出错的不连续序列以任意顺序连接成单个字符串，通过读序来判断准确的拼接结果，并解析出重复图中存在桥连的区域（重复序列）。本书编者认为有纠错流程的后续拼接准确度会更高，从源头先解决一部分问题，可以更好地拼接复杂基因组；而未纠错的软件，虽提高了计算速度，对于简单基因组在拼接效果上也可以纠错（如 miniasm 和 wtdbg2），但对于高杂合或者多倍体等复杂基因组会出现问题。

OLC 算法也可以结合图论在"layout"一步进行序列拼接（图 7.4B）。以读序重叠区域作为节点，构建连通图，通过确定遍历各个节点的汉密尔顿路径确定拼接序列（Commins et al.，2009）。该方法与 DBG 算法遍历图中各个边的欧拉路径不同。

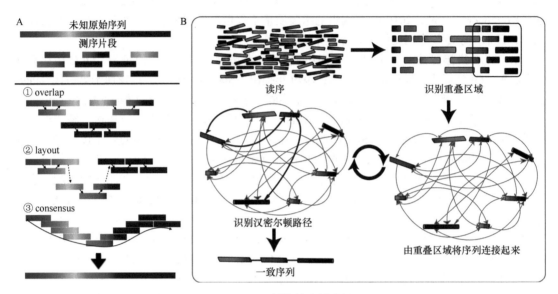

图 7.4 OLC 拼接算法模式图

A. 基于重叠序列联配；B. 基于构图路径

2. 德布鲁因图（DBG）拼接算法 基于图论的基因组拼接算法是目前高通量测序读序拼接的主流方法。OLC 算法适用于第一代或第三代测序技术获得的长读序或一些大片段的拼接，但不适用于第二代测序技术获得的短读序（长度为 100~150bp）。对于短读序，由于重复序列等问题，OLC 算法很难基于序列重叠获得一个正确的拼接结果，同时在实际运算过程中，大量具有重叠关系的读序信息需要大量内存，目前计算机能力难以承受（图 7.5）。相反，基于图论的数据结构特别适合处理大量具有重叠关系的短序列。下文将详细介绍 DBG 算法。

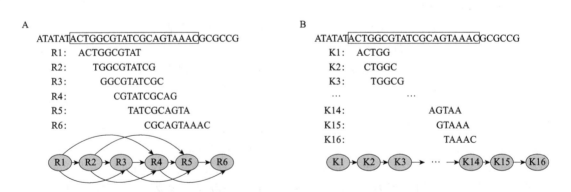

图 7.5 OLC 和 DBG 算法序列拼接模式图（引自 Li et al.，2012a）

A. OLC 算法序列拼接模式图，在该 20bp 的区域产生了 6 个读段（R1~R6），读取长度（L）为 10 bp，重叠长度的截止值为 5 bp。读序按其起始位置和相应的 OLC 图（下方所示）沿基因组有序排列，大部分节点都有超过一个进入的边和出去的边。

B. DBG 算法序列拼接模式图，将这些读段切成 K-mer（$K=5$），共有 16 种不同的 K-mer，其中大多数发生在一个以上的读段中。K-mer 根据其起始位置和基因组 DBG 图的结构，沿基因组排列，大部分的节点都仅有一个进入的边和出去的边

（1）德布鲁因图 要理解德布鲁因图，就必须先了解德布鲁因序列（de Bruijn sequence），它是德布鲁因在数学领域最重要的贡献。德布鲁因序列 $B(k, n)$ 是指 k 元素构成的循环序列。所有长度为 n 的 k 元素构成的序列，都是它的子序列，出现并且仅出现一次。例如，二进制序列 00010111，属于 $B(2,3)$ 序列，即两个不同元素（0，1）；所有长度为 3 的子序列或子串为 000，001，010，101，011，111，110，100，正好构成了两个元素长度为 3 的所有组合。也就是说，德布鲁因序列对于每个子序列是递进的，环环相扣，循环往复。

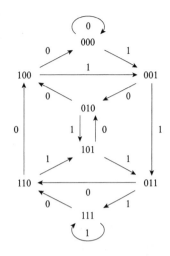

图 7.6 德布鲁因路径举例
该图为三维德布鲁因图（顶点由 3 个数字组成，边由 4 个数字组成）

德布鲁因序列可以通过确定 n 维德布鲁因图的汉密尔顿路径，或 $n-1$ 维德布鲁因图的欧拉路径进行构建。以图 7.6 为例，构建其 $B(2,4)$ 序列。如果路径刚好通过每条边一次并且回到起始点，那么每 4 个数的子序列（图的边）会正好出现一次（该路径为欧拉回路）；如果路径刚好经过每个顶点一次，那么每三个数字的子序列（图的顶点）正好出现一次（该路径为汉密尔顿路径）。假如沿着如下欧拉路径行走：000，000，001，011，111，111，110，101，011，110，100，001，010，101，010，100，000，就会形成如下 $k=4$ 的子序列串：

0000
_0001
_ _0011
…

对应的德布鲁因序列为 0000111101100101000。

（2）基于德布鲁因图的基因组拼接算法 如上所述，基因组拼接主要利用两类算法，其中 OLC 算法适用于长读序数据，而基于德布鲁因图的算法是用于第二代高通量测序短读序数据拼接的主要算法。基于德布鲁因图的数据结构，特别适合处理大量具有重叠关系的短读序：该数据结构中，利用读序 K-mer 作为顶点，读序作为边，这样总体上说图的大小由目标基因组大小和重复序列含量决定，而与读序覆盖深度无关。对于一条长度为 L 的序列，所有可能的长度为 K 的子序列数量为 $L-K+1$，而可能的 K-mer 数量与序列构成元素数量 n（如 DNA 序列由 4 个碱基构成，则 $n=4$）有关——可能的数量为 n^k 个。

美国加州大学圣迭戈分校的俄罗斯裔生物信息学家帕夫纳（Pavel Pevzner）第一次把德布鲁因图引入序列的拼接。1989 年，他首次将德布鲁因图用于杂交测序技术（sequencing by hybridization，SBH）的序列拼接问题，随后他和美国生物信息学家沃特曼（Micheal S. Waterman）一起，正式将德布鲁因图引入序列拼接并开发了软件（Pevzner et al.，2001）。他们提出，在德布鲁因图中可以通过寻找欧拉路径的思路来确定拼接序列（即德布鲁因序列）。随着二代高通量测序技术的出现，该拼接算法成为基于短序列数据的基因组拼接主流方法。

在德布鲁因图中寻找欧拉路径，已有不少算法可以解决这个问题。例如，Flewry 于 1921 年就提出从一个欧拉图中寻找欧拉回路的算法。每条读序都可以确定其 K-mer 及以各个 K-mer 为顶点的德布鲁因图。以读序"AGATACT"为例，其 3-mer（$K=3$）及其构成的德布鲁因图如下：

读序	A	G	A	T	A	C	T
K-mer	A	G	A				
		G	A	T			
			A	T	A		
				T	A	C	
					A	C	T

$$AGA \rightarrow GAT \rightarrow ATA \rightarrow TAC \rightarrow ACT$$

基因组高通量测序会产生许多读序，存在杂合性、重复序列和测序误差等问题，由此构成的德布鲁因图会很复杂。例如，如果两条读序只有一个碱基差异（杂合性或测序误差造成），它们的德布鲁因图就会形成一个小包（bubble）：

ATCTTATTCG

ATCTAATTCG

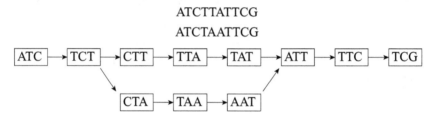

如果 10 条读序有如下序列重叠关系：

GACCTACA

ACCTACAA

CCTACAAG

CTACAAGT

TACAAGTT

ACAAGTTA

CAAGTTAG

TACAAGTC

ACAAGTCC

CAAGTCCG

构建的德布鲁因图会形成分叉（重复序列导致）：

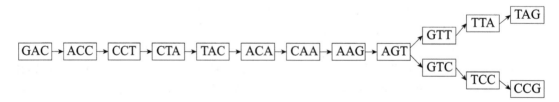

一个更复杂的例子：一条基因组序列片段，打断测序产生的读序为 7nt 长度（读序中存在单碱基测序误差）（图 7.7）。我们确定了其 4-mer 及其覆盖深度（出现个数），可见大部分

4-mer 出现 5～9 次，但含有特定测序误差的 4-mer 出现次数都仅为 1 或 2 次。基于这些 4-mer 构建德布鲁因图（图 7.7），基于该图的欧拉路径就可获得原始序列（图中由于测序误差产生了分叉和小包）。

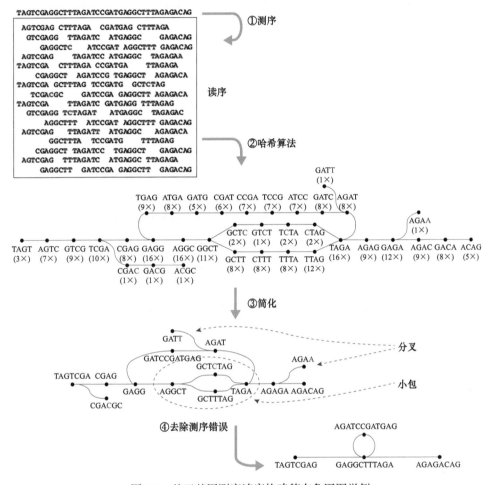

图 7.7　基于基因测序读序构建德布鲁因图举例

构图包括四步：①一段基因组序列经测序，获得大量 7nt 长度读序（红色碱基为测序误差）；②基于读序的 4-mer 构建德布鲁因图；③通过 4-mer 延伸简化德布鲁因图；④进一步去除由于测序误差导致的分叉和小包，获得最终图。基于该图的欧拉路径（各边遍历一次）获得原始基因组序列

　　如果把来自一个基因组测得的所有读序放到一起构建德布鲁因图，可以想象这个图将非常复杂和庞大，测序误差、重复序列等会使图产生大量错误连接。所以，一般在进行基因组拼接前，需要首先对测序读序进行错误纠正或质量控制，以去除图中可能的错误分叉或小包等。下文以华大基因研发的基因组拼接软件 SOAPdenovo 为例进行具体说明。

　　SOAPdenovo 的拼接过程如图 7.8 所示：基因组序列打碎到一定长度构建测序文库（图中表示不同长度的库，短的 150～500bp，长的 2～10kb），进行双端高通量测序，每条读序长度约 100bp，然后将获得的大量读序构建 K-mer（K 的大小根据每个物种进行测试，选择拼接效果理想的长度，如 40～50bp）。以这些 K-mer 为顶点，根据 K-mer 关系（包括 PE 关系）构建德布鲁因图。对初步构建成的图进行修正，去掉由于测序误差等引起的错误连接。根据最后确定的德布鲁因图，寻找欧拉路径，即确定可能的拼接序列。一般是基于contig进行两头延伸；对于大的重复序列，由于形成剪刀叉形图，拼接无法确定两端连接方式，一般做法是在拼接序列中去除这段重复序列，然后根据PE关系确定最后的拼接序列（scaffold）。最后将读序定位到拼接的序列上，根据定位的读序可以将拼接序列的缺口尽量缩小。这样一个完整的拼接过程就结束了。

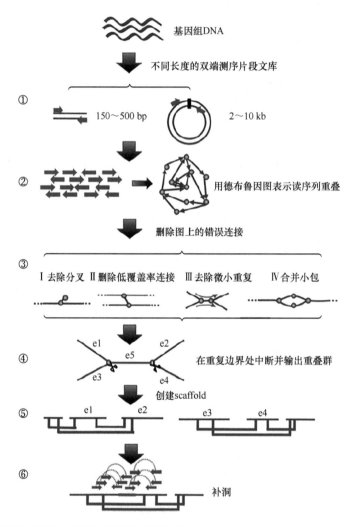

图7.8　基于德布鲁因图的基因组拼接算法举例（以SOAPdenovo为例，引自Li et al., 2010）

SOAP（short oligonucleotide analysis package）系列是华大基因针对二代测序数据自主开发的分析软件包，其中SOAPdenovo是应用较为成功的拼接软件。SOAPdenovo是为动植物大基因组设计的基于短序列的从头拼接软件，同时其也可以在较小基因组（细菌和真菌基因组）的拼接中应用。目前SOAPdenovo共有两个版本，分别于2010年和2012年发表在 *Genome research* 和 *GigaScience* 杂志上。相对于SOAPdenovo而言，SOAPdenovo2通过更新算法设计，降低了内存消耗，解决了contig拼接中重复区域对于拼接的影响，提升了scaffold构建中的长度和覆盖度，进一步优化了补洞程序，拼接效果有了非常明显的提高。相较于Velvet和

ALLPATHS-LG 等拼接软件，SOAPdenovo2 的安装和程序运行都十分方便。

在程序运行方面，SOAPdenovo2 仅用一个命令行（SOAPdenovo-127mer all -s xxx. config -K 31 -d 1 -F -o output）即可完成拼接任务。在这个命令中："all"代表一次性运行所有拼接流程；"-s"后的文件名是指拼接所需的配置文件；"-K"后的数字是拼接所用的 K-mer 长度（奇数），通常需要尝试很多值以选取最佳拼接效果的 K-mer 长度；"-d"后面的数字指保留大于该数字频率的 K-mer 用于拼接，设置该参数的目的在于去除测序错误导致的低频 K-mer 对拼接的影响；"-F"是利用读序对 scaffold 进行补洞。具体配置文件相关信息扫二维码可见。

同样，德布鲁因图算法也可以用于基于三代长读序的基因组从头拼接（如几年前出现的 ABruijn 和 HINGE 工具）。2019 年，阮钰和李恒在《自然-方法》发表了模糊布鲁因图（fuzzy Bruijn graph）拼接算法及其软件 wtdbg（Ruan and Li，2019），其拼接速度在目前主流工具 Falcon 和 Canu 的基础上再提高了 5 倍。该拼接算法的优点主要有：一是提出"K-bin"短串的新概念，重新定义了"短串"，将测序数据切分为固定长度的新型短串 K-bin，K-bin 比传统的 K-mer 长度更长；二是直接组装，不提前进行纠错步骤。wtdbg 则直接进行基因组组装，避免了需要提前纠错的耗时步骤，直接得到一个相对可靠的组装结果。

3. 重复图拼接算法　Pavel Pevzner 实验室 2019 年在《自然-生物技术》上发表了基于重复图（repeat graph）的长读序基因组拼接新算法——Flye 算法（Kolmogorov et al.，2019），其速度远高于传统拼接算法（Falcon、Canu 等）。如上所述，Pevzner 是图论高手，经典的基于德布鲁因图的基因组从头拼接算法最早就是由他提出的。针对基因组序列中存在大量重复序列的事实和德布鲁因图拼接算法对重复序列拼接的短板，Flye 算法解决了重复序列拼接的难题，使序列拼接得更加准确和完整。

（1）重复图构建　如何为基因组构建一个合理的概率图模型一直备受关注。对于具有大量重复序列的基因组，重复图模型显然是一个不错的选择。通过高通量测序数据，构建其近似重复图（approximate repeat graph），然后重构其所有重复序列的路径，由此就可以拼接出原始的基因组序列。近似重复图为近似图（approximate graph）的一种。近似图在理论生物学研究中具有广泛应用（Hellmuth et al.，2009）。如何对包含重复元件的基因组序列进行构图呢？例如，一段基因组片段，包含两种重复元件（A 和 B），其原始序列构成为 XABYABZBU（图 7.9）。以重复元件和非重复区段为边，以这些重复和非重复区段分界点（断点）为顶点，就可以构建出一个重复图。进一步将重复序列的边合并为一个边，形成一个更加简约的近似重复图。

（2）Flye 算法　Flye 算法的具体过程包括几个关键过程（图 7.10）：①随机基因组拼接序列（disjointig）的构建，由于重复序列的存在，导致随机的基因组片段连接，这些连接也许是错误的（随机连接导致）；②基于"disjointig"序列构建其近似重复图；③基于少量的重复序列之间的差异，区分重复序列与非重复序列之间的连接关系，确定重复图中每条重复序列路径（resolving bridged repeat），构建完整重复图。由此可见，Flye 算法的核心内容包括"disjointig"序列的设计和重复路径的重构。由于重复序列的大量遗传冗余，其进化速率快，这势必在不同重复序列之间很快产生碱基突变等变异，即使变异也许很少，但足以用于区分它们。

大片段重复（segmental duplication）一直以来是基因组从头拼接的难题之一。Flye 算法用于拼接这些重复序列时表现良好。例如，人类基因组上有 688 个包括 5～50kb 长度重复的区域，Flye 算法基于长读序准确拼出了其中 603 个包含重复片段的序列。

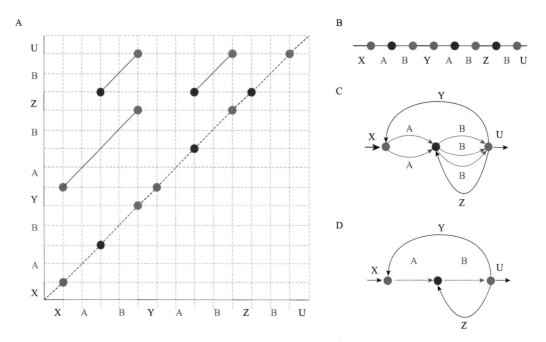

图 7.9　基因组片段近似重复图的构建过程（引自 Kolmogorov et al.，2019）

A 图．基因组片段序列自身比较的点阵图，该片段中，A 和 B 为重复序列，其他（X/Y/Z/U）为非重复片段；
B 图．基因组片段构成；C 图．构建重复图；D 图．近似重复图

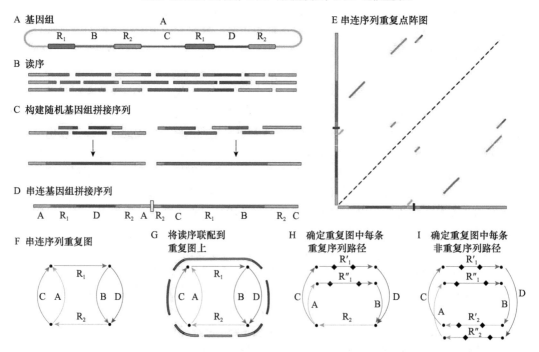

图 7.10　基因组拼接 Flye 算法（引自 Kolmogorov et al.，2019）

A 图．基因组中存在两个重复序列（R_1 和 R_2），分别有两个拷贝，这两个拷贝的序列构成均 99% 一致，A～D 为非重复片段；
B 图．长读序及其定位结果；C 图．构建随机基因组拼接序列（disjointig），图中构建出两条 "disjointig" 序列；D、E 图．串
连两条 "disjointig" 序列及该序列的比较点阵图；F 图．基于点阵图构建其近似重复图；G 图．长读序在重复图中的定位情
况；H、I 图．基于重复序列不同拷贝的细微变异，重构完整重复图路径

三、基因组染色体水平组装

　　上述的基因组拼接只是到 scaffold 水平，而对于一个重要物种的基因组来说，scaffold 水平的基因组草图序列明显不够完整，染色体水平的基因组组装对于一个物种的遗传研究至关重要。因此，往往需要通过添加一些额外的数据，进行染色体水平组装。这项工作通常称为准染色体重建（pseudo-chromosomes reconstruction），其中"准"这个词代表的是基因组组装上仍存在很多不确定的地方，需要各种可能的证据来进行校验。

　　1. 遗传图谱　　我们通常会利用遗传群体及其高质量 SNP 等类型的分子标记进行连锁分析，进而构建高密度的遗传图谱，其中遗传图谱的标记、标记对应的遗传距离和标记对应的染色体是用于辅助基因组组装的重要信息。利用遗传图谱辅助进行组装主要分"三步走"，即将分子标记定位到 scaffold，通过标记的定位信息确定 scaffold 的染色体定位信息，以及最终将 scaffold 组装成染色体。目前用于遗传图谱辅助基因组组装的软件较多，例如，Tang 等在 2015 年开发的 ALLMAPS 软件（Tang et al., 2015），可以通过设置权重来同时利用多个遗传图谱进行染色体水平的辅助组装（图 7.11 提供了一个案例）。多个可靠的遗传图谱既可以提高染色体水平组装的总长度，也可以提高准确率。

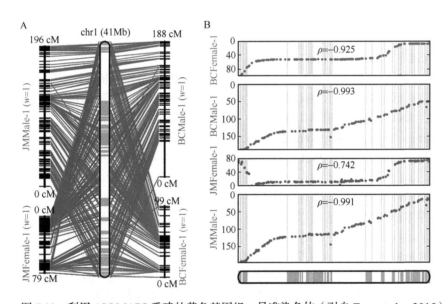

图 7.11　利用 ALLMAPS 重建的黄鱼基因组一号准染色体（引自 Tang et al., 2015）
A. 图两侧代表的是 4 个遗传图谱，采用 BCFemale、BCMale、JMFemale 和 JMMale 4 个遗传图谱，权重（w）相同，黑色横线代表遗传标记，中间代表 1 号准染色体序列，灰白相间代表连接的每一条 scaffold，遗传图谱和染色体序列之间的线连接重建染色体上的物理位置和图谱上的遗传距离。B. 4 个散点图，点分别代表染色体上的物理位置（x 轴）与遗传图谱的遗传距离（y 轴）。散点图上的 ρ 值代表 Pearson 相关系数，其值为 −1～1，接近 −1 或 1 的值表示接近完美的共线性

　　2. 染色体水平组装新技术　　利用遗传图谱组装基因组存在所需周期长、耗费时间和精力巨大等限制。因此许多新技术不断被开发并应用于辅助基因组组装，如 Hi-C 技术、光学图谱技术（BioNano Genomics）、Chicago 技术（Dovetails Genomics）、Linked-reads 技术（10×

Genomics）等。

（1）Hi-C 技术　　Hi-C 技术指高通量染色体构象捕获技术（high-throughput chromosome conformation capture），是一种研究全基因组三维构象及分析染色质片段相互作用的前沿技术（详见第 12 章第一节）。对于基因组组装，Hi-C 技术主要基于染色体内的相互作用远大于染色体之间的相互作用，近距离的相互作用大于远距离的相互作用的基本原理，进行染色体基因组序列聚类和排序，并定向到它们的正确位置（图 7.12A）。它与利用遗传图谱将基因组序列组装到染色体水平的方法类似。但遗传图谱需要构建专门的作图群体，而 Hi-C 技术只需要单个个体就可以实现序列染色体定位。2019 年 Zhang 等基于 Hi-C 数据专门对同源多倍体基因组或者高杂合二倍体基因组的准染色体重构开发了软件 ALLHiC，并对同源八倍体野生甘蔗的基因组拼接到准染色体水平（Zhang et al., 2019a）。关于 Hi-C 技术在基因组组装上的应用还有很多，具体可以参考本书第 12 章。

（2）Chicago 技术和 Linked-reads 技术　　与 Hi-C 技术一样，Chicago 技术和 Linked-reads 技术均是基于 Illunima 二代测序平台而进行的特大片段建库技术。Hi-C 技术需要通过提取活细胞染色质构建大片段文库，由此产生一些生物学信号干扰，进而会影响基因组组装。

Dovetail Genomics 公司的 Chicago 技术以重组染色质为基础构建大片段文库，通过将 DNA、纯化的组蛋白及染色质组装因子结合来重构染色质，可以去除生物学信号的干扰，产生高质量的数据。Dovetail 在发布 Chicago 技术的同时，还发布了专门配套的组装软件 HiRise（Putnam et al., 2016），如藜麦基因组（Jarvis et al., 2017）的基因组组装工作就采用了 Chicago 技术进行辅助基因组组装。Chicago 技术的劣势是产出片段跨度范围明显小于 Hi-C 技术，不能进行染色体水平的组装。

10×Genomics 公司的 Linked-reads 技术通过在 DNA 片段上加入特异性标记（barcode）序列，并通过追踪标记序列信息追踪来自每个大片段 DNA 模板的多个读序，从而获得大片段序列的信息，并以此信息来辅助组装。10× Genomics 公司同样也开发了其配套的组装软件 Supernova（https://support.10xgenomics.com/de-novo-assembly/software/downloads/latest），如大豆野生近缘种 *Glycine latifolia* 的基因组即是以 Linked-reads 技术为主进行了基因组组装（Liu et al., 2018）。Linked-reads 技术的一个很大局限在于其只能用作二倍体拼接。

（3）光学图谱技术　　与前面所提及的基于测序系统的技术有所不同，光学图谱技术是一种非测序系统技术，它通过对尽可能长的 DNA 片段进行成像分析，制成可视基因组图谱。其中 Bionano Genomics 公司是目前最主流的光学图谱技术服务提供商，提供了 IRYS 和 SAPHYR 两种光学图谱平台。在辅助基因组组装上，光学图谱除了能够用于基因组拼接片段的排序和定向，还可以用于基因组拼接片段的错误矫正，以及估计相邻片段之间缺口的序列长度（图 7.12B）。基于 SAPHYR 光学图谱平台的最新基因组 DNA 标记技术 DLS（direct label and stain technology）对 DNA 进行标记时不会造成损坏，因而可以产生染色体臂长度的光学图谱。例如，Deschamps 等（2018）利用 BioNano 的 DLS 技术进行高粱染色体水平的辅助组装，其 DLS 光学图片的 DNA 分子长度 N50 达到了 286kb，借此拼接出的高粱基因组 N50 达到了 33.8Mb，接近染色体水平。在植物上，光学图谱技术、三代测序技术及 Hi-C 技术，可以共同解决植物基因组高重复、高杂合及多倍化等可能存在的复杂特性，从而获得高质量的复杂植物参考基因组。

3. 组装质量评估　　通常会通过一些方法进行基因组拼装质量评估，常见的方法包括如下几种。

1）拼接指标 contig N50 和 scaffold N50 指标，这类指标在错误较少的情况下，越高说明基因组拼接的连续性越好。

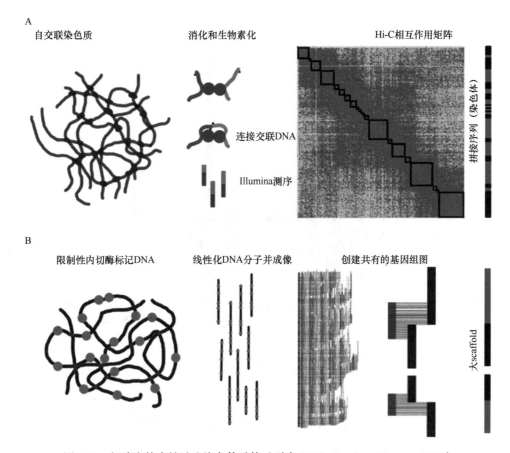

图 7.12　长跨度技术辅助准染色体重构（引自 Michael and van Buren，2020）

A．Hi-C 辅助准染色体重构模式图，Hi-C 数据获取自交联染色质的相互作用，然后通过 contig/scaffold 上位点之间的相互作用来构建矩阵，进而确认它们之间的位置关系，以 contig/scaffold 重建准染色体。B．光学图谱辅助构建准染色体模式，光学图谱利用限制酶位点和单分子成像来创建基因组的物理图。通过使用限制酶对 DNA 的长片段进行刻痕并标记，DNA 分子被线性化和成像，并且每个分子的指纹被合并以创建一个共有的基因组图。基于比对，contig/scaffold 被覆盖在基因组图谱上，并锚定在支架或假分子中，进而构成准染色体

　　2）矫正后的测序数据比对到基因组拼接序列上的比例。通过将校正后的二代或三代测序数据与基因组进行比对，通过比对有效比例和覆盖度来评估拼接基因组和数据的一致性，通常比对上的比例越高，覆盖度越均匀，组装效果越好。

　　3）利用转录本或重复序列元件（如 LTR）等基因水平序列进行评估。例如，基于 LTR 完整度进行评估的方法——LAI（Ou and Jiang，2018），基于 LTR 重复序列拼接的完整程度，LAI 给出了一个评价指数，LAI 指数越高拼接完整性越好（图 7.13）。

　　4）利用可评判基因组拼接完整度的数据库，如 CEGMA 和 BUSCO 等。CEGMA（Core Eukaryotic Genes Mapping Approach）包含了生物界最保守的基因集（458 个基因）；BUSCO（Benchmarking Universal Single-Copy Orthologs）（https://busco.ezlab.org/）是目前常用到的另外一个保守基因集（筛选的相似性标准与 CEGMA 有所不同），目前该数据库中"Plant Set"数据集有 1440 多个植物保守基因。在目标基因组中包含上述保守基因的比例越高，表明基因组拼接越完整。

　　5）通过 BioNano 光学图谱、BAC 等克隆序列、Hi-C 及遗传图谱等各种类型的独立数据进

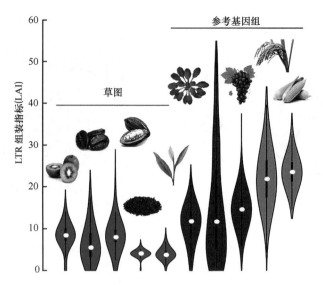

图 7.13　利用 LTR 重复序列对不同植物物种基因组序列完整度进行评价（引自 Xia et al., 2020）

基于 LAI 指标值大小，可以根据基因组完整程度分为草图（≤10）和参考基因组（＞10）

行一致性比较，从多个维度来验证基因组拼接的准确性。通常一致性越高，基因组拼接越准确。

第三节　基因组序列分析与比较

基因组序列分析内容非常丰富。基因注释（蛋白质编码基因和非编码 RNA）将单独安排两章进行介绍，本节主要介绍基因组序列构成（重复序列、字符串等）、基因组序列比较等。

一、基因组序列构成分析

1. 生物 DNA 碱基构成特征　　DNA 序列一个显而易见的特征是 4 种类型碱基的分布。几乎所有研究都证明，DNA 序列碱基是以不同频率分布的。在基因组水平上，一个基因组的 4 种碱基构成会不一样，如表 7.1 所示，9 个物种基因组 DNA 序列的碱基构成存在差异。

表 7.1　9 个物种基因组完整 DNA 序列的碱基组成 *

物种		基因组	碱基频率 /%				总计 /nt
			A	C	G	T	
噬菌体	λ	LAMCG	0.25	0.24	0.25	0.26	48 502
	T₇	PT7	0.27	0.23	0.24	0.26	39 936
	ØX174	PX1CG	0.24	0.22	0.31	0.23	5 386
病毒	花椰菜镶嵌病毒	MCACGDH	0.37	0.21	0.23	0.19	8 016
	人类乳头多瘤空泡病毒 BK	PVBMM	0.30	0.20	0.30	0.20	4 936
	乙型肝炎病毒	HPBAYW	0.28	0.22	0.23	0.27	3 182

续表

物种		基因组	碱基频率 /%				总计 /nt
			A	C	G	T	
线粒体	人类	HUMMT	0.31	0.31	0.25	0.13	16 569
	牛	BOVMT	0.33	0.26	0.27	0.14	16 338
	鼠	MUSMT	0.35	0.24	0.29	0.12	16 295

* 资料来源：GenBank 数据库

在基因水平上，碱基的构成表现出明显的分布特征。我们收集了 GenBank 数据库中几百条已知基因 DNA 序列，将它们按照转录起始位点（TSS）对齐，然后以 10 个碱基长度窗口从左到右逐碱基滑动，计算每个窗口中 4 种碱基的频率后画成频率分布图（图 7.14）。从图中可见，基因碱基分布的一个总体趋势是：基因区域的 G/C 碱基比例会上升，A/T 比例下降，G+C 碱基比例超过 A+T；基因间区碱基构成则正好相反。因此，在 TSS 区域附近，我们可以看到这 4 种碱基比例构成此消彼长的有趣现象。

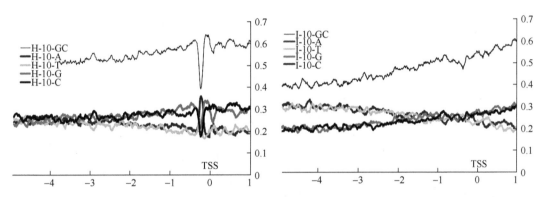

图 7.14　人类（左）和水稻（右）基因转录起始位点（TSS）附近碱基分布变化
随机挑选 100 条基因序列以转录起始位点对齐，按照 10nt 窗口长度逐碱基计算 4 种碱基频率

分析 DNA 序列的主要困难之一是其碱基相邻的频率不是独立的。一个清晰的证据是碱基相邻的频率一般不等于单个碱基频率的乘积。如果 P_u 是序列中碱基 u 的频率，P_v 是序列中碱基 v 的频率，P_{uv} 是两个相邻碱基 u 和 v 的频率，则

$$P_{uv} \neq P_u P_v \tag{7.4}$$

我们研究了水稻和人类基因组 DNA 序列两碱基相邻的频率（表 7.2）。数据来自这两个物种目前注释出来的所有基因的 DNA 序列，总长分别为 168 717 208 和 1 506 657 427 个碱基。表中的比值为 16 种两个碱基相邻的频率除以相应的单个碱基频率的乘积。

针对一个单个基因的情况，我们以鸡血红蛋白 β 链基因 mRNA 编码区的 438 个碱基为例（GenBank 记录号 J00860），说明两个和三个相邻碱基的情况。表 7.3 列出了 4 种碱基和 16 种两个相邻碱基的数目。将该表看作 4×4 的表，计算行列独立性的卡方统计量，得到 $\chi^2 = 59.3$（$\chi^2_{0.05,\ 9} = 16.92$），表明行（第一碱基）和列（第二碱基）之间存在明显的关联。

表 7.2　人类和水稻中两碱基的相邻频率

相邻碱基对	观测频率/期望频率*		相邻碱基对	观测频率/期望频率*		相邻碱基对	观测频率/期望频率*	
	人类	水稻		人类	水稻		人类	水稻
CC	1.27	1.05	TT	1.13	1.13	GT	0.84	0.84
GG	1.22	1.03	AA	1.13	1.11	AC	0.83	0.86
CA	1.20	1.11	GC	1.02	1.11	TA	0.75	0.77
TG	1.19	1.11	GA	0.99	1.05	CG	0.26	0.83
AG	1.18	0.99	TC	0.96	1.00			
CT	1.15	0.99	AT	0.88	1.02			

*期望频率为相应两个单个碱基频率的乘积

表 7.3　鸡血红蛋白 β 链基因序列（记录号 J00860）的相邻碱基数量分布

第一碱基 ＼ 第二碱基	A	C	G	T
A	23	26	23	15
C	37	51	14	41
G	25	38	36	19
T	2	29	41	14
总计	87	144	117	89

　　我们进一步看三碱基相邻情况。在编码区，存在某种约束来限制 DNA 序列编码氨基酸。在密码子水平上，这一约束与碱基相邻频率有关。表 7.4 列出了该序列中各遗传密码子的数量。尽管数目很小，难以得出有力的统计结论，但编码同一氨基酸的不同密码子（同义密码子）不是等同存在的，如偏向于使用 GCC/CUG 等密码子。这种密码子偏倚必定与两碱基相邻频率差异有关。表 7.4 还清楚地表明，由于密码子第 3 位置上碱基的改变通常不会改变氨基酸的类型，因而对第 3 位置上碱基的约束要比第 2 位置碱基小得多。从一个物种水平上看，密码子使用的偏好性非常明显，动物与植物及微生物之间存在明显不同；同一类型，如植物的不同物种之间也有所不同。例如，两种模式植物单子叶植物水稻与双子叶植物拟南芥，如果统计一下它们编码基因的碱基构成，可见明显差异（图 7.15）。与拟南芥相比，可以明显观察到水稻基因密码子对 G 和 C 碱基的偏好性。

表 7.4　鸡血红蛋白 β 链基因（记录号 J00860）使用的 64 种密码子数量分布

密码子/数量	密码子/数量	密码子/数量	密码子/数量
UUU Phe/ 3	AUU Ile/ 1	UCU Ser/ 0	ACU Thr/ 3
UUC Phe/ 5	AUC Ile/ 6	UCC Ser/ 5	ACC Thr/ 4
UUA Leu/ 0	AUA Ile/ 0	UCA Ser/ 0	ACA Thr/ 0
UUG Leu/ 0	AUG Met/ 1	UCG Ser/ 0	ACG Thr/ 0
CUU Leu/ 1	GUU Val/ 0	CCU Pro/ 1	GCU Ala/ 4
CUC Leu/ 6	GUC Val/ 5	CCC Pro/ 4	GCC Ala/ 11
CUA Leu/ 0	GUA Val/ 0	CCA Pro/ 0	GCA Ala/ 0
CUG Leu/ 11	GUG Val/ 7	CCG Pro/ 0	GCG Ala/ 1

密码子 / 数量	密码子 / 数量	密码子 / 数量	密码子 / 数量
UAU Tyr/ 0	AAU Asn/ 1	UGU Cys/ 2	AGU Ser/ 0
UAC Tyr/ 2	AAC Asn/ 6	UGC Cys/ 1	AGC Ser/ 2
UAA Stop/ 0	AAA Lys/ 1	UGA Stop/ 0	AGA Arg/ 0
UAG Stop/ 0	AAG Lys/ 9	UGG Trp/ 4	AGG Arg/ 3
CAU His/ 3	GAU Asp/ 1	CGU Arg/ 0	GGU Gly/ 1
CAC His/ 4	GAC Asp/ 5	CGC Arg/ 3	GGC Gly/ 4
CAA Gln/ 1	GAA Glu/ 4	CGA Arg/ 0	GGA Gly/ 0
CAG Gln/ 0	GAG Glu/ 3	CGG Arg/ 0	GGG Gly/ 3

注：Stop 表示终止密码子

相邻碱基之间的关联将导致更远碱基之间的关联，这些关联延伸距离的估计可以通过马尔可夫链方法得到（Tavare and Giddings，1989）。如上所述，在不援引任何生物学机制的情况下，第 k 阶马尔可夫链假定在序列中某一位置上碱基的存在只取决于前面 k 个位置上的碱基。

2. DNA 序列 Z 曲线　如果把 DNA 序列看作两个符号组成的符号序列，从一条 DNA 序列的首字母开始，每看到一个嘌呤（字母 A 或 G）就从横坐标的原点向左走一步，每看到一个嘧啶（字母 C 或 T）就向右走一步。这就是所谓的"DNA 行走"。针对所选的序列，"DNA 行走"不是无规则行走，而是会反复经过原点。研究表明，编码序列比非编码序列更为"随机"。上述"DNA 行走"是在一维上实现，同时也可以在二和三维上实现，形成所谓行走曲线或路径（图 7.16）。

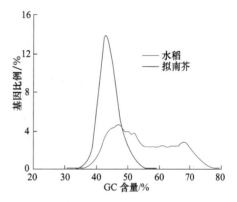

图 7.15　水稻和拟南芥具有不同 GC 含量蛋白质编码基因分布图
（引自 Guo et al.，2007）

生物信息学研究的一个重要原则是所提出的方法及其结果要有生物学意义和具体用途。DNA 序列 Z 曲线是一个成功的例子。DNA 序列实际上是一种用 4 种字母表达的"语言"，只是其"词法"和"语法"规则目前还没有完全搞清楚。人类的语言有文字和声音两种基本表现形式，此外还有手语、旗语甚至图画语等特殊表达形式。同样，DNA 序列作为一种语言，其表达形式也不是唯一的。传统上，DNA 序列是用 4 种字母符号表达的一维序列。这是一种抽象形式，适合于存储、印刷和代数算法的处理，包括比较、排列和查找特殊序列等。张春霆院士开展了 DNA 序列三维空间曲线表示形式，即 DNA 序列几何表示形式的研究。几何形式虽然与符号形式完全等价，但显示了 DNA 序列的新特征。两种形式各有其特点，相互补充。这一新方法为解读 DNA 序列信息提供了

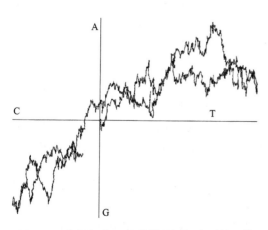

图 7.16　大肠杆菌 K12 菌株基因组序列的二维 DNA 行走曲线（引自郝柏林，2015）

崭新的手段。他们的研究始于对 4 种碱基对称性的观察，提出用正四面体表示碱基对称性，利用这种形式来表示任意长度的 DNA 序列。现将这种序列表示方法简述如下。

考察一个长为 L 的单 DNA 序列，方向（$5' \rightarrow 3'$ 或 $3' \rightarrow 5'$）不限。从第一个碱基开始，依次考察此序列，每次只考察一个碱基。当考察到第 n 个碱基时（$n=1, 2, \cdots, L$），数一下从 1 到 n 这个子序列中 4 种碱基各自出现的次数。4 种碱基 A、C、G、T 出现的次数分别用 A_n、C_n、G_n、T_n 表示（下标"n"表示这些整数是从 1 到 n 这个子序列中数出来的）。显然，它们都是正整数。根据正四面体的对称性可以证明，在正四面体内存在唯一的一个点 P_n 与这 4 个正整数对应。点 P_n 构成了 4 个正整数的一一对应映射。点 P_n 的坐标可用 4 个正整数表达：

$$x_n = 2(A_n + G_n) - n \tag{7.5}$$
$$y_n = 2(A_n + C_n) - n \tag{7.6}$$
$$z_n = 2(A_n + T_n) - n \tag{7.7}$$
$$x_n, y_n, z_n \in [-n, n] \quad (n=1, 2, \cdots, L) \tag{7.8}$$

式中，x_n、y_n 和 z_n 为点 P_n 的三个坐标分量。当 n 从 1 逐步递增到 L 时，依次得到 P_1，P_2，P_3，$\cdots$，P_L，共 L 个点。将相邻两点用适当的曲线连接所得到的整条曲线，就称为表示 DNA 序列的 Z 曲线。可以证明，Z 曲线与所表示的 DNA 序列是一一对应的，即给定一 DNA 序列，存在唯一的一条 Z 曲线与之对应；相反，给定一条 Z 曲线，可找到唯一的一个 DNA 序列与之对应。换言之，Z 曲线包含了 DNA 序列的全部信息。Z 曲线是与符号 DNA 序列等价的另一种表示形式，是一种几何形式。可以通过 Z 曲线对 DNA 序列进行研究。

Z 曲线的三个分量具有明确的生物学意义：①x_n 表示嘌呤/嘧啶碱基沿序列的分布。当从 1 到 n 的这个子序列中嘌呤碱基多于嘧啶碱基时，$x_n > 0$；反之，$x_n < 0$；两者相等时，$x_n = 0$。②y_n 表示氨基/酮基碱基沿序列的分布。当在子序列中氨基碱基多于酮基碱基时，$y_n > 0$；反之，$y_n < 0$；两者相等时，$y_n = 0$。③z_n 表示强/弱氢键碱基沿序列的分布。当弱氢键碱基多于强氢键碱基时，$z_n > 0$；反之，$z_n < 0$；两者相等时，$z_n = 0$。这三种分布是相互独立的，体现在以下事实中：任何一种分布不能由其他两种分布的线性叠加表示出来；给定的 DNA 序列唯一地决定了这三种分布；这三种分布唯一地描述了 DNA 序列。对 DNA 序列的研究就是通过对这三种分布的研究来进行的。从方法学的角度来看，这是 DNA 序列的一种几何学研究途径。

3. 同向重复序列分析　　除了序列碱基关联特征外，我们常对重复序列，如同向重复序列（direct repeat）之类的问题感兴趣。一个简单同向重复的方式是点阵图（dot matrix）方法，即把感兴趣的一条或两条序列分别放在两侧（图 7.17 A），比较每个位点的碱基/氨基酸，相同的碱基/氨基酸在图中打一个点，这样重复的区域就会出现连续的点。为了减少随机匹配导致的背景噪音，可以用一定长度的碱基/氨基酸字符串（所谓字）在图中打点。以人 LDL 受体基因序列为例，利用 DNA Strider 软件可以对其自身进行点阵画图（Mount，2004）（图 7.17 B）。如果逐个碱基比较，相同地打一个点，这样点阵图背景噪音很大（即随机造成的匹配很多）；如果以字（如 23nt 长度字符串）为单位，明显去除了背景噪音。可见该基因在 23nt 字长情况下，基因前段有 6 个重复单元。

点阵方法是一个很好的可视化分析方法，但在实际分析中，往往需要一个有效算法进行计算识别。Karlin 等（1983）给出了一个有效算法。该法采用特定的几组碱基字母组成的不同字符串或称为字码（word），只需要对整个序列搜索一次。给碱基赋以一定值 α，如 A、C、G、T 的值为 0、1、2、3。由 k 个字母组成的每一种不同字码具有如下字码值：

$$1+\sum_{i=1}^{k}\alpha_i 4^{k-i}$$

上述字码值的取值范围为 $1\sim 4^k$。例如，5 字码"TGACC"的值为 $1+3\times 4^4+2\times 4^3+0\times 4^2+1\times 4^1+1\times 4^0=902$。可先从低 k 值的字码开始搜索。记录序列中每一个位置 k 字码的字码值。只有在发现 k 字码长度重复的那些位置，才考虑进行长度大于 k 的字码搜索。

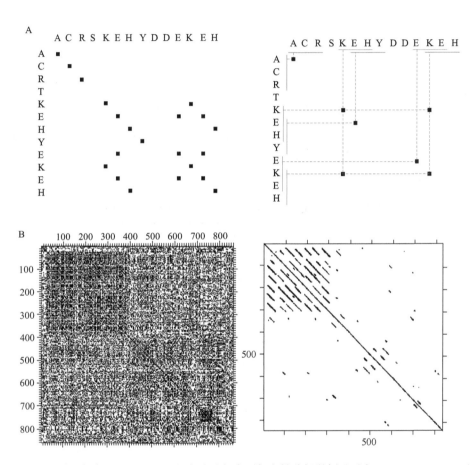

图 7.17　利用点阵图（dot matrix）方法进行序列保守性分析举例（引自 Zhang et al., 2005）
A. 两条蛋白质序列不同字长（单个和三个氨基酸）的分析效果；
B. 人类 LDL 受体基因不同字长（单碱基和 23nt）的自身比较图

以"TGGAAATAAAACGTAAGTAG"为例，可以计算该序列中所有两个碱基字码（$k=2$）的初始位置和字码值（表 7.5）。对于长度大于 2 的同向重复或字符串的搜索可只限于两字码重复的初始位置。在本例中只有 4 个字码值存在重复出现情况。例如，在位置 4、5、8、9、10 和 15 均出现相同字码值（1），即至少均存在两个碱基的重复序列。进一步看三字码值及位置（表 7.5），发现字码值 1、45 和 49 在多个位点出现，说明在这些位置上有三碱基序列重复，如字码值 1 分别在 4、8、9 位置上出现，其为 AAA 三碱基重复。继续以四字码值进一步搜索，未能发现重复出现的字码值，说明没有更长的重复序列。

表 7.5 序列"TGGAAATAAAACGTAAGTAG"的二和三字码值及其位置（引自 Karlin，1983）

二字码值	碱基位置	二字码值	碱基位置	三字码值	碱基位置
1	4, 5, 8, 9, 10, 15	9	3	1	4, 8, 9
2	11	10	—	2	10
3	16, 19	11	2	3	15
4	6	12	13, 17	4	5
5	—	13	7, 14, 18	45	13, 17
6	—	14	—	49	7, 14
7	12	15	1	51	18
8	—	16	1		

同样以鸡血红蛋白 β 链基因的 mRNA 编码区的 438 个碱基为例（记录号 J00860），对鸡血红蛋白 β 链基因 DNA 序列进行同向重复序列搜索，发现不少位点出现 8 或 9 个碱基同向重复，最长的重复序列为 10 个碱基（表 7.6）。

表 7.6 鸡血红蛋白 β 链基因 DNA 序列重复序列检测结果

字码长度 /nt	重复序列	起始位置
8	GCCCTGGC	79, 418
	GCCAGGCT	85, 377
	CCAGGCTG	86, 378
	CAGGCTGC	87, 379
	TCCTTTGG	130, 208
	CCTTTGGG	131, 209
	TGGTCCGC	176, 398
	GGTCCGCG	177, 399
9	GCCAGGCTG	85, 377
	CCAGGCTGC	86, 378
	TCCTTTGGG	130, 208
	TGGTCCGCG	176, 398
10	GCCAGGCTGC	85, 377

Karlin 等（1983）还提出了特定序列内存在的最长同向重复序列的期望值及其统计显著性评价方法。长度为 n 的序列中，假定其核苷酸出现的位置为独立的（相当于 0 阶马尔可夫链），其最长同向重复序列的期望长度和方差分别为

$$\mu_L = \frac{0.635\,9 + 2\ln n + \ln(1-P)}{\ln(1/P)} - 1 \tag{7.9}$$

$$\sigma_L^2 = \frac{1.645}{(\ln P)^2} \tag{7.10}$$

式中，P 为序列中碱基频率的平方和，计算公式为

$$P=\sum_{i=1}^{4}P_i^2 \tag{7.11}$$

用尽可能接近最大长度期望均值的字码长度（μ_L）来开始同向重复序列的搜索，可以节省计算量。对于血红蛋白 β 链基因序列，A、C、G、T 4 种碱基的个数分别为 87、144、118 和 89，因而 $P=0.261$，最长重复序列的期望长度为 8.13 且具有期望方差 0.914。假定同向重复序列的长度呈正态分布。根据 95% 的正态分布概率，理论上可以预期最长同向重复序列不超过 10。

4. 基因组"肖像"及缺失字符串分析 对于一个基因组给定的 K-mer，就有 4^K 种不同的字符串，为了反映每种字符串的数量，可以把每个字符串数量排在一个 $2^K \times 2^K$ 的方块中（图 7.18A），这样的方阵称为 K 框架。对于不同大小的基因组和 K-mer，可以使用同样大小的 K 框架。由于一个特定 K 串的计数可能为 0（缺失）或某一整数，可以采用一个粗略的颜色标尺来反映计数结果，如白色表示缺失，浅颜色表示计数比较小，而深颜色（黑色）表示计数比较大。这样用颜色表示某一物种基因组 K 框架就得到了该物种的一个"肖像"。不同物种其基因组"肖像"不同。郝柏林院士实验室提出了上述方法并致力于细菌基因组"肖像"研究。利用他们编写的生物信息学工具 SeeDNA，可以获得大肠杆菌 K12 菌株的基因组"肖像"（$K=8$）（图 7.18B）。

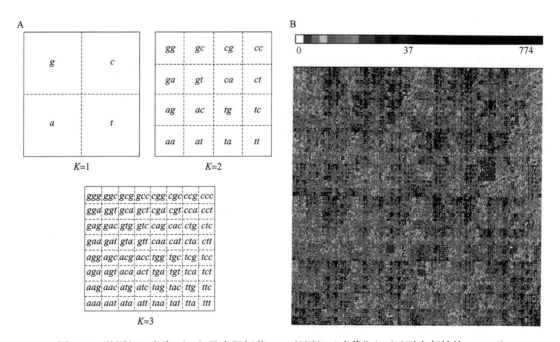

图 7.18 基因组 K 框架（A）及大肠杆菌 K12 基因组"肖像"（B）（引自郝柏林，2015）

基因组"肖像"研究可以发现基因组中一些特定 K 串特别稀少，甚至缺失，如大肠杆菌基因组中"$ctag$"就特别稀少，这是生物学家已经知道的事实。郝柏林院士实验室利用阿凡提算法详细分析了各种细菌的基因组"肖像"，发现了一批细菌基因组显著缺少的字符串（表 7.7 列出了 $K=4$ 的结果）。

表 7.7　一批细菌基因组缺失或显著缺少的四字母（$K=4$）字符串（引自郝柏林，2015）

菌种	字符串								
	ctag	acgt	gatc	gtac	tcga	gcgc	cgcg	ggcc	ccgg
大肠杆菌	√								
沙门菌	√								
痢疾志贺菌	√								
海栖热袍菌	√								
耐辐射奇球菌	√								
根瘤菌	√								
枯草芽孢杆菌	√								
产甲烷热自养古菌	√					√	√		
苍白密螺旋体	√							√	
产水菌	√				√	√		√	
詹氏甲烷球菌	√		√	√		√	√		
肺炎支原体									√
幽门螺杆菌		√		√	√				
流感嗜血杆菌								√	√
伯氏疏螺旋体							√		
集胞菌						√	√		
强烈炽热球菌						√	√		

　　上述缺失的字符串序列全为回文结构（即第 1 和第 4 个字母满足 Crick-Watson 配对，第 2 和第 3 个字母配对），这一事实说明它们与限制性内切酶识别位点有关。20 世纪 70 年代，限制性内切酶首先在细菌中被发现，作为其防御的一个武器，细菌利用该酶可以剪接外来 DNA 序列。同时，细菌还进化出另外一个防御系统——甲基化酶，利用该酶，细菌把自身重要的、同时可能成为"天敌"识别位点或被自己内切酶"误伤"的 DNA 片段保护起来，即把那个位点里碳原子上的氢原子换成一个更大的甲基（—CH^3）。回文序列（如"ctag"和"cctagg"）是最常见的酶切识别位点之一。由此可见，细菌基因组中特定回文字符串缺失或稀少是一个进化的产物，其作为细菌防御系统的一个重要一环，不含或少含类似"ctag"的字符串，对细菌的生存繁衍至关重要。反过来说，这也是细菌长期演化过程中在其基因组上留下的痕迹，通过 K-mer 分析，我们可以发现这些痕迹。

二、基因组可视化

　　基因组可视化是指对基因组各个位置特征的呈现，既包括一个物种自身基因组特征的可视化，也包括以参考基因组为基础的多个个体基因组特征的可视化。基因组可视化利用多种数据可视化技术，以基因组 DNA 序列为坐标轴，将基因组上基因、基因组变异、序列比对信息等数据映射到 DNA 序列坐标轴上，从而实现对基因组特征的可视化。

　　根据可视化布局的不同，基因组可视化主要分为线性可视化和环形可视化两种。①线性可视化通常是以一条 DNA 序列作为线性坐标轴，基因组特征作为一个个独立的轨迹（track）对应到 DNA 坐标轴上。其优点在于具有很好的交互性，并且可以根据用户需要，在染色体水平到碱基水平之间进行尺度缩放；其缺点在于一次只能反映一条染色体的特征，无法反映全基因组水平的特征及染色体之间的关联。基因组浏览器和 IGV 是代表性的线性可视化方法。②环形可视化则是将基因组 DNA 序列首尾相连分布，基因组特征呈环状在基因组 DNA 序列外侧不断向外延伸。环形可视化与线性可视化相反，其能够同时反映全基因组水平的特征及染色体之间的关联；但交互性比较差。Circos 是代表性的环形可视化实现方法。下文简要介绍几种基因组可视化的实现方法。

1. 基因组浏览器　基因组浏览器是基于网页的基因组浏览工具。基因组浏览器以基因组序列长度为横坐标，可以实现基因结构信息、变异信息、序列比对信息等多种类型数据的可视化。目前主要的基因组浏览器包括 GBrowse、JBrowse、NCBI Genome Data Viewer、UCSC Genome Browser 等。

（1）GBrowse　GBrowse 是第一款基于网页的基因组浏览器，其前身是 WormBase 数据库中的一个功能实现，随后在 2002 年独立形成 GBrowse 基因组浏览器。GBrowse 支持 DNA、RNA 等序列的比对信息、基因结构信息等的展示，同时其可以支持单个碱基水平到全基因组水平不同尺度的展示。GBrowse 能够灵活进行功能定制，被广泛应用于水稻（图 7.19A）、小鼠、果蝇等模式生物数据库的构建。

（2）JBrowse　JBrowse 是在 GBrowse 之后开发的一款基因组浏览器，作为 GBrowse 的升级版，其具备支持动态界面、响应速度快、能够支持大规模数据集等优点。JBrowse 以 JavaScript 为基础，直接在用户的浏览器中进行数据处理，所以其对后台的服务器没有太高的要求。此外，相比仅支持几种数据类型的 GBrowse，JBrowse 支持 GFF3、BED、FASTA、Wiggle、BigWig、BAM、VCF、REST 等多种类型数据的可视化展示。JBrowse 与 GBrowse 相比有更多优点，越来越多的物种数据库选择整合 JBrowse 作为其中的基因组浏览器（图 7.19B）。

前面介绍的两款基因组浏览器（GBrowse、JBrowse）可以由用户在本地部署后进行访问，也可以通过整合两款基因组浏览器的相关数据库进行访问。除此之外还有一些比较知名的在线基因组浏览器可以提供很好的基因组可视化。Genome Data Viewer（GDV）（图 7.20）是 NCBI 构建的在线基因组浏览器，其支持超过 910 种真核生物参考基因组的在线访问和相关数据的分析，相比于一般的基因组浏览器，GDV 可以无缝衔接 NCBI 数据库中包括 BLAST 在内的一些工具，便于下游的进一步分析挖掘。

2. IGV　Integrative Genomics Viewer（IGV）是一款交互式基因组数据可视化工具，其支持 BAM、BED、FASTA、GFF、GWAS 等多种格式的数据，可以用于序列比对信息、基因组变异信息、全基因组关联分析等数据的展示及辅助分析。图 7.21 提供了一个案例：以水稻'日本晴'IRGSP-1.0 为参考基因组，使用 IGV 对杂草稻材料'14-87'高通量测序数据比对结果进行可视化。

3. Circos　Circos 是一款针对基因组数据环形可视化开发的软件包，现在也广泛用于其他类型数据的可视化。Circos 可以用于基因组上基因、重复序列、变异信息等多种基因组特征的可视化，此外其还可以用于比较基因组中同源片段等的可视化。Circos 图的一个优势是可以通过一张图对动植物整个基因组特征进行可视化（案例见图 7.22）。

三、比较基因组学分析

比较基因组学分析涉及两个或多个基因组之间（也包括同一基因组不同染色体之间）的比

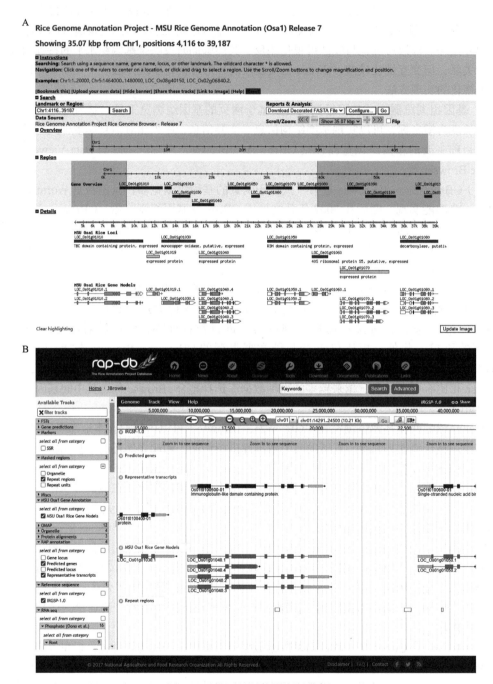

图 7.19　基因组浏览器应用举例

A. 以 GBrowse 为基础构建的水稻数据库（Rice Genome Annotation Project）基因组浏览器；B. 以 JBrowse 为基础构建的
水稻数据库（RAP-DB）基因组浏览器

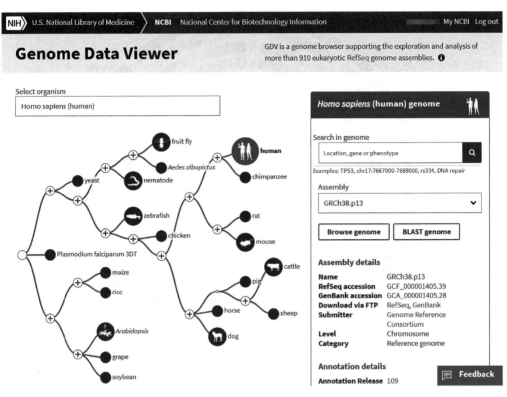

图 7.20　Genome Data Viewer 基因组浏览器

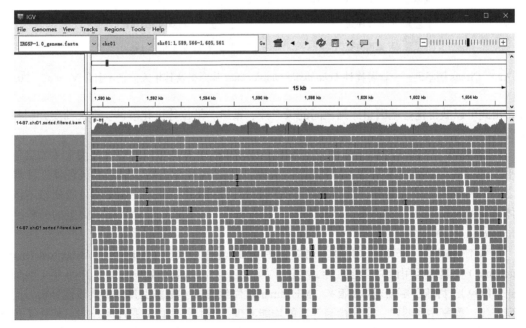

图 7.21　交互式基因组可视化工具 IGV

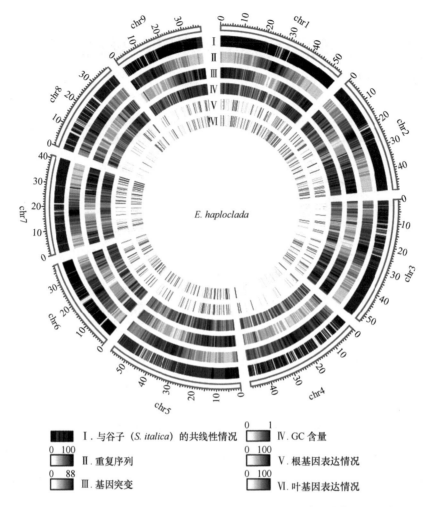

图 7.22　Circos 图举例——稗属物种 *Echinochloa haploclada* 基因组及其相关信息（引自 Ye et al.，2020）

较，由此可以获得这些基因组序列之间的保守性、重组、易位等进化事件。下文简要介绍几种主要分析方法。

1. 点阵图　　基于序列相似性，点阵图（dot matrix）方法可以在更大尺度上（如染色体水平）进行同一物种或不同物种间基因组共线性区块的可视化分析。以不同染色体上注释基因之间的相似性比较为基础，达到临界值的同源基因对标记一个点，这样就可以比较不同染色体之间的相似性和进化关系了。具体例子（图 7.23）可参阅我们对水稻基因组的分析结果（Zhang et al.，2005）。

2. MUMmer　　与基于相同序列短串匹配的点阵图类似，MUMmer（Maximal Unique Match mer）是目前运用最为广泛的共线性分析方法之一。MUMmer 最早开发于 1999 年（Delcher et al.，1999），目前已更新至 4.0 版本。MUMmer 软件包集成了很多工具，如共线性分析、同源序列查找、重复序列鉴定、变异检测等功能均能实现，但其核心内容是序列比对。相比于传统的 BLAST 等工具，最大特点是比对速度快、资源消耗少，尤其是对大基因组更具有优势，这与 MUMmer 采用的后缀树（suffix tree）数据结构有关（即一个字符串的所有子字符串的数据结构，如 abc 字符串的所有子字符串就是 a、ab、ac、bc 和 abc）。其核心程序是基于最大唯一匹配

（maximal exact matching）算法开发的 mummer 命令，很多功能的实现均需要调用。具体而言，首先找到两条序列之间给定长度的最大精确匹配，将匹配区域聚类形成较大不完全联配区域，最后向外扩展，形成有空位（gap）的联配结果（应用案例见图 7.24 左）。

nucmer（nucleotide MUMmer）是 MUMmer 工具包中使用最频繁的模块之一，可用于相似性高的核苷酸序列比较，如不同物种基因组间的序列比较。首先，将相邻的最大匹配连起来作为簇（cluster），然后对簇的两端进行延伸，形成大的匹配区域。比对结果保留了很多信息，一般需要借助 delta-filter 工具进行过滤，利用 show-coord 工具将数据转换为便于阅读的格式，如电脑或服务器安装有 gnuplot 模块，可利用 mummerplot 工具实现比对结果的可视化。

3. MCScanX　除了基于基因组 DNA 序列相似性，基于同源基因位置关系的共线性分析也较为常见，主要用于已有基因结构注释的基因组或片段之间的比较。目前最常用的软件工具为 MCScanX，该方法最早开发于 2012 年，使用了改进后的 MCScan 算法，利用蛋白质序列联配结果，结合编码蛋白基因在基因组上的物理位置，整合得到基因组之间的共线性区块。MCScanX 操作简单，只需输入基因组注释蛋白序列联配结果和基因位置注释信息，用户可以通过后缀为 collinearity 的输出文件查看具体共线结果，也可以利用软件包的多种可视化工具进行绘图（应用案例见图 7.24 中）。此外，软件还包括一些下游分析工具，如突变速率与选择压分析、串联重复等。相较基于核苷酸序列的共线分析，MCScanX 结果的背景噪音更小，可视化的结果更加清晰。

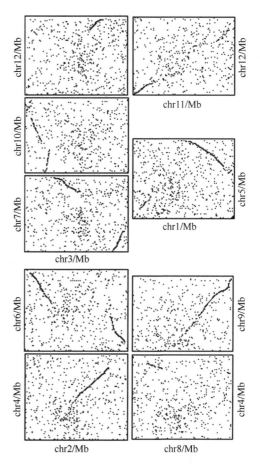

图 7.23　利用点阵图方法进行染色体之间的比较
（引自 Zhang et al.，2005）

图示水稻 12 条染色体之间的比较，图中可见基因组共线性区域

4. 其他工具　① JCVI（https://github.com/tanghaibao/jcvi）是福建农林大学唐海宝团队基于 Python 开发的基因组分析工具，其共线性分析模块可提供高水准的可视化结果。JCVI 自动化流程操作方便，只需输入两个物种的编码序列或蛋白质和基因注释信息，即可获得比较结果，其比对结果的可视化较其他工具更加强大美观（应用案例见图 7.25）。② COGE（https://genomevolution.org/CoGe/）是一款比较基因组学在线分析工具，用户可直接选择该数据库收录的物种基因组序列或 CDS 序列，利用其共线性分析核心模块 SynMap 在线计算生成相应的共线性关系图（应用案例见图 7.24 右）。③软件 DAGchainer 与 MCScanX 类似，也是基于同源基因位置关系判断共线性，但相比 MCScanX，其功能与可视化图形种类单一，不能提供其他下游分析工具。④其他共线性分析工具还有根特大学 van de Peer 实验室开发的 i-ADHoRe、北京大学罗静初实验室开发的 ColinearScan、Aaron Darling 实验室开发的多基因组联配工具 Mauve 等。每款软件或方法都有自身特点，可根据实际情况选择。

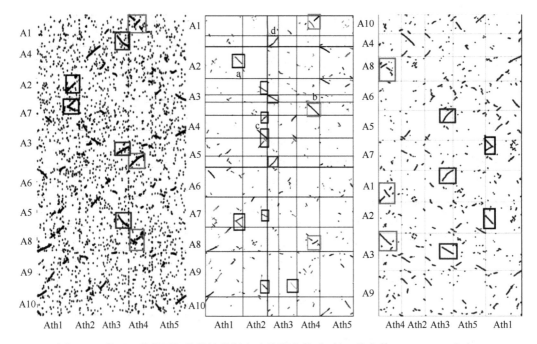

图 7.24　基于三种基因组共线性分析方法的拟南芥（x 轴，染色体 Ath1～Ath5）与
白菜（y 轴，染色体 A1～A10）基因组共线关系

从左到右：MUMmer（基于基因组 DNA 序列比对）、MCScanX（基于同源基因顺序关系比对）和 COGE（基于基因组编码区序列比对）

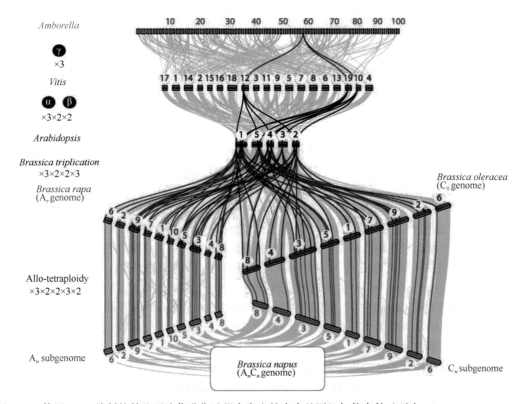

图 7.25　使用 JCVI 绘制的甘蓝型油菜进化过程中发生的多次基因组加倍事件（引自 Chalhoub et al.，2014）

第四节　基因组重测序数据分析

一、分析流程与变异鉴定方法

基因组重测序是对基因组序列已知物种的个体进行基因组测序，并进行差异信息分析的方法。基于全基因组重测序，研究人员能够快速地进行资源普查筛选，寻找到大量遗传差异，开展遗传进化分析及重要性状候选基因的预测。随着测序成本降低和拥有参考基因组序列的物种增多，基因组重测序也成为研究动植物物种特征、群体进化、基因定位的有效方法之一。基因组重测序分析内容包括：①动植物驯化与基因组遗传多样性研究；②群体遗传进化研究及育种利用；③构建遗传图谱；④核心种质资源品系基因组遗传多样性研究；⑤GWAS研究；⑥快速准确检测突变位点。

根据对基因组的测序覆盖率，基因组重测序可分为全基因组重测序（whole genome re-sequencing，WGS）和简化基因组测序。全基因组重测序是在全基因组水平进行调查，从而检测出与重要性状相关的变异位点，信息全面且准确性较高。基于酶切位点的简化基因组测序，如 GBS（genotyping by sequencing）、RAD-Seq（restriction association site DNA sequencing）等，能够降低实验成本，尤其适合材料数量很大的研究项目，并且可用于无参考基因组的非模式物种研究。

美国麻省理工学院 Broad Institute 的研究人员对利用高通量测序数据进行变异检测的生物信息分析流程进行了总结（图 7.26）（DePristo et al.，2011）。基于该流程思路，他们开发了基因分型的专用软件 GATK（https://www.broadinstitute.org/gatk/），该软件得到广泛应用。通常在执行该流程之前，还需对测序数据进行质量检测和过滤，即根据 Phred 质量值排除质量较低的读序。目前常用的检测、过滤测序读序的软件包括 FastQC、FASTX-Toolkit 及 NGSQCToolkit 等。一般进行质量控制设定的最低标准为：一条序列上不少于 50% 的碱基 Phred 质量值高于 20。

整个基因分型流程可分为三个主要步骤：①个体的高通量数据处理，主要包括读序联配、插入缺失位点周围的序列进行重新联配、过滤 PCR 实验过程中可能产生的序列重复，以及碱基质量的再矫正；②变异检测和基因分型，利用流程①获得的结果文件（通常为 BAM 格式）检测样本和参考序列存在差异的位点，并对每个个体进行基因分型；③整合外部数据，完善变异和基因型准确性，外部数据是指研究物种公共数据库中的信息（谱系、群体结构、已有变异位点或基因型等）。

1. 基因组变异检测流程

（1）将读序联配到参考基因组序列上　　读序联配的准确性对于变异检测至关重要，错误的联配会导致后续变异检测出现问题，如可能检测出原本不存在的变异。因此，对于联配软件方法，需要处理好测序错误对联配过程的影响，能够将读序快速准确地联配到正确的基因组位置，并能在联配结果中提供矫正过的读序联配质量。目前较为流行的读序联配算法和软件主要包括哈希（hashing，如 MAQ、Novoalign、Stampy 等）和 BWT（Burrows-Wheeler transform，如 BWA、Bowtie2、SOAP2）两种。前者较后者具有更好的联配准确性和敏感性，而后者的优势在于内存消耗小、处理时间短。在联配后一般对重复序列等因素造成的不理想联配结果进行过滤，再进行后续步骤。

（2）对联配到插入缺失位点周围的序列进行重新联配　　由于联配结果中会有部分读序联

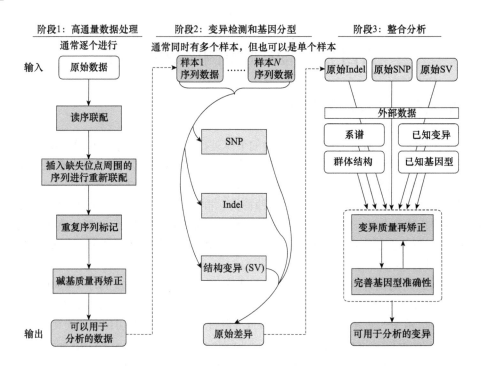

图 7.26　基因组重测序数据变异检测流程及其应用（引自 DePristo et al., 2011）

配到变异较大的基因组区域，如基因组插入缺失区域，这段区域的联配较容易出错，导致输出很多假阳性的 SNP，因此通常会对这部分基因组区域进行重新联配，尽可能地减少误差。该步可利用 GATK 中的 IndelRealigner 模块完成。

（3）过滤 PCR 实验过程中可能产生的序列重复　在文库制备的过程中，由于 PCR 扩增可能会存在一些偏差，导致有的序列会被过量扩增。在比对过程中，这些过量扩增出来的完全相同的序列就会比对到基因组的相同位置，而这些过量扩增的读序并非基因组自身固有序列，会对检测的准确性产生一定影响，因此，要尽量去除这些由 PCR 扩增所形成的错误。这一步可以使用 PICARD-TOOLS 完成。

（4）碱基质量的再矫正　由于测序仪器可能存在一些系统误差，因此有时测序获得的碱基质量 Phred 值并不是完全准确的。举个简单的例子，在读序碱基质量值被校正之前，如果设定的标准为 Q30，而由于测序仪的系统误差其实际质量值仅为 Q20，即碱基的错误率为 1%。这样就会对后续的变异检测的可信度造成很大影响。此外，一般一条读序末端碱基的错误率要比起始部位高。另外，A、C 的质量值往往要低于 T、G。碱基质量矫正就是要对这些质量值进行矫正。在 GATK 中，这一步通过 BaseRecalibrator 模块实现。

（5）单核苷酸多态性检测　高通量测序技术应用于单核苷酸多态性（SNP）的检测（SNP calling）技术目前较为成熟，并且检测的准确性也较高。如果高通量测序覆盖层数足够高，在不存在测序或联配错误的情况下，SNP 变异检测会很便捷，即可以直接查看参考基因组每个位点上的联配情况，检测联配上的读序在这个位点上是否存在不同的核苷酸信息。如果该位点上联配的基因型与参考基因组基因型不同，则视为纯合的变异位点；若该位点上同时出现与参考基因组相同和变异的基因型，则为杂合变异位点。然而这种简单的策略一般无法直接应用于实际的高通量数据分析，因为这种方法并没有考虑数据本身存在的测序错误及一些错误的联配等噪音。虽然可以通过提高测序深度来解决这种问题，但这无疑会增加测序成本，并且很多实际的案例都是基于低覆盖度的数据。

举个简单的例子。读序联配到参考基因组，可以看到参考基因组上位点的碱基信息为"A"，而联配的读序在这个位点上为 A 和 G 碱基杂合状态。如果通过质量检验获知这些在该位点有"A"的读序测序质量较低或联配质量不好，则可能判定该位点是纯合的 SNP 变异（GG）的概率相对于杂合（AG）的概率大；反之，如果通过质量检验获知这些在该位点有"G"的读序测序质量较低或联配质量不好，则认为该位点不存在 SNP 或者存在较低杂合 SNP（AG）的可信度。

基于概率统计的方法是解决上述问题的有效方法之一，大体思路就是将可能存在错误的噪音及一些已知的信息（如之前研究中是否发现该位点存在变异、该变异的等位基因频率等）考虑在内，从而给出该位点各种基因型的概率。最终根据概率选取该位点最有可能的基因型。

2. 基因组结构变异检测策略　　目前主要有 4 种基因组结构变异（SV）检测策略（图 7.27），这 4 种策略的核心思路都是将序列和参考基因组做比对，并基于已知测序信息查找与该信息不一致的变异信号或模式，从而鉴定不同类型基因组结构变异。下文分别介绍 4 种策略。

（1）双端读序联配法（pair-end method）　　该方法的总体思路是先将双端读序联配到基因组上，然后评价双端读序联配的距离和方向是否与建库信息一致。该方法能够检测到的变异类型包括序列删除、序列插入、序列转置、染色体内部和染色体外部的易位、序列串联倍增和序列在基因组上的潜在倍增。该方法虽然能够检测多种结构变异，但在鉴定的准确性上还有待提高。对于序列删除的检测，其所能检测到的删除长度受 DNA 文库构建时插入片段长度的标准差所影响。越大的序列删除越容易被检测到，并且准确性也越高。对于序列插入而言，检测到的插入片段大小受限于文库构建的插入片段长度。运用该方法的生物信息软件有很多，如 BreakDancer、PEMEer、VariationHunter 等。

（2）读序联配覆盖深度法（read-depth method）　　该方法多用于检测拷贝数变异。首先假设读序联配到基因组的覆盖深度符合泊松分布，然后检测联配覆盖深度与该假设不一致的区域。如果覆盖深度显著高于或低于假设分布，则将认为该基因组区段发生复制或缺失。CNVnator 软件使用的就是该策略，同时也广泛地被用于检测大的拷贝数变异。此外，还可以通过比较两个样本中存在的丢失和重复倍增区，以此来获得相对的基因组拷贝数变异区域，目前已有相关生物信息学软件（如 CNV-Seq）。

（3）拆分读序法（split-read approach）　　拆分读序法早在 Sanger 测序时代就已被开发，该方法不仅可以更加准确地检测到双端读序联配法能够检测的变异，还可以检测到移动原件插入等多种基因组变异类型。插入序列片段的长度越长，该方法检测结构变异的效果就越好，目前该方法已被运用到高通量测序技术中。图 7.27 清楚地展示了拆分读序的信号如何被用来进行结构性变异的检测：首先，在获得了唯一比对到基因组上的单端读序之后，将未能比上的那条读序切断，然后再分别重新按照用户所设置的最大序列删除长度去比对，并获得最终的比对位置和比对方向。应用软件（如 Pindel）能够检测一定长度范围内的删除、片段的插入（50bp 以下）、序列倒置、串联复制及一部分大的序列插入。由于二代测序的读序长度较短，因而该方法在联配这类序列过程中存在一定的限制。

（4）从头拼接法（sequence assembly）　　理论上，从头拼接应该是基因组变异检测最为有效的方法。就目前来说，它是大片段插入和复杂结构性变异的最好检测方法。然而该方法的瓶颈是序列组装本身，虽然目前已有很多基于第二代测序数据的拼接算法，但是拼接却仍然是一件棘手的事情——需要更多的测序经费和拼接时间。此外，基因组上所存在的重复序列和序列

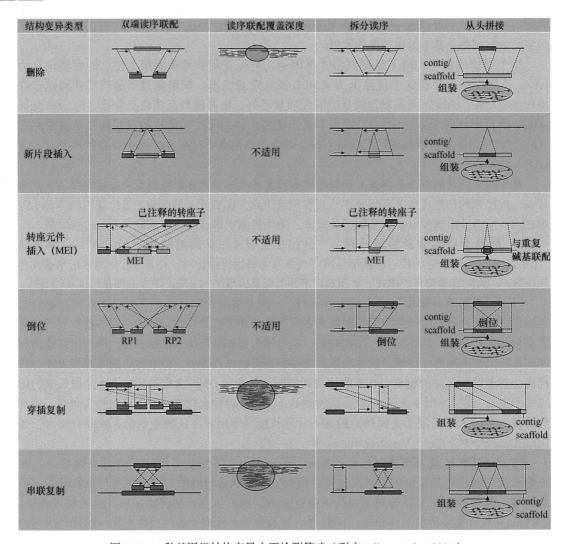

图 7.27　4 种基因组结构变异主要检测策略（引自 Alkan et al.，2011）

理论上双端读序联配法、拆分读序法、从头拼接法这三种方法可以检测各种类型的结构变异，不过每种方法都会存在一定的错误偏向

杂合性会严重影响组装的质量，并影响后续结构变异检测。基于该策略的软件（如 Cortex）既可以将拼接的结果与参考基因组做比较以获得结构变异位点，也可以拼接多个样品的基因组序列并相互比较结构差异。

通过对上述 4 种不同变异检测策略的比较可以发现，就基于二代测序技术的基因组结构变异检测而言，小范围内的变异及较长的序列删除目前能够被较好地检测出来，而对于较长的插入片段及更复杂的结构性变异，目前的检测方法大多无法解决。读序联配覆盖深度法仅可以检测复制和删除变异，无法识别串联复制和间隔复制。读序联配覆盖深度法通过检测序列覆盖度的增加或减少来判断是否存在序列复制或缺失，并定量变化的拷贝数量。双端读序联配法将双端读序联配到基因组上，然后评价双端读序联配的距离和方向是否与建库信息一致。这种方法的敏感性、特异性和断点的准确性依赖于读序的长度、插入片段大小及覆盖深度。拆分读序法能够较为准确地检测出各种类型变异的断点，然而这种方法通常需要较长的读序且在重复区段的准确性较低。基于从头拼接的结构变异检测方法应是当前全面获得基因组上各种变异的最好方法，但是目前的局限却在拼接过程本身，若是基因组组装不好，后面的变异检测就无从说起。对于变异检测效果，前三种策略各有其优势，没有哪一种策略能够将基因组上的各种不同变异类型全部获得。测试结果表明（图 7.27），基于同一人类测序数据集，利用不同的类型读序可以鉴定到一定数量的基因组变异类型，但基于单一方法无法获得所有变异（Alkan et al.，2011）。双端读序联配法和拆分读序法在检测一致性上较高，读序联配覆盖深度法和分裂读序法检测一致性最低。这些一致性较低的区域主要集中在基因组复制或重复区域。因此，最合适的方案应是结合多个不同的策略，将结果合并在一起，这样可以最大限度地检测出基因组上的各种变异类型，并且降低假阳性。HugeSeq pipeline 软件整合了 BreakDancer、CNVnator、Pindel、BreakSeq 及 GATK 的结果，能够给出一个相对比较准确和综合的变异检测结果。

二、泛基因组分析

在动植物群体中广泛开展的重测序研究通常以某一个体基因组作为参考，通过对群体中大量个体相对于参考基因组存在的遗传变异来进行后续的群体遗传学研究。常规的群体基因组重测序研究存在一个问题，即单一参考基因组无法完整反映物种遗传多样性、无法准确检测大尺度结构变异等问题。为了克服常规群体重测序研究中存在的这些问题，研究人员引入了泛基因组的概念。Tettelin 等（2005）首先在对细菌的研究中提出了泛基因组（pan-genome）的概念。早期的泛基因组被定义为某一物种全部基因的总和，伴随着动植物泛基因组研究的开展，泛基因组的概念也有了进一步的发展。相比于细菌等原核生物，动植物等真核生物基因组中存在很高比例的基因间区，如果将泛基因组的概念局限在基因层面就会失去意义。因此泛基因组更广泛的定义是一个物种全部 DNA 序列的集合（Sherman et al.，2020）（图 7.28）。泛基因组包括核心基因组（core genome）和非必需基因组（dispensable genome）两部分：核心基因组一般定义为群体中所有个体均存在的基因组构成，而非必需基因组则是只存在于一部分个体中的基因组构成。

泛基因组的研究通常包括泛基因组组装、基因组变异分析、核心基因 / 非必需基因分析等内容。

1. 泛基因组组装　　泛基因组的组装主要包括迭代组装（iterative assembly）、全基因组从头组装（whole genome *de novo* assembly）和图基因组（graph genome）三种策略（图 7.29）。下文对这三种主要组装策略进行详细描述。

（1）迭代组装　　又可以称为迭代联配-组装策略（iterative mapping and assembly）。迭代组装以一个参考基因组为基础，把其他个体的序列联配到参考基因组，提取未联配序列，将未联配序列逐步加入到参考基因组中，经过不断的迭代逐步完成泛基因组的构建。根据测序深度的不同，迭代组装可以分为 contig 水平的迭代组装（Gao et al.，2019；Duan et al.，2019）和读序水平的迭代组装（Golicz et al.，2016；Hübner et al.，2019）。

当个体的测序深度足够时，可以采用 contig 水平的迭代组装。①将每个个体的测序数据使用 SOAPdenovo2 等软件进行从头拼接，去除拼接结果中较短的（<500bp）序列；②使用 MUMmer 软件的 nucmer 工具等将拼接得到的 contig 联配到参考基因组上，根据比对长度、序列一致性等标准去除不可靠的联配；③根据最终的联配结果提取未能比对到参考基因组上的 contig 作为候选 contig，利用 BLASTN 将候选 contig 与 GenBank 核酸数据库进行比对来进一步过滤不相关的 contig；④候选 contig 经过过滤得到最终用于构建泛基因组的 contig 数据集。利用上述流程获得所有个体用于构建泛基因组的 contig 并进行合并，使用 CD-HIT 等工具去除

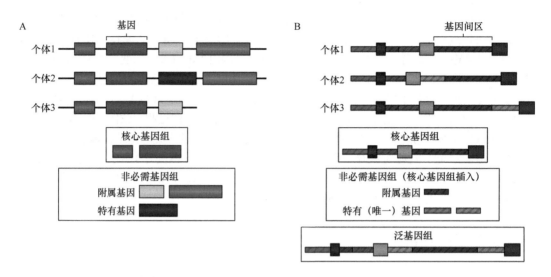

图 7.28　泛基因组的构成（引自 Sherman et al., 2020）

A. 细菌及其他原核生物基因组主要由基因构成，因此其泛基因组定义为一个物种所有基因的总和；B. 真核生物基因组中存在很高比例的基因间区，其泛基因组定义为所有 DNA 序列的集合，包括基因区和基因间区

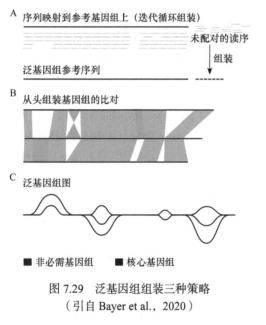

图 7.29　泛基因组组装三种策略
（引自 Bayer et al., 2020）

contig 之间的冗余，去冗余后的 contig 被加入到参考基因组中，构建最终的泛基因组。

当研究中个体的测序深度较低时，可以采用读序水平的迭代组装。依次将各个材料的读序数据使用 Bowtie2 等软件直接联配到参考基因组，提取未比对的读序数据进行从头拼接，并将新拼接的 contig 加入到参考基因组中，对参考基因组进行更新。当所有个体均迭代加入参考基因组后就完成了泛基因组的构建。

（2）全基因组从头组装　　泛基因组的全基因组从头组装与各个物种的参考基因组组装策略类似。这种方法将研究中各个体的基因组独立拼接、组装成相对完整的基因组（Zhao et al., 2018；Liu et al., 2020）。然后通过将组装得到的基因组与参考基因组进行全基因组共线性比较来进行基因组变异的检测，最终以参考

基因组为基础进行泛基因组的构建。全基因组从头组装的策略需要根据测序方式（Illumina 测序、PacBio SMRT 测序等）等的差异来确定。一个全基因组从头组装的研究策略可归纳为：采用 PacBio 等测序获得长读序，使用 Canu 等进行 contig 的组装；使用高质量的 Illumina HiSeq 测序数据对组装的 contig 进行多轮校正；最后再利用 Hi-C 等基因组组装新技术进行染色体水平的组装等。随着测序成本的不断下降，越来越多的泛基因组研究选择采用全基因组从头组装的策略进行泛基因组的构建。

（3）图基因组　　上述两种组装策略最终获得的泛基因组在序列水平上都是线性的，这种线性结构很难完整呈现一个群体中所有的基因组变异。为了克服这种问题，研究人员引入图

论中的节点和边的概念来进行泛基因组中基因组变异的研究，也就是所谓的图基因组（https://www.biomedcentral.com/collections/graphgenomes）。相比于前两种策略，图基因组可以完整呈现群体中所有的基因组变异，越来越多的泛基因组研究开始尝试构建图基因组。一个图基因组通常是以个体全基因组从头组装为基础，利用 MUMmer 等进行基因组共线性比较，基于基因组共线性的结果进行基因组变异的检测，最后利用 vg toolkit 等软件进行基因组与变异信息的整合并构建图基因组。

2. 基因组变异分析　　泛基因组研究中基因组变异分析与泛基因组构建方式密切相关。采用迭代组装的方式构建泛基因组后，将泛基因组作为参考基因组，采用与群体重测序相同的方式进行 SNP、Indel 等基因组变异的检测（Gao et al.，2019）。采用全基因组从头组装的策略构建泛基因组时，基因组变异的检测主要基于全基因组共线性分析的结果展开（Zhao et al.，2018；Liu et al.，2020）。下文具体介绍基于全基因组从头组装构建泛基因组的基因组变异检测。

先以参考基因组为参考，利用 MUMmer 软件的 nucmer 工具对从头组装获得的多个基因组分别与参考基因组进行共线性分析，使用 delta-filter 工具提取一一对应的共线性区段（one-to-one alignment block）。再使用 show-snps 工具进行 SNP 和 Indel（＜100bp）的鉴定。结构变异的检测同样需要以 nucmer 工具分析得到的基因组共线性结果为基础。利用 SVMU、MUM&Co 等进行插入、缺失、易位、倒位等的检测。

3. 核心基因 / 非必需基因分析　　核心基因 / 非必需基因（core/dispensable gene）的分析以从头组装获得的基因组为基础，首先需要利用从头预测、同源比对等方法对各个基因组进行蛋白质编码基因结构的注释（详见第 8 章），再利用 OrthoMCL、Orthofinder 等进行基因家族的聚类分析。根据基因家族聚类分析的结果，如果一个基因家族中的基因分布在所有（或者绝大多数）个体中，这个基因家族的基因被定义为核心基因；而如果一个基因家族中的基因只存在一小部分个体中，那么这个基因家族的基因被定义为非必需基因。

4. PAV 分析　　存在 / 缺失变异（presence/absence variation，PAV）分析包括编码基因的 PAV 分析和基因组变异的 PAV 分析；编码基因的 PAV 分析是研究不同个体中基因的存在 / 缺失的变异；而基因组变异 PAV 分析则是研究不同个体基因组上结构变异的存在 / 缺失的变异。

（1）编码基因的 PAV 分析　　编码基因的 PAV 分析可以以从头组装获得的多个基因组为基础，通过对各个基因组独立进行编码基因结构的注释，根据不同个体间编码基因的比较来进行存在 / 缺失的分类（Zhao et al.，2018）。除此以外，还可以通过将每个个体测序数据联配到泛基因组上，结合泛基因组的编码基因信息来确定个体中基因的存在 / 缺失分析（Gao et al.，2019）。

（2）基因组变异的 PAV 分析　　基因组变异的 PAV 分析则是以全基因组从头组装后鉴定得到的结构变异为基础，一般将结构变异中的插入、缺失鉴定为 PAV，此外，个体之间不存在共线性的区间同样也会被认定为 PAV 区间（Liu et al.，2020）。

习　　题

1. 简述基于高通量测序短读序进行基因组拼接和组装的过程。
2. PE 读序对于基因组拼接有何作用？
3. 请构建下列两条序列的四维德布鲁因图（即 $K = 4$）。

>seq1

ATGGCTCAGTAGGC

>seq2

ATGGCTTTCAGTAGAGAGC

4. 第二代和第三代高通量测序读序有何不同？基因组拼接中如何合理利用这两类数据？

5. 请简述利用字符串（*K*-mer）估计基因组大小、杂合度和倍性的原理。

历史与人物

文特尔和帕夫纳的神来之笔

　　克莱格·文特尔（Craig Venter，1946～）是基因组学领域的一个传奇人物，同时也是一位争议人物。他发明了许多新技术，如EST技术、基因组鸟枪法等；创立了众多全新的研究领域，如合成基因组学、宏基因组学等。

　　文特尔用极短的时间就获得了加州大学圣地亚哥分校的生物化学学士学位和生理学及药理学博士学位。1984年，他加入美国国立卫生研究院（NIH）的下属研究机构，从此开启了他的传奇科研人生。

　　1991年，他的第一个发明就一鸣惊人——他发明了可以对全基因组进行测序的 EST（表达序列标签）技术，并获得了大量人类基因序列。文特尔试图将这些基因大规模申请专利，但因为众多的争议而最后不得不放弃。文特尔特立独行的做派，最终使他离开了 NIH。1992年，文特尔成立了一家非盈利研究机构 TIGR（The Institute for Genomic Research），开展基因组研究。他们首先利用基因组鸟枪法成功测定了流感细菌（*Haemophilus influenzae*）。这是当时（1995年）测序完成的最大基因组，也是第一个能独立生存的生物物种基因组，成为基因组学的一个里程碑。1998年5月，文特尔获得大笔投资，创立了塞莱拉公司（Celera Genomics），继续使用他发明的基因组鸟枪法进行更大基因组——人类基因组测序。他们以极快的速度赶超国际人类基因组项目（HGP）。2000年6月，时任美国总统的克林顿在白宫宣布人类基因组草图完成。站在克林顿身后的两位科学家，一位是代表 HGP 的 Francis Collins（现任 NIH 主任），另一位就是文特尔。2001年2月，文特尔团队的人类基因组论文发表在 *Science* 上，HGP 团队的基因组论文则同时发表在 *Nature* 上。当时 HGP 采用的是逐步克隆法的基因组测定策略（在当时被认为是唯一可选择的策略），而文特尔的基因组鸟枪法——将整个基因组打断、测序并整体拼接出基因组的想法，多少有些天方夜谭的感觉，但也由此造就了基因组学领域的一个神来之笔——目前绝大多数物种基因组测序均采取该策略。

　　由于过多地关注基因组科学研究而非盈利，文特尔受到了塞莱拉公司董事会的排挤，2002年，文特尔被迫离开塞莱拉公司。伤心郁闷的文特尔开着自己的游艇出海散心（航海一直是他的最爱）。漂泊在百慕大的海上，他思考着人生，看着茫茫大海，他突然想到一个问题：海水里到底蕴藏着多少珍稀微生物种类？我为什么不用基因组学技术来测定一下？于是他收集了一桶百慕大海水，过滤获得海水中的微生物，提取总 DNA，并利用混合 DNA 进行测序和生物信息学分析。结果是惊人的——发现了至少 1800 种新的微生物物种（Venter et al., 2004）。他的一桶百慕大海水的工作，改变了我们对海洋微生物的基本认识，由此获评 *Science* 2004 年度十大进展之一。他的工作也由此开创了一个全新领域——宏基因组学。

2004 年文特尔投资成立了以自己名字命名的非营利性研究所（JCVI, www.jcvi.org），开始了一个全新研究项目——人工合成基因组。2010 年 5 月，文特尔宣布世界上第一个完全人工合成基因组及其生命体辛西娅（Synthia）诞生，引发巨大轰动和担忧。他因此被称为人造生命之父，2016 年 3 月，文特尔又宣布了辛西娅 3.0 的诞生，该生命体基因组含有目前已知最少的基因数量。

面对如何利用高通量短读序进行基因组拼接的困境，基因组研究又出现一次神来之笔——基于德布鲁因图进行基因组拼接的算法！该算法很好地解决了海量数据难题，主流拼接工具（如 SOAPdenovo、Velvet 等）无不依赖此算法。帕维尔·帕夫纳（Pavel Pevzner）是俄罗斯裔科学家。他很小就表现出数学天赋，大学期间发表了不少有关离散数学方面的论文。1980 年大学毕业后，其开始了业余的"数学咨询"工作；1985 年加入莫斯科俄罗斯生物技术中心计算生物学小组。当时计算生物学还是一个全新的学科领域，他每个周末都泡在莫斯科列宁图书馆，仅半年就读完了几乎所有这个领域的书籍和论文。有些论文图书馆里没有，

他就写信给国外科学家索要预印本。1989 年他收到沃特曼（详见第 4 章历史与人物短文）寄来的沉重包裹，是沃特曼即将出版的专著手稿。手稿里包括一个用公式描述的未解问题，而帕夫纳已经解决了此问题。他把自己的证明过程寄给了沃特曼，沃特曼感到非常惊讶，随即邀请帕夫纳赴美国进入他南加州大学的实验室做博士后。1992 年，帕夫纳开始建立自己的实验室，并很快成为南加州大学数学系教授。

依靠扎实的数学基础，帕夫纳很早就在生物信息学领域崭露头角。他利用图论方法进行的比较基因组学工作就十分有趣，提出的算法可以准确计算老鼠基因组变成人类最多需要多少步基因组重组（即最短路径问题）；随后与沃特曼一起开展了基于德布鲁因图欧拉路径进行基因组拼接的原创工作（Pevzner et al., 2001），还开发了拼接软件 EULER。帕夫纳在 10 多年前就提出图论算法的最初思路，即利用德布鲁因图的欧拉路径方法来解决 SBH 问题（Pevzner, 1989）。他不经意间已解决了后来出现的高通量大数据拼接算法难题。

第8章 基因预测及其功能和结构注释

　　基因预测与功能注释是基因组分析最为重要的内容之一，对于解析基因组和性状形成的遗传基础至关重要。本章集中介绍蛋白质编码基因的预测及其功能和结构注释方法，下一章将介绍非编码基因的注释。隐马尔可夫模型（HMM）——生物信息学领域的一个重要方法，在基因预测的应用中取得了巨大成功。基于基因预测结果，就可以获得其可能编码的蛋白质序列。进一步基于已知蛋白质序列功能域和三级结构数据，利用在线序列联配等方法（如 BLAST 和 SWISS-MODEL），生物学工作者就可以对预测基因编码的蛋白质序列进行功能和三级结构预测。这是生物学工作者最常用的生物信息学技术路线，也是生物信息学技术在生物学领域最成功的应用之一。

本章思维导图

扫码见本章
英文彩图

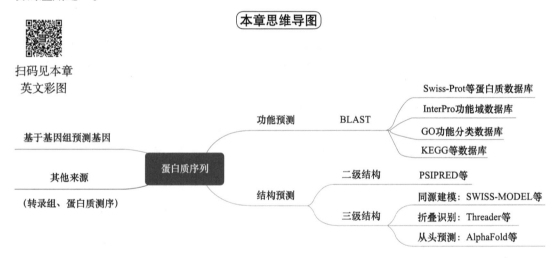

第一节　蛋白质编码基因预测

一、基因预测方法及其流程

　　基因组 DNA 序列看似简单，其实构成很复杂。真核生物核基因组一般包括 35%～80% 的重复序列和约 5% 的蛋白质编码序列，这些编码序列分布于整个基因组区域。相对而言，染色体中心粒附近重复序列多而编码序列分布少。一个蛋白质编码基因往往包含多个外显子，外显子被非编码的内含子隔开。从基因组序列中确定这些编码基因是生物信息学的一个重要任务。基因组上除了重复序列和少量蛋白质编码序列，其余大量为非编码序列。非编码序列构成异常复杂，包括结构 RNA，如 tRNA、rRNA、snRNA（small nuclear RNA）及调节 RNA。调节 RNA 会转录非编码 RNA 序列（如非编码小 RNA 和长 RNA），转录出来的 RNA 序列以多种形式参与编码基因表达，发挥重要的调控功能；许多非编码序列包含假基因（特别是人类基因组），它们原来是编码序列，但由于进化过程中碱基变异，丧失了编码蛋白质功能。以人类和水稻基因组为例，人类核基因组由 24 条不同染色体（1～22 号常染色体和 X、Y 两条性染色体）所对应的 24 个不同 DNA 分子所构成，累计长度 3.6Gb，其中内含 2.5 万个蛋白质编码基因。人类基因组约 1.5% 序列为编码蛋白质的基因序列，约 5% 序列为非编码的调控基因序列；人类基因组中重复序列至少占 50%，为串联重复序列和分散重复序列。水稻基因组有 12 条染色体，核基因组序列总长约 400Mb，蛋白质编码基因总数达 3.9 万个，平均基因长度 2.85kb，每个基因约 4.9 个外显子；重复序列（TE）相关基因 1.69 万个，平均长度 3.22kb，每个 TE 基因平均有 4.2 个外显子。重复序列占整个基因组约 40%，主要是逆转座子和 DNA 转座子类重复序列。

以上述两个基因组的一段 DNA 序列为例说明它们的序列构成（图 8.1）。图中利用生物

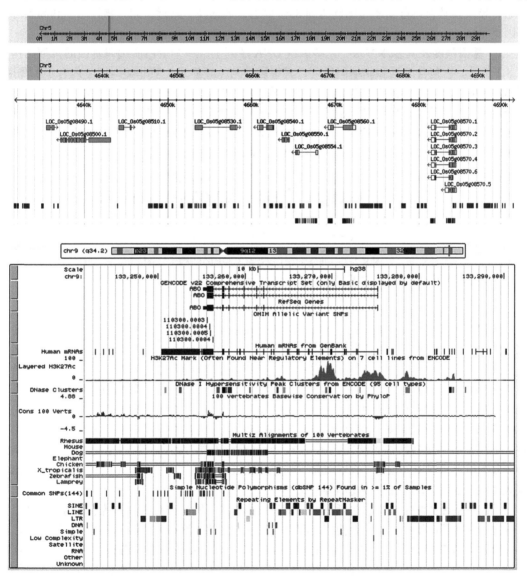

图 8.1 水稻（上）和人类（下）基因组序列构成举例

信息学工具——基因组浏览器显示约 50kb 长度基因组序列及其对这一区段的生物信息学注释结果（资料分别来自 http://rice.plantbiology.msu.edu 和 http://genome.ucsc.edu）。水稻该基因组 50kb 的区段中包含 9 个蛋白质编码基因，其中最后一个基因存在可变剪接情况；后面两行标出了重复序列分布和基因表达情况（基于一个 20d 幼苗叶片的 RNA-Seq 转录组数据）。人类基因组的 50kb 区段仅包含一个蛋白质编码基因，提供的信息包括基因结构（包括可变剪接）、基因转录本（mRNA）、甲基化程度、与其他物种的同源基因序列保守性、SNP 分布、各类重复序列分别情况等。

不同物种基因组构成存在明显差异。例如，动植物基因组的基因个数、基因密度、重复序列种类构成和假基因数量等均存在明显差异。微生物（如酵母）的基因组构成明显不同于动植物，它们的基因组往往要小些，其重复序列比例明显很低。即使是同一类生物，不同物种之间基因组构成也会千差万别。例如，玉米和小麦基因组由于物种分化后，转座子类重复序列大量增殖，导致其基因组重复序列比例达到 85% 以上，远远高于其近缘同科物种水稻和高粱等的基因组。

1. 基因预测及其基本方法　基因组 DNA 序列上，一个蛋白质编码基因的典型结构如图 8.2 所示。它包含编码和非编码序列，其编码序列（外显子）被非编码区（内含子）隔断，蛋白质编码区（CDS）包括大部分外显子序列（除了两端非翻译区域，即 UTR 序列）。由蛋白质合成的起始密码子开始到终止密码子为止的一个连续编码序列称为一个开放阅读框（ORF）。基因表达后被转录成前体 mRNA，经过剪接过程，切除其中的非编码序列（即内含子），再将编码序列（即外显子）连接形成成熟 mRNA，并翻译成蛋白质。

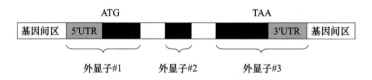

图 8.2　一种典型蛋白质编码基因的结构示意图

蛋白质编码区（CDS，黑色区域）包括大部分外显子序列（除了两端 UTR 序列），自起始密码子（ATG）开始，到终止密码子（TAA 等）结束

所谓基因预测（gene finding）或基因注释（gene annotation）是指预测基因结构，主要预测 DNA 序列中编码蛋白质的区域（CDS）（图 8.2）。不过目前的基因预测，已从单纯编码区预测发展到整个基因结构的预测，如启动子、可变剪接等的预测。基因预测并非易事，有许多因素会影响预测的准确性：①基因组 DNA 序列仅由 4 种碱基构成，其基因信号并不明显，背景噪音很大；②有些基因的外显子长度很短（如 3bp 长度）；③第一和最后一个外显子（包含 UTR 区域）预测尤其困难，无剪接信号可供判断；④基因存在大量可变剪接情况；⑤测序误差。不同类型生物基因构成特征存在差异，预测难点不同，例如，真核生物基因往往结构复杂，基因组上基因密度很低，存在大量可变剪接和假基因等；原核生物基因结构简单，基因密度大，但其基因短，存在重叠基因等情况。

目前，基因预测主要方法包括三种：从头预测方法、同源比对方法和转录本组装方法。这三种方法在实际应用中往往配合使用，即整合三种方法的预测结果，给出最终的预测结果。

（1）**从头预测方法**　从头预测方法（*ab initio* method）是生物信息学的一个重要研究领域，先后有一大批预测算法和相应程序被提出和应用。与同源比对方法不同，从头预测方法是根据编码区统计特征和基因信号进行基因结构的预测（图 8.3）。编码区特征的统计测验

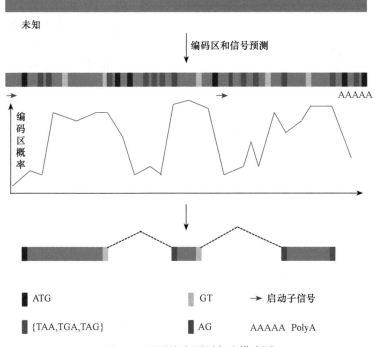

图 8.3　基因从头预测方法模式图
其中编码区概率估计往往根据一定的概率模型（如 HMM）

需要基于一定的基因模型。从头预测方法中，最早是通过序列核苷酸频率、密码子等特性进行预测（如 CpG 岛、最长 ORF 法等）。从已知的 DNA 序列统计发现，几乎所有的看家基因（housekeeping gene）及约 40% 的组织特异性基因的 5′ 端含有 CpG 岛，其序列可能落在基因转录的启动子及第一个外显子中。"CpG 岛"（CpG island）一词是用来描述基因组中的一部分 DNA 序列，其特点是胞嘧啶（C）与鸟嘌呤（G）的总和超过 4 种碱基总和的 50%，每 10 个核苷酸约出现一次双核苷酸序列 CG。具有这种特点的序列仅占基因组 DNA 总量的 10% 左右。因此，在大规模基因测序中，每发现一个 CpG 岛，则预示可能在此存在基因。后来，一些其他方法陆续被提出，如隐马尔可夫模型（HMM）、神经网络（NN）、动态规划法（DP）等。后续大量研究表明，HMM 模型用于基因预测表现良好。目前从头预测的主流方法均基于 HMM 模型（详见第 14 章）。基于概率模型的算法往往需要将已知基因序列作为训练数据，如 HMM 之类的算法都需要基于已知基因结构信号进行学习或训练，对模型参数进行估计。由于训练所用序列的限制，所以对于那些与学习过的基因结构不太相似的基因，这些算法的预测效果就会大打折扣。要解决以上问题，需要对基因结构进行更深入的基础研究，寻找隐藏在不同基因结构中的内在统计规律。

（2）同源比对和转录本组装方法　　同源比对方法（homology method）就是利用近缘种已知基因进行序列比对，发现同源序列，并结合基因信号（外显子内含子剪接信号、基因起始和终止密码子等）进行基因结构预测（图 8.4A）。另外，通过测定目标物种转录组（RNA-Seq）或其他基因表达序列（如早期的 EST 序列），可以获得大量目标物种转录本序列，将这些表达序列定位到基因组上，同样可以辅助基因编码区的预测（图 8.4B）。同时也可以对转录组数据进行转录本从头拼接，获得的全长转录本同样是重要的基因预测证据。

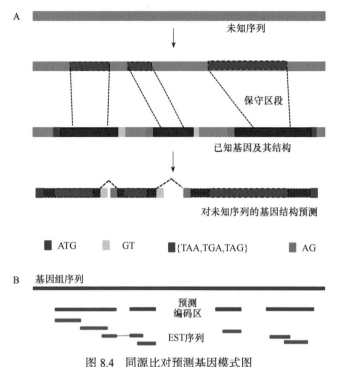

图 8.4　同源比对预测基因模式图
A. 基于近缘物种已知基因结构；B. 基于基因表达序列（如 EST）

20 年前，先后有一大批基因预测算法和相应程序被提出和应用，其中有的方法对编码序列的预测准确率高达 90% 以上，而且在灵敏度和特异性之间取得了很好的平衡（表 8.1），近 20 年几乎没有出现新的基因注释方法。某一算法的优劣可以通过一定的标准，如灵敏度（sensitivity）和特异性（specifity）来衡量。假设待测序列中有 M 条序列是基因序列，而剩余的为非基因序列。某一程序（算法）对该序列集进行预测，共预测出 N 条基因序列，而这 N 条序列中有 N_1 条确实为基因（即预测准确），则灵敏度定义为 N_1/M，它表示程序预测的能力大小；特异性定义为 N_1/N，它表示程序预测结果的可靠程度。灵敏度和特异性往往是一对矛盾。

表 8.1　基因从头预测软件能力比较结果（引自 Goel et al.，2013）

程序名称	所用算法[#]	核苷酸层次[*]			外显子层次[**]				文献	软件网址
		灵敏性	特异性	相关系数	灵敏性	特异性	丢失的外显子	错误的外显子		
FGENESH	HMM	0.93	0.93	0.92	0.81	0.80	0.09	0.11	Salamov et al., 2000	http://www.softberry.com/berry.phtml
AUGUSTUS	HMM	0.88	0.93	0.89	0.72	0.84	0.20	0.08	Stanke et al., 2006	http://bioinf.uni-greifswald.de/augustus/
GENSCAN	HMM	0.94	0.89	0.90	0.78	0.74	0.08	0.14	Burge et al., 1997	http://argonaute.mit.edu/GENSCAN.html
GeneParser	DP	0.71	0.72	0.68	0.69	0.63	0.31	0.37	Synder et al., 1995	http://stormo.wustl.edu/src/GenParser/
Grail-I	NN	0.56	0.85	0.65	0.59	0.91	0.40	0.09	Xu et al., 1996	http://compbio.ornl.gov/grail-1.3

[#] HMM. 隐马尔可夫模型；DP. 动态规划法；NN. 神经网络

[*] 灵敏度：真实编码序列被成功预测为编码序列的比例；特异性：预测为编码序列中确为编码序列的比例；相关系数：真实值和预测结果之间的相关性

[**] 灵敏度：真实外显子被准确预测（包括拼接位点）的比例；特异性：预测为外显子的序列确为外显子的比例；丢失的外显子：未能预测出的真实外显子；错误的外显子：预测为外显子的序列实际不是外显子序列

2. 基因预测流程　　在基因组序列预测过程中，一般会遇到两种情况：一是仅针对少量目标序列（如若干 BAC 克隆序列）进行基因预测，目的是鉴定这些序列上可能的功能基因；

二是针对一个新测序基因组进行全基因组水平的基因预测。对于第一种情况，可以利用在线开放基因预测平台和数据库搜索平台等，对目标序列逐条进行基因预测，这里就不再说明。下文仅对全基因组水平的基因预测过程进行描述。

基因组水平的基因预测往往需要整合多种方法和软件的结果，整个过程比较复杂，且需要一定的计算资源，一般在线平台难以满足，比较理想的是在高性能计算机上进行相关工作。基因组水平的基因预测往往需要本地化进行。在基因预测之前，一般首先会对全基因组进行重复序列鉴定和屏蔽。真核生物基因组中存在较高比例的重复序列，如人类基因组上至少有 50% 的重复区域。重复序列的存在对基因组预测的准确性会产生较大影响，因此通常重复序列的鉴定是基因组预测的第一步。重复序列的保守性很差，因此对于不同物种都需构建该物种的重复序列库。由于有些基因在该物种中本身拷贝数很高（如组蛋白、维管蛋白等），容易误将这些基因上的部分片段当作重复序列，导致最终无法预测出这些基因或基因结构预测得不完整。因此，在构建的目标物种重复序列库中应去除这部分序列，即去除与已知物种基因相似性高的序列。在获得重复序列库后，可利用这部分序列将基因组中存在重复序列相似片段的区域"屏蔽"（mask），所谓屏蔽就是将原序列中的 A、T、C、G 用 N（hard mask）或小写的 a、t、c、g（soft mask）表示，这样后续的基因预测软件将这部分序列按重复序列处理。对基因组上重复序列处理的好坏，将直接影响后续基因预测的质量。目前全基因组水平基因预测主要综合利用以下三种方法的预测结果。

（1）从头预测　　该方法的最大优势在于其不需要利用外部的证据来鉴定基因及判断该基因的外显子-内含子结构，而是利用各种概率模型和已知基因统计特征预测基因模型。然而这种方法的主要问题是：①很多从头预测软件预测新物种基因时，是利用已有模式物种的基因统计参数文件。即使是非常相近的物种，它们之间的内含子长度、密码子频率、GC 含量等重要参数也均会存在一定的差异。为解决该问题，需要通过该物种的特定基因训练数据集获得统计参数。②足够的训练数据集可以在基因数量层次上保证准确，但内含子-外显子剪接位点的准确率仍然较低（60%～70%）。

（2）利用近缘已有物种进行同源基因比对获得间接证据　　由于同源基因编码的蛋白序列在相近物种间存在较高的保守性，因而这部分序列经常被作为基因预测过程中的主要证据，即将相近物种的蛋白序列联配到目标基因组上，获得这些蛋白序列在基因组上的对应位置，从而确定外显子边界。在这一过程中，选择高质量的物种预测结果作为辅助证据尤为关键，很多研究者由于引用了低质量的预测结果作为辅助证据，导致将预测错误从一个物种延续到另一物种。在软件工具选用方面，一般使用剪接位点识别度比较高的联配软件（如 Spaln、Spidey 和 Sim4 等），从而获得较为准确的外显子边界和剪接位点。

（3）基于目标物种基因表达数据获得表达证据　　在各种基因预测的证据中，转录组数据（如 RNA-Seq）对基因预测的准确性提升有很大帮助。目前利用 RNA-Seq 辅助预测的策略主要分为两种：①将 RNA-Seq 数据独立拼接成转录本，然后将转录本联配到基因组上来确定基因的位置和结构；②直接将 RNA-Seq 的读序数据联配到基因组上，再通过联配结果进行组装。这两种策略哪种更为准确目前看法不一，前者的主要问题在于 RNA-Seq 本身的拼接质量——本身拼接的序列较短从而不能保证获得完整的转录本序列，目前第三代测序技术已可以逐步解决该问题；对于后者，如果基因组中基因间隔很短，有时候会错误地把两个不同的基因预测为一个基因，该策略的优势在于能够较为准确地确定剪接位点和外显子的边界。

利用以上三种策略或工具完成预测后，会获得很多重叠或有出入的基因结构。这时可以通过基因预测整合工具获得一个完整且较准确的预测结果。目前较主流的整合工具为 EVidenceModeler（EVM）和 GLEAN，这类软件可从各种来源的结构预测结果中选取最可能的外显子，然后将它们合并整合成完整的基因结构。此外，Maker2 是一种将重复序列预测屏蔽、基因预测、功能预测结果整合等步骤综合一体的软件，目前越来越广泛地运用于各种基因组预测项目。基因组预测，特别是复杂基因组预测一直是一个困难任务，大量研究人员还在不断开发新的工具，如最新的利用云计算预测的工具 xGBDvm，它可以进行真核生物基因组的预测（Duvick et al.，2016）。经过上述步骤预测出来的结果，通常还存在一定数量低质量的基因预测结果（假基因、ORF 太短等），需要再进行人工筛选。一般会过滤掉编码蛋白长度小于 50 个氨基酸、编码不完整、基因长度过长、基因中间存在大量"N"等情况的基因。

二、隐马尔可夫模型预测方法

从头预测方法除了依据基因信号和蛋白质编码序列的统计特征外，一个有效的概率模型往往非常重要，其是保障真核和原核生物基因预测准确度的基础。目前在基因预测领域主要应用的概率统计模型为隐马尔可夫模型（hidden Markov model，HMM），下文重点介绍该模型。

1. HMM 基因预测模型　　HMM 在 20 世纪 90 年代最早被用于原核生物基因预测，当时被用于大肠杆菌等的基因预测。之后，HMM 被用于人类等真核生物基因组的基因预测。如何基于 HMM 构建一个基因组序列中蛋白质编码基因预测模型？一个简单的基因预测 HMM 模型如图 8.5 所示。

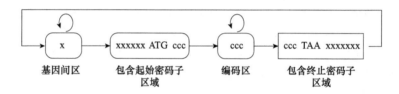

图 8.5　蛋白质编码基因预测 HMM 模型举例

该模型把基因组序列看成一个包含 4 个"态"的马尔可夫链，基因间区作为一个"态"（x），基因包含 3 个"态"。但是，真实的情况要复杂得多，需要构建一个更加完备的模型才能涵盖基因组上的基因状况。因此可以构建如图 8.6 所示的 HMM 模型。真核生物基因预测程序 GENSCAN（Burge and Karlin，1997）是最早也是当时最成功的基因预测算法及其程序。其HMM 模型考虑了正负链、启动子区域、非编码 UTR 区、ploy A 信号和单外显子基因等情况，把它们也分别作为"态"纳入模型中（图 8.6）。实践证明，这样的模型取得了很好的预测效果（表 8.1）。

2. HMM 基因预测模型的应用　　原核生物基因的各种信号位点（如启动子和终止子信号位点）特异性较强且容易识别，因此相应的基因预测方法已经基本成熟。例如，Glimmer 是应用最为广泛的原核生物基因结构预测软件，准确度高，其应用的模型为内插值置换马尔可夫模型（interpolated Markov model，IMM）。真核生物的基因预测工作难度则大得多：首先，真核生物中的启动子和终止子等信号位点更复杂，难以识别；其次，真核生物中广泛存在可变剪接现象，使外显子和内含子的定位更困难。因此，预测真核生物的基因结构需要运用更复杂的算法，常用的有隐马尔可夫模型等，常用的软件有 FGENESH、AUGUSTUS、GeneMark、SNAP、GENSCAN 等。中国科学家在该领域曾做出较大贡献，例如，早期植物基因组的基因预测工具很不成熟，限制了水稻基因组等分析工作，2001 年初，郝柏林院士、郑伟谋研究员、谢惠民教授等带领华大基因的一批年轻研究人员开展攻关。他们基于 HMM 方法，花了几年时间，开发了名为 BGF（Beijing Gene-Finder）的基因预测工具（Li et al., 2005）。

（1）FGENESH　FGENESH 由英国 Sanger 中心的 Asaf 和 Victor 于 2000 年开发，是基于广义隐马尔可夫模型的真核生物基因预测软件。该软件对基因注释的准确性已经在国际上得到认可，尤其是在植物基因预测方面应用非常广泛。该软件系列的成员还有 FGENESH+、Fgenes、Fgenes-M、FGENESH-M 和 FGENESH_GC。其中 FGENESH+ 是 FGENESH 集成了蛋白比对和 cDNA 定位功能；Fgenes 是 FGENESH 的前身，它主要采用线性判别式分析的方法来预测基因结构；Fgenes-M 和 FGENESH-M 分别在 Fgenes 和 FGENESH 的基础上集成了预测可变剪接的功能；FGENESH_GC 则能够兼容非经典的 GC 剪接供体（在人类约占全部的 0.6%）。FGENESH 为商业软件，由 Softberry 公司负责维护和发布。其在线版本（http://www.softberry.com/）仅可让用户输入单条序列进行基因注释。近些年来，Softberry 公司还开发了一套集成该公司各种软件的工具箱 MolQuest（http://www.molquest.com/molquest.phtml?topic=main），该工具箱可支持各种系统（有使用期限）。用户可以导入多条序列批量运行基因组注释工作，并且运行速度十分迅速。

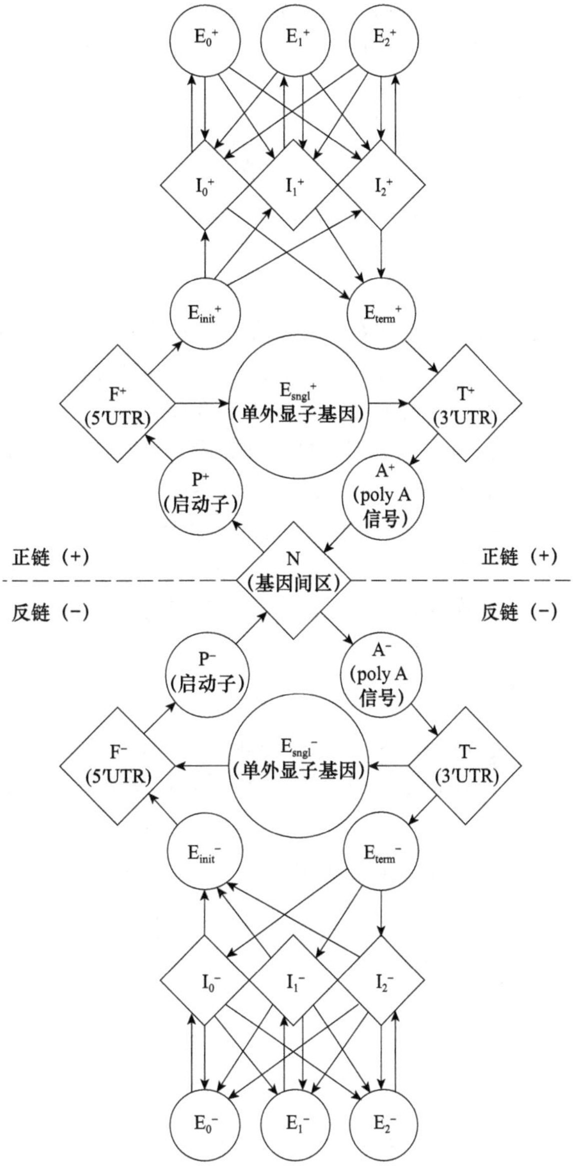

（2）AUGUSTUS　AUGUSTUS 由德国格赖夫斯瓦尔德大学的研究人员于 2003 年开发。该软件目前自带 75 个

图 8.6　基因预测工具 GENSCAN 的 HMM 模型
（引自 Burge and Karlin, 1997）

图中 E、I、F、T 等字母均表示特定区域，例如，E 表示外显子、I 表示内含子、F 和 T 分别表示 5′ 和 3′ 非转录区域（UTR）等，其上标正 / 负号表示序列正 / 负链，下标表示单个（sngl）、起始（init）、终止（term）和中间（0~2）外显子 / 内含子

物种的基因模型参数，用户可以选择较近缘物种的模型参数来进行预测，其在线版本的网址为 http://bioinf.uni-greifswald.de/augustus/。与 FGENESH 不同，该软件是开源的，用户可以免费下载获取并在本地环境下运行。

（3）GeneMark　GeneMark（http://topaz.gatech.edu/GeneMark/）由美国佐治亚理工大学研究人员于 1998 年开发。随着该团队对 GeneMark 工具包的不断更新，GeneMark 已包括一系列软件，可用于不同类型物种的基因预测。例如，GeneMarkS 一般预测原核生物基因；

GeneMark-ES 适合真核生物；MetaGeneMark 可用于宏基因组基因预测。该软件包与其他基于从头预测软件最大的不同在于：它可以利用目标物种基因组进行自我训练 HMM 参数，并用于后续注释。

下文举例说明如何进行一个基因组序列片段的基因预测。一段来自番茄基因组的约 120kb 基因组序列（GenBank 记录号 EU124734.1）需要进行基因预测。比较简单的方法是将这段序列提交到 FGENESH 的在线基因预测平台（http://www.softberry.com/）。该网站目前提供了近 539 个物种的预测基因的参数。如果序列的物种来源已知，可以在网站上直接选择一致或相近的物种参数。如果序列来源未知，可将该序列先在 NCBI 上进行搜索获知与这段序列来源最相近物种的信息，然后在 FGENESH 在线选择该物种进行基因预测（图 8.7A）。在本例中，我们可以直接选择番茄的基因参数模型。FGENESH 的结果报告很全面，并提供了网页和 PDF 两种形式供用户查看。图 8.7B 为 PDF 版本的部分结果截图，从图中可以获知在这段 126 477bp 的番茄序列上，FGENESH 共预测到包含 143 个外显子的 15 个基因。对于预测的每个基因，都会展示其在给定序列中的位置及其结构。该软件默认的基因结构包括转录起始位点（TSS）、外显子/外显子区域（CDSf、CDSi、CDSl、CDSo）及 poly A 尾巴。在获得的预测结果中，还包括各个基因对应的 mRNA 序列和翻译后的蛋白序列。此外，基因结构预测结果文件的格式通常为 GFF3，而不同软件如 FGENESH、AUGUSTUS 等预测出来的格式均不统一，这时可以利用基因预测软件（如 EVM）中的脚本进行 GFF3 格式转换。

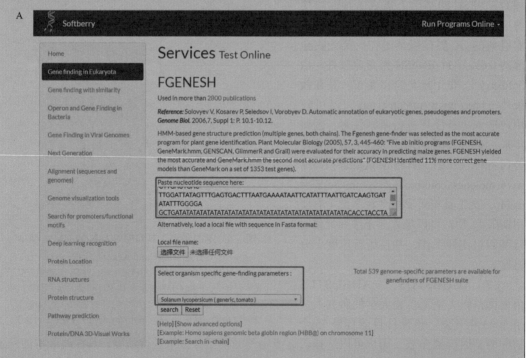

图 8.7　基于 HMM 模型的主流基因预测工具 FGENESH

A. FGENESH 提供的在线基因预测服务平台主页。B. 利用 FGENESH 进行基因预测的结果举例。一段来自番茄约 120kb 基因组序列（EU124734）的预测结果。共 15 个基因被预测出，图中仅列出其中一个基因的具体预测结果。图中红色的 CDSf 代表基因模型中的第一个外显子；灰色的 CDSi 代表中间的外显子；蓝色的 CDSl 表示最后一个外显子；如果仅有一个外显子则用橙色的 CDSo 表示；淡蓝色的 TSS 和深绿色的 PolA 分别代表转录起始位点和 poly A 尾巴结构

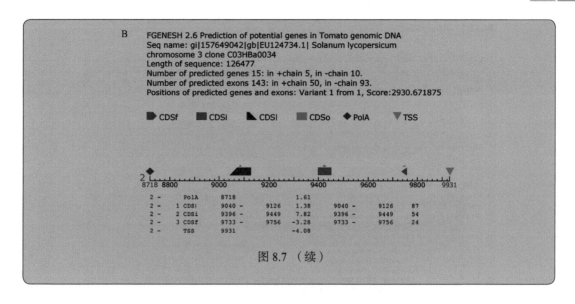

图 8.7（续）

第二节　基因功能注释

在获得基因组基因结构预测信息后，我们希望能够进一步获得基因的功能信息。基因功能注释主要包括预测基因中的功能域、功能分类和所在的生物学通路等。目前普遍采用序列相似性比对的方法对基因功能进行注释。

一、基于已知基因和功能域数据

1. 利用 NR、Uniprot/Swiss-Prot 数据库进行注释　　当需要功能注释的序列数目不是很多时，可直接在 NCBI 主页（http://blast.ncbi.nlm.nih.gov/Blast.cgi）选择需要进行比对的数据库（图 8.8），直接进行 BLAST 搜索，获得与 NR 蛋白质数据库（non-redundant protein sequence database）记录的最佳匹配，根据匹配上的已知功能基因，推断未知基因的功能。虽然 NCBI 在线注释可以一次提交多条序列，但是每次速度还是相对较慢，获得的注释结果需要手动整理。在线方式的优势在于结果中还会出现多个功能数据库的链接（Pfam 等），适合对于少数几个特别感兴趣的序列进行详细的功能了解。

若有大量的待功能注释序列时，例如，需注释某一物种上万条基因序列，通常会采用本地化注释的方法，即利用 NCBI 提供的本地版本的 BLAST 程序（ftp://ftp.ncbi.nih.gov/blast/executables/blast+/LATEST/）和从 NCBI 上下载的 NR、Swiss-Prot 数据库（ftp://ftp.ncbi.nih.gov/blast/db/）做比对。具体的本地 BLAST 操作方法可参考 NCBI 官网提供的使用文档（http://www.ncbi.nlm.nih.gov/books/NBK279690/pdf/Bookshelf_NBK279690.pdf）。在利用 BLASTP 进行功能注释时，一般设定 E-value 标准 1E-7 或 1E-5 作为临界值，若有很多条记录满足该条件时，通常会选取最佳匹配的记录（best hit）作为该序列的功能注释结果。

2. 利用 InterPro 功能域数据库进行注释　　使用 InterPro 数据库可预测蛋白质功能域或重要位点。该数据库整合了 PROSITE、Pfam、PRINTS、SMART、TIGRFAMs 等功能域数据

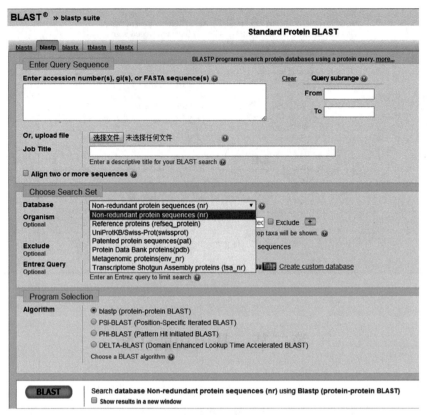

图 8.8　通过 BLAST 和选用不同蛋白质数据库进行基因功能注释
可在下拉框中选择用于功能注释的数据库

库和 PIRSF、SUPERFAMILY、CATH-Genes3D 等其他不同类型数据库。根据需要可以选择注释数据库，获得相应的功能注释结果。在线 InterProScan（http://www.ebi.ac.uk/interpro/）目前一次仅支持单条蛋白序列的查询，结果的输出格式为 HTML 或 GFF3。InterProScan 有本地化的版本（http://www.ebi.ac.uk/interpro/download/），在计算机资源充足的情况下，可利用多线程运行加快注释速度。此外，本地化版本还可输入 DNA 序列，获得 DNA 水平上的序列位点注释信息。输出格式可选择 GFF3、tsv 等以便用户查看和操作。除了在线和本地化的 InterProScan 版本，也可使用 EBI 提供的 Perl 或 Python（https://www.ebi.ac.uk/seqdb/confluence/display/JDSAT/InterProScan+5+Help+and+Documentation）程序进行远程比对，程序将序列递交到远程官网进行注释。这种方法较为方便，可在单机 Windows 系统的 DOS 下运行"perl interpro5.pl --email ＜your@email＞［options］seqfile"，结果会返回到本地当前路径。

二、基于功能分类和代谢途径

1. 利用 GO 定义基因功能　基因功能分类注释系统 GO（Gene Ontology）将功能分为三大类：细胞组分（cellular component）、分子功能（molecular function）、生物学过程（biological process）。获得 GO 注释最简单的方法是利用已做好的 InterProScan 的注释，直接从该结果中提取相关基因的 GO 注释信息。GO 注释信息统计和展示可用在线工具 WEGO（http://wego.genomics.org.cn/），后续的 GO 富集等分析可利用 AgriGO（http://systemsbiology.cau.edu.

cn/agriGOv2/）和 GOEAST（http://omicslab.genetics.ac.cn/GOEAST/tutorial.php）等在线分析平台获得。

2. 利用 KEGG 等数据库生物学代谢通路信息 通常使用 KAAS（http://www.genome.jp/tools/kaas/）进行 KEGG（Kyoto Encyclopedia of Genes and Genomes）注释。通过该网站注释获得的结果包括对应 KO（KEGG Orthology）代号、KEGG 的代谢通路及各个代谢通路对应的图谱等。KAAS 主要分为两种形式：双向最佳匹配（BBH）和单向最佳匹配（SBH）。前者适用于全基因组基因序列的注释；后者适用于对个别基因进行注释的情况。以 KAAS 在线版为例（图 8.9），输入序列、邮箱地址，选择检索程序、基因集，最后选择双向最佳匹配或者单向最佳匹配，即可提交任务。随后可以通过邮件中的链接查看相应的结果。

图 8.9 KAAS（KEGG Automatic Annotation Server）注释服务器主页

随着生物信息软件的发展与优化，出现了很多集成多种功能的基因功能注释方法。Blast2go（https://www.blast2go.com/）就是一个目前较为流行的、可在多操作系统下运行且具有综合用途的基因功能注释软件。其主要功能如下：可将序列比对到 NCBI 的 NR 数据库获得 NR 注释；通过 Blast2go 的数据库，将 NR 注释的结果转换为 GO 注释；进行 GO 分类、富集分析，以及整合 GO 概念关系图的制作；可获得 "Enzyme Code" 注释和 KEGG 通路图等。

目前基因功能注释面临的问题很明显，注释工作是建立在相似性比对的基础上，因而非常依赖于外部数据，对某些研究较少的物种，其基因注释限制明显，无法得到功能信息。另外，序列相似并不表示生物学功能相似，需要考虑引入序列比对之外的方法，进一步完善基因功能注释工作。

第三节　蛋白质结构预测

一、蛋白质结构概述

1. 蛋白质结构分类及其术语　一般情况下，蛋白质的结构分为 4 个层次：①一级结构，蛋白质序列水平，跨膜结构、抗原等；②二级结构，α 螺旋和 β 折叠等；③三级结构，单条多肽链的空间结构；④四级结构，多个亚基之间的空间结构。

（1）一级结构　　一级结构（primary structure）是指多肽链的氨基酸残基的排列顺序，它是由氨基酸个体通过肽键共价连接而成的。氨基酸是构成蛋白质一级结构的基本单位，天然蛋白质中常见的氨基酸共有 20 种。

（2）二级结构　　二级结构（secondary structure）是指多肽链主链原子借助于氢键沿一维方向排列成的具有周期性的结构现象，是多肽链局部的空间结构（构象），主要有 α 螺旋、β 折叠、β 转角、无规卷曲等形式。

1）α 螺旋（α helix）是蛋白质中最常见、最典型、含量最丰富的结构元件，是一种重复性结构（图 8.10）。其结构特征为：①主链骨架围绕中心轴盘绕形成右手螺旋；②螺旋每上升一圈是 3.6 个氨基酸残基，螺距为 0.54nm；③相邻螺旋圈之间形成氢键；④侧链基团位于螺旋的外侧。

2）β 折叠（β pleated sheet）结构是由 Pauling 等（1951）首先提出来的，在许多蛋白质中存在。折叠可以有两种形式：一种是平行式（parallel），另一种是反平行式（antiparallel）。在平行 β 折叠中，相邻肽链是同向的；而在反平行 β 折叠中，相邻肽链是反向的（图 8.10）。

3）β 转角（β turn）常发生于多肽链 180° 回折时的转角上，通常由 4 个氨基酸残基构成，借 1、4 残基之间形成氢键，可以形成一个紧密的环，使 β 转角成为比较稳定的结构。目前发现 β 转角多数存在于球状蛋白质分子表面，是一种非重复性结构。

（3）三级结构　　三级结构（tertiary structure）是指整条多肽链的三维结构，包括骨架和侧链在内的所有原子的空间排列。如果蛋白质分子仅由一条多肽链组成，三级结构就是它的最高结构层次。

（4）四级结构　　四级结构（quaternary structure）是指在亚基和亚基之间通过疏水作用等次级键结合，成为有序排列的特定空间结构。亚基（subunit）通常由一条多肽链组成。

2. 蛋白质结构预测概念　蛋白质结构预测是指基于蛋白质的氨基酸序列预测出其二级和三级结构（所谓一级结构预测是指蛋白质序列跨膜结构、抗体位点、功能域等预测）。由于蛋白质的生物学功能在很大程度上依赖于其空间结构，因而进行蛋白质的结构预测对于理解蛋白质结构与功能的关系，并在此基础上进行蛋白质复性、突变体设计及基于结构的药物设计等具有重要意义。进行蛋白质结构预测的基本出发点在于蛋白质的三维结构是由其序列及环境所决定的。这个基本假设源于 Anfinsen 在 20 世纪 60 年代关于核糖核酸酶的折叠实验。实验表明，除了核糖核酸酶以外，很多其他蛋白质也能自动折叠成活性状态。但由于近年来的实验表明，一些蛋白质折叠时需要分子伴侣的存在，为这种基本假设带来了挑战。目前的实验数据支持分子伴侣在蛋白质折叠中只起到了辅助作用，而不是决定性作用。因此，进行蛋白质结构预测的基本假设还是成立的。

3. 蛋白质结构预测意义　对蛋白质进行结构预测的意义主要有三点：①分子生物学的

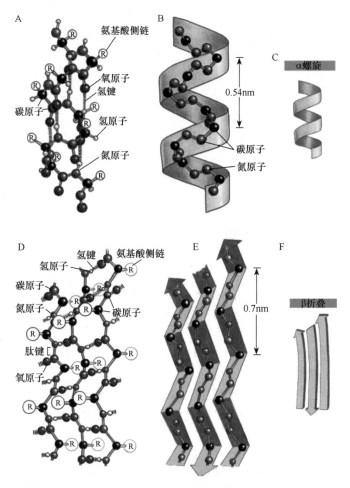

图 8.10 α螺旋（A～C）和β折叠（D～F）结构示意图（引自 Alberts et al., 2007）

中心法则只确定了 DNA 与蛋白质氨基酸序列间的关系，提供了第一套遗传密码子。下一步需要确定的是蛋白质的氨基酸序列与其三维空间结构间的关系，或称为"第二套遗传密码子"。蛋白质的氨基酸序列与其三维空间结构间的关系可以看作是分子生物学中心法则的延伸，对于理解生命现象的本质具有重要意义。②由于蛋白质结构实验测定的速度远跟不上序列增长的速度，而蛋白质三维结构信息对于蛋白质结构与功能的关系研究是必需的，使得蛋白质结构预测成为一种迫切的需要。基因组计划产生了大量的基因序列信息，而最终要了解基因的功能，就必须认识基因产物蛋白的结构与功能关系。③药物开发等现实需求，如具有生物活性的小分子药物设计与发现。计算机辅助药物设计（computer-aided drug design，CADD）极大提高了新药开发效率，它分为间接与直接药物设计，其最基本原理为"锁钥原理"（lock and key principle）。Fischer（1894）最早提出药物作用于体内特定部位，如同钥匙与锁的关系。

国际蛋白质结构预测技术评估大赛（the critical assessment of protein structure prediction，CASP，www.predictioncenter.org）被誉为蛋白质结构预测领域的奥林匹克竞赛，是美国科学家约翰·莫尔特（John Moult）于 1994 年倡议在全球范围内举行的蛋白质结构预测竞赛，每两年举行一次，2020 年举办了第 14 届。在为期数月的竞赛期间，组织方每几天向参加的团队发去一些氨基酸序列清单，参与者根据这些氨基酸序列预测蛋白质结构。这些"考题"是新近通过实验方法解析且尚未发表的蛋白质结构。除了蛋白质三维结构预测，CASP大赛还包括对蛋白质结构其他方面的一些预测方法的评估，如残基接触预测、无序区域预测、结构质量评估、结构优化等。在过去20多年中，CASP竞赛全方位见证了蛋白质结构预测领域的不断发展，结构预测精度的提高主要得益于以下几个方面的进步：①蛋白三维结构数量的增长；②更好的序列搜索和比对工具，如PSI-BLAST使得比对远源序列成为可能；③"片段拼接"法的发展；④人工智能新方法的出现。但目前对较大尺寸蛋白质（>150残基）的从头预测仍具挑战性，这也是CASP竞赛今后最重要的目标和着力方向。

二、蛋白质二级和三级结构预测

1. 蛋白质二级结构预测

（1）预测方法　　蛋白质二级结构是蛋白质分子里重要的组成"部件"，是研究蛋白质氨基酸序列和三级结构之间的桥梁。蛋白质二级结构的预测对于蛋白质三维结构的预测具有十分重要的意义。

二级结构预测常称为三态预测，因为序列中的每一个氨基酸残基都可以归结为螺旋（helix，H）、拉长的折叠股（extended β strand，E）或卷曲（coil，C）三种状态。早在20世纪60年代中后期，科学家们就开始进行蛋白质二级结构预测方面的研究，目前已发展了几十种预测方法。这些方法大致可分为三大类：统计学方法、基于立体化学原则的物理化学方法和神经网络与人工智能方法。

1）Chou-Fasman法是典型的统计学方法。该方法统计分析了各种氨基酸的二级结构分布特征，得出相应参数（Pα，Pβ和Pt）并用于预测。Chou-Fasman对已知结构的蛋白质进行统计处理，计算出20种氨基酸出现在α螺旋、β折叠和卷曲三种构象中的分布情况，然后得到每一种氨基酸在这些二级结构构象中的构象参数。Chou-Fasman法中的构象参数主要有：氨基酸残基形成α螺旋的倾向性因子Pα；氨基酸残基形成折叠股的倾向性因子Pβ；氨基酸残基形成卷曲结构的倾向性因子Pt。氨基酸的构象参数值反映了氨基酸出现在某种二级结构中可能性的大小。根据统计的规律，Chou-Fasman提出了一些二级结构成核、延伸和终止的规则，根据这些规则就可以预测已知序列的多肽链的二级结构。

大多数预测算法均依据单一序列，即使是最著名的一些算法（如Chou-Fasman算法和GOR算法），也只有约60%的预测准确率，而对于一些特定的结构，如那些富含β折叠片（β-sheet）的结构，这些算法难以预测成功。预测失败的原因，主要是单一序列所提供的信息只是残基的顺序而没有其空间分布的信息。后续两个方面的研究进展改变了这一状况：一是认识到多序列比对可被用于改进预测能力，多序列比对结果可被视为诱变遗传学试验中的自然突变状况，其对序列上单一位点变异的分析，的确提供了该位点在蛋白质三级结构中的信息；二是神经网络已开始被用于根据序列预测结构。目前，在拥有大量和高质量的多序列比对结果的情况下，蛋白质二级结构的预测准确性大大提高——准确率通常比以往单一序列预测提高10%。

2）利用物理化学方法预测蛋白质二级结构，最著名的是Lim法。该方法在预测蛋白质二级结构时考虑蛋白质折叠构象的立体化学特征和物理化学性质，如残基侧链基团的体积大小、亲/疏水性质和所带电荷等因素；另外，该方法还充分考虑邻近氨基酸残基之间的相互作用情况。此外，根据已经测定的蛋白质结构情况，该方法还总结了形成 α 螺旋或 β 折叠构象的结构模式和立体化学特征。例如，α 螺旋结构中经常是一侧对着亲水表面，另一侧则对着疏水核心。Lim 等对 α 螺旋和 β 折叠总结了 20 多种亲／疏水分布模式。根据序列中有规律的亲／疏水性残基的分布，可以对蛋白质的二级结构进行预测。在有些情况下该方法的预测准确率相当高（尤其是对较小的蛋白质）。

3）神经网络与人工智能方法是新兴的蛋白质二级结构预方法。目前，二级结构神经网络算法中应用最广的是 BP 网络（back-propagation network），即反馈式神经网络算法（详见第 14 章第二节）。它通常是由三层相同的神经元构成的层状网络，使用反馈式学习规则，底层为输入层，中间为隐含层，顶层是输出层，信号在相邻各层间逐层传递，不相邻的各层间无联系。在学习过程中，根据输入的一级结构和二级结构的关系信息，不断调整各单元之间的权重，最终确定输入与输出的良好关系，并用于对未知蛋白质二级结构的预测。神经网络算法与传统方法相比，最大的特点是其预测二级结构时不仅是基于单序列和单个氨基酸，而是利用了多序列，通过从多重序列的比对中学习规则。目前，神经网络算法发展较快，已经有很多成功的应用实例。

（2）蛋白质二级结构主要预测工具及相应网址

PSIPRED, http://bioinf.cs.ucl.ac.uk/psipred/

PredictProtein, www.predictprotein.org

nnpredict, http: //130.88.97.239/bioactivity/nnpredictfrm.html

SOPMA, https: //npsa-prabi.ibcp.fr/cgi-bin/npsa_automat.pl?page＝npsa_sopma.html

SSPRED, www.bioinformatics.org/sspred/html/sspred.html

GOR, http: //npsa-pbil.ibcp.fr/cgi-bin/npsa_automat.pl?page＝npsa_gor4.html

SCRATCH, http: //scratch.proteomics.ics.uci.edu/

2. 蛋白质三级结构预测　　近年来，随着结构生物学的发展，实验获得的蛋白质结构越来越多，为研究和总结蛋白质结构的规律打下了很好的基础，也为蛋白质的结构预测提供了参考。另外，计算机技术的快速进步也极大促进了蛋白质结构预测的发展。蛋白质结构预测问题虽然还没有最终解决，但是已经取得了一些令人欣喜的成就。目前，蛋白质空间三级结构预测的方法有三种，即同源建模法、折叠识别法和从头预测法（图 8.11）。

（1）同源建模法　　同源建模法（homology modeling）也称为比较建模法（comparative modeling），是一种基于知识的蛋白质结构预测方法。根据对蛋白质结构数据库 PDB 中的蛋白质结构比较分析研究得知，任何一对蛋白质，只要它们序列的长度达到一定程度，序列相似性超过 30%，就可以保证它们具有相似的三维结构。因此，对于一个未知结构的蛋白质，如果找到一个已知结构的同源蛋白质，就可以该蛋白质结构为模板，为未知结构蛋白质建立结构模型。同源模建通常包括下列主要步骤：模板搜寻、序列比对、结构保守区寻找、目标模型搭建、结构优化和评估等。在目前的三种预测蛋白质结构的方法中，同源建模法是最简单和最成熟的方法。

同源建模的一般步骤为：①寻找一个或一组与未知蛋白质同源且由实验测定的蛋白质结构，进行结构叠合；②建立未知蛋白质与已知结构蛋白质的序列比对；③找出结构保守性的主链结构片段；④建模结构变化的区域，一般为连接二级结构片段间的区域；⑤侧链建模；⑥通过能量计算的方法进行结构优化。

得到结构预测模型后还需要进行检验：首先检查总体的折叠模式是否正确，局域结构是否正确；再检查立体化学是否合理，如键长、键角的合理性，二面角是否落在允许区内，是否存

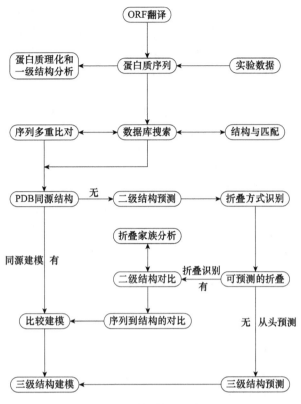

图 8.11　蛋白质结构预测方法概述

目前蛋白质三级结果预测主要包括从头预测、同源建模和折叠识别三种方法

在不合理的过近原子接触等。

目前有多种途径可进行以上序列比对。最便捷的途径是使用 BLASTP 比对 NRL-3D 或 SCOP 数据库中的序列。如果发现超过 100 个氨基酸长度且有远高于 40% 序列相同率的匹配结构，则未知结构蛋白与该匹配序列蛋白将有非常相似的结构。

同源建模逐渐成为一个较为常规的分析方法，目前许多蛋白质研究机构提供了在线结构预测服务，其中 ExPASy 分析平台提供的 SWISS-MODEL 算法使用最为广泛（https://swissmodel.expasy.org/）（图 8.12A），使用者可以将一条序列或使用者自己完成的比对结果直接发送给该服务器用于同源建模。图 8.12 以一条蛋白质序列（记录号 NP_000268）为例，给出一个具体的三级结构预测案例。经预测共得到三个预测结果（图 8.12B），其中列出了可能性最高的结构预测结果（Model 01，GMQE = 0.95）的具体相关参数和同源模板序列等（图 8.12C）。

如上所述，通过比对数据库中已知结构的序列并用于预测未知序列的三级结构，同源建模方法已成为目前进行三级结构预测的最准确方法之一。但是该方法并不总是奏效，因为大量未知蛋白质序列找不到与之相似的已知结构的蛋白质序列。因此，同源建模方法需要其他类型的方法（即不通过相似性比对来预测序列结构）进行辅助。

（2）折叠识别法　　折叠识别法（fold recognition）也称为反向折叠法（inverse fold method）、串线（threading）算法等。该方法基于这样一个事实，即很多没有序列相似性的蛋白质具有相似的折叠模式。因此可以开发序列结构比对（sequence structure alignment）的方法，通过目标蛋白质的氨基酸序列和已知折叠模式的逐一对比，根据特定的计分函数（scoring function）找出最有可能的未知序列折叠模式。该方法是 20 世纪 90 年代发展起来的，目前主要的方法大多是从 1991 年 Bowie 等提出的三维剖面（3D-profiles）和 1992 年 Jones 等提出的串线算法发展而来的。折叠识别法可以弥补同源建模法只能依赖序列相似性寻找模板的不足，是目前三种预测蛋白质结构的方法中发展最快也是最有前途的方法。

折叠识别法涉及几个过程：在折叠库（即存储已知折叠方式的序列记录）搜索，获得已知蛋白质结构的相似序列；为折叠模式打分及识别适合序列的折叠模式；将查询序列与打分最高的蛋白质进行序列比对。一旦识别到这样一个模板，余下的部分与比较模建的过程相同。折叠识别法常基于序列相似性搜索和结构信息两方面。例如，3D-PSSM（three-dimensional position-specific scoring matrix，三维位置特异的打分矩阵）方法，利用了 PSI-BLAST 算法来发现与未知序列关系较远的序列，并用结构信息来配合这种搜索。结构方面信息包括二级结构预测和疏

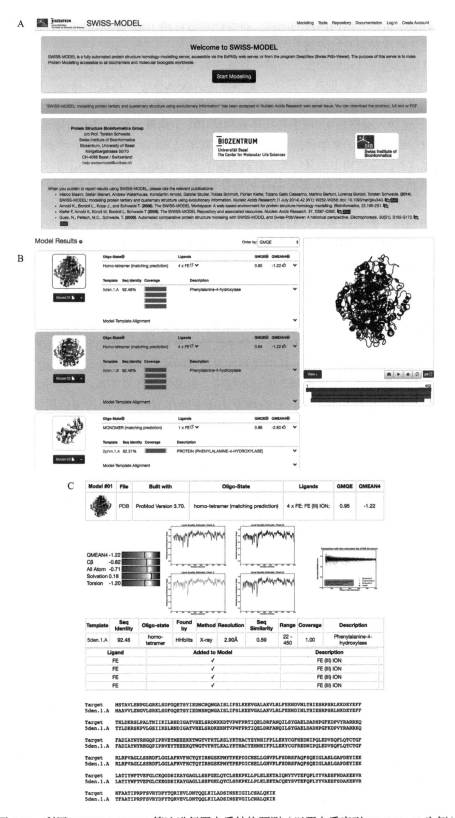

图 8.12　利用 SWISS-MODEL 算法进行蛋白质结构预测（以蛋白质序列 NP_000268 为例）

水氨基酸具有存在于蛋白质结构内核的趋向。折叠识别法可用于远缘关系的序列，但是其结构预测的准确度受序列比对误差的限制。

最简单的办法是利用已知的构象，为某一目标序列构建构象库，即将目标序列放在已知结构蛋白骨架上进行滑动，人们把这一算法形象地称为"threading"（串线）算法。例如，将一个含有 100 个氨基酸残基的序列放在一个含有 200 个氨基酸残基的已知结构蛋白骨架上滑动（假定连续滑动，无插入或删除），可为目标序列构建 101 个构象。然后用平均势函数对这 101种匹配进行评价。串线算法的基本原理：我们已经观察了已知结构蛋白质的各种折叠方式，未知序列是否会像这些已知结构中的某一个一样折叠呢？这一问题涉及蛋白质结构的搜索。特定的蛋白质折叠被反复观察到——大部分晶体衍射获得的新蛋白质结构与已知的折叠相关，这些过程使预测的成功概率不断提高。在串线算法中，未知序列以合适的方式被"串"到一个数据库的某一折叠模板，然后计算该序列的能量（energy）；在该序列与数据库中所有的折叠模板均"串"好后，可以进行计分比对，决定哪些匹配达到了显著。Jones 等（1992）采用双重动态规划的算法来进行序列与结构的比对，计算过程中考虑成对的作用能，取得了较好的结果。目前使用串线算法最著名的程序是美国密歇根大学张阳课题组开发的 I-TASSER（https://zhanglab.ccmb.med.umich.edu/I-TASSER/）。

（3）从头预测法　　从头预测（*ab initio* prediction）也称为理论计算预测，是指从蛋白质的一级结构出发，根据物理化学、量子化学、量子物理的基本原理，利用各种理论方法计算出蛋白质肽链所有可能构象的能量，然后从中找到能量最低的构象，作为蛋白质的天然构象。这种方法不需要已知结构信息，能够预测产生全新结构。但是由于计算的难度，这种方法只能用于计算很小的蛋白质分子的局部结构，目前该方法还不能作为一种常用的蛋白质结构预测方法，主要用作其他预测方法（如同源建模法和折叠识别法）的补充，或作为一种优化结构的手段。从头预测法由以下几部分组成。

1）表示蛋白质几何结构的方法。有些模型为了简化体系会使用一个或少数几个原子代表一个氨基酸残基。为进一步简化体系，有些方法用网格模型来表示蛋白质的几何结构，如只允许 α 碳原子位于二维或三维格子（网格）的位置上，这样大大减少了蛋白质在空间可能的构象数目。其中，H-P［疏水（hydrophobic）-极性（polar）］模型是目前研究最成熟的一种简单网格模型。

2）能量函数及其参数，或者一个合理的构象得分函数，以便计算各种构象的能量。一般通过对已知结构的蛋白质进行统计分析以确定能量函数中的各个参数或者得分函数，即基于知识的函数；也有一些能量函数是完全基于物理意义的函数。

3）构象空间搜索技术：对构象空间进行快速搜索，找到全局最小能量相对应的构象。常用的方法有：①分子动力学模拟，通过解牛顿运动方程来搜索构象，计算量非常巨大；②基于蒙特卡罗模拟的构象搜索，即构象在事先设计好的各种随机变动中不断变化折叠，同时为了有效跨越能垒，在构象搜索过程中常采用模拟退火、副本交换等策略。

模拟过程中会不断输出一些能量较低的中间结构以供后续筛选，即用更为复杂、精细的打分函数来筛选结构。由于目前的结构预测方法大都采用简化模型进行构象搜索，因此还需要在筛选得到的简化结构的基础上重建全原子结构。有些方法会在全原子结构重建的同时分步骤进行结构优化。结构优化的主要目的是在整体拓扑结构变动不大的情况下尽可能改善局部结构细节，常用的方法有基于分子动力学模拟和基于蒙特卡罗模拟的结构优化方法。比较知名的从头预测法有 Rosetta、QUARK、SCRATCH 等。

近年来，随着新的人工智能方法的出现，蛋白质结构的从头预测取得了飞速进展。其中，最值得一提的是谷歌公司 DeepMind 团队于 2018 年底推出的 AlphaFold。该方法以惊人的优势击败了当时已有的所有算法，一举拿下当年的 CASP 比赛冠军（并且远远甩开了第二名）。AlphaFold 依赖深度神经网络，主要提取蛋白质的两种特性：①成对的氨基酸之间的距离；②连接这些氨基酸的化学键之间的角度。AlphaFold 通过用新的蛋白质片段反复替换蛋白质结构的片段来训练出一种生成神经网络以构建新片段，从而不断提升预测蛋白质结构的准确度。此外，还通过梯度下降法优化得分进行小的、增量的改进，从而得到高精度的结构。除了人工智能的应用，近年来超级计算机的飞速发展也为从头预测法打开了新局面。尤其是哥伦比亚大学的 David Shaw 专为分子动力学模拟开发的 Anton 芯片，极大提高了运算速度和模拟的时间尺度，使在毫秒尺度内模拟全原子蛋白体系的折叠过程成为可能。

（4）蛋白质三级结构预测及可视化工具　　可以用于蛋白质三级结构预测及可视化的工具有很多，具体可见表 8.2。

表 8.2　蛋白质三级结构预测及可视化工具

算法 / 功能	工具	网址
同源模建预测	SWISS-MODEL	http://swissmodel.expasy.org
	CPHmodels	www.cbs.dtu.dk/services/CPHmodels
	ESyPred3D	www.unamur.be/sciences/biologie/urbm/bioinfo/esypred/
	Geno3d	http://geno3d-pbil.ibcp.fr
折叠识别预测	HHpred	https://toolkit.tuebingen.mpg.de/tools/hhpred
	Phyre	www.sbg.bio.ic.ac.uk/ ~ phyre/index.cgi
	LOOPP	http://cbsuapps.tc.cornell.edu/loopp.aspx
	SAM-T02	www.bio.net/bionet/mm/bio-www/2002-September/001105.html
	Threader	http://bioinf.cs.ucl.ac.uk/?id=747
从头预测	Rosetta	www.rosettacommons.org/
	QUARK	https://zhanglab.ccmb.med.umich.edu/QUARK/
	SCRATCH	http://scratch.proteomics.ics.uci.edu/
	AlphaFold	https://github.com/deepmind/deepmind-research/tree/master/alphafold_casp13
三维结构可视化*	RasMol	http://openrasmol.org 或 www.umass.edu/microbio/rasmol
	PyMOL	www.schrodinger.com/pymol
	VMD	www.ks.uiuc.edu/Research/vmd
	Chimera	www.cgl.ucsf.edu/chimera

*其他可视化工具：Chime、Cn3D、Jmol、Swiss PDF Viewer

三、基因突变与蛋白质三维结构功能分析

随着测序逐渐变为常规的检测手段，研究者在科研实践或临床诊断中常需要推测某个基因突变的影响（如性状改变或致病性等）及其可能的影响机制。除了基于序列保守性进行判断或使用 PROVEAN、PolyPhen 这类在线软件进行预测之外，对蛋白质的三维结构进行分析也是非常重要的依据。

1. 蛋白质突变位点三维结构分析步骤　　基于蛋白质三维结构进行突变位点分析的大致步骤如下。

（1）确定相应蛋白质是否已测定三维结构　　可以直接在蛋白质结构数据库（wwPDB）中

进行搜索，也可以到蛋白序列数据库 UniProt 中搜索。直接在蛋白质结构数据库中搜索，搜索结果常掺杂很多假阳性记录，所以推荐在 UniProt 中进行操作。在 UniProt 中搜索并进入相应蛋白质的条目，若该蛋白质有三维结构，则会在该条目的 Structure 区域显示所有已解析的三维结构，包括结构的 PDB 编号、解析方法、分辨率、对应肽链编号及已解析部分在肽链上的起止编号，并提供了到各蛋白质结构数据库的链接。此外，UniProt 数据库中还整合了结构可视化软件，可以在页面窗口中直接观察和操作蛋白质的三维结构。当然，更好的办法还是将结构文件（.pdb 文件）从蛋白质结构数据库中下载到本地的结构可视化软件（如 PyMOL）上进行操作。

（2）若无已测定三维结构则查找是否有已知的同源蛋白质结构　　通过 BLAST 在结构数据库 PDB 中搜索是否有同源蛋白的结构。在搜索结果中可以选择合适的同源结构进行分析，分析时要特别注意所研究蛋白质的突变位点对应同源蛋白上的哪个位点。当然，也可以用 SWISS-MODEL 等直接预测所研究蛋白质的三维结构。采用 SWISS-MODEL 的缺点是它只提供所给序列的结构，不考虑复合物的结构，有时会遗漏非常重要的信息。

（3）突变对蛋白质功能的影响分析　　获得目标蛋白质或其同源蛋白质的三维结构后，首先在蛋白质三维结构可视化软件中查看突变位点是否参与蛋白质与底物、其他亚基的相互作用，或者蛋白质内部某些特定的相互作用（如氢键、盐桥）。各结构可视化软件均可显示这些相互作用，如在 PyMOL 中可以在 "Action＞find＞polar contacts" 菜单中显示所有的极性相互作用或者某特定残基相关的相互作用等。

若突变位点并不参与特定的相互作用，则需要根据突变位点在结构上的具体位置进行其他因素的推测。例如，①疏水内核中的中性或极性氨基酸残基突变为带电氨基酸残基很可能会使蛋白质稳定性下降；②色氨酸常出现在疏水内核的中心，若突变为其他氨基酸，尤其是突变为非芳香性氨基酸会极大破坏蛋白质的稳定性；③蛋白质表面的带电氨基酸突变为中性氨基酸很可能会引起蛋白质的溶解性下降，容易产生蛋白质聚集，如镰状细胞贫血的病因正是位于血红蛋白表面的 β 链第六位残基由带负电荷的谷氨酸突变为中性的缬氨酸，使蛋白质溶解性下降，容易聚集成长长的纤维状结构而使红细胞扭曲变形；④脯氨酸和甘氨酸不利于形成 α 螺旋，常出现在 α 螺旋的末端，因此若螺旋内部其他残基突变为脯氨酸或甘氨酸，很可能会极大影响蛋白质的稳定性；⑤膜蛋白的 α 螺旋内部常出现脯氨酸，它引起的大角度弯折往往对维持膜蛋白的基本形状和功能至关重要，因此膜蛋白 α 螺旋内部的脯氨酸突变成其他氨基酸，很可能会严重破坏蛋白质的功能，但丝氨酸和苏氨酸可以通过侧链羟基稳定螺旋内部的弯折，因此引起弯折的脯氨酸有时也会被这两个氨基酸替代。基于结构的分析可以在测序数据分析的后期进一步筛选潜在的致病等功能位点，并为进一步的功能实验提供指导。

2. 蛋白质突变位点三维结构分析实例　　下面以 FOXL2 蛋白 R103C 突变为例，从结构方面理解该突变对蛋白质功能的影响。

　　首先，在 UniProt 数据库中搜索 FOXL2（记录号 P58012），记录显示 FOXL2 并没有三维结构数据。于是在 PDB 数据库中 BLAST 查找其同源序列，结果显示 FOXL2 蛋白的残基 #54～#142 这个区域在 PDB 数据库中有多条同源序列相对应，有多条序列相应区域的序列与 FOXL2 的一致性超过 60%，所以可以用这些结果来分析对应 FOXL2 上的 R103 残基。先从同源性最佳的第一条记录看起，它对应于 PDB 数据库 FOXC2 蛋白（记录号 6O3T）结构的 A 链（图 8.13A）。序列比对结果显示 FOXL2 上的 R103 残基对应 FOXC2

的 R121 残基，而且周边序列的保守性都非常高。于是可以在结构数据库 PDB 中下载 6O3T 这个结构文件（.pdb 文件），用 PyMOL 打开结构文件，找到并选中 FOXC2 的 R121 残基，并用 "Action＞find＞polar contacts＞to other atoms in object" 显示 R121 参与的所有相互作用。结果显示，R121 通过氢键紧密结合到靶基因 DNA 的鸟苷酸残基上（图 8.13B）。由此可以推测，FOXL2 的 R103C 突变（对应 FOXC2 的 R121 突变）将严重影响转录因子 FOXL2 与底物 DNA 的结合与识别，很可能有致病性。事实上，R103C 突变是 FOXL2 蛋白致病的多个突变之一。

　　我们也可以直接利用 SWISS-MODEL 提交 FOXL2 序列进行结构预测，最后程序会给出蛋白质的突变相应部分区域的结构，但不会同时给出靶基因 DNA 结合的情况，这样就很难判断 R103C 的致病性了。因此，在实际操作中，需要结构预测与结构数据库同源搜索同时进行，在 PDB 数据库中找同源蛋白的结构并进行分析，往往可以提供更为全面和准确的信息。

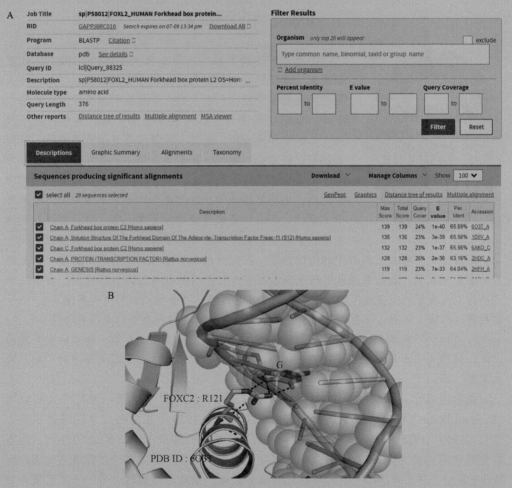

图 8.13　蛋白质 FOXL2（记录号 P58012）R103C 突变的三维结构分析

A. FOXL2 蛋白序列在 PDB 数据库中搜索获得的同源序列情况，结果显示其最佳同源蛋白为 FOXC2（记录号 6O3T）；B. FOXC2 的三维结构及其与 FOXL2 的 R103C 突变对应位点（R121）与底物 DNA 结合情况（利用 PyMOL 可视化工具）

习　题

1. 简述基因注释的流程。

2. 使用 FGENESH 在线服务对稗草叶绿体基因组序列（GenBank 记录号：KJ000047.1）进行结构注释。

3. 使用 InterProScan 在线服务对稗草的一个蛋白质序列（GenBank 记录号：ALP29445.1）进行功能注释。

4. 蛋白质主要三级结构数据库有哪些？

5. 蛋白质三级结构预测的主要方法包括哪些？

6. 简述 SWISS-MODEL 的结构预测原理、预测过程和结果说明。

历史与人物

HMM、马尔可夫及其他

安德雷·安德耶维齐·马尔可夫（1856～1922），俄国数学家。他因提出马尔可夫链的概念而享有盛名。马尔可夫是彼得堡数学学派的代表人物，以数论和概率论方面的工作著称，他的主要著作包括《概率演算》等。马尔可夫不仅是一位数学学术大师，还是一位极其出色的数学教师。他先后讲授过微积分、数论、函数论、矩论、计算方法、微分方程、概率论等课程。他历经沙俄和十月革命，即使在那些动荡时期，他还坚持教学，直到晚年。十月革命前夕，他带着十四岁的儿子离开圣彼得堡继续教学，每次讲课都要儿子搀扶着进出教室。他讲课时不在乎板书是否工整和讲授是否生动，还经常有意略去教科书中的传统内容，因此一般的学生抱怨他的课不好懂。但是优秀的学生却发现，他的课程从逻辑上来看具有无可指责的严密性，内容充实，其中往往还有他本人最新的研究成果。授课用的讲义就是他倾注了半生心血的《概率演算》。为了讲授好这门课，他对这部教材进行了反复修改，直到临终前还在进行第四版的校订工作。马尔可夫估计不会想到，百年之后，他留下的事业会使后人前赴后继，继续研究并发扬光大。他的儿子小马尔可夫（1903～1979）也成为数学家，提出数理逻辑中的"马尔可夫原则"等。

说起隐马尔可夫模型（HMM）的提出与应用，就不得不提及一位传奇人物鲍姆（Leonard Baum，1931～2017）。他也是一位数学家。1958 年在哈佛大学获得数学博士学位，1959～1978 年在一家安全研究机构从事密码学研究工作。20 世纪 60 年代，他与其他科学家一起提出 HMM，并以此为基础建立 HMM 模型学习算法，即著名的 Baum-Welch 算法（详见第 14 章）。之后他进入金融领域，他是著名金融公司——文艺复兴科技公司的核心创始人。利用 Baum-Welch 算法，该公司连续 27 年在对冲基金回报率方面打败巴菲特。相信这段传奇一定会使人们对学习 Baum-Welch 算法充满动力！

20 世纪 80 年代，HMM 开始被应用于生物序列分析，包括序列联配和基因预测等。

这个领域的先驱者当属 David Haussler（1953～）。他与他的博士后 Anders Krogh 等一起把 HMM 引入序列分析中。Haussler 是计算机科学家，曾任美国加州大学校长，是将机器学习引入生物信息学的先驱。他们首次提出了基于 HMM 的基因预测方法（Krogh et al.，1994a），用于大肠杆菌基因组注释。后来，Burge 和 Karlin（1997）把该方法也引入人类基因组基因预测，并开发了著名预测工具 GENSCAN。Haussler 同时提出基于 HMM 的概型方法（profile HMM）（Krogh et al.，1994b）。

　　此外，还有两个人需要提及：一位是 Sean Eddy，另一位是 Pierre Baldi。Eddy 目前是哈佛大学分子与细胞生物学和应用数学教授，他是 HMM 最初的研究者和推广者，最著名的工作是构建 Pfam 功能域数据库和 HMMER 搜索工具。Baldi 为美国加州大学 Irvine 分校教授，也是 HMM 早期研究者之一，开发了 HMMpro 工具用于概型分析（Baldi et al.，1994）。这两个人还有一个共同点：他们分别编写并同年（1998）出版了生物信息学领域非常知名的两本教材：Baldi 与他人合著的 *Bioinformatics—The Machine Learning Approach*；Eddy 与 Krogh 等合著的 *Biological Sequence Analysis—Probabilitic Models of Proteins and Nucleic Acids*。

第9章 非编码 RNA 鉴定与功能预测

非编码 RNA 同样是基因组注释的重要内容，它包括小非编码 RNA 和长非编码 RNA 两种类型，主要参与蛋白质编码基因调控。非编码 RNA 是目前生物学领域发展最迅速的前沿领域之一，其生物信息学方法也在快速"跟进"中。本章分别介绍上述两类非编码 RNA 鉴定和目前靶基因预测的主要方法，本章内容与其他章节内容（基因转录与调控、单细胞 RNA 分析等）也密切相关。

本章思维导图

扫码见本章
英文彩图

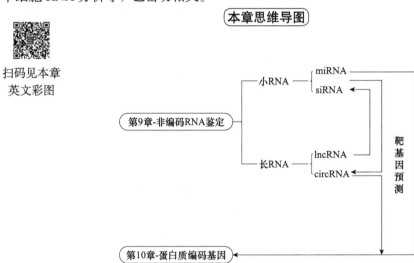

第一节 小 RNA 计算识别与靶基因预测

一、miRNA 主要特征及计算识别

1. miRNA 主要特征 了解 miRNA 的主要特征，特别是动植物之间的差异，对于 miRNA 及其靶基因预测至关重要。在植物中，miRNA 的生成起源于一种 miRNA 的初级转录（pri-miRNA），它由 miRNA 基因经 *Pol* Ⅱ（polymerase Ⅱ）转录酶转录并折叠形成具有茎环结构的 miRNA 前体（pre-miRNA）（图 9.1A）。随后在 DCL1 酶（Dicer-like enzyme 1）、HYL1（hyponastic leaves 1）和 SE（CZHZ zinc-finger protein SERRATE）的共同催化作用下，miRNA 前体茎环结构切割形成 miRNA：miRNA*的双链复合结构，该 miRNA 复合体结构的 3′ 端在 HEN1（DsRBD protein-like protein 1）酶作用下形成甲基化，并由 HST1 间蛋白质输出到细胞

质。在细胞质中，miRNA 与 AGO（argonaute）蛋白结合形成 *RISC* 复合体，该复合体通过碱基互补配对原则作用到靶基因，从而调节目标靶基因在植物体中的表达，而与成熟 miRNA 成互补结构的 miRNA* 在通常情况下都会降解并且不具有调控基因表达的功能（Zhang et al.，2011）。大部分植物 miRNA 和靶基因会形成完全或近似完全的匹配，根据与靶位点结合的紧密程度决定了其对目标 mRNA 切割或是抑制其表达。

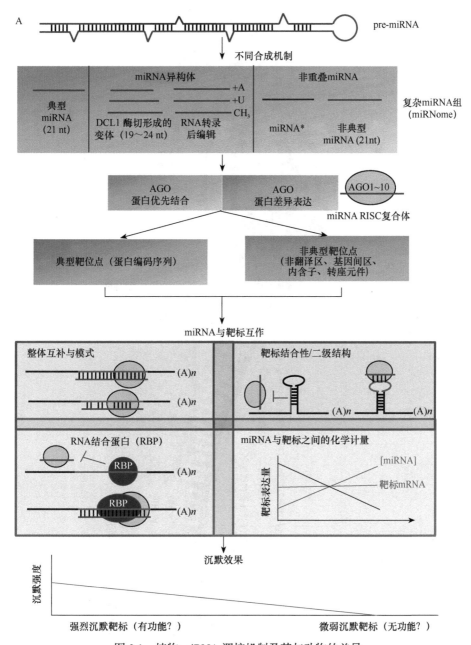

图 9.1　植物 miRNA 调控机制及其与动物的差异

A. 植物 miRNA 的产生及其调控机制（引自 Li et al.，2014）；B. 动植物 miRNA 靶向调控机制比较

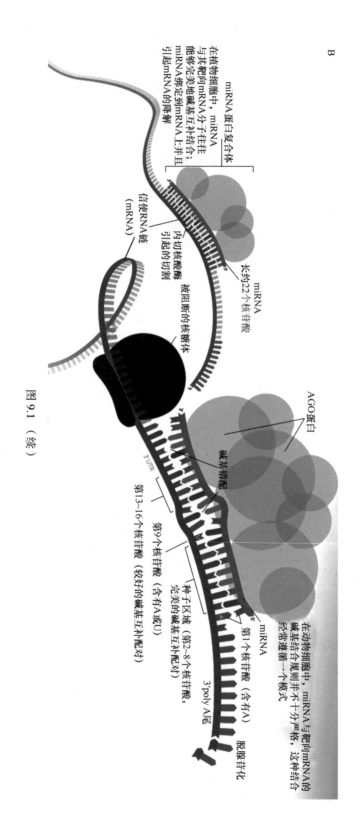

图 9.1（续）

一个前体除了产生常规的 miRNA 外，还可以通过其他不同的合成机制产生多种 miRNA。如不精确的 Dicer 酶的作用产生不同长度／序列的 miRNA 异构体（miRNA isoforms；isomiRs），这些异构体的降解或稳定，通过转录后修饰如 3′ 尿苷化或腺苷酸化和甲基化等来实现；另外，一些 miRNA* 也可以不断积累、前体上其他位置也能产生大量的 miRNA 等，这些构成了复杂的 miRNA 池（miRNome）。结合不同的 AGO 蛋白及其表达模式增加了 miRNA 调控的复杂性。miRNA 靶位点可以在常规的蛋白质编码基因内，也有非翻译区、基因间区、内含子和转座元件等。与靶标的结合受到多个因素的影响：互补性、靶标 mRNA 二级结构、RNA 结合蛋白，以及 miRNA 与靶标 mRNA 的丰度比等。多数情况下，靶标基因功能越重要，受 miRNA 的抑制作用越强。

动植物 miRNA 存在差异（图 9.1B），主要差异包括：①前体序列长度不同。植物 miRNA 前体的茎环结构更大、更复杂，大约是动物的三倍长，预测的折回（fold-back）长度变异（64～303nt）也比动物 miRNA（60～70nt）明显。②植物 miRNA 的长度多为 21nt 和 24nt，而动物 miRNA 长度多为 22～23nt，这源于 Drosha 酶与 Dicer 酶切割性能的差异。③植物 miRNA 5′ 端更优先选择尿嘧啶（U），热力学分析表明这种末端不稳态是通过 RISC（RNA-induced silencing complex）来维持的，另外植物 miRNA 3′ 端 2nt 突出的 3′-OH 存在甲基化，而动物中无甲基化。④相对于动物 miRNA，植物具有较高的进化保守性，因此，对植物 miRNA 目标的预测要相对简单。⑤基因组上的存在位置有差异。动物中 miRNA 广泛存在基因簇现象，即多个 miRNA 由同一个前体加工而来，而植物中 miRNA 多数由单一前体序列加工而来，只有极少数 miRNA（如 miR169 和 miR395）存在基因簇现象。⑥加工方式不同。植物中细胞核内编码 miRNA 的基因转录与加工是耦联的，即 miRNA 的形成过程是在细胞核中完成的。成熟的 miRNA 在细胞核中与类似 RISC 的核糖体蛋白结合形成 miRNP，然后被 Exportin-5 的同源物——HASTY 运送到细胞质中，或者是先被 HASTY 运送到细胞质中，再与核糖体蛋白结合形成 miRNP。动物中，细胞核内编码 miRNA 的基因首先在 RNA 聚合酶 Ⅱ 作用下发生转录，形成长度约为几百个核苷酸的初级转录物，之后在 Drosha 酶作用下进一步加工成只含 60～70nt 的 miRNA 前体序列，由转运蛋白 Exportin-5 运送到细胞质，之后在 Dicer 酶参与下才加工成成熟的 miRNA，形成的成熟 miRNA 与一种类似 RISC 的核糖体蛋白结合形成 miRNP 而发挥作用。⑦作用机制不同。研究发现，在植物和动物发育过程中，miRNA 与靶 mRNA 结合的程度和部位不同，作用方式也不同。在动物中，多数 miRNA 以不完全互补方式与其靶 mRNA 的 3′ 端非翻译区（UTR）的识别位点结合，从而阻碍该 mRNA 的翻译来调控基因表达，但不影响 mRNA 的稳定性。植物中的 miRNA 与相应的靶 mRNA 近似完全配对，并且互补区域散布在靶 mRNA 的转录区域内而非局限于 3′UTR，使得 miRNA 结合到包括编码区域在内的多个位点上，从而能够直接降解 mRNA，引发基因沉默。上述差异表明，在生物进化过程中，动植物从最先的共同祖先分化后，各自 miRNA 的进化是彼此独立的。miRNA 普遍存在于动植物中，从侧面证明了 miRNA 对于生物个体形成和发展具有重要意义。

在编码基因的内含子区域，同样可以转录形成 miRNA，这类 miRNA 叫作 mirtrons，该类 miRNA 也能够起到抑制基因表达的作用（Zhu et al.，2008）。基于 miRNA 前体的二级结构，miRNA 前体有较低的最小折叠自由能（minimal folding free energy，MFE），由于 MFE 跟序列长度相关，Zhang 等（2006b）提出了最小折叠自由能指标（minimal folding free energy index，MFEI）的概念，将序列长度考虑进来，从而为不同长度 miRNA 前体的 MFE 比较提供了一个标准，并将 0.85 作为 miRNA 区别于其他类型 RNA 的 MFEI 临界值，这不失为一个预测 miRNA 的较理想指标。MFEI 的具体计算公式为

$$MFEI = \frac{100 \times MFE/L}{(G+C)\%} \tag{9.1}$$

式中，L 表示前体序列的长度，MFE 表示最小折叠自由能。

miRNA 通过与靶基因形成互补 RNA 双链来行使调节功能，这种互补性在进化过程中是保守的。互补性的强弱决定了 miRNA 调节的不同机制。与靶基因有较好互补的 miRNA 主要通过对目标 mRNA 的直接切割调节 mRNA 的表达；相反，如果 miRNA 与其靶位点的错配较多，则主要通过转录后抑制的方式干扰 mRNA 的翻译。

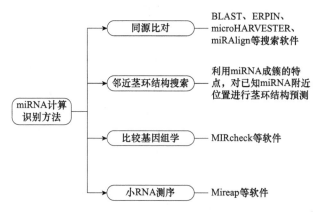

图 9.2　miRNA 计算识别方法

2. miRNA 的计算识别　通过计算方法识别 miRNA 主要基于 miRNA 序列及结构的特征，以及不同物种间的保守性（图 9.2）。

（1）同源比对　同源比对的方法主要通过已知保守 miRNA 在不同物种间的序列相似性，进行同源序列搜索预测 miRNA。对于全基因组已测序或正在测序的模式生物，可利用其全基因组或大规模测序数据；对于基因组序列并未获得的物种，EST 等表达序列也是很好的数据资源。EST 序列因为其本身就是表达水平的序列，预测的结果更加准确可信。搜索程序可以选择 BLAST，如果是利用成熟 miRNA 序列进行搜索，因为序列较短，E 值一般要高于 1E-2，最小字符长度改为 7（默认 13，-W7），但利用 BLAST 比对仍然会因程序本身的原因造成敏感性降低，本书编者在实际数据处理过程中曾发现对于小于 20nt 的 miRNA，两个不连续且距离较近的错配会导致错配序列 3′端完全漏掉联配过程，从而漏掉一个可能的结果（尽管这种情况是极少的）。另外，软件 ERPIN（http://rna.igmors.u-psud.fr/Software/erpin.php）也可以用来搜索数据库中的 miRNA 同源基因位点。通过提交一组特定 RNA 的联配序列及二级结构信息，ERPIN 可以搜索特定模式的 RNA 序列，从而获得更加准确特异的结果。

同源比对方法要注意以下几点：①数据处理过程中一般先通过 BLASTX 搜索蛋白质数据库，排除编码蛋白序列，提高检索效率；②仅找到已知 miRNA 的同源序列还远远不够，一般需要对候选 miRNA 位点周围的序列进行二级结构预测，以确定该段序列是否可能形成茎环结构，并需要验证 miRNA 的位置，以及 miRNA 与 miRNA*的互补情况；③计算 miRNA 前体序列的 MFE 及 MFEI 值，一般情况下 miRNA 前体的 MFE 很小，而 MFEI>0.85，如果所有以上标准均符合，那么该位点即为候选的 miRNA 基因。

目前基于同源比对方法开发了很多软件，包括 Wang 等（2005b）开发的 miRAlign 软件；Artzi 等（2008）开发的 miRNAminer 可以用 BLAST 进行比对，并可获取候选序列的一些特征，如二级结构、自由能、保守性等。

（2）邻近茎环结构搜索　基于动物 miRNA 经常成簇存在于基因组上的特点，通过对已知 miRNA 附近区域进行茎环结构预测来发现成簇存在的 miRNA。研究表明 48% 的人类 miRNA 基因和 50% 的斑马鱼 miRNA 基因都有成簇存在的现象，一般人类基因组上搜索 miRNA 簇的窗口为 10kb，在斑马鱼中为 3kb。随着高通量测序的成熟，以及植物 miRNA 数据集的完善，在植物中也可以用这样的方法寻找 miRNA 簇。不过相对于人和动物，植物中

miRNA 成簇比例要少得多，拟南芥、杨树、水稻和高粱中分别有 25%、17%、22% 和 21% 的 miRNA 成簇（Zhou et al.，2011）。

（3）基于比较基因组学的算法　　比较基因组学的基础是相关生物基因组的共线性。如果生物之间存在很近的亲缘关系，那么它们的基因组就会表现出共线性，即基因序列的部分或全部保守。这样就可以利用基因组之间编码顺序上和结构上的同源性，通过已知基因组的作图信息定位其他基因组中的基因，从而揭示基因潜在的功能、阐明物种进化关系及基因组的内在结构。因此可以利用比较基因组学的方法来鉴定非编码 RNA。基于比较基因组学方法的代表性研究是 Jones-Rhoades 和 Bartel（2004）利用拟南芥和水稻全基因组鉴定了两个物种中保守的 miRNA 序列，他们开发了 MIRcheck 软件，通过计算一段序列是否存在理想的茎环结构，以及根据其在两个物种中的保守性来查找保守的 miRNA 基因。需要指出的是，因为基因组中 tRNA、逆转座子等元件均能形成发卡结构，因此要注意前期序列过滤和最终候选结果筛选。

（4）基于高通量 miRNA 测序数据的发掘方法　　从以上方法可以看出，大部分方法的理论基础都是 miRNA 的序列保守性。随着第二代测序技术的成熟和推广，大规模基因组数据和转录组数据不断产生。经过十几年的发展，根据 miRNA 独有的形成特征及表达模式，如今利用高通量 miRNA 测序数据从而大规模鉴定 miRNA 的方法已经广为使用。利用这种方法，可以对一个物种的 miRNA 进行从头预测，在数量和准确性方面较传统方法也有大大提升。虽然采用的计算方法略有不同，但都是基于 miRNA 序列和结构上的保守性进行预测。

> 　　下面以水稻 miRNA 研究为例，说明高通量 miRNA 测序数据的处理流程。测序得到的原始读序都是一端连接了接头（adaptor）的同一长度的序列，因此首先需要过滤掉接头和一些低质量的序列，这样就得到了一个从十几个碱基到二十几个碱基不等的数据库。对于已有基因组数据的物种，如水稻、拟南芥等，可以利用序列比对工具（如 BLAST）将测得的 miRNA 匹配到基因组上（>18nt）。这样就得到了一个全基因组的 miRNA 的分布图谱。根据全基因组的注释，排除匹配到重复序列区域和编码区的小 RNA。这样一方面可以用上文介绍的方法来搜索保守的 miRNA 基因，另一方面，由于已知 miRNA 序列和其位置信息，就可以利用一些新的标准来识别新的物种特异的 miRNA 基因。miRNA 在产生过程中需要形成 miRNA：miRNA* 复合体，首先根据 miRNA 的分布寻找候选的 miRNA：miRNA* 复合体，一般标准如下：①两条 miRNA 匹配到同一染色体的同一条链，且相距不超过 400nt；②不允许有很多其他 miRNA 匹配到两条序列之间的区域（特别是有另外的 miRNA 跟其中一条部分配对，形成"拖尾"现象）；③每条 miRNA 在全基因组的匹配位置不能太多（不超过 10 处）；④两条 miRNA 的读序数需要相差 5 倍以上（根据 miRNA 合成原理，miRNA* 在与 miRNA 分开后会很快降解）。两条 miRNA 的配对也需要符合一定的标准（Jones-Rhoades et al.，2006），如总共不超过 7 个碱基（更严格的话可以设为 4 个碱基）的错配、不超过 3 个碱基的连续错配、不存在一条链上超过两个碱基错配而在另一条链上没有错配碱基的对应。满足以上条件的两条 miRNA 序列被当作候选的 miRNA：miRNA* 序列。从基因组上切下包含两条互补 miRNA 的序列作为候选的 miRNA 前体序列进行二级结构预测，根据其二级结构及两条序列所处的位置判断是否为候选的 miRNA 基因。

　　可以使用工具 MIREAP 从高通量测序获得的小 RNA 数据中进行 miRNA 的鉴定。该工具最后输出的为鉴定获得 miRNA 的 GFF 格式文件，包含 pre-miRNA 序列和结构比对文件和各种参数等（Li et al.，2012b）。华南农业大学夏瑞团队开发了植物小 RNA 在线分析工具 sRNAanno（www.plantsRNA.org），提供基于高通量测序数据的 miRNA、phasiRNA 和 hc-siRNA 在线预测服务。

以上计算方法虽然提供了一些相对方便的鉴定 miRNA 的手段，但由于不同的预测方法都存在或多或少的缺陷或者假阳性，所以预测得到的候选 miRNA 基因仍然需要通过实验方法进行实验验证，包括直接克隆、Northern、5′-RACE（5′rapid amplification of cDNA ends）等。

二、siRNA 主要特征及计算识别

1. siRNA 和 ta-siRNA 的主要特征　　与 miRNA 不同，siRNA 主要通过长的双链 RNA 复合体在 DCL 酶的切割下产生，并能够激发与其互补的 mRNA 沉默。这个现象称为 RNA 干扰现象。RNA 干扰现象是 1990 年由 Jorgensen 研究小组在研究查尔酮合成酶对花青素合成速度的影响时发现的。为得到颜色更深的矮牵牛花而过量表达查尔酮合成酶，结果意外得到了白色和白紫杂色的矮牵牛花，并且过量表达查尔酮合成酶的矮牵牛花中查尔酮合成酶的浓度是正常矮牵牛花中浓度的 1/50。Jorgensen 推测外源转入的编码查尔酮合成酶的基因同时抑制了花中内源查尔酮合成酶基因的表达。1992 年，Romano 和 Macino 也在粗糙链孢霉中发现了外源导入基因可以抑制具有同源序列的内源基因的表达。1995 年，Guo 和 Kemphues 在线虫中也发现了 RNA 干扰现象。

产生 siRNA 的双链复合体可有多种来源：生物体内存在的反向重复序列，自然存在的顺反转录对，由 RNA 聚合酶将单链 RNA 合成双链 RNA，通过病毒 RNA 复制得来的双链 RNA，以及体内存在的大量转录原件等。根据其产生机制和功能不同，植物内源 siRNA 被分为四类：异染色质 siRNA（heterochromatic siRNA，hc-siRNA）、反式作用 siRNA（trans-acting siRNA，ta-siRNA）、自然反义转录 siRNA（natural antisense transcript-derived siRNA，nat-siRNA）和相位排列 siRNA（phased-siRNA，phasiRNA）。

植物基因组演化出几种截然不同的 siRNA，它们在产生机制和功能调节等方面都有所不同，其中大部分的 siRNA 类型（24nt）依赖 RNA 聚合酶 2（RDR2）、DCL3、*Pol* Ⅳ的作用产生，并通过 AGO4 引导的 DNA 甲基化或组蛋白修饰诱导转录沉默。这一代谢通路往往跟转座子、反转座因子等重复序列相关。其他类型的 siRNA 主要在转录后水平起作用。对病毒 RNA 和转基因转录本的沉默涉及依赖 RDR6/DCL4 的 siRNA（21nt）或依赖 DCL2 的 siRNA（22nt）。ta-siRNA 就是通过 RDR6/DCL4 通路产生的。ta-siRNA 的形成主要是通过 miRNA 介导的按 21nt 相位排列的 siRNA（phasiRNA）的剪接（≤12 个相位）。不同的 *TAS* 家族受不同的 miRNA 调节，如 *TAS1* 和 *TAS2* 受 miR173 的调节；*TAS3* 在拟南芥和水稻中保守，受 miR390 调节，且有 5′ 端和 3′ 端两个结合位点；*TAS4* 受 miR828 调节。不同 *TAS* 家族切割产生的 siRNA 数目不同，其中只有特定的一两个 siRNA 行使功能。根据以上特征可以通过生物信息学的方法预测 ta-siRNA。

2. ta-siRNA 的计算识别

（1）基于读序相位信号值　　对于已具备基因组序列的物种，miRNA 数据（来自不同组织或处理）可以很好地定位到全基因组上。根据一段区域（<300nt）内 miRNA 是否按照 21nt 的相位排列这一显著特征，可以找出候选的 *TAS* 基因位点。Howell 等（2007）提出了一个算法来计算读序相位信号值以查找 phasiRNA 位点（即候选 ta-siRNA）：首先将定位到基因组正反链的 miRNA 序列合并，将来自不同链的 miRNA 定位位置抵消掉两个碱基，这样来自一对

复合体的正反链 miRNA 位置可以在计算的时候累加。然后引入 P 值作为评价步移的参数。P 值的计算公式如下：

$$P=\ln\left[\left(1+\sum_{i=1}^{8}k_i\right)^{n-2}\right] \quad P>0 \tag{9.2}$$

式中，如果一个相位长度设为 21nt，n 表示在 8 个相位大小的窗口范围内至少有一个 miRNA 定位到相位上的相位循环数（即 n 个相位位置上有 miRNA 存在）；k 表示在调查的这 8 个相位大小的窗口里，正负链合并过的起点位置刚好位于相位上的 miRNA 读序总和；由于指数 "$n-2$" 的限定，只有当至少连续三个相位上（$n\geqslant3$）都存在至少一个 miRNA 时才能保证 P 为正值。由公式（9.2）可以看出，P 值受 miRNA 丰度和所处位置的双重影响。P 值的计算按单碱基的步长在基因组上滑动，计算得到的 P 值分配给该点 4 个相位距离的位置。因此，可以将 miRNA 在基因组上的实际分布（如图 9.3 中读序图所示），转化为 P 值分布的 PHASE 图，具有显著高 P 值的位点被选为候选的相位位点。最后，根据 ta-siRNA 受相应 miRNA 调控的现象，在预测到的相位区域两端预测 miRNA 靶位点，如果可以找到相应的结合位点，那么这段区域可被认为是 ta-siRNA-like 位点。在水稻上，本书编者通过 Howell 等（2007）的算法找到了 4 个 *TAS3* 基因（Zhu et al.，2008），并基于该算法编写了软件 Scan-phasiRNA 用于相位位点的预测（Shen et al.，2009）。图 9.3 给出了利用 Scan-phasiRNA 鉴定的部分 *TAS* 位点 21nt 长度读序的 Howell 分布图。

（2）基于相位读序分布的统计测验　　与 Howell 方法类似，Chen 等（2007）的方法也是主要考虑 ta-siRNA 的相位分布特征，并构建了一个统计测验 P 值来查找 phasiRNA 位点。按照 21nt 一个相位大小，考虑 11 个相位长度的一段区域（11 个相位，共 231bp）（图 9.4）。P 值越大，表示相位（phase）结构越明显。用来统计分析几何分布 phasiRNA 位点公式如下：

$$\Pr(X=k)=\frac{\binom{440}{n-k}\binom{21}{k}}{\binom{461}{n}} \tag{9.3}$$

$$P\text{ 值：}P(k)=\sum_{X=k}^{21}\Pr(X) \tag{9.4}$$

式中，n 表示在 231 bp 区域内不同 siRNA 的读序数量，k 表示位于该 231bp 区间相位位置上的 siRNA 读序数。

Dai 和 Zhao（2008）在上述算法基础上进行了修改，在基于随机超几何分布的基础上，引入了变量 s 来计算相位排列小 RNA 的 P 值。由于相位排列的小 RNA 的剪接位置往往发生在相位位置的 1 或 2 个碱基之内，因此引入变量 s 来反映这种变化；添加变量 s 能够在 231bp 区域内减少非相位位置的总数。该方法命名为 pssRNAMiner，可以在线使用（http://bioinfo3. noble.org/pssRNAMiner/）。

$$\Pr(X=k)=\frac{\binom{440-21\times2\times s}{n-k}\binom{21}{k}}{\binom{461-21\times2\times s}{n}} \tag{9.5}$$

$$P\text{ 值：}P(k)=\sum_{X=k}^{\min(n,\,21)}\Pr(X) \tag{9.6}$$

式中，s 表示相对于相位位置的最大允许偏移量。

Yang 等（2018）以二穗短柄草为研究对象，在植物中建立了大规模鉴定 phasiRNA 的生物信息学方法。该方法使用滑动窗口沿基因组以一定步长滑动的方法来确定以特定相位模式产生小 RNA 的基因组区间。小 RNA 测序数据比对到基因组上之后，通过 P 值来筛选符合要求的

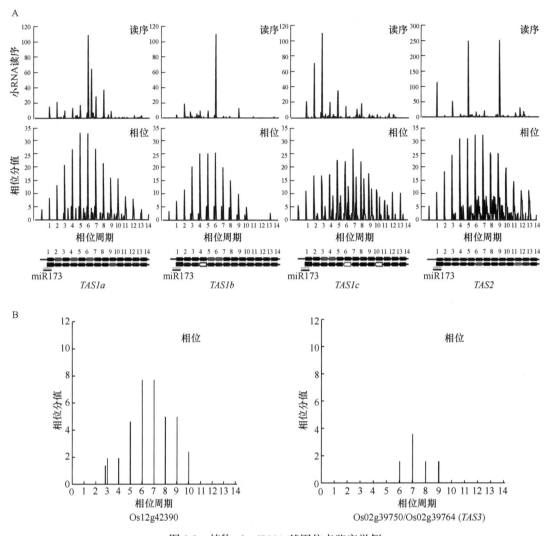

图 9.3　植物 phasiRNA 基因位点鉴定举例

A. 4 个拟南芥 phasiRNA 基因（*TAS*）位点 21nt miRNA 读序分布及相位信号（引自 Howell et al.，2007）；B. 水稻 *TAS* 基因 21nt miRNA 读序的相位值分布（引自 Shen et al.，2009）

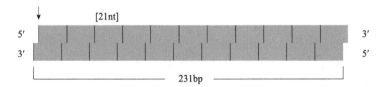

图 9.4　相位基因 *TAS* 基因的相位 siRNA 分布示意图（引自 Chen et al.，2007）

箭头表示 phasiRNA 的起始位点，竖线表示与起始位置相距 21nt 的 siRNA 的相对位置

滑动窗口，再通过计算相位分值来获得候选的 PHAS 位点（也就是产生 phasiRNA 的基因组位点）。P 值的具体公式如下：

$$P(k) = \sum_{X=k}^{m} \left\{ \frac{\left[\begin{array}{c} (l-1)m \\ n-k \end{array} \right] \binom{m}{k}}{\binom{lm}{n}} \right\} \tag{9.7}$$

式中，l 代表相位模式（如 21nt 相位），m 代表相位数量，n 代表唯一能比对到该区域的小 RNA 的读序数量，k 代表比对到相位排列为 l 的 21nt 小 RNA 的读序数量。以相位模式 21nt 为例，若滑动窗口在基因组上的位置为 233～431，那么相位排列为 l 的定义为：小 RNA 读序最左端比对到 233、254、275、…、401 这些位置。

$$P = \ln \left\{ \left[1 + 9 \times \left(\frac{\sum_{i=1}^{9} P_i}{1 + \sum U} \right) \right]^{(n-2)} \right\} \qquad n > 3 \tag{9.8}$$

式中，n 代表能被 21nt 小 RNA 比对上的相位排列为 1 的相位数量，P 代表比对到相位排列为 1 的 21nt 小 RNA 的读序数量，U 代表比对到相位排列不为 1 的 21nt 小 RNA 的读序数量。

三、小 RNA 靶基因预测

1. miRNA 靶基因预测　　动物 miRNA 结合靶基因的机制相对复杂，植物 miRNA 主要通过接近完美的互补配对结合到靶位点，对目标 mRNA 直接切割。植物 miRNA 和靶位点的结合有如下特征：①一般不超过三个碱基的错配；②5′ 端前 10 个碱基结合很紧密，一般只允许一个碱基的错配；③5′ 端第 1、11、12 个碱基因为剪接功能的关系一般不允许有错配；④一般没有连续的错配（≥3 个）出现。Zhao 等（2011）开发了 psRNATarget 网络平台（http://plantgrn.noble.org/psRNATarget/）（图 9.5A）。该平台最灵活的服务是用户可以提供特定的 miRNA 及特定的植物基因数据，进行完全个性化的靶基因预测，当然提供的基因数据大小有一定的限制（<200Mb）。动物 miRNA 靶基因的预测根据结合的不同特点已经开发了很多的软件，如 miRecords、PicTar、miRanda、TargetScan、RNAhybrid、microTar、DIANA MicroT Analyzer、MicroInspector、TargetBoost 等。

TAPIR（http://bioinformatics.psb.ugent.be/webtools/tapir/）是另外一个预测植物 miRNA 靶基因的网络平台（图 9.5B），其有两种预测模式：一种是快速预测模式；另一种是精确预测模式。快速预测模式应用的是经典的 FASTA 比对程序，对输入序列反向互补后，与目标 mRNA 比对进行计算。E-value 的阈值设定为 150，搜索的 K-tuple 大小为 1，同时计算了 miRNA-mRNA 复合体的自由能。精确预测模式采用的是 RNAhybrid 搜索引擎，它是对经典 RNA 二级结构预测算法的延伸，采取的是动态规划算法，并对 miRNA 与靶 mRNA 从头到尾可能形成的复合体进行最小自由能计算，严格限制复合体中的凸起或环的长度。利用该搜索引擎，能够精确计算复合体的自由能，但对 miRNA-mRNA 预测的敏感性会降低，而且从速度上来讲要比之前的探视算法 FASTA 慢得多。

2. siRNA 靶基因预测　　尽管 siRNA 有丰富的类型，但其行使功能还是通过与靶基因位点的序列互补来实现。因此，miRNA 靶基因的预测软件也同样适用于 siRNA 的靶基因预测。

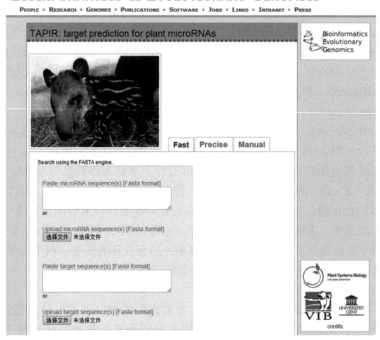

图 9.5　植物 miRNA 靶基因预测工具 psRNATarget（A）和 TAPIR（B）在线平台界面

第二节 长非编码 RNA 鉴定与功能预测

一、lncRNA 鉴定与功能预测

1. lncRNA 鉴定

（1）lncRNA 特征　　lncRNA（长链非编码 RNA）是一类长度大于 200 个核苷酸并且不能翻译成蛋白质的转录本。根据 lncRNA 与蛋白编码基因在基因组上的位置关系，可以将 lncRNA 分为五类：反义 lncRNA（antisense lncRNA，与 mRNA 所在位置相同，但是为反向互补关系）、增强子 lncRNA（enhancer lncRNA，在 mRNA 的增强子区域）、基因间区 lncRNA（intergenic lncRNA，在两个 mRNA 之间的基因间区）、双向 lncRNA（bidirectional lncRNA，启动子区域与 mRNA 相同，但是为反向转录）和内含子 lncRNA（intronic lncRNA，在 mRNA 的内含子区域）。目前研究发现，lncRNA 具有调节基因表达、招募 miRNA 等功能（图 9.6），在生物发育过程和重要性状 / 疾病中起重要的调控作用。与编码蛋白质的 mRNA 相比，lncRNA

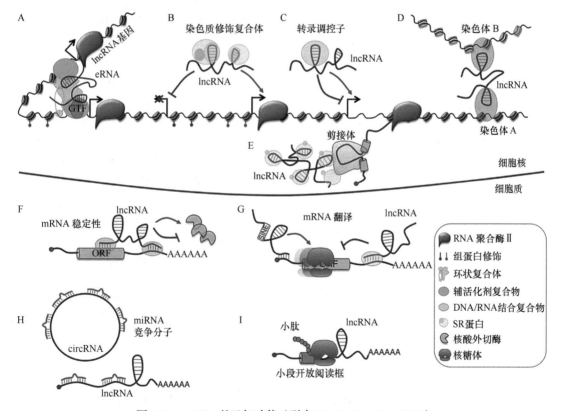

图 9.6　lncRNA 的已知功能（引自 Morlando et al.，2015）

A. lncRNA 作为增强子来调节 mRNA 的转录；B. lncRNA 招募染色质修饰复合体来调节转录；C. lncRNA 通过调节转录因子的活性来调控转录；D. lncRNA 通过改变染色体的空间结构来调节基因的表达；E. lncRNA 通过影响 mRNA 前体的剪接来影响基因的表达；F. lncRNA 通过调节 mRNA 的稳定性来调节 mRNA 的表达；G. lncRNA 通过调节 mRNA 的翻译来调节 mRNA 的表达；H. lncRNA 通过竞争性结合 miRNA 来调节 mRNA 的表达；I. 一部分含有开放阅读框的 lncRNA 可以被翻译形成小肽

具有以下特点：具有组织特异性、表达量低、不能编码蛋白质、物种之间保守性相对较差、转录本数量远多于 mRNA 等。

（2）lncRNA 的鉴定方法　　首先，需将转录组数据比对到基因组上（可选用软件 TopHat 等）；再利用 Cufflink 等转录组拼接软件可以得到新的转录本，用于之后 lncRNA 的甄别。鉴定 lncRNA 最大的难点是确定转录组的非编码性，主要通过排除编码蛋白质的转录本来实现。对于编码蛋白质的 mRNA 来说，其开放阅读框（ORF）长度一般大于 300nt，也就是说编码的蛋白质链长度大于 100 个氨基酸。因此，若 RNA 序列的 ORF 小于 300nt，其编码蛋白质的可能性会非常小，会被判定为 ncRNA。然而这种武断的判断方法会存在一些问题，例如，有些 lncRNA 实际上其假定 ORF 长度要大于 300nt，因此在该标准下它们会被错误划分为 mRNA。类似的，有些 ORF 长度小于此阈值的 mRNA 也会被误判为 lncRNA。因此，可先根据 ORF 保守性，采用比较基因组学的方法进行甄别。mRNA 的 ORF 具有保守性，即可编码蛋白质的转录本序列与已经注释的蛋白质或蛋白质结构域有同源相似性。因此可以采用 BLASTX、Pfam 等方法，将拼接后得到的转录组序列放到蛋白质库进行搜索，根据比对得到的同源相似性得分来判别是否可能编码蛋白质。不过值得注意的是，有些 mRNA 进化而来的 lncRNA 也会表现出与蛋白质序列相似的同源相似性，从而被错误判断为 mRNA。目前，可以采用综合性方法进行翻译潜能甄别，如利用 CPC2、CONC、incRNA 等软件，它们可以通过比较肽链长度、氨基酸构成、蛋白质同源性、二级结构、蛋白质比对或表达等多种特征来建立分类模型。CPC2 基于序列内禀性质（intrinsic properties）而不依赖其他外部数据，从而实现了物种无关性（species-neutral），同时速度也较 CPC1 提升近 1000 倍（Kang et al., 2017）。图 9.7 给出了鉴定 lncRNA 的大致流程。

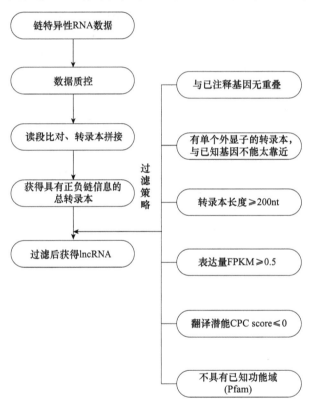

图 9.7　lncRNA 鉴定流程

2. lncRNA 功能预测

（1）lncRNA 与 RNA 分子互作预测

1）lncRNA 作为 miRNA 的诱捕靶标。miRNA 在动物和植物的生长发育中起着重要的调控作用。为了实现这些调控功能，miRNA 先与 AGO 蛋白形成复合物，再通过碱基互补配对来绑定特定的信使 RNA 序列，导致信使 RNA 的翻译受阻或在特定位点剪接。Franco-Zorrilla 等（2007）在拟南芥中发现了一个由磷酸盐饥饿诱导不编码蛋白的基因 *IPS1*。该基因能够与拟南芥中的 miR399 的序列绑定在一起，但是在 miR399 的剪接位点形成了一个环状凸起结构。因此 *IPS1* 基因无法被切割，却能将 miR399 隔绝起来。而 miR399 真正的靶向基因是 *PHO2*，该基因编码泛素结合酶，在维持细胞内蛋白质的产生和降解的平衡，以及维持细胞的稳态和正常功能方面起着重要作用。*IPS* 基因的存在，使得 miR399 靶向 *PHO2* 基因的活性受到抑制，类似这种具有抑制 miRNA 功能的长非编码 RNA 定义为 eTM（endogenous target mimics）。在动物中，常将这类 lncRNA 命名为 miRNA 海绵体或者 miRNA 诱饵（miRNA sponge or miRNA decoy），其与植物的区别主要还是在于 miRNA 与靶标序列结合的方式不同。

利用人工靶向基因模拟序列可以研究特定 miRNA 的功能，目前科学家已经对 miRNA 与其 eTM 的绑定规则有了一定研究，这为用生物信息学方法在植物体内大规模鉴定 eTM 建立了基础。基于已有研究，目前预测 eTM 主要采用如下方法（Ye et al., 2014）——首先，用 FASTA3 程序包中的搜索引擎获得与 miRNA 反向互补的 cDNA 序列，在搜索过程中允许互补位点有一个较大的凸起。其次，对获得的序列进一步筛选，遵循如下规则：①在与相应 miRNA 互补配对的中间区域，必须存在一个 3～5 个核苷酸的凸起；②除了中间的凸起区域，所有的错配数要小于 4，且不允许产生连续两个错配；③除中间区域外，其他地方不允许产生凸起。与 miRNA 预测方法的发展过程一样，随着试验验证结果的不断积累，eTM 预测方法也在不断完善和改进。例如，新的研究建议遵循以下规则：①只允许在 miRNA 5′ 端序列上的第 9～12 个位点出现凸起；② eTM 中的凸起部分由三个核苷酸组成；③在 miRNA 5′ 端第 2～8 个位点要与 eTM 完全配对，但允许 G/U 错配；④除了中间凸起部分，其余错配数需不超过 3，eTM 的长度要大于 200 个核苷酸（Wu et al., 2013）。这些改进为今后全基因组上大规模鉴定 eTM 和验证其功能提供了更加完善的方法。

2）lncRNA 与其他 RNA 分子互作预测。计算预测 RNA-RNA 的互作是基于分子间的相互作用能，它是通过对两个 RNA 分子中分子内和分子间碱基配对时的结合能进行估算。

Busch 等（2008）通过结合分子杂化自由能及互作时所需自由能，开发了 INTARNA 算法。如果给出两条潜在互作序列 S^1 和 S^2，其长度分别为 n 和 m。它们之间的靶位点是一对可定义的坐标 $[x, y]$（x 表示靶位点中的起始位点，y 表示最后的坐标位点）。因此在 RNA 与 RNA 互作过程中，第一条序列 S^1 中的靶位点可以表示为 $[i, k]$，S^2 可以表示为 $[j, l]$，它们的杂化能可以表示成 $E^{hybrid}(i, j, k, l)$。随后提出递推公式来计算杂化能：

$$H(i, j) = \begin{cases} \min_{p, q}[E^{loop}(i, j, p, q) + H(p, q)] & \text{（如果 } S_i^1, S_j^2 \text{能成对）} \\ \infty \end{cases} \quad (9.9)$$

式中，$E^{loop}(i, j, p, q)$ 代表成环的 RNA 对中碱基对 (i, j) 和 (p, q) 的自由能。而最终的杂化能可以由 $\min_{i, j}[H(i, j)]$ 计算获得。

RNA 互作对中靶位点的亲和性由以下公式计算：

$$Z_S = \sum_{Q \in S} e^{-\frac{E(Q)}{RT}}, \quad E^{ens}(S) = -RT \ln Z_s, \quad ED(i, k) = E^{ens}[S_{i, k}^{unpaired} - E^{ens}(s)] \quad (9.10)$$

式中，Z_S 是序列 S 的配分函数，$E(Q)$ 是序列 S 折叠成二级结构时的自由能，$E^{ens}(S)$ 是指折叠成特定结构的 S 序列所拥有的集元能量，$S_{i, k}^{unpaired}$ 是序列 S 中所有未能配对的结构集合。因此 $ED(i, k)$ 这个值是要大于或者等于零的。结合这两个主要的考虑因素，得到最后推导出的公式：

$$H(i, j, k, l) = \begin{cases} \min_{p, q}[E^{loop}(i, j, p, q) + H(p, q, k, l)] & \text{（如果 } S_i^1, S_j^2 \text{能成对）} \\ \infty \end{cases} \quad (9.11)$$

计算 ED 值时，需要在两条 RNA 中同时计算从第一个作用碱基到最后一个作用碱基的

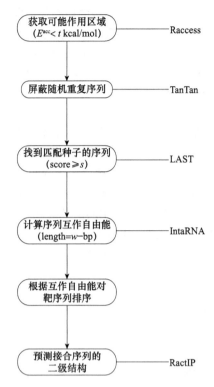

获取可能作用区域
($E^{acc} < t$ kcal/mol) ── Raccess

屏蔽随机重复序列 ── TanTan

找到匹配种子的序列
(score ≥ s) ── LAST

计算序列互作自由能
(length=w-bp) ── IntaRNA

根据互作自由能对
靶序列排序

预测接合序列的
二级结构 ── RactIP

图 9.8　预测 lncRNA 与 RNA 互作的综合算法流程（引自 Terai et al.，2015）

配对情况。因此计算杂化能的时候需要扩充到四维矩阵 $H(i, j, k, l)$。这些公式的提出，为以后研究 RNA 与 RNA 之间的互作提供了重要基础。Wright 等（2013）在 IntaRNA 的基础上，开发了 CopraRNA，其主要改进是结合了比较基因组学的方法。Terai 等（2016）开发了一个计算流程（图 9.8），该流程结合了一系列软件（Raccess、TanTan、LAST、IntaRNA 和 RactIP）用于预测人类中 lncRNA-RNA 的互作关系。不过在植物中，像这类预测方法和软件还有待深入研究。

（2）lncRNA 与蛋白质分子互作预测　　已经有多个算法可以用来预测 RNA 与蛋白质的互作关系。在这些方法中，机器学习方法（如 Fisher 线性判别分析、支持向量模型及随机森林）可以用来判断 RNA 与蛋白质是否互作。根据输入数据的不同格式，这些方法可以划分为三类：第一类是基于序列的方法；第二类是基于序列和结构的方法；第三类是基于实验数据的方法。

RPI-Seq、catRAPID 和 lncPRO 都是基于序列所开发的方法，它们只需将 RNA 及蛋白质序列作为输入数据。在三类方法中，catRAPID 和 lncPRO 利用氨基酸和核苷酸的物理化学特征来预测蛋白质和 RNA 的二级结构，作为判别 RNA 与蛋白质是否互作的证据。而 RPI-Seq 在预测 RNA 与蛋白质互作时，不仅用到了它们的序列信息，还需要将 RNA 与蛋白质的三维结构作为输入数据。在 RPI-Seq 方法里，通过三维结构可以得到蛋白质结构域及 RNA 的二级结构，这些可以作为判别 RNA 与蛋白质是否作用成对的特征。相对来说，该方法准确性更高，但难度更大，因为目前只有为数不多的 lncRNA 结构注释信息。Pancaldi 和 Bahler（2011）开发了基于多种实验数据的预测方法，这些实验数据包括蛋白质定位、RNA 半衰期、核糖体分析及帕尔斯分析。对于该方法来说，由于可应用的数据更有限，所以难度就更大了。可见机器学习方法将会更适应以后的发展趋势。为了评估预测的准确度，还需要实验或其他方法交叉验证。从这方面来看，用生物信息学的方法预测 lncRNA 与蛋白质的互作关系还是一个挑战，值得深入思考。

（3）lncRNA 功能注释在线平台　　北京大学高歌团队开发的国际上首个 lncRNA 在线注释平台 AnnoLnc，其第一个版本（Hou et al.，2016）于 2016 年上线，第二个版本 AnnoLnc2（Ke et al.，2020）于 2020 年 5 月上线，该版本同时包含人类和小鼠的 lncRNA（图 9.9）。AnnoLnc2 的使用十分便捷，只需提交序列，选择相应的物种，便可以对该 lncRNA 的结构、表达、功能和进化方面进行注释，具体注释的内容包括 10 个模块，即 lncRNA 的基因组位置、序列二级结构、lncRNA 与蛋白质互作、共表达和 GO 富集分析、lncRNA 在不同组织（或细胞）中的表达、亚细胞定位、转录调节、miRNA 绑定调节、遗传关联及进化分析。此外，AnnoLnc2 还有本地版本，支持批量处理数据，并且可以自定义模块和自定义注释数据。目前还未见用于植物 lncRNA 功能注释的在线平台。

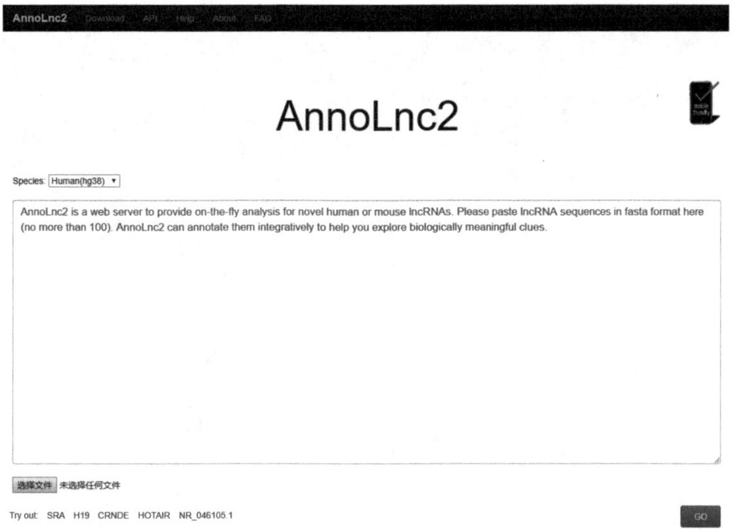

图 9.9　长非编码 RNA 在线注释工具 AnnoLnc2 主页（http://annolnc.gao-lab.org/）

二、circRNA 鉴定与功能预测

1. circRNA 鉴定

（1）环状 RNA 特征　　环状 RNA 分子是一类由反向剪接（backsplicing）形成的非编码 RNA（图 9.10）。尽管生物学家发现环状 RNA 已经有 20 年了，但是一直认为这类分子是 RNA 的剪接错误造成的，或者认为它是某些病毒分子（如植物类病毒等）。直到最近几年，由于高通量测序和生物信息学方法的发展，发现在动物细胞内存在大量的内源性环状 RNA 分子，而这些环状 RNA 根据其在基因组的分布，有的可以来源于外显子，形成外显子类型的环状 RNA（exonic circRNA）；也有的来自基因的内含子，所谓内含子类型的环状 RNA（intronic circRNA）。

环状 RNA 具有以下特点：①环状 RNA 是一个闭合环状 RNA 分子，存在于大部分物种之中。②环状 RNA 是由特殊的可变剪接形成的，经常来源于外显子，存在于细胞质之中；也有来自内含子的环状 RNA，一般存在于细胞核之中，在细胞中比线性 RNA 分子更稳定，有较长的半衰期，能抵抗 RNAase R 的降解（Petkovic and Muller，2015）。③外显子环状 RNA 分子两端经常有较长的内含子，可能与它的形成机制有关系（Jeck et al.，2014）。④环状 RNA 广泛存在于生物体各个组织和时期，和线性异构体同时存在，一般表达量较低，有时候它的表达量可能超过它的线性转录本，而且有着较强的组织和时期表达特性（Salzman et al.，2013）。⑤环状 RNA 也具有高度保守性，有一些则快速进化。⑥有些环状 RNA 能作为竞争性内源分子，富集 miRNA 的结合位点，起到 miRNA 的海绵作用，从而解除 miRNA 对其靶标的调控作用（Hansen et al.，2013；Memczak et al.，2013）。⑦大部分环状 RNA 是非编码分子，但少部分也具有翻译小肽的功能（Legnini et al.，2017；Pamudurti et al.，2017）。⑧研究表明环状 RNA 在正常条件和应激条件下都会发生降解。例如，miRNA 与环状 RNA 结合可以促进环状 RNA 降解；高度结构化的 circRNA 可以被核酸内切酶降解等（Chen，2020c）。⑨环状 RNA 存在反向可变剪接和内部可变剪接现象。反向可变剪接包括 5′ 端和 3′ 端反向可变剪接；内部可变剪接包括外显子保留、内含子保留、5′ 端可变剪接和 3′ 端可变剪接。每个基因产生的可变剪接环状 RNA 中只有一个或者两个环状 RNA 主要表达，其他表达量都很低（Zhang et al.，2014；Zhang et al.，2016）。

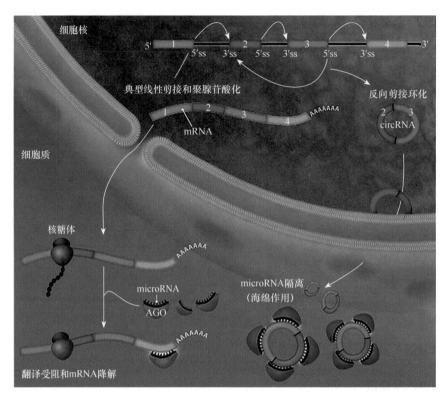

图 9.10 环状 RNA 分子的形成（引自 Bolisetty and Graveley，2013）

植物环状 RNA 两端的内含子比线性基因的内含子长，该趋势与对动物和人类的研究一致；但与动物和人类的环状 RNA 相比，其两端的内含子不具有富集的重复序列和反向互补序列。植物上的环状 RNA 表达存在时期和组织特异性，而且一些环状 RNA 的表达与母基因呈明显正相关（Ye et al.，2015；Lu et al.，2015）。

（2）环状 RNA 鉴定方法　　环状 RNA 的鉴定方法可以分为以下四类：候选分子方法、亚读序比对、机器学习类的方法和全长拼接方法。

1）候选分子方法：Salzman 等（2012）首先根据基因组注释信息构建出许多理论上存在的环状 RNA 分子，然后利用 RNA-Seq 读序去比对这些假想的环状 RNA 分子，如果读序能刚好比对到反向剪接的切口处，则认为此环状 RNA 分子是存在的。后续研究中，他们改进了算法，根据比对的质量构建了以 FDR（假阳性率）为基础的过滤策略，然而这样的方法需要基因组注释信息，对于没有完全基因组注释信息的基因组则无能为力，而且对于 RNA-Seq 的低覆盖度区域也不是很有效（Gao et al.，2015）。

2）亚读序比对：这种方法的一般步骤是将不能比对到基因组上的读序（可能来自反向剪接位点）分割成两段，分别比对到参考基因组并且得到交替比对情况，最后经过过滤筛选得到候选环状 RNA。基于这种原理，最早出现的工具包括 find_circ（Memczak et al.，2013）（图 9.11A）、CIRC explorer（zhang et al.，2014；2016）、CIRI（Gao et al.，2015）、UROBORUS（Song et al.，2016）等。当 RNA-Seq 读序比对到基因组上时，对于来自环状 RNA 反向剪接位点的读序不能直接比对回基因组上。筛选出这样的序列，并且提取这些序列两端 20bp 长度序列构成亚读序（anchor）。将亚读序比对到基因组上后，检测这些亚读序是否来自环状 RNA 的反向剪接位点。需要检测的条件如下：①GU/AG 在剪接位点的两侧出现；②可以检测到清晰的断裂点

（breakpoint）；③只支持最多两个错配；④至少有两条读序支持这个反向剪接位点；⑤比对正确的一个短序列的位置要比它比对到其他位置的分值高 35 分以上。

目前大多数鉴定环状 RNA 的生物信息学软件是基于亚读序比对的原理，然而这些预测软件大多针对动物或人类基因组特征而设计，对植物的预测结果准确率较低、敏感度不高。本书编者基于植物基因组特点，提出了一套改良算法 PcircRNA_finder（Chen et al., 2016a）：第一步，结合已开发的多种融合 RNA 位点查找软件，如 Tophat-Fusion、STAR-Fusion、MapSplice、segemehl、find_circ 等，获得更全面的反向融合 RNA 候选位点数据集，从而提高方法的敏感性；第二步，设置适于水稻等植物基因组特征的参数对第一步获得的位点进行过滤（图 9.11B）。植物基因组（如水稻）的序列特征，包括基因大小和重复序列（种类、不同大小、所占比例）等，与人类和动物基因组存在明显差异，所以在过滤步骤中将考虑这些特征，包括如何避免重复序列产生的错误、植物 circRNA 的大小范围、植物非典型性（即非 GT-AG）剪接信号、双端测序的读序利用等。

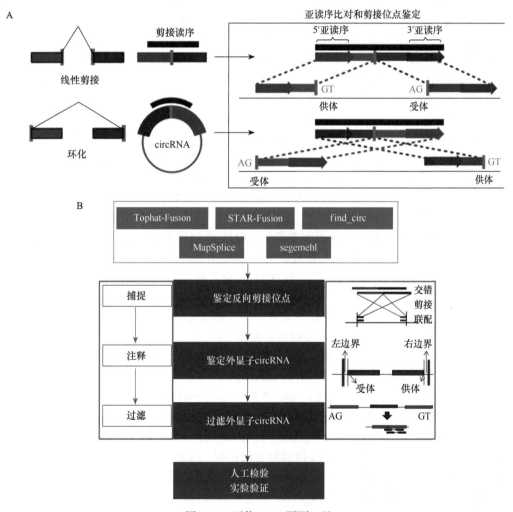

图 9.11　环状 RNA 预测工具

A. find_circ 预测环状 RNA 算法（引自 Memczak et al., 2013）；B. Pcirc_finder 算法（引自 Chen et al., 2016a）

3）机器学习类的方法：该方法主要是从 *de novo* 拼接的转录本中识别环状 RNA 分子，使用机器学习等方法区分环状 RNA 和线性 RNA。首先提取可以区分的特征，包括保守信息、序列特征、重复序列、SNP 密度、转录本的开放阅读框（ORF），然后使用机器学习或统计等方法整合这些特征。相关方法可参见有关文献（Pan and Xiong, 2015；Szabo et al., 2015）。

4）全长拼接方法：上文所述方法只能得出环状 RNA 反向剪接位点的信息，不能获得其全长序列。全长拼接方法的主要目的是获得环状 RNA 的全长序列。本书编者基于双端测序数据，研发了可以拼接环状 RNA 全长的方法 circseq_cup（Ye et al., 2017）。大概流程如下：首先将环状 RNA 双端测序结果与基因组序列进行比对（比对工具可以为 TopHat-Fusion、STAR 或 segemehl），获得基因组上的反向融合位点，作为环状 RNA 候选位点。根据这些反向融合位点从基因组上提取序列（'n'），并复制形成 '2n' 的参考基因序列。然后将双端测序的读序与 '2n' 序列用 TopHat 进行比对，收集支持反向融合位点（即 2 个 'n' 的结合处）的读序对，并分别打包。最后用 CAP3 拼接这些序列，从而获得环状 RNA 的全长序列（图 9.12A）。中国科学院北京生命科学研究院赵方庆团队基于测序读序中的反向重叠（reverse overlap，RO）研发了环状 RNA 全长拼接软件 CIRI_full（Zheng et al., 2019）。该方法首先是查找读序中的反向重叠，当 5'-RO 和 3'-RO 均能发现时，即该环状 RNA 被测通，其全长序列就可以获得了。当只有 5'-RO 而没有 3'-RO 时，他们提出了混合拼接策略，即将结合 5'-RO 和支持反向剪接序列对环状 RNA 的全长序列进行拼接（图 9.12B）

（3）环状 RNA 数据库搜索鉴定　　环状 RNA 数据库搜索同样是环状 RNA 在线鉴定的重要手段。本书编者在构建了首个植物环状 RNA 数据库 PlantcircBase（Chu et al., 2018）之后，研发了环状 RNA 序列搜索工具 BLASTcirc（Chu et al., 2018）。该工具在 PlantcircBase 数据库中提供了在线搜索功能（图 9.13A），根据用户提供的测序序列（如 Sanger 测序序列）可以判断该序列是否支持环状 RNA 的反向剪接位点，在线给出是否成环的判断结果，并以可视化形式呈现。目前已建立十余个人类及模式动物环状 RNA 相关数据库，如 CIRCpedia（图 9.13B）。

2. circRNA 功能预测　　虽然大多数 circRNA 的表达量很低，但是近期研究发现一部分 circRNA 确实在生物的生长发育过程中起重要作用，例如，circRNA 的产生影响其线性母基因的剪接和转录，circRNA 可以与 DNA 结合影响其线性母基因的可变剪接，可以作为 miRNA 海绵（结合 miRNA），参与 miRNA 调控，可以通过相关蛋白质起作用，可以被翻译、产生某些假基因、作为生物标志物等。下文将介绍如何通过生物信息学方法来预测 circRNA 作为 miRNA 海绵和 circRNA 潜在的翻译功能。

（1）circRNA 与 miRNA 互作预测　　circRNA 的一个重要功能是结合 miRNA，通过调节 miRNA 的丰度，从而调节 miRNA 靶基因的表达量。例如，CDR1as（circRNA）上含有 63 个 miR-7 保守的绑定位点，能够通过吸附 miR-7 参与到整个相关基因的调控网络中去（Hansen et al., 2013；Memczak et al., 2013）。circRNA 吸附 miRNA 的作用可以看作是以 eTM 的形式起作用，与 lncRNA 和 miRNA 的互作类似，因此预测 circRNA 上的 miRNA 绑定位点采用的方法，与预测 lncRNA 上 miRNA 位点的方法相同。基于动植物 miRNA 与靶标结合的序列的差异，常用的预测动物 circRNA 作为 miRNA 海绵的软件有 miRanda 等；用于预测植物 circRNA 与 miRNA 互作的软件有 eTM_finder 等（Ye et al., 2014）。

此外，circBase（http://starbase.sysu.edu.cn/starbase2/mirCircRNA.php）、circatlas（http://circatlas.biols.ac.cn）和 CircInteractome（https://circinteractome.nia.nih.gov/index.html）等在线数据库也可以通过提交 circRNA 和 miRNA 的名称来预测它们之间的互作关系。

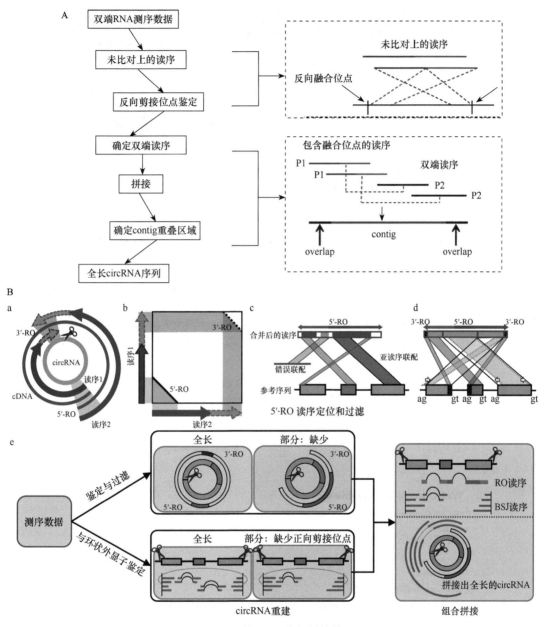

图 9.12　环状 RNA 全长拼接算法

A．circseq_cup 流程（引自 Ye et al.，2017）。B．CIRI_full 流程（引自 Zheng et al.，2019）。a、b．读序的反向重叠（RO）；
c、d．基于 5′-RO，将两条读序合并，并比对至基因组以确定其准确位置；e．环状 RNA 全长序列的拼接。当 5′-RO 和 3′-RO
均能发现时，或能被支持反向剪接位点的读序（BSJ）全部覆盖时，其全长序列可直接拼接获得；当 3′-RO 没有，或者支持
反向剪接位点的读序不能全部覆盖时，将结合 5′-RO 和 BSJ 两者拼接环状 RNA 的全长序列

（2）circRNA 编码潜能预测　　虽然 circRNA 往往不含有线性转录本翻译所必需的 5′ 端
7-甲基鸟苷（m7G）和 3′ 端 poly A 尾巴，但是研究表明有一部分 circRNA 能够翻译形成多肽
并发挥功能（Legnini et al.，2017）。circRNA 能否翻译主要取决于两点：①是否有内在的核
糖体进入结合位点（IRES），用于判断 IRES 的软件有 IRESfinder 等；②是否具有开放阅读框

A

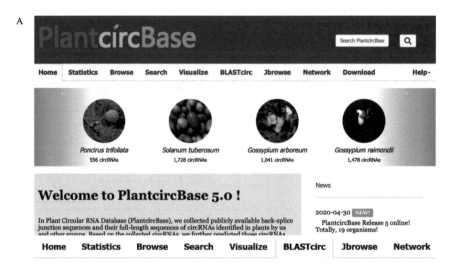

B **Welcome to CIRCpedia v2**

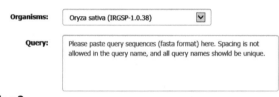

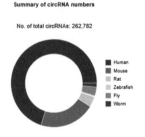

图 9.13　环状 RNA 数据库

A. 植物环状 RNA 数据库 PlantcircBase 主页及其提供的环状 RNA 搜索工具 BLASTcirc（引自 Chu et al.，2017；2018）；

B. 人类及模式动物环状 RNA 数据库 CIRCpedia（引自 Zhang et al.，2016）

（ORF），用于判断 ORF 的软件有 cORF_pipeline（https://github.com/kadenerlab/cORF_pipeline）和 ORFfinder（https://www.ncbi.nlm.nih.gov/orffinder/）等。与线性 mRNA 翻译蛋白质不同的是，若 circRNA 能翻译成蛋白质，其氨基酸序列一定覆盖 circRNA 的反向剪接位点。这是区分线性 RNA 和 circRNA 翻译而来的蛋白质（或者多肽）的关键。

除了通过生物信息学方法预测 circRNA 的 IRES 和 ORF 之外，还可以利用翻译组测序数据（Ribo-Seq）对 circRNA 的编码潜能进行进一步验证。Ribo-Seq 获得的读序是核糖体结合的正在翻译的 RNA，因此利用 Ribo-Seq 数据可以更可靠地证明 circRNA 潜在可翻译。CircCode 就是利用 Ribo-Seq 来判断 circRNA 编码潜能的方法（Sun and Li，2019）。CircCode 是基于 Python3 编写的软件，该软件利用 Trimmomatic 处理原始 Ribo-Seq 数据以获得高质量的读序，随后将高质量读序比对到 rRNA 数据集以去除来自 rRNA 的读序，再将筛选后的读序比对到参考基因组，那些没有很好地比对到参考基因组上的读序可能来源于 circRNA，因此这些读序将被比对到候选 circRNA 序列上；此外，CircCode 通过收集目标物种的编码序列和非编码 RNA 序列为训练数据集，通过 BASiNET 方法获得编码和非编码 RNA 的序列特征，从而判断 Ribo-Seq 数据比对到的 circRNA 上的位置是编码还是非编码区域，从而确定 circRNA 的翻译潜能。

习　　题

1. 简述非编码 RNA 类型。

2. 简述基于高通量测序数据的 miRNA 生物信息学预测方法。

3. 什么是长非编码 RNA？举两个例子说明其功能。

4. 什么是相位 siRNA（phasiRNA）基因？如何用生物信息学方法鉴定？

5. 非编码 RNA 与作物育种有何关系？举例说明。

6. 结合下图所列非编码 RNA 测序数据分析的知识点和相关生物信息学软件，搭建非编码 RNA 数据分析流程。

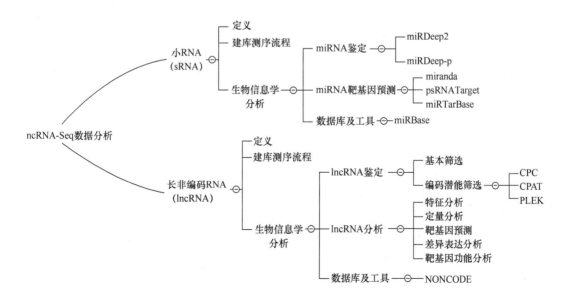

首届中国生物信息学终身成就奖

2020 年 9 月 27 日，第九届全国生物信息学与系统生物学学术大会在上海开幕。本次大会上，中国生物信息学学会（筹）颁发了首届中国生物信息学终身成就奖，获奖者为我国生物信息学研究领域的六位开创者，以表彰他们取得的重要学术成就和为我国生物信息学发展做出的巨大贡献。六位获奖者分别为陈润生院士、郝柏林院士、李衍达院士、罗辽复教授、张春霆院士和孙之荣教授。

陈润生：中国科学院生物物理研究所研究员，中国科学院院士，欧亚科学院院士。陈润生院士一直从事数理科学与生命科学的交叉研究，是我国生物信息学研究的先行者，也是非编码 RNA 领域研究的开拓者与领军人物。他先后在基因标注、生物进化、SNP 数据分析、生物网络、非编码基因等方面进行了系统、深入的研究，取得了多项里程碑式的成果。共发表 SCI 论文 200 余篇，先后获得何梁何利科技进步奖、谈家桢生命科学成就奖、国家科学技术进步奖二等奖等奖励和荣誉，具有很大的国际影响力。陈润生院士早期参与中国第一个完整基因组泉生热袍菌 B4 基因组序列的组装和基因标识，以及人类基因组 1% 和水稻基因组草图测序等研究工作，后期在非编码 RNA 的生物信息研究方面做出了卓越的贡献。

郝柏林：已故，复旦大学教授，中国科学院院士，第三世界科学院院士。郝柏林院士是中国生物信息学研究的奠基者和开拓者之一，为推动中国生物信息学的发展做出了杰出的贡献。他早期在理论物理和计算物理领域的多个方向取得了开创性成果，1997 年进入理论生命科学研究领域后，致力于使用数理方法解析基因组奥秘，开发了分析细菌亲缘关系的组分矢量方法（CVTree），重建了原核生物的生命之树，完美解决了进化学家一直以来的争论，成为细菌分类的有效工具和新标准之一。郝柏林院士先后撰写了《理论物理与生命科学》《生物信息学浅说》《来自基因组的一些数学》等专著和科普著作，他坚信"生物是物，生物有形、生物有数、生物有理""生物领域是数理和计算科学的广阔用武之地""生物信息学是理论生命科学的排头兵"，号召数理研究者进入生命科学领域，对一大批数理研究者和青年学生产生了极大影响。

李衍达：清华大学教授，中国科学院院士，IEEE Fellow。李衍达院士是中国生物信息学教育事业的开拓者之一，他自 1996 年以来开展生物信息学研究，把信息论引入对生物分子系统的分析，以信息系统的观点对生物进行理解和分析。李衍达院士创建了清华大学生物信息学研究所（生物信息学教育部重点实验室的前身）并担任首任所长。近 30 年来，李衍达院士致力于将复杂系统的信息处理方法应用于生物学、医学、中医药学研究，在基因组序列的信息结构研究、基因调控网络的建模和仿真等领域方面获得了突出贡献，其研究成果推动了信息科学与生命科学结合。李衍达院士曾多次获得国家自然科学奖、国家教委科技进步奖一等奖、国家教委优秀教学成果奖特等奖等奖励。

罗辽复：内蒙古大学教授。罗辽复教授是中国理论生物物理学研究的开拓者之一。1982 年，罗辽复教授从粒子物理学转向理论生物学研究，把理论物理学的概念和方法成功地运用到生命科学中，提出了以信息的存储和表达为核心的"密码-序列-结构-功能"

定量生物学研究路线，在遗传密码和基因组进化、基因组序列信息解析、量子生物学理论发展等方面均做出重要贡献。他出版了《生命进化的物理观》《物理学家看生命》《分子生物学的理论物理途径（英文版）》（*Theoretic-Physical Approach to Molecular Biology*）等著作。曾获得国家自然科学奖、国家教委科技进步奖、全国高校"先进工作者"等奖励和荣誉；1992 年被美国传记研究中心授予杰出领头人奖，收入《国际杰出领头人》词典；2019 年 7 月 22 日被中共中央宣传部授予"最美支边人物"称号。

　　张春霆：天津大学教授，中国科学院院士，第三世界科学院院士。曾获得国家自然科学奖、国家教委科技进步奖一等奖、何梁何利科技进步奖等奖励。他原创性地提出了DNA 序列分析的对称性理论，即著名的 Z 曲线理论，开拓了用几何学方法分析 DNA 序列的新方向，在基因组学和生物信息学中得到广泛应用，在国际生物信息学界产生了广泛的影响。在生物信息学、合成生物学和精准医学兴起时，张春霆院士分别在 1997 年、2008 年和 2016 年与其他专家共同组织以"生物信息学""合成生物学"和"大数据和精准医学时代的生物信息学核心理论问题与应用体系"为主题的香山科学会议，探索我国生物信息学发展方向及平台和队伍建设，为国家中长期规划和相关政策提供了建议。

　　孙之荣：清华大学教授，中国生物信息学学会候任理事长，曾任中国细胞学会功能基因组信息学系与系统生物学分会会长，教育部生物信息学重点实验室主任。孙之荣教授自 1985 年开始从事理论生物物理的研究，1993 年扩展至生物信息学领域。他把信息控制理论引入生命科学和生物分子系统的分析，是我国早期开展信息科学与生命科学交叉研究的专家之一。30 多年来，孙之荣教授致力于将复杂系统的控制信息理论和方法应用于生命科学与医学研究，在蛋白质结构模型和预测、基因组序列的信息结构解析、基因调控网络的建模与仿真、复杂疾病的系统生物学研究等领域均获得了突出成果。2001年他在国际上首次将机器学习 SVM 算法应用于蛋白质亚细胞定位和蛋白质结构模型研究，在生物信息学领域产生了广泛的影响。

［获奖者简介由中国生物信息学学会（筹）提供，有删减］

第10章 基因转录与调控网络

基因转录与调控是一个复杂的生物学过程，许多基因和表观调控因子（如非编码 RNA、甲基化修饰等）等参与其中，形成一个复杂的基因调控网络，最后形成特定的生物学功能。围绕基因转录与调控，基于高通量测序数据，已发展了大量生物信息学方法进行分析。对于基因转录水平及其调控的准确解析，是基因功能深入挖掘的基础。

扫码见本章
英文彩图

本章思维导图

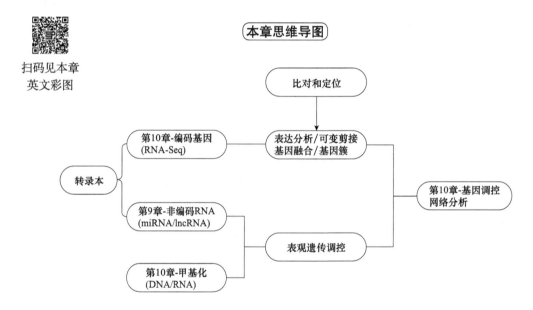

第一节　转录组数据分析

遗传学中心法则表明，遗传信息通过信使 RNA（mRNA）从 DNA 传递到蛋白质。因此，mRNA 被认为是 DNA 与蛋白质之间生物信息传递的一个"桥梁"。狭义上的转录组（transcriptome）即特定环境下一个细胞或者一群细胞的基因组转录出来的所有 mRNA 的总和；广义上的转录组是特定组织或细胞在某一发育阶段或功能状态下转录出来的所有 RNA 的总和，主要包括 mRNA 和非编码 RNA（non-coding RNA，ncRNA）。

上一章讲解了非编码 RNA 数据分析，本节主要阐述常规转录组（即 mRNA）数据分析方法。转录组数据分析的常规流程通常包括测序读序的比对和拼接、基因表达定量和差异分析等，其下游分析涉及可视化、差异基因的功能分析、可变剪接和基因簇分析等高级分析（图 10.1）。下文将对上述分析流程的具体方法和工具进行详细阐述。

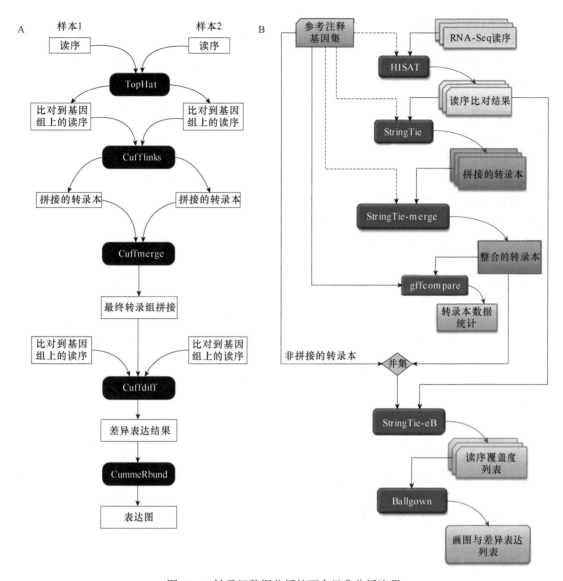

图 10.1　转录组数据分析的两个经典分析流程

A. TCC 流程，即 TopHat 比对、Cufflinks 拼接和定量、Cuffdiff 差异分析、CummeRbund 可视化的转录组分析流程（引自 Trapnell et al.，2012）；B. HSB 流程，即 HISAT 比对、StringTie 拼接定量和差异分析、Ballgown 可视化的转录组分析流程（引自 Pertea et al.，2016）

一、转录组序列比对和拼接

1. 比对　获得转录组测序数据之后，对于有参考基因组和无参考基因组的物种的后续分析方式有所不同。对于有参的转录组数据，将 RNA-Seq 读序比对到参考基因组上之后再拼接转录本，而对于无参的转录组数据，则是直接从头拼接转录本。常用的 RNA-Seq 读序比对软件有 Bowtie、TopHat、HISAT、StringTie、Cufflinks、RUM、MapSplice、STAR 和 GSNAP 等。

由于转录组测序建库时需要将 mRNA 反转录形成 cDNA，而真核生物的成熟 mRNA 是经过剪接的，因此 RNA-Seq 读序在比对到基因组的过程中会出现空位（gap），甚至其排列顺序和个别碱基会发生变化。因此，RNA-Seq 比对软件与基因组重测序数据比对软件会有所不同。

有参比对软件 TopHat 由约翰霍普金斯大学 Steven Salzberg 团队开发，分别于 2009 年和 2013 年发布了第一和第二版本（两个版本之间的主要差异是调用的 Bowtie 软件发生了升级：Bowtie1 于 2008 年发布，Bowtie2 于 2011 年发布）。基于 Bowtie 的转录组数据比对算法，TopHat 能将测序读序快速比对到参考基因组上，其与 Bowtie 等其他比对算法最大的不同在于它可以将读序断点比对，尤其适合转录组可变剪接模式的分析与检测。Bowtie 在进行比对时可以兼容一定量的碱基配对错误（默认值 2）。TopHat 使用每个碱基 2 比特的编码方法对庞大的基因数据进行有效存储和管理。TopHat 可以发现大部分新的剪接位点，但如果外显子相距比较远，或者内含子为非经典内含子，TopHat 则无法有效地发现这些位点。

HISAT（hierarchical indexing for spliced alignment of transcripts）同样由 Steven Salzberg 团队于 2015 年开发。HISAT 使用基于 Burrows-Wheeler 变换（BWT）和 Ferragina-Manzini（FM）索引方案，采用两种类型的索引来进行比对：全基因组 FM 索引来锚定每个比对及大量本地 FM 索引（local FM indexes）来快速地扩展这些比对。HISAT 在人类基因组上的分层索引包含 48 000 个本地 FM 索引，每个索引代表约 64kb 的基因组区域。对真实数据和模拟数据集的测试表明，HISAT 是目前可用的最快读序比对软件，其准确性相当于或优于其他方法。尽管有大量索引，HISAT 却仅需要 4.3Gb 的内存。此外，HISAT 支持任何大小的基因组，包括大于 40 亿个碱基的基因组，突破了 Bowtie 等对较大基因组束手无策的瓶颈。

2. 拼接　有参转录组数据的常用拼接软件包括 Cufflinks 和 StringTie 等。StringTie 由约翰霍普金斯大学与得州大学西南医学中心联合开发，能够组装转录本并预测表达水平。它应用网络流算法和从头组装，将复杂的数据集组装成转录本。与 Cufflinks 等软件相比，在分析模拟和真实的数据集时，StringTie 实现了更完整、更准确的基因重建，并更好地预测了表达水平。一项比较研究表明，对于从人类血液中获得的 9000 万个读序，StringTie 正确组装了 10 990 个转录本，而第二名的组装程序 Cufflinks 只组装了 7187 个，其比第二名提高了 53%。对于模拟的数据集，StringTie 正确组装了 7559 个转录本，比 Cufflinks 的 6310 个提高了 20%。此外，它的运行速度也比其他组装软件更快。

对于无参的转录组数据，一般会使用从头拼接方法来拼接转录本序列，这种方法能够不依赖参考基因组来拼接转录本序列（其原理如图 10.2 所示）。其通过具有重叠区域的读序进行拼接，得到较短的 contig，然后把读序比对到 contig 上，根据读序 PE 关系把 contig 拼接成 scaffold，最后将 scaffold 拼接成特异基因（unigene）。通过计算比对到特异基因上的读序数目来估计基因的表达量。对于相互比较的两个样品（如处理样品与对照样品），可以进一步拼接二者的特异基因集，获得共同基因集。基于比对到的特异基因集上的读序数目，可以比较两个样品的表达量。由于测序的读长很短，在测序读长间不会出现很多重叠区域，因此从头组装往往会遇到一些困难。解决这个问题的策略主要有两个：①增加测序深度，通过增大测序量，用更多的读序拼接出更好的转录本；②使用测序读长更长的测序方法测序，能帮助提高拼接的效果。常用的从头组装 RNA-Seq 序列的生物信息学软件有 ABySS、Velvet、SOAPdenovo、Oases 和 Trinity 等。

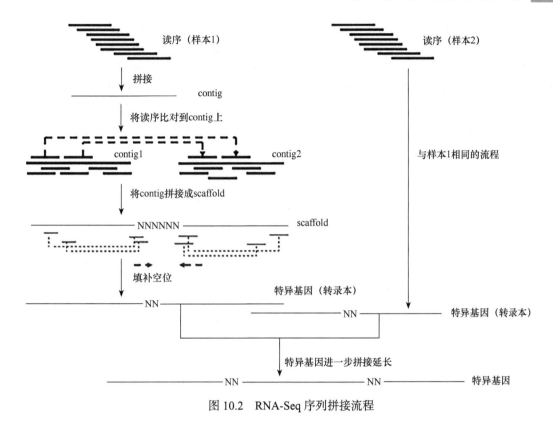

图 10.2　RNA-Seq 序列拼接流程

二、基因表达分析

原则上，RNA-Seq 可确定细胞群中的每一个分子表达的绝对数量，可对实验之间的结果进行直接比较。下文简要介绍如何利用 RNA-Seq 数据进行表达分析。

1. 基因表达的定量　在进行转录组序列比对和拼接之后，通过统计比对到参考基因组上基因区间内的读序数目可以计算相应基因的表达量。然而比对到不同基因上的读序数目不能直接用于比较两个基因的表达差异。基因的长度和 RNA-Seq 的测序深度会对读序数量产生影响：基因长度越长、测序深度越深，比对到该基因的读序数量越多。因此需要对比对到基因上的读序数量进行标准化，常用的标准化方法有 RPKM、FPKM、TPM 等。

（1）RPKM　RPKM（reads per kilobase of exon/transcript per million mapped）即每百万比对上的读序中，比对到每千个碱基长度的外显子（或转录本）上的读序数量，具体算法是将比对到基因的读序数量除以比对到参考基因组的所有序列数（以百万为单位）与基因区间的长度（以千为单位）。

$$\text{RPKM} = \frac{\text{落在基因上的总读序数}}{\dfrac{\text{全部读序数}}{1\ 000\ 000} \times \dfrac{\text{基因长度}}{1\ 000}} \tag{10.1}$$

（2）FPKM　FPKM（fragments per kilobase of exon/transcript per million mapped）即每

百万比对上的片段中，比对到每千个碱基长度的外显子（或转录本）上的片段数量，与 RPKM 的定义类似，只是将 RPKM 中的读序变成了片段。RPKM 适用于单端测序，而 FPKM 适用于双端测序。在单端测序中，理论上 RPKM 和 FPKM 相同，因为一条读序就是一条片段；但有时人工计算与软件计算给出的结果会稍有差异，这是由软件内部的算法不同导致的。在双端测序中，两个配对的读序测的是一条 DNA（或 cDNA）片段，因此 FPKM 算的是一条片段，而 RPKM 计算的是两条读序；如果两个配对的读序只有一条比对到基因上，那么 FPKM 算的是一条片段，RPKM 算的是一条读序。

$$\text{FPKM} = \frac{\text{落在基因上的总片段数}}{\dfrac{\text{全部片段数}}{1\,000\,000} \times \dfrac{\text{基因长度}}{1\,000}} \tag{10.2}$$

（3）TPM　　TPM（transcripts per kilobase per million mapped reads）对 RPKM/FPKM 进行了优化。TPM 先对基因长度进行标准化，然后再对测序深度进行标准化。从 TPM 的计算公式可以看出，TPM 与 RPKM/FPKM 的区别是测序文库的大小被重新定义了。若测序文库的大小是 100M，那么 RPKM/FPKM 公式中的文库（其中一个分母）就是 100M；而 TPM 的文库是根据基因的长度标准化后的（其分母中的文库除以了基因长度）。因此，相对来说 TPM 对于基因表达量的标准化结果更加可靠。

$$\text{TPM} = A \times \frac{1}{\sum A} \times 10^{6} \tag{10.3}$$

$$A = \frac{\text{落在基因上的总读序数}}{\dfrac{\text{基因长度}}{1000}}$$

　　常用基因表达量标准化的生物信息学软件有 Range（计算 RPKM）、Cufflinks（计算 FPKM）、StringTie（计算 FPKM、TPM）、RSEM（计算 TPM）等。当然，对于基因表达定量分析更好的处理方式是均不用 RPKM、FPKM、TPM 来做均一化处理，而是直接使用原始的读序数（read count）做均一化处理，使用 featureCount、HTseq 等软件获得比对到基因上的读序数矩阵之后，利用 DESeq2、edgeR 等软件进行表达标准化和差异分析。

　　2. 差异表达基因的鉴定　　在完成基因表达量的计算后，一般会进一步研究不同样品间的差异表达基因。二项式、泊松（Poisson）分布、负二项式等几种已知概率分布都被用于分析差异表达基因。到目前为止，已有很多基于 RNA-Seq 数据的软件可用于基因表达分析。几种主要的差异基因分析软件包括 baySeq、DESeq 和 edgeR 等，它们都使用负二项分布模型（negative binomial）来鉴定差异表达基因。因为转录组实验往往只包含有限的生物学重复（$n < 10$），而且基因的表达量都不是负数，这些数据并不符合正态分布，用于表征表达量的读序数量（count）是非连续的，因此 RNA-Seq 数据的方差往往会大于均值。count 值本质是读序的数目，是离散的非零整数，其分布肯定也是离散型分布。早期主要利用泊松分布表示（Audic et al，1997）。泊松分布的均值和方差相等，明显不符合转录组数据。由于真实数据与泊松分布之间的差距，选择泊松分布作为总体的分布是不合理的。相反，负二项分布更加符合转录组数据的真实分布（Anders and Huber，2010）。

　　鉴定差异表达基因时，常遇到多重检验问题（multiple testing）。Benjamini 于 1995 年提出一种方法，通过控制 FDR（false discovery rate）来决定 P 值的阈值。假设挑选了 R 个差异表达的基因，其中有 S 个是真正有差异表达的，另外有 V 个其实没有差异表达（即假阳性）。实践中，希望错误比例 $Q=V/R$（平均而言）不能超过某个预先设定的值（如 0.05），在统计学上，这也就等价于控制 FDR 不能超过 5%。根据 Benjamini 提出的方法，控制 FDR 的步骤实际上非常简单。设共有 m 个候选基因，每个基因对应的 P 值从小到大排列分别是 $P(1)$，$P(2)$，$\cdots$，$P(m)$，若想控制 FDR 不能超过 q（即 Q 值），则只需找到最大的正整数 i，使 $P(i)\leqslant(i\times q)/m$。然后，挑选对应的 $P(1)$，$P(2)$，$\cdots$，$P(i)$ 的基因作为差异表达基因，这样就能从统计学上保证 FDR 不超过 q。Bonferroni 校正往往过于严格，一般采用 BH 校正（Benjamini and Hochberg，1995）。

3. 差异表达基因富集分析　　在鉴定出差异表达基因后，一般会对差异表达基因进行功能富集分析。基因功能富集分析的目的是筛选出两组或多组（如代谢途径和功能分类）表达水平有差异的基因集，即富集基因集。基因富集分析具有以下优点：①基因集按照统一的分类信息进行定义，故差异表达基因集易于解释；②将基因间已知的相互作用信息用于基因集的定义，有效地利用了先验信息；③大量模拟实验和实例研究发现，采用基因富集分析比单基因分析能获得更多、更有生物学意义的基因信息；④针对研究目的相同的实验，筛选出的差异表达基因集大部分是相同的，从而提高了实验结果的可重复性；⑤筛选出的富集基因集可用于聚类分析，以便进一步挖掘基因表达相关模式信息。

（1）常用功能注释数据库　　在富集分析中常用的功能注释数据库有 GO（Gene Ontology）和 KEGG（Kyoto Encyclopedia of Genes and Genomes）。

GO 是按严格的生物学背景、采用统一的术语结构注释基因及其产品的数据库，包含几千条术语，分为三大分支：分子功能（molecular function）、生物过程（biological process）和细胞组成（cellular component）。GO 的每个分支是一幅有向无环图（DAG），含有大量节点（术语）和分支，越高层的节点代表的意义越广泛，越低层的节点代表的意义越具体。每个节点含有多个意义广泛的父项（parent term）和多个意义具体的子项（children term）。一个基因能被多个术语注释。目前许多基因还未被 GO 数据库注释。如果某一基因被某特定节点 A 注释，则该基因将自动被 A 节点的所有祖项（ancestors term）所注释。

KEGG 是由基因通路构成的数据库，描述基因调控网络，含有 4 个层次的有向无环图，其中第 3 个层次直接对应 KEGG 基因通路。属于同一 KEGG 基因通路（KO 分类）的基因被定义为一个基因集。

（2）常用基因富集分析方法　　常用的基因富集分析方法有 Fisher 的精确概率法。以 GO 功能分类为例进行介绍。在单基因分析筛选差异表达基因的基础上，Fisher 精确概率法利用超几何分布（hypergeometric distribution）的原理，推断每个基因集中的差异表达基因的比例是否与整个基因集中的差异表达基因的比例相同。其包括两个原假设：基因是否为差异表达基因（DE）和基因是否属于 GO 术语定义的基因集 S（表 10.1）。

表 10.1　GO 术语 S 注释和非注释基因的单基因分析结果

项目	DE	$\overline{\text{DE}}$	合计
GO 术语 S 注释的基因	n_{11}	n_{12}	M
非 GO 术语 S 注释的基因	n_{21}	n_{22}	$N-M$
合计	K	$N-K$	N

设 N 表示基因总数；S 是 GO 术语定义的基因集；M 个基因属于 S，$N-M$ 个基因不属于

S；K 表示有差异表达的基因数目；Fisher 得分（p）表示 K 个差异表达基因中至少有 x 个被 S 注释的概率（Li et al., 2016）：

$$p=1-\sum_{i=0}^{x-1}\frac{\binom{M}{i}\binom{N-M}{K-i}}{\binom{N}{K}} \tag{10.4}$$

当样本量较大时，可用 χ^2 检验代替 Fisher 精确概率法。χ^2 检验的 p 值为相应的 Fisher 得分，有研究表明 χ^2 检验比 Fisher 精确概率法更稳健、效能更高。Fisher 精确概率法适用于表 10.1 中至少有一项理论频数小于 5 的情况。

> 　　以烟草制品烟气对人体支气管上皮细胞影响为例（Shen et al., 2016），在对人体支气管上皮细胞进行烟气处理后，我们收集 RNA 进行测序。通过与对照（空气处理）相比较，鉴定了烟气处理与对照间的差异表达基因。进一步对差异表达基因进行 KEGG（图 10.3）和 GO 富集分析发现，差异表达基因富集在 MAPK 信号通路和一系列的胁迫响应通路。

三、基因可变剪接与融合

1. 基因可变剪接识别　　生物 RNA 可变剪接（alternative splicing，AS）现象普遍存在。大量实验表明，对于同一个基因，其剪接位点和拼接方式可以有所改变，从而导致同一个基因可以表达出多个不同的相关蛋白产物，行使不同的生理功能。RNA 剪接，特别是可变剪接是真核基因表达调控研究的重要内容之一。

真核细胞核内前体 mRNA 通过 5′ 加帽、剪接（移除内含子）、3′ 端切割加尾，从而形成成熟的 mRNA。成熟的 mRNA 和核不均一核糖蛋白（hnRNA）及其他蛋白质形成复合体输出核外，再经过选择性降解参与翻译。这些步骤并不是简单的线性顺序，而是在转录物延伸期和转录的同时发生的，从而形成一个大型的"生产链"。单独的受体位点或供体位点，根据位点的统计特征已能够得到较正确的预测。识别 AS 基因及其剪接形式所必需的剪接位点对（限定一个内含子的两个位点），还不能做到直接计算预测。目前，可变剪接的生物信息学研究主要依赖于转录数据提供的基因结构信息。一般转录数据（如常规 RNA-Seq）只包括外显子的信息。目前用于可变剪接分析的软件有 SOAPsplice、TopHat、SpliceMap、MapSplice 等。下文以 SOAPsplice 软件为例，简要介绍鉴定可变剪接的原理（图 10.4）。

首先，SOAPsplice 将完整的读序按最严格的策略比对到参考基因组（所谓"intact alignment"）。然后，将没有比对上的读序（initially unmapped reads，IUM）运用剪接策略进行第二步比对（称为"spliced alignment"），将 IUM 读序切割成可能来自 mRNA 初始转录本中不同外显子的两段（图 10.4）。具体来说，SOAPsplice 首先要在一个 IUM 读序的 5′ 端找到一段能比对到参考序列的最长序列，然后将剩余的片段再比对到参考序列上。比对时需满足如下条件：①每个片段长度要大于某个设定值（默认是 8bp）。②每个片段的比对中，不允许有空位

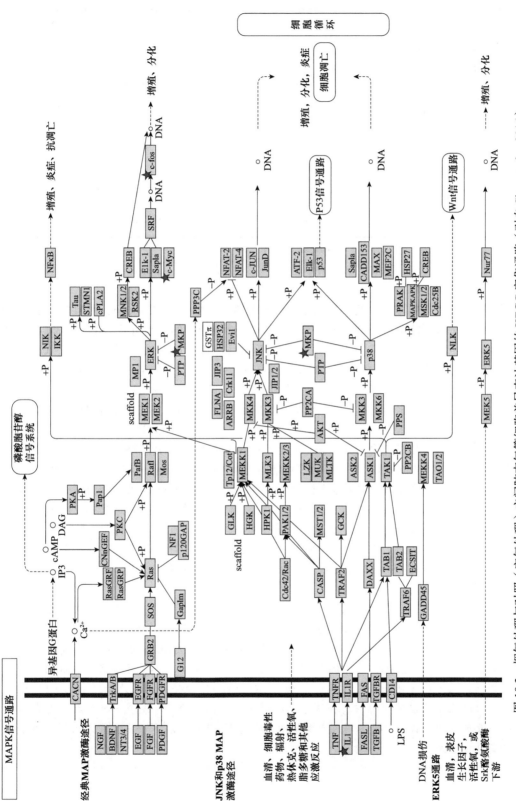

图 10.3 烟气处理与对照（空气处理）之间肺支气管细胞差异表达基因的 KEGG 富集通路（引自 Shen et al., 2016）

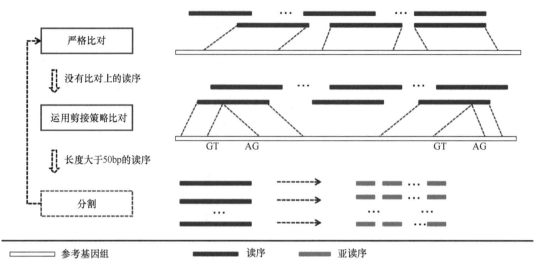

图 10.4　SOAPsplice 软件鉴定可变剪接的原理（引自 Huang et al.，2011）

且最多不超过 1 个错配。③两个片段比对后的距离大约是 50～50 000bp，因为在大多数真核生物中，这个范围能覆盖到所有内含子长度。④内含子边界的碱基组成形式应该为 GT—AG、GC—AG 或 AT—AC，当第二步比对中出现不同目标位置时，按边界 GT—AG、GC—AG、AT—AC 的优先级依次降低的顺序，选出最可靠的比对位置。⑤如果片段比对到多个位置，只在两种情况下给予考虑：第一种情况是"pair"（由于读序被分成两片段，故称为"pair"）中有一个片段只有一个比对位置，另一片段可以有多个比对位置；第二种情况是两个片段的比对位置都不超过三处。然后选出比对距离最近的一对，作为此读序的第二步比对结果。其他情况下，由于难以确定哪种组合的比对是正确的，故 SOAPsplice 将其忽略。以上方法最多只能检测到一种剪接方式（junction），由于读序可能跨越超过两个的外显子，所以对于长度超过 50bp 的读序，多加了一个步骤。如果读序长度小于 100bp，SOAPsplice 会直接将读段分割成两段等长的片段，否则，会先从 5′ 端取 50bp 作为一段，再将剩余的 50～100bp 长的片段平均分成两段，这样 3′ 端片段就不会太短。如此，就将一条读段分成三个片段，每个片段称为亚读序或读序子序列（sub-read）。最后，SOAPsplice 检查每个亚读序的比对情况，并把结果连接起来作为此读段的比对结果。SOAPsplice 要求三分之二的亚读序都能唯一比对到某个位置。从而来准确鉴定可变剪接位置。

　　在植物和动物中，普遍存在可变剪接的现象。2010 年 *Genome Research* 杂志发表了两篇关于水稻 RNA-Seq 数据分析的文章，揭示植物基因也大量存在可变剪接现象（Lu et al.，2010；Zhang et al.，2010）。下文以水稻为例，简单介绍基于转录组数据的可变剪接分析流程：获得 RNA-Seq 数据后，使用 SOAPsplice 软件将读序比对到水稻基因组上，然后通过比较基因区间的信息和读序比对到基因组上的位置，发现一个基因内存在不同的转录本结构，从而鉴定不同可变剪接的形式（图 10.5）。在水稻中，鉴定出了至少 7 种可变剪接形式。

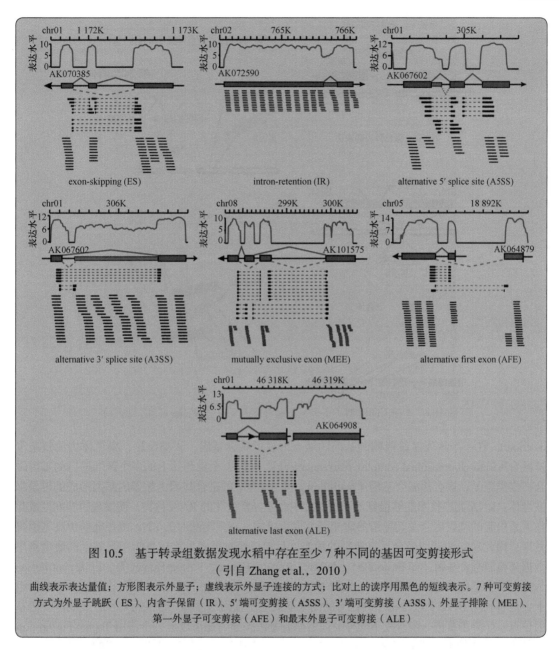

图 10.5　基于转录组数据发现水稻中存在至少 7 种不同的基因可变剪接形式

（引自 Zhang et al.，2010 ）

曲线表示表达量值；方形图表示外显子；虚线表示外显子连接的方式；比对上的读序用黑色的短线表示。7 种可变剪接
方式为外显子跳跃（ES）、内含子保留（IR）、5' 端可变剪接（A5SS）、3' 端可变剪接（A3SS）、外显子排除（MEE）、
第一外显子可变剪接（AFE）和最末外显子可变剪接（ALE）

2. 融合基因鉴定　　融合基因（fusion gene）是指两个基因的全部或一部分序列相互融合为一个新的基因的过程（图 10.6），其可能是染色体易位、中间缺失或染色体倒置所致的结果。融合基因往往引起显著表型变化。例如，在人类研究中发现，异常的融合基因可以引起恶性血液疾病及肿瘤。最新研究表明，染色体断裂与融合，导致非编码环化 RNA（fusion-circRNA）的形成，导致癌症的发生（Guarnerio et al.，2016）。

如图 10.6 所示，目前的融合基因分类有可分为以下 5 种：①类型Ⅰ，染色体间的易位融合基因（inter-chromosomal translocation），该类中涉及融合的基因位于不同的染色体上；②类型Ⅱ，染色体间的复杂重排融合（inter-chromosomal complex rearrangement），两个在不同染色体上的基因融合后，第三个基因随之被激活；③类型Ⅲ，染色体内部的缺失融合（intra-chromosomal

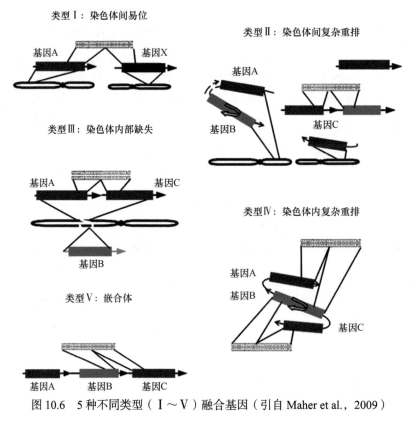

图 10.6　5 种不同类型（Ⅰ～Ⅴ）融合基因（引自 Maher et al.，2009）

deletion），在一个缺失区段两侧的基因的融合形成的融合基因；④类型Ⅳ，染色体内的复杂重排融合（intra-chromosomal complex rearrangement），在同一个染色体上的多个区域进行的基因融合；⑤类型Ⅴ，嵌合体融合基因（read-through），该类中的融合基因由相邻的基因形成的转录本嵌合体。RNA 测序技术能够很好地识别物种中产生异常变化的 RNA 种类，使发现因功能性或互作关系引起的基因融合及其导致的病变研究成为可能。双末端配对的 RNA 测序能够提高基因覆盖率，因此对检测基因融合具有特别的优势。目前已经有很多生物信息学工具基于高通量测序数据来检测融合基因，如 FusionSeq、deFuse、TopHat-Fusion、Fusion-Hunter 等。以 Tophat-Fusion 为例，融合基因的鉴定过程为：首先利用 Tophat-Fusion 软件将 RNA-Seq 序列比对到参考基因组上，然后利用 BLAST 软件将序列比对的结果与对应的基因组注释文件进行对比，找到融合的基因位点。如果需要进一步研究不同样品间的融合基因差异，还可以进一步使用 Tophat-Fusion-post 软件来综合比较不同样品间融合基因位点的差异及表达量的变化。但值得注意的一点是，大部分融合基因可能是由于测序环节的 PCR 搭桥引起，真正的融合基因数量并不多。因此，采用不同的测序平台或进一步的实验验证是鉴定融合基因的重要一环。

下文以水稻为例，介绍通过 RNA-Seq 数据鉴定融合基因的步骤和具体结果（图 10.7）。在获得 RNA-Seq 数据后，先使用 SOAPsplice 软件将读序比对到水稻基因组上，然后通过比较不同基因区间的信息和读序比对到基因组上的位置，可以发现在同一个转录本中存在多个基因的融合片段，从而鉴定不同类型的融合基因。目前已在水稻中鉴定到多种基因融合形式，包括染色体间基因融合、相邻基因间融合和远距离基因间融合等。

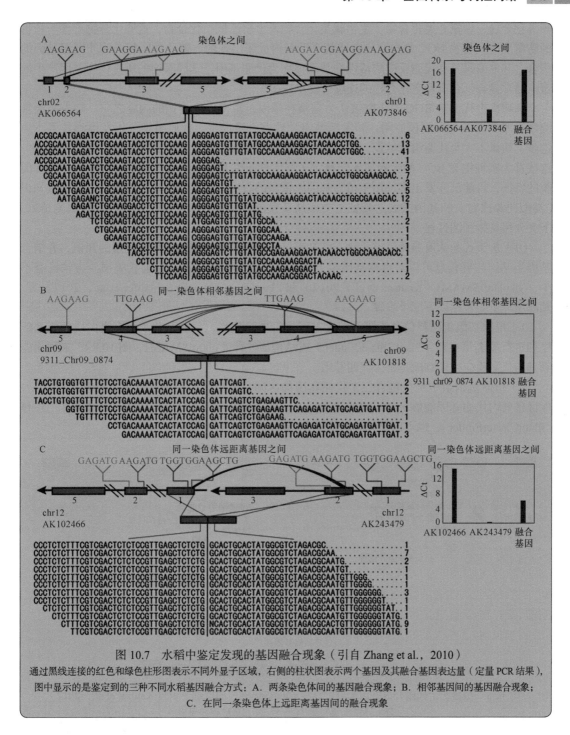

图 10.7　水稻中鉴定发现的基因融合现象（引自 Zhang et al.，2010）

通过黑线连接的红色和绿色柱形图表示不同外显子区域，右侧的柱状图表示两个基因及其融合基因表达量（定量 PCR 结果），图中显示的是鉴定到的三种不同水稻基因融合方式：A. 两条染色体间的基因融合现象；B. 相邻基因间的基因融合现象；C. 在同一条染色体上远距离基因间的融合现象

四、基因簇鉴定

近年来大量研究表明，不少植物次生代谢产物合成相关基因在基因组中成簇存在，形成所谓的生物合成基因簇（biosynthetic gene cluster，BGC）或代谢合成基因簇（metabolic gene cluster）（Boycheva et al.，2014）。植物 BGC 参与合成的次生代谢物包括萜类化合物、苯并噁

嗪类化合物、生氰苷类化合物、生物碱类化合物及多聚乙酰类化合物，这些化合物都参与植物的防御反应。植物 BGC 是指在染色体某个区间内成簇出现的、彼此功能相关的非同源基因的集合，其中编码具有代谢反应酶活性的基因被称为代谢基因。基因簇内的所有代谢基因产生的蛋白通常参与到合成特定化合物的连续生物反应中。

植物次生代谢物 BGC 的研究被认为是植物基因组重要信息挖掘的内容之一。随着高通量测序技术的普及与大规模应用，转录组等组学数据大量产生，代谢组学分析及检测技术飞速进步，积累了大量代谢组学数据，使代谢通路数据库不断完善（如数据库 KEGG 和 Metacyc），这些都为实现植物 BGC 的大规模鉴定奠定了坚实的研究基础。结合已知植物次生代谢物基因簇的特征，目前已开发出多种用于植物基因簇预测的方法。这些方法均需综合已有基因簇知识（类似同源比对）和基因共表达特征（类似从头预测）等信息，最终给出基因簇的预测结果。下文介绍具体预测过程。

（1）基于已知基因簇的同源比对　基于已有基因簇和代谢途径研究积累的知识，并结合基因组基因注释信息可以对目标基因组上的基因簇进行同源预测。目前相关预测方法已有不少，如 plantiSMASH（Kautsar et al.，2017）和 PlantClusterFinder（Schläpfer et al.，2017）等。预测原理主要包括以下三个步骤。

1）根据基因组注释信息为蛋白编码基因进行功能预测，一般是基于相应蛋白质的氨基酸序列进行酶类型注释（PlantClusterFinder）或结构域注释（plantiSMASH，图 10.8），来预测能否参与代谢反应，即判断是否为代谢基因。

2）扫描基因组中至少包含三个代谢基因的区间，根据代谢基因的类型进行基因簇判断，保证区间内代谢基因能够参与不同的代谢反应。采用的判断标准可以是代谢通路数据库的注释（PlantClusterFinder），也可以是结构域的类型（plantiSMASH，图 10.8）。

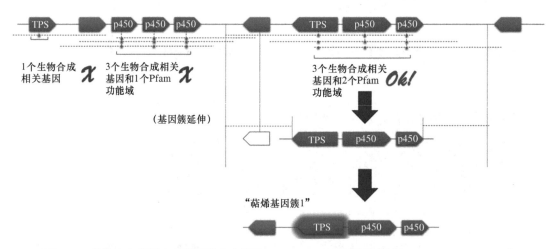

图 10.8　植物次生代谢合成基因簇鉴定算法 plantiSMASH 的原理（引自 Kautsar et al.，2017）

TPS. 萜烯合成酶基因；p450. 细胞色素 P450 基因

3）对同一类型的代谢基因进行比较，根据其序列的相似性判断是否为重复基因，这主要是为了鉴别植物基因组中经常出现的串联重复序列的情况，降低基因簇鉴定的假阳性率。

plantiSMASH 根据基因编码的蛋白质是否包含次生代谢物合成蛋白的结构域识别代谢基因。随后，它将寻找至少三个代谢酶编码基因的区段，这些基因应包括至少两种不同的酶类型。对满足以上条件的区段向外扩展，将上下游的相关基因也包含在基因簇内。最后，根据核心酶的存在对每个簇进行分类。在图 10.8 中，由于存在编码萜烯合成酶的基因，检测到的基因簇被定义为"萜烯"类。plantiSMASH 提供了在线的植物 BGC 预测平台，使用方便，但在上传数据量较大的基因组序列文件和注释文件的过程中时常遇到网络中断等问题；另外它对基因组上基因编码蛋白的功能预测完全依赖于文献报道过的与植物次级代谢相关的蛋白质所建立的库，也就是根据已知的植物次生代谢相关的蛋白质序列构建功能域隐马尔可夫模型（pHMM），并据此对其他物种的蛋白质进行结构域注释，因此鉴定的基因簇的数量和类型比较有限（目前为 62 个）。

PlantClusterFinder 与前者不同，其只支持 Linux 本地化命令行式运行，对基因编码蛋白的功能预测借助了基于机器学习算法建立的酶注释工具 E2P2，并且调用了 Metacyc 数据库提供的代谢通路数据库，来进行代谢基因簇的功能注释和筛选。Metacyc 代谢通路数据库是通过代谢通路预测算法 PathoLogic 得到的特定物种从头构建的代谢通路数据库。PlantClusterFinder 可预测的 BGC 数量非常庞大。例如，在水稻和拟南芥基因组上，PlantClusterFinder 分别预测到了 793 个和 674 个基因簇，而通过 plantiSMASH，在水稻和拟南芥上只能分别预测到 46 个和 45 个基因簇。尽管两种方法预测结果在数量上的差距较大，但两种方法都能成功预测到已报道的植物基因簇，如水稻的稻壳素合成基因簇和拟南芥的三萜化合物合成基因簇等。这两种方法和参数均基于有花植物的相关数据，所以均不适用于其他远缘或低等绿色植物物种，如本书编者开展的稻壳素基因簇进化研究（Mao et al., 2020），其中苔藓基因组相关基因簇的确定只有通过常规序列比对进行。

（2）基于基因共表达网络预测　　以上基于基因组注释的鉴定方法，主要从已知基因簇结构的角度对全集因组内 BGC 进行扫描和预测，其覆盖度广，预测结果多，但假阳性率也较高。基于基因共表达特征可以很好地弥补这一短板，提供进一步筛选依据。同时，基于基因的共表达网络来预测参与同一代谢通路的基因集合，还可以发现未知基因簇。基于基因共表达网络的基因簇的研究已有许多案例。

为满足次生代谢物在胁迫生态关系中的功能需求，产物合成方面需要具有时间和空间上的共调节能力。因此，一般认为参与同一次生代谢物合成的基因间具有显著的共表达关系。基于此，基因共表达网络分析可以解析植物的次生代谢产物合成途径。基因共表达网络的构建是以不同处理下基因间表达量的相关性为基础，主要包括以下两个步骤：首先，对所有基因间的表达量进行相关性检验和计算；然后，设定表达相关的阈值来确定共表达网络的边，即基因间是否能够建立联系。构建基因共表达网络的目的是将表达的单位从基因降维到基因模块的水平，使得高度共表达的基因被划分到同一基因模块；然后进一步结合表达谱数据来源的生物学背景，挑选出关键基因模块，提炼关键基因，搭建起代谢通路。

加权基因共表达网络分析方法（weighted gene co-expression network analyses，WGCNA）是一个典型的基因共表达网络预测算法（Langfelder et al., 2008），该方法在植物生长发育、生物胁迫响应过程和复杂疾病的易感基因鉴定等研究领域应用广泛。例如，Wisecaver 等（2017）搭建了一套针对植物次生代谢物合成途径信息挖掘的共表达网络分析流程（图 10.9），利用来自 8 个双子叶植物的大量转录组数据，基于基因表达量之间的皮尔森相关系数对各基因与其他基因的相关性进行排序和共表达网络构建，结果鉴定到 6 个已知的植物 BGC。

共表达网络分析对样本数量、计算资源等要求都比较高，虽然能够得到高度共表达的基因集合，但各集合的数量依然很大，次生代谢合成相关的关键基因筛选仍存在较大阻碍。共表达网络分析不适用于直接进行植物 BGC 的鉴定，但可为基因簇的鉴定提供支持。共表达被认为是植物 BGC 最显著的特征，前人的研究已经证明，共表达分析是预测候选基因参与同一代谢通路的有力证据，是推断基因簇能否发挥功能的先决条件之一。

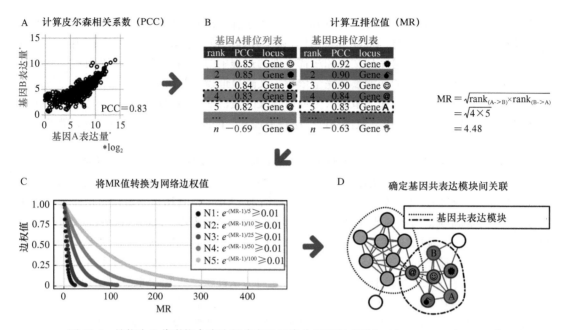

图 10.9　植物次生代谢物合成途径共表达网络分析流程（引自 Wisecaver et al., 2017）

A. 计算基因组中每个基因对表达的皮尔森相关系数（如基因 A 和基因 B 之间的相关性为 0.83）；B. 对相关性进行排序，并计算每个基因对的互排位（mutual rank, MR）值（如基因 A 和 B 的 MR 值为 4.8）；C. 使用一个或多个指数衰减函数将 MR 值转换为网络边权值（network edge weight），这里评估了 5 种不同的衰变率，得到了 5 种不同的网络（N1～N5）；D. 使用 ClusterONE 可视化基因共表达模块交集，在本例中，基因 A 和基因 B 及 4 个其他基因（紫色圆圈）组成了一个模块，基因可以属于单个或多个（如 Gene@）共表达模块

第二节　甲基化分析

一、DNA 甲基化

　　结合二代测序技术和 DNA 甲基化预处理的方法，近几年产生了大量的全基因组 DNA 甲基化测序数据。然而，因为存在多种测序技术及多种 DNA 甲基化预处理的技术，这些高通量数据的存储、处理和分析是目前 DNA 甲基化研究的一个难点和热点。目前常见的高通量 DNA 甲基化数据检测、处理和分析的流程如图 10.10 所示。

　　首先需要对获得的样本测序数据进行质量评估与过滤。随着读序长度的增加，测序错误率倾向升高；另外，读序上包含的引物会降低读序匹配到基因组上的准确率。因此，要对数据进行去接头、低质量读序等处理。对于利用二代测序技术获得的数据来说，已有成熟的软件进行质控，如 FastQC、NGS QC Toolkit 等。质控后，需要将测序数据比对到参考基因组序列上。研究者基于短序列匹配算法（Bowtie、SOAP 等），已开发了 10 多种专门处理重亚硫酸盐转换后的读序比对工具和算法，如 Bismark、MethylCoder、BRAT、BSMAP、BS Seeker、B-SOLADA、SOCS-B、BatMeth、RMAP-BS、FadE 等。其中 Bismark 为最常用的碱基序列比对工具，FadE、B-SOLADA、SOCS-B、BatMeth 可以处理颜色空间编码的读序。通过比对结

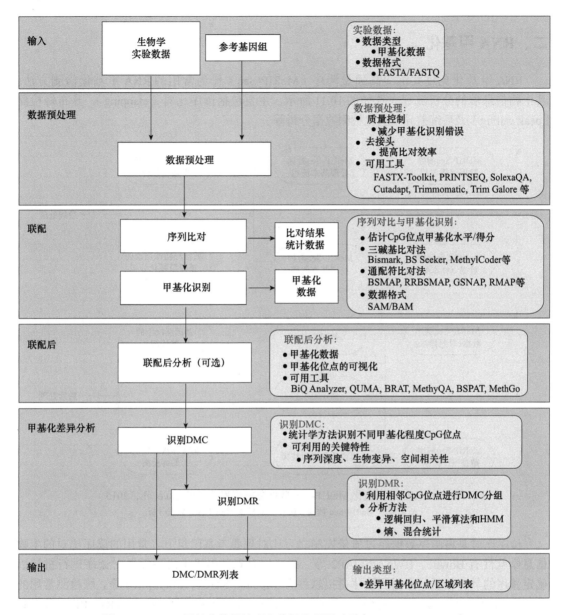

图 10.10　DNA 甲基化数据处理和分析流程图（引自 Shafi et al.，2018）

DMC. 甲基化差异位点；DMR. 甲基化差异区域

果可以获悉测序数据的深度、读序在全基因组上的分布及在基因组上的覆盖度情况。从读序的基因组位置中获得每个胞嘧啶的甲基化读序数和非甲基化读序数，然后用 $M/(U+M)$ 来计算某个胞嘧啶的甲基化水平，U 和 M 分别表示在这个胞嘧啶上的非甲基化读序数和甲基化读序数，可以用这种方式来观察甲基化程度。通过合并相邻甲基化位点，还可以做更多的分析，如邻近基因区域及功能注释，邻近顺式调控区域注释，区域保守性检测，区域 SNP 位点注释；也可以识别已知转录因子基序和在全基因范围对基序从头搜索。对于多个样本，通过数据标准化后可以对各个样品甲基化水平进行比较，获取差异 DNA 甲基化区域。

二、RNA 甲基化

　　RNA 甲基化免疫共沉淀高通量测序（MeRIP-Seq）作为常用的 RNA 甲基化检测方法，其生物信息学的分析流程大致如图 10.11 所示，主要包括读序比对（mapping）、分布峰检测（peak calling）及后续差异甲基化检测数据分析等。

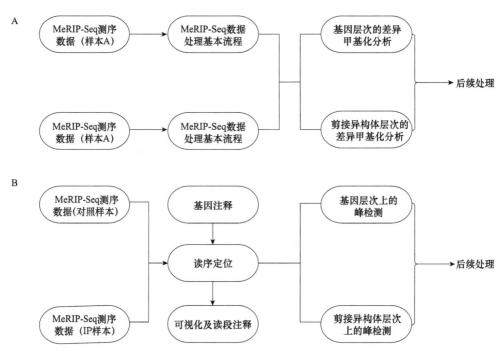

图 10.11　RNA 甲基化 MeRIP-Seq 数据分析流程（引自 Liu et al.，2015）

A. 单样本 MeRIP-Seq 数据分析；B. 双样本 MeRIP-Seq 数据分析

　　读序比对是将测序数据经过质量控制之后比对到参考基因组上。常用的读序比对的生物信息学软件有 Bowtie、BWA、SOAP2 等。读序比对到基因组上之后需要对读序进行拼接以确定读序的具体位置，常用的读序拼接软件有 Tophat、STAR、MapSplice 等。峰检测常用的软件有 MeRIP-PF（Li et al.，2013）和 exomePeak（Cui et al.，2016）。MeRIP-PF 将参考基因组分割成 25bp 长的固定窗口，通过比对该长度窗口上实验条件样本（IP）和对照样本的读序数量以确定 m6A 甲基化区域；而 exomePeak 对特定基因外显子集合进行峰检测，可以检测跨越外显子连接区域的峰。

> **MeRIP-Seq 用于植物 RNA 甲基化分析案例**
>
> 　　Luo 等（2014）对拟南芥中的 m6A 修饰进行了详细分析，并且揭示了拟南芥特有的 m6A 修饰的特征（图 10.12）：拟南芥 m6A 修饰的比例为 0.45%～0.65%；m6A 修饰在拟南芥中高度保守。该研究获得 MeRIP-Seq 和常规 RNA-Seq 的数据之后，对其进行了生物信息学分析并且得到了潜在的 m6A 富集峰。具体的分析流程如下：使用 Tophat 工具将 MeRIP-Seq 和常规测序的读序比对到拟南芥的参考基因组；然后通过内部脚本将有读序

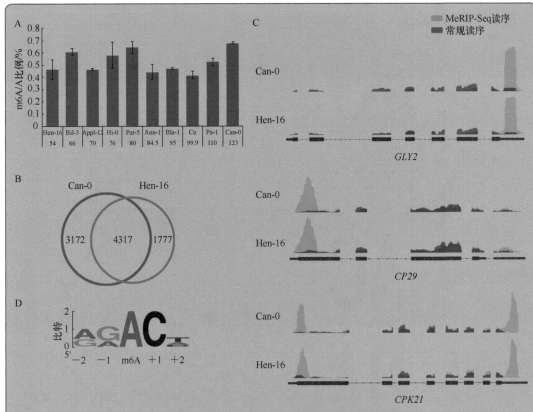

图 10.12 拟南芥中的 m6A 修饰（引自 Luo et al.，2014）

A. 不同拟南芥材料中 m6A 修饰的比例；B. 拟南芥 'Can-0' 和 'Hen-16' 材料中 m6A 修饰位点的数量，其中有 4317 个为两者共有；C. 材料 'Can-0' 和 'Hen-16' 在若干基因中保守的甲基化位点（m6A 峰）举例，其中黄色的读序来自 MeRIP-Seq，蓝色等其他颜色来自常规 RNA-Seq；D. 修饰位点（即 m6A 峰区域）序列呈现 "RRACH" 保守性

比对的基因组序列分割成 25bp 长度的窗口，并且通过费希尔精确检验比较 MeRIP-Seq 和常规测序之间的读序数量差异，使用 Benjamini-Hochberg 校正多重检验以降低错误发现率，再通过一系列筛选从而确定高可信度的 m6A 峰（该步骤目前已有相应的软件，即上文所述的 MeRIP-PF 或 exomePeak）；接着是下游分析，包括使用 Homer 工具（Heinz et al.，2010）确定 m6A 峰的序列 motif、使用 Cufflinks（Trapnell et al.，2012）计算 m6A 峰所在基因的表达量等。Miao 等（2020）通过对玉米两个品种 'B73' 和 'Han21' 叶片在两种不同条件下（正常和干旱）的甲基化测序，在全转录组范围内揭示了玉米的 m6A 修饰情况（图 10.13）。他们在 11 219 个玉米基因上发现了 11 968 个 m6A 修饰峰，平均每条转录本上约有 1.07 个 m6A 修饰峰；其中 74.6% 的 m6A 修饰峰集中在 3'UTR 区域，20.8% 集中在终止密码子区域，3.2% 集中在 CDS 区域；富集分析表明终止密码子区域上的 m6A 修饰峰密度最高，其次是 3'UTR 区域；所有 m6A 修饰峰中，有 90.6% 具有保守序列 "RRACH"。此外，他们还发现 m6A 修饰的进化可能与基因组复制相关，并且揭示了 m6A 修饰在玉米中响应干旱胁迫的潜在功能（Miao et al.，2020）。另外，Li 等（2014）通过对水稻分化的愈伤组织和叶片进行 m6A 测序（MeRIP-Seq），获得的数据使用 MeRIP-PF 软件分析，得到了水稻全转录组 m6A 修饰图谱。

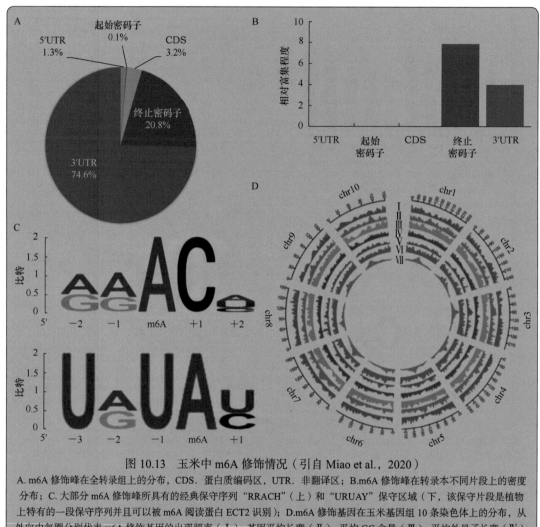

图 10.13　玉米中 m6A 修饰情况（引自 Miao et al.，2020）

A. m6A 修饰峰在全转录组上的分布，CDS. 蛋白质编码区，UTR. 非翻译区；B. m6A 修饰峰在转录本不同片段上的密度分布；C. 大部分 m6A 修饰峰所具有的经典保守序列 "RRACH"（上）和 "URUAY" 保守区域（下，该保守片段是植物上特有的一段保守序列并且可以被 m6A 阅读蛋白 ECT2 识别）；D. m6A 修饰基因在玉米基因组 10 条染色体上的分布，从外向内每圈分别代表 m6A 修饰基因的出现频率（Ⅰ）、基因平均长度（Ⅱ）、平均 GC 含量（Ⅲ）、平均外显子长度（Ⅳ）、平均内含子长度（Ⅴ）、平均外显子数量（Ⅵ）、到邻近基因的平均距离（Ⅶ）

第三节　基因调控网络分析

　　传统的生物系统通常是指单个分子或不同分子组成的生物途径。在现代生物系统研究中，认为不同分子和不同途径是存在相互作用的，即构成网络。可以说，决定生物系统特性和不同结果的是网络，而不是单个分子或生物途径。要真正理解生命现象，就必须了解各个不同组成部分的相互关系及它们的动态关系，即它们之间所形成的网络结构，以此来研究生命现象。因此，我们首先需要对网络有一个基本认识。

一、生物网络

1. 无标度网络和阶层网络

（1）无标度网络　　网络一般包括随机网络（random network）和无标度网络（scale-free

network）。对一个网络，最简单的定量描述是其节点度分布（node degree distribution）。节点度是指与某一节点直接连接的相邻节点数量，或与其他节点的链路（link 或 edge）数目。平均节点度是指一个节点直接连接的相邻节点平均数。对随机网络来说，它的平均节点度遵循一个简单的参数，如渔网，其每个节点具有同样的链路数量。相反，无标度网络是指在网络中某些节点与其他节点有很多相连的链路，但大多数节点与其他节点的链路很少。具有很多链路的节点被称为集散节点（hub），集散节点常有几十至几百个与其他节点连接的链路。因特网、电力网、运输系统、社会网络等都是无标度网络。大量研究表明，生物网络也是无标度网络。无标度网络系统形成过程中，有一种优先联结（preferential attachment）机制，即新链路将在已有许多链路的节点与新节点之间产生，实际上也就是一个"富者更富"的过程，最终产生无标度网络的集散节点。随机网络和无标度网络的平均节点度的分布特征明显不同，无标度网络平均节点度的分布（以链路数 k 为横坐标，以有 k 个链路的节点数量为纵坐标）遵循幂次定律（连续递减曲线），而随机网络的分布为泊松分布（呈钟状）。

计算机模拟实验证明，无标度网络比随机网络具有更强的稳健性。例如，在一个因特网网关的模拟实验中，即使把 80% 的网关去掉，剩下的网关还能够形成网络系统，在任意两个网结之间可以找到一个通径。而在随机网络中，只要一部分网结被切断，整个网络系统就被分为许多个很小的互相不能通信的小区。无标度网络对集散节点被攻击非常敏感，只要把几个主要的集散节点去掉，整个网络就会处于瘫痪状态。因此，对于无标度网络系统来说，一个很重要的问题是到底有多少个集散节点。模拟实验表明，5%～15% 的集散网结被去除之后，整个无标度网络系统就会瘫痪。在生物系统研究中，无标度网络系统特征具有很重要的意义，例如，要找到最有效的药物，一般需找到该药物可作用的集散节点。

（2）阶层网络 复杂的生物网络不是随机网络，其常形成一定的层次和结构。生物网络常形成网络簇（network cluster）。网络簇的连接可用聚合系数来描述。聚合系数（clustering coefficient）是描述一个节点与其相邻节点聚合在一起的程度。一个节点 i 的聚合系数（C_i）是节点 i 与其邻近节点的实际连接数（n_i）和所有可能连接数的比值。计算公式为

$$C_i = 2n_i / [k_i(k_i - 1)] \tag{10.5}$$

式中，k_i 为节点 i 的节点度。一个有 n 个节点的网络，平均聚合系数为各个节点 C_i 值的平均数。

以下是一个简单例子（图 10.14）：节点 i（深色圆）与三个节点相连，实线表示节点 i 的相邻节点之间的实际连接，虚线表示节点之间没有连接。三个不同网络中，节点 i 的聚合系数存在明显差异（从 0 到 1）。

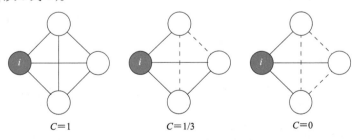

图 10.14 具有不同聚合系数的网络图举例

如果一个网络的平均聚合系数远远高于具有同样节点数的随机网络平均聚合系数，同时网络的平均最短路径（shortest path length）都很短，则称该网络为小世界网络（small world network）。生物系统的很多网络属于小世界网络。

为了理解网络的阶层性，可以先了解如何构建一个阶层网络（hierarchical network）。首先

可以通过一个小网络的简单重复，构建一个阶层网络。在生物网络（如代谢网络、蛋白质-蛋白质相互作用网络）中，无标度和网络聚合并不是相互排斥的，而是可以共存的，两者共存则形成阶层网络。无标度网络和阶层网络的区别在于阶层网络平均聚合系数依赖于网络的链路数；而无标度网络与随机网络的平均聚合系数一样，均不依赖于网络的链路数 k（Ravasz，2012）。无标度网络可以通过聚合形成阶层网络（图 10.15）。一个无标度网络通过网络的聚合而形成的模块结构，最终形成了阶层网络。

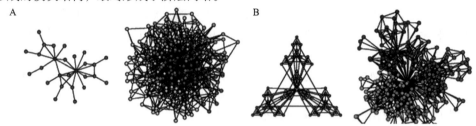

图 10.15　复杂网络模型（引自 E. Ravasz et al.，2002）

无标度网络（A）和阶层网络（B）

一个复杂网络中各个节点的重要性不同。例如，个人在社会网络中的地位，单个基因在整个基因调控网络中的重要性，或一条道路在城市道路中的利用度等都不一样。在图论和网络分析中，有许多关于节点中心度的测量，它体现了一个点在图中的相对重要性。衡量复杂网络节点的重要性，通常需要用不同的中心度指标，典型的中心度指标包括点度中心度（degree centrality）、中间中心度（betweenness centrality）、接近中心度（closeness centrality）和特征向量中心度（eigenvector centrality）等。

2. 生物网络模块及其算法工具

（1）生物网络模块　　生物网络系统具有模块性（modularity），这种模块性是进化而来，或者细胞、组织、器官在结构上的分区所造成的。模块性在其他人工构建系统中也很常见，如大规模集成电路或软件系统中的模块。通过研究一个网络的平均聚合系数，可以了解该网络可能的模块性。网络模块（network motif）是指复杂网络中网结之间显著增多的连接图形和规则（相对于随机网络而言）。例如，上文提及无标度网络可以通过聚合而形成模块结构，最终变成一个阶层网络。目前在生物网络和人造技术网络中找到了许多网络模块，包括前馈（feed-forward）、双双（bi-fan，即两个起始节点交叉调控两个靶向节点）、双平行（bi-parallel）、三链式（three chains）等网络模块。

以基因调控网络中的前馈和双双模块为例。科研工作者利用蛋白质-蛋白质互作数据，构建了大肠杆菌（*Escherichia coli*）和酵母（*Saccharomyces cerevisiae*）的基因调控网络，分别获得了具有 424 个和 685 个节点的网络（表 10.2）。

表 10.2　大肠杆菌和酵母基因调控网络模块实例（引自林标扬，2012）

物种	网络/模块		前馈环		双双	
	节点数	连接数	N_{real}	$N_{rand} \pm SD$	N_{real}	$N_{rand} \pm SD$
E. coli	424	519	40	7 ± 3	203	47 ± 12
S. cerevisiae	685	1052	70	11 ± 4	1812	300 ± 40

注：N_{real} 表示真实网络模块出现的频率；N_{rand} 表示随机网络出现的频率

确定某一网络是否存在网络模块，最简单的方法是构建一个含有相同数量节点和链接的随机网络，然后对两个网络进行比较。可以采取如下方法构建随机网络：①交换算法（switching algorithm），对一个网络执行一系列的蒙特卡罗交换。例如，选择一对链接（$X_1 \rightarrow X_2$；$Y_1 \rightarrow Y_2$）进行交换，形成（$X_1 \rightarrow Y_2$；$Y_1 \rightarrow X_2$）。若该交换导致了多重链接或自回链接，则取消该交换。通过链接交换产生随机网络，交换不改变节点度。②匹配算法（matching algorithm），把网络每个节点的一个链路分为入边和出边两个部分，即入边和出边亚链路；然后随机选择一个节点的入边和另一个节点的出边进行连接。若该组合导致了多重链接或自回链接，则取消该组合，上述过程重新开始。

在生物网络中，网络模块的鉴定首先是在实际网络中挖掘子图（subgraph），子图搜索方法包括穷尽递归搜索算法、采样算法、子图枚举法等。对找到的子图或模块的统计意义可以用 Z 值（Z score）来评价。比较真实网络和随机网络子图的发生频率（测试 1000 次以上），Z 值为真实网络与随机网络子图的发生频率差值，除以随机网络子图发生频率的标准差。

（2）算法工具　　常用网络模块分析和可视化软件如表 10.3 所示。

表 10.3　常用网络模块分析和可视化软件

软件名称	功能	网址
MAVisto	搜索网络模块工具	http://mavisto.ipk-gatersleben.de/
NeMo	一个在 Cytoscape 软件中检测网络模块的工具	http://apps.cytoscape.org/apps/nemo/
HCCA	网络模块鉴定软件，其特点是赋予链接以权重	http://aranet.mpimp-golm.mpg.de/download.html
MCODE	网络模块鉴定软件，Cytoscape 的一个插件	http://baderlab.org/Software/MCODE
Mfinder	网络模块鉴定软件（mDraw 为网络的可视化软件）	www.weizmann.ac.il/mcb/UriAlon/
Pajek	大型网络分析软件	http://vlado.fmf.uni-lj.si/pub/networks/pajek/
Osprey	互作网络的可视化系统	http://osprey.thebiogrid.org/

二、基因调控网络

转录组高通量测序（RNA-Seq）和基因芯片技术的广泛应用，产生了海量基因表达数据，使我们可以在同一时刻观察到细胞内成千上万个基因表达的相对或绝对数量，这为在分子水平上研究基因之间的相互关系及其作用提供了可能。基因转录过程中，一个转录因子（蛋白质）与 DNA 绑定，激活另一个基因的转录，这样就形成了基因调控路径。基因调控网络是一组调控基因如何调控另一套基因的表达过程。参与该过程的主要生物大分子包括 DNA、mRNA、非编码 RNA、蛋白质和其他小分子等。总体上说，细胞中分子间的相互作用除了基因的转录，还包括信号传导、剪接修饰和蛋白质相互作用等几种主要方式（图 10.16）。

基因表达调控研究具有非常重要的理论和应用价值，有助于回答在特定细胞状态下哪些基因发生了表达？它们的调控关系是什么？这些问题的回答将有助于揭示重要性状的遗传机制，为人类疾病预防和治疗，以及动植物性状改良提供理论基础。因此，基因表达调控是现代系统生物学的一个重要课题。

要了解细胞的基因表达调控过程，首先必须全面和系统地测量细胞内的各种分子，然后根据这些测量数据建立基因调控网络模型。目前，基因调控网络建模方面主要包括布尔网络、贝叶斯网络、神经网络、线性模型、微分方程及其他随机模型等。这些模型都建立在一定的基本假设上，并对表达数据有不同的要求。

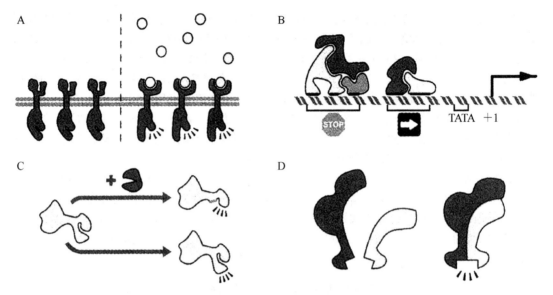

图 10.16　细胞内几种相互作用方式（引自 Fernandez and Sole，2006）

A. 信号传导；B. 基因的转录；C. 剪接修饰；D. 蛋白质相互作用形成复合体

1. 布尔网络　　布尔网络（Boolean network）模型由 Kauffman（1969）提出，用于研究基因调控网络。布尔网络模型中，基因的表达状态被离散化为布尔变量，即开（"1"）或关（"0"），它们之间的相互作用通过布尔函数（Boolean function）描述。布尔网络的优点是能以简单的方式，反映网络运行过程中复杂的动态行为。模型的重点是研究系统的基本原理而不是其中生化反应的具体细节。虽然真实的生物系统是一个连续过程，但使用二进制的逻辑语言来描述基因的开和关、上调和下调、对外界的反应有和无等，仍然可以揭示基因间相互作用的逻辑关系。总体上，布尔模型可用于：①确定基因之间相互作用的一种定性关系，从而有助于发现关键节点，用于药物作用靶点等；②确定网络的动态行为及其与生物现象（如细胞状态）之间的关系；③研究网络的干预效果，如采取特定的干预措施，避免细胞从常态转向病态或将病态细胞转向细胞凋亡状态等。

布尔网络 $G(V, F)$ 由节点集合和布尔函数集合组成。每个节点是一个布尔变量，"0"或"1"分别表示基因表达状态的"关"和"开"；函数集合 F 表示基因之间的相互作用，基因在 $t+1$ 时刻的状态是由基因 $x_{j_1(i)}, x_{j_2(i)}, \cdots, x_{j_k(i)}$ 在 t 时刻的状态决定的：

$$x_i(t+1)=f_i\,(x_{j_1(i)}(t), x_{j_2(i)}(t), \cdots, x_{j_k(i)}(t)) \qquad (10.6)$$

网络在 t 时刻的状态就是所有基因的表达状态向量，状态采用同步更新（synchronous updating）方式。显然，对于有 n 个基因的网络，其状态空间由 00…0 到 11…1 的 2^n 个状态组成。

在布尔网络模型中，给定一个初始状态（state），系统就在布尔函数的作用下从一个状态变迁到另一个状态（如图 10.17 所示）。系统的状态通常分为两类：暂态（transient state）和吸引子（attractor）。暂态是指在整个运行过程中仅经过一次的状态；吸引子指经过一段时间后系统不断重复经历的状态。吸引子包括一种由多个状态组成的有限环（如"11110"和"11010"）和另一种仅有一个状态的单吸引子（如"00000""00100""10011"和"11111"）。到达同一吸引子的所有暂态组成该吸引子的吸引域（basin）。布尔网络中的吸引子描述了系统的长期行为，在细胞网络中，一个吸引子通常对应特定的生物意义，如细胞的某个分化阶段、正常细胞或肿瘤细胞等。

2. 概率布尔网络　　布尔网络是一种确定性模型（deterministic model），给定一个初始状

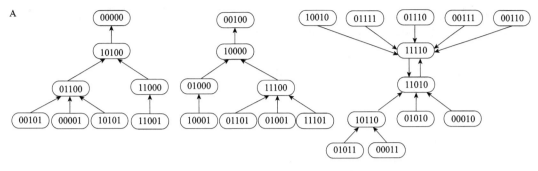

图 10.17　基因调控网络布尔模型举例（引自 Shmulevich and Dougherty，2007）

A. 一个包含 5 个基因的布尔网络状态转化图；B. 一个包含 3 个基因的概率布尔网络（PBN）的函数真值表

态，系统会唯一地到达一个吸引子。由于生物系统本身的复杂性和随机性，一个基因可能在不同的条件下采用不同的布尔函数。同时，实际的数据测量过程也带有各种不确定性。为了引入随机性，2002 年 Shumulevich 等提出了概率布尔网络（probabilistic Boolean networks，PBN），其基本思想如下。

1）每个基因 x_i 有一组布尔函数 $F_I = f_1^{(i)}, \cdots, f_{l(i)}^{(i)}$，下一时刻的状态由其中一个布尔函数 $f_j^{(i)}$ 确定，每个布尔函数的选择概率 $c_j^{(i)}$ 满足：

$$\sum_{j=1}^{l(i)} c_j^{(i)} = 1 \tag{10.7}$$

式中，$l_{(i)}$ 为第 i 个基因可能的函数数量，因此，PBN 实际上由 $N = \prod_{i=1}^{n} l(i)$ 个布尔网络构成，每个网络的选择概率是其对应布尔函数的选择概率的乘积（图 10.17B）。

2）当选择概率参数时，每经过一时间，系统都要重新选择一个新的网络来决定下一个状态，这种网络模型称为暂态 PBN（transient PBN）；当时，系统以当前网络运行，直到某种外部条件改变再重新选择一个新的网络，这种模型称为上下文相关 PBN（context-sensitive PBN）。

3）实际生物系统中，由于某种原因，一个基因的状态可能发生改变，为了表示这种不确定性，引入一个扰动向量。当某个分量为 1 时，表示该基因的值翻转，否则保持不变。假定扰动向量的各分量独立同分布，即 $Pr\{r_i=1\} = E[r_i] = P$。则下一时刻的状态为

$$x(t+1) = \begin{cases} x(t) \oplus r & 1-(1-P)^n \\ f_k(x(t)) & (1-P)^n \end{cases} \tag{10.8}$$

式中，$\oplus$ 表示二进制向量的异或，f_k 表示 PBN 的一个基础网络，$k = 1, \cdots, n$。

PBN 模型中，由于系统在下一时刻 t 可能处于任一状态。通常以一个维的概率向量 X 来描述每个状态的概率，系统下一时刻 t 的状态分布可以表示为

$$X(t+1)=X(t)\,A \tag{10.9}$$

式中，A 是一个 $2^n \times 2^n$ 的状态转换概率矩阵（图 10.18）。

$$A=\begin{bmatrix} 1 & 0 & 0 & 0 & 0 & 0 & 0 & 0 \\ 0 & 0 & 0 & 0 & 0 & 0 & 1 & 0 \\ 0 & 0 & 0 & 0 & 0 & 0 & 1 & 0 \\ p_4 & p_3 & 0 & 0 & p_2 & p_1 & 0 & 0 \\ 0 & 0 & 1 & 1 & 0 & 0 & 1 & 0 \\ 0 & 0 & 0 & 0 & 0 & 0 & p_2+p_4 & p_1+p_4 \\ 0 & 0 & 0 & p_2+p_4 & p_1+p_3 & 0 & 0 \\ 0 & 0 & 0 & 0 & 0 & 0 & 0 & 1 \end{bmatrix}$$

图 10.18　一个包含三个基因的概率布尔网络状态转移矩阵（引自 Shmulevich and Dougherty，2007）

在 PBN 中，由于加入了随机扰动，任意两个状态之间都可以一个特定概率直接到达，即网络是各态遍历的（ergodic）。PBN 模型不仅更加真实地描述了生物系统，而且也为网络的动态干预研究奠定了基础。

3. 网络的动态行为　在布尔网络或概率布尔网络理论下，给定一个初始状态，系统将按照相应的规则，最终演化到一个吸引子或稳态分布。研究系统在扰动下的演化行为，即扰动后系统是否会到达同一吸引子或稳态分布，对于揭示细胞网络的稳定性和适应性具有重要的意义，这就是网络的动态行为（dynamical behavior）。通常，可将系统的演化方式分为有序（order）、临界（criticality）和无序（即混沌，chaos）状态。稳定性（stability）是系统有序的一个重要指标，稳定性越高，系统对外界变化的反应越迟钝，缺乏灵活性。适应性（adaptability）是系统无序的标志，适应性越高，系统对外界变化的反应越灵敏，缺乏稳定性。临界状态介于有序和无序之间，它同时具有一定的稳定性和适应性。在变化的环境下，各种生物大分子相互作用的细胞网络既能保持一定的稳定性，又能不断适应环境并做适当调整。越来越多的研究表明，生物系统可能具有临界性。因此，临界性可能是生物系统在复杂环境下能够基本保持不变，并能协调各种复杂行为的一个主要原因。如果这一假设正确，那么研究网络在临界状态下处理信息的机制将有助于揭示细胞网络的奥秘。

此外，可以对基因调控网络进行预测和干预。目前，基于 PBN 模型的网络预测方法包括确定系数法（coefficient of determination，CoD）、最佳子集法（best-fit extensions）、贝叶斯网络方法等。基于 PBN 模型的网络扰动或干预方法研究，可以为疾病的预防和治疗提供理论基础。对网络扰动或干预（pertutbation or intervention）通常可以归结为各种优化问题：①基因状态的扰动，改变网络当前状态中一个或多个基因的状态，使网络从一个新的状态演化。扰动的目的是使网络跳出一个不期望的稳定状态或吸引域，通常分为暂态扰动和恒定扰动，前者指仅在当前时刻翻转一个或多个基因的状态，后者指翻转某些基因的状态并保持这些基因的状态不变。基因状态的扰动并没有改变网络本身，所以不影响网络的长期稳定状态。优化目标是寻找能在有限时间以最大概率到达目标状态的一个或多个调控基因（Shmulevich et al.，2002）。②网络局部结构的干预，从基因调控网络的角度，肿瘤可能是由于某些基因状态之间某种不平衡引起的，原因可能是某种变异引起基因间作用关系的改变，即网络结构的改变。对于这种情况，必须通过改变网络结构（布尔函数）来改变其长期稳定状态分布。优化目标是寻找一种能够到达

期望稳态分布的最少改变布尔函数的方法。③外部控制变量干预，在癌症的治疗中，通过放射治疗、化学药物治疗等使网络状态分布远离失控的增生或凋亡状态。

4. 贝叶斯网络　　贝叶斯网络（Bayesian network）是一种概率图模型，可基于不完整或不确定的知识或信息中推理，特别适用于描述和分析生物学数据和问题，包括基因调控网络（详见第 14 章第二节）。

5. 布尔网络与贝叶斯网络模型的比较　　基因调控网络是细胞网络中的一个重要组成部分，应用基因表达数据研究基因调控网络的方法大概可以分为三类：以微分方程为代表的精细模型、以聚类方法为代表的粗粒度模型和介于两者之间的布尔网络与贝叶斯网络模型。已有研究证明了概率布尔网络（PBN）和动态贝叶斯网络的模型等价性，可以将这两种模型的优缺点结合起来，取长补短。总体来说，这两种模型具有以下特点：①都能揭示基因之间的作用关系，布尔网络使用的是布尔方程，贝叶斯网络采用的是条件概率；②PBN 模型能够解释生物的动态行为，适用于网络干预、药物作用点等方面的研究，贝叶斯网络适于推理和诊断，并表示基因之间作用关系的强弱。

习　题

1. 请简述转录组 RNA-Seq 技术，并与其他技术进行比较。
2. 什么是 RPKM？如何计算 RPKM？
3. 转录组数据如何用于检测基因可变剪接和基因融合？
4. 简述 DNA 和 RNA 甲基化分析方法的异同。
5. 简述基因调控网络布尔模型。
6. 根据下图所示转录组数据分析内容和涉及的生物信息学软件，搭建转录组（RNA-Seq）数据分析两个经典分析流程（即 TCC 和 HSB 流程），同时尝试搭建其他个性分析流程。

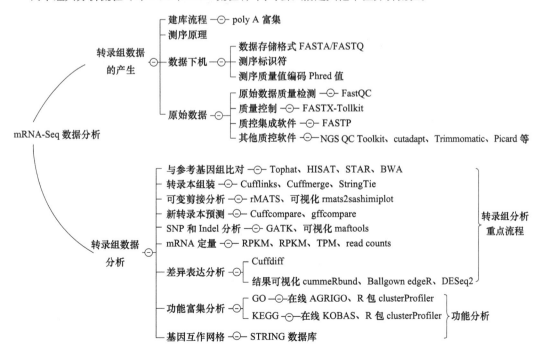

DNA 自动测序仪、系统生物学与胡德

莱诺·胡德（Leroy Hood）（1938～），美国三院院士（国家科学院、国家艺术与科学院、医学与生物工程院），2019 年入选中国科学院外籍院士（系统生物学）。由于在生物技术领域中的许多重大贡献，他获奖无数，例如，美国生物医学研究最高奖项之一的拉斯克奖（1987），与诺贝尔奖相媲美的京都奖（2002），美国麻省理工学院的重大发明奖——勒梅尔森奖（2003）等。这些殊荣大多表彰他的所谓"四大发明"——自动 DNA 合成仪、DNA 测序仪、蛋白质合成仪和蛋白质测序仪。可以说，他是一位多产的科学巨匠和发明家，他的每个研究课题都形成了一

本书主编（左）和胡德（右）

个全新的研究领域。同时，他成功地使自己的研究成果实现产业化（最著名的当属自动 DNA 测序仪）。胡德参与创立了 15 家生物技术公司，包括 Applied Biosystems（ABI）、Amgen、Integrated Diagnostics 和 Arivale 公司等。20 世纪 80 年代中期，胡德发明了自动荧光测序仪器，之后成立 ABI 公司。在高通量测序技术出现前，ABI 的 DNA 自动测序仪（如 ABI3730）"一统天下"，占据垄断地位。2007 年 ABI 也推出了高通量测序仪 SOLiD。

胡德被誉为"系统生物学之父"。2000 年他在西雅图投资创办了系统生物学研究所，开始用全系统途径研究生物学和医学问题。这项开创性工作引领了国际生物医学的发展方向，在学术界掀起研究浪潮。一些政府和顶尖学术机构纷纷建立了系统生物学研究队伍。例如，美国能源部启动系统生物学技术平台，以推动环境生物技术和能源生物技术产业的发展；哈佛大学于 2003 年建立了全球第一个系统生物学系。胡德也是个性化医疗的倡导者，率先提出了 4 个 "P"（predictive、preventive、personalized 和 participatory）的未来医学。他多次应邀参加国内的学术和产业大会。2018 年国际精准医疗（杭州）产业发展论坛期间，本书编者也"追星"了一次（如上图所示）。

第11章 宏基因组分析

　　微生物是包括细菌、真菌、病毒及一些小型的原生生物、显微藻类等在内的一大类生物群体，它们的基因组虽然小而简单，却高效组装，能适应各种生存环境，在人类的生活环境中无处不在且扮演着十分重要的角色。由于微生物群落及其栖息环境的特殊性和复杂性，在实验室条件下难以模拟和重现其生活的原始环境条件，致使环境中仍有高达99%的微生物未能得到纯培养，换言之，通过现有的分离培养方法获得的微生物估计仅占环境微生物总量的1%左右。所谓宏基因组分析就是利用非培养的微生物群落，对群落个体基因片段或全基因组进行系统测定和研究，即分析微生物在环境中的基因组集合，研究其群落结构与生态功能等。2005年以来，DNA二代测序技术的应用和生物信息学的发展，为微生物群落的研究注入了一股强大的动力，宏基因组学渐渐走入了人们的视线，成为当代环境、生物、农业、医学研究的热点。

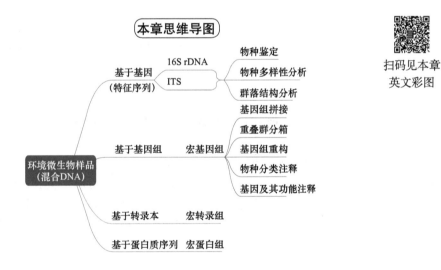

扫码见本章
英文彩图

第一节　16S rRNA 等基因序列数据

　　用于宏基因组学分析的基因主要包括16S rRNA、ITS等。16S rDNA测序分析以环境样品中的16S rDNA序列为研究对象，其基本流程为（图11.1）：①从环境样品中提取全部微生物的基因组DNA；②PCR扩增16S rDNA的可变区；③构建质粒文库进行测序；④对测序数据进行去噪处理（如去除接头、序列标签、引物序列、低质量的序列及嵌合体序列等）；⑤对去噪序列进行聚类分析，生成分类单元（OTU），并进一步进行后续生物信息学分析（如多样性分析及系统发育树构建等），同时可以结合荧光定量PCR进行菌群分布定量及差异比较分析。

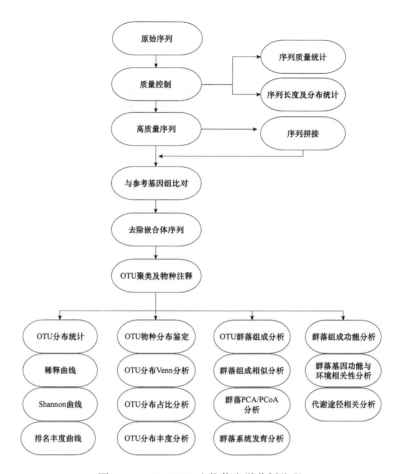

图 11.1　16S rDNA 生物信息学分析流程

16S rRNA 分析常用生物信息学工具见表 11.1。Mothur 和 QIIME 都是按照此流程实现菌群鉴定。无论在时间消耗还是在聚类结果的准确性及可信性方面，QIIME 都优于 Mothur 聚类方法，更适合高通量测序数据和复杂环境样本。本节以 Illumina/Solexa 测序平台得到的序列数据为例，按照 QIIME 流程（Caporaso et al.，2012）对 16S rDNA 测序分析流程进行简要介绍，并配合流程中的步骤对相应软件进行实例说明。

表 11.1　16S rDNA 分析常用生物信息学工具

分析步骤	常用工具
质量控制	Fastx-Toolkit，FastQC，Trimmomatic，Seqtk，NGS QC Toolkit，PrinSeq
16S rRNA 数据库	Greengenes，Silva，RDP，nt
嵌合体分析	ChimeraSlayer，Uchime
聚类分析	QIIME，Uclust，UPARSE，Mothur，CD-hit，DOTUR，Trie
进化发育分析	ARB，PAML，Fast Tree，MEGA，Phylip，PAUP
功能分析	MEGAN，PICRUST，Tax4Fun

一、质控与分析流程

下文将介绍微生物组领域使用最广泛的分析软件——QIIME（8 年引超 1.3 万次）。在 2017 年出版的本书第一版中详细介绍了 QIIME 的操作命令。为了适应如今各种环境微生物大数据及可重复分析的需求，Gregory Caporaso 教授于 2016 年从头开发了 QIIME2（https://docs.qiime2.org），并获得了来自全世界 70 多家单位的 100 多名同行参与，QIIME2 于 2018 年 1 月 1 日全面取代 QIIME（http://qiime.org/）。QIIME2 弥补了 QIIME 的诸多不足，例如，采用 Conda 软件包管理器安装方式，没有管理员权限也可以安装，同时发布了 Docker 镜像，下载即可运行。取代了 QIIME 的纯 Linux 命令行模式，QIIME2 支持命令行模式（q2cli），也支持图形用户界面 q2studio，还有 Python 用户喜欢的类似 Ipython notebook 模式，并且新增了如 vsearch、时间序列分析、代谢组、宏基因组分析等许多新功能。为了实现分析的可重复性，QIIME2 全新定义了文件系统，包括分析数据、分析过程和结果，每一步均可溯源。以下分析操作均可在 QIIME2 上完成。

1. 原始数据质控　由于不同测序平台测序原理及得到的数据格式不同，分析的流程也不尽相同。例如，Illumina 测序平台计算机通过捕捉合成荧光图像数据，通过数学模拟来确定碱基，同时给出质量评分。根据荧光图像上的位置坐标，将测得的碱基连起来形成片段序列。不管哪个平台的数据，由于序列污染和测序错误等因素而导致了无法避免的机器误差，测得的序列片段难免存在碱基质量问题，因此在拼接前必须对数据进行去噪、去污染，以保证后续分析的准确性。

由于 Illumina 测序为双端测序，且测序长度最长为 300bp，所以对于 16S rDNA 分析中的 V3V4 区，单端无法覆盖，会得到双端两个原始测序文件。对于 Ion Torrent 测序而言，下机数据质量编码格式默认为 Sanger 格式且为单端测序，由于其测序长度分布在 400~600bp，对于 V3V4 区能较好地跨越，所以会得到一个原始测序文件。得到的原始测序数据需要经过以下步骤。

（1）数据拆分　根据标记（barcode）序列将下机数据拆分为不同样品数据，并截去标记序列和 PCR 扩增引物序列，如果后续分析需要做微生物菌群定量分析，此处还需要去掉测序中的重复序列（这里的重复序列是指两条碱基完全一致的读序）。

（2）PE 读序拼接　由于 Illumina 得到左右端两个文件，需要根据序列重叠将左右端拼接合并，可以使用 QIIME2 中的 "qiime vsearch" 插件合并双端序列，或者使用其他开源拼接软件如 FLASH（V1.2.7，http://ccb.jhu.edu/software/FLASH/）对每个样品测得的原始读序进行拼接，得到的拼接序列为原始标签数据（raw tag）。

（3）标签序列过滤　拼接得到的原始数据标签，需要经过更严格的过滤处理，得到高质量的标签数据（clean tag）。参照 QIIME2 质量控制流程，进行如下操作。

1）标签序列截取：将原始标签数据从连续低质量值（默认质量阈值为≤3）碱基数达到设定长度（默认长度值为 3）的第一个低质量碱基位点处截断。

2）标签序列长度过滤：经过截取后得到的标签序列数据集，进一步过滤掉其中连续高质量碱基长度小于标签序列长度 75% 的序列。

（4）标签去嵌合体序列　经过以上处理后得到的标签序列与数据库（Gold database，https://gold.jgi.doe.gov/）进行比对（UCHIME Algorithm，http://www.drive5.com/usearch/manual/uchime_algo.html），检测嵌合体（chimera）序列，并最终去除其中的嵌合体序列，得到最终的有效数据（effective tag）。

2. 多样本 OTU 聚类获得 OTU 表和 OTU 代表序列　在系统发生学或群体遗传学研究

中，为了便于分析，认为给某一个分类单元（品系、种、属等）分组设置的统一标志，是假定的运算分类单元。由于 16S RNA 的保守性，在测序中得到的一条序列就可以代表一个物种。为了研究样品物种的组成多样性信息，用聚类算法对样品的全部序列聚类，将彼此相似度高的序列分成同一类。一个类即一个 OTU，相似度阈值一般为 97%，距离为 0.03。

3．OTU 代表序列分类学注释　　通过比对相应数据库数据进行注释。

（1）Greengenes　　Greengenes 数据库是一个 16S rRNA 基因数据库，可利用它进行嵌合序列剔除、序列比对和物种分类等。该数据库（http://greengenes. lbl.org）也提供在线比对分析，以及与 ARB 结合，建立自有物种分类数据库鉴定的 16S rDNA 解决方案。

（2）RDP　　RDP（ribosomal database project，http://rdp.cme.msu.edu/）是细菌和古生菌的小 rRNA 亚基比对和分析工具，最新版本（Release 11，更新于 2015 年 5 月）包括 3 224 600 个 16S rRNA 基因，并加入了 108 901 个真菌 28S rRNA 基因的鉴定。

（3）SILVA　　SILVA 数据库（https://www.arb-silva.de/）是一个提供细菌、古生菌及真核生物 rRNA 基因最新、最全面数据的数据库，并结合 ARB 软件进行 rRNA 质量检测和序列比对。该数据库更新很快，最新版本（Release 123）涵盖 152 308 种细菌、3901 种古菌和 16 209 种真核生物序列，是 Mothur 分析工具的推荐数据库。

16S rRNA 基因数据库与常规参考数据库的最大不同在于，它是联配比对并保留比对结果对齐格式的数据库，这样能够快速定位并明确参考数据库物种保守区间的差异，在进行未知序列比对的时候，能够快速比对到差异位点，达到快速鉴定的目的。多样本物种多样性及其在属上的组成分析示例如图 11.2 所示。

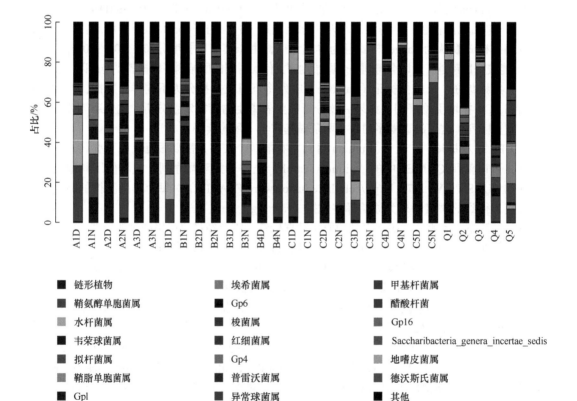

图 11.2　多样本物种多样性及其在属分类水平上的占比分析

4. 多样性分析内容　环境中微生物的群落结构及多样性和微生物的功能及代谢机理一直以来是环境微生物生态学研究的热点之一。群落多样性主要指群落中所包含的个体数目和个体在种间的分布特征。它包含两个方面：物种丰富度（species richness）和物种均匀度（species evenness）。物种丰富度主要指一个群落或生境中物种数目的多寡；物种均匀度主要指一个群落或生境中全部物种个体数目的分配状况，反映各物种个体数目的分配均匀程度。群落多样性主要分为以下三类。

（1）α 多样性　主要指栖息地或群落中的物种多样性，因此也被称为生境内的多样性（within-habitat diversity），包括物种数计算、辛普森指数、香农-威纳指数等。

（2）β 多样性　指沿环境梯度不同生境群落之间物种组成的相异性，或物种沿环境梯度的更替速率，也称为生境间的多样性（between-habitat diversity），控制 β 多样性的主要生态因子有土壤、地貌及干扰等。不同群落或某环境梯度上不同点之间的共有种越少，β 多样性越大。精确测定 β 多样性具有重要意义：①可以指示生境被物种隔离的程度；②可以用来比较不同地段的生境多样性；③β 多样性与 α 多样性一起构成了总体多样性或一定地段的生物异质性。

（3）γ 多样性　描述区域或大陆尺度的多样性，是指区域或大陆尺度的物种数量，也称为区域多样性（regional diversity）。控制 γ 多样性的生态过程主要为水热动态、气候和物种形成及演化的历史。主要指标为物种数（S）。

二、物种多样性估计

在生态学中，物种多样性分析包括 α 多样性分析和 β 多样性分析，它们分别对一个区域物种多样性和当地物种多样性内部或不同区域之间物种多态性进行估计。

1. α 多样性分析

（1）辛普森指数　辛普森于 1949 年提出这样一个问题：在无限大的群落中，随机取样得到同样的两个标本的概率是多少呢？例如，在加拿大北部森林中，随机采取两株树标本，属于同一个种的概率就很高。相反，如果在热带雨林随机取样，两株树属于同一种的概率则很低，从这个想法出发他得出了多样性指数，用公式表示为

$$辛普森指数＝随机取样的两个个体属于不同种的概率$$
$$＝1－随机取样的两个个体属于同种的概率 \tag{11.1}$$

设物种 i 的个体数占群落中总个体数的比例为 P_i，那么，随机取物种 i 两个个体的联合概率就为 P_i^2。如果将群落中全部物种的概率合起来，就可以得到辛普森指数（Simpson's diversity，D）的计算公式：

$$D＝1-\sum_{i=1}^{S}P_i^2＝1-\sum_{i=1}^{S}\left(\frac{N_i}{N}\right)^2 \tag{11.2}$$

式中，S 为物种数目，N_i 为种 i 的个体数，N 为群落中全部物种的个体数。辛普森指数的最低值为 0、最高值为 D_{max}，前一种情况出现在全部个体均属于一个种的时候，后一种情况出现在每个个体分别属于不同种的时候。

例如，甲群落中 A、B 两个种的个体数分别为 99 和 1，乙群落中 A、B 两个种的个体数均为 50，分别计算辛普森指数，

甲群落的辛普森指数：$D_甲＝1-（0.99^2＋0.01^2）＝0.019\,8$

乙群落的辛普森指数：$D_乙＝1-（0.5^2＋0.5^2）＝0.5$

乙群落的多样性高于甲群落。造成这两个群落多样性差异的主要原因是物种分布的不均匀

性，从丰富度来看，两个群落是一样的，但均匀度不同。群落中种数越多，物种分布越均匀，辛普森指数越大，群落多样性越好，且辛普森指数中稀有物种所起的作用较小、普遍物种所起的作用较大。

（2）香农-威纳指数 香农-威纳（Shannon-Wiener）指数是另一个用来反映样本中微生物多样性的指数。主要利用各样本在不同测序量时的微生物多样性指数来构建曲线，以此反映各样本的物种多样性随着测序量的变化。计算各样本香农-威纳指数的公式如下：

$$H = -\sum_{i=1}^{s} P_i \log_2 P_i \tag{11.3}$$

式中，P_i 表示第 i 个物种占总数的比例。由此可知，当群落中只有一个种群存在时，香农-威纳指数达到最小值 0；当群落中有两个以上的种群存在，且每个种群中成员数一致时，香农-威纳指数达到最大值。因此，香农-威纳指数可表示一个群落中所含物种的复杂性及多样性。

例如，设有 A、B、C 三个群落，各由两个种组成，其中各种个体数组成如表 11.2 所示。因为群落 A 的所有个体均属于物种甲，没有任何不定性，从理论上说 H 应该等于零，其香农-威纳指数是

$$H_A = -[(1.0\log_2 1.0) + 0] = 0$$

由于在群落 B 中两个物种各有 50 个个体，分布是均匀的，其香农-威纳指数是

$$H_B = -[0.50(\log_2 0.50) + 0.50(\log_2 0.50)] = 1$$

群落 C 的两个物种分别具有 99 个和 1 个个体，则

$$H_C = -[0.99(\log_2 0.99) + 0.01(\log_2 0.01)] = 0.081$$

表 11.2 各种个体数组成

群落	物种甲	物种乙
A	100	0
B	50	50
C	99	1

显然，H 值的大小与我们的直觉是相符的：群落 B 的多样性较群落 C 大，而群落 A 的多样性等于零。

在香农-威纳指数中包含两个成分：种数和各种间个体分配的均匀性（equiability 或 evenness）。各种之间，个体分配越均匀，H 值就越大。如果每一个体都属于不同的种，指数就最大；如果每一个体都属于同一种，则指数就最小。

（3）Chao1 指数 Chao1 指数是广泛使用的物种丰富度指数之一。它反映了鉴定的每个 OTU 的丰富度，采用的计算公式如下：

$$S_{chao1} = S_{obs} + \frac{n_1(n_1 - 1)}{2(n_2 + 1)} \tag{11.4}$$

式中，S_{chao1} 表示丰富度估计，S_{obs} 表示观察到的物种数，n_1 表示只含有一条序列的 OTU 数，n_2 表示只含有两条序列的 OTU 数。Chao1 值越大代表物种总数越多。

（4）稀释曲线 稀释（rarefaction）曲线主要是从样品中随机抽取一定测序量的数据，统计它们所代表物种数目（即 OTU 数目），以数据量与物种数来构建曲线。在稀释曲线图中，当曲线趋向平坦时，说明测序数据量渐进合理，更多的数据量只会产生少量新的 OTU。因此，它可以用来说明样品的测序数据量是否合理，并间接反映样品中物种的丰富程度。计算公式为

$$E(S_n) = \sum_{i=1}^{S} \left[1 - \frac{\binom{N - N_i}{n}}{\binom{N}{n}} \right] \tag{11.5}$$

式中，S 是样本中总物种数，n 是随机抽取的个体数，N_i 是对应第 i 个物种时的个体数，N 是总个体数。公式计算了随机的 n 个个体抽样中鉴定到的物种数的期望值，它等于每个物种在样本中的概率之和。

（5）物种累积曲线 物种累积（specaccum）曲线用于描述随着抽样量加大，物种增加

的状况，是理解调查样本物种组成和预测物种丰富度的有效工具，它也能很好地反映物种组成，并有效预测物种的丰富程度。运用物种累积曲线可以对物种丰富度进行预测。

（6）排名丰度曲线　　排名丰度（rank-abundance）曲线通过各样品的 OTU 丰度和排序构建而来。针对一个相似性水平，将各个样本鉴定到的 OTU 丰度除以该样品中 OUT 的丰度总数，将得到的值作为最终的相对丰度：

$$RA_{i, j} = \log_2 \left(\frac{A_{i, j}}{\sum\limits_{j=1}^{T_i} A_{i, j}} \right) \tag{11.6}$$

式中，$A_{i, j}$ 表示原始第 i 个样本第 j 个 OTU 的丰度，T_i 表示 i 样本的 OTU 总数；$RA_{i, j}$ 表示处理后第 i 个样本第 j 个 OTU 的丰度。

排名丰度曲线用于同时反映样本的物种丰富程度和均匀程度：物种的丰富程度由曲线在横轴上的长度来反映，曲线越宽则物种丰富度越大；物种的均匀程度由曲线的形状来反映，曲线越平坦则物种的组成均匀程度越高（图 11.3）。

2. β 多样性分析　　β 多样性是指区域物种多样性和当地物种多样性之间的比例，是对不同样品的微生物群落构成进行比较。β 多样性与 α 多样性和 γ 多样性由 Whittaker 引入：总区域物种多样性（γ）由两个因素决定——栖息地平均物种多样性（α）和栖息地间差异性（β）。β 多样性衡量群落之间的差别。β 多样性不仅描述生境内生物种类的数量，同时也考虑到这些种类的相同性及彼此之间的位置。不同生境间或某一生态梯度上不同地段间生物种类的相似性越差，则 β 生物多样性越高。

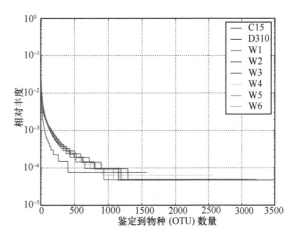

图 11.3　8 个环境样本 16S rDNA 排名丰度曲线图

β 多样性采用的指标非常多，最常用的度量指标是相似性和排序性。①相似性观察群落物种组成在时空上的变化，可供选择的指数很多，主要有 Jaccard 指数和 Simpson 指数，用于数量数据的 Bray-Curtis 指数，以及它们的各种变型和其他指数等。②排序性分析（ordination analysis）也称为梯度分析（gradient analysis），是将样本集或植物种排列在一定的空间，使排序轴能够反映一定的生态梯度，从而能够解释微生物物种及其分布与环境因子间的关系。排序的过程就是在一个可视化的低维空间（通常是二维）重新排列这些样本，使样本之间的距离最大限度地反映出平面散点图内样本之间的关系信息，主要包括：只使用物种组成数据的排序分析，如主成分分析（PCA）、对应分析（CA）、去趋势对应分析（DCA）、主坐标分析（PCoA）和非度量多维尺度分析（NMDS）等；兼顾使用物种和环境因子组成数据的排序分析，如 CCA 分析、RDA 分析等。从系统发育的角度提出的系统发育 β 多样性（phylogenetic beta diversity），可以度量不同区域物种库共有进化历史的长短，如今十分常用。

PCA（principal component analysis）与 PCoA（principal co-ordinates analysis）是衡量不同样本间差异的主要指标之一。它们的主要区别在于 PCA 是基于原始的物种组成矩阵所做的排序分析，而 PCoA 是基于由物种组成计算得到的距离矩阵而得出。PCoA 是一种研究数据相似性或差异性的可视化方法，通过一系列的特征值和特征向量进行排序后，选择主要排在前几位的特征值。PCoA 可以找到距离矩阵中最主要的坐标，以观察个体或群体间的差异。

NMDS 是一种将多维空间的研究对象（样本或变量）简化到低维空间进行定位、分析和归类，同时又保留对象间原始关系的数据分析方法。适用于无法获得研究对象间精确的相似性或相异性数据，仅能得到它们之间等级关系数据的情形。其基本特征是将对象间的相似性或相异性数据看成点间距离的单调函数，在保持原始数据次序关系的基础上，用新的相同次序的数据列替换原始数据进行度量型多维尺度分析。当资料不适合直接进行变量型多维尺度分析时，对其进行变量变换，再采用变量型多维尺度分析，对原始资料而言，

就称之为非度量型多维尺度分析。其特点是根据样品中包含的物种信息，以点的形式反映在多维空间上，而对不同样品间的差异程度，则是通过点与点间的距离来体现，最终获得样品的空间定位点图。具体操作扫左侧二维码可见。

多样本相似度树状图用于衡量不同样本间群落组成及相似度的变化，并据此分析遗传上系统进化关系。具体操作是选定需要分析的多个样品作为一组对比分析，比较该组分析中各样品在 OTU 水平上的群落结构相似度，并做树状图。推荐使用作图工具 MEGAN。

三、群落结构分析

1. 群落结构差异分析

（1）Metastat 物种丰度差异分析　　该统计方法用来检测客观宏基因组样本的差异丰度特征。当分析多个样品时，如果这些样品分属于两个不同的组，则可以进行 Metastat 分析。该分析通过对比两个样本组的多个样品，找出各组中具有显著性差异的微生物类型。

（2）Adonis 多因素方差分析　　不仅考虑多个控制变量独立作用，还分析控制变量的交互作用及随机变量的作用。相关的统计结果解析同单因素方差分析。

$$SST = SSA + SSB + SSAB + SSE \tag{11.7}$$

式中，SST 为观察变量总变差，SSA、SSB 分别为控制变量 A、B 独立的作用，SSAB 为控制变量 A、B 两两交互作用引起的变差，SSE 为随机变量引起的变差。通过观察变量总离差平方和各部分所占的比例，推断控制变量及控制变量的交互作用是否给观察变量带来显著影响。Adonis 多因素方差分析采用的是 F 统计量，通过计算检验统计量观测值和概率值，再与显著性水平比较来做决定。

（3）LEfse　　LEfse（LDA[①] effect size）差异分析可以实现多个分组之间的比较，还可就分组比较的内部进行亚组比较分析，从而找到组间在丰度上有显著差异的物种。LEfse 差异分析流程如图 11.4 所示。首先在多组样本中采用非参数因子 Kruskal-Wallis 和秩和检验检测不同分组间丰度差异显著的物种，然后对在上一步中获得的显著差异物种，用成组的 Wilcoxon 秩和检验来进行组间差异分析，最后用线性判别分析对数据进行降维和评估差异显著物种的影响力。

LEfse 分析可以在本地分析也可以在线分析，本地版本只能在 Linux 系统下运行。呈现的结果包括线性判别值分布柱状图，展示了线性判别得分大于差异临界值的物种，即具有统计学差异的生物标记。柱状图的长度代表显著差异物种的影响大小（图 11.5）。

2. 环境与群落结构分析　　环境与微生物群落分布分析可采用 DCA、RDA 和 CCA 等分析方法。下文对 CCA 分析进行具体介绍。

----

① LDA表示线性判别分析

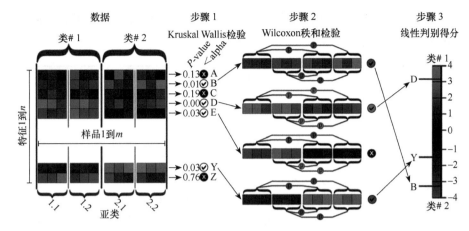

图 11.4　LEfse 差异分析流程（引自 Segata et al., 2011）

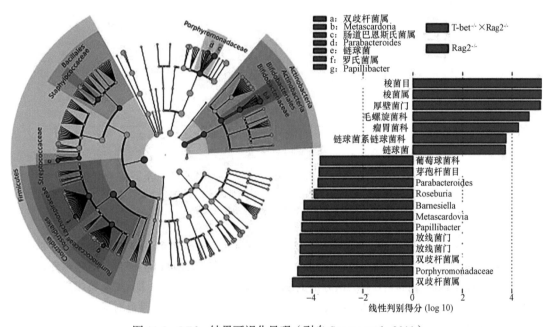

图 11.5　LEfse 结果可视化呈现（引自 Segata et al., 2011）

（1）**基本原理**　　CCA（canonical correlation analysis）即典型相关分析，是利用综合变量对之间的相关关系来反映两组指标之间的整体相关性的多元统计分析方法。它的基本原理是：为了从总体上把握两组指标之间的相关关系，分别在两组变量中提取有代表性的两个综合变量 U 和 V（分别为两个变量组中各变量的线性组合），利用这两个综合变量之间的相关关系来反映两组指标之间的整体相关性。它是基于对应分析发展而来的一种排序方法，将对应分析与多元回归分析相结合，每一步计算均与环境因子进行回归，又称多元直接梯度分析。

（2）**基本思路**　　在对应分析的迭代过程中，每次得到的样方排序坐标值均与环境因子进行多元线性回归。CCA 要求有两个数据矩阵：一个是物种组成数据矩阵，另一个是环境因子数据矩阵。首先计算出一组样方排序值和种类排序值（同对应分析），然后将样方排序值与环境因子用回归分析方法结合起来，这样得到的样方排序值即反映了样方种类组成及生态重要值对群落的作用，同时也反映了环境因子的影响，再用样方排序值加权平均求种类排序值，使种类排序坐标值也间接地与环境因子相联系（图 11.6）。其算法可由 Canoco 软件、R 工具 vegan 包等快速实现。

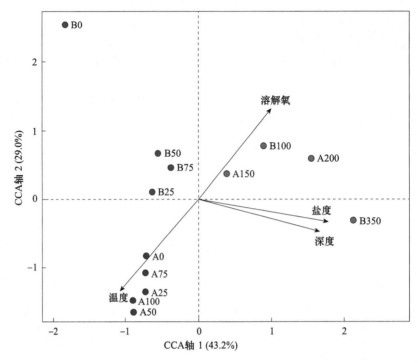

图 11.6　菌群分布与环境因子之间关系的 CCA 分析图（引自 Yu et al., 2015）

图中箭头代表不同的环境因子，射线越长表示该环境因子影响越大；环境因子之间的夹角为锐角时表示两个环境因子之间呈正相关关系，钝角时表示呈负相关关系

（3）优点和缺点　　CCA 的最大优点是其是一种基于单峰模型的排序方法，样方排序与对象排序对应分析，而且在排序过程中结合多个环境因子，因此可以把样方、对象与环境因子的排序结果表示在同一排序图上。该方法的缺点是存在"弓形效应"（即 CCA 第二排序轴在许多情况下是第一轴的二次变形）。克服"弓形效应"可以采用除趋势典范对应分析（detrended canonical correspondence，DCCA）。

（4）CCA 排序图的解释　　箭头表示环境因子；箭头所处的象限表示环境因子与排序轴之间的正负相关性；箭头连线的长度代表某个环境因子与研究对象分布相关程度的大小，连线越长，代表这个环境因子对研究对象的分布影响越大；箭头连线与排序轴的夹角代表这某个环境因子与排序轴的相关性大小，夹角越小，相关性越高。

（5）应用中可能遇到的问题

1）RDA 或 CCA 的选择问题。RDA 是基于线性模型，CCA 是基于单峰模型。一般会选择 CCA 来做直接梯度分析。但是如果 CCA 排序的效果不太好，就可以考虑用 RDA 来进行分析。选择 RDA 或 CCA 的原则：先用"species-sample"资料做 DCA 分析，看分析结果中"Lengths of gradient"的第一轴的大小：如果大于 4.0，就应该选 CCA；如果 3.0～4.0，选 RDA 和 CCA 均可；如果小于 3.0，则选择 RDA。

2）计算单个环境因子的贡献率。CCA 分析得到的累计贡献率是所有环境因子的贡献率，那么怎么得到每个环境因子的贡献率呢？首先，生成三个矩阵：第一个是物种组成矩阵，第二个是目标环境因子矩阵，第三个是剔除目标环境因子矩阵后的环境因子矩阵。再将三个矩阵分别输入 Canoco 软件中，这样 CCA 分析得到的特征根贡献率即是单个目标环境因子的贡献率。

第二节　全基因组序列数据

一、分析流程及其主要工具

1. 分析流程　全基因组测序分析以环境样品中全部 DNA 序列为研究对象，其基本流程包括（图 11.7）：①根据研究内容，从环境样品中直接提取全部微生物的基因组 DNA；②用酶切或超声波方法打断 DNA，构建质粒文库，然后上机测序；③对测序数据进行预处理以去除低质量和污染的序列；④用组装软件对质控后的序列进行组装，得到 contig 和 scaffold 拼接序列；⑤对组装好的 DNA 序列（scaffold）进行基因预测；⑥通过比对分析和数据库搜索分析对预测基因进行物种分类和功能注释。

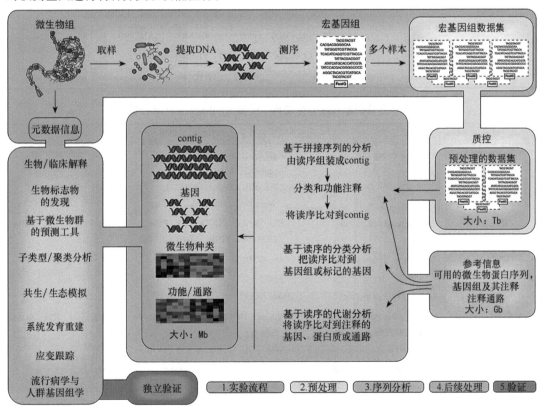

图 11.7　基于全基因组数据的宏基因组分析流程（引自 Quince，2017）

主要步骤包括：①研究内容和实验设计；②分析预处理，通过质控步骤以降低原始测序偏好性和不需要的信息；③序列分析，根据实验目标采用基于读序和基于拼接的方法；④后续处理，根据研究内容选择应用各种多元变量统计方法；⑤进行相应验证

2. 主要工具　由于当前测序采用基因组打断小片段测序的方法，无法实现基因组全长测序，故基因组组装依然是基因组分析乃至宏基因组分析的一大难题。有很多生物信息学分析软件已经被应用于宏基因组的数据分析。常规宏基因组分析包括基因比对、序列装配、基因预

测、种群鉴定、统计分析等（表11.3），这些分析都是根据数据的特性选择恰当的软件本地化运行并结合适当的自主开发脚本来完成。除上述非在线运行的软件外，还有很多网站可以提供在线软件分析服务（表11.4）。对于在线分析服务，如果不考虑数据的安全性，数据传输速度及数据处理的容量仍是进行快速有效分析的一大限制因素。

表 11.3　本地化宏基因组数据分析常用软件

软件功能	软件名称
基因比对	BLAST、MegaBLAST、BLAT、LAST、SOAP2、BWA、STAR、Bowtie
序列装配	Meta-Velet、IDBA-UD、Genovo、MegaHit、SOAPdenovo、metaSPAdes
基因预测	MGA、BLAST、RAST、metaGeneMark、MEGAN、Glimmer、HMMer3
统计分析	CD-Hit、R-package、SPADE、MetaPath、STAMP、Mothur
RNA 基因预测	tRBAscan-SE
在线分析	MG-RAST、IMG/M、Galaxy、RPD classifier
质量控制	FastQC、NGS QC Toolkit、Trimmomatic、Fastx-Toolkit
数据库	KEGG、COG、eggNOG、NCBI NR/NT、TIGRFAMs、UniRef100
分类分析	MetaPhIAN2.0、metaPhyler、CLARK、DIAMOND
重叠群分箱	CONCOCT、MetaBAT、MaxBin、Kraken
多样性分析	QIIME2、FANTOM

表 11.4　宏基因组在线分析工具（引自 Dudhagara et al.，2015）

名称	网址	使用的数据库	聚类方法*
MG-RAST #	https://www.mg-rast.org/	SEED subsystem, COG, KO, NOG, eggNOG, M5RNA, KEGG, TrEMBL, SEED, PATRIC, Swiss-Prot, GenBank, RefSeq	HM, PT, BC, T
IMG/M #	http://img.jgi.doe.gov/m	COG, KOG, KEGG, KO, Pfam, TIGRfam, TIGR, MetaCyc, GO	T, PC, PT, RP, HM
METAREP	https://www.jcvi.org/research/metarep	GO, NCBI Taxonomy	T, HM, HCP
CoMet	http://comet2.gobics.de/	Pfam, GO	T, DG, BC, DM
METAGENassist	http://www.metagenassist.ca/METAGENassist/faces/Home.jsp	BacMap, GOLD, NCBI Taxonomy, PubMed	DG, HM, KM, SOM
MyTaxa	http://enve-omics.ce.gatech.edu/mytaxa/	Database of reference genes and genomes（NCBI）	PT, BC
EBI Metagenomics	https://www.ebi.ac.uk/metagenomics/	RDP, Greengenes database, InterPro protein signature database	T, PC, BC, HM, SC, PCA
VIROME	http://virome.dbi.udel.edu/	SEED, ACLAME, COG, GO, KEGG, MGOL	T, PC, TDD

*HM. 热图；PT. 系统发生树；BC. 条形图；T. 表格；PC. 饼图；RP. 宏基因组中目标基因组覆盖范围散点图；HCP. 等级聚类图；DM. 距离矩阵；DG. 树状图；KM. *K*均值聚类算法；SOM. 自组织映射神经网络；TDD. 以制表符为分隔的列表；SC. 堆积柱形图；PCA. 主成分分析

\# 根据文献统计，目前使用比较普遍、引用率高的在线工具

最常用的在线宏基因组数据分析平台包括 IMG、MG-RAST、CoMet、EBI Metagenomics 等。

（1）IMG　　IMG 为美国能源部联合基因组研究所（Joint Genome Institute，JGI）的整合微生物基因组系统（integrated microbial genomes）的简称。该系统旨在注释、分析和发布 JGI 测序的微生物基因组和宏基因组数据，同时包含宏基因组数据库和分析平台。截至 2016 年 6 月，IMG 有来自 89 个国家的 15 200 名用户。IMG 系统的数据分发政策：上传的基因组和宏基因组数据自从可以用于分析时起，保持私有状态两年，之后将会公开给全世界科研界共享。到 2016 年初，IMG 共有来自生物界的 38 395 个基因组数据集和 8077 个宏基因组数据集，其中 IMG 宏基因组数据仓库（IMG/M）中包含 245 个项目的 4615 个公开宏基因组数据集，对应 3161 个独立样本，其中环境样本数据集有 2235 个，其他为工程领域和宿主相关的样本。注册用户登录后可以浏览、查看和分析数据库中已有的公共数据，也可以上传自己的数据进行分析。IMG 中基因功能鉴定与注释囊括了当前主要的数据库，包括 COG、KOG、KEGG、PFAM、MetaCyc 和 Gene Ontology（GO）等。IMG 数据统计网页含有当前 IMG 中的基本数据统计，包括基因组统计、基因统计、功能统计和组学实验统计。

（2）MG-RAST　　MG-RAST（metagenomics analysis server，http://metagenomics.anl.gov）是一个提供微生物群落定量分析的宏基因组自动分析平台。该平台于 2007 年建成，主要提供数据上传、质量控制、自动注释及宏基因组鸟枪法测序数据的分析。截至 2016 年 8 月，MG-RAST 服务器含有 257 475 个宏基因组数据集，共有 112.92Tb 碱基数据，其中近 3 万个宏基因组数据是开放共享的。对于这些公开的数据，可以直接下载、分析和查询注释信息。MG-RAST 是目前使用最广泛的宏基因组数据在线分析服务器，目前更新到第 3 版本。注册用户可以上传宏基因组数据（测序的 FASTQ 格式即可）进行分析。上传数据后，可以使用其 managebox 工具提供的 "join paired-ends" 功能，把双端测序的两个文件整合成一个文件以便后续分析。参数选择中，有一些对数据过滤的选项（如低质量序列过滤和宿主物种序列过滤），可以根据具体情况选择，或者使用默认参数。分析完成后，MG-RAST 将数据结果以多种形式展现，如图 11.8 所示。

（3）CoMet　　CoMet 是一个快速进行宏基因组功能谱比较分析的在线分析平台。比较方便的是，使用 CoMet 平台不需要注册即可上传宏基因组数据分析。CoMet 平台对于用户上传的 FASTA 格式的 DNA 序列进行基因预测，然后预测其中编码的 Pfam 功能结构域，最后再进行统计分析和比较。值得注意的是 CoMet 没有上述其他数据库的保存数据功能，用户提交用于分析的数据在两个月后将自动删除，以节省空间。

（4）EBI Metagenomics　　EBI Metagenomics 是欧洲生物信息学研究所（EBI）搭建的宏基因组数据分析与存储平台。注册用户可以提交自己产生的宏基因组数据，提交后系统将自动将数据存储到欧洲核酸存档库中（European Nucleotide Archive，ENA），并将自动分配数据登录号以便于数据公开与查询。EBI Metagenomics 提供的分析宏基因组数据流程主要包括以下几步：①数据质量控制，如去除或者截断低质量的序列，序列片段长度过滤等；②通过 rRNASelector 程序对测序的宏基因组序列片段进行核糖体 RNA（rRNA）筛选，然后针对 rRNA 和非 rRNA 序列分开处理；③针对 rRNA 序列，使用 QIIME 软件包对其中的 16S rRNA 序列进行分类分析，获得宏基因组样本中包含的物种类别；④对于非 rRNA 序列，使用 FragGeneScan 软件预测其蛋白质编码区域，并使用 InterProScan 程序预测这些蛋白质的功能结构域和进行功能分析。除了单个样本数据的分析，EBI Metagenomics 还提供一个比较分析工具，可以选择已经存储在该数据库中的某个项目的多个样本数据进行比较分析。这主要是对宏基因组数据中蛋白质编码序列的 GeneOntotolgy 注释进行比较分析。截至 2016 年 6 月，EBI

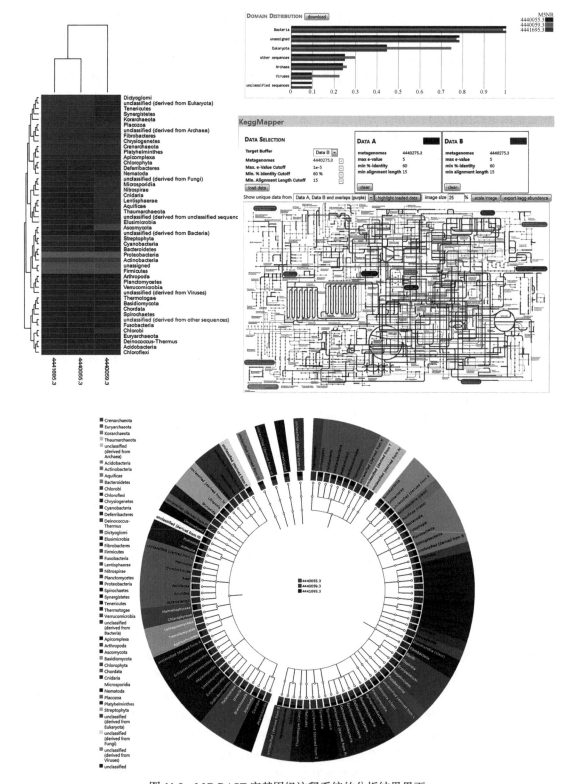

图 11.8 MG-RAST 宏基因组注释系统的分析结果界面

Metagenomics 中存储了来自 676 个项目的 39 731 个样本的可公开访问数据，样本来源于土壤、海洋等环境微生物和人的肠道微生物等。对于每个已经公开的数据，其基本的分析结果也可以浏览和下载，包括数据质量控制结果、多种图形方式展示的物种分类结果和功能分析结果等。

二、宏基因组拼接与物种注释

1. 宏基因组拼接　　与单个基因组组装不同，宏基因组拼接最终得到的是环境样品中全部微生物的混合 scaffold。理想情况下一条 scaffold 对应一个物种的全基因组。但由于序列太短或者覆盖度不够，很难拼出一条完整的基因组。因此引入了 *K*-mer 的概念，在拼接算法中使用短 *K*-mer 可以帮助恢复较低丰度的基因组，但这是以重复 *K*-mer 的频率增加为代价，可能因此掩盖了基因组的正确重建。拼接结果必须在恢复低丰度基因组和获得高丰度基因组的长而准确的重叠群之间取得平衡。样品中还可能含有相同细菌种类的不同菌株，这些密切相关的基因组可能会在组装中引起分支，它们可以通过单核苷酸变体或整个基因或操纵子的存在或不存在而不同。组装程序通常会在这些分支点处停止，从而导致碎片化的基因组拼接结果。

（1）常用软件　　与基因组拼接一样，宏基因组拼接采用基于重叠图的算法（如 BBAP、Genovo 等）和基于德布鲁因图算法（如 SOAPdenovo2、MegaHit、MetaVelvet 等）的拼接软件。除此之外，还有致力于解决上述 *K*-mer 问题的 Meta-IDBA，以及最新版本的 IDBA-UD 优化了不均匀序列深度分布的基因组重建。SPAdes 由二代单基因组测序数据拼接扩展至宏基因组拼接 metaSPAdes，并支持不同技术测序的数据（二代和三代测序数据）的混合组装（表 11.5）。对于可能包含数百种菌株的复杂样品，为了保证尽可能多的菌株被测至足够的覆盖度，需要尽可能地增加测序深度。大数据导致一般的计算资源在时间和内存上不足以完成这样的拼接任务，于是出现了分布式拼接，例如，Ray 在一组计算机集群上分布内存负载，已被用于拼接来自人类粪便样本的宏基因组。为了帮助组装非常复杂的样品，Pell 等开发了一种轻量级方法——将宏基因组装图分割成可以独立组装的连接组件；另一种方法是潜在的菌株分析，使用 *K*-mer 丰度模式对读长进行分区，这样可以使用有限量的内存组装各个低丰度基因组。MegaHit 使用简洁的数据结构来降低拼接复杂宏基因组的内存需求，运行速度快，但是可能会导致碎片化的重建增多。在上述拼接软件中，MegaHit 资源消耗最低，速度也最快，但是拼接 N50 的长度比较短，因此适合于宏基因组中的复杂环境样品。metaSPAdes 拼接效率略优于其他（尤其对于高复杂度的环境样品）。对于低复杂度的环境样品，MaSuRCA 表现更好。具体需要结合自己的计算资源合理选择相关拼接软件。

（2）软件的评价指标　　关于不同拼接软件的关键评价指标，常用的有完整性、连续性和产生嵌合重叠群的可能性等，目前还没有达成共识。尽管宏基因组分析"烘焙比赛"（bake-offs）旨在为分析软件提出具体建议，但软件性能很可能取决于生物因素（如潜在的微生物群落结构）和技术因素（如测序平台特征和覆盖范围）。在 Assemblathon 项目中尚未观察到一个表现格外出众的组装软件。

在宏基因组拼接中，作为拼接连续性性评价指标，N50 是指如果全部拼接序列中的所有重叠群都按长度从大到小排序，则包含 50% 拼接好的重叠群最小长度为 N50。例如，N50 为 10kb，意味着 50% 的拼接序列包含在至少 10kb 的重叠群中。通常 N50 越大，拼接效果越好。但是需要注意的是某些拼接软件可能会产生具有高 N50 值的宏基因组数据集拼接结果，这可能是通过去除代表较低覆盖率物种的 *K*-mer 或忽略菌株间的差异（如为了连续性牺牲复杂性）

表 11.5　宏基因组拼接常用生物信息学工具

软件名称	方法	支持多库	有说明指导	网址
Genovo	OLC	是	是	http://xgenovo.dna.bio.keio.ac.jp/
IDBA-UD	de Bruijn 多 K-mer	是	否	https://github.com/loneknightpy/idba
MegaGTA	de Bruijn 多 K-mer	是	是	https://github.com/HKU-BAL/megagta
MegaHit	de Bruijn 多 K-mer	是	是	www.l3-bioinfo.com/products/megahit.html
MetaVelvet	de Bruijn 单 K-mer	是	是	http://metavelvet.dna.bio.keio.ac.jp/MV.html
MetaVelvet-SL	de Bruijn 单 K-mer	是	否	http://metavelvet.dna.bio.keio.ac.jp/MSL.html
Ray Meta	de Bruijn 单 K-mer	是	是	https://github.com/sebhtml/ray
SOAPdenovo2	de Bruijn 单 K-mer	是	是	https://sourceforge.net/projects/ soapdenovo2/files/latest/download
Omega	String graph prefix + suffix hashtable	否	是	https://omega.omicsbio.org/
metaSPAdes	de Bruijn 多 K-mer	否	是	https://sourceforge.net/projects/spades/
Minia2 and Minia3	de Bruijn 多 K-mer	是	是	https://github.com/GATB/minia http://minia.genouest.org/
Velour	de Bruijn 多 K-mer	是	是	https://github.com/jjcook/velour
MaSuRCA	多方法组合	是	是	https://github.com/alekseyzimin/masurca

而实现的。因此也有人提出 U50 指标，U50 是指唯一最小重叠群的长度，它依赖于高质量参考数据集的存在。

为了得到尽可能好的拼接结果，可能需要结合两个及以上的拼接软件的拼接结果，并综合比较，这可能需要较多的时间和算力。评估拼接质量的软件有 QUAST 及 MetaQUAST，它们能给出长度、分布和 N50 等拼接结果基本统计信息。BUSCO（基准通用单拷贝直系同源物）使用基因含量评估组装质量和完整性，它包含脊椎动物、节肢动物、后生动物、真菌和真核基因，以及一小部分原核通用标记基因的单拷贝的数据库。CheckM 使用标记基因的存在来评估拼接质量，但结合了有关基因组在参考基因组树中的位置和基因搭配的信息，以提高准确性。ALE（The Assembly Likelihood Evaluation framework）使用无参考方法评估基因组和宏基因组拼接结果，该方法通过读序质量、读序对方向、读序对插入长度、测序覆盖率、读序比对和 K-mer 来衡量输入读序和输出拼接序列之间的一致性，并支持许多基因组浏览器实现比对的可视化。对基因组解释的关键评估（CAMI）对装箱和拼接方法进行"独立，全面且无偏差的评估"。基于已知成分的群落评估宏基因组拼接，可以通过与 BLASTN 比对已知群落中生物基因组的重叠群，来计算重建百分比和百分比同一性。

以 SOAPdenovo 软件的使用为例。对去噪后 FASTQ 格式的 DNA 序列进行拼接，具体操作命令为：在命令行输入 "./SOAPdenovo-63mer all -s example.config -K 53 -o output_prefix"。其中 "example.config" 为配置文件，其中包含了运行程序所需要的参数设置，具体可参照 SOAPdenovo 手册。SOAPdenovo 的输出文件比较多，其中的 "contig" 文件为 contig 序列文件，"ScafSeq" 文件包含了拼接出的 scaffold 序列，即由 contig 序列拼接而来的 scaffold。统计 N50、N90、序列总长度和平均长度，综合选择最终拼接结果。

2. 重叠群分箱　　在宏基因组拼接里，不得不提到一个词——"重叠群分箱"（binning contigs）。宏基因组拼接高度分散，包含数千个重叠群，研究人员不知道重叠群来自哪个基因组，甚至不知道样品中有多少基因组存在。"重叠群分箱"的目的是根据它们的基因组或分类起源将重叠群进行分类，理想情况下能够生成微生物环境中菌株的基因组草图（或泛基因组）。

分箱包括有监督方法和无监督（聚类）方法：有监督的分箱方法使用已经测序的基因组数据库将重叠群标记为分类学相应类别；无监督（聚类）方法基于数据特点查找各个组。两种方法都有两个主要元素：用于衡量给定重叠群和分箱之间相似性的度量，以及将这些相似性转换为分类的算法。对于物种分类学，搜索与已知基因组同源的重叠群是一种潜在有用的方法，但大多数微生物物种尚未测序，因此大部分重建的基因组片段不能比对到参考基因组上。这促成了使用重叠群序列进行分箱。不同的微生物物种的基因组包含特定的碱基组合，这导致不同的 K-mer 频率。基于这些 K-mer 频率的度量可用于对重叠群进行分组，其中四聚体（4-mer）被认为是对宏基因组学数据进行分类的最有用信息。基于这些频率，有许多软件可供选择，如朴素贝叶斯分类器或支持向量机，但序列组成通常缺乏将复杂数据集解析到复杂群落中物种水平所必需的特异性。

大多数重叠群聚类算法（如 MetaWatt 和 SCIMM）使用了各种物种组成指标，有时还与总覆盖率相结合。随着多样本宏基因组数据集的产生，研究人员已经意识到跨样本的重叠群覆盖包含更多的内容，可以将重叠群聚集在一起。基本假设是在每个宏基因组内，来自相同基因组的重叠群具有相似的覆盖深度，尽管覆盖深度受基因组内 GC 含量变异和细菌复制起点周围的读长深度的影响。例如，延伸比对的算法需要人工聚类，它是基于可以在二维空间中显示这些覆盖信息和组成。如今可以使用完全自动化的方法，如 CONCOCT、GroopM 和 MetaBAT，尤其适用于大数据集分析，结合人工精细研判时可以获得更好的结果（表 11.6）。

表 11.6　常见重叠群分箱工具

软件名称	方法	性能评估
MyCC	K-mer 频率，多样本覆盖度和 40 个通用系统发育遗传标记基因	通过平均基因组纯度和完整性，近 100% 的数据集能够被分类
MaxBin	多样本覆盖度，四核苷酸频率	在丰度范围内，最大化平均纯度和完整性，能够较高纯度和完整性地还原大多数基因组
MetaBAT	多样本覆盖度，四核苷酸频率	通过平均基因组纯度和完整性，超过 88% 的数据集能够被分类
MetaWatt	四核苷酸频率	通过平均基因组纯度和完整性，能够较高纯度和完整性地还原大多数基因组
CONCOCT	不同的覆盖深度，四核苷酸频率、双端测序关系	通过平均基因组纯度和完整性，超过 95% 的数据集能够被分类
PhyloPythiaS +	K-mer 频率，结构 SVM	将物种鉴定到科层面效果好
taxator-tk	序列同源性	在深度分支分箱上表现好，去除小预测箱集时高纯度、低错分率但是完整性非常低
MEGAN	序列相似性和最近公共祖先（LCA）	排序依赖的性能
Kraken	长 K-mer 和 LCA	将物种鉴定到科层面效果好，去除小预测箱集时，完整全面的分类精度和序列赋予

研究显示，基因组分箱在基因组完整性（34%～80%）和纯度（70%～97%）上有很大差

异。对于中等和低复杂度数据集，MaxBin 的值最高（70%～80% 完整性，>92% 的纯度），对大部分数据集进行分箱的软件，如果需要以一定的准确性为代价，那么 MetaWatt、MetaBAT 和 CONCOCT 可能是不错的选择。高复杂度的数据集对所有的软件都更具挑战性。

3. 重建基因组　宏基因组拼接或重建的方法对于揭示细菌的多样性、发现新的微生物物种是必不可少的。Hug 等（Hug et al., 2016）通过宏基因组学方法从富含醋酸盐的已过滤的地下水样品中，拼接了近 1000 个微生物并重构基因组（metagenomic assembled genomes, MAG），重构的基因组都很小，具有较简单的新陈代谢系统，并且形成了与先前培养的细菌多样性分开的单系分支。这些新发现的微生物已被提议作为新的细菌细分门类。

MAG 的完整性通常通过检测微环境中大多数微生物基因组的单拷贝核心基因数来评估，如 tRNA 合成酶或核糖体蛋白等。纯 MAG 将使所有这些基因以单拷贝存在。MAG 为比较基因组学提供了丰富的数据集，可以构建系统发育树、功能谱和样本中 MAG 丰度的比较等后续研究（图 11.9）。

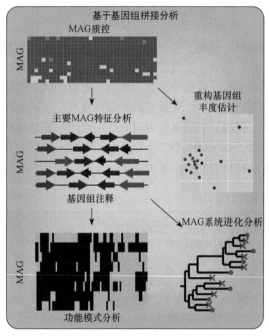
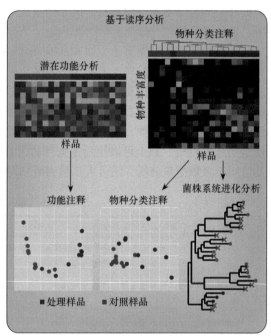

图 11.9　基于读序和基因组拼接的基因组重构方法比较（引自 Quince, 2017）

4. 物种分类注释　为了研究样品物种组成及多样性信息，需要对序列进行物种分类注释，常用的宏基因组物种分类注释工具列于表 11.7。

表 11.7　物种分类注释工具

软件名称	方法	性能评估
metaPhyler	系统发育遗传标记基因	分类相对丰度在科水平上最佳推断，以相对低的精度实现高完整度
mOTU	系统发育遗传标记基因	无论哪种衡量标准，都不是最好的也不是最坏的，完整度倾向纯度
Quikr/ARK/SEK	基于 K-mer 的非负最小二乘法	完整度最高，精度次差。适合较高的分类排名

续表

软件名称	方法	性能评估
Taxy-Pro	基于蛋白特征的混合模型	分类相对丰度在科水平有非常好的推断，高完整度，低精度
TIPP	标记基因和 SATE 系统发育上的位置	分类相对丰度在科水平上有精确推断，高完整度和低精度
CLARK	系统发育上的差异性 K-mer	在各个级别和复杂水平上都有高完整度和最差的精度
Common Kmers/MetaPalette	基于长 K-mer 的非负最小二乘法	以含有较少读序的显著性物种更准确地推断相对分类单元丰度
DuDes	读序映射和深度非共同子代	工具参数极大地影响精度和完整性
FOCUS	基于 K-mer 的非负最小二乘法	分类相对丰度在科水平有精确推断
MetaPhlAN2.0	分支特异性标记基因	迄今为止最精确的方法，能够区分几种物种

5. 基因预测及功能注释　　原核生物的基因中具有容易识别的启动子序列，且原核基因不包含内含子，而是仅由连续的编码区构成开放阅读框（ORF），这些 ORF 的长度通常为几百或几千个碱基对；同时，原核生物的蛋白质编码区具有一些容易辨别的特征，因此基因预测准确性较高。真核生物的基因结构相对复杂，具有明显的外显子-内含子结构，因此预测相对复杂得多。适合原核生物的基因预测软件主要有 GeneMark、Glimmer、FGENESB 等。① GeneMark 对原核生物、真核生物和病毒均能进行基因预测，曾被应用于对约 200 种原核生物和 10 多种真核生物的基因组进行基因预测，实践证明相对高效、准确。② Glimmer 被广泛应用于微生物的基因预测，通过内插马尔可夫模型识别编码区域和非编码区域，能预测出基因组中 97%～98% 的基因，且精确度较高。③ FGENESB 主要用于细菌基因组的基因自动预测和注释，具有以下特点：基于马尔可夫链的高精度的基因预测可以很好地预测启动子、终止子和操作子；在注释一个未知细菌基因组时，可以自动设定参数；可对 tRNA 和 rRNA 基因进行绘图。

原核生物基因功能的注释类似于真核生物（详见第 8 章）。对于微生物基因注释会有一些特殊要求，如病原菌功能鉴定、耐药基因的鉴定等。在宏基因组基因注释中使用较多的软件有 Prokka（rapid prokaryotic genome annotation，快速原核基因组注释）和 eggNOG-Mapper。常用的功能注释数据库介绍扫右侧二维码可见。下文介绍一些重点数据库。

1）ARDB（Antibiotic Resistance）数据库（http://ardb.cbcb.umd.edu/）即抗性基因数据库，旨在提供抗生素耐药性信息、新测序物种抗性信息的一致性注释，发掘与鉴定新基因的抗性。最新更新于 2009 年 7 月，最新版本 V1.1 包括 380 个抗性类型，249 个抗生素，267 个属的 1737 个物种和 2881 个质粒载体。

2）eggNOG 数据库（http://eggnog5.embl.de/#/app/home）是利用 Smith-Waterman 比对算法对构建的基因直系同源簇（orthologous group）进行功能注释。最新版本为 V4.5，更新于 2015 年 10 月，涵盖了 2031 个物种的基因，构建了包含 24 类约 70 万个直系同源簇，其中约 62.5% 具有宽泛的功能注释信息并新增加了 352 个病毒蛋白质组信息。

3）MD5NR 数据库是一个最新的由多个资源整理和相关工具分析得到的蛋白和注释信息的非冗余蛋白数据库，建立于 2012 年，每季度更新一次。它旨在解决不同基因组数据库（如 KEGG、SEED、IMG）和蛋白质家族数据库（如 Pfam、COGs、eggNOG 等）不包含在 NCBI nr 数据库中，导致功能注释需要反复或者重复搜索、耗时费力的问题。主要策略是基于 MD5 校验，从逻辑上根据不同组将元数据分为序列数据和元数据。元数据包含序列标识符、潜在物种标识符和注释信息。注释信息以多种形式存在，包括 GenBank 信息、SEED 信息、蛋白质家族 COG 信息，除了存储标识符、功能注释和分类信息，还包括 KEGG 直系同源和代谢途径、SEED、eggNOG 映射等。

4）Metacycs 数据库（http://metacyc.org/）是一个由实验验证的各个生物领域新陈代谢通路和酶数据库，包括初级代谢和二级代谢通路，以及相关代谢产物、反应、酶和基因。MetaCyc 数据库的目标是通过存储每个以实验证实的通路的代表性样本为所有的代谢途径建立目录。它的应用包括建立代谢通路的在线百科全书、预测基因组测序数据的代谢途径、支持酶数据库相关的代谢工程，以及辅助代谢相关科学研究。

5）CAZy 数据库（http://www.cazy.org/）是研究碳水化合物酶的专业级数据库，主要涵盖六大功能类：糖苷水解酶（glycoside hydrolases，GHs）、糖基转移酶（glycosyl transferases，GTs）、多糖裂合酶（polysaccharide lyases，PLs）、碳水化合物酯酶（carbohydrate esterases，CEs）、辅助氧化还原酶（auxiliary activities，AAs）和碳水化合物结合模块（carbohydrate-binding modules，CBMs）。

习　题

1. 宏基因组学包含哪些内容？它们的研究方法有哪些？
2. 简述 16S rDNA 分析流程。
3. 简述宏基因组分析步骤。
4. 给定 16S rDNA 测序下机数据，请编写一个自动分析程序来鉴定其中的细菌的属和种。
5. 目前主要的在线宏基因组数据分析平台有哪些？

历史与人物

16S rRNA、生命之树与乌斯

卡尔·乌斯（Carl Woese，1928～2012），美国微生物学家和生物物理学家，美国国家科学院院士，英国皇家学会院士。乌斯因定义了一个生物新界（域）——古菌和重构"生命之树"而知名，并由此获奖无数（如麦克阿瑟奖、列文虎克奖章、美国国家科学奖等）。20 世纪 70 年代他开创了 16S 核糖体 RNA（16S rRNA）基因系统进化分析技术，彻底改变了微生物学科，许多微生物物种以他的名字命名。他没有想到的是，随着宏基因组的兴起，他再次见证 16S rRNA 改变了人们对微生物世界的认知。

古菌（archaea）的定名经历了一番周折。乌斯最初利用 16S rRNA 发现一些细菌与传统意义上的细菌（如大肠杆菌）在系统进化关系上完全不同，它们也许在早期占统治地位，属于地球上最古老的生命。他小心地将其定义为"古细菌"（archaebacteria）。后来他感到这个名词很可能使人误以为它们是一般细菌的同类，显现不出它们的独特性，

所以干脆把 "bacteria" 后缀去掉，因此一个新词——"古菌" 出现了。1990 年，乌斯在 PNAS 上发表了该研究成果，正式将古菌与细菌、真核生物并列，并重新定义了生物分类（三界论），得到学术界的一致认可。

历史上第一个 "生命之树"（tree of life）是由达尔文在 19 世纪提出并亲手绘制，它描绘了物种之间的演化关系。当时 "生命之树" 包含的物种数量非常有限。乌斯利用 16S rRNA 技术测定了大量物种，构建了真正意义上的 "生命之树"（universal tree of life），使我们第一次看到了包括人类自身在内的生物物种遗传分化面貌。进入 21 世纪，大规模生物基因组测序项目为再构 "生命之树" 提供了新机遇：2011 年，华大基因提出 "百万基因组计划"，计划测序一百万种动植物、一百万位人类和一百万个微生态系统，并重画 "生命之树"；2018 年，英国启动了 "达尔文生命之树项目"（Darwin tree of life project），计划对不列颠群岛所有物种进行基因组测序，该项目为国际 "地球生物基因组计划"（earth bioGenome project，EBP）的一部分。EBP 计划在十年内完成地球上 150 万种已知真核生物物种基因组的测序和注释工作。基于基因组序列，"生命之树" 必将更加精准和清晰。

第12章 新类型组学数据分析与利用

当今生物学研究前沿是各类组学研究。除了基因组、转录组、甲基化组、宏基因组等外，一些新类型组学研究方兴未艾，如三维基因组、单细胞组、合成基因组、翻译组等。同时这些来自不同层次（DNA → RNA →蛋白质→性状）组学数据的应用研究（如育种利用），也吸引了大量研究者。生物信息学在这些组学数据分析中发挥至关重要的作用。除了前面各章涉及的组学内容，本章将重点介绍与新类型组学数据相关的生物信息学方法前沿。

扫码见本章
英文彩图

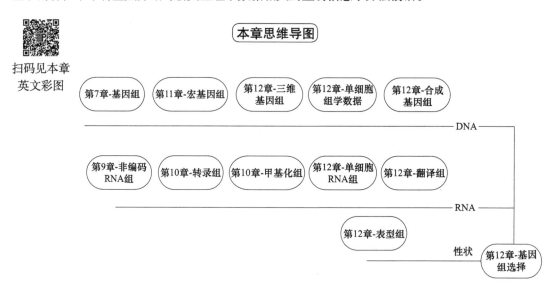

本章思维导图

第一节 三维基因组

一、三维基因组数据标准化

1. 三维基因组技术介绍 　　三维基因组学是以研究真核生物核内染色质空间构象及其对不同基因转录调控的生物学效应为主要研究内容的一个新学科方向。较早的时候，观察细胞核中的结构和位置仅能通过荧光原位杂交（fluorescent in situ hybridization，FISH）技术来实现，随着科技的发展，STORM、PALM等基于显微观察的新型超高清技术提供了染色质或者特定遗传位点的可直接观察的重要动态信息（表12.1）。尽管这些技术为我们观察染色体空间结构提供了极大的便利，但是基于显微观察的技术仅能观察少数遗传位点，无法对完整核染色质进行全面分析。

表 12.1 三维基因组检测技术

技术类型	方法	备注	文献
基于荧光显微观察的细胞遗传学方法	FISH	荧光原位杂交	Trask，1991
	STORM/PALM	超高分辨率荧光显微镜方法，STORM 分辨率可达 20nm；PALM 分辨率为 2～25nm	Betzig et al.，2006；Rust et al.，2006
	Oligopaint/HOP	基于定制寡核苷酸序列捕捉特定位点的单分子（单碱基）超高分辨率成像技术，可以通过 HOP 区别父母本染色体	Beliveau et al.，2015
	HIPMap	高精度，高通量，自动原位荧光杂交成像技术	Beliveau et al.，2015
基于染色质结构捕获的核酸检测方法	3C	最早成熟的染色质结构捕获技术，仅能捕获一个位点和另一个位点的互作关系	Dekker et al.，2002
	4C/5C/Capture-C	基于 3C 的多位点互作技术，4C（一对多 / 全）、5C（多对多）及 Capture-C（多对全）	Dostie et al.，2006；Hughes et al.，2014；Simonis et al.，2006
	Hi-C/DLO Hi-C	基于 3C 的高通量全基因组位点和全基因组位点的技术	Lieberman-Aiden et al.，2009；Lin et al.，2018
	SPRITE	基于 3C 能够研究三阶或更高阶染色质互作的技术，同类型技术还有 Tri-C、COLA、GAM 等	Quinodoz et al.，2018
	Pore-C	基于 3C 和 Nanopore 测序技术的全基因组、高阶染色质结构捕获技术	Ulahannan et al.，2019
	ChIA-PET/HiChIP	通过免疫沉淀法设计抗体来靶向特定蛋白进行三维结构捕获	Fullwood et al.，2009；Mumbach et al.，2016；Li et al.，2017

2002 年，染色质结构捕获（chromosome conformation capture，3C）技术的出现让科学家可以首次通过核酸检测的方法对染色质空间结构进行检测（表 12.1）。当时的技术仅能检测来自同一染色体或者不同染色体之间的两个遗传位点之间的接触次数。随着技术的不断进步，从 3C 仅有的"一对一"检测发展到 4C（chromosome conformation capture-on-chip）的可以"一对多 / 全"（即可以同时检测一个特定遗传位点和多个遗传位点或者全基因组位点的接触次数）、5C（chromosome conformation capture carbon copy）的可以"多对多"、Capture-C（chromosome conformation capture coupled with oligonucleotide capture technology）的可以"多对全"，以及 Hi-C（genome-wide chromosome conformation capture）的可以"全对全"。目前我们对于染色质结构的理解严重依赖于染色质结构捕获技术产生的互作矩阵（3C、4C、5C、Capture-C 和 Hi-C），这些技术均依赖于核酸检测（如 PCR、测序等）比对到基因组上空间互作的每对位置。基于这些技术的基础，也有通过免疫沉淀法设计抗体来靶向特定蛋白的技术，如 ChIA-PET、HiChIP，以及设计引物或者探针来杂交富集靶向核酸的技术，如 ChiC，这两类技术也能被应用到单细胞样本中。其中最值得注意的是，基于通过 Hi-C 技术获得的数十亿互作位点对而构建的全基因组互作图谱，能够非偏倚地鉴定出活性 / 惰性染色质隔间、拓扑关联域、环状结构域及增强子-启动子相互作用（enhacer-promoter interaction）。

尽管基于 Hi-C 技术已经能够前所未有地揭示不少 3D 基因组复杂结构，但这些结构在基因调控中的作用还未能揭示（Ghavi-Helm et al.，2019）。像其他细胞机制（如蛋白信号转导级联反应）一样，染色质的功能性 3D 状态可能无法通过简单的成对相互作用进行完整描述。更有可能的是，基因激活或沉默可能需要三个或更多数量的多 DNA 位点之间的相互作用，其中某些位点可能共存于动态和特殊的核结构中，这些位点通过液-液相分离获得协同作用（Gibson et al.，2019）。为了揭示基因组结构与功能之间的基本联系，可能需要检测这类高阶染色质复合物。

目前能够研究三阶或更高阶染色质相互作用的最新技术包括 Pore-C、SPRITE、Tri-C、COLA 和 GAM 等，已经可以针对哺乳动物生成全基因组图谱。Pore-C 是以 Nanopore 第三代测序长读长，在三阶或更高阶染色质互作的效果方面远超之前以 SPRITE 为代表的高阶染色质结构捕获技术，在通量和有效性方面更是超过 Hi-C 技术，可通过 DAG 算法将三阶甚至更高阶的互作数据转换为实际可用的二阶数据。有关植物领域三维基因组技术可参见李兴旺和李国亮的综述文章（Ouyang et al.，2021）。

2. Hi-C 数据标准化　　上文提到的三维基因组技术中，从实用性、流行性、通量、有效率等方面考虑，Hi-C 技术均被认为是研究全基因组范围内染色质相互作用的最主要手段。在Hi-C 实验的数据分析中，数据在经过序列比对、过滤及数据合并的预处理流程后，会生成一个对称的由一个个相同大小的基因组区间（也被称为"bin"）构成的染色质相互作用矩阵。矩阵中的每个区间都反映了相应的一对基因组区间之间的相互作用频率，该区间的大小被称为分辨率。在 Hi-C 数据分析流程中，文库长度、GC 含量、序列比对效率等差异都会带来下游数据分析的系统误差，而 Hi-C 数据标准化软件则试图消除不必要的系统偏差，以便尽可能保留真实的互作频率。目前有许多进行 Hi-C 数据标准化的方法（表 12.2）。这些方法根据模型假设，可以粗略分为显式（explicit）和隐式（implicit）方法。显式方法假设系统偏差，如片段长度、GC 含量和序列比对效率是已知的，并且在统计模型中得到了解释。而隐式方法则假设系统偏差的累积效应被捕获在每个 bin 的互作频率内，然后通过不同的算法将每个 bin 内的互作频率根据特征进行分解，典型的工具有 SCN、ICE、KR 及 chromoR 等。

表 12.2　Hi-C 数据标准化工具（整理自 Lyu et al.，2020）

方法	软件	文献
显式方法	HiCNorm	Hu et al.，2012
	SCN	Cournac et al.，2012
	ICE	Imakaev et al.，2012
	caICB	Wu and Michor，2016
隐式方法	KR	Knight and Ruiz，2013
	chromoR	Shavit and Lio，2014
	multiHiCcompare	Stansfield et al.，2019
	HiCcompare	Stansfield et al.，2018

表 12.2 所列工具中，HiCcompare 和 multiHiCcompare 是能够跨样本进行 Hi-C 数据标准化的软件：HiCcompare 可以进行两个样本同时标准化；而 multiHiCcompare 则可以对超过两个样本进行 Hi-C 数据标准化，同时 multiHiCcompare 考虑了 IF（interaction frequency，互作频率）对距离的衰减模式，这使 multiHiCcompare 在大多数情况下都能获得明显更好的性能（但需要更大的内存以同时加载多个样本的所有矩阵）。

三维数据的质控和一般 NGS 数据或者三代测序数据的质控不一样：一般测序数据是为了去除低质量的读序或者碱基，而三维数据的质控或者数据标准化是为了获得更准确、真实的位点之间的互作频率，因此会将文库长度、GC 含量、序列比对效率等差异考虑到数据标准化算法内，这是三维数据所特有的。换言之，这个标准化过程就像我们在做序列组装或者比对时，会预先将序列构建图或者比对到参考基因组一样，进行预处理，将质控后的序列转换为对下游分析有用的特征信息，例如，两种主流的限制性内切酶 *Dpn* Ⅱ 和 *Hind* Ⅲ，去除低覆盖区 bin 后的平均片段长度分别为 570bp 和 4500bp，选用不同酶的标准化结果也差别很大。

二、染色质三维多级结构鉴定

　　生物的染色质在不同层次或者不同分辨率的观察下（图 12.1），可以从宏观到微观分为染色体疆域、活性 / 惰性区室、拓扑关联域及染色质环（Bonev and Cavalli, 2016）。

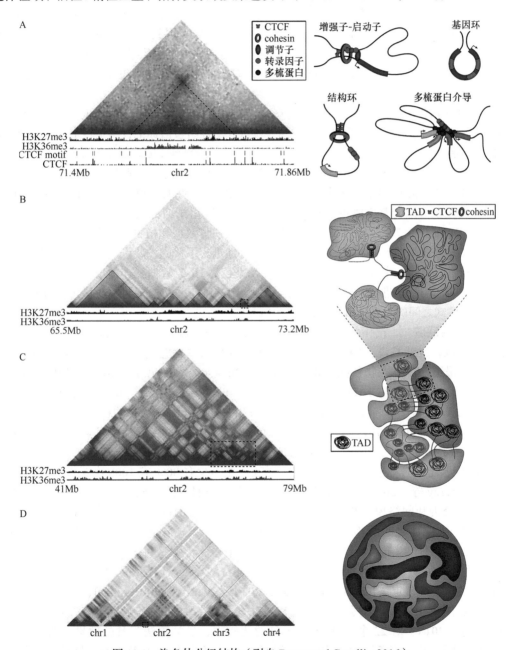

图 12.1　染色体分级结构（引自 Bonev and Cavalli, 2016）

A～D 分别对应 5kb（染色质环）、10kb（拓扑关联域）、50kb（活性 / 惰性区室）、Mb（染色体疆域）这几个层次的不同分辨率下的染色质结构

1. 染色体疆域　　在细胞核中，染色体并不是随机排列的，而是为了使远距离基因之间的互作和调控更加方便而呈现出三维空间结构，染色体的这种结构也称为染色体疆域（chromosome territories）或染色质域。染色体疆域对于了解基因组如何折叠发挥功能，以及基因之间是如何进行互作和调控至关重要。2010 年，Duan 等通过将位点之间的互作频率转换为欧几里得距离（Euclidian distance），并通过算法优化转换为互作位点在三维基因组中的坐标，从而发布了首个基因组三维模型——酵母三维基因组模型。Trieu 等（2014）、Lesne 等（2014）、Rieber 等（2017）及 Paulsen 等（2018）均是基于 Hi-C 全基因组互作数据构建了 ShRec3D、miniMDS 及 Chrom3D 等方法。其中 Chrom3D 通过染色体内部和染色体之间的互作图谱，以及引入 LAD（lamina-associated domains）概念，对三维基因组构象重塑进行了进一步优化（Paulsen et al.，2018）。

2. 活性 / 惰性区室　　活性 / 惰性区室（A/B compartment）代表开放和关闭两种不同状态的染色体区域：活性区室富含转录因子结合位点和活性组蛋白标记，属于转录活跃区域；而惰性区室含有抑制性组蛋白标记，属于转录抑制区域。2009 年 Lieberman-Aiden 等（2009）在首次建立 Hi-C 技术的同时，利用特定距离上全基因组范围内的互作概率进行标准化建立互作矩阵，在此矩阵的互作频率热图中呈现出两种不同结构特性的染色质状态，即活性 / 惰性区室，这两类区室分别与基因密度、转录因子结合位点及组蛋白标记等相关。Fortin 和 Hansen（2015）及 Dong（2017）等分别对不同细胞系的表观遗传数据和植物的数据验证了活性 / 惰性区室的存在，并对活性 / 惰性区室的结构和功能特性进行了研究，验证了活性 / 惰性区室的结构和功能特性。Miura 等基于人类常染色体及 X 染色体 Hi-C 数据互作图谱进一步对活性 / 惰性区室的空间结构特征进行了分析，指出了活性 / 惰性区室的结构特异性及其与不同类型细胞中基因表达模式之间的联系（Miura et al.，2018）。

3. 拓扑关联域　　拓扑关联域（TAD, topologically associating domain）是内部相互作用的染色质区域，也就是说，TAD 内部区域的序列互作频率比它们和 TAD 外部的序列互作更加频繁。据报道，TAD 在物种间［如哺乳动物（Dixon et al.，2012）］和细胞类型中（Schmitt et al.，2016b）高度保守，TAD 的大小为 100kb～5Mb（Rocha et al.，2015）。更重要的是，已有研究表明 TAD 和发育、细胞分化及致病具有相关性（Fraser et al.，2015；Giorgetti et al.，2016；Narendra et al.，2016；Trask，1991），其中 TAD 边界的变异及修饰与遗传性疾病和癌症紧密相关（Dixon et al.，2018；Flavahan et al.，2016；Lupiáñez et al.，2015）。

在 TAD 鉴定中，标准是确保 TAD 的所有 bin 中至少有 80% 有 1000 次互作（Rao et al.，2014）。Zufferey 等（2018）将 22 个 TAD 鉴定工具按照算法分成四类，分别是线性评分、统计模型、聚类和网络模块化（表 12.3）。所有这些工具的基本假设是，TAD 内的染色质相互作用大于 TAD 之间的相互作用，并且朝向上游或下游染色体区域的相互作用分布大多偏向 TAD 边界。基于线性评分算法的 TAD 鉴定软件，是将每个染色体分为固定大小的 bin，然后定义每个 bin 间的线性评分，进而鉴定 TAD。统计模型及聚类的方法是基于交互分部模型来实现鉴定（Lévy-Leduc et al.，2014；Weinreb and Raphael，2016）。网络模块化则是从图论中借鉴的概念设计了替代方法。目前暂时还没有鉴定 TAD 的"金标准"。Zufferey 等（2018）对 22 个 TAD 鉴定工具的比较中，各类算法工具的效果有所差别，但没有质的差距，其中真正决定鉴定结果优劣的往往是有效数据可以达到的分辨率和所需的计算时间，同时，TAD 的分层结构仍需要更加合适的方法来鉴定，以研究 TAD 内部的分层结构。

下文以 HiCExplorer（Zufferey et al.，2018）为例，具体讲解 TAD 鉴定算法。HiCExplorer 鉴定 TAD 边界方法和 TopDom 的算法类似，为线性评分法。首先将标准化后的 Hi-C 互作矩阵转化为 Z-score 矩阵 $A=(\alpha_i, \beta_j)$，矩阵中每个 bin 的互作频率需要根据相同基因组距离上的互作频率分布情况转化成对应的 Z-score。例如，具体到一个 bin，命名为 #1，距离 bin#1 长度为 w 的上游区域和下游区域的互作转换为该 bin 的 Z-score 子矩阵 $A=(\alpha_1, \beta_1)$，因此 bin#1 的 Z-score 矩阵为所有长度分布的集合。这类方法即所谓的线性评分，即将每个染色体分为固定大小的 bin，然后定义每个 bin 间的线性评分，进而鉴定 TAD（一个实际鉴定过程如图 12.2 所示）。当然 HiCExplorer 在传统线性评分算法的基础上做了提升，即基于已知 DNA 基序（motif）信息来进行机器学习，进而准确区分 TAD 边界与非边界，并识别仅使用 Hi-C 数据时遗漏的 TAD 边界。

4. 染色质环　　脊椎动物基因组的一个重要特征是将顺式调控元件（如增强子）和它们的靶基因沿着线性基因组相对长的距离分开。增强子和靶向的启动子通过形成染色质环（chromatin loop），使它们可以在空间上紧密接近进而形成调控（Bonev and Cavalli，2016）（图 12.1）。一个众所周知的例子，是红细胞中的 β-珠蛋白簇的基因座控制区通过长距离染色质和其靶基因接触形成染色质环，而不同类型的细胞，如干细胞或神经元细胞中则没有这类型的相互作用（Palstra et al.，2003）。2014 年，Deng 等（2014）的研究发现 β-珠蛋白基因与其基因座控制区之间的染色质环化造成了 β-珠蛋白转录的上调，从而确定建立了染色质环化与基因表达之间的因果关系。研究者们通过研究发现，基于染色质三维结构捕获数据，如 Hi-C 数据，获得的染色质环鉴定的结果可以帮助预测其与生物功能特性尤其是疾病的相关性（Lu et al.，2013）。自此，通过 Hi-C 数据识别染色质环的方法不断涌现。吕红强等（2019）按照交互作用类型划分为显著交互作用和差异交互作用。如表 12.4 所示，针对显著交互的有 Fit-HiC、HiCCUPS、HIPPIE 和 CISD_loop，针对差异交互的有 DiffiHiC 和 FIND。

表 12.3　拓扑关联域鉴定软件
（整理自 Zufferey et al.，2018）

方法	软件	文献
线性评分	Armatus	Filippova et al.，2014
	Arrowhead	Rao et al.，2014
	CaTCH	shavit and Lio，2014
	chromoR	Zhan et al.，2017
	DI	Dixon et al.，2012
	EAST	Ardakany and Lonardi，2017
	GMAP	Yu et al.，2017
	HiCExploer	Ramírez et al.，2018
	HiTAD	Wang et al.，2017
	InsulationScore	Crane et al.，2015
	Matryoshka	Malik and Patro，2019
	TopDom	Shin et al.，2015
统计模型	HiCseg	Lévy-Leduc et al.，2014
	PSYCHIC	Ron et al.，2017
	TADbit	Serra et al.，2017
	TADtree	Weinreb and Raphael，2016
聚类	CHDF	Wang et al.，2015
	CluterTAD	Oluwadare and Cheng，2017
	IC-Finder	Haddad et al.，2017
网络模块化	3DNetMod	Norton et al.，2018
	MrTADFinder	Yan et al.，2017
	Spectral	Chen et al.，2016b
其他	deDoc	Li et al.，2018
	HiCDB	Chen et al.，2018
	DomainCaller	Dali and Blanchette，2017
	OnTAD	An et al.，2019

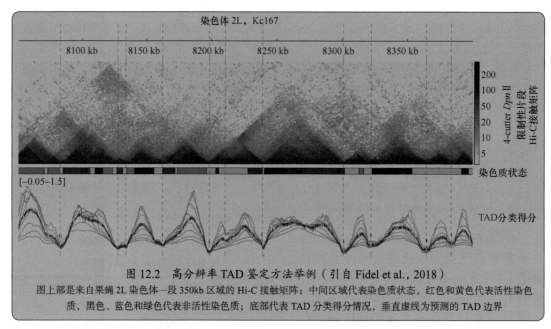

图 12.2　高分辨率 TAD 鉴定方法举例（引自 Fidel et al., 2018）

图上部是来自果蝇 2L 染色体一段 350kb 区域的 Hi-C 接触矩阵；中间区域代表染色质状态，红色和黄色代表活性染色质，黑色、蓝色和绿色代表非活性染色质；底部代表 TAD 分类得分情况，垂直虚线为预测的 TAD 边界

表 12.4　基因环结构鉴定软件（引自 Forcato et al., 2017；吕红强等, 2019）

类型	软件	来源 / 文献
显著交互	Fit-Hi-C	Ay et al., 2014
	HiCCUPS	Rao et al., 2014
	HIPPIE	Hwang et al., 2015
	CISD_loop	Zhang et al., 2017
差异交互	diffHic	Lajoie et al., 2015
	FIND	Djekidel et al., 2018
其他	GOTHiC	http://bioconductor.org/packages/release/bioc/html/GOTHiC.html
	HOMER	http://homer.ucsd.edu/homer/download.html

三、三维基因组组装与可视化

1. 三维基因组数据辅助基因组组装　　目前基于三维基因组数据进行基因组组装的工具主要包括 3d-dna、ALLHiC、Lachesis 和 SALSA 等。Burton 等（2013）最早发表了 Hi-C 基因组组装软件 Lachesis。基于染色体内部的位点互作强度大于染色体之间的位点互作强度、染色体内部的位点互作强度随着距离增加而减少的原理，Lachesis 依次进行拼接序列（contig）聚类和染色体确定（cluster into chromosome groups）、确定拼接序列在染色体上的顺序（order contigs within groups）和确定拼接序列方向（assign contigs orientations）三个流程，完成 Hi-C 基因组染色体组装（图 12.3）。2017 年发表的 Hi-C 数据组装软件 SALSA（Ghurye et al., 2017），其组装的准确率相对于 Lachesis 提高不少，但 SALSA（包括它的更新版本）的定位更像是利用 Hi-C 数据进行 "scaffolding" 的软件，并未发挥 Hi-C 在染色体水平组装的优势。

染色体聚类算法原理为染色体内部两两位点之间的互作频率远大于染色体之间两两位点的互作频率。因此根据两两位点之间的互作频率分布，就可以将属于同一染色体的两两位点进行聚类，而两两位点之间由于数量巨大，可以像基因组组装算法涉及大量重叠群一样，进行更加细致的关联聚类，包括确定位置顺序甚至方向。

2017 年，Dudchenko 等（2017）发表了全新的 Hi-C 组装软件 3d-dna。3d-dna 流程中通过反复矫正和组装来最终获得高质量、高准确率的染色体水平组装（图 12.4）。但其很大的缺陷是 3d-dna 只在人类基因组和蚊子基因组的拼接中测试成功（其 2018 年 4 月的更新版本已经可以用于大部分基因组）。对于多倍体和高杂合等物种，由于等位基因序列的相似性，使得不同套染色体之间的 contig 出现了假信号，最终错误地将不同套染色体的 contig 连在一起。针对这些复杂基因组的 Hi-C 组装难题，唐海宝团队研发了 ALLHiC 流程（Zhang et al.,

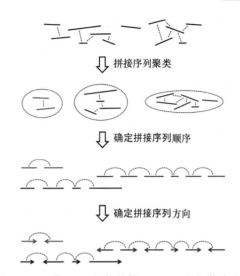

图 12.3　经典 Hi-C 组装软件 Lachesis 的组装流程
（引自 Burton et al., 2013）

2019a），他们利用亚基因组间等位基因间的 Hi-C 信号辅助聚类和拼接，获得了比较理想的效果。

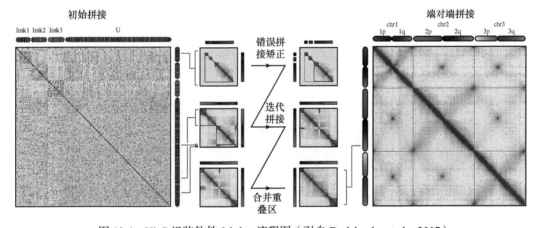

图 12.4　Hi-C 组装软件 3d-dna 流程图（引自 Dudchenko et al., 2017）
左图代表未通过 3d-dna 进行矫正组装前的 Hi-C 互作矩阵图谱，包含连锁群 link1、link2、link3 和未分类区域（U）；中图代表 3d-dna 利用 Hi-C 数据进行矫正和组装的流程，包含 Hi-C 数据矫正、迭代搭建框架（scaffolding）和合并重叠区域三个步骤；右图为通过 3d-dna 完成矫正组装后的 Hi-C 互作矩阵图谱。可以明显发现，获得染色体 1、染色体 2 和染色体 3 三个连锁群，证明了 3d-dna 的实际效果

基于 Hi-C 互作矩阵判断基因组拼接是否理想有两个关键点：第一点为 Hi-C 数据标准化及生成互作矩阵的质量，如果这一步质量不可靠，会影响后续的判断；第二点为染色体内部互作频率分布图。正常情况下 bin 和 bin 之间的互作频率分布是比较平稳的，当出现异常情况时，如某个 bin 和上游或下游 bin 的互作频率相对于这条染色体内其他 bin 异常小，这说明可能拼接存在问题。可能是这个 bin 不属于这条染色体，在进行全局互作矩阵观察时就可以看到，即这个 bin 和其他某条染色体存在很高的互作频率关联。如果这个 bin 单纯是和上 / 下游 bin 互作频率异常低，而全局都找不到互作高的区域关联，可以把这个 bin 单独切割出来，不挂上染色体。此外，染色质活性差异、GC 含量及特殊结构等也可能造成干扰，但这些影响可能有限，不会造成非常突兀的互作频率差异。

2. 三维基因组数据可视化　　随着三维基因组数据的种类和数量的不断产生、累加，图形化显示需求也日益增长，最初是简单的互作矩阵热图，如今染色质各级结构、各类数据需要更加有效的工具或者平台进行展示，因此一些 Hi-C 可视化平台相继出现。如表 12.5 所示，Hi-C 数据可视化软件可按照平台的实现模式分为在线工具和本地软件。本地软件以 HiCPlotter 为例，该软件由 Akdemir 等开发，专门用于 Hi-C 数据对比分析（Akdemir and Chin, 2015）。其将不同条件下的 Hi-C 矩阵热图与多能性因子、长非编码 RNA 及结构蛋白等进行图形化并置，极大方便了基于 Hi-C 技术的染色体结构与功能对比分析。在线三维基因组可视化工具则以 3D Genome Browser 为例，其由 Wang 等（Wang et al., 2018）在 2018 年开发，囊括了人类与小鼠的 300 多项不同类型数据，包括 Hi-C、ChIA-PET、Capture Hi-C、PLAC-Seq 等（图 12.5）。

表 12.5　Hi-C 数据可视化软件（改自吕红强等，2019）

类型	方法	来源
在线工具	WashU Epigenome Browser	http://epigenomegateway.wustl.edu/
	3D genome browser	www.3dgenome.org
	3Disease Browser	http://3dgb.cbi.pku.edu.cn/disease/
	Galaxy HiCExplorer	https://hicexplorer.usegalaxy.eu
	HiC-3Dviewer	http://bioinfo.au.tsinghua.edu.cn/member/nadhir/HiC3DViewer/
本地软件	Delta	http://delta.big.ac.cn
	HiCPlotter	https://github.com/kcakdemir/HiCPlotter
	Juicebox	http://aidenlab.org/juicebox

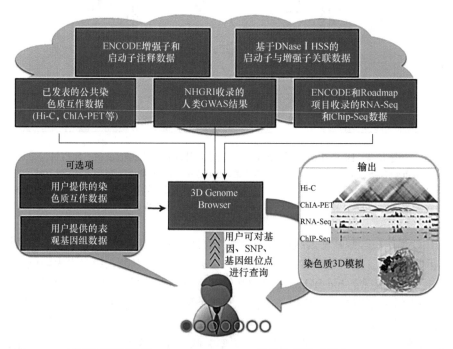

图 12.5　三维基因组浏览器 3D Genome Browser 的整体设计（引自 Wang et al., 2018）

ENCODE（encyclopedia of DNA elements）. 美国 NHGRI 资助的一个国际合作项目；NHGRI（National Human Genome Research Institute）. 美国 NIH 下属研究机构之一；DNase Ⅰ HSS. 脱氧核糖核酸酶Ⅰ超敏感位点

第二节 单细胞组学数据

一、单细胞组学技术概况

1. 单细胞基因组及多组学研究 传统意义上在整个个体、器官或组织水平上使用组学方法进行的相关研究越来越丰富了我们对生物学的理解。虽然这些方法为研究生物学问题开辟了新天地，但由于在分析样品制备过程中通常以一群细胞为一个样本，分析结果仍是所研究效应的均值。事实上，生物体中没有两个细胞是完全相同的，每种细胞类型都有不同的谱系和独特的功能，对组织和器官生物学产生影响，并最终定义机体整体的生物学功能。所以传统组学方法仍存在细胞异质性的困扰。而解决细胞异质性问题的最好方法就是单细胞分析技术，单细胞分析技术一直未得到广泛应用的原因主要包括两个方面：第一是单细胞分选操作，从单细胞悬液分离出单个细胞用于分析是一个难点；第二是单个细胞核酸量仅为几个 pg，进行组学分析前需要进行无偏扩增才能达到目前测序要求。然而自 2009 年汤富酬等首次报道单细胞 RNA 测序技术以来（Tang et al., 2009），单细胞分选技术及单细胞核酸无偏扩增技术取得飞速发展（图 12.6）。2013 年，*Science* 将单细胞测序技术列为年度最值得关注的六大领域榜首，*Nature Methods* 同样将该技术评为 2013 年年度最重要的方法学进展。此外，2017 年美国制定了与"人类基因组计划"相媲美的"人类细胞图谱计划"，致力于建立一个健康人体所包含的所有细胞的参考图谱。截至 2021 年 3 月，单细胞 RNA 领域已发表相关论文 1244 篇，细胞测序数量呈现持续增加趋势（图 12.7）。

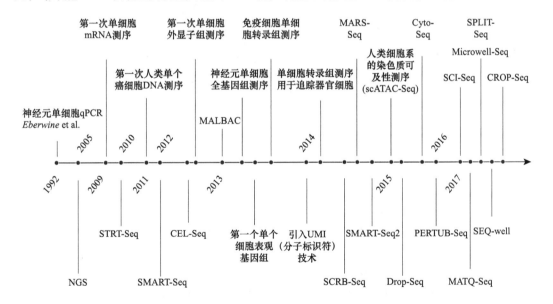

图 12.6 单细胞组学研究历程（引自 Paolillo et al., 2019）

由于植物细胞相对于动物细胞存在细胞壁，且不同类型细胞的细胞壁厚薄不均，酶解条件不易协调，另外植物细胞大小存在巨大差异，所以单细胞技术在植物界的应用相对缓慢。但由于相关技术的突破，目前植物单细胞研究已经呈现加速趋势（图 12.7）。2015 年，美国 Kenneth Birnbaum 团队借助融合荧光蛋白（GFP）技术，特异挑选了拟南芥静止中心

（quiescent center，QC）细胞和中柱细胞进行 CEL-Seq 测序，将单细胞测序与转录组测序联合，首次在植物组织中完成了单细胞水平的标记基因筛选，挖掘出了新的 QC 细胞、中柱细胞、根毛细胞的标记基因（Efroni et al.，2015）。后续得益于 SMART-Seq2 和 CEL-Seq2 技术对组织单细胞的高分辨率分析，Birnbaum 团队（Efroni et al.，2016）和 Brad Nelms 团队（Brad et al.，2019）分别在 Cell 和 Science 发表文章，完成了对拟南芥根尖愈伤组织和玉米性母细胞的分化研究。高精度的单细胞测序捕捉到了愈伤组织和性母细胞在进入分化阶段前的瞬息变化，打破了传统转录组的限制，很大程度上推进了植物细胞图谱的精细研究。随着高细胞通量的 10×Genomics 技术为植物单细胞研究带来了新的突破口，2019 年连续 6 篇文章利用 10×Genomics 技术研究了拟南芥的根系细胞（Kook et al.，2019；Turco et al.，2019；Denyer et al.，2019；Jean et al.，2019；Zhang et al.，2019c；Shulse et al.，2019），从发育信号调控、突变株分子机制、抗逆机制三个方向进行相关研究，同时还完成了更加详细精确的标记基因筛选。同年，华中农业大学严建兵教授团队建立了新的单细胞甲基化研究方法 scBRIF-Seq，并针对玉米花粉细胞进行甲基化研究，发现了四分体内的甲基化同步和不同四分体的甲基化差异性。这篇文章填补了植物单细胞表观研究的空白（Li et al.，2019a）。截至 2021 年 3 月，已有 30 篇植物（涉及拟南芥、水稻、玉米、番茄等）单细胞组学相关研究论文发表。

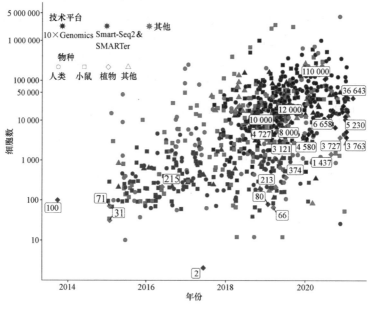

图 12.7　单细胞 RNA（scRNA）研究进展（引自 Chen et al.，2021a）

图中列出了最近 5 年利用不同类物种和不同单细胞技术平台发表的 1244 篇论文情况。植物单细胞研究细胞数单独框出

植物单细胞组学分析就是在单个植物细胞的分辨率基础上，研究细胞内的基因组结构变化、基因表达、DNA 甲基化等信息，探索生长发育等过程中不同细胞类型基因层面的变化与表观关系，从而解决植物领域相关生物学问题。总的来说，植物单细胞研究还处于快速发展时期，今后的植物单细胞研究，无论是在样本复杂度还是数据挖掘深度上的拓展，都将是很不错的选择。

2. 单细胞组学新技术　　除基因组、转录组外，单细胞多组学分析同样发展迅速，如单细胞基因组、转录组与单细胞表观基因组学的结合。Science 更是将单细胞多组学分析列为 2019 年年度方法。单细胞多组学技术中尤以应用较多的染色质开放性测序技术发展最为迅速，此外，空间转录组技术因其可以获得组织细胞空间位置信息的独特优势，同样成为单细胞研究领域的热点话题。

众所周知，染色体绝大部分区域是紧密折叠的，仅有少部分比较松散，而这部分松散（开放、易接近）区域往往是转录发生调控区域，是特异性反式作用因子和顺式调控元件相互作用的前提。染色质开放性测序技术（assay for transposase-accessible chromatin with high throughput sequencing，ATAC-Seq），即利用转座酶将接头序列插入基因组的开放区域，然后通过高通量测序获得转录因子等转录调控的关键信息（Buenrostro et al.，2015）。通过单细胞 ATAC-Seq 和RNA-Seq，可从单细胞水平充分展示表观基因组学和转录组学的信息，双组学联合可深入挖掘基因表达的动态调控机制，更深入地探索动植物生长发育调控的具体过程。

此外，在多细胞生物中，单个细胞的基因表达多是严格按特定的时间和空间顺序发生，即基因表达具有时间特异性和空间特异性。时间特异性可以通过对不同时间点的样本取样，使用单细胞转录组测序技术来解析时间维度上的细胞类型和基因表达模式。空间特异性信息则相对较难获得。常规转录组测序和单细胞转录组测序都难以还原细胞所处的原始位置信息。传统的原位杂交技术又很难实现高通量检测。空间转录组技术则可以测量完整组织切片的总 mRNA，将总 mRNA 的空间信息与形态学内容相结合，并绘制所有基因表达发生的位置（Moncada et al.，2020）。在确定不同细胞群的同时保留其空间位置，为细胞功能、表型和组织微环境中位置的关系提供了重要信息。由于植物细胞存在细胞壁，目前空间转录组技术已由 10×Genomic 公司推出商业化产品，对于原生质体相对较难制备的植物单细胞研究，植物空间转录组将带来新的研究思路。Giacomello 等（2017）最早对植物空间转录组进行了探索，提供了植物中第一个高分辨率的空间分辨基因表达资源，使用空间转录组数据识别了拟南芥花序组织域中基因水平的表达模式差异，同时还证明空间转录组技术对拟南芥花序分生组织，毛白杨发育和休眠叶芽（代表被子植物），以及云杉雌球果（代表裸子植物）组织的适用性，还具体阐述了植物空间转录组的样品制备流程（包括组织切片、组织透化等具体流程）。相信随着越来越多的相关技术探索，植物空间转录组技术将是植物研究领域的一大热点。

二、单细胞基因组分析

单细胞基因组学分析的前提是获得单个细胞中高覆盖度的完整基因组后，进行 DNA 高通量测序（具体分选扩增方法详见第 2 章），通过生物信息学分析获得细胞中的遗传变异信息，进一步用于揭示细胞群体差异和细胞进化关系。单细胞基因组测序技术已逐渐被应用于生殖系演化、组织 / 器官发育、肿瘤进化、临床诊断、组织嵌合、胚胎发育等研究领域，同时也极大地提升了宏基因组的研究维度（一个肿瘤生物学领域应用示例见图 12.8）。而在数据分析时主要集中于获得单克隆细胞的具体突变及精准的突变频率，进行拷贝数畸变或突变的生物学分析，描述克隆亚结构，推断克隆谱系，重建细胞（尤其是肿瘤细胞）进化及鉴定突变的共现或互斥性。针对微生物研究，主要是对单个古菌和细菌细胞进行单细胞基因组测序，构建出微生物群落图谱。目前植物单细胞基因组分析相对于动物基因组研究较少（Luo et al.，2020）。严建兵团队发表的玉米减速分裂时期单细胞基因组，为国际首篇植物单细胞 DNA 测序文章（Li et al.，2015）。

1. 数据分析和应用案例　单细胞基因组分析流程总体与传统基因组分析类似。首先需要进行数据质控，如去除接头污染和低质量数据。过滤后的测序数据与参考序列进行比对、统计测序深度及覆盖度；结合不同的实验目的进行不同细胞的变异类型（如 SNP、Indel 和CNV）的检测、注释及统计。SNP 和 Indel 是基因组上单个点或若干个（通常不多于 50 个）点上碱基的改变。目前大多数检测效果较好的分析软件都是先利用 Genome Analysis Toolkit

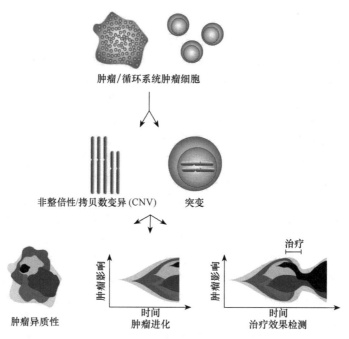

图 12.8　单细胞 DNA 测序的应用——以肿瘤生物学研究为例（引自 Bos et al., 2018）

通过测序肿瘤细胞或循环肿瘤细胞，可以鉴定非整倍性、拷贝数变异和 / 或突变。这些可用来表征肿瘤的异质性，确定其进化路径，并有利于监测治疗

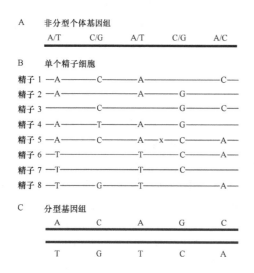

图 12.9　通过单倍体单细胞基因组 SNP 连锁关系获得个体基因组相位分型信息（引自 Huang et al., 2015）

A. 对二倍体进行普通基因组测序，发现其包含 5 个杂合单核苷酸多态性（SNP）位点。B. 对单个精子细胞进行基因组测序，其中蓝色 "T" 表示全基因组扩增或测序产生的错误；黑色 "x" 代表重组中的交叉点，即父本与母本 DNA 之间的转换点。C. 最终利用每个单个精子细胞的 SNP 连锁信息，确定基因组相位

（GATK）初步检测，再根据不同项目需求对检测到的 SNP 和 Indel 进行筛选，最后通过公共数据库或本地数据库对 SNP 和 Indel 进行注释。而 CNV 是一种基因组结构变异（SV），是由基因组发生重排而导致的基因组大片段（一般长度在 1 kb 以上）拷贝数增加或者减少。但针对拷贝数变异的检测方法有很多，原理和流程也不尽相同。10×Genomics 推出的 cellranger-DNA 中的 CNV 分析流程同样是对传统 CNV 分析软件和流程的整合。只需简单两步即可完成分析：① 通过 mkfastq 命令获取 FASTQ 格式测序序列文件，并进行基本的质控控制；② cnv 命令进行单个细胞 CNV 分析。

　　基于上述单细胞基因组 DNA 遗传变异可以开展许多生物信息学分析内容。以确定个体基因组相位为例。人类、动物和许多植物基因组存在大量杂合位点，获得一个相位确定的基因组（phased genome）对于后续许多研究和应用非常重要。一个相位未定的个体基因组，通过单倍体（如性细胞）的单细胞基因组测序与分析获得 SNP 连锁信息，就可以确定个体

基因组的相位（图 12.9 提供了一个通过精子细胞确定个体基因组相位的案例）。

2. 单细胞基因组数据分析的难点　　理论上，单细胞基因组数据可以提供单个细胞基因组中发生的全部变异信息，包括 SNP、Indel 和 CNV。然而，在单细胞基因组测序的过程中，不可避免地需要用到 DNA 的全基因组扩增（WGA）技术，而这种扩增会引入错误和偏差，给单细胞基因组的变异分析带来挑战。一般情况下，检测不同类型的变异往往使用不同 WGA 技术，例如，研究 CNV 适合使用基于 PCR 相关的扩增方法，因为该方法得到的读序覆盖均一性更好；研究 SNV 更适合使用 MDA 相关扩增方法，该方法的错误率低。虽然目前已经开发出一些低错误率和高均一性的 WGA 方法，如 MALBAC、LIANTI 等，但是从测序数据中准确鉴定所有变异类型的分析方法仍是至关重要的。

所有 WGA 扩增方法都存在扩增误差（假阳性）和扩增偏倚。扩增偏倚相比于扩增误差对后续单细胞分型和进化分析的影响更大。扩增偏倚主要有以下三个方面：①等位基因比例不平衡，即两个等位基因之一的优先扩增会导致杂合突变位点的读序数量失真；②等位基因缺失，即包含杂合突变的等位基因位点只有一个被扩增或者测序；③位点丢失，即一个位点的两个等位基因都扩增失败导致该位点观察不到任何信息。

目前针对单细胞基因组测序数据的 SNV 鉴定软件有 Monovar、SCcaller 和 SCAN-SNV 等。① SCcaller 首先分别检测每个细胞的变异情况，再通过整合邻近的种系等核苷酸多态性来解决局部等位基因的扩增偏倚。该软件的原理是，等位基因缺失会影响基因组的连续区域，该区域的范围可以容纳几个杂合突变基因座。② SCAN-SNV 的工作原理类似，将区域特定的等位基因平衡模型拟合到一个参考样本（种系杂合突变）中。③ Monovar 使用正交方法来鉴定变异，该方法假定位点之间没有依赖性，通过整合多个细胞之间的测序信息来解决低覆盖率、不均一覆盖和等位基因假阳性。此外，由于体细胞没有重组现象，因此可以利用一种组织来源的单细胞构建细胞谱系，而细胞谱系往往是根据单细胞的突变来构建的；单细胞变异情况的鉴定影响到其细胞谱系的构建。目前，Genotyper、SciCloneFit、SciΦ 等软件可以在单细胞基因组数据中鉴定变异的同时构建细胞谱系；SSrGE 能够在单细胞转录组数据中同时鉴定 SNV 和基因表达量。

鉴定单细胞基因组数据中 CNV 事件的软件有 Aneufinder 和 Ginkgo（在线工具）。Aneufinder 基于隐马尔可夫模型，Ginkgo 使用循环二进制分段的方法来查找 CNV。此外，HoneyBADGER 和 inferCNV 利用单细胞转录组数据来鉴定 CNV。

实际上，目前已有的 SNV 鉴定软件已将扩增误差和等位基因缺失等现象考虑到模型里面。但是，更难的是如何开发更加成熟的统计学模型，将扩增误差和扩增偏倚同时以内部参数的形式考虑进去，并且进一步量化由此产生的不确定性。此外还存在许多挑战，例如，如何扩展这些统计学模型，将单细胞谱系构建和单倍型分型结合在一起；如何整合普通的高深度测序数据和单细胞转录组数据来提高 SNV 鉴定的准确性。至于单细胞基因组数据的小片段插入和缺失的鉴定，目前还没有软件可以实现。最后值得一提的是目前尚缺少单细胞基因组 SNV 和 CNV 鉴定软件系统评估的结果，这也是单细胞数据分析方法研发的重点之一。

三、单细胞转录组分析

传统植物转录组学研究通常是将植物整个器官或组织均质化后测序，因此每个细胞对转录（基因表达）丰度的贡献无法计算与评估。这种方法虽然有助于在器官或组织水平上解决许多生物学问题，但是无法了解发生在罕见细胞类型或单个细胞中的转录过程，也无法了解同一器官或组织单个细胞之间基因表达的差异。在单细胞测序技术出现之前，在植物中一般使用三种不同的方法来进行单个细胞的转录分析：流式分选（FACS）、单个细胞类型中分离标记的细胞核（INTACT）和激光捕获显微切割（LCM）。流式分选前，需要将植物样本先制备成原生质体，然后荧光标记不同细胞类型。INTACT技术需要转基因标记特定细胞类型的细胞核，通过免疫纯化获取特定标记的细胞核，可以避免分离和机械纯化整个细胞的需要。激光捕获显微切割则是根据细胞的形态特征切除特定类型的细胞。然而，FACS和INTACT这两种技术都只能应用于容易转化的植物，从而限制了它们在其他植物物种中的应用。虽然LCM可以应用于更广泛的植物物种，但LCM和FASC一样，样本处理条件比较苛刻，需要高度复杂和昂贵的设备，且只能获得低于最佳产量和浓度的目标细胞。

单细胞数据分析实践发现，传统生物信息学分析工具并不能很好地适用于单细胞数据分析，需要专门的统计方法和快速有效的软件以便分析庞大的单细胞数据。目前专门用于分析这些单细胞数据的工具数量急剧增加。例如，Zappia等对单细胞转录组分析工具进行统计（Zappia et al., 2018），截至2021年4月，已开发出超过900种单细胞数据分析相关软件。软件多用R语言和Python语言编写，涉及单细胞数据分析各个方面，尤以可视化、标准化、降维和聚类等单细胞分析特有方面居多（图12.10）。

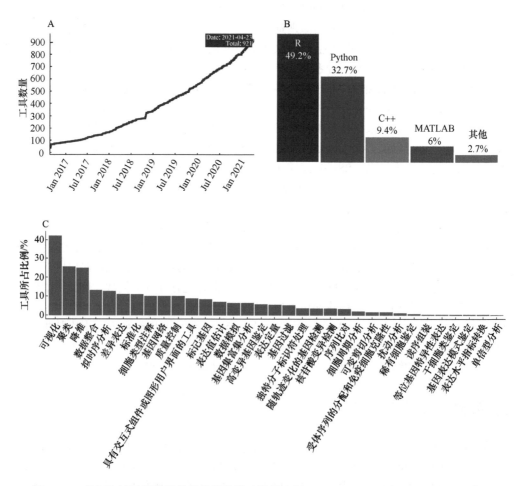

图 12.10　单细胞转录组数据分析软件统计（资料来源：https://www.scrna-tools.org/table）
A. 单细胞转录组数据分析软件数量增长情况；B. 分析软件所用计算机语言；C. 单细胞转录组数据分析涉及主题和比例

目前针对单细胞转录组分析已制定出一个初步分析流程（图 12.11 A）。总体流程包括获取表达矩阵、质控、过滤细胞、标准化、聚类降维、差异分析、拟时分析、富集分析等。前面三步（黄色）对于任何高通量测序数据是通用的，紧随其后的三步（橙色）是要将传统 RNA-Seq 分析中已有的方法和新开发的方法结合起来解决 scRNA-Seq 的技术差异问题，最后的部分（蓝色）则需要使用专门为 scRNA-Seq 开发的方法来进行生物分析解读。流程中的每个步骤都有许多方法和软件程序可供选择。研究目标、单细胞分离平台和一般的实验室考虑因素将在很大程度上决定使用的特定分析流程及工具。单细胞测序常规分析步骤和一些常用工具概述如下（图 12.11 B）。

1. 获取表达矩阵　　单细胞数据分析的第一步与传统转录组测序分析一致——分析测序数据进行表达矩阵的获取。不同的是，传统转录组测序是一个样本为一个文件，对应表达矩阵中的列为样本、行为基因；但是单细胞表达矩阵中，通常列为单个细胞、行为基因，同时由于单细胞测序深度普遍较浅，大部分基因并未进行测序，所以表达矩阵中大部分数值均为 0。针对不同单细胞扩增测序方法，其表达矩阵的产生大同小异。目前应用较多的主要是 Smart-Seq2 和 10×Genomics（类似于 Drop-Seq）两种。两者主要的不同在于，Smart-Seq2 技术针对单个细胞会产生独立的数据文件，100 个细胞会产生 100 个测序文件；而 10×Genomics 则是将所有细胞的测序数据合并为一个测序数据文件。

不管哪种扩增方法，都需要利用测序系统进行后续测序。目前常用的 Illumina 测序系统生成的原始数据文件是二进制碱基检出（raw base call，BCL）格式。这种测序文件格式包含碱基检出和每个循环中每个簇的碱基检出质量。BCL 文件格式是在测序系统中使用的文件格式，需要转换成对应的 FASTQ 文件格式才能进行下游分析，目前传统转录组常用的 bcl2fastq 软件同样适用于单细胞测序数据分析。测序获得的原始数据中难免会存在一些低质量数据。为了保证后续分析结果的准确性和可靠性，需要根据碱基的质量信息对原始数据进行处理（即质控过滤）：①首先使用 FastQC 对原始数据进行质量控制，同时判断接头序列是否存在；②去除一些低质量的测序数据，如果存在接头序列，还需要删除数据中的接头序列信息，常用的如 Cutadapter 和 Trimmomatic。

获得可信的高质量测序数据后，需要将读序定位和比对到参考基因组中。目前传统转录组常用的比对算法（如 BWA、Bowtie2、STAR 等）均可用于单细胞测序数据比对。然后利用 htseq-count 等计数软件便可以获得所需表达矩阵。

A

图 12.11　单细胞转录组分析总体流程（A）和具体分析内容及其生物信息学工具（B）
（引自 Poirion et al.，2016；Luecken et al.，2019）

PCA. 主成分分析；MDS. 多维尺度变换；t-SNE. t-随机邻近嵌入；ERCC（external RNA control consortium）. 外源 RNA 定量协作组；ZIFA（zero-inflated dimensionality reduction algorithm）. 零膨胀降维算法；ACCENSE（automatic classification of cellular expression by nonlinear stochastic embedding）. 基于非线性随机嵌入的细胞表达式自动分类

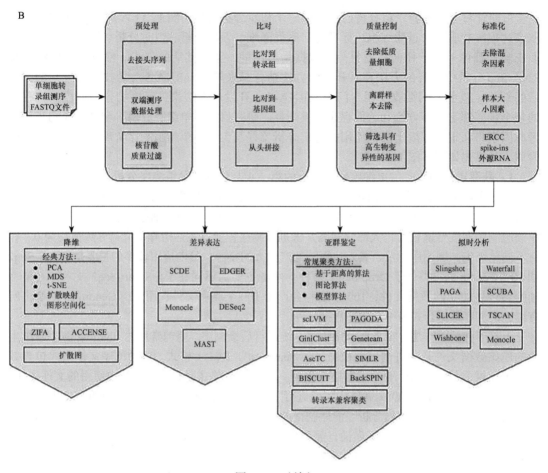

图 12.11　（续）

但是，由于 10×Genomics 单细胞测序过程中是将所有捕获细胞进行标记（barcode＋UMI）后混合测序，测序后仅生成一个数据文件，所以进行比对后，还需要根据之前的细胞标记序列将细胞对应的测序序列进行分配。同时随着 10×Genomics 单细胞转录组技术的普遍推广，为了更好地利用 10×Genomics 产生的数据，10×Genomics 公司开发了软件 cellranger 用于单细胞表达矩阵的获取。目前 cellranger 除了可以直接输入 Illumina 原始数据输出表达定量矩阵外，还可以进行初步的数据分析（如降维聚类、可视化等）。cellranger 单细胞分析流程主要包括：数据拆分（cellranger mkfastq）、细胞定量（cellranger count）、组合分析（cellranger aggr）、参数调整（cellranger reanalyze），应用较多的是数据拆分及细胞定量。数据拆分命令封装了 Illumina 的 bcl2fastq 软件，用来拆分 Illumina 原始数据（raw base call，BCL），输出 FASTQ 文件。细胞定量命令 count 是 cellranger 最主要也是最重要的功能，主要完成细胞和基因的定量，也就是产生所需的基因表达矩阵。

此外，针对目前还没有参考基因组的物种，由于单细胞测序深度的影响，需要将对应物种普通转录组测序所得的读序组装成转录本，然后取每条基因中最长的转录本作为 Unigene，所有基因 Unigene 的集合构成 Unigene 库，为无参物种提供一个比对分析可用的参考序列。

2. 细胞质控　获得准确的表达矩阵是单细胞数据分析的重点，在进行下游分析之前，应评估多个 QC 指标，帮助确定单细胞测序数据集的质量，过滤掉质量较低的细胞。常用的过滤指标包括文库大小、表达基因的数量、细胞周期控制和线粒体基因组比例 4 种。每种细胞类型都有一个预期的文库大小，对于 RNA-Seq，也有一个标准的表达基因数量。位于标准的预期范围之外的细胞（过低或过高）可能代表无须进行下游分析的低质量"细胞"，或者也有可能代表值得进一步研究的不寻常的细胞。目前常用的 10×Genomics 单细胞转录组每个样本可以达到 3000～10 000 的细胞数量，每个细胞平均测到 1 万～10 万的读序；Smart-Seq2 技术每个样本的细胞数量通常是 96 的倍数，细胞数一般不超过 500 个，但每个细胞的读序能达到百万级别的水平。单细胞测序建库的第一步就是单细胞悬浮液制备及分选，然而在制备分选过程中有时会造成一定数量的细胞破碎，导致细胞内线粒体基因转录本增加。通过检测细胞中线粒体基因组转录本比例，也可筛选出已破碎的细胞（线粒体基因转录本比例越高，细胞破碎的可能性越大，目前还未确定合适的线粒体比例作为筛选临界值，但大多采用 5% 作为筛选值）。

此外虽然于同一时间点进行取样制备，但是处于发育阶段的组织各细胞所处细胞分裂时期却有所不同，不同时期对于研究效应的反应是不一致的，为获得更加准确的结果，可以根据之前研究得出的细胞分裂时期特征基因，选择处于同一时期的细胞进行后续分析。

为满足质控的需要，目前根据 scRNA_tool 网站的统计，已经存在 68 个主要针对单细胞转录组数据进行前期质控等基本处理开发的软件（常用的如 R 包 Scater 和 Scran）。

3. 数据可视化和细胞类型注释　　获得表达矩阵，并且完成了初步质控后，由于单细胞数据的高维度、基因长度差异、覆盖度差异及实验过程中的偏好性等因素，还需对数据进一步质量标准化，得到质量较好数据集以进行可视化和深入分析（常规三大分析包括细胞类型鉴定分析、标记基因鉴定和拟时间分析），获得所研究细胞的生物学特征。针对不同的分析内容，有如下对应的生物信息学方法和分析软件可以使用。

1）Seurat（Butler et al.，2018）是一个基于 R 语言开发的单细胞 RNA-Seq 综合分析软件，是目前常用的单细胞数据分析软件，集归一化、降维、绘图、热图和数据集成等多种工具来评估细胞异质性。一般情况下，Seurat 首先使用降维方法将多维数据（一般数千至上万个细胞，而且每个细胞都有数千个表达基因）转换为可以理解（低维）的形式，通过数学方法（如 PCA、t-SNE 和 UMAP）将维数减少到二维或三维来表示。

2）PCA（principal component analysis，主成分分析方法）是一种使用最广泛的经典数据降维算法。PCA 的主要思想是将 n 维特征映射到 k 维上（$n>k$），从原始的空间中顺序寻找一组相互正交的坐标轴，其中，第一个新坐标轴选择是原始数据中方差最大的方向；第二个新坐标轴选择是与第一个坐标轴正交的平面中使方差最大的方向；第三个轴是与第一、二个轴正交的平面中方差最大的。依次类推，可以得到 n 个这样的坐标轴。通过这种方式获得的新的坐标轴，大部分方差都包含在前面 k 个坐标轴中，后面的坐标轴所含的方差几乎为 0。通过忽略余下的坐标轴，只保留前面 k 个含有绝大部分方差的坐标轴，实现对数据特征的降维处理。

3）t-SNE（T-distributed stochastic neighbor embedding，t 分布随机邻近嵌入）是用于降维的一种机器学习算法，一种比 PCA 更有效的非线性降维方法，它是基于在邻域图上随机游走的概率分布，在数据中找到其结构关系。t-SNE 在高维空间中采用高斯核心函数，定义了数据的局部和全局结构之间的软边界，保留数据的局部和全局结构，以便将流型上的附近点映射到低维表示中的附近点。

4）UMAP（uniform manifold approximation and projection，均一流形逼近与投影）是一种新的降维流形学习（manifold learning）技术，它是建立在黎曼几何和代数拓扑理论框架上的对嵌入维数没有计算限制的降维算法。UMAP 算法相比于 t-SNE，保留了更多全局结构，具有优越的运行性能和更好的可扩展性。

将细胞聚类通常是任何单细胞分析的第一个中间结果。聚类获得的簇允许我们推断细胞类型。根据细胞基因表达谱的相似性对细胞进行分组，得到细胞簇。通过距离度量来确定表达谱相似性，通常将上一步分析得到的降维结果作为输入。聚类通常是直接基于距离矩阵计算。通过最小化簇内距离或在减少的表达空间中找到致密区域，将细胞分配给各个分群（cluser）。目前流行的 K-means 聚类算法是通过确定簇中心并将细胞分配到最近的簇中心，迭代优化质心位置，将细胞分为 k 个簇。但是这种方法需要输入预期的簇数量，通常是未知的，必须进行启发式校准。此外，图形分割算法（graph-partitioning algorithm）也常应用于单细胞降维分析中，首先需要构建 KNN（K-nearst neighbors，K 最近邻）图，图中将细胞表示为节点，每个细胞与其 K 个最相似的细胞相连，这些细胞通常使用欧几里得距离在 PCA 缩减的表达空间上获得。

单细胞数据分析中最为关键的一步就是细胞类型注释，后续相关分析均是基于类型注释结果进行。以上得到的细胞聚类图，其实就对应着不同特定细胞状态或类型。根据目前已经发表的植物单细胞文章来看，主要包含三种方法：①标记基因（marker gene）鉴定方法，这种方法是最简单的方法，主要取决于是否有对应的标记基因列表，即标记基因数据集。基于早期实验、普通转录组测序和目前的单细胞转录组研究结果，在人类和模式动物中都建立了相应的标记基因数据库，如 CellMarker、PanglaoDB、SignatureDB 等。本书编者建立了植物单细胞转录组分析数据库 PlantscRNAdb（http://ibi.zju.edu.cn/plantscrnadb/），提供了目前主要的植物单细胞类型注释分析所需的标记基因集（Chen et al., 2021c）。目前植物单细胞均基于拟南芥根尖，大多是因为拟南芥作为模式植物，根尖各细胞类型已经鉴定出大量的标记基因。②传统转录组（bulk RNA）数据关联分析，通过将单细胞 RNA（scRNA-Seq）聚类中每个簇的平均基因表达值与传统 RNA（特定细胞系，植物一般通过 GFP 蛋白进行筛选）表达值（一般选取每个细胞类型的前 50% 最易变的基因）进行比较，基于得出的 Spearman 相关系数进行特定细胞类型关联判断。③细胞同质性指数（indexof cell identity，ICI）算法，通过评估数百种基因的表达，计算单个细胞属于特定拟南芥根细胞类型并返回最佳细胞类型匹配的概率。使用自举法估算与单元类型分配相关的概率，并使用 Benjamini-Hochberg（BH）方法对统计测验结果进行校正。然而依赖手动注释来确定细胞类型费时费力，细胞和样品数量的指数增长也促使了自动细胞类型识别分类方法的快速发展。目前细胞类型自动注释方法主要分为两种：①监督方法，需要标记完善细胞群的训练数据集进行训练分类器的构建；②基于先验知识的方法，需要标记基因文件特定细胞的预训练分类器作为输入。具体软件列表可见 https://www.scrna-tools.org/tools。

4. 拟时序分析　　最能体现单细胞转录组分析优势的在于单细胞拟时序（pseudotime）或细胞轨迹（cell trajectory）分析。拟时序分析的字面意思是通过构建同一时间点细胞间的变化轨迹来模拟细胞随着时间的分化过程。根据具体的分类分析和复杂程度，拟时序分析可以分为细胞轨迹分析和细胞谱系分析：①细胞轨迹分析通常指的是细胞沿着某个过程开始和终止，轨迹具有简单树状结构，一端是"根"，另一端是"叶"；②细胞谱系分析通常指的是某类祖源细胞，在特定条件下有多个发育轨迹和命运，变化过程类似复杂树状分支变化过程。拟时序分析的意义在于可以发现现有传统方法未发现或无法发现的发育细胞新类型（图 12.12A）。传统方法会把这些不同发育类型细胞混合在一起，给出的是一个综合趋势。

拟时序分析（拟时间序列分析）一般包括关键基因选择、数据降维和在拟时间内排列细胞三个基本步骤，常用软件包括 Monocle 和 STREAM。Monocle2（2019 年已更新至 Monocle3）通过反向图嵌入学习单细胞轨迹的方法，每个细胞都可以表示为高维空间中的一个点，其中每个维对应于有序基因的表达水平。高维数据首先通过 PCA、UMAP 等几种降维方法投影到较低的维空间。

然后 Monocle2 在自动选择的数据中心集上构造一个生成树。最后，该算法细胞移动到树中最近的顶点，不断更新顶点的位置以"适合"细胞，学习新的生成树，并迭代地继续这个过程，直到树和细胞的位置收敛为止，获得最小生成树（minimum-cost spanning tree，MST）（图 12.12B）。一个具体拟时序分析案例可见拟南芥根部单细胞拟时序分析结果（图 12.13）。该研究利用 UMAP 降维方式可视化干细胞生态位（SCN）如何向近端分生组织（PM）和干细胞（SC）分化。

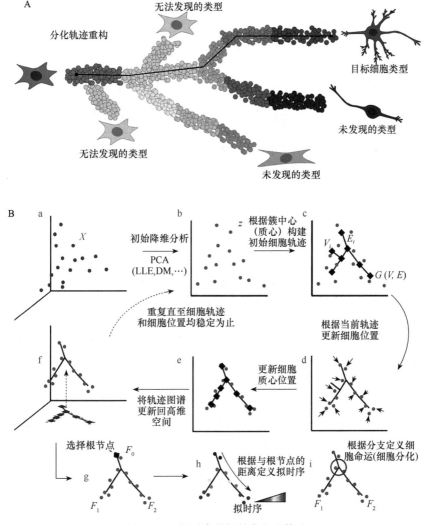

图 12.12　拟时序分析的意义和算法

A. 拟时序分析的意义（引自 Camp et al., 2018）。通过分化轨迹重构，可以发现现有方法未发现（off-target）或无法发现（failed）的发育细胞类型。B. 拟时序分析算法流程图（引自 Carter et al., 2018）。a. 每个细胞均表示为高维空间 X 中的一个点，其中每个维度对应有序基因的表达水平；b. 通过降维方法（如 PCA）将数据投影到较低维的空间 Z 中；c. 使用 K-means 等聚类方法自动选择的一组质心（菱形点）来构建最小生成树；d. 然后将其余细胞移向最近的树顶点；e. 同时将顶点位置进行更新，学习新的生成树；f. 然后迭代该过程，直到树和单元格均收敛为止；g. 根据背景知识选择一个树的尖端作为"根"（即发育起点）；h. 计算每个像元的拟时序作为其沿树到根的测地距离；i. 根据主图自动分配其分支

如何确定最小生成树的根或拟时序分析的起点？分析结果本身无法给出判断，需要研究者基于生物学知识和对研究对象的理解进行推断。确定了发育起点，就可以根据树结构判断细胞发育或分化轨迹，发现各类细胞之间发育过程中的关系。除了上述分析外，根据不同的科研目

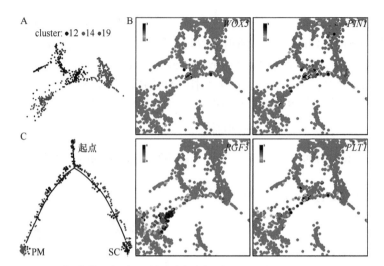

图 12.13　拟南芥根部单细胞拟时序分析结果（引自 Zhang et al., 2019c）

A. 干细胞生态位（SCN）细胞 UMAP 降维聚类获得近端分生组织（PM）、干细胞（SC）类群等（cluster12、14 和 19）；
B. 根分生组织标记基因（*WOX5*、*PIN1*、*RGF3* 和 *PLT1*）的表达模式，颜色代表 UMAP 图上单个细胞中这些基因的表达水平，
彩色条指示相对表达水平；C. SCN 细胞拟时序分析

的还可以进行更多的相关数据分析（如可变剪接分析、富集分析、网络分析等）。除了综合分析软件 Seurat 外，针对每个独立的分析步骤，目前已经存在大量免费或者商用软件。例如，目前已有用于降维分析的工具 142 种、聚类分析 151 种、差异分析 61 种等。

5. 细胞测定数量对单细胞转录组分析的影响　无论考虑到单细胞悬液制备的难易程度，还是实验成本的限制，确定单细胞使用细胞数量是进行单细胞组学研究首先要考虑的问题。一些研究表明，scRNA-Seq 数据分析中使用的聚类方法分析性能，很大程度上取决于样本量和生物材料的复杂性（Suner，2019）。此外，一味地增加测序细胞数量是否能获得更好的结果？例如，Bhaduri 等（2018）发现通过 50 000 个随机选择的细胞，可以区分或生物学解释 130 万个细胞构成的细胞类型。当前可用的估计细胞数量的生物信息学方法（如 HowManyCell 和 SCOPIT），均是基于组织中细胞类型数目及期望的目的类群细胞数等先验知识进行统计预估，并没有提供有关样本量是否影响单细胞转录组分析工具性能和分析结果的信息。本书编者整合已发表的拟南芥根部单细胞转录组数据（质控后获得约 5.7 个细胞），通过随机抽样，利用经典单细胞分析工具 Seurat 探究了 8 个不同细胞数量梯度的抽样样本对单细胞转录组常规分析（PC 选择、聚类分析、差异基因分析和拟时序分析）的影响（Chen et al., 2021a）。结果表明不同样本量对单细胞分析有重大影响，但存在一个饱和值，即测定细胞达到一定数量时，单细胞分析获得的细胞类群等结果就基本恒定。当细胞数少于 20 000 个时，不同的细胞数鉴定的细胞类群与整合样本相比存在较大的差异（图 12.14）。综合各方面研究结果，编者认为约 20 000 个（10 000～30 000）细胞的样本量，已可以获得特定组织（如拟南芥根）细胞组成的绝大多数关键信息。

第三节　基因组预测与选择

一、基因组数据与动植物育种

1. 基因组数据育种利用途径　如何利用基因组学研究成果促进动植物遗传育种技术进

步、提高育种效率和水平，是目前农业领域最迫切和最重要的任务之一。动植物遗传育种是一个复杂的系统工程，涉及面广，包括遗传背景解析（目标物种基因组、泛基因组或基因池和农艺性状相关功能基因等）和育种技术等。由于涉及基因组等组学大数据分析，育种应用领域已成为目前生物信息学研究的前沿之一。经过多年努力，生物信息学育种利用已取得一定进展，在育种过程中的各个环节形成了相应利用方法，显著加快作物遗传改良。具体应用领域，可以简单归纳为动植物育种的"5G"育种策略（图 12.15）。下文以作物为例，介绍以生物信息学为基础的"5G"育种技术。

（1）1G——基因组组装　　测序技术的进步加上改进的基因组组装算法，促进了水稻、玉米、小麦、大麦、大豆、棉花、高粱、番茄等至少 264 个作物基因组的重新组装。最近测序技术的进步，特别是长读序和物理图谱新技术，使人们能够获得任何物种染色体水平的双链准确拼接的二倍体基因组（phased diploid genome）。有效的基因组组装为开发基因组学工具和技术提供了可能，这些工具和技术可用于性状发现和分子育种等。基因组上所

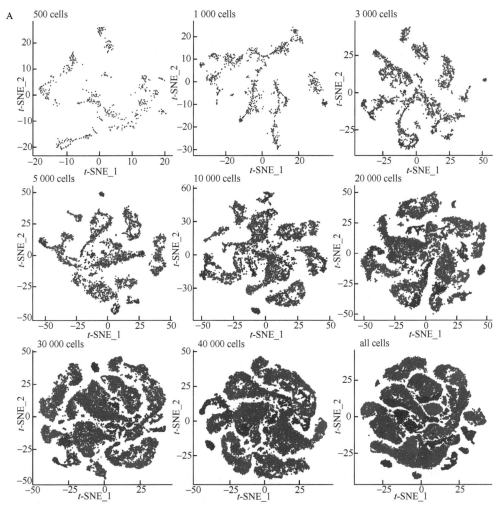

图 12.14　不同单细胞数量对细胞类型鉴定及拟时序分析结果的影响（引自 Chen et al., 2021a）

　　A. 基于不同拟南芥根单细胞测序数量进行 t-SNE 聚类的结果比较，单细胞测序数量从 500 个依次到 40 000 个和全部（约 57 000 个）细胞（all cells）；B. 不同细胞数下鉴定到的拟南芥根细胞类型比较；C. 不同细胞数下，拟南芥根分生组织和根毛细胞发育拟时序分析结果比较

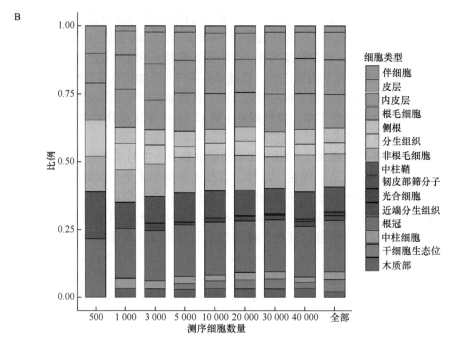

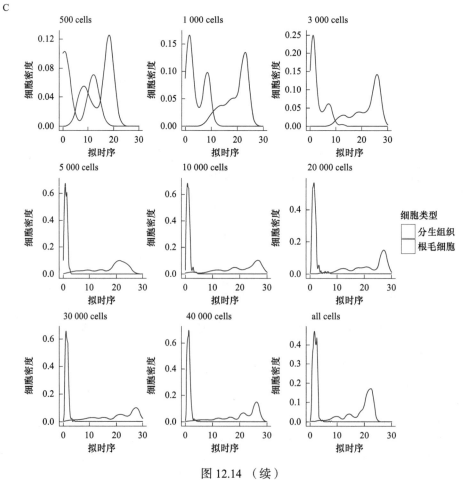

图 12.14 （续）

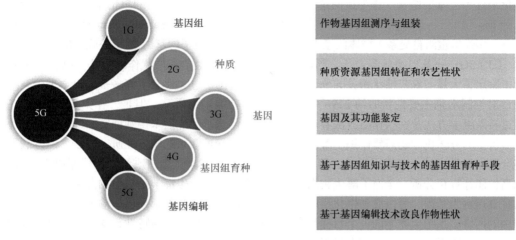

图 12.15 以生物信息学技术为基础的作物 "5G" 遗传改良技术或策略（引自 Varshney et al., 2020）

所谓 "5G" 育种策略，第一个 "G" 是作物物种的基因组测序组装（genome assembly），第二个 "G" 是种质资源基因组特征和农艺性状调查（germplasm characterization），第三个 "G" 是基因及其功能鉴定（gene identification and functions），第四个 "G" 是基因组育种方法（genomic breeding methodologies），第五个 "G" 是基因编辑技术（gene editing）。这 5G 的实现都离不开生物信息学方法和工具

有的遗传变异（包括 SNP、插入、缺失、颠换、拷贝数变化和表观遗传变化）都可以被鉴定出来。这些变异可用于基因芯片的定制、饱和遗传图谱的构建和数量性状基因座（QTL）的鉴定。由这些序列变异信息所定义的单倍型，可用于克服或利用育种计划中的连锁不平衡。同时基因组组装信息对于开发基因表达图谱、蛋白质组图谱、代谢组图谱和表观基因组图谱也至关重要。

随着测序成本的大幅降低，一些作物已经启动了大规模的基因组重测序项目。这样的项目会产生 "大数据"，给存储和计算带来挑战。这些挑战包括数据的汇总、整理、复杂的数据分析、可视化、检索和共享。加快基因组序列信息在下一代育种中的使用，需要定制的信息学平台，如 SNPSeek（水稻）(https://snp-seek.irri.org/_snp.zul)、Genomic Opensource Breeding Informatics Initiative（GOBII）(http://cbsugobii05.tc.cornell.edu/wordpress/) 和 Excellence inBreeding Platform（EiB）(https://excellenceinbreeding.org/)。这些平台对于育种家挖掘优良等位基因 / 单倍型，从而确定最适合育种亲本至关重要。

（2）2G——种质资源鉴定　　作物驯化和育种过程中遗传多样性不断变窄。而国家 / 国际基因库（种质库）提供了丰富的多样性等位基因来源，这些等位基因可能对未来的作物改良至关重要。在基因组和农艺性状水平上对尽可能多的种质资源进行鉴定，为确定特定等位基因和种质的潜在农艺价值提供了信息，从而有助于育种决策。对作物的大量种质集进行全面测序，提供了全基因组范围的关于种群结构、作物驯化等方面信息和见解。然而，为了挖掘有用的遗传信息，对收集的样本进行表型分析是必需的。NGS 技术和一些表型技术已经在一些作物中被用于基因-性状关联分析。这些研究为重要农艺性状的遗传结构，以及形态、农艺、发育和品质相关性状等位基因的鉴定提供了信息。在未来，对基因库中存在的全部种质进行测序及与表型的关联研究应是所有作物育种计划的主要组成部分。

大规模的种质鉴定中获得的单倍型可用于基于单倍型的育种决策或基因组选择。与此类似，有害效应突变（基因负荷）也可以通过大规模种质鉴定来识别，然后通过标记辅助选择或基因编辑来清除。最终，在每个位点识别出具有最小遗传负荷、最佳等位基因的优良亲本系，以优化最佳等位基因组合。作为迈向这一优化目标的早期步骤，当前的单倍型信息可用于 NAM （nest association mapping，巢式关联作图群体）和 MAGIC（multiparent advanced generation intercross，多亲本重组自交系）群体的亲本选择，以进行高分辨率的基因-性状关联分析。

（3）3G——基因功能鉴定　　利用一系列功能基因组学和性状作图方法，已在许多农作物中鉴定了大量与农艺性状相关的分子标记的候选基因。过去建立了许多基因组学平台，这些平台对控制水稻主要性状的约 2296 个基因进行了功能表征研究。但是，在大多数农作物中，通过转录组学方法及性状作图方法鉴定的绝大多数候选基因还远未得到证实。此外，具有潜在农学价值的分子机制还需要详细了解。系统生物学是一种新兴的整体性研究方法，该方法通过整合基因组学方法（如基因组学、转录组学、表观基因组学、蛋白质组学和代谢组学）、建模和高性能计算机分析，全面了解生物系统。简而言之，系统生物学是对生物及性状的研究，可以将其理解为基因、蛋白质和生化反应（包括来自各种内部和外部环境的输入）的集成且相互作用的网络。系统生物学的一个目标是发现源自分子相互作用的新特性，这些发现将使我们进一步了解生物系统中发生的整个过程。为了实现这一目标，已经在一些作物物种中开发了基因表达图谱、表观基因组图谱、蛋白质组图谱和代谢组图谱。这些数据将加快系统生物学方法的发展，促进对复杂性状（如耐旱性或杂种优势）分子机制的了解。一旦确定某种性状与特定通路相关联，并鉴定了优良的等位基因，育种家便可以利用对植物生物学深入的了解，对亲本和等位基因组合进行预测，从而发现改良的农艺性状。

（4）4G——基因组育种　　基因组育种是利用基因组学研究产生的多组学数据、知识资源、基因和技术来育种以提升作物育种水平的方法。目前一些作物已经应用了基因组育种方法，如早期标记辅助选择（marker-assisted selection，MAS）。近年还提出了一些新方法，如正向育种（forward breeding，FB）、基于单倍型的育种（haplotype-based breeding，HBB）、基因组选择（genomic selection，GS）及快速育种（speed breeding，SB），以增强基因组育种能力、作物育种的精确度、效率和获得的遗传增益速率。基因组选择方法不需要与性状特别相关的标记，基于从全基因组标记数据计算出的基因组估计育种值，可以选择育种品系进行杂交及世代延续。根据育种目标的不同，可以选择上述基因组育种方法来改良作物。例如，如果育种家需要选择亲本或主要的效应定量数量性状基因，则可以使用标记辅助选择和标记辅助回交方法。基因组选择是一种使用具有大量标记的全基因组选择的方法。基因组选择是根据定义的"基因组估计育种值"（GEBV）进行的，该值根据"训练种群"的基因型和表型数据集计算得出。这种方法在最初的几代中可以更准确地预测优良遗传基因型，并缩短了育种周期。基因组选择已广泛用于多种农作物。最近，Watson 等引入了"快速育种"的概念，即让植物处于光照环境 22h，黑暗仅 2h。快速育种缩短了世代的时间，因此已经被建议或正被应用于许多农作物。实际上，也有人建议将快速育种与基因组选择结合在一起，称为"快速基因组选择"，以快速开发新的育种系。基因组选择与优良单倍型（Haplo-GS）的结合是快速开发新育种系的另一种新的且富有前景的方法。

（5）5G——基因编辑　　基因编辑已成为提高植物生产性能和开发各种非生物和生物耐逆系的有力途径。基因编辑方法不仅有助于创造新的等位基因，还可用于通过大规模测序工作来促进优势等位基因、消除有害等位基因。作物基因组准确注释和分析是基因编辑的基础。

2．"6G"育种技术与育种 4.0　　尽管在几个发达国家的公共和私人作物改良计划中正在使用上述 5G 育种技术，但目前的 5G 育种技术缺乏集成，特别是在发展中国家。未来测序技术、表型鉴定技术和数据科学的最新进展能够加快 5G 育种技术在全球作物改良计划中的利用。在这一背景下，需要发展中国家的科学家在 5G 育种方面进行能力建设，以处理、分析和解析产生的大量数据集。与 5G 育种相关的分析和决策支持工具，以及与突变体和单倍型识别、多样性分析、基于序列的性状定位、GE 标靶识别和 GB 方法的实施相关的数据库的培训将非常有帮助。总而言之，全面应用 5G 育种可以提高育种计划的精确度、效率和有效性，以开发适应气候、高产和营养的品种，同时在任何育种计划中提供高遗传获得率（包括在最需要这些成果的发展中国家）。

很快会进入"6G"育种技术时代，第六个"G"将是基因组设计与合成（genome design and synthesis），育种也将跨入合成育种时代，即智能育种阶段（育种 4.0）（Wallace et al.，2018）。农作物的驯化与育种过程经历了经验性选择（育种 1.0）、基于统计和杂交实验设计的选择育种（育种 2.0）和基于全基因组分子标记与基因工程的现代育种（育种 3.0）三个技术阶段，伴随着合成基因组、人工智能等的不断发展，作物育种正在跨入育种 4.0 阶段。

育种 4.0 阶段，育种家将依托多层面生物技术与信息技术推动育种向智能化的方向发展（图 12.16）：①以基因组测序技术与人工智能图像识别技术为依托，通过基因型、表型数据的快速自动获取、解析实现组学大数据的快速积累；②以生物信息学、机器学习技术为依托，通过各类组学数据、杂交育种数据等的整合，实现作物性状调控基因的快速挖掘、表型的精准预测；③以基因编辑与合成生物学技术为依托，通过人工改造基因元件与人工合成基因回路，实现作物具备新抗性等生物学特征；④以作物组学大数据与人工智能技术为依托，通过全基因组层面建立机器学习预测模型，建立智能组合优良等位基因的育种设计方案。

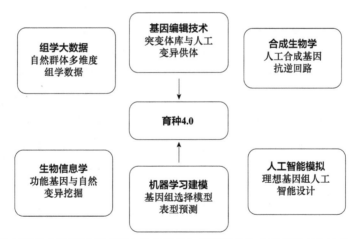

图 12.16　依托组学大数据及其多层次生命科学与信息科学技术的现代育种技术——育种 4.0
（引自王向峰和才卓，2019）

二、复杂性状的基因组预测与选择

基因组数据育种利用的核心是获得准确的基因组变异与性状大数据（即训练数据集），通过建模，建立基因组变异与性状的关联，用于育种过程的性状预测。建立这样的模型，统计是必不可少的工具。许多基于统计的方法被用于构建基于基因组的模型并用于复杂农艺性状预测（图 12.17）。总体上分为线性和非线性方法：线性模型中，主要为基于混合线性模型的 GS 模型（详见下文）；非线性模型中以神经网络模型为主。目前不少研究团队在构建水稻、玉米等作物的大规模训练样本集。随着这些训练数据的完备，辅之合理的模型和算法，可以预见

"6G"育种方法将更智能、更精准。下文介绍目前主要的两类基因组预测统计模型。

1. 线性模型 目前基于线性模型已发展了多种方法（图 12.17 A），但最重要和最成功的是基于混合线性模型的相应方法，如 GBLUP、RR-BLUP、BayesA/B 等。基因组选择就是基于经典统计的混合线性模型。所谓混合线性模型就是模型既含有固定效应，又含有随机效应，分为直接法和间接法两类（尹立林等，2019）。

动植物的重要经济性状多为复杂的数量性状，常规育种手段主要利用性状记录值、基于系谱计算的个体间亲缘关系，通过最佳线性无偏估计（best linear unbiased prediction，BLUP）来估计各性状个体育种值（estimated breeding value，EBV），通过加权获得个体综合选择指数，根据综合选择指数高低进行选留。随着 SSR、SNP 等分子标记的开发和应用，将部分功能验证的候选标记联合 BLUP 计算育种值，即标记辅助选择（MAS），这样不仅可以提高育种估计的准确性，还可以在能够获得 DNA 时进行早期选择，缩短世代间隔，加快遗传进展。由于动植

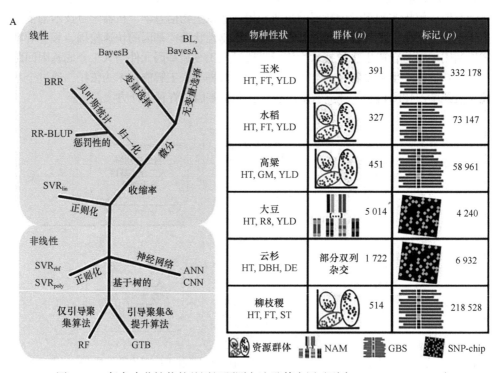

图 12.17　复杂农艺性状的基因组预测方法及其应用（引自 Azodi et al.，2019）

A．基因组预测方法及其应用物种训练数据情况。左图：主要基因组预测方法及其相互关系。树中棕色线条表明该方法只用于线性关系的预测，绿色表明该方法同时适用于线性关系、非线性关系的预测。树中各个方法的位置表明其各自之间的关系。分支上的标签介绍了该方法与其他方法的区别。各个预测方法名称为：岭回归最佳线性无偏预测（ridge regression BLUP，RR-BLUP）；贝叶斯岭回归（BRR，Bayesian ridge regression）；贝叶斯 A（BA，Bayes A）；贝叶斯 B（BB，Bayes B）；贝叶斯 LASSO 回归（Bayesian LASSO，BL）；支持向量回归（SVR，support vector regression）；随机森林（RF，random forest）；梯度树提升（GTB，gradient tree boosting）；人工神经网络（ANN，artificial neural network）；卷积神经网络（CNN，convolutional neural network）。右图：应用涉及的植物物种及其性状和训练数据集群体类型、大小和标记数字。性状：株高（HT）、花期（FT）、产量（YLD）、谷物含水量（GM）、R8 发育时间（R8）、树径（DBH）、木材密度（DE）、直立度（ST）。群体类型：资源群体、巢式关联作图（NAM）和部分双列杂交（partial DM）。标记测定方法：简化测序（GBS）和单核苷酸多态性芯片（SNP-chip）。B．不同基因组预测算法预测玉米等物种株高总体效果。网格中数字为效果均值（皮尔逊相关系数，r），网格颜色表示最佳效果均值的相对比例（最佳 r 为红色），白色数字为最佳效果均值。小提琴图显示每个特征（右）和算法（下）的 r 值的中位数和分布。GP．基因组预测

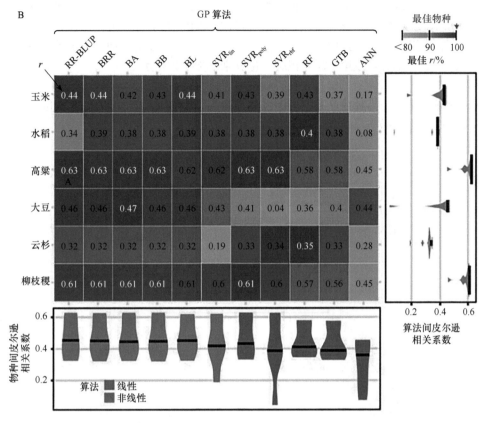

图 12.17 （续）

物中重要经济性状大部分为微效多基因控制，难以找到大效应功能突变位点，并且解释的遗传变异有限，因此标记辅助选择存在一定的局限性。另外，基于系谱计算的个体亲缘关系中全同胞所有个体具有相同的育种值，而实际上，个体间的性状表现存在差异，因此，系谱推断的亲缘关系存在一定缺陷。

全基因组选择（GS）是指通过覆盖全基因组范围内的高密度标记进行育种值估计，继而进行排序、选择，可以简单理解为全基因组范围内的标记辅助选择，主要方法是通过全基因组中大量的遗传标记估计出不同染色体片段或者单个标记效应值，然后将个体全基因组范围内片段或者标记效应值累加，获得基因组育种估计值（genomic estimated breeding value，GEBV），其理论假设是在分布于全基因组的高密度 SNP 标记中，至少有一个 SNP 能够与影响该目标性状的数量遗传位点处于连锁不平衡状态，这使每个 QTL 的效应都可以通过 SNP 得到反映。基因组选择模型为

$$y = Xb + Z\mu + e \tag{12.1}$$

式中，y 为性状向量；b 为固定效应；μ 为随机效应，且服从均值为 0、方向差为 $G\sigma_a^2$ 的正态分布，可记作 $\mu \sim N(0, G\sigma_a^2)$，$G$ 为个体间的亲缘关系矩阵，σ_a^2 为遗传方差；X 和 Z 分别为 b 和 μ 的关联矩阵；e 为残差效应。

2. 非线性模型　非线性模型目前已发展出多种方法，如支持向量机（SVM）、随机森林（RF）、人工神经网络（ANN）等（图 12.17 A）。其中神经网络，特别是基于卷积神经网络、递归神经网络等深度学习方法已被用于基因组预测和选择（Ma et al., 2018；Azodi et al.,

2019）。对于基因组预测模型，卷积神经网络（具体介绍见第 14 章第二节）的输入数据为遗传变异 SNP 等数据（图 12.18）。输入为每个材料的 SNP 矩阵，矩阵并不平衡，SNP 数据远大于材料个数。通过卷积核构建卷积层，卷积核（如 size＝3）在输入向量上滑动的过程中权重（W_1，W_2，W_3）不变，形成第一层卷积层。卷积神经网络模型为

$$z^{(1)}=b_0+W^{(0)}f^{(0)}(x) \tag{12.2}$$

式中，x 为输入层各个品种或品系基因型（如 SNP）；b 为偏置；W 为权重；f 为非线性激活函数（一般为 ReLU 函数）；z 为第一层输出值。

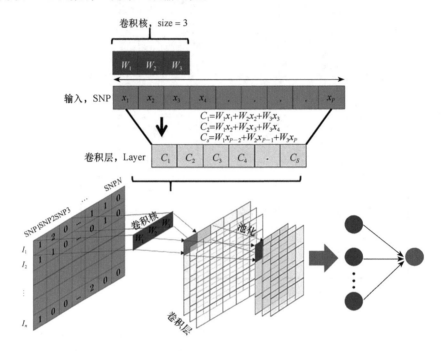

图 12.18　基因组育种利用的一维（1D）卷积神经网络结构示意图
（引自 Pérez-Enciso and Zingaretti, 2019）

对于隐藏层，上一层输出值 $z^{(k-1)}$ 作为输入层：

$$z^{(k)}=b_{k-1}+W^{(k-1)}f^{(k-1)}(z^{(k-1)}) \tag{12.3}$$

具体卷积神经网络模型的设计是一个复杂的过程，需要大量摸索和测试，以及经验和技巧。例如，Ma 等（2018）的 CNN 模型（DeepGS）涉及一个输入层、一个卷积层（包括 8 个神经元）、一个池化层、三个 dropout 层、两个全连接层（分别有 32 个和 1 个神经元）和一个输出层，激活函数为 ReLU 函数；Azodi 等（2019）的 CNN 模型则设计为包括一个卷积层、一个池化层、一个全连接层和一个批量归一化（BN）层。

3. 不同模型应用效果及其比较　　目前开展了大量基于上述线性和非线性模型进行基因组预测和选择的研究及其比较（Pérez-Enciso and Zingaretti, 2019；Azodi et al., 2019）。综述各个团队的研究结果，上述两种类型模型都表现出各自的优势，总体上，非线性模型在更多情况下优于线性模型（表 12.6）。同时，有研究者利用同一套数据进行线性和非线性模型应用效果比较（Azodi et al., 2019），发现线性模型并不差（图 12.17 B）。同时发现，不同模型在不同作物或数据集上表现不一致，有些物种预测准确率（r）明显较高（如高粱）；同时，并非一种模型方法在所有物种中都最佳；总体上，线性和非线性模型预测准确度趋势一样。

表 12.6　基于线性和非线性模型的深度学习方法用于基因组预测情况及其比较
（引自 Pérez-Enciso and Zingaretti, 2019）

物种	群体大小（$k=1000$）	SNP 数量	表现[*]	文献
拟南芥、玉米、小麦	270～400	70～1 000	MLP≥PL	Mcdowell et al., 2016
大豆	5 000	4 000	CNN＞RR-BLUP, Bayesian LASSO, Bayes A	Liu and Wang, 2017
玉米	300	1 000	PL ＞ DBN	Rachmatia et al., 2017
人	100 000	10 000～50 000	PL≥CNN＞MLP	Bellot et al., 2018
小麦	2 000	33 000	CNN~PL~GBLUP＞MLP	Ma et al., 2017
玉米，小麦	250～2 000	12 000～160 000	GBLUP ＞ MLP	Montesinos-López et al., 2018
小麦	800～4 000	2 000	GBLUP ＞ MLP	Montesinos-López et al., 2019
玉米	2 000 基因型（150 000 样本）	20 000	DL ＞ PL	Khaki and Wang, 2019
猪	3226（模拟）3534（真实）	10 000, 50 000	DL ＞ GBLUP/Bayesian LASSO	Waldmann et al., 2018

*MLP（multilayer perceptron）. 多层感知机（属于有监督学习）；DBN（deep belief network）. 深度信念网络（属于无监督学习）；PL（penalized linear method）. 多层感知器（一种向前结构神经网络）

第四节　其　　他

一、表型组之图像识别

1. 表型组及其表型数据采集

（1）表型　　表型的概念最早是由丹麦遗传学家 Wilhelm Johannsen 在 1911 年提出的，表型又称表现型，对于一个生物而言，表型表示其某一特定的物理外观或成分，如植物叶片的面积、叶片的数量、叶片的形状等。植物表型可以分为多个组织水平，从田间到冠层，再到整个植物、器官、组织和细胞水平（最终到亚细胞水平）（图 12.19）。

（2）表型组　　表型组学概念最早由 Nicholas Schork 于 1997 年在人类疾病研究中提出。表型组是特定生物体在发育过程中，以及在应对遗传突变和环境影响时所产生的一套表型（物理和生化性状）。Dhondt 等（2013）形象地用魔方来表示表型组分析内容，即在特定的基因组表达状态和环境下，在任何组织水平上对相应性状进行定量或定性的研究（图 12.19）。例如，一列黄色的立方体，可以放置在整个立方体的任何位置（组合）。一个表型组对应于一个给定基因型在不同环境条件下的所有可能的表型，即为黄色和红色方块的组合。它们的基因组表达状态涵盖了所有可用的植物遗传资源（如过表达系、突变体、自然资源和分离群体）。植物表型组学可以看作对多个基因组表达状态的表型组进行研究，如以黄色、红色和蓝色立方体的组合作为研究代表，其他浅色方块说明了环境条件和基因组表达状态的无限可能性。

（3）研究表型组的原因

1）表型组数据最常被证实可以让我们能够追踪基因型与环境因素和表型之间的因果联系

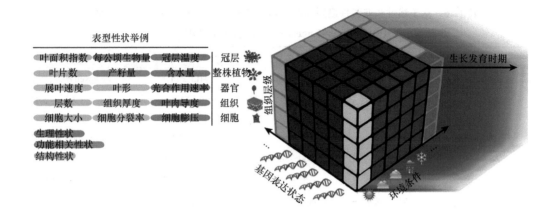

图 12.19　从植物表型到表型组学（引自 Dhondt et al., 2013）

（G-P 图谱）。分离群体中个体的基因组和表型的研究可以用孟德尔随机化方法进行。在获取 G-P 图谱中遗传变异的多效性时，表型组数据是必不可少的。

2）表型组数据可以用来确定复杂性状的遗传基础。基因组学研究的一个隐含前提是遗传学的最佳研究方法是积累所有影响表型的遗传变异信息，而不是详细研究具体的表型。然而，最近大量的全基因组关联（GWAS）研究结果表明，对于许多性状来说，这种推论是错误的。遗传因素的细节变得如此复杂，以表型为中心的方法来研究遗传被证明是可行的。

3）表型组可以用来解释表型的等级。研究表型组的最简单理由是大多数生物学家最感兴趣的有机体的特征是表型而不是基因型。我们需要解释为什么表型在一个种群中或在不同的物种之间存在差异，如果不是直接研究表型，就无法做到这一点（Wagner et al., 2008；Jansen, 2003；Bilder et al., 2009）。

（4）表型数据采集　　表型组学涉及大规模的自动化表型数据采集。随着许多作物全基因组测序的完成，作物功能基因组学研究进入大数据、高通量时代。然而，大规模表型数据的获取已经成为阻碍作物育种和功能基因组学研究的主要瓶颈之一。早在 1979 年，人类就开始利用归一化植被指数（NDVI）来监测大片土地，当时 NDVI 被用于所谓的遥感领域（Tucker, 1979）。这是植物生长和生物量自动分析方法发展的一个里程碑。从那以后，新技术的不断出现提高了我们从生物系统中获取数据的能力。例如，通过卫星图像测量叶绿素状态，在大范围内测量植物的健康状况，预测超大范围内作物的产量；利用红外热像仪等一系列技术来测量作物气孔开度或渗透应力等。大数据采集技术目前是一个非常热门的前沿领域，大量新技术和新设备不断被开发并应用于各行各业。

2. 图像数据采集与分析　　图像是表型组数据中重要的一类数据。一般需要考虑两个问题：一是如何进行图像采集，二是如何处理它们。

（1）图像采集　　图像采集是获取场景数字化表现的过程。场景数字化表现称为图像，其元素称为像素（图像元素）。用于捕获场景的电子设备称为成像传感器。电荷耦合器件（CCD）和互补金属氧化物半导体（CMOS）是图像传感器中应用最广泛的技术。特定波长的光被小型传感器捕获，它将根据入射光的数量获得主要或次要电荷。这些信号通过特定的硬件被放大、过滤、传输和增强，通过合适的输出接口和镜头来呈现图像采集（图 12.20）。表型数据通常关注一些具有代表性的参数，这些参数可以被划分为形态学参数和生理化学参数：形态学参数包括作物高度、茎粗、叶面积或叶面积指数、叶角、叶片病虫斑、茎秆长度、株间距等；生理化

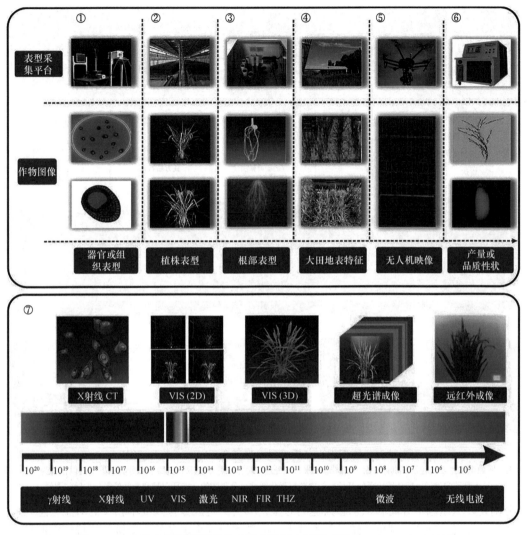

图 12.20　作物中不同尺度下的表型获取平台概览（引自 Yang et al., 2020）

CT. 断层扫描；VIS. 可见光；VIS（2D）. 可见光 2D 成像；VIS（3D）. 可见光 3D 成像；Hz. 赫兹；UV. 紫外光；
NIR. 近红外光谱；FIR. 远红外光谱；THZ. 太赫兹射线；V. 频率

学参数包括叶绿素、光合速率、水分胁迫、生物量、耐盐性和叶片含水量等生理学参数，以及淀粉、胶稠度、粗蛋白、碱消值等化学参数，这些参数都可以影响或表征作物的生长。基于不同的参数，需要使用不同的分析平台，其核心是利用不同光谱波段数据。不同波段数据需要不同传感器进行图像采集，包括彩色数码相机、雷达或激光传感器、深度相机、光谱传感器和光谱相机、热成像仪和荧光传感器等（图 12.20）。这些传感器采集的大量原始图像数据，将进一步用图像识别算法进行处理和分析。

（2）图像数据分析　　我们结合一个案例（图 12.21），介绍基于图像识别技术的植物表型数据分析流程。我们首先需要对图像进行预处理。图像预处理的目的是提高图像对比度和消除噪声，是图像分析中的重要模块。这一过程对提高特征提取质量和后续图像分析有很大的帮助。预处理可以包括简单的操作，如图像裁剪、对比度改善；或其他更复杂的操作，如通过主成分分析或聚类进行降维。然后，图像分割（segmentation）是植物表型图像处理的核心。图

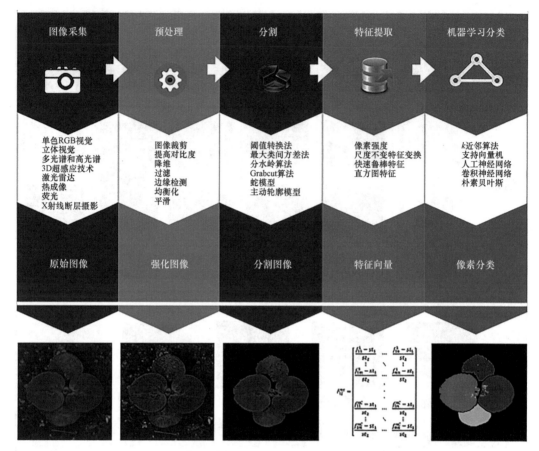

图 12.21　图像识别分析流程（改自 Perez-Sanz et al., 2017）

上图：图像识别主要流程及其具体方法，即图像采集、预处理、分割、特征提取和机器学习分类；下图：以植物为例给出其表型鉴定过程，即从原始图像开始，依次获得强化图像、分割图像、特征向量和最终像素分类后的图像

像分割允许从图像中分离和识别感兴趣的对象，其目的是区分背景或不相关的对象。感兴趣的对象是由像素在纹理、颜色、统计等参数上的内部相似性来定义的。紧接着，特征提取是基于计算机技术的目标识别与分类的支柱之一。除了原始图像之外，特征是用来解决特定图像问题的信息。从图像中提取的特征被存储在所谓的"特征向量"中。可以使用一系列的方法来构造和识别图像中的特征向量。主要特征有边缘、图像像素的密度、几何形状、纹理、图像变换等。特征提取的最终目的是提供一系列的分类器和机器学习算法。最后，在当前和未来利用高通量成像技术不断产生的大量数据带来了机器学习统计方法等的使用。由于表型数据可以生成万亿字节级的信息量，因此机器学习工具为数据（像素）分类提供了一个良好的框架。机器学习的一个主要优点是可以利用大型数据集来识别模式，而不是执行独立的分析。具体关于机器学习的算法可以参见本书第 15 章第三节。

3. 图像识别算法　　图像识别技术中，卷积神经网络（CNN）的应用最为广泛（有关 CNN 的介绍详见第 14 章第二节），其中以 R-CNN（region-based CNN）为代表性算法，之后围绕 R-CNN 算法又进行了不断优化（图 12.22）。一张图片中同时存在多个类别目标时，识别图片就需要从背景中分离出感兴趣的目标，再确定该目标的类别和位置。传统的方法是使用滑窗法处理输入图片，以窗口的形式对图片遍历分割，最后将分割后的图片送入 CNN 网络模型识别分类。但是滑窗法是对图片进行随机遍历后选取目标区域，效率较低。是否可以检测多个对象，成为接下来的主要问题，因此 R-CNN 算法应运而生。R-CNN 算法在 CNN 网络的基础上增加了选择性搜索（"Selective Search"）操作来确定候选区域。R-CNN 算法的结构包括：①候选区域，主要是从输入图片中提取可能出现物体的区域框，并对区域框归一化为固定大小，作为 CNN 网络模型的输入；②特征提取，将归一化后的候选区域输入到 CNN 网络模型，得到固定维度的特征输出，获取输入图片特征；③分类和回归，特征分类即通过图像特征进行分类，通常使用 SVM 分类器，然后对边界回归，即将目标区域精确化，可以使用线性回归方法（Girshick et al., 2014）。该方法的主要缺点是计算成本较高，其需要为每个区域框边界计算一个向前传递。然而这些框的大小不同，因此在实现统一尺寸送入 CNN 网络的过程中容易丢失图片信息，这是跨所有区域框共享计算的问题。

在升级后的 Fast R-CNN 算法中，引用了感兴趣区域（region of interest，ROI）及多任务损失函数方法获得固定大小的特征输出，并用 Softmax 和 SmoothLoss 代替 SVM 分类和线性回归，实现了分类与回归的统一，其主要瓶颈是候选区域的选择性搜索需要耗费较多时间（Girshick, 2015）。为

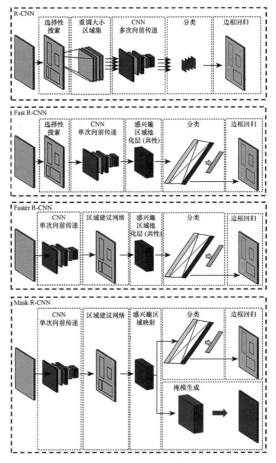

图 12.22　基于 R-CNN 发展的图像分割算法
（引自 Ghosh et al., 2019）

了解决这一问题，Ren 等（2016）提出了 Faster R-CNN 算法，该算法采用区域建议网络（region proposal network，RPN）直接对卷积后的特征图提取候选区域。Faster R-CNN 算法中，输入图片时首先通过卷积池化层生成特征图像，特征图像再经过 RPN 网络生成候选区域，送入 ROI 层生成固定大小的特征向量，最后经过分类回归对图片进行识别分类。虽然 Faster R-CNN 算法识别准确率高，但是需要利用候选区域的特征进行分类识别，无法提供像素级别的分割（Ren et al., 2016）。He 等（2017）开发了 Mask R-CNN 算法，其在 Faster R-CNN 基础上，在原本的两个分支上（分类＋坐标回归）增加了一个分支执行像素级别对象的分类来提供精确的片段，同时检测出目标的位置并且对目标进行分割。

近年来，图像识别（分割）算法不断发展，开发了针对不同的需求和特定贡献的相关算法（表 12.7）。显而易见，在开发不同的产品时，需要使用不同的方法，因此就需要了解每个方法的基本机制，了解它们在哪些方面取得了成功，又在哪些方面存在缺陷，以及主要的设计逻辑等。有了充分的理解将使我们遇见新的问题和挑战时，更加具有针对性地去开发更好的算法。那么选择正确算法前，首先需要分析影响选择的变量。例如，针对要分析的数据集和注释采取有监督、无监督或弱监督的算法。在当下，存在着大量有监督的算法，但是无监督和弱监督算法仍远未达到饱和。因为数据集可以通过很多自动化程序进行，但是对它们进行完美注释往往

需要手动操作。在未来，图像识别很大程度上取决于可用数据的质量和数量。尽管互联网中有大量的非结构化数据，但缺乏准确的注释是一个较大的问题，尤其是像素级别的注释，如果没有人工干预的情况下很难获得。最理想的情况是利用数据分布的本身来分析和提取表示概念而不是内容的有意义的片段，这是一项极具挑战性的任务（尤其是在处理大量非结构化数据的情况下）。相信通过不断地研究和发展，结合实证分析，将会取得更多的成果。

表 12.7　基于深度学习的图像分割算法（引自 Ghosh et al., 2019）

方法	年份	监督类型					学习类型			分割类型			模块		说明
		S	W	U	I	P	SO	MO	AD	SM	CL	LN	RNN	E-D	
Global Average Pooling	2013	√					√				√				特定对象软分割
DenseCRF	2014					√	√			√					使用条件随机场分割
FCN	2015	√					√			√					完全卷积层
DeepMask	2015	√						√			√				分割和分类同时进行
U-Net	2015	√					√			√				√	具有多尺度级联特性的编解码器
SegNet	2015	√					√			√				√	具有转发池索引的编解码器
CRF as RNN	2015	√						√		√			√		将条件随机场模拟为可训练的递归神经网络模块
Deep parsing Network	2015	√						√							使用非共享内核来合并高阶依赖
BoxSup	2015		√							√					使用边界框进行弱监督
SharpMask	2016	√						√			√			√	基于 DeepMask 对多层功能进行融合
Attention to Scale	2016	√					√			√					多尺度输入的融合特性
Semantic Segmentation	2016	√							√	√					图像分割的对抗训练
Conv LSTM and Spatial Inhibiton	2016	√						√			√	√			使用空间限制进行实例分割
JULE	2016			√			√			√			√		结合无监督学习进行分割
ENet	2016	√					√			√					压缩网络进行实时分割
Instance-Aware	2016	√						√				√			多任务实例分割方法
Segmentation	2017	√						√		√					使用区域建议网络进行分割

续表

方法	年份	监督类型					学习类型			分割类型			模块		说明
		S	W	U	I	P	SO	MO	AD	SM	CL	LN	RNN	E-D	
Mask R-CNN	2017	√					√			√				√	采用更大的内核进行学习
Large Kernel Matters	2017	√					√			√				√	多路径细化模型用于精细分割
RefineNet	2017	√					√			√					多尺度池进行未知规模分割
PSPNet	2017	√					√			√				√	DenseNet121 提取特征
Tiramisu	2017	√							√	√				√	生成式对抗网络用于转换图像到分割映射
Image-to-Image Translation	2017	√						√		√				√	用于图像分割的注意力模块
Instance Segmentation with Attention	2017	√						√			√	√			使用归一化切割损失的无监督分割
W-Net	2017			√			√			√				√	用递归神经网络生成轮廓
PolygonRNN	2017				√		√			√			√		多级方法来处理不同复杂度的像素
Deep Lay er Cascade	2017	√					√			√					使用线性标签进行优化
Spatial Propagation Network DeepLab	2018	√					√			√					Atrous 卷积，空间金字塔池化，使用条件随机场分割
SegCaps	2018	√						√							基于胶囊网络进行分割
Adversarial Collaboration	2018		√					√							多个网络对抗协作
Superpixel Supervision	2018		√					√							使用超像素作为监控信号
Deep Extreme Cut	2018				√		√			√					使用极端点进行交互分割
Two Stream Fusion	2019				√		√			√					同时使用图像流和交互流
SegFast	2019	√					√			√				√	在 SqueezeNet 编码器中使用深度可分离卷积

注：S. 受监督的；W. 弱监督的；U. 无监督的；I. 交互式的；P. 不完全监督；SO. 单目标优化；MO. 多目标优化；AD. 对抗学习；SM. 语义分割；CL. 自顶向下分割；LN. 实例分割；RNN. 递归神经网络模块；E-D. 编码-解码架构；CRF. 条件随机场

实践案例：人脸识别的实现

本案例基于 Python 语言讲述人脸识别中最核心的部分（图 12.23）。就 Windows 系统而言，首先需要准备一个摄像头进行图像采集（也可以通过网络获取图片），安装 Python 语言，以及 OpenCV 等模块。由于人脸上至少有 6000 个分类器，因此首先需识别图片是否是人脸。若常规的对一张图片从上往下分析将需要成百万甚至上亿次运算，而 OpenCV 内置机器学习的算法用来识别人脸，其将识别过程分为 30 多个阶段，在第一步进行快速和模糊的识别，只有通过才进行下一步，不需要检测 6000 个人脸特征，目前的技术已经可以实现实时识别。以下代码可以进行人脸识别的实现。

```
# 导入 opencv 和系统模块
import cv2, sys

# 提供相关文件在系统上的路径
imagePath = sys.argv [ 1 ]# 如采集图像存储路径
cascPath = sys.argv [ 2 ]# 由 OpenCV 提供的分级文件路径

# 创建哈尔级联
faceCascade = cv2.CascadeClassifier ( cascPath )# 将面部相关的级联加载存储到
faceCascade 变量

# 读取图片并转成灰度
image =cv2.imread ( imagePath )# 读取图片
gray = cv2.cvtColor ( image, cv2.COLOR_BGR2GRAY )# 将图片转成灰度，便于识别

# 检测图片里是否有人脸
faces = faceCascade.detectMultiScale(
        gray, # 图片需要是灰度的
        scaleFactor=1.1, # 比例因子，用来调节脸部大小
        minNeighbors=5, # 基于滑窗定义在当前对象附近检测最少的对象数目。
        minSize=( 30, 30 ), # 滑窗的大小
        flags = cv2.cv.CV_HAAR_SCALE_IMAGE # 记录检测到信号的位置
)
```

以上这个步骤是检测中的关键，会返回一个它认为是人脸位置的矩形列表。

```
# 打印检测到几张人脸并用矩形框出来
print "Found {0} faces！" . format ( len ( faces ))
for ( x, y, w, h ) in faces:
        cv2.rectangle ( image, ( x, y ), ( x + w, y + h ), ( 0, 255, 0 ), 2 )
```

至此可以完成对图片中人脸的识别。那么如何应用到门禁系统及其他呢？可以基于以上结果进一步展开，包装在一个个软件之中以供使用。

图 12.23　图像识别案例：OpenCV 算法识别到 6 张人脸

以上具体可参考 https://realpython.com/face-recognition-with-python/。

二、合成生物学之基因组设计

合成生物学旨在设计和构建工程化的生物系统，使其能够处理信息、合成生物分子、制造材料、生产能源、提供食物、保持人类健康和改善生活环境。简单地说，合成生物学就是通过人工设计和构建自然界中不存在的生物系统，来解决能源、材料、健康和环保等问题。由此可见，合成生物学强调"设计"或"重设计"。设计、模拟和实验是合成生物学的基础。

合成生物学的研究内容主要涉及两大领域：一是基因线路、代谢网络和大分子模块等领域；二是合成基因组和合成生命领域。具体研究领域包括：遗传/基因线路的设计与构建、合成代谢网络、生物大分子的合成与模块化（如蛋白质的工程改造和模块化、核酸分子的人工合成）、细胞群体系统及多细胞系统、数学模拟和功能预测，以及生物基因组的合成、简化和重构等。下文将重点介绍基因线路和人工基因组构建两个领域。

1. 基因线路设计　遗传路线（genetic circuit），俗称基因线路（gene circuit），在合成生物学中是指由各种调节元件和被调节的基因构成的遗传装置（genetic device）。在给定条件下，该装置可定时定量地表达基因产物。

人工合成生物系统的层次化结构设计是合成生物学的一个最基本思路。由 DNA 序列组成的具有一定功能的最基础元件——生物部件，其按照一定的逻辑和物理连接组成更加复杂的生物装置和生物细胞系统（图 12.24）。基因线路是基于生物

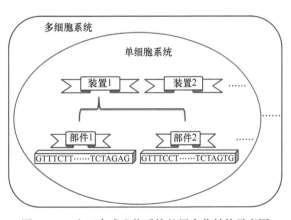

图 12.24　人工合成生物系统的层次化结构示意图

装置层次进行设计，它是人工合成生物系统中最基础的功能单位。

（1）**生物部件**　　基因线路中最简单、最基本的生物积块称为生物部件（part）。生物部件是指具有特定功能的核苷酸或者蛋白质序列，能够通过标准化组装的方法与其他生物部件组装成具有更加复杂功能的模块。

　　生物部件按照其功能可以划分为终止子、蛋白质编码基因、报告基因、信号传递组件、引物组件、标签组件（tag）、蛋白质发生组件、转换器、启动子等类别。每一个生物部件都有一个标准的名字编码，我们可以很方便地从一块 DNA 元件的名字编码中，判断出它在具体生物过程中所发挥的功能。常见的生物部件介绍扫左侧二维码可见。

iGEM（国际遗传机器大赛）要求每一个 DNA 模块（BioBrick）的结构都是标准化的。除了本身的功能序列以外，它们都具有相同的前缀和后缀，每一个 BioBrick 的前缀中都包括 *Eco*R I 和 *Xba* I 两个酶切位点，后缀中包括 *Spe* I 和 *Pst* I 两个酶切位点，并且经过特殊的遗传工程手段处理，确保真正的编码序列中不含有这 4 个酶切位点。整个生物积块被克隆在由 iGEM 组委会提供的质粒载体上，可按照设计的需要剪切和拼接。

BioBrick 前缀的碱基序列一般为

5′	GTTTCTT	C	GAATTC	GCGGCCGC	T	TCTAGA	G	［part］	3′
3′	CAAAGAA	G	CTTAAG	CGCCGGCG	A	AGATCT	C	［part］	5′
	（1）	（2）	（3）	（4）	（5）	（6）	（7）	（8）	

BioBrick 后缀的碱基序列一般为

5′	［part］	T	ACTAGT	GCGGCCG	CTGCAG	G	AAGAAAC	3′
3′	［part］	A	TGATCA	CGCCGGC	GACGTC	C	TTCTTTG	5′
		（1）	（2）	（3）	（4）	（5）	（6）	（7）

以 BioBrick 前缀的碱基序列为例，各片段的功能如下。

片段（1）：额外的间隔碱基序列，以利于用 *Eco*R I 酶切后进行 PCR 扩增；促进利用 *Taq* 聚合酶进行 PCR 时反向链末端 A 碱基的添加，从而保证 TA 克隆的高效性。

片段（2）：随机附加的间隔碱基。

片段（3）：*Eco*R I 识别位点。

片段（4）：*Not* I 识别位点。

片段（5）：附加碱基，防止切割/重组过程中意外出现 *Eco*B I 或 *Eco*K I 甲基化位点而抑制 BioBrick 酶的酶切作用。

片段（6）：*Xba* I 识别位点。

片段（7）：附加 G 碱基，防止意外出现 GATC 位点，GATC 位点在某些应力的作用下可发生甲基化而抑制酶切作用；防止意外出现的 ATG 起始密码子。

片段（8）：大约 20 bp 长度，可与其他组件 5′ 端匹配的序列。

（2）**生物装置**　　有了上述标准化的生物部件，就可以利用转录激活因子、转录阻遏蛋白、转录后机制（如 DNA 修饰酶）和 Riboregulator 等，结合下文将要讲到的逻辑拓扑结构，构建稍微复杂一些的生物装置（device）。

生物装置通过调控信息流、代谢作用、生物合成功能，以及与其他装置和环境进行交流等方式，处理"输入"，产生"输出"。可以说，生物装置包含了一系列转录、翻译、蛋白质磷酸化、变构调节、配体/受体结合、酶反应等生化反应。不同装置因各自的生物化学属性而具有各自的优势和限制。利用 iGEM 提供的标准化系统量化方法，我们可以将一些生物装置进行标准化抽提，描述成如下形式：具有一定生物学功能，并且能够为外源物质所控制的一条 DNA 序列。

报告基因（reporter）：其产物易于被检出的基因，在分子生物学实验中用于替换天然基因的位置，以检验其启动子及调节因子的结构组成和效率，常用的为各种荧光蛋白编码基因，如 GFP（green fluorecent protein）基因等。

转换器（inverter）：一种遗传装置，它在接收到某种信号时停止下游基因的转录，而未接收到信号时开启下游基因的转录。

信号转导装置（signaling）：指环境与细胞之间或者邻近的细胞与细胞之间接收信号和传递信号的装置。

蛋白质生成装置（protein generator）：产生具有一定功能蛋白质的装置。

目前已经工程化的遗传装置还有很多，如控制基因表达的各种基因开关、切换基因表达状态的双稳态开关、三种阻遏蛋白相继表达的振荡环、模拟各种逻辑门功能的生物装置等。

（3）生物系统　　为了得到更加复杂的调控行为或生物功能，可将装置以串联、反馈或者前馈等形式连接，组成更加复杂的串联线路或者调控网络，即所谓的生物系统（system）。

由于基因表达过程中内源和外源噪声的影响，以及其他细胞的作用，互不通信的一组细胞即使起源相同也可能具有不同表型和异步行为，不可能互相协作，完成的生物功能也有限。为了更高效地实现人类期望的功能，需要多个细胞甚至多种细胞协同运作。利用细胞间通信协调彼此的行为是目前工程化细胞群体系统的主要手段。相比于单细胞，细胞群体系统及多细胞系统的人工构建则复杂得多，不仅要考虑细胞间的协同，还要考虑信号分子的跨膜运输、环境因素的分布梯度等。

（4）基因线路设计　　近年来，人们设计复杂基因线路的能力进一步增强。例如，James Collins 团队在 *Science* 发表人工设计的真核系统协同调控组件，在合成基因电路中可以进行复杂信号处理（Bashor et al.，2019），该工作扩展了可用的工程设计思路，进一步提升了人类对于真核系统的调控能力。来自苏黎世联邦理工学院的 Mustafa Khammash 研究团队设计了一种可以实现完美自适应的生物分子积分反馈控制器（Aoki et al.，2019），其用数学方法证明，存在一个基本的生物分子控制器拓扑可实现积分反馈，并在具有噪声的任意细胞内网络中实现鲁棒的完美自适应。同时，利用机器学习等技术辅助合成生物学复杂设计取得了一定突破。例如，利用机器学习进化蛋白质的方法——无需详细的基础物理或生物学途径模型，将机器学习用于指导定向进化蛋白质，优化蛋白质功能；全自动化算法用于合成代谢系统的改造和设计——该研究将集成机器人系统 BioAutomata 与机器学习算法相互结合，使生物系统设计的"设计-构建-测试-学习"流程实现完全自动化，该系统用于优化番茄红素生物合成途径，取得良好效果。几个经典的基因线路设计扫右侧二维码可见。

2. 基因组设计

（1）细菌基因组人工设计与合成　　人工基因组设计与合成是合成生物学的一个研究前沿领域。目前人工合成基因组在细菌上已获成功。例如，美国文特尔实验室开展的支原体细菌人工基因组设计和合成（图 12.25，扫左侧二维码可见详细介绍）；英国剑桥大学 Jason Chin 研究团队开展的大肠杆菌基因组设计与合成。Chin 团队人工合成并替换了全部的 4Mb 大肠杆菌基因组，并将其中丝氨酸的密码子 TCG 和 TCA 替换为同义密码子 AGC 和 AGT，终止密码子 TAG 替换为 TAA，成功构建了一株只有 61 个密码子的大肠杆菌（Fredens et al.，2019）。

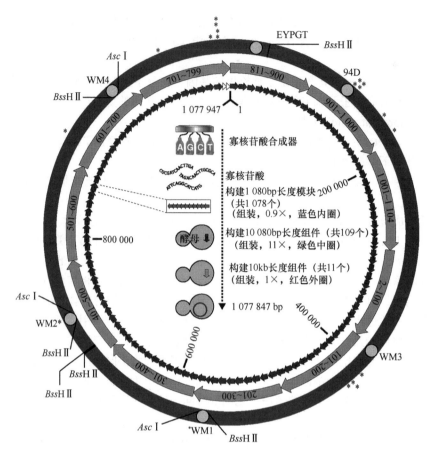

图 12.25 *M. mycoides* 人工基因组的设计与合成路线（引自 Gibson et al., 2010）

组装完成的人工基因组（红色外圈）与 *M. mycoides* 原始基因组唯一的不同是一些基因组经过刻意设计（外圈中黄点位置）：4 个加入的水印区域（WM1~4）、一个 4kb 删除区域（94D）和一个加入的酵母繁殖和基因组移植元件区域（EYPGT）。同时，人工基因组上也标出了内切酶（*Asc* Ⅰ 和 *Bss*H Ⅱ）的酶切位点和存在遗传多态性的区域（星号）

目前针对真核生物（如酵母）甚至人类基因组的人工合成研究都在进行中。由多位学者发起的全球合作项目人类基因组编写计划（Human Genome Project-Write），旨在对人类基因组进行从头合成编码。可以预见，如何设计出一个简约又能正常行使功能的人工基因组（包括算法和设计工具等），是未来生物信息学领域的一个重要内容。

（2）最小基因组与底盘基因组设计　　各种人工构建的生物模块，会被植入生命体中进行扩增和培养。生物体自身的各种代谢途径、信号转导途径及各种内源噪声，对于人工模块的执行无疑是一种干扰。同时，天然生物基因功能的多效性和冗余性也给各种模拟算法的有效应用带来了障碍。因此，许多合成生物学家致力于生物基因组的简化和模块化，力图净化宿主细胞的代谢内环境，其中尤以"最小基因组"（minimal genome）和"必需基因"（essential gene）的研究成果最为显著。该研究的目的是确定一个生物生存所需最小基因集。例如，基因集中包括与 DNA 复制、RNA 处理和修饰、解码遗传密码的 tRNA、翻译组分和伴侣蛋白（chaperone）等有关的基因，它们是支持一个完整的生物体存活所必需的基因。文特尔团队对 *M. genitalium*（生殖道支原体）细菌的最小基因组研究表明，该细菌大概有 386 个基因对 DNA 修复、能量代谢和其他必需过程是必不可少的。大肠杆菌的最小基因组目前已经确认有 151 个基因。目前已对 14 种原核生物和 7 种真核生物基因组进行了实验，鉴别出 1 万余个必需基因。2016 年 3

月，文特尔团队宣布了 Synthia 3.0 的诞生，该生命体基因组含有 473 个基因，是目前已知合成基因组最少的基因数量。

（3）人工密码子设计　　文特尔实验室在开展人工合成细菌基因组时开始使用人工密码子。在进行 *M. mycoides* 基因组时构建了更加完善的氨基酸编码密码子系统（现有氨基酸单字母代码数量有限），他们设计了 "TAG, AGT, TTT, ATT, TAA, GGC, TAC, TCA, CTG, GTT, GCA, AAC, CAA, TGC, CGT, ACA, TTA, CTA, GCT, TGA, TCC, TTG, GTC, GGT, CAT, TGG, GGG, ATA, TCT, CTT, ACT, AAG, AGA, GCG, GCC, TAT, CGC, GTA, TTC, TCG, CCG, GAC, CCC, CCT, CTC, CCA, CAC, CAG, CGG, TGT, AGC, ATC, ACC, AAG, AAA, ATG, AGG, GGA, ACG, GAT, GAG, GAA, CGA, GTG" 密码子，分别代表字母 A～Z、回车、空格、数字 1～9，以及 #@）（-+\:<;>$&}{*%!'., 等字符。他们在其合成的基因组中留下了 "水印"（watermark）序列，其上甚至还加入了 Email 地址 "MROQSTIZ@JCVI.ORG"。他们认为作为第一个能独立复制生活的合成新物种（起名 "Synthia"），计算机是它的父亲，它应该有自己的 Email 地址。

美国科学家成功改写了一个细菌基因组——大肠杆菌基因组，他们成功减去了大肠杆菌 64 个遗传密码子中的 7 个。这样的人工合成基因组不包含病毒生存所依赖的氨基酸，这可以增强它们对病毒的抵抗力，使合成的基因组依赖人工合成氨基酸，减少细菌从实验室逃逸造成环境污染的风险。该技术是利用更多碱基（除了 ATCG）合成新类型氨基酸。组成 DNA 的 ATCG 4 种碱基可以随机排列形成 64 种不同的包含 3 个碱基的组合，组成生命的遗传密码，每个密码子编码一种相应的氨基酸。地球上所有生命所需的蛋白质主要由 20 种氨基酸组成。来自美国的合成生物学领域著名科学家 Romesberg 教授，成功打破了 ATCG 的束缚。他们首次合成了自然界中不存在的 X-Y 碱基对和相应的氨基酸，成功在实验室创造了包含 "ATGCXY" 6 种碱基的全新生命体（Zhang et al., 2017）。天然存在的 4 种碱基编码 20 种氨基酸，额外加入非天然的 X-Y 碱基对能够额外产生多达 172 种氨基酸。

3. 软件工具　　目前基于模块进行设计和合成的合成生物技术已比较成熟，已开发出基于生物部件并进行大规模设计的工具，如 GoldenGate、DeviceEditor、J5、GenomeCarver、BiopartsBuilder、SynBIS 等。针对植物，最近也开发了专门用于植物合成生物学的在线合成生物学装配工具 GoldenBraid4.0（https://gbcloning.upv.es/）（图 12.26）。用户可以用在线工具提供的生物部件 BioBrick 设计基因线路，然后根据功能设计进行合成。同时，许多其他合成生物学工具也可以用于植物合成生物学研究（表 12.8）

表 12.8　目前合成生物学研究的软件工具（引自 Liu and Stewart et al., 2017）

软件工具		说明	植物适用性
构件设计与合成	Gene Design	具有密码子优化和密码子偏差图形算法的 Web 服务器，支持插入限制位点和构建块的设计	适用
	Gene Design 2.0	可用于基因、操纵子和载体设计、密码子优化、限制性位点修饰、可读框重新编码和引物设计	适用
拓扑结构和网络设计	Geno CAD	包含形式语义模型的框架，该模型使用属性语法表示多个部分序列的动态。它将部分函数的条件依赖性形式化，并将部分序列转换为模型来预测其行为，并通过设计草案的交互式 "语法检查" 来传递给用户	用于 *E.coli*
	Opt Circuit	可自动识别列表中的组件与回路重新设计连接性的优化框架。它使用确定性常微分方程和随机模拟编译启动子。蛋白质互作的综合动力学描述	可改用

续表

软件工具		说明	植物适用性
拓扑结构和网络设计	Cell Designer E-Cell	通过基于基因调控、代谢和信号转导，以及计算机实验构建的细胞整合模型，来预测细胞行为的建模和模拟环境	可改用
模拟和运行预测	COPASI	独立的生化网络模拟器，可以在不同的模拟方法之间轻松切换	可改用
	CompuCell3D	将基于特定子组件机制的特殊假设组合成统一的多尺度模型，来构建高度保守的脊椎动物机体形成的多细胞多尺度模型	可改用
	Cell Modeller	该工具通过分析分层物理和生化形态发生机制，分析和建模多细胞植物形态发生过程	植物专用

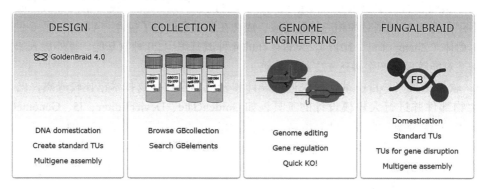

图 12.26　在线植物合成生物学设计平台 GoldenBraid 主页

三、翻译组

1. 翻译组概述　　翻译组（translatome）是一个细胞、组织或物种中，从信使 RNA 翻译而来的所有蛋白质的集合。然而，翻译组学所研究的内容并不仅限于信使 RNA 的翻译，还包括核糖体、调节性 RNA 和非编码 RNA 的翻译、短肽等研究。翻译的过程也并不局限于将转录本编码序列转换为多肽链，还包括通过翻译的调控来控制蛋白质组的组成。因此，翻译组学拓宽了蛋白质组学、癌症研究、细菌应激反应、生物节律性和植物生物学等领域的研究角度（Zhao et al.，2019）

　　在翻译组学中，RNA 和蛋白质是两类主要的大分子。研究翻译中的 RNA（translating RNA）是翻译组学的重要任务。目前用来测定正在翻译的 RNA 的方法包括多聚核糖体分析

（polysome profiling）、正在翻译的全长 mRNA 测序（RNC-Seq）、正在翻译的核糖体亲和纯化（TRAP-Seq）和核糖体测序（Ribo-Seq）等。

翻译组的研究在人类疾病相关领域、微生物及植物生物学研究领域具有重要意义。例如，Wang 等（2013）发现肺癌细胞比正常细胞具有更高的翻译起始效率（Wang et al., 2013）；Lian 等（2016）发现癌细胞中等致癌基因的翻译延伸速率显著降低以确保它们的正确折叠和致癌功能（Lian et al., 2016）；Yang 等（2016）利用 RNC-Seq 在肺炎链球菌（其生存与铁元素的摄取相关）中发现了在铁缺乏条件下上调的基因，并且验证了一个功能蛋白（Yang et al., 2016）；Castelo-Szekely 等（2017）发现翻译效率的组织差异性影响了生物钟周期相关蛋白合成的时间和数量（Castelo-Szekely et al., 2017）。目前在不少植物上已开展了基于 Ribo-Seq 的翻译组研究，包括拟南芥（Bazin et al., 2017；Bai et al., 2017；Waltz et al., 2019；Williams-Carrier et al., 2019）、玉米（Lei et al., 2015；Chotewutmontri and Barkan, 2016；Zoschke et al., 2017；Xu et al., 2019）、番茄（Wu et al., 2019）和衣藻（Trösch et al., 2018）。

2. 翻译组数据分析　翻译组数据分析内容主要包括翻译效率（translation efficiency, TE）、上游开发阅读框（upstream open reading frame, uORF）和 P 位点（peptidyl site 或 P-site）等。TE 是指细胞内信使 RNA 翻译成蛋白质的速率，其计算公式为 TE＝翻译水平表达量／转录水平表达量（表达量的值为 FPKM 或 TPM）。一般情况下结合核糖体越多的转录本其翻译效率越高，因此可以根据 Ribo-Seq 和 RNA-Seq 数据读段在转录本的覆盖度来计算。uORF 是指转录本 5'UTR 区域可能存在的编码肽链的序列，研究表明 uORF 的翻译活性会影响下游 CDS 区域的翻译活性；此外 ORF 的确定可以发现新的蛋白及完善基因组的注释。P 位点是转运 RNA（tRNA）绑定的第二个碱基的位置，P 位点的确定可以确定该转录本的三核苷酸周期性（3-nt periodicity），并且确定翻译起始和终止位置。

以 Ribo-Seq 数据为例，其常结合 RNA-Seq 数据分析，具体分析流程如下（图 12.27）。

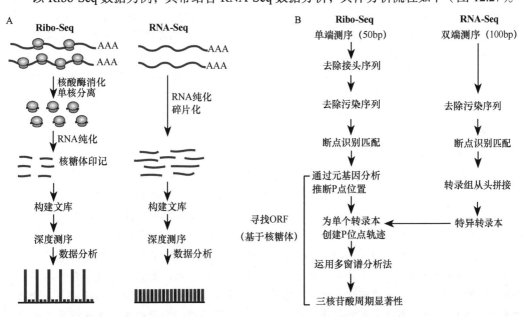

图 12.27　Ribo-Seq 与 RNA-Seq 的实验流程（A）和数据分析流程（B）比较（引自 Wu et al., 2019）

1）使用 FASTX_clipper 等软件去除 Ribo-Seq 和 RNA-Seq 原始数据的接头，同时使用 FASTX_toolkit 软件包获得高质量的测序数据。

2）使用 Bowtie2（Langmead and Salzberg，2012）将测序读段比对到 rRNA、tRNA、snRNA、snoRNA 和重复序列上，删除比对到这些序列上的测序读段，剩下的 Ribo-Seq 和 RNA-Seq 测序读段将用于后续分析，包括使用 featureCounts（Liao et al.，2014）和 Subread 软件（Liao et al.，2013）分析测序读段在基因上不同位置的分布等。

3）将处理好的 Ribo-Seq 和 RNA-Seq 测序读段使用 STAR 软件（Dobin et al.，2013）比对到对应物种的参考基因组序列上，使用 StringTie（Pertea et al.，2016）将比对上的读段进行拼接，得到新的组装好的基因组注释文件（gtf 格式）；使用 gffcompare 将新注释文件与原注释文件比较，得到标记为"i""x""y""o""u""s" 6 种类型的新转录本，提取这些新转录本的注释信息并且与原基因组注释文件进行合并，得到合并后的新注释文件。

4）使用 STAR 软件将处理好的 Ribo-Seq 和 RNA-Seq 测序读段比对到基因组序列上，此次使用的是合并后的新注释文件，最终得到序列比对结果文件（bam 格式）；使用 SAMtools（Li et al.，2009）将多次实验重复数据的比对结果文件合并成一个文件，合并后的 bam 文件（包括 Ribo-Seq 和 RNA-Seq 数据）将用于下游 ORF 分析。

5）使用 RiboTaper 软件（Calviello et al.，2016）对 Ribo-Seq 和 RNA-Seq 数据进行分析，首先使用 RiboTaper 软件包中的 create_annotations_files.bash 脚本，以及相应物种的参考基因组和之前步骤得到的合并后的新注释文件，产生 RiboTaper 软件所需的注释文件。其次使用 RiboTaper 软件包的 create_metaplots.bash 和 metag.R 功能产生参数，最后利用 RiboTaper 软件结合新注释文件、参数、Ribo-Seq 和 RNA-Seq 的比对结果 bam 文件，分析得到 ORF 结果和 P 位点结果，并且将 ORF 结果文件 translated_ORFs_filtered_sorted.bed 与基因组注释文件整合。

6）使用 STAR 将 Ribo-Seq 和 RNA-Seq 测序读段再次比对到基因组的 CDS 区域，使用 RSEM（Li and Dewey，2011）计算转录本的表达量 TPM，从而计算翻译效率（TE）。使用 R 包 GenomicRanges、GenomicFeatures、GenomicAlignments 并且结合 RiboTaper 的 P 位点结果文件、STAR 比对的结果 bam 文件，可以做出基于 Ribo-Seq 三核苷酸周期性图和基于 RNA-Seq 的基因表达读段覆盖（coverage）图等。

除了 RiboTaper，用来分析 Ribo-Seq 数据的软件还有 systemPipeR（Tyler and Girke，2016）、riboWaltz（Lauria et al.，2018）、RiboProfiling（Popa et al.，2016）、Plastid（Dunn and Weissman，2016）、RiboCode（Xiao et al.，2018）等，这些软件的具体使用方法和参数可以查看软件的用户手册，整体分析流程与上述分析方法大同小异。

一个翻译组分析案例

Lei 等（2015）通过对正常和干旱条件下的玉米幼苗的核糖体图谱和常规转录组测序（图 12.28），揭示了玉米干旱胁迫下的动态翻译机制，并且这种翻译机制与转录表现为协同作用（Lei et al.，2015）。他们发现：①Ribo-Seq 测序数据主要分布在 30bp 左右；②核糖体保护片段（ribosome protected fragment，RPF）主要分布在 5′UTR 区域，说明 5′UTR 上有潜在的翻译能力；③干旱条件下玉米幼苗的翻译受到抑制，并且这种情况在转录水平和翻译水平表现一致；④幼苗中光合作用相关的基因具有较高的表达量和翻译效率，并且干旱处理后近千个基因发生翻译效率的改变，说明调节基因的翻译效率可能是植物应激反应的重要途径；⑤基因序列特征（包括 CDS、3′UTR 和 5′UTR 区域的序列长度、最小自由能、GC 含量）对基因的翻译效率存在影响；⑥在全基因组范围内鉴定了 2558 个含有

uORF 的基因，并且发现翻译后的 uORF 降低了相应基因的翻译效率，说明翻译后的 uORF 抑制了 mORF 的翻译，另外还发现干旱胁迫下 uORF 的翻译效率高于正常幼苗 uORF 的翻译效率。

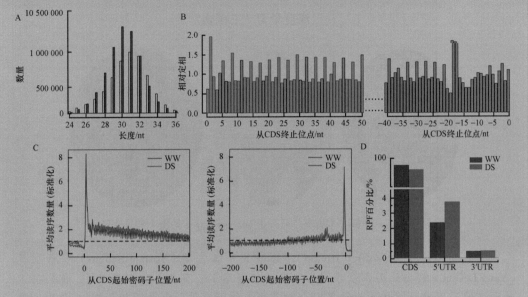

图 12.28　玉米幼苗在正常（WW）和干旱（DS）条件下 Ribo-Seq 数据的特征（引自 Lei et al., 2015）
A. 核糖体保护片段（RPF）的长度分布；B. 编码序列（CDS）干旱条件下前 50 个和后 40 个碱基的三核苷酸周期性；
C. CDS 起始和终止位置的 RPF 的密度分布；D. RPF 在 CDS、5′UTR 和 3′UTR 区域的读段分布

🔍 习　题

1. 请简述 Hi-C 技术原理。
2. 什么是拓扑关联域（TAD）？鉴定 TAD 的主要方法包括哪些？
3. 单细胞 RNA 数据主要降维方法有哪些？
4. 单细胞 RNA 数据拟时序分析的意义和算法是什么？
5. 基因组选择或预测涉及的线性和非线性方法主要有哪些？
6. 请以 CNN 为例，阐述深度学习在生物信息学相关领域的具体应用。
7. 请比较 Ribo-Seq 和 RNA-Seq 技术及其数据分析的差异。

深度学习"三剑客"

从左到右：辛顿、本吉奥（照片由 Maryse Boyce 拍摄）和杨立昆

　　杰弗里·辛顿（Geoffrey Hinton）、约书亚·本吉奥（Yoshua Bengio）和杨立昆（Yann LeCun）被公认为深度学习（深度神经网络）三巨头。2019 年 3 月，他们三人由于"使深度神经网络成为计算概念和工程上的新突破"而共同荣获 2018 年度图灵奖。三人获奖的主要贡献如下：辛顿，神经网络反向传播算法、玻尔兹曼机（Boltzmann machines）和对卷积神经网络的改进；本吉奥，序列概率模型（probabilistic models of sequences）、高维词汇嵌入和关注（high-dimensional word embeddings and attention）和生成性对抗网络；杨立昆，卷积神经网络、改进反向传播算法和拓宽神经网络的范围。这三人虽身处异地，但多有交集，是多年的亲密朋友和合作者。

　　杰弗里·辛顿（1947～）可以说是"三剑客"之首，在 AI 领域最为知名。他是加拿大多伦多大学认知心理学家和计算机科学家（实验室主页：www.cs.toronto. edu/~hinton/），英国皇家学会院士，谷歌大脑（Google Brain）人工智能团队首席科学家。他因人工神经网络而出名，被称为"神经网络之父"和"深度学习鼻祖"。2006 年，辛顿实验室在 *Science* 发表《用神经网络降低数据维数》一文，被认为是深度学习领域的开创性论文。深度学习由此开始登场，渐渐成为 AI 和神经网络最热门的研究方向。在某些场合，深度学习甚至成为神经网络的代名词。辛顿在谷歌公司曾发生过一段颇为有趣的故事：谷歌邀请辛顿到谷歌短期工作三个月。根据谷歌入职规定，短期工作人员必须经过实习培训。于是，2012 年的一天，谷歌公司的实习生培训班里，来了一位头发花白的老人，在一群年轻实习生中，他显得非常特别。直到有一天，有人在餐厅里认出了他，毕恭毕敬地叫他辛顿教授，实习生们才惊讶地发现，原来天天和他们坐在一起的这位"老"实习生，竟然是深度学习教父！

　　约书亚·本吉奥（1964～），法国巴黎出生，麦吉尔大学计算机工程学专业毕业。1992 年在美国贝尔实验室与杨立昆在同一个研究小组工作，开展学习和视觉算法研究工作。1993 年起，他一直在蒙特利尔大学教书育人，负责计算机科学与运筹学方向。他是知名的蒙特利尔学习算法研究所（MILA）创始人。根据本吉奥回忆，他在麦吉尔大学读研究生时读到辛顿的一篇论文，如被电击，"天呐！这是我想做的事！"，他仿佛找到了儿时特别喜欢的科幻故事的感觉。自此，他一直在神经网络领域开展研究工作，并与辛顿建立了密切合作关系。20 世纪 90 年代，他把神经网络与 HMM 等序列过程概率模型相结合，用于阅读手写支票。该工作被认为是 90 年代神经网络研究的巅峰之作。

　　杨立昆（1960～）同样是法国人，Facebook 副总裁和首席 AI 科学家，纽约大学教授，被誉为卷积神经网络之父（实验室主页：http://yann.lecun.com）。杨立昆在人工智能界很活跃，与中国的交流也颇为频繁。他有不少中文名，"杨立昆"只是其中一个。杨立昆在法国获得计算机科学博士学位，而后赴加拿大多伦多大学"投靠"辛顿，从事博士后研究。当时的深度神经网络学科是个大冷门。博士后期间杨立昆一直在做共享权值网络研究，并未开展卷积网络相关研究（未能早点进行卷积网络研究的主要原因是没有足够的数据）。1988 年，年仅 27 岁的杨立昆离开多伦多加入美国 AT&T 贝尔实验室。在贝尔实验室，他接触到了在当时数一数二的庞大数据集。1993 年，杨立昆完成了识别手写字的系统 LeNet，并很快应用于识别支票上的数字，至 90 年代末期，该系统已经用于处理美国 10%～20% 的支票。2003 年，他加盟纽约大学。2013 年，杨立昆加盟 Facebook。但他至今仍在纽约大学兼职教学。杨立昆于 1989 年发表了名满天下的卷积神经网络（CNN）的第一个实现案例（"Backpropagation Applied to Handwritten Zip Code"）。其核心是他把新认知机（neocogniron）的精华加到经典神经网络 BP 反向传播算法（该算法最初由辛顿提出，杨立昆进行了改进）。1998 年杨立昆发表 LeNet-5（"Gradient-Based Learning Applied to Document Recognition"），把 CNN 推上了一个小高潮。2006 年，一篇重要文章 "Notes on Convolutional Neural Networks" 发表，给出了详细的 CNN 权值更新公式等。2012 年，在 ImageNet 图像识别竞赛中 CNN 脱颖而出。杨立昆有一句名言："深度神经网络既漂亮，又光亮透明"。深度网络图像的确挺漂亮，但真正能看透、看懂它的人又能有多少？

第13章 群体遗传分析

以哈迪-温伯格（Hardy-Weinberg）遗传平衡定律为基础，费希尔、莱特和霍尔丹（群体遗传学三巨头）建立了群体遗传学的数学基础和理论框架。后续马莱科特、科克汉姆和木村资生等对群体遗传学分析做出了突出贡献，特别是木村资生的中性进化理论深化了自然选择的概念。伴随着群体基因组重测序研究项目的实施，大规模正向选择作用的调查表明，自然和人工选择在物种形成与进化过程中起着更重要、广泛的作用。基因组水平的遗传变异鉴定涉及生物信息学方法，并基于大规模群体基因组序列遗传分化分析，同样属于生物信息学研究范围，因此形成了生物信息学和分子群体遗传学的交叉学科领域。本章将集中介绍涉及群体遗传分析的各类分析方法，其中重点介绍群体自然选择压的检测方法、基于溯源的群体历史分析方法和数量遗传学分析方法等。

本章思维导图

扫码见本章
英文彩图

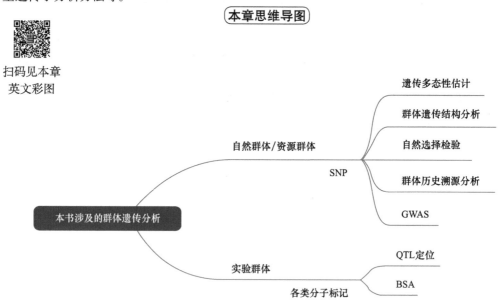

第一节　群体遗传多态性与结构分析

生物群体包含大量的遗传变异。某一个遗传座位（locus），在群体中通常含有两个或多个等位基因（allele）。在一个遗传位点中，存在两个或多个等位基因（通常大于 1%）时称为遗传多态性。一个群体的遗传多态性通常是指群体中至少一个遗传位点的等位基因频率不为 0（或 1）或者核苷酸具有多态性，两者在选择作用的检验方面都有不同的应用。大多数新突变是由于遗传漂变（genetic drift）或净化选择（purifying selection）作用从群体中淘汰，只有极少数突变在群体中被保留下来。遗传多态性的产生和维持，以及群体水平的进化机制是群体遗传学的主要研究课题。正如木村资生所指出的，基因的长期进化和遗传多态性仅是同一个进化过程中的两个方面。中性学说认为，分子水平上的遗传变异在很大程度上是中性的，变异程度主要由突变速率和有效群体大小决定。因此，可以通过比较观察到的遗传变异和理论期望值来测验中性进化假说。如果观察值和理论值之间差异显著，就说明可能存在某种选择作用。

一、遗传多态性及其估计

群体或称种群，在进化过程中受各种因素的影响，反映在其遗传结构上就产生了复杂的遗传构成。这些因素包括突变、种群历史、遗传漂变、自然选择、重组等，它们对群体的遗传构成产生不同方面的影响。①一般认为，突变为物种的进化提供了原动力，增加了遗传的多样性，是进化的主要动力。②在一个小群体内，因为每个个体的后代存活数量存在差异，而每个个体在同一遗传位点上可能携带不同的等位基因，每代传递到下一代个体的基因频率，会产生较大差异，由这种小样本引起群体基因频率的随机变化，叫作遗传漂变。遗传漂变的作用效果主要受有效种群大小影响：一般来说，有效种群越大，遗传漂变效应越小。③种群历史（demographic history）主要包括种群扩增、奠基者效应（founder effect）、瓶颈效应（bottleneck）、种群缩减、分割（subdivision）、种群间的基因交流（gene flow）和种群迁徙等因素，这些因素影响种群的遗传构成。奠基者效应是造成遗传漂变的一种形式，指由带有亲代群体中部分等位基因的少数个体重新建立新群体的过程；瓶颈效应可以看作奠基者效应的一种；种群迁移是指对于一个大种群而言，在每个世代有部分个体迁入，从而引起基因频率变化。④自然选择作用于非中性突变上，增加有利突变在群体中的频率，或者消除不利的突变和以其他的方式对遗传的多样性进行修饰（详见本章第二节）。

不同因素互相作用，互相影响，形成目前所观察到的种群遗传构成。群体遗传学的一个重要任务，就是试图明确种群进化历史、分析遗传漂变与自然选择（尤其是正向选择）的效应，从而检测出进化上重要的遗传位点。

1. 等位基因频率与固定系数　一个特定等位基因在某个群体中的相对比例，称为等位基因频率。假设一个座位上有一对等位基因 A_1 和 A_2，频率分别为 x_1 和 x_2。在二倍体生物的群体中，该座位共有三种可能的基因型，即 A_1A_1、A_1A_2 和 A_2A_2，频率分别为 X_{11}、X_{12} 和 X_{22}。在随机交配、雌雄配子随机结合、种群大小不发生变化的情况下，基因频率和基因型频率的关系为：$X_{11}=x_1^2$，$X_{12}=2x_1x_2$，$X_{22}=x_2^2$，这一规律称为哈迪-温伯格定律。固定系数 F 是指一个位点上的两个等位基因频率与哈迪-温伯格定律遗传平衡的偏差。例如，

$$X_{11}=（1-F）x_1^2+Fx_1，\quad X_{12}=2（1-F）x_1x_2，\quad X_{22}=（1-F）x_2^2+Fx_2 \tag{13.1}$$

因此，

$$F=（2x_1x_2-X_{12}）/（2x_1x_2） \tag{13.2}$$

若 $2x_1x_2$ 为随机交配情况下杂合子的预期频率（h），X_{12} 为群体中杂合子的观察频率（h_0），则上式可表示为

$$F=（h-h_0）/h \tag{13.3}$$

当 h_0 小于 h 时，F 取正值；当 h_0 大于 h 时，F 取负值。

固定系数（F_{ST}）是 F 统计量的一个特例。一个比较简单的理解，F_{ST} 是通过遗传多态性数据（如 SNP）来估计亚种群间平均杂合性大小（h_0 或 H_S）与整个种群平均杂合性大小（h 或

H_T）的差异。它受许多不同因素的影响，如突变、遗传漂变、近亲交配、选择作用等。F_{ST} 取值范围从 0 到 1（$0 \leqslant F_{ST} \leqslant 1$），$F_{ST}$ 值越大表示群体的分歧越大。目前，较常用的是 Weir 和 Cockerham（1984）提出的 F_{ST} 无偏估计量（Weir and Cockerham's unbiased F_{ST}）。该方法假设需要对 i 个亚群体进行分析（$i=1,\cdots,r$），利用从 DNA 序列统计出的各个亚群体基因频率数据和各个亚群体的大小计算出可靠的 F_{ST} 估计量。

2. DNA 多态性估算　对于自然群体的遗传变异，DNA 序列比蛋白质序列提供了更多的多态信息。DNA 非编码区的遗传变异（内含子、基因间区域）或编码区的同义核苷酸替代只能通过 DNA 序列来研究。DNA 多态性可以用不同的方法来度量，比较常用的是每个核苷酸座位的分离位点数目和核苷酸多样性（或核苷酸水平杂合度）。

（1）分离位点数目　考虑一个给定的 DNA 区域（座位），并假定从一个群体中抽取 m 个拷贝（基因），如果 DNA 区域长度为 n（n 个碱基），对于这 m 条经过多序列联配的序列，任何有两种或多种碱基的位点被称为分离位点（segregating site）（图 13.1）。用 s 表示一组数据中所有分离位点的数目，每个核苷酸座位的分离位点比例为 $p_s = s/n$。s 和 p_s 很明显取决于样本大小，当 m 增大时，它们也相应增大。在满足无限位点遗传模型条件下，即假设任何一对核苷酸座位之间不发生重组而且新突变总是发生在非分离位点，并进一步假设不存在自然选择而且群体达到突变-漂移平衡，p_s 的期望值可由下式得出：

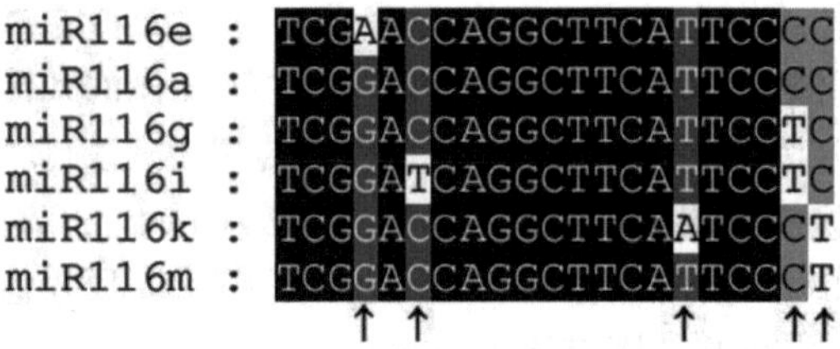

图 13.1　群体个体序列联配结果及其遗传多态性
箭头所指位点存在遗传变异，为分离位点

$$E(p_s) = a_1\theta \tag{13.4}$$

式中，$a_1 = 1 + 2^{-1} + 3^{-1} + \cdots + (m-1)^{-1}$；$\theta = 4N_e\mu$，$N_e$ 和 μ 分别是有效群体大小和每个位点的突变速率。每个序列的突变速率为 $V = n\mu$。很明显，$E(p_s)$ 随 m 的增大而增大，p_s 的理论方差为

$$V(p_s) = E(p_s)/n + a_2\theta^2 \tag{13.5}$$

式中，$a_2 = 1 + 2^{-2} + 3^{-2} + \cdots + (m-1)^{-2}$。因此，$p_s$ 的方差也随 m 的增大而增大。θ 是一个比 p_s 更基本的遗传变异参数，因为它是突变速率和群体大小的积，并且独立于样本大小，可由下式估算：

$$\hat{\theta} = p_s/a_1 \tag{13.6}$$

$\hat{\theta}$（有时也写作 θ_W）的方差为

$$V(\hat{\theta}) = V(p_s)/a_1^2 \tag{13.7}$$

只有在考虑中性突变且群体大小在进化过程中保持恒定时，式（13.6）才是正确的。

（2）核苷酸多态性　衡量 DNA 多态性也可以利用一个不依赖于样本大小（m）的 DNA 多态性参数（π），即两个序列间每个位点上核苷酸差异的平均值。具体定义为

$$\pi = \sum_{ij}^{q} x_i x_j d_{ij} \tag{13.8}$$

式中，q 是等位基因的总数；x_i 和 x_j 分别是第 i 和 j 个等位基因的群体频率；d_{ij} 是第 i 个和第 j 个等位基因间每个座位的核苷酸差异数或替换数。在一个随机交配群体中，π 只是核苷酸水平上的杂合度，可由下式估算：

$$\hat{\pi} = \frac{q}{q-1} \sum_{ij} \hat{x}_i \hat{x}_j d_{ij} \tag{13.9}$$

或

$$\hat{\pi}=\sum_{i<j}^{m}d_{ij}\,/\,c \qquad （i\,和\,j\,指第\,i\,和第\,j\,条序列）\qquad（13.10）$$

上两式中，m、$\hat{x}_i$、$\hat{x}_j$ 和 c 分别是 DNA 序列的总条数、样本第 i 个和第 j 个等位基因的频率和序列比较的总数 $[m(m-1)/2]$。

二、群体遗传结构分析

1. 群体遗传结构及其分析方法　　群体遗传结构（population genetic structure）是指基因型在空间和时间上的分布样式，它包括种群内的遗传变异和种群间的遗传分化。群体遗传结构是经过长时间的进化而形成的，很多物种的遗传结构反映了其进化历史中的一些特殊事件。因此，群体遗传结构是研究生物对环境的适应、物种的形成及进化机制的基础。研究者提出了许多种群体遗传结构模型，用于描述特定群体结构形成机制。

（1）距离隔离（isolation-by-distance，IBD）模型　　在 IBD 模型中，群体内子群体间彼此连接，形成许多相互"接壤"的"邻里"，每个邻里就相当于一个子群体，这种群体原本是个均匀分布的大群体，由于个体从出生到性成熟整个期间内所能移动的距离有限，所以根据个体间能够随机交配范围的限制，而将群体自然地划分为许多邻里。每个邻里就是其中个体能够有效随机交配的区域。由于邻里间彼此是连接的，所以邻近的邻里间迁移的可能性要比相距较远的邻里间大得多，而且由于基因频率在邻里间呈现连续变化，所以邻里间的基因频率差异小，导致群体间在地理位置和遗传距离之间有关系。许多群体结构可以用 IBD 模型来很好地解释，如作物群体结构（Gutaker et al., 2020）。

（2）陆岛模型（continent-island model）　　迁移发生在很大的陆地和很小的岛屿之间，而且基因流方向主要是从陆地到岛屿。一般认为迁移只是从陆地到岛屿，那么岛屿上等位基因频率的变化由岛屿和陆地间等位基因频率差异的大小和迁移个体的数量决定。这是一种最简单的迁移模式。

（3）海岛模型（island model）　　群体结构的极端类型是连续型和不连续型，彻底的不连续分布叫作海岛模型。各子群体间基因频率变化呈现跳跃式而不具有连续性，该模型可表示彼此由水域分离着的岛屿群体等。

（4）阶石模型（stepping-stone model）　　与海岛模型相似，但这种模型只从邻近群体迁入，导致邻近群体间有更大遗传相似性。

在高通量测序技术出现之前，普遍用于研究种群遗传结构的分子标记为限制性片段长度多态性（RFLP）、微卫星（SSR）、叶绿体或线粒体基因等标记。目前 SNP 已成为种群遗传结构研究中使用最广泛的标记。种群遗传结构的研究内容不仅包括种群内遗传变异程度的高低，还研究遗传变异在种群内及种群间的分布情况等。

群体结构中亚群分类方法分为两种：基于距离和基于模型的方法。①以距离为基础的方法通常会计算群体中每对个体间的距离，以成对距离矩阵表示，并通过树形图或多维比例图呈现，通常应用于系统发生算法中，对基因型数据进行聚类。该方法可以直观了解个体的分类关系，但很难纳入其他信息（地理、表型信息）进行精确统计，亚群分类通常人为确定。②基于模型的方法，通过假设每个亚群的观测值（如基因频率）来自某个参数模型的随机抽样，使用统计（如最大似然法或贝叶斯统计）对每个亚群成员和亚群模型参数进行推断，可对群体进行精确聚类，检测群体内个体基因交流及混合程度。目前主流分析工具为 STRUCTRUE 软件（Pritchard et al., 2000）。

假设每个亚群内个体均符合哈迪-温伯格平衡和连锁平衡。在此假设下，每个基因型中每个位点的每个等位基因都是从适当的频率分布中独立抽出的，即明确概率分布 $\Pr(X|Z, P)$，X 表示采样个体基因型；Z 表示个体起源的群体（未知）；P 表示所有群体的等位基因频率（未知）。根据贝叶斯分析方法，观察获得的个体基因型 X，可以得出 Z 和 P 的后验分布：

$$\Pr(Z, P|X) \propto \Pr(Z)\Pr(P)\Pr(X|Z, P) \tag{13.11}$$

虽然通常不可能精确地计算这个分布，但可以通过马尔可夫链蒙特卡罗（MCMC）方法从 $\Pr(Z, P|X)$ 中得到一个近似样本 $(Z^{(1)}, P^{(1)})$，$(Z^{(2)}, P^{(2)})$，…，$(Z^{(M)}, P^{(M)})$。

对于每个 K 值，STRUCTRUE 以 $\Pr(X|K)$ 的对数概率 $\ln P(D)$ 来判断群体内最可能的亚群数。但需要注意 $\ln P(D)$ 仅是聚类数量的指示，并没有提供 K 后验分布的精确估计。Evanno 等（2005）提出一个特殊量 ΔK，它与对数概率的二阶变化率相关，能够很好地预测真实的聚类数量。

$$\Delta K = m\left[|L(K+1) - 2L(K) + L(K-1)|\right]/s\left[L(K)\right] \tag{13.12}$$

式中，$L(K)$ 即 $\ln P(D)$；m 表示平均值；s 表示标准差。一般随着 K 值升高，$\ln P(D)$ 也会不断升高，并进入平台期；ΔK 随着 K 值升高会出现一个峰值，此时 K 值为最可能真实的亚群分类数。

种群间的遗传分化程度用固定系数（F_{ST}）等来评估。固定系数能衡量种群间遗传差异程度，F_{ST} 值越大，说明种群间的遗传分化程度越大，反之亦然。如果两个个体的同一段基因序列如果完全相同，就可以说它们具有相同的单倍型。通过计算单倍型间的遗传距离，可以判断种群间的亲缘关系。种群内及种群间的遗传变异，能够反映种群间的遗传分化或基因交流程度。基因流指基因在种群中的交流与传递，是迁移率与有效群体大小的乘积。频繁的基因流动改变了原有种群的基因频率，进而改变遗传结构，使种群间在遗传上趋于一致。基因流值与固定系数、种群间的地理距离成反比，空间距离越近，发生基因流动的概率就越大，而空间距离远的种群间只有相对小的基因流或根本没有基因流存在。

2. 群体结构分析工具　群体结构的确定可应用目前较为流行的 STRUCTURE、ADMIXTURE 等软件。STRUCTURE 分析的前提假设是群体处于哈温平衡，且分析的信息位点之间连锁不平衡（LD）不显著。总体上，首先假设 K 个亚群，然后计算每个个体归属每个亚群的概率 Q 值。在确定亚群数时，选择混合模型和独立等位基因频率模型，依次设定亚群数目（K）为 1～10，将 MCMC 迭代设为 100 000 次，删除前 10 000 次不做统计，每个 K 重复运行 5～10 次。若似然值随亚群数的增大而增大，则采用 Evanno 等提出的 ΔK 来确定合适的 K 值。可以利用在线工具 Structure Harvester 来判断亚群体的最佳个数（即最可能的 K 值）。由于目前研究的群体规模越来越大，且全基因组上万甚至上百万的标记用于分析群体结构，STRUCTURE 的运行速度已逐渐无法满足分析需求。Frappe 和 FastStructure（由 STRUCTURE 软件同一实验室发布）等软件的出现，较好地解决了大标记数据量、大群体的分析效率问题。此外，主成分分析（PCA）也常用于群体结构的划分，可用 Eigensoft、SNPRelate 等工具实现。

可用 FSTAT 估计亚群间分化固定系数、群体内分化系数（F_{IS}）和群内遗传多样度（H_S）。评价亚群间和亚群内的变异及遗传距离，可利用 Arlequin 软件进行 AMOVA（analysis of molecular variance）分析。对于大数据量的分析，可使用 VCFtools、PopGenome 等进行全基因组水平上群体分化相关参数计算。

为了研究全球杂草稻的起源和基因组适应性进化机制，本书编者团队收集了全球 16 个国家的杂草稻材料，涵盖各大洲主要稻区。结合当地栽培稻和野生稻基因组数据资源，共计 1003 份材料用于群体遗传学分析（Qiu et al., 2020）。研究发现全球各稻区杂草稻的基因组遗传组成均与栽培稻相似，且大致可分为三种栽培群体祖先遗传类型，即籼型、粳型及秋稻类型（图 13.2 A）。为进一步研究全球杂草稻野化过程的环境适应遗传基础，我们基于已知水稻基因组驯化区域（Huang et al., 2012），分别计算了驯化区域和非驯化区域上基因在栽培稻和杂草稻群体之间的 F_{ST}，研究发现水稻的野化过程中，大量的基因组分化是在非驯化区域发生（图 13.2 B），说明非驯化区间在杂草稻适应性进化过程中扮演了重要作用。

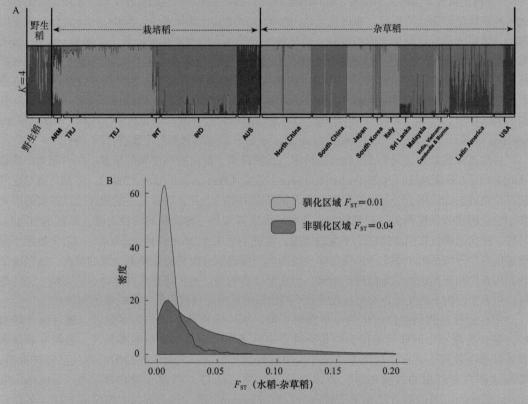

图 13.2 水稻及其野化群体分析（引自 Qiu et al., 2020）

A. 全球稻区杂草稻与当地栽培稻和野生稻群体结构分析结果，图中列出了最佳分组数量（$K=4$）下各个地区水稻及其野化群体情况。ARM. 香米；TRJ. 热带粳稻；TEJ. 温带粳稻；INT. 中间类型；IND. 籼稻；AUS. 秋稻。稻区依次为：华北、华南，以及日本、韩国、意大利、斯里兰卡、马来西亚、亚洲其他地区、拉丁美洲、美国。B. 基于驯化和非驯化基因区域的水稻和其野化群体分化情况

第二节 自然选择的统计检验

自然选择通常包括正选择（positive selection）、负选择（negative selection）和平衡选择（balancing selection）三种类型。正选择发生时，受到选择的等位基因往往在当时的环境条件下更有利于物种的生存和繁衍；负选择与正选择相反，受到选择的等位基因对物种生存有害而被迅速淘汰出群体，因此负选择又称为净化选择；与正选择和负选择不同的是，平衡选择在多数情况下一般会倾向维持群体的遗传多样性。

为了阐明不同类型的自然选择，我们仍然以一对等位基因为例进行解释。假设一个群体开始只存在单一的等位基因 A_1，在一个时间点上由于突变引入了另一个等位基因 A_2，那么该群体中共存在三种基因型 A_1A_1、A_1A_2 和 A_2A_2，定义每种基因型的适合度分别为 W_{11}、W_{12} 和 W_{22}，简单来说，基因型的适合度（fitness）是指携带特定基因型的个体存活的概率。为了更好地理解不同情况下发生的选择情况，我们将绝对适合度转化为相对适合度，三种基因型的相对适合度分别为 1、$1-hs$ 和 $1-s$，其中，$1-hs=W_{12}/W_{11}$，$1-s=W_{22}/W_{11}$，这样 A_1A_2 和 A_2A_2 的适合度就转化为用 A_1A_1 的相对适合度来表示，其中 s 是选择系数，h 是显性度，h 乘以 A_1A_1 的选择系数 s 就是 A_1A_2 的选择系数。

s 值的正负及 h 值的大小决定了选择的类型。①如果三种基因型的适合度相等（即 $s=0$），那么各种基因型频率维持恒定，在进化上是中性的，否则就有选择发生。当 $0<h<1$ 时会产生定向选择，定向选择会限制群体内的变异，使某种特定的基因频率增加或降低。②如果 $s<0$，表明等位基因 A_1 是有害的，携带该基因的个体适合度低，从而发生净化选择或负向选择，使 A_1 在群体中的频率降低。③如果 $s>0$，表明引入的等位基因 A_1 是有利突变，携带该等位基因的个体更适合生存，那么 A_1 将最终在群体中固定下来，这就是一般意义上的正向选择。还有一种针对有利位点的选择为 $s>0$ 且 $h>1$ 时，杂合基因型有最高的相对适合度，称为超显性选择（overdominant selection），也称为杂合子优势（heterozygote advantage）。超显性选择是平衡选择的一种。

正向选择通常会造成受选择位点遗传多态性的降低，同时有利变异的积累往往引起选择搭载（hitchhiking）效应或选择连带（selective sweep）效应（Biswas and Akey, 2006），前者是指对正向选择位点的选择作用会引起相邻连锁位点等位基因频率的上升，后者是指受选择位点两侧的序列多态性会因连带效应而保持很低的水平。两种说法其实是一种现象的两种表现，本质是相同的。另外，正向选择往往引起连锁不平衡的增加。连锁不平衡（linkage disequilibrium, LD）是指不同座位的两个等位基因出现在一条染色体上的频率与随机组合出现的频率不一致的情况。这些特征均是用来检测正向选择信号的理论基础。但需要注意的是，遗传漂变或种群动态的影响，往往也可以引起遗传构成的变化，如何有效区分不同因素的影响是目前仍需解决的难题和热点。

中性检验是判断群体进化的一个重要手段。以中性进化学说作为零假设，通过统计检验的方法，检测一个群体的遗传参数是否符合中性进化模型，如果拒绝零假设，表明有其他因素（如选择效应）存在，这类方法统称为中性检验。目前，大量中性检验的方法已经被提出，依据这些方法利用的数据来源，大体可分为两类（表 13.1）：基于种内多态性（intraspecific polymorphism）的检验方法和基于种间分歧度（interspecific divergence）的检验方法。久远发生的自然选择事件往往涉及种间遗传变异比较，属于大尺度进化分析，有人称为宏观尺度的检测分析（Vitti et al., 2013）。相对的，近期发生在一个物种内的自然选择事件自然就是微观尺度的进化分析了。在具体的分析过程中，需要注意一种检验的结果往往不能给出可靠的结果，需要结合多种检验及具体的生物学背景，才能给出比较合理的解释。

表 13.1 检测自然选择的统计学方法（引自 Vitti et al., 2013；施怿和李海鹏, 2019）

类别	原理	代表性方法
宏观（种间）进化尺度的方法	基于基因密码子	K_a/K_s（或 dN/dS 或 ω）、McDonald-Kreitman test（MK）
	基于进化速率	Hudson-Kreitman-Aguad′e（HKA）
微观（种内）进化尺度的方法	基于等位基因频谱	Ewens-Watterson 检验、核苷酸多态性（π）检验、Tajima's D 检验、Fay&Wu's H 检验
	基于连锁不平衡	LRH、iHS、XP-EHH、连锁不平衡衰减（LDD）、IBD

类别	原理	代表性方法
微观（种内）进化尺度的方法	基于群体分化	F_{ST}、LKT、LSBL、hapFLK
	基于系谱树或溯祖树	MFDM 检验、D_u、SCCT、iSAFF
	组合或复合检验	DH 检验、CLR、XP-CLR、CMS、evolBoosting

注：LRH（long-range haplotype test）. 远距离单倍型检验；iHS（integrated haplotype score）. 单倍型积分值；XP-EHH（cross-population extended haplotype homozygosity）. 跨群体扩展单倍型纯合性；LDD（linkage disequilibrium decay）. 连锁不平衡衰减；IBD（identity-by-descent analysis）. 同源一致性或后裔同样分析；LKT（Lewontin-Krakauer test）. Lewontin-Krakauer 检验；LSBL（locus-specific branch length）. 特定位点分枝长度；SCCT（conditional coalescent tree）. 条件溯祖树；iSAFF（integrated selection of allele favored by evolution）. 进化有利等位基因综合选择；CLR（composite likelihood ratio）. 复合似然比检验；XP-CLR（cross-population composite likelihood ratio）. 跨群体复合似然比检验；CMS（composite of multiple signals）. 多信号组合检验

一、基于种内多态性的检验方法

1. 基于位点变异频率分布

（1）Tajima's D 检验　　Tajima（1989）的 D 检验是通过比较群体多态性的两个估计值 θ_W 和 π 的差异来检验正向选择效应。前面提到了群体遗传参数 θ 的理论值为 $4N_e\mu$（N_e 为有效群体大小，μ 为突变频率）。根据两个估计值 θ_W 和 θ 的差异及方差（V）构建 Tajima's D 检验：

$$D=\frac{\pi-\theta_W}{\sqrt{V(\pi-\theta_W)}} \tag{13.13}$$

通过蒙特卡罗模拟（Monte Carlo simulation）产生 D 检验的分布曲线和临界值，D 值的分布并非严格的正态分布，而与 β 分布比较接近。实际计算过程中也可以根据实际数据进行模拟和检验。

1）在中性进化条件下 θ_W 和 θ 的值应该近似相等。因此在标准中性进化模型下，Tajima's D 的理论值为零。由于 θ_W 的计算不考虑分离位点的频率，只跟分离位点的数目有关，所以群体中存在大量的低频变异也会对 θ_W 产生很大影响。由于 π 计算的是群体中序列差异的平均值，因此 π 的大小跟变异频率有关。

2）如果实际的 D 值明显偏离零，表明实际的等位基因频率相对于中性进化模型的期望存在偏倚。

3）如果 D 值为正，表明存在大量的中等频率的等位基因，这可能是由于群体瓶颈效应、群体结构或者平衡选择等引起的。

4）如果 D 值为负，表明存在大量的低频等位基因位点。以下几种情况可能会导致 D 值为负：首先，当所研究的群体中产生有害突变时，这些突变将受到负向选择的作用在群体中保持较低的频率，低比例的突变有所增加，导致 D 值为负。另外，当群体中一条等位基因受到强烈的正向选择作用时，其附近与之紧密连锁的座位上的变异将伴随这条等位基因比例的升高而增加自身在群体中的比例，即选择搭载效应。搭载效应过后，中性突变的积累同样会造成额外的低比例的变异。因此，D 值如果为显著负值，既可能是负向选择造成的，也可能是正向选择的信号。最后，D 值显著并不一定是选择造成的，只是可能存在选择作用的信号。

（2）Fu & Li's D 和 F 检验　　与 Tajima's D 检验相似，Fu 和 Li（1993）的 D 和 F 检验也是根据等位基因变异频率的偏倚来检测群体是否偏离中性进化。他们通过溯源法对外缘突变和内支突变的期望值进行比较，在中性模型下，Tajima 和 Fu & Li 的方法应该没有差异。所不

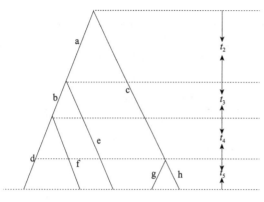

图 13.3　由 5 条序列构建的系统发生树
（引自周琦和王文，2004）

图中每一个结点代表两条 DNA 序列的共同祖先，由上至下意味着时间上的由古至今。t_m（$m=2,\cdots,5$）代表由 m 条序列回溯至（$m-1$）条序列所需代数（generation time）

同的是，后者考虑变异出现的时间因素，即根据在系统进化树上位置，确定早期产生的突变与近代产生突变的分布差异，或根据系统进化树上的位置称为外缘突变（图 13.3 中 d～h）或内部突变（图 13.3 中 a～c）。

如果种群受到负选择作用，有害变异频率因选择而降低，或一条有利的等位基因频率受正向选择作用在种群中固定不久，都会导致外缘突变相对内部突变的比例大大增加。相反，如果受到平衡选择的影响，则外缘变异相对较少。Fu & Li's D 和 F 检验构建了 4 种统计检验量，不同的检验量之间只是根据不同的方法对 θ 进行估算，这里只介绍根据外类群（outgroup）对 θ 进行估计的检验。外类群是指在进化关系上与所研究种群近缘但又不属于同一类群的分类单元。例如，相对于水稻而言，*O. bathii* 可以看作是其外类群。利用外类群的数据可以构建一颗有根树，计算外缘突变的公式为

$$E(\eta_e)=\theta \tag{13.14}$$

内部突变计算公式为

$$E(\eta_i)=(a_1-1)\theta \tag{13.15}$$

上两式中，η_e 为外缘突变数目，η_i 为内支突变数目，$a_1=\sum\limits_{i=1}^{n-1}\dfrac{1}{i}$，$n$ 为取样数目。

构建统计检验量：

$$G=\frac{\eta_e-\dfrac{\eta_i}{a_1-1}}{\sqrt{V\left(\eta_e-\dfrac{\eta_i}{a_1-1}\right)}} \tag{13.16}$$

类似地，G 也近似于 β 分布。Tajima's D 检验与 Fu & Li's D 和 F 检验均可以通过 DnaSP 软件工具进行计算。

（3）Fay & Wu's H 检验　　如前所述，不同的进化因素往往产生相似或相同的 DNA 多态性。例如，背景选择效应与搭载效应都会造成种群平均杂合度的降低。这样一些中性检验方法对于区分正向选择效应就比较困难。为了解决这一问题，Fay 和 Wu（2000）提出了一个专门检验搭载效应的中性检验方法，即 H 检验。H 检验与 Tajima's D 检验的区别是前者利用通过变异频率估计得到的 θ 的估计值 θ_H 与 π 进行比较。假设样本大小为 n，出现过 i 次变异的数目为 S_i，那么：

$$\theta_H=\sum_{i=1}^{n-1}\frac{2S_i i^2}{n(n-1)} \tag{13.17}$$

θ_H 对于高比例的变异比较敏感，当有搭载效应存在时，将产生高比例的变异，这是搭载效应区别背景选择效应的一个显著标志。利用这一特征，即 θ_H 与 θ_π 差值及其方差（V）构建 H 检验：

$$H = \frac{\theta_H - \theta_\pi}{\sqrt{V(\theta_H - \theta_\pi)}} \tag{13.18}$$

当 H 在统计上显著时，表明所研究的种群可能受搭载效应的影响。H 检验工具下载地址为 http://labsites.rochester.edu/faylab/software/。

2. 基于连锁不平衡　在一段 DNA 序列中，位点与位点之间存在连锁的关系。不同位点间的连锁构成了单倍体型。随着重组的积累，特定的单倍体型会被削弱而逐渐消失。由于重组率与连锁距离有关，所以连锁不平衡范围会逐渐缩短。对于新产生的一个单倍体型，由于重组来不及破坏位点之间的连锁，所以它们之间连锁不平衡的区域往往比较大。在中性条件下，如果某个单倍体型是较新产生的，那么它的频率往往较低，而频率较高的单倍体型，需要经历很长一段时间才可能因为受到遗传漂变的影响达到较高的频率。如果群体经历了正向选择，那么与有利位点连锁的周围位点会由于搭载效应频率很快提升，所以，包含有利位点的单倍体型，一方面有着较高的频率，另一方面由于经历的时间不长，存在较大的连锁不平衡范围。这一特征为检测是否发生了正向选择提供了一个有效的支撑点。

（1）LRH 检验　　Sabeti 等（2002）通过对基因组上的核心单倍体型（core haplotypes）的研究，提出了一种可以进行全基因组扫描的检测正向选择的 LRH（long range haplotype）方法（图 13.4）。所谓的核心单倍体型，是指基因组中存在的重组率较低的密集区域（图 13.4 给出两个例子）。计算它们的连锁不平衡度时，如果某个核心单倍体型的连锁不平衡程度高于具有相同频率的一般单倍体型，那么这个位置很有可能经历了正选择过程。假如要估计核心单倍体型相邻区域连锁不平衡的衰减情况，可以通过 EHH（extended haplotype homozygosity）来计算。EHH 的定义为两条随机选择的染色体，从核心单倍体型到相邻区域存在相同核心单倍体型的概率。

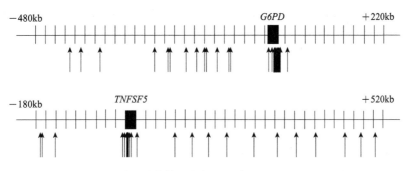

图 13.4　核心单倍体型举例（引自 Sabeti et al.，2002）

图中列出了 *G6PD* 和 *TNFSF5* 两个核心单倍体型与周边 SNP（箭头所示）的情况

（2）HS 检验　　HS（haplotype similarity）检验是计算单倍体型相似性的检验方法（Hanchard et al.，2006）。对于一批 DNA 样本数据，观察其第一个多态位点，记这个多态位点上频率较低的等位基因为 X，然后计算 X 所关联的染色体区域的 HS 值。计算方法是通过一个滑动窗口滑过整段染色体，计算每个窗口中单倍体型的纯合度，然后对所有的窗口取平均值。

$$HS = \frac{\sum_{t=1}^{T} \sum_{i}^{k} f_{it}^2}{T} \tag{13.19}$$

式中，T 是窗口的总数；k 是一个窗口中不同单倍体型的个数；f_{it} 是与 X 相关联的单倍体型的频率。上述过程是以第一个多态位点为基准进行的，同样可以以第二个、第三个等多态位点为基准进行类似的计算。以某个多态位点为基准进行计算，如果其相关 HS 值的水平高于同等频率下的其他多态位点，那么在该多态位点上可能发生了正选择。

（3）iHS 检验　　iHS（iHH score）是通过计算同一个 SNP 上祖先和衍生等位基因的 iHH 比值并取对数得到的：

$$\mathrm{iHS}=\ln\left(\frac{\mathrm{iHH}_A}{\mathrm{iHH}_D}\right) \tag{13.20}$$

式中，iHH 指对 EHH 的积分（integrated EHH）；A 指祖先（ancestral）等位基因；D 指衍生（derived）等位基因（Voight et al.，2006）。iHS 的基本原理和 LRH 很相似。当 iHS 为较大的正值时，长的单倍体型可能包含祖先等位基因；而 iHS 为较大的负值时，长的单倍体型可能包含衍生等位基因。

（4）LDD 检验　　LDD（linkage disequilibrium decay）检验指连锁不平衡衰减检验，是通过计算 FRC（fraction of recombinant chromosomes，染色体重组率）来实现的。具体方法是，对于一个多态座位，不考虑这个座位上的杂合子，而在纯合子中观察其较少的等位基因和较多的等位基因，考察所有的染色体，将其中与较少等位基因关联的归为一组，而将与较多等位基因关联的归为另一组，然后分别在两组内这个位点周围计算重组频率与距离的关系，也就是计算不同距离范围内相应的重组率。将这些重组率和相应的距离配对和列表，与标准中性模型相应值进行方差比较，即计算出 ALnLH（average log likelihood，平均对数似然）（Wang et al.，2006）。在正选择发生时，临近选择位点的 ALnLH 将高出一般的水平。

（5）IBD 方法　　在两个或者多个个体中，如果一段 DNA 片段遗传自同一祖先且没有发生过重组，那么这种 DNA 片段具有同源一致性或后裔同样（identical by descent，IBD）。选择作用总是会增加 IBD 片段的数量及长度，下文以 Wright-Fisher 模型下单倍体群体为例具体说明。

p_i 为单倍体群体中等位基因 i 的频率，F_i 为该等位基因 IBD 共享的概率，则群体 IBD 共享概率 F 为所有等位基因频率（2 个拷贝）与该等位基因为 IBD 概率乘积的总和。

$$F=\sum_{i=1}^{k}p_i^2 F_i \tag{13.21}$$

式中，k 表示等位基因数量。

在没有突变的 Wright-Fisher 模型中，N 条染色体的种群数量固定不变，第 $t+1$ 代是由第 t 代中 N 个等位基因随机产生。假设外种群在第 t 代没有共有 IBD 片段，则第 $t+1$ 代群体 IBD 共享概率为

$$F(t+1)=\sum_{i=1}^{k}p_i(t+1)^2\frac{1}{p_i(t)}\frac{1}{N} \tag{13.22}$$

若将第 i 个等位基因的适应度定义为 w_i，那么 $t+1$ 代该等位基因频率为

$$p_i(t+1)=\frac{\omega_i p_i(t)}{\overline{\omega}} \tag{13.23}$$

式中，$\overline{\omega}=\sum_{i=1}^{k}\omega_i p_i(t)$，将式（13.23）代入式（13.22），得到：

$$F(t+1)=\sum_{i=1}^{k}\left[\frac{\omega_i p_i(t)}{\overline{\omega}}\right]^2\frac{1}{p_i(t)N}=\frac{\overline{\omega^2}}{\overline{\omega}^2}\frac{1}{N} \tag{13.24}$$

若所有等位基因的适应度相等，则 $\overline{\omega^2}/\overline{\omega}^2$ 为 1，IBD 增幅为 $1/N$，为熟悉的中性期望。当群体大小 N 较大时，IBD 增幅因群体内随机漂移而非常小。然而，若存在等位基因 i 使 $\overline{\omega_i^2}\neq\overline{\omega}^2$，则 $\overline{\omega^2}/\overline{\omega}^2 > 1$，在最初的外类群中选择作用总是会导致 IBD 增加，且超过中性期望。因此通过扫描过量共有 IBD 大片段（excess IBD sharing），可以检测到基因组中短时间受到强烈选择的区域。Albrechtsen 等（2010）基于以 IBD 为隐藏状态的隐马尔可夫模型开发了 Relate 方法，估算局部 IBD 共享概率，可检测基因组中大的 IBD 区域（>0.5Mb），从而推断最近的共同祖先（<500 代）。

3. 基于群体分化 在中性进化条件下，F 统计量的大小主要取决于遗传漂变和迁移等因素，如果种群中一个等位基因因为特定生境的适合度较高而经历适应性选择，那么其频率的升高会增大种群分化水平，反映在 F 统计量上，就是有较高的 F_{ST} 值（F_{ST} 值接近 1 表示亚种群间存在明显的种群分化）。

4. 基于溯祖树 近期发生的自然选择会改变溯祖事件（coalescent event）的产生速率，从而改变溯祖树（coalescent tree），使其与中性假设条件下的形态不同（详见下节）。因此通过观察枝长不平衡的溯祖树，应当可以在特定的基因组区域检测近期发生的自然选择。中国科学院上海生命科学研究院计算生物学研究所李海鹏以此为依据，提出了基于溯祖树的 MFDM（maximum frequency of derived mutations）检验（Li，2011a）。使用模拟数据进行的分析表明，该方法能够衡量特定位点溯祖树的枝长不平衡程度，进而推断该位点是否经历了自然选择。这一过程不会受到群体大小变化的影响。如果使用特定的抽样方法，MFDM 检验还能消除群体结构带来的混淆。李海鹏研究组进一步提出了基于 D_u 统计量的方法——一种通过二分溯祖树对单个位点检测近期正选择的方法（Yang et al.，2018）。使用该方法时，首先以有利突变事件发生的时间点将根据序列信息推断出的溯祖树划分为两个子树：群体历史事件对子树形态的影响相当，而自然选择会使两个子树的结构出现不平衡。通过计算两个子树的 D_u 值，比较差异，就可以在不受群体历史影响的情况下推断自然选择是否发生。上述检测方法的相应软件可在 www.picb.ac.cn/evolgen/softwares/ 下载。

上述各种检验正选择的统计量都有各自的优势或劣势，例如，① Fay & Wu's H 检验是基于高频突变丰度的检验，它能够比较特异性地检验正选择，受群体历史和背景选择的干扰较少，但是它只能检测到刚固定不久的正选择，因为高频突变将随着时间流逝很快因为随机漂变作用而被固定。② Tajima's D 检验在检验正选择的同时容易受到群体历史和背景选择的干扰，但是 Tajima's D 检验所检验的低频突变丰度的信号能够在选择发生位点被固定后持续较长一段时间。一个比较容易想到的方法就是同时利用两种或多种检验方法，使它们的优缺点得以互补，从而能够较特异性地检验正选择。Zeng 等（2006）提出的 DH 检验就是首次结合了 Tajima's D 检验和一个修正后的 Fay & Wu's H 检验，其检验正向选择的特异性能力相对较高，而受种群历史等其他因素的影响很低。另外，还有 CLR、XP-CLR 等复合方法（表 13.1）。

二、基于种间分歧度的检测方法

根据中性进化假说，随机遗传漂变是进化的主要动力，因此种内 DNA 多态性与种间 DNA 分歧度的进化速率应该一致。如果种内多态性和种间分歧度之间存在显著的偏差，表明种群进化受到了其他因素的影响，包括选择作用的存在。

1. McDonald 和 Kreitman 检验 McDonald 和 Kreitman（1991）提出的检验方法（MK 检验）原理：在无选择作用的中性条件下所研究基因的种内的同义、非同义突变应与种间同义、非同义突变成正比；反之，则推翻零假设，即基因在不同物种中受到了选择的作用。MK检验思路简洁，计算简单，而且该检验与以上提到的检验相比，不需要很多假设限制，重组和种群大小等对检验结果没有影响。MK检验首先对所研究的DNA序列的位点进行分类，以区分种内差异和种间差异。将种内个体间无碱基差异而种间有明显碱基差异的位点定义为固定位点（fixed site），作为种间差异的标志；将种内个体间有碱基差异的位点定义为多态性位点（polymorphic site），作为种内多态性的标志。分辨出样本的多态性位点和固定位点之后，将各位点上的突变再按同义突变位点和非同义突变位点加以区分。按照MK检验的原理，在中性条件下：

$$\frac{E(n_f)}{E(s_f)} = \frac{E(n_p)}{E(s_p)}$$
（13.25）

式中，n_f代表固定位点非同义突变位点数；s_f代表固定位点同义突变位点数；n_p代表多态位点非同义突变位点数；s_p代表多态位点同义突变位点数。

当选择作用存在于不同物种中时，上式两边会不相等。此时，可用统计学的G检验等式两边比例差异的显著性。若显著，也就是说物种间的非同义突变数目大于基于种内多态性估计得到的期望值，说明基因在物种间受到了选择作用。由此可见，MK检验的应用范围有一定限制，即只能对蛋白质编码区进行检测，而且只能利用DNA序列的数据。MK检验可以利用DnaSP软件工具计算。

2. HKA检验　Hudson-Kreitman-Aguade（HKA）检验方法与MK检验原理相近，但运用的是统计学的卡方（χ^2）检验。即计算出种间和种内差异的卡平方和，再检验实验结果是否与中性条件下的期望值吻合，所以在统计学上也被称为吻合度检验（goodness of fit test）。

假设K_{1i}代表种1内第i座位DNA序列的分离位点数目，K_{2i}代表种2内第i座位DNA序列的分离位点数目，D_i代表种1和种2间第i座位序列的碱基差异数。将三者的卡平方和相加得到：

$$\chi^2 = \sum \frac{[K_{1i} - E(K_{1i})]^2}{V(K_{1i})} + \sum \frac{[K_{2i} - E(K_{2i})]^2}{V(K_{2i})} + \sum \frac{[D_i - E(D_i)]^2}{V(D_i)}$$
（13.26）

HKA检验对数据的要求比较高。计算K时需要有两个物种，并且需要有两个或两个以上座位的DNA数据。该检验还要求所研究种群大小保持恒定不变，座位间无连锁。

目前已有很多工作利用HKA检验检测正向选择的信号，而且得到许多可信的结果，表明HKA检验是一种比较有效的方法。基于多位点的HKA检验（multi-locus HKA test）增加了参照位点的数目，使受检验位点与参照位点的差异更能反映非随机的差异信息，检测结果更加可靠。多位点的HKA检验可以利用SITES和HKA两个软件工具计算。首先通过SITES得到每个位点用于HKA检验计算的输入信息，然后利用HKA比较参照位点和待检测位点的差异，通过模拟构建分布给出检验的统计显著值。

3. K_a/K_s测验　可以完全基于种间分歧度进行中性检测，如K_a/K_s测验（Z检验）。自然界中发生的很多非同义突变都是有害突变，在净化选择作用下这些位点的碱基替换率比较低。假设K_a为非同义突变速率，K_s为同义突变速率。由于同义突变不改变氨基酸序列，因此可假定同义突变为中性突变。在中性条件下，K_a/K_s期望值为1。在大部分情况下，DNA序列的K_a/K_s值由于净化选择作用而小于1。但当正向选择作用存在时，某一受正向选择作用的等位基因的K_a/K_s将升高，甚至显著大于1。这样可通过Z检验（单侧检验）来判断K_a和K_s之间是否存在显著差异，若K_a显著大于K_s，即为正向选择的信号。计算K_a和K_s的方法有三类：以Nei-Gojobori为代表的进化通路法（evolutionary pathway method）；以Li-Wu-Luo为代表的基于 Kimura 双参数模型的方法；以 Yang 的密码子替代模型为代表的最大似然法。其中，后两种方法比较常用。Yang 的方法可以通过 PAML 软件包来计算（http://abacus.gene.ucl.ac.uk/software/paml.html）。通过上述方法计算出 K_a 和 K_s 后，根据两者差值及其方差（V）构建 Z 检验：

$$Z = \frac{K_a - K_s}{\sqrt{V(K_a - K_s)}} \tag{13.27}$$

如果得到显著的统计检验结果，表明该位点存在选择作用。

第三节　种群历史的溯祖分析

一、溯祖理论与溯祖模拟

1. 溯祖理论　溯祖理论（coalescent theory）是一个进化模型，用于描述来自一个群体中的基因突变如何回溯到一个共同祖先。一个最简单的情况，溯祖理论假设没有重组，没有自然选择和基因流或群体结构，这意味着每个突变都可能均等地从当代传递给下一代。溯祖意味着时间上的回溯过程，基于溯祖过程，可以把每个等位基因都回推到某一祖先起源基因型。基于该模型，溯祖时间将随着回溯过程呈指数增长，并伴随着大量变异。这些变异来自等位基因在遗传传递过程的随机遗传和等位基因间的随机突变。溯祖理论作为群体遗传学的一个分支，同样研究群体的进化过程，包括突变、重组、自然选择、群体结构及遗传漂变（genetic drift）等进化因素对群体遗传多样性的影响。尽管溯祖理论和经典群体遗传学的研究目的是相同的，但是两者在看问题的方法上有着根本的差别。经典群体遗传学把进化看作一个向前的过程，即种群的特征随着时间的推移而变化。这种前瞻性（perspective）的方法能很好地预测种群的某个遗传特征随时间的动态变化，因而在群体遗传学的研究中曾经占据着主导性的地位。20 世纪中后期，随着测序技术的飞速发展，大量的 DNA 序列数据开始积累。人们逐渐对回溯性（retrospective）的问题产生了兴趣。20 世纪 80 年代初期，溯祖的数学基础被几个独立研究小组建立起来，特别是英国数学家 Kingman 做了主要贡献（Kingman, 1982）。随后几年的时间里，Hudson 和 Tajima 对溯祖理论进行了完善，并开拓了该理论在生物学方面的应用（Tajima, 1983；Hudson, 1983）。

在中性 Wright-Fisher 模型的基础上，Kingman 最早提出用系谱（genealogy）描述溯祖的过程，用分析数学和统计学的理论来回溯序列间的变异过程（Kingman, 2000）。溯祖，顾名思义就是多个个体回溯到最近共同祖先（MRCA, the most recent common ancestor）的过程。而回溯过程可以看作逐步构建系谱树（genealogy tree）或溯祖树（coalescent tree）的过程。在依时间向后推断时，两个个体发生一次溯祖事件（coalescent event）的结果便是它们找到了这两个个体的最近共同祖先。经过多次溯祖事件，系谱树逐步构建完成，树的根叫作所有个体的最近共同祖先。图 13.5 以 4 个个体的溯祖过程为例，说明经过三次溯祖事件，4 个个体找到了它们的最近共同祖先。系谱树的枝长表示溯祖时间，溯祖时间与系谱树的拓扑结构是独立不相关的。

由此可见，溯祖理论的思考方式并不复杂。DNA 每复制一次都会产生两个拷贝，当我们用回溯的方式来看这个事件，就可理解为这两个 DNA 拷贝在前一个世代有一个共同的祖先 DNA。利用这个思想，任何两个 DNA 片段都会在之前的某个世代找到共同祖先，我们把这个过程称为溯祖过程。对于一个样本里的多条 DNA 片段，通过一系列的溯祖过程，总会在某个

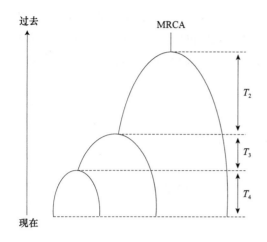

图 13.5　4 个个体溯祖过程
（引自高峰和李海鹏，2016）
树的枝长 T_k 表示在当前有 k 个枝的情况下发生下一次溯祖事件的时间；MRCA. 最近共同祖先

世代找到它们的共同祖先，在这个过程中涉及的样本之间的祖先关系称作系谱树。系谱是溯祖理论的核心，影响系谱的因素有很多，包括群体大小、瓶颈效应、群体结构、迁移、自然选择或者重组事件等。此外，突变也对溯祖分析存在重要的影响。但是严格的中性突变对系谱没有影响，因为中性突变对携带者交配对象、迁移倾向、后代数量等都不会有影响，因此，可将系谱和中性突变看作两个独立的过程来研究。

溯祖理论从个体样本出发，由近及远往回追溯，研究样本的祖先信息的方法从根本上区别于经典群体遗传学，并具有很多优越性：①回溯的思想很直观，系谱和中性突变可以分开考虑的性质使得理论推导和得出的结论简洁明了；②基于样本更符合研究的实际情况，即使只考虑一个相对较小的样本，即可相对准确地反映整个群体的最近共同祖先信息；③溯祖理论对于很多模型都是可靠的，从而保证了该理论使用的广泛性和可延展性；④无论什么样的模型，我们只需追踪样本的溯祖过程即可，无须考虑群体中每个个体的情况，从而极大提高了模拟的效率。溯祖理论已被广泛用于多个领域，如自然选择检测（详见上节）、真实群体的群体参数估计等。

2. 溯祖模拟　　与传统群体遗传理论方法的繁杂数学推导不同，计算机模拟可以模拟物种在各种进化动力和不同群体遗传结构影响下的长期进化过程，从而获得大量的模拟数据。所以计算机模拟对理论建模是一个良好的补充，为不同领域的学者研究物种复杂的进化过程提供了有力工具，在群体遗传学研究中扮演重要角色。

（1）计算机模拟在群体遗传学研究中的用途

1）预测估计与统计推断：预测指的是观察多种进化动力对群体遗传变异模式造成的影响。通过初始化物种群体祖先信息，设定群体经历的进化动力参数（如迁移率和交配机制等），经过若干世代的模拟就可以得到群体当代的遗传变异模式估计。同时，在已知现代群体观测数据的基础上，人们可以通过比较计算机模拟数据和观测数据的差异，推断群体所经历的复杂进化过程。特别是通过近似贝叶斯计算（approximate Bayesian computation，ABC）方法，可以在观测数据相关统计量已知先验分布中抽样并产生相应的模拟数据，基于这些模拟数据就可以获得所研究参数的后验分布（高峰和李海鹏，2016）。

2）验证新方法的有效性：群体遗传学的各个研究方向正不断涌现出新的方法与模型（如检验正选择和估计群体遗传重组率方法），如何科学评价这些新方法的有效性非常重要。模拟数据的产生过程是具备良好的已知前提的，因此模拟软件产生的（基因组水平）数据可以用来验证这些新方法的运算效率与准确性。相反，生物物种实际基因组数据相当复杂，不但数据的产生过程复杂，而且最重要的是这些物种过往的历史是未知的，不同染色体区域受到各种进化作用的影响往往是不一样的（高峰和李海鹏，2016）。

（2）群体遗传学计算模拟的两种策略　　根据依时间推算的方向不同，群体遗传学计算模拟可以分为"依时间向前"（forwards-in-time）模拟和"依时间向后"（backwards-in-time）模拟。基于这两类不同的模拟策略，相应模拟软件在模拟情景范围、情景复杂程度和运行时间等方面存在区别，因此它们分别适合于不同的模拟需求。

1）依时间向前模拟从初始祖先群体出发（通常包括数千个个体），模拟祖先群体中的所有个体在预先设定的进化模型下，完成出生、选择、交配、生产、迁移和死亡的整个生命周期，并以每个世代为单位，观察特定世代区间内的群体遗传结构变化规律。该模拟策略，一方面可以考察群体所有个体在特定进化情景下的变化，追踪整个群体祖先信息、模拟群体极其复杂的进化过程和观察任意世代群体相关信息等；另一方面，非常耗时耗内存，通常需要模拟数千世代才能使基因频率达到平衡。

2）依时间向后模拟也称为溯祖模拟（coalescent simulation，CS）。溯祖模拟效率高，主要有两个原因：①溯祖理论只追踪样本的信息，而不考虑群体中的所有个体（这就像拍电影，导演只考虑镜头之内的情况，镜头之外的情况则视为不存在）；②在模拟过程中仅考虑溯祖事件，而两个相邻溯祖事件发生的时间间隔往往可能跨越了多个世代。由于溯祖模拟没有考虑群体中所有个体的生命周期过程，因此它只能模拟比较简单的群体历史情景和自然选择过程（如单基因座位的双等位基因受正向选择的情景）。在模拟正向选择情景前，首先需要获得受选择等位基因频率随时间的变化规律，也称为轨迹（trajectory）。通过给定受选择基因的出现时间与当前世代的频率信息，可以通过确定性模型来推断轨迹；另外也可以通过不同的选择模型产生相应的随机轨迹。

经典的溯祖模拟在模拟较短的序列（<5 Mb）时效率非常高，然而在模拟基因组水平数据时效率相对较低，甚至不能模拟大样本（>500 Mb）基因组数据。这是因为随着模拟序列的增长和回溯时间的增加，会发生较多的溯祖事件和遗传重组事件，使得溯祖过程构成复杂的祖先重组图（ancestral recombination graph，ARG），而非简单的二分系谱树结构，特别是遗传重组率较高的时候，模拟整个 ARG 会相当耗时。Wiuf 和 Hein（1999）首先提出了在有遗传重组事件时以序列化（sequential）方式逼近真实的溯祖过程。在此基础上，McVean 和 Cardin（2005）提出了序列马尔可夫溯祖（sequentially Markov coalescent，SMC）算法。该算法从模拟序列的左端系谱树开始逐步向右端移动，在移动的过程中纳入遗传重组事件来逐步更新系谱树。每个遗传重组事件发生时，当前系谱树被打断的分枝可以与系谱树的其他任意分枝发生溯祖事件，结果产生一个新的系谱树。在 SMC 算法的基础上，其他学者提出了其改进算法。目前溯祖模拟主要涉及的软件包括 ms、MaCS、GENOME、fastsimcoal2、SMC++等。除了早期研发的经典软件 ms 之外，其他模拟软件也都可以处理基因组水平数据。

随着大规模群体基因组数据的涌现，上述两种计算模拟都已被广泛用于组学数据分析。例如，基于依时间向前模拟（SFS_CODE 模拟软件），韩斌院士课题组利用栽培稻和野生稻全基因组 SNP 数据对 5 种可能的水稻驯化起源模型（H1～H5）进行了测验（Huang et al., 2012）（详见樊龙江主编《植物基因组学》第 2-2 章）。溯祖模拟的应用更为广泛。下文将分别介绍其在种群进化的统计推断和种群历史参数估计方面的应用。

二、种群进化模型的溯祖测验

溯祖测验是指对特定进化模型或基于一定进化模型对特定位点选择信号等进行模拟和统计推断。

1. 人工选择位点的溯祖测验　　作物在驯化过程中经历了驯化选择的瓶颈效应，瓶颈效应导致栽培群体相对于祖先种的遗传多态性总体降低，而选择作用往往只针对某个或几个特定的座位。因此可以构建作物的驯化瓶颈效应的模拟模型（图 13.6），包括祖先群体大小、瓶颈效应的大小（经历瓶颈效应的群体大小与瓶颈效应持续时间的比例）、重组率等参数。在中性进化条件下，该模型的参数可以通过未受到选择作用的位点用溯祖模拟方法进行确定：如果对于几个中性进化的位点，与其有共同祖先的野生种（未经历瓶颈效应）在经过驯化瓶颈效应的模拟后，其群体遗传参数的模拟值与该位点在栽培群体中的观察值在统计检验上一致，表明所选参数符合实际的驯化过程，我们进而可以选择该模型对候选选择位点进行检验，即利用该模型和参数计算待检测位点的群体遗传统计参数的模拟值，并检验该模拟值与观测值是否存在统计上的一致性。以分离位点为例，如果栽培群体内观察到的分离位点显著低于通过模拟得到的分离位点数，或位于通过模拟得到的分离位点分布曲线的置信区间外，表明该位点除了经历驯化瓶颈效应外，还经受了其他作用的影响，暗示了该位点可能受到选择作用的影响。

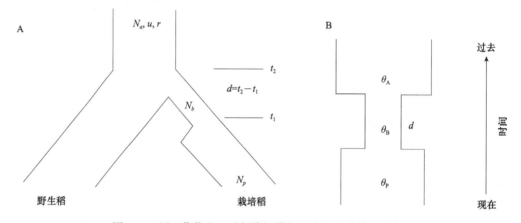

图 13.6　用于作物人工选择溯祖模拟测验的进化模型举例

A. 水稻：N_a 为野生稻有效群体大小；u 为碱基突变速率；r 为等位基因频率相关系数；经历一段时间（$t_2 - t_1$）瓶颈效应后的群体大小为 N_b，而现在的栽培稻群体大小为 N_p（引自 Zhu et al., 2007）。B. 玉米：θ_A、θ_B、θ_P 分别表示祖先群体、经历选择瓶颈效应的群体和当代群体；d 为瓶颈效应时间（引自 Eyre-Walker et al., 1998）

　　下文以中国糯玉米群体淀粉相关基因人工选择研究为例介绍溯祖检验过程。为了解糯玉米群体中 *Waxy* 基因位点受到正向选择后整个淀粉代谢途径的进化情况，本书编者对 6 个淀粉合成关键基因在糯玉米群体中进行了选择信号分析（Fan et al., 2009）。核苷酸多态性研究结果表明，相比较其他位点，中国糯玉米群体 *Waxy* 基因位点仅存在两个突变基因型（D7 和 D10），多态性与普通玉米相比有显著的下降（1/24.9）。通过对玉米群体数据进行 Tajima's *D* 检验和 HKA 测验，结果一致提示 *Waxy* 基因位点受到了强烈的正向选择（表 13.2）。但由于 Tajima's *D* 检验和 HKA 检验均是以中性进化模型为前提假设，从而不能排除种群历史对检测结果造成的影响。我们的溯祖模拟模型基于 Eyre-Walker 等（1998）提出的玉米进化模型之一（图 13.6 B）。该模型符合现代玉米自明朝引入我国的历史，即中国糯玉米选育自引入的驯化玉米群体。进一步利用当时玉米群体研究获得的群体参数估计结果（Tenaillon et al., 2004；Zhao et al., 2008）设置模拟参数，然后对每个基因基于上述模型进行 1 万次模拟过程。如果现有基因分离位点数量低于模拟产生分离位点的 95%（$P < 0.05$），我们就认定该基因受到了人工选择。溯祖检验结果表明，*Waxy* 基因位点的确受到了强烈的人工选择（表 13.2）。

表 13.2　玉米淀粉代谢途径 6 个关键基因的正向选择检验（引自 Fan et al., 2009）

位点	群体	n	S	Tajima's D 值	HKA 检验 P 值	CS 检验 P 值
ae1	糯玉米-D7	23	0	—	—	<0.001
	糯玉米-D10	22	9	−1.05	0.100	0.002
	非糯玉米	32	17	−1.89[*]	0.043	0.002
bt2	糯玉米-D7	26	16	0.02	0.021	0.640
	糯玉米-D10	25	10	−1.03	0.001	0.245
	非糯玉米	32	5	0.86	<0.001	0.045
sh1	糯玉米-D7	25	59	0.06	0.127	0.907
	糯玉米-D10	26	57	0.43	0.785	0.843
	非糯玉米	32	52	1.51	0.942	0.644
sh2	糯玉米-D7	25	9	−1.82[*]	0.021	0.951
	糯玉米-D10	22	12	−1.87[*]	0.079	0.991
	非糯玉米	32	14	−1.28	0.115	0.993
su1	糯玉米-D7	28	5	−0.92	0.004	0.001
	糯玉米-D10	27	8	−1.38	0.009	0.001
	非糯玉米	32	8	0.52	0.014	0.002
wx	糯玉米-D7	28	4	−1.89[*]	<0.001	0.012
	糯玉米-D10	25	6	−1.95[*]	<0.001	0.022
	非糯玉米	32	20	−1.00	0.272	0.168

注：三个群体中 D7 和 D10 为选取的两个不同起源的中国糯玉米亚群，另一个为美国非糯玉米群体；n、S 分别为样本数量和分离位点个数；中性检验结果包括 Tajima's D、HKA 和溯祖模拟（CS）；* 表示 $P<0.05$

2. 群体起源进化模型的溯祖测验　　动植物起源，特别是作物或家养畜禽的驯化起源是一个重要进化课题。我们目前能看到的作物或家养畜禽，它们的进化起源往往经历了一个复杂的过程。回溯这些过程，可以罗列出许多可能的起源方式（模型）。那么哪个起源方式是真实发生的？通过起源模型的溯祖模拟测验可以给出对最有可能起源方式的统计推断。

下文以银杏群体进化起源分析（Zhao et al., 2019）为例介绍溯祖模拟测验过程。根据遗传结构和系统发生分析结果，银杏群体可能存在三个遗传谱系（EAST、SWEST 和 SOUTH）和一个混合群体，研究者希望推断四者之间的进化关系和群体形成过程。为了很好地估算近期种群动态历史（万年以内）及有效重建银杏谱系分化过程，利用基于种群频谱位点频率（site frequency spectrum, SFS）的溯祖模拟计算进行群体分化过程、时间、群体间基因流等推测。溯祖模拟分析软件选择 fastsimcoal2，具体分析步骤包括三步。

第一步：准备数据集。针对上述三个谱系群体各取 40 个材料样本，以兼顾样本遗传多样性的代表性和运算资源的经济性。提取群体基因组重测序 SNP 数据集中的双等位基因型，并根据参考基因组的注释文件提取其中来自非编码区的 SNP。使用 easySFS.py 脚本将数据文件的 VCF 格式转换成频谱位点频率文件格式，在参数选择时，保留所有样品数，同时为了减少由于缺失数据造成的分析结果的潜在偏差，可选择对频谱信息进行折叠（folded）处理。

第二步：进化模型设置和最优模型推断。根据谱系分化的初步结果，研究者设置了包括 4 个谱系（EAST、SWEST、SOUTH、NORTH）和一个共同祖先的分化模型，并引入基因流，共 10 个基础预设进化模型（Model 1~10）（图 13.7）。同时，为了回答银杏当代谱系分化格局是由广泛分布的群体分化而来，还是起源于某一谱系后的再分化，研究者在 10 个基础模型上分别假设了三种祖先可能性：假定的共同祖先、东部（EAST）谱系祖先和西南部（SWEST）谱系祖先，合计 28 个模型。通过计算赤池信息量准则（Akaike information criterion, AIC）权重（ω）来确定最佳模型，权重值越大代表模型支持率越高。

第三步：计算获得具体参数值。基于相关参数，如每个世代位点突变速率（$\mu = 1.33 \times 10^{-8}$）和世代时间（1g = 20 yra，即每世代 20 年）等，对最佳模型参数模拟 100 次以计算置信区间，分别获得每次群体分化发生的时间、基因流方向和水平等参数估计值。

经过以上模拟测验，模型 3 支持率最高，表明中国银杏东部和西南部谱系直接分化自一个共同祖先（51.6 万年前），后东部谱系分化出南部（SOUTH）谱系（31.8 万年前），而北部（NORTH）谱系由东部和西南部谱系混杂而成（13.9 万年前）。同时在这些谱系间未发现明显的基因流。

三、有效群体大小的溯祖估计

除了可以基于溯祖模拟对不同进化模型或群体参数进行统计推断外，基于溯祖模拟推测或估计种群历史有效群体大小等参数变化，也是种群进化研究中的常用方法。

1. PSMC　成对序列马尔可夫溯祖（pairwise sequentially Markovian coalescent, PSMC）分析，是一种推测物种进化历史过程中有效群体大小变化动态的方法，也是目前使用最多的方法之一（Li et al., 2011c）。该方法可以基于个体重测序数据推测种群在各个历史时期（根据代数）的有效群体大小，进而推断可能发生的物种进化事件。当获得基因的两种等位基因序列或同源基因序列后，可以根据序列间差异和物种突变速率，推测两条序列之间的分化程度，这可以通过两条序列之间的最近共同祖先（TMRCA）估计。如一对等位基因间序列相似，则其来源于共同祖先的时间点距离现在近；反之等位基因间差异大，则其对应的最近共同祖先距离现在远。基因组上染色体片段对的 TMRCA 构成与对应历史时间的有效群体大小相关，因此可以根据 TMRCA 在全基因组范围内的分布情况，推断该种群历史有效群体大小动态。

图 13.8 A 所示案例利用群体重测序数据和 PSMC 方法重构了大熊猫的种群历史动态。分析结果发现在 70 万年前种群大小发生缩减，而在 20 万年前经历第一次瓶颈。这两个时间段与中国境内两次最大的更新世冰期相吻合。在 5 万~3 万年前，种群扩张至鼎盛阶段，随后在末次冰期（大约两万年前），由于极端气候，种群再次经历一次瓶颈效应，有效种群数量大大降低（Zhao et al., 2013）。值得注意的是，重测序的数据质量对 PSMC 分析的结果影响较大，一般要求个体测序深度不低于 18×，基因型缺失率不超过 25%，同时要过滤掉测序深度低于十条读序的位点（Nadachowskabrzyska et al., 2016）。

2. MSMC　PSMC 的局限性在于单次运算只能分析单个样本，因此仅依靠单个个体得到的有效群体大小结果的精确度还有很大提升空间。多序列马尔可夫溯祖分析（multiple sequentially Markovian coalescent, MSMC）在一定程度上克服了 PSMC 的局限性，通过整合分析多个等位基因间的最近共同祖先时间（TMRCA），提高了有效群体大小的估计精度

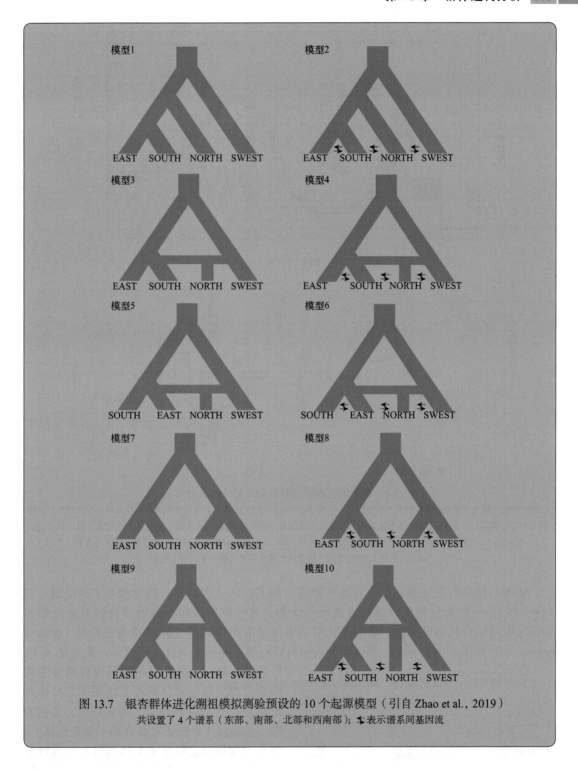

图 13.7 银杏群体进化溯祖模拟测验预设的 10 个起源模型（引自 Zhao et al., 2019）
共设置了 4 个谱系（东部、南部、北部和西南部）；⚡表示谱系间基因流

（Schiffels et al., 2014）。非洲栽培稻（*O. glaberrima*）是非洲地区主要种植的水稻类型，MSMC 和 PSMC 分析均表明（图 13.8 B），非洲栽培稻在大约 3400 年前经历了一次瓶颈，有效种群大小达到最小，这可能与驯化有关（Cubry et al., 2018）。

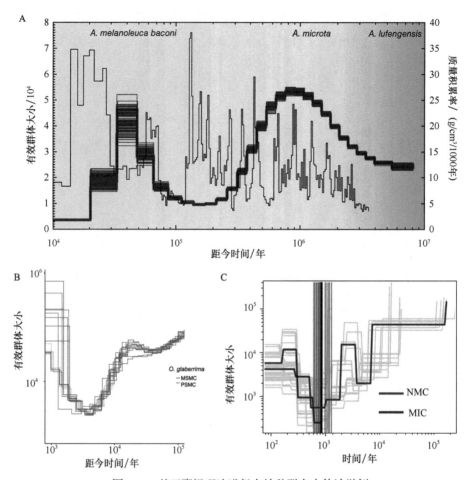

图 13.8　基于溯祖理论进行有效种群大小估计举例

A. 利用 PSMC 推测大熊猫有效种群大小历史动态（引自 Zhao et al., 2013）。图中拉丁名从左到右依次表示巴氏大熊猫、大熊猫小种和始熊猫；B. 利用 MSMC 和 PSMC 两种方法推测非洲栽培稻（ *O. glaberrima* ）的有效种群大小变化（引自 Philippe et al., 2018）；C. 利用 SMC＋＋推测长江流域稻田拟态稗草（MIC）和非拟态稗草（NMC）的有效群体大小变化（引自 Ye et al., 2019）。时间估计（横坐标）基于繁殖代数（每代 =1 年）

　　MSMC 仍存在明显的不足：其运算量依旧很大，且一次最多只能分析 8 个单倍型（即 4 份个体），不能充分利用大规模重测序的优势。此外该方法要求基因型数据必须是相邻等位基因间相位状态已知的，重测序比对到参考基因组得到的变异信息是定相的（phased genotype）。如图 13.9 所示，二倍体物种的一对染色体上有两个杂合变异位点，前者是 A/T，后者是 C/G，一般重测序数据比对到参考基因组后得到的变异信息是无法知道变异位点之间的组合的，即位点 1 的 A 与位点 2 的 C 在一条染色体上还是与 G 在同一条染色体上。获得不同位点之间等位基因的组合过程就是定相的过程，这一般需要大量重测序样本数据，利用 Beagle、Shapeit 等软件进行定相，否则 MSMC 估计结果的准确性得不到保证。

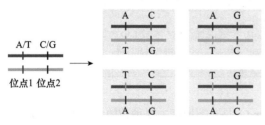

图 13.9　基因组杂合位点的基因型定相

两个杂合位点存在 4 种可能的基因型组合

3. SMC++　　针对以上 MSMC 的问题，SMC++ 做出了改进，单次计算不再受最多8 个单倍型的限制，所有重测序数据信息均可以用于种群大小估计，而且基因型数据不需要定相，因此其估计结果更加准确，尤其提高了近期进化事件（小于一万年）检测的灵敏度，可用于探究人类社会活动对物种进化的影响（Terhorst et al., 2017）。此外，基于同一物种不同种群的种群大小曲线变化动态，该方法可以拟合出不同种群之间的分化时间。目前该方法已在许多群体遗传研究中应用（包括植物群体领域）。例如，①拟态稗草种群变化：稗草是稻田常见的杂草之一，由于长期生长在稻田环境中，来自人类拔除的选择作用促进了拟态稗草种群的出现。基于长江流域稗草全基因组重测序数据的 SMC++ 分析结果表明（图 13.8 C），拟态稗草与非拟态稗草大约在一千年前发生分歧。该结果与当时（宋朝）人口大规模南迁、稻米需求激增和来自农民精耕细作的选择压变大相吻合（Ye et al., 2019）。②"4.2k 事件"（全球温度下降）后水稻传播与群体变化：通过 SMC++ 估计，水稻在中国（温带）驯化起源后，温带水稻与热带粳稻分化时间在 2500～4100 年，有效群体大小经历一个明显降低过程。研究者结合考古等证据，认为由于 4.2k 事件降温后，温带水稻向东南亚传播扩散，形成了现在的热带粳稻亚群（Gutaker et al., 2020）。

第四节　数量遗传学分析

　　数量遗传学采用数理统计和数学分析方法研究数量性状遗传，属于遗传学的一个分支学科。随着分子标记的出现，特别是高通量测序技术和全基因组遗传变异数据的出现，分子水平上的数量遗传分析成为数量遗传分析的主流。通过分子数量遗传学分析，解释数量性状的遗传规律和生物发展的规律，从而丰富和充实了遗传学和进化论。数量性状是指在一个群体内的个体间表现为连续变异的性状。数量性状较易受环境的影响，在一个群体内个体的差异一般呈连续的正态分布，难以在个体间明确分组。由于经济性状绝大多数是数量性状，所以研究数量性状的遗传变异对于育种实践具有重要的指导作用。

一、QTL定位

　　1. 连锁分析原理　　数量性状位点（quantitative trait loci，QTL）是指影响数量性状的染色体片段。寻找 QTL 在染色体上的位置并估计其遗传效应的过程称为 QTL 作图或定位。QTL作图常用的群体，简称为 QTL 作图群体，包括 F2 群体、回交（backcross，BC）群体、加倍单倍体（doubled haploid，DH）群体和重组自交系（recombination inbred line，RIL）群体等，这些群体可分为暂时群体和永久群体两类。

　　1）暂时群体（temporary population）：个体的基因型有杂合的，自交繁殖后基因型将发生变化。双亲杂种 F_1 自交产生的 F_2 或回交产生的 BC 都可看作暂时群体。F_2 群体指两个纯合亲本杂交 F_1 自交得到的群体；回交群体是指两个纯合亲本杂交 F_1，再与两个纯合亲本之一杂交所得到的遗传群体。

　　2）永久群体（permanent population）：每个个体基因型一般都是纯合的，自交繁殖后基因型不再发生变化。常见的永久群体有重组自交系群体（RIL）和加倍单倍体群体（DH）等。RIL 群体是由 F_2 群体中的个体连续自交至纯合而得到的家系群体。用于产生 RIL 群体的常用方法是一粒传（single seed descend，SSD）；DH 群体是由 F_1 或 F_2 或其他自交世代的配子体加倍得到的群体。这些群体可以通过自交繁殖而不会发生分离，故称为永久性群体。利用永久群体可以在不同年份（季节）、不同地点下重复观测数量性状的表型，因此能比较准确地定位QTL，并分析 QTL 表达的稳定性，研究 QTL 和环境之间的互作效应。

QTL 定位的基本思想在于利用标记和 QTL 之间的连锁信息。不同的试验设计会产生不同的连锁信息，可以通过最大似然法或回归分析等判断分子标记与 QTL 的连锁程度从而定位QTL。而 QTL 的位置和基因型是未知的，可以利用两侧分子标记的基因型及其与 QTL 之间的重组率来推断 QTL 基因型的条件概率。

自 1989 年以来，QTL 定位逐渐成为数量遗传学的研究重点。QTL 定位方法研究大致经历以下几个过程。①单标记分析，通过比较不同标记基因型之间的性状均值差异显著性来检验 QTL 的存在与否。②区间作图（Lander and Botstein，1989），该方法是通过逐一检测每个标记区间检出 QTL 的概率大小来确定 QTL 的位置和效应。③复合区间作图（Zeng，1994），通过引入其他标记作为协变量来消除背景遗传效应对被检标记区间的影响。完备区间作图（Li et al.，2007；Li et al.，2008）和基于混合线性模型的复合区间作图法（Wang et al.，1999；Yang et al.，2007）也属于复合区间作图的范畴。前者利用所有标记的信息，通过逐步回归选择重要的标记变量并估计其效应，然后利用逐步回归得到的线性模型校正表型数据，通过一维扫描定位加（显）性效应 QTL，通过二维扫描定位上位性互作 QTL；后者把群体均值、QTL 的各项遗传主效应（包括加性效应、显性效应和上位性效应）作为固定效应，而把环境效应、QTL 与环境互作效应、控制背景遗传效应的分子标记效应，以及残差作为随机效应，可进行多环境下的联合 QTL 定位分析。这三种方法的应用最为广泛。④多 QTL 定位方法（Kao et al.，1999；Satagopan et al.，1996；Wang et al.，2005；Xu and Jia，2007；Zhang and Xu，2005；Wang et al.，2016a）。多 QTL 定位方法主要有极大似然法和贝叶斯方法两大类：极大似然法主要包括多区间作图法和全基因组复合区间作图（genome-wide composite interval mapping，GCIM）法；贝叶斯方法主要包括马尔可夫链蒙特卡罗（MCMC）（Smith and Roberts，1993）方法和压缩估计方法。

2．试验群体的连锁分析

（1）单标记 QTL 作图　　单标记分析法就是通过方差分析、回归分析或似然比检验，比较不同标记基因型数量性状均值的差异。方差分析法和简单线性回归法只能检测标记与 QTL 的连锁，无法估计它们之间的重组率。最大似然法把参数估计和连锁检验合为一体，提高了QTL 作图的效率。若存在显著差异，则说明控制该数量性状的 QTL 与标记有连锁。由于单标记分析方法不需要完整的分子标记连锁图谱，因而早期的 QTL 定位研究多采用这种方法（Edwards et al.，1987；Stuber et al.，1987；Tanksley et al.，1982；Weller et al.，1988）。

1）单标记基因型均值差异分析原理。下文以 DH 群体为例说明单个遗传标记 QTL 遗传分析的原理。假定两个亲本的基因型 P1 为 *MMQQ*，P2 为 *mmqq*。标记与 QTL 的组合共有 4 种基因型，即 *MMQQ*、*MMqq*、*mmQQ* 和 *mmqq*。假定标记与 QTL 间的重组率为 r，4 种基因型的频率分别是 $\frac{1}{2}(1-r)$，$\frac{1}{2}r$，$\frac{1}{2}r$ 和 $\frac{1}{2}(1-r)$。群体均值为 μ，QTL 加性效应为 a，则 4 种基因型值分别为

$$\mu_{MMQQ}=\mu_{mmQQ}=\mu+a,\ \mu_{MMqq}=\mu_{mmqq}=\mu-a \tag{13.28}$$

QTL 基因型上的差异表现为性状数量上的差异。因 QTL 未知，一般不能直接鉴别 QTL的基因型。DH 群体中可以区分的基因型只有标记基因型 *MM* 和 *mm*。如果一个个体的标记型

为 MM，这个个体的 QTL 基因型究竟是 QQ 还是 qq 不能明确确定。但是如果把所有标记型为 MM 的个体看作一个群体，这个群体中 QQ 和 qq 的频率可根据重组率确定，即 QQ 的比例是 $1-r$，qq 的比例是 r。因此，标记型 MM 的性状平均数为

$$\mu_{MM} = (1-r)\mu_{MMQQ} + r\mu_{MMqq}$$
$$= (1-r)(\mu+a) + r(\mu-a) = \mu + (1-2r)a \qquad (13.29)$$

对于标记型为 mm 的个体，QQ 的比例是 r，qq 的比例是 $1-r$。因此，标记型 mm 的平均数为

$$\mu_{mm} = r\mu_{mmQQ} + (1-r)\mu_{mmqq}$$
$$= r(\mu+a) + (1-r)(\mu-a) = \mu - (1-2r)a \qquad (13.30)$$

可以看出，如果有数量性状基因和标记连锁，则两种标记基因型的平均值 μ_{MM} 与 μ_{mm} 是有差异的。差异大小为

$$\mu_{MM} - \mu_{mm} = 2(1-2r)a \qquad (13.31)$$

从上述公式不难看出，如果标记与 QTL 间不存在连锁关系，即重组率 $r=0.5$，标记型 MM 和 mm 的数量性状平均数间无差异。如果两种标记型间存在显著差异，那么可以推断存在与该标记连锁的 QTL。利用这个原理，计算 μ_{MM} 和 μ_{mm} 的估计值和估计值的方差，再利用 t 检验来检验平均数之间的差异显著性。若差异显著，则说明标记和 QTL 间很有可能存在连锁关系；否则说明 QTL 与标记可能不存在连锁关系。

2）单标记分析中的假设检验。为了判断标记与 QTL 之间是否存在连锁，我们可以进行如下假设检验：

$$H_0: \mu_{MM}=\mu_{mm}, \ H_1: \mu_{MM}\neq\mu_{mm} \qquad (13.32)$$

这个假设检验在统计上等同于以下简单线性回归模型：

$$y_j = \mu + bx_j + e_j \quad (j=1, \ 2, \ \cdots, \ n) \qquad (13.33)$$

式中，y_j 表示个体 j 的表型值；μ 表示模型的均值；b 为标记效应；x_j 为个体 j 的标记效应系数；e_j 为模型的剩余效应。我们可以通过检测 $H_0: b=0$ 和 $H_1: b\neq0$ 来判断标记是否与 QTL 连锁。

3）单标记分析存在的缺点。传统的单标记分析方法存在很多缺点（Lander and Botstein，1989）：①不能确定标记是与一个还是多个 QTL 连锁；②无法确切估计 QTL 的位置；③容易出现假阳性；④对于那些用单个标记基因型均值进行回归分析的方法，当 QTL 不是正好位于标记位点上时，估计的 QTL 效应只有实际效应的 $1-r$，同时检测所需要的个体数将会增加到 QTL 位于标记处时的 $1/(1-2r)^2$，其中 r 为标记与 QTL 之间的重组率。

（2）QTL 区间作图　　单标记分析只有在标记和 QTL 完全连锁的假定下，才能正确估计连锁 QTL 的遗传效应。如果标记和 QTL 间存在交换，单标记分析就不能把连锁距离和 QTL 遗传效应分离开。在已知遗传连锁图谱的条件下，Lander 和 Botstein（1989）提出利用染色体区间上的两个相邻标记对 QTL 进行定位，并估计 QTL 遗传效应的区间作图法（interval mapping，IM）。Lander 和 Botstein 以正态混合分布的最大似然函数和简单线性回归模型，借助于完整的分子标记连锁图谱，计算基因组上任一相邻标记之间的任一位置上存在和不存在 QTL 的似然函数比值的对数（LOD 值）。根据整个染色体上各点处的 LOD 值判断是否存在 QTL，以及 QTL 的位置和效应。当 LOD 值超过某一给定的临界值时，QTL 的可能位置可用 LOD 的置信区间表示。

1）区间作图的统计模型和假设检验。假定群体有 n 个个体，第 j 个个体性状观测值用 y_j 表示。这 n 个个体的标记基因型都已知。对于染色体上的某位置，i 和 $i+1$ 分别表示扫描位置两侧的标记，则区间作图法可用以下线性模型表示：

$$y_j = b_0 + b^* x_j^* + \varepsilon_j \quad (j=1,\ 2,\ \cdots,\ n) \tag{13.34}$$

式中，b_0 表示群体均值；b^* 表示 QTL 的效应；x_j^* 表示 QTL 基因型的指示变量，对三种 QTL 基因型的取值分别为 -1、0 和 1；ε_j 为残差效应。在 QTL 作图前，个体的 QTL 的基因型未知，可以利用 QTL 所在区间的两侧标记的基因型来推断 QTL 的基因型的条件概率。假定两侧标记的基因型分别为 $M_i M_i$ 和 $M_{i+1} M_{i+1}$，则 QTL 的基因型为 QQ 的条件概率记为 $P_{QQ} = P\{QQ|M_i M_i M_{i+1} M_{i+1}\}$，基因型为 Qq 的条件概率记为 $P_{Qq} = P\{Qq|M_i M_i M_{i+1} M_{i+1}\}$，基因型为 qq 的条件概率记为 $P_{qq} = P\{qq|M_i M_i M_{i+1} M_{i+1}\}$。在原假设 $H_0: b^* = 0$，备择假设 $H_1: b^* \ne 0$ 下，计算似然函数比值的对数 LOD 统计量。

2）区间作图的优缺点。与传统的单标记分析方法相比，区间作图法有其明显的优点（Lander and Botstein，1989）：①能从支持区间推断 QTL 的可能位置；②假设染色体上只有一个 QTL，QTL 的位置和效应的估计趋于渐近无偏；③ QTL 检测所需的个体减少。但是区间作图法仍然存在一些问题（Zeng，1994）：①与检验区间连锁的 QTL 会影响检验结果，或导致假阳性，或者使 QTL 的位置和效应估计出现偏差；②每次检验仅用两个标记，没有充分利用其他标记的信息。

（3）复合区间作图　复合区间作图法（composite interval mapping，CIM）是结合了区间作图和多元回归优点的一种 QTL 复合区间定位法（Zeng，1993；Jansen，1993），以提高多个连锁 QTL 的辨别能力及相应位置和效应估计的准确性。其实质是将 IM 与多标记相结合，用被检区间以外的部分或所有剩余标记来消除其他 QTL 对被检测区间的影响。

1）复合区间作图的统计模型。假定群体有 n 个个体数量性状的观测值用 y_j（$j=1, 2, \cdots, n$）表示。这 n 个个体的标记基因型都已知。对于染色体上的一个扫描位置来说，i 和 $i+1$ 分别表示扫描位置两侧的标记。则复合区间作图法可用以下模型表示：

$$y_j = \mu + b^* x_j^* + \sum_k b_k x_{jk} + e_j \tag{13.35}$$

式中，μ 表示群体均值；b^* 表示 QTL 效应，在回交 BC_1 群体中，表现为纯合 QTL 基因型 QQ 和杂合 QTL 基因型 Qq 间效应的差异；x_j^* 为取值 0 和 1 的指示变量，取值概率依赖于两侧标记的基因型；b_k 表示第 k 个标记的效应；x_{jk} 表示作为遗传背景控制的分子标记效应系数；e_j 表示残差效应。

假定 e_j（$j=1, 2, \cdots, n$）相互独立，且服从均值为 0、方差为 σ^2 的正态分布，则模型（13.35）的似然函数为

$$L(b^*, \boldsymbol{B}, \sigma^2) = \prod_{j=1}^{n} \left[p_1 \phi \left(\frac{y_j - \boldsymbol{X}_j \boldsymbol{B} - b^*}{\sigma} \right) + p_{0j} \phi \left(\frac{y_j - \boldsymbol{X}_j \boldsymbol{B}}{\sigma} \right) \right] \tag{13.36}$$

式中，$\boldsymbol{X}_j \boldsymbol{B} = \mu + \sum_k b_k x_{jk}$。

2）复合区间作图的假设检验和检验统计量。复合区间的假设检验为 $H_0: b^* = 0$ 和 $H_1: b^* \ne 0$。在原假设下，似然函数为

$$L(b^* = 0, \boldsymbol{B}, \sigma^2) = \prod_{j=1}^{n} \phi \left(\frac{y_j - \boldsymbol{X}_j \boldsymbol{B}}{\sigma} \right) \tag{13.37}$$

那么似然比（LR）检验统计量为

$$LR = -2\ln \frac{L(b^*=0, \tilde{B}, \tilde{\sigma}^2)}{L(\hat{b}^*, \hat{B}, \hat{\sigma}^2)} \text{ 或者 } LOD = -\lg \frac{L(b^*=0, \tilde{B}, \tilde{\sigma}^2)}{L(\hat{b}^*, \hat{B}, \hat{\sigma}^2)} \tag{13.38}$$

（4）完备区间作图　王建康等提出了完备区间作图方法（inclusive composite interval

mapping，ICIM）（Li et al.，2007；2008；2010b；Yang et al.，2007；翟虎渠和王建康，2007；王建康等，2014）。ICIM 包含两个步骤：首先利用所有的标记信息，通过逐步回归选择重要的标记变量并估计其效应；然后利用逐步回归得到的线性模型对表型值进行校正，通过一维扫描检测显著的加（显）性效应 QTL，通过二维扫描检测上位性互作 QTL（Li et al.，2007；2008）。

1）加性遗传模型和定位加性 QTL 的一维扫描。假定 DH 群体有 n 个数量性状的观测值，用 y_i 表示。这 n 个个体的 m 个标记基因型都是已知的，QTL 加性作图的线性回归模型可用如下公式表示：

$$y_i = E(G \mid X) + \varepsilon_i = \beta_0 + \sum_{j=1}^{m} \beta_j x_{ij} + \varepsilon_i \qquad (13.39)$$

式中，$i = 1, 2, \cdots, n$；β_0 是线性回归模型的常数项；β_j 是表型对第 j 个标记变量的偏回归系数；x_{ij} 是第 j 个标记在第 i 个个体中的标记指示变量，亲本 P_1 标记型用 1 表示，亲本 P_2 标记型用 -1 表示；ε_i 是残差项，假定服从均值为 0、方差为 σ_ε^2 的正态分布。模型（13.39）是 ICIM 实现背景控制的理论基础。

ICIM 的定位过程是用全基因组上所有标记信息构建模型（13.39），通过对表型值的矫正控制背景遗传变异，利用矫正的表型值进行区间作图。用逐步回归策略进行模型选择，选择重要的标记变量。模型（13.39）中未选中的标记变量的偏回归系数设置为 0。当扫描整个基因组时模型（13.39）中的参数只被估计一次。假定当前扫描区间为（k，$k+1$），表型值可以调整为

$$\Delta y_i = y_i - \sum_{j \neq k, \, k+1} \hat{\beta}_j x_{ij} \quad (i = 1, 2, \cdots, n) \qquad (13.40)$$

式中，$\hat{\beta}_j$ 是模型（13.39）中 β_j 的估计值。在随后的作图过程与简单区间作图类似，只是将简单区间作图中的性状观测值替换为模型（13.40）中调整后得到的值即可。

2）定位上位性互作 QTL 的遗传模型和二维扫描。假定 DH 群体有 n 个数量性状的观测值，用 y_i 表示。这 n 个个体的 m 个标记基因型都已知，QTL 上位性作图过程中的遗传背景控制可用如下的线性回归模型表示：

$$y_i = \beta_0 + \sum_{j=1}^{m} \beta_j x_{ij} + \sum_{j < k} \beta_{j, k} x_{ij} x_{ik} + \varepsilon_i \quad (i = 1, 2, \cdots, n) \qquad (13.41)$$

式中，β_0 是线性回归模型的常数项；β_j 是表型对第 j 个标记变量的偏回归系数；x_{ij} 是第 j 个标记在第 i 个个体中的标记指示变量，亲本 P_1 标记型用 1 表示，亲本 P_2 标记型用 -1 表示；$\beta_{j, k}$ 是表型对第 j 个标记和第 k 个标记乘积项的偏回归系数；ε_i 是残差项，假定服从均值为 0、方差为 σ_ε^2 的正态分布。

对于模型（13.41），采用两步逐步回归的策略。首先选择具有显著主效应的标记变量；其次对第一步回归中的剩余残差再进行逐步回归，选择显著的成对标记变量，并且估算效应。此外，由于第二步中回归变量的个数非常庞大，需采用更严格的显著性水准。

在进行二维扫描时，当前两个标记区间记为（j，$j+1$）和（k，$k+1$），$j < k$。在模型（13.41）中，观测值被调整为

$$\Delta y_i = y_i - \sum_{\substack{r \neq j, \, j+1 \\ k, \, k+1}} \hat{\beta}_r x_{ir} - \sum_{\substack{r \neq j, \, j+1 \\ s \neq k, \, k+1}} \hat{\beta}_{r, s} x_{ir} x_{is} \qquad (13.42)$$

式中，$\hat{\beta}_r$ 和 $\hat{\beta}_{r, s}$ 分别是模型（13.41）中回归系数 β_r 和 $\beta_{r, s}$ 的估计值；x_{ir} 是个体 i 第 r 个标记的效应系数；x_{is} 是个体 i 第 s 个标记的效应系数。在随后的作图过程中，用调整后的表型值代替原来的表型值即可。

（5）基于混合线性模型的复合区间作图　　大多数农艺性状都是数量性状，受多个基因位点共同影响和控制。这些基因位点不仅可能产生单独影响，还可能产生上位性互作效应。基因位点产生的效应大多数对环境敏感，因此也可能存在基因与环境互作。朱军等（Wang et al.，1999；Yang et al.，2007）基于混合线性模型发展了包含加性、显性、上位性和基因与环境互作效应的 QTL 复合区间作图法（mixed-model-based composite interval mapping，MCIM）。

1）QTL 定位模型。假定从两个纯合亲本（P_1 和 P_2）衍生而来的一重组自交系（RIL）或加倍单倍体（DH）群体，在 p 个不同的环境中进行试验，目标性状总共受 s 个 QTL（Q_1，Q_2，…，Q_s）和 t 对上位性 QTL 的调控。每个 QTL 位点有两种基因型类型（QQ 和 qq），设定 Q_k 的加性效应系数为 x_{ki}，当 Q_k 的基因型为 Q_kQ_k 和 q_kq_k 时，其值分别为 1 和 -1。实际分析中，因检测位置的 QTL 基因型未知，这些系数 x_{ki} 需要通过侧邻标记的分子标记基因型来确定（Jiang and Zeng，1997）。将环境效应作为随机效应，第 i 个株系在第 j 个环境中的表型值（y_{ij}）可以用下列混合线性模型表示：

$$y_{ij}=\mu+\sum_{k}^{s}a_kx_{ki}+\sum_{\substack{k,\,h\in(1,\,\cdots,\,s)\\k\neq h}}^{t}aa_{kh}x_{ki}x_{hi}+e_j+\sum_{k}^{s}ae_{kj}x_{ki}+\sum_{\substack{k,\,h\in(1,\,\cdots,\,s)\\k\neq h}}^{t}aae_{khj}x_{ki}x_{hi}+\varepsilon_{ij}\qquad(13.43)$$

式中，μ 是群体均值；a_k 是 Q_k 的加性效应，固定效应；x_{ki} 是个体 i 第 k 个 QTL 的加性效应系数；x_{hi} 是个体 i 第 h 个 QTL 的加性效应系数；aa_{kh} 是 Q_k 和 Q_h 之间的加加上位性效应，固定效应；e_j 是第 j 个环境的效应，随机效应；ae_{kj} 是 Q_k 的加性与第 j 个环境的互作效应，随机效应；aae_{khj} 是 aa_{kh} 与环境 j 的互作效应，随机效应；ε_{ij} 是残差效应。在此模型中，存在上位性的两个 QTL 可能存在单位点的效应，也可能仅存在上位性互作。

上述模型可以用如下矩阵形式表示：

$$y=1\mu+X_Ab_A+X_A\,b_{AA}+U_Ee_E+\sum_{k=1}^{s}U_{A_kE}e_{A_kE}+\sum_{h=1}^{t}U_{AA_hE}e_{AA_hE}+e_\varepsilon$$

$$=[1X_A\,X_{AA}][\mu\,b_A^T\,b_{AA}^T]^T+\sum_{u=1}^{r}U_ue_u+Ie_\varepsilon\qquad(13.44)$$

$$=Xb+\sum_{u=1}^{r+1}U_ue_u$$

式中，y 是个体表型值组成的 $n\times1$ 阶向量，n 是总的观察值数目；1 是所有元素为 1 的 $n\times1$ 阶向量；$b_A=[a_1a_2\cdots a_s]^T$，$b_{AA}=[aa_1aa_2\cdots aa_t]^T$，系数矩阵分别为 X_A 和 X_{AA}；$e_E=[e_1\,e_2\cdots e_p]^T\sim(0,\,\sigma_E^2I)$，$e_{A_kE}=[ae_{k_1}ae_{k_2}\cdots ae_{k_p}]^T\sim(0,\,\sigma_{A_kE}^2I)$，$e_{AA_hE}=[aae_{k_1}\,aae_{k_2}\cdots aae_{k_p}]^T\sim(0,\,\sigma_{AA_hE}^2I)$，对应的系数矩阵分别为 U_E，U_{A_kE}，U_{AA_hE}；e_ε 是残差效应，也是 $n\times1$ 阶向量，$e_\varepsilon\sim(0,\,\sigma_\varepsilon^2I)$；$I$ 是一个 $n\times n$ 阶单位矩阵。

2）扫描检测 QTL。在模型（13.43）中，假定所有 QTL 的位置都已知。实际上，这些信息在定位之前并不清楚。首先需要采用一个系统的作图策略去搜索效应显著的 QTL，在此基础上，基于 QTL 全模型来估算 QTL 的各项遗传效应分量，并做出显著性推断。

基于下面模型，在全基因组范围内，通过表型和每个标记区间做基于 Henderson Ⅲ 的 F 检验，搜索得到所有可能存在 QTL 的候选标记区间：

$$y_{ij}=\mu_j+\alpha_{tj}^-\xi_{ti}^-+\alpha_{tj}^+\xi_{ti}^++\varepsilon_{ij}\qquad(13.45)$$

式中，t（$t=1$，…，T）表示在 T 个总区间中的第 t 个标记区间；μ_j 表示第 j 个环境的平均效应；α_{tj}^- 表示在环境 j 中第 t 个区间左侧标记的加性效应，对应系数为 ξ_{ti}^-；α_{tj}^+ 表示在环境 j 中第 t 个区间右侧标记的加性效应，对应的系数为 ξ_{ti}^+；其余参数与模型（13.43）中对应参数具有相同含义。

将扫描得到的候选标记区间的效应作为协变量，构建模型（13.46），然后基于模型（13.46），以 1cM 为步长，在全基因组范围内做基于 Henderson Ⅲ 的 F 检验，搜索显著的 QTL 位点。假设已经搜索到 c 个显著的候选标记区间，则可采用如下模型来分析某一个推断 QTL（检测位点）的效应显著性：

$$y_{ij} = \mu_j + a_{kj}x_i + \sum_{t=1}^{c}(\alpha_{tj}^-\xi_{ti}^- + \alpha_{tj}^+\xi_{ti}^+) + \varepsilon_{ij} \tag{13.46}$$

式中，a_{kj} 是推断 QTL（第 k 个检测位点）在环境 j 中的加性效应；其余参数的含义与模型（13.43）和模型（13.45）中对应参数相同。

将扫描得到的候选标记区间作为模型（13.47）的协变量，然后基于模型（13.47），在全基因组范围内做基于 Henderson Ⅲ 的 F 检验，二维搜索得到显著的二互作标记区间：

$$y_{ij} = \mu_j + \alpha\alpha_j^{A^-B^-}\xi_i^{A^-}\xi_i^{B^-} + \alpha\alpha_j^{A^+B^+}\xi_i^{A^+}\xi_i^{B^+} + \sum_{k=1}^{c}(\alpha_{ki}^-\xi_{ki}^- + \alpha_{kj}^+\xi_{ki}^+) + \varepsilon_{ij} \tag{13.47}$$

式中，A 和 B 表示检测的一对互作标记区间；$\alpha\alpha_j^{A^-B^-}$ 和 $\alpha\alpha_j^{A^+B^+}$ 代表区间 A 和区间 B 两侧标记在环境 j 中的加加上位性效应，对应系数分别为 $\xi_i^{A^-}\xi_i^{B^-}$ 和 $\xi_i^{A^+}\xi_i^{B^+}$；其余参数的含义与模型（13.43）和模型（13.45）中对应参数相同。

将搜索得到的 QTL 及显著的互作标记区间作为模型（13.48）的协变量，然后基于模型（13.48），在检测到的显著的互作标记区间中做基于 Henderson Ⅲ 的 F 检验，二维搜索得到具有显著上位性效应的成对互作位点：

$$y_{ij} = \mu_j + aa_{khj}x_{ki}x_{hi} + \sum_{k=1}^{c}a_{kj}x_{ki} + \sum_{l=1}^{f}(\alpha\alpha_{jl}^{A^-B^-}\xi_{jl}^{A^-B^-} + \alpha\alpha_{jl}^{A^-B^-}\xi_{jl}^{A^+B^+}) + \varepsilon_{ij} \tag{13.48}$$

式中，aa_{khj} 是位点 k 与 h 在环境 j 中的加加上位性效应；其他参数与上述模型中的对应参数的定义相同。

如上所述，定位 QTL 的过程主要包括：标记区间选择，成对互作标记区间选择，检测单位点效应显著的 QTL，检测具有显著上位性效应的成对 QTL。在这些步骤中，都要在全基因组范围内进行多重检验，因此需要确定一个 F 统计量的临界值来控制假阳性。MCIM 方法采用置换检验（Doerge and Churchill，1996）来确定 F 统计量的临界值。因为模型（13.45）至模型（13.48）都是复杂的模型，它们不仅包含被检测的变量，还包含背景控制的变量，如果直接随机置换观察值，将导致性状表型值和背景遗传效应间的关系发生混乱，从而导致 F 统计量的临界值偏低。因此对于复杂的模型，置换检验需要做一些调整，为此，先用协变量对性状观察值调整，再对调整后的性状表现值置换顺序。为了使全基因组检测的试验误差控制在全局 0.05 或 0.01 水平，需要对每一步检测都进行 1000 次或者 2000 次置换检验，从而确定全基因组水平的临界值。超过临界值的峰所对应位点即为鉴别的 QTL 位点，为控制假阳性，需要用所有鉴别的 QTL 构建 QTL 全模型，采用逐步回归法进行模型选择，剔除假阳性 QTL。

3）遗传效应估算与显著性检验。在明确显著的 QTL 数目及位置信息后，采用模型（13.43）分析 QTL 的各项遗传效应分量，估算每个位点的遗传率。为获得这些效应值，首先用最小范数二阶无偏估计（MINQUE）法（Rao，1971）估算模型的各项随机效应方差，用普通最小二乘法（OLS）估计各项固定效应值，用调整无偏预测法（AUP）预测各项随机效应值。然后把这些值作为初始值，用马尔可夫链蒙特卡罗（MCMC）（Smith and Roberts，1993）方法进行吉布斯抽样，根据各参数的抽样分布来估计参数的效应值，检验效应的显著性（Wang et al.，1999；Yang et al.，2007）。

3. 常用连锁分析软件 目前研究者应用较多的几种作图软件有 WinQTLCart2.5（Wang et al.，2007）、IciMapping V3.2（Li et al.，2007）、QTLNetwork2.0（Yang et al.，2008；Yang et al.，2007）、QTL.gCIMapping（Zhang et al.，2020）等。不同定位软件应用的遗传统计模型不同，常用来定位的统计遗传模型有：① WinQTLCart2.5（http://statgen.ncsu.edu/qtlcart/WQTLCart.htm），主要包括单标记分析、区间作图和复合区间作图等功能模块。② QTL IciMapping V4.1（http://www.isbreeding.net/software/?type =detail&id =1），基于完备区间作图（ICIM），可以在 Windows XP/Vista/7 系统运行。该软件主要包含了 6 个功能模块。③ QTLNetwork2.0（http://ibi.zju.edu.cn/software/qtlnetwork/）是浙江大学开发的一款 QTL 作图软件，基于混合线性模型的复合区间作图（MCIM），它可以分析 DH、RIL、F_2、BC_1、BC_2、IF_2 和 B_xF_y 等群体的上位性效应和 QTL 与环境互作效应，此外还能预测最优基因型和个体基因型值。④ QTL.gCIMapping（https://cran.r-project.org/web/packages/QTL.gCIMapping/index.html）由华中农业大学开发，基于全基因组复合区间作图（GCIM）。

二、全基因组关联分析

1. 关联分析基本原理 近年来，随着高通量测序技术的发展和第二代测序平台的使用，产生了大量高精度的基因组数据，使得 SNP 成为研究性状遗传机理的主流遗传标记。在群体中，个体间随机交配，基因重组的存在使得非等位基因间重新组合，相互独立遗传。但是在遗传过程仍存在紧密相关的基因，它们处于连锁不平衡状态，并且一起遗传给子代。如果标记和未知变异位点处于连锁不平衡状态，那么该标记会反映性状的变异。基于连锁不平衡的关联分析在动植物复杂性状遗传结构分析方面均取得了极大成功（Billings and Florez，2010；Huang and Han，2014；Wang et al.，2014）。关联分析常用以下几种方法：基于基因型的关联分析检验、单标记关联分析、传递不平衡分析、基于混合线性模型的关联分析等。

（1）基于基因型的关联分析检验 假定在一个二倍体随机混合群体中，个体间存在病状和正常两种状态，且群体中包含 aa、Aa 和 AA 三种基因型，具体信息见表 13.3。

表 13.3　case-control 群体的基因型观察值

状态	aa	Aa	AA	总和
正常（control）	n_{00}	n_{01}	n_{02}	$n_{0.}$
病状（case）	n_{11}	n_{12}	n_{12}	$n_{1.}$
总和	$n_{.0}$	$n_{.1}$	$n_{.2}$	$n_{..}$

注：n_{ij} 代表相应的基因型数目（i 和 j 代表下角相应数字）

由此，我们可以利用自由度为 2 的卡方测验来检验该基因型是否与病状相关联：

$$\chi^{2*}=\sum_{i=0}^{1}\sum_{j=0}^{2}\frac{(n_{ij}-E_{ij})^2}{E_{ij}}\sim\chi_2^2 \tag{13.49}$$

式中，$E_{ij}=n_{i.}n_{.j}/n_{..}$，是在行列相互独立的条件下 n_{ij}（相应的基因型数目）的期望值；当样本量足够大的时，公式（13.49）中的统计量服从卡方分布。一般条件下，显著性水平 $\alpha=0.05$，但是在全基因组关联分析（GWAS）中需要更小的显著性水平（P 值）来修正多重检验问题（Zheng et al.，2012）。

（2）单标记关联分析 关联分析可采用多种分析方法，如线性回归、贝叶斯方法和机器学习等，但目前最常使用的是回归分析。单变量和多变量回归分析的假设检验和参数估计方法有很强的通用性，这为回归分析在全基因组关联分析的应用提供了理论框架。以广义线性模型回归分析为例，首先，在广义线性模型中表型值 Y 已知，且服从以一个或多个相关变量为条件变量的指数形式分布。常用指数形式分布有正态分布、二项分布、泊松分布、贝塔分布等。其次，在广义线性模型中假定表型均值函数与相关变量线性相关。此函数为连接函数 g，为单调可逆的实值函数。表型均值与相关变量的关系可用下式表示：

$$g\,(E\,(Y_i)) = a_1X_{i1} + a_2X_{i2} + \cdots + a_rX_{ir} \quad (i=1,\ 2,\ \cdots,\ n) \tag{13.50}$$

式中，观察对象 i 的表型值为 Y_i；$X_i = [X_{i1},\ X_{i2},\ \cdots,\ X_{ir}]$ 为相关变量向量；参数 a_r 为对应相关变量 X_{ir} 的系数。虽然连接函数并不是唯一的，但存在标准连接函数。正态分布的标准连接函数就是其本身，即 $g\,(x) \to x$；二项分布的标准连接函数是 logistic 函数，$g\,(x) \to \log\left(\dfrac{x}{1-x}\right)$；泊松分布的连接函数为 log 函数，$g\,(x) \to \log\,(x)$。最后，广义线性模型一般采用迭代加权最小二乘法（iteratively reweighted least square algorithm，IRLS）来求解参数的最大似然估计。假设检验可以采用几种标准的方法，如 t 检验、F 检验、Score 检验、LRT 检验、Wald 检验等，前两者基于正态分布的假设，后三者基于模型的似然函数、导数及其相关的最大似然估计的渐进特征（McCulloch and Neuhaus，2001；Stram，2014）。单标记关联分析是一种最简单的关联分析方法，按性状分类可以分为连续型性状的单标记关联分析和离散型性状的单标记关联分析。

1）连续型性状单标记关联分析。连续型性状常用的分布是正态分布，正态分布的标准连接函数就是其本身。假设一个由 n 个个体组成的自然群体，不考虑群体结构和年龄等因素的影响，连续型性状单标记关联分析模型为

$$y_i = \mu + ax_i + e_i \quad (i=1,\ 2,\ \cdots,\ n) \tag{13.51}$$

式中，y_i 是连续型表型；μ 是群体均值；a 是遗传标记的效应，其对应的系数为 x_i；e_i 是随机残差且服从 $e_i \sim N\,(0,\ \sigma^2)$。此处标记作为固定效应且是可加的，即两个相同等位基因的效应是单个等位基因效应的两倍，如果位点上不含有该等位基因，则该位点的效应值为零。

对于连续型表型值来说，参数估计可以采用迭代加权最小二乘法，其等同于分析正态分布的一般最小二乘法（ordinary least squares，OLS），假设检验可采用 t 检验或者 F 检验。

2）离散型性状单标记关联分析。离散型性状又可分为 case-control 型性状和可计数型性状，下文主要介绍 case-control 型性状的关联分析。在 case-control 数据中，表型值呈患病和正常两种状态，因此该模型可假设个体患病时取值为 1，正常时取值为 0。case-control 型数据假定服从二项分布，常用 logistic 函数作连接函数，且 $g^{-1}\,(x) \to \exp\,(x)\,/\,[1+\exp\,(x)]$。在由 n 个个体组成的自然群体中，给定 SNP 基因型时，个体 i 为 case 或者为 control 的概率是

$$f_i = \frac{\exp(\mu + ax_i + e_i)}{1 + \exp(\mu + ax_i + e_i)} \quad (i=1,\ 2,\ \cdots,\ n) \tag{13.52}$$

式中，μ 是群体均值；a 是遗传标记的效应，其对应的系数为 x_i；e_i 是随机残差。对于离散型表型参数估计来说，可以采用迭代加权最小二乘法，其等同于 Fisher's Scoring 程序。假设检验可以采用 Score 检验、LRT 检验、Wald 检验等。

（3）传递不平衡分析　　在单标记关联分析中，我们不考虑群体结构等因素对关联分析造成的影响，但在未知群体结构的关联分析研究中，由不同亚群引起的等位基因频率的差异会造成假关联。传递不平衡分析（transmission disequilibrium test，TDT）通过在分析中加入亲代基因型信息来确保遗传标记与未知变异位点处于连锁不平衡状态（Spielman et al.，1993）。TDT 既可以进行单基因分析，也可以进行多基因分析，不仅可以分析离散性状，同时还可以分析连

续型性状（Lange et al., 2002； Spielman et al., 1993）。

表 13.4　基于亲 / 子代信息的 TDT 检验的等位基因传递列联表

已传递的等位基因	非传递的等位基因	
	1	2
1	n_{11}	n_{12}
2	n_{21}	n_{22}

注: n_{ij} 代表相应的基因型数目（i 和 j 代表下角相应数字）

下文以离散性状的 TDT 为例介绍其基本原理。TDT 分析患病且杂合的亲本和子代基因型，并估计亲本杂合基因型中的等位基因传递给子代的频率，如表 13.4 所示。如果亲代杂合基因型中等位基因与致病基因相互独立，那么该等位基因有 50% 的概率传递给子代；如果等位基因与病状相关联，那么该等位基因在患病子代个体中的频率就会偏高或者偏低。

在二倍体群体中，单标记的传递不平衡分析统计量为

$$T = \frac{(n_{12} - n_{21})^2}{(n_{12} + n_{21})} \sim \chi^2 \tag{13.53}$$

式中，n_{ij} 的取值如表 13.4 所示（i 和 j 代表下角相应数字），原假设 H_0：遗传标记与疾病不相关。

（4）基于混合线性模型的关联分析　　在全基因组关联分析中，群体结构及未知的个体间的亲缘关系是造成关联分析假阳性的原因之一。除了采用基因组控制、基于家系的关联分析检验（如 TDT）和主成分分析等方法控制外，混合线性模型也可以处理由样本群体结构（群体分层、家系亲缘关系或者未知亲缘关系等）带来的假阳性问题（Zhang et al., 2005； Yu et al., 2006； Price et al., 2006； Kang et al., 2008； Yang et al., 2014； Zhou and Stephens, 2012）。

假设一个由 n 个个体组成的自然群体，当考虑群体结构等因素时，关联分析标准的混合线性模型为（Yu et al., 2006）

$$Y = Wv + X\beta + Zu + e \tag{13.54}$$

式中，Y 为表型向量矩阵；v 和 β 均为固定效应且分别代表遗传标记效应和非遗传标记效应（年龄和性别等）；$u \sim \mathrm{MVN}(0, 2K\sigma_a^2)$ 为随机效应且代表未知的多基因效应，K 是亲缘关系矩阵，来源于家系信息或者遗传标记信息，σ_a^2 为未知的遗传方差；W、X 和 Z 是相应的设计矩阵；$e \sim \mathrm{MVN}(0, I\sigma_e^2)$ 为残差向量，I 为单位矩阵，σ_e^2 为未知残差方差。

混合线性模型的假设检验可采用 F 检验或 LRT 检验等，参数估计可采用罚值伪似然估计（penalized quasi-likelihood，PQL）和罚值迭代加权最小二乘法（penalized iteratively reweighted least squares algorithm，PIRLS）等（Bates, 2014； McCulloch and Neuhaus, 2001）。

在自然界中大多数性状是复杂性状，而复杂性状的形成往往受到大量微效多基因的控制，而且基因间、基因与环境之间存在复杂的相互作用关系。DNA 是主要的遗传物质，对于性状的形成起决定性作用，但 DNA、RNA、蛋白质间存在复杂的调控机制，因此，单从 DNA 水平上进行关联分析并不能系统地阐述性状形成的遗传机理，还需要结合转录组、蛋白组、代谢组等其他组学的信息进行分析（Zhang et al., 2015）。

假设一个由 n 个个体组成的自然群体，第 k 个个体在第 h 个环境中的性状观察值 y_{hk} 可以用以下混合线性模型表示：

$$y_{kh} = \mu + \sum_{s=1}^{c} x_{sk}b_s + e_h + \sum_{i} q_i u_{ik} + \sum_{i<j} qq_{ij}u_{ijk} + \sum_{i} qe_{ih}u_{ikh} + \sum_{i<j} qqe_{ijh}u_{ijkh} + e_{kh} \tag{13.55}$$

式中，μ 为群体均值；b_s 为第 s 个协变量的效应；e_h 为第 h 个环境下的固定效应；q_i 表示系数为 u_{ik}（在 QTS 关联分析中，1 代表 QQ，-1 代表 qq，0 代表 Qq，在 QTT/P/M 作图中使用表达值）的第 i 个 SNP 位点的效应；qq_{ij} 表示（在 QTS 关联分析中，1 代表 $QQ×QQ$ 和 $qq×qq$，-1 代表 $QQ×qq$ 和 $qq×QQ$，在 QTT/P/M 关联分析中使用表达值 $u_{ik}×u_{jk}$）第 i 个位点和第 j 个位点的互作效应，其对应的系数为 u_{ijk}；qe_{ih} 表示第 h 个环境下的第 i 个位点的基因与环境互作效应，其对应的系数为 u_{ikh}；qqe_{ijh} 为第 h 个环境下的第 i 个位点和第 j 个位点的上位性与环境互作效应，其对应的系数为 u_{ijkh}。

其矩阵形式为

$$
\begin{aligned}
y &= Xb + U_Q e_Q + U_{QQ} e_{QQ} + U_{QE} e_{QE} + U_{QQE} e_{QQE} + e_\varepsilon \\
&= Xb + \sum_{v=1}^{4} U_v e_v + e_\varepsilon \sim MVN\left(Xb, \sum_{v=1}^{4} \sigma_v^2 U_v R_v U_v^{\prime} + I\sigma_\varepsilon^2 \right)
\end{aligned}
\tag{13.56}
$$

式中，y 为表型值向量；b 为固定效应向量，包括均值效应、环境效应和协变量效应；X 为相应的设计矩阵；e_v 为第 v 个随机效应向量；U_v 为相对应的设计矩阵；R_v 是亲缘关系矩阵，$e_\varepsilon \sim MVN(0, I\sigma_\varepsilon^2)$ 为残差向量。

关联分析基因定位采用两步法策略：首先，采用一维扫描定位出显著的候选基因位点；然后，将利用一维扫描的候选位点作为协变量进行二维扫描，筛选出互作效应显著的成对候选互作位点。当筛选出所有候选位点后，用这些位点构建关联分析全模型，并进行模型选择，剔除假阳性位点。在全基因组一维、二维扫描搜索效应显著的单位点、互作位点时，采用置换检验的方法确定全局水平 F 统计量的阈值。

当筛选出所有显著关联位点（单位点、成对互作位点）后，构建性状与 SNP 或性状与转录组/蛋白组/代谢组全模型，通过模型选择获得最终全模型。基于全模型，采用马尔可夫链蒙特卡罗方法（MCMC）进行吉布斯抽样，获得各项随机效应的抽样分布，用分布的均值估算效应值，用 t 统计量检验效应的显著性。

目前，主要采用单标记全基因组扫描的关联分析方法。因这些方法涉及多重检验，为有效控制 QTN 检测的假阳性率，需要进行 Bonferroni 矫正。这使 QTN 显著的标准过高，例如，人类遗传的 $5×10^{-8}$ 显著性水平，使检测到的显著 QTN 不多。在作物关联分析中，因数量性状表型鉴定的田间试验误差较大，这一问题尤为突出。为解决这一问题，在适当降低显著标准和严格控制假阳性率原则下，华中农业大学章元明教授团队提出了相应关联分析方法——多位点随机 SNP 效应混合模型 mrMLM 方法（Zhang et al., 2019b）。

关联群体数量性状表型观测值 y 可表示为

$$
y = Xa + Z_k \gamma_k + \xi + \varepsilon \tag{13.57}
$$

式中，a 是固定效应向量；X 是 a 的系数矩阵；第 k 个标记的遗传效应 γ_k 服从平均数为 0、方差为 ϕ_k^2 的正态分布；Z_k 是该标记基因型编码向量，基因型 AA、Aa 和 aa 分别编码为 1、0 和 -1；多基因背景效应向量 ξ 服从平均数为 0、方差协方差阵为 $K\phi^2$ 的多元正态分布，K 是个体间亲缘系数矩阵，ϕ^2 是多基因方差；误差向量 ε 服从平均数为 0、方差协方差阵为 $I\sigma^2$ 的多元正态分布，I 是单位矩阵，σ^2 是误差方差。y 的方差为

$$
Var(y) = (Z_k Z_k^T)\phi_k^2 + K\phi^2 + I\sigma^2 \tag{13.58}
$$

与以前的 SNP 固定效应关联分析方法相比较，表型方差增加了一个方差组分。虽然增加了参数估计难度，但 QTN 检测功效增加。

mrMLM 方法有两个步骤（Wang et al., 2016）：①在固定方差比 $\lambda = \phi^2/\sigma^2$、误差方差和固

定效应同时估计的情况下，通过 K 矩阵的谱分解以实施模型 y 的数据转换，实现快速扫描全基因组每个标记，获得标记与性状关联的概率；②将这些概率值（≤0.01）从小到大排序，在基因组每一窗口选择最为关联的标记进入多位点模型，通过经验 Bayes 估计获得选择标记的遗传效应，由似然比检验进一步确定每一非零效应标记是否与性状关联。为加快运算速度，将 mrMLM 与 FASTmrEMMA 和 GEMMA 算法相结合，可节省 50% 的计算时间。模拟研究表明，mrMLM 和 FASTmrMLM 方法优于目前国际上广泛使用的 TASSEL、EMMA 和 LASSO 等软件或算法。章之明团队还提出了 FASTmrEMMA（Wen et al., 2018）、pLARmEB（Zhang et al., 2017）、pKWmEB（Ren et al., 2018）和 ISIS EM-BLASSO（Tamba et al., 2017）等多位点关联分析方法。这些方法均通过 mrMLM 软件包实施。

（5）基于 K-mer 序列变异的 GWAS 分析　　基因组遗传变异存在多种类型和检测方法，随着数据的积累和研究的深入，一种基于 K-mer 的变异检测方法应运而生。当个体基因组间存在 SNP、Indel 和易位等，它们之间的 K-mer 序列就会存在差异（种类和数量）（图 13.10 A），通过鉴定的统计计数就可以确定它们的 K-mer 序列差异信息。例如，按照一定 K-mer 长度（拟南芥 25bp，人类 31bp）得到 K-mer 序列并进行计数（可以使用 JELLYFISH 软件）。对于每个 K-mer 序列，使用似然比测试来计算该 K-mer 在自身数据集中出现的次数是否明显多于其他数据集，从而来确定是否存在 K-mer 变异信息。K-mer 变异与 SNP 变异信息类似，表现出更良好的 Q-Q 曲线分布（图 13.10 B），可以用于 GWAS 分析等。基于 K-mer 变异检测的一个优势是可以不需要参考基因组，因此该方法为那些没有参考基因组或拼接质量较差的物种也提供了一种检测基因组遗传变异的有效办法。只要基于返回的高通量测序读序，鉴定出相应的 K-mer 序列，不需要进行基因组比对，就能获得序列变异并进行下一步 GWAS 分析。

近年来该方法已经在细菌、人类及植物中得到应用。例如，Lees 等（2016）基于 K-mer

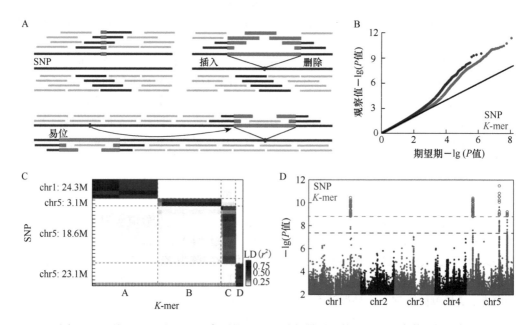

图 13.10　基于 SNP 和 K-mer 序列的 GWAS 分析结果比较——以拟南芥花期为例
（引自 Voichek and Weigel, 2020）

A. K-mer 与其他遗传变异。红和蓝长线表示两个不同个体基因组，彩色短线表示各个单个基因组特有的 K-mer 序列，灰色短线表示共有 K-mer 序列；B. K-mer 与 SNP 的 Q-Q 曲线分布图比较；C、D. 基于 K-mer 与 SNP 获得的花期 GWAS 分析候选关联位点比较

序列开发出了一套统计算法（SEER），成功找到了链球菌对抗生素耐药的相关决定因素和影响其侵袭相关的新因素。Rahman 等（2018）分析了人类群体数据，探索在南亚出现高死亡率心血管疾病的遗传基础，他们发现在孟加拉人和意大利托斯卡尼人样本中，与心血管疾病相关基因中存在许多非同义变异频率的显著差异。Voichek 和 Weigel（2020）对现有方法进行改进并成功将 *K*-mer 方法应用到植物 GWAS 研究。他们先对获得的 *K*-mer 序列进行排序并只选取排序较前的序列（前一万条），然后使用 GEMMA 软件对这些序列进行似然比检验，进一步与表型关联起来。在拟南芥、玉米和番茄群体中进行的应用均取得理想效果。例如，对拟南芥的1000 份自交系材料进行 SNP 和 *K*-mer 序列存在缺失（presence/absence）鉴定，基于线性模型（LMM）针对开花时间进行 GWAS 分析。通过阈值筛选得到了 28 个显著 SNP 位点和 105 个*K*-mer 序列，利用连锁不平衡将 SNP 和 *K*-mer 序列联系起来，两个方法都检测到了 4 个遗传变异区域（图 13.10 C）。与预期一样，*K*-mer 序列与相应的 SNP 标记都关联到了基因组上相同的位点（图 13.10 D）。因此可见，*K*-mer 同样可以鉴定出与 SNP 相同的关联结果。

利用 *K*-mer 序列进行 GWAS 分析的基本流程（图 13.11）如下。

第一步，创建 *K*-mer 序列存在与缺失的表格：对每个样品测序得到的读序数据切割成一定长度的 *K*-mer 序列，过滤掉那些出现少于 2 或 3 次的 *K*-mer 序列，进一步过滤保留那些至少在 5 个测序样品中出现的序列，以及那些至少出现在 20% 的样品中能够同时存在正向和反向互补序列的 *K*-mer 序列（图 13.11 A）。

第二步，基于 SNP 分析软件对上述 *K*-mer 序列表进行全基因组关联。这里需要将 *K*-mer 表转换为 Plink 二进制格式，该格式用作相关软件的输入文件（图 13.11 B）。

第三步，对基于 *K*-mer 的 GWAS 分析进行不断优化（图 13.11 C）：一个遗传变异通常被多个 *K*-mer 标记，并且 Bonferroni 校正值不能准确地反映独立测试的有效数量。为了解释非独立性，这里需要定义一个基于表型排列的阈值 *P* 值。首先使用 LMM 模型计算 *K*-mer 存在 / 缺失与表型关联近似值并进行排序，获得群体中最佳 *K*-mer 序列（如前 100 000 个 *K*-mer）用于下一步分析；再用 GEMMA 软件计算每个 *K*-mer 序列似然比检验 *P* 值。基于给定的阈值（如

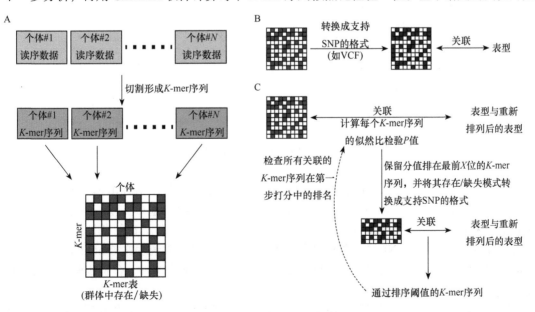

图 13.11　基于 *K*-mer 序列的 GWAS 分析流程（引自 Voichek and Weigel, 2020）

A. *K*-mer 序列变异检测；B、C. 基于 *K*-mer 序列的 GWAS 分析和优化过程

5%），检查所有通过该阈值的 *K*-mer 序列在第一步中的排名。只要存在 *K*-mer 序列在最初第一步得分不是排列前 50% 的情况，那么整个过程将从头开始重新运行，从第一步到第二步会选取更多的 *K*-mer 序列。最后一步检查过程是为了保障第一步的近似值不会遗漏真正相关的 *K*-mer 序列。因为这两个步骤都与 *K*-mer 相关，并且同时考虑到群体结构，第一步使用近似值，第二步使用精确的模型。因此，真正靠前的 *K*-mer 序列可能被第一步过滤掉。

2. 常用关联分析软件

（1）Plink　　Plink 是一个处理全基因组关联分析的开源软件工具集，具有强大的数据管理、群体结构和亲缘关系计算，以及各种关联分析（基于家系的关联分析、基于单体型的关联分析、代理关联分析等）的功能。下文主要介绍 Plink 常用的数据格式和基本的 Plink 结果图示，以及连续型和 case-control 型两种简单应用示例，详细信息请参照软件文档 http://zzz.bwh.harvard.edu/plink/。

Plink 包含多种数据格式来满足不同的需求，常见的有两种。

基本格式（图 13.12A），包括两个文本文件（ped 文件和 map 文件）。ped 文件主要包括表型和基因型信息，前 6 列依次为家系标识符、个体标识符、父本标识符、母本标识符、性别和表型，其余列为遗传标记的基因型。map 文件主要包括遗传标记图谱信息，共 4 列，依次为染色体、遗传标记标识符、遗传距离和物理距离。

转置式文件（图 13.12B），包括 tped 文件和 tfam 文件。tped 文件的前 4 列为 map 文件信息，其余列为具体遗传标记的基因型信息。tfam 文件为 ped 文件的前 6 列信息。

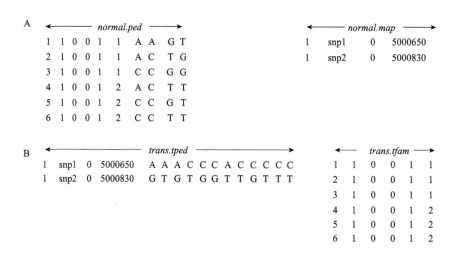

图 13.12　常见的两种 Plink 数据格式

（2）GCTA　　软件 GCTA 可以利用基于 SNP 的全基因组数据估计个体间的相互关系，进而估计所有遗传标记、染色体片段和整个基因组等各种水平的遗传方差。因此，GCTA 也可以有效利用荟萃分析（meta-analysis）后的统计量进行多个遗传标记的条件定位或者联合定位。GCTA 利用所有 SNP 估计整体遗传率的详细内容参见软件说明文档 http://cnsgenomics.com/software/gcta/。GCTA 主要采用 Plink 的二进制格式作为输入文件，分析步骤一般为先构建 GRM 矩阵，然后再进行后续分析。

（3）QTXNetwork　　QTXNetwork 是可以进行连锁分析、基因组关联分析、转录组关联分析、蛋白组关联分析、代谢组关联分析的多功能软件，有界面版和命令行两种分析模式。功能详情参见软件说明 http://ibi.zju.edu.cn/software/QTXNetwork/。由于 QTXNetwork 采用的不是 Plink 的数据格式，首先需要将 Plink 二进制文件转换为 QTXNetwork 文件格式，然后再进行分析。

此外，还有一些其他的常用关联分析软件如下所示。

mrMLM，https://cran.r-project.org/web/packages/mrMLM/index.html

Tassel，www.maizegenetics.net/#!tassel/c17q9

EMMA，http://stephenslab.uchicago.edu/software.html

Eigenstrat，www.hsph.harvard.edu/alkes-price/software/

三、混池分离分析

1. 基本原理　　混池分离分析（bulked segregant analysis，BSA）又称分离体混合分析，是在结构化的作图群体（也可被称为分离群体）中，利用极端表型个体进行关联分析的一种方法。而 BSA-Seq 是结合高通量测序技术，基于二代测序的高通量、高分辨率的基因分型技术，进行 BSA 分析的一种技术体系，BSA-Seq 的主要思想是将分离群体中两组相反极端表型的个体分别进行混池测序（Pool-Seq），比较两个混合池样品在多态位点（SNP）的等位基因频率（allele frequency，AF）是否存在显著差异，本质上，BSA 就是 AF 与分离性状的关联分析。BSA 技术于 1991 年就被提出（Giovannoni et al.，1991；Michelmore et al.，1991），随着二代测序技术的发展，SNP 标记开发和测序成本不断下降，BSA-Seq 技术已成为一个定位 QTL 和功能基因的有力工具。BSA 基于表型分组，可以分别针对质量性状主基因和数量性状 QTL 进行定位。对于质量性状，可以简单基于两个差异表型（如红花与白花）进行分组；对于数量性状，可以基于极端表型群体混合并分组。基于 BSA 技术已开发出一系列相应定位工具，如 X-QTL-Seq（Ehrenreich et al.，2010）、G 检验（Magwene et al.，2011）、MutMap（Abe et al.，2012）、QTL-Seq（Takagi et al.，2013）、QTG-Seq（Zhang et al.，2018）、GradedPool-Seq（Wang et al.，2019）、BRM（Huang et al.，2020）等。

2. 主要技术流程　　针对数量性状，BSA 定位需要挑选两个性状差异较大的纯合亲本进行杂交，构建 F_2 或重组自交系（RIL）分离群体。由于大多数植物性状为数量性状，子代的表型不会像质量性状表现为非此即彼，而是在群体中呈连续的正态分布（图 13.13A）。因此，在群体中需选择性状表型具有极端差异的各 80～300 个个体进行混池测序，将混池测序的读序比对到参考序列上，对所有亲本间表现多态的 SNP 位点计算出 SNP 指数（SNP-index）——突变基因型的覆盖度与此位点总覆盖度的比值，即混池的等位基因频率（bulked AF）（图 13.13B）。由于基因遗传的随机性，大部分 SNP-index 会落在 0.5 附近，即一半来自父本一半来自母本。根据 SNP 位点在基因组上的位置与 SNP-index 的关系（图 13.13C），由于混池是由极端性状的个体构成，理论上在目标性状相关的 QTL 区域两个混池间 SNP-index 差异会非常大，经过分析可以在基因组上大致定位到目标性状相关的 QTL。

3. 相关方法　　最近几年一些 BSA 相关新方法被陆续提出。

1）华中农业大学和中国农业科学院提出的基于 QTL 与 BAS 组合定位新方法（QTG-Seq），可以快速精细定位数量性状基因（QTG）（Zhang et al.，2019d）。从双亲构建群体开始，QTG-Seq 仅用 4 代即可完成 QTG 精细定位和克隆，为重要农艺性状的遗传解析提供了有力工具。QTG-Seq 技术线路概要如下：①选用目标性状存在显著差异的两个纯合自交系构建 F_1、F_2、BC_1F_2 群体；②对 F_2 群体进行 QTL 定位，鉴别显著的 QTL 位点；③检测 BC_1F_1 群体的各

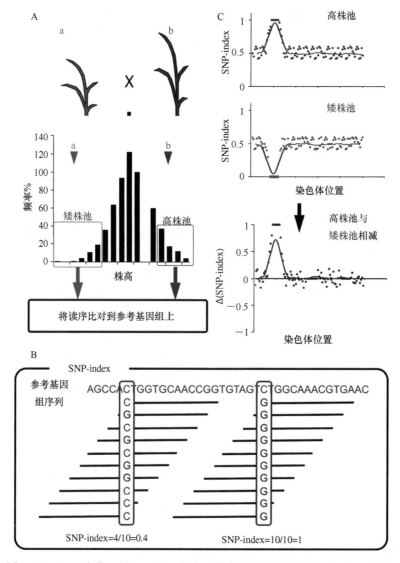

图 13.13　BSA 定位工具 QTL-Seq 的主要技术流程（引自 Takagi et al.，2013）

A. 定位材料的选择及其性状（株高为例）分离情况，其中材料 a 基因组作为参照基因组用于后续 SNP 分析；B. 性状分离群体（矮或高株池）在基因组不同位点 SNP 指数（SNP-index）变化情况；C. SNP 指数在不同性状分离群体染色体上的变化情况和候选位点（极端差值区域）

个体分子标记基因型，筛选出目标 QTL 杂合而其他 QTL 纯合的株系；④对筛选出的 BC_1F_1 株系进行自交，分别选择极端性状表型个体，组成高表型组、低表型组，一般各组个体数为总群体的 20%；⑤按组提取各材料 DNA 并混合，然后进行基因组深度测序；⑥对各组分别进行生物信息分析，鉴别目标 QTL 区段的 SNP，计算 SNP 频率，比较组间等位基因频率的差异，计算基于最大似然算法的似然比平滑统计量（smooth LOD）等，确定目标基因位点。

　　2）中国科学院上海生命科学研究院韩斌团队和上海师范大学黄学辉团队等开发了一种克隆杂种优势基因新方法（GradedPool-Seq），通过从 F_2 后代分离获得分级池样本和全基因组测序，快速克隆相关 QTL（Wang et al.，2019）。GradedPool-Seq 是 BAS 的一个改进方法（技术流程见图 13.14）。他们利用该方法成功克隆了水稻杂种优势相关基因。

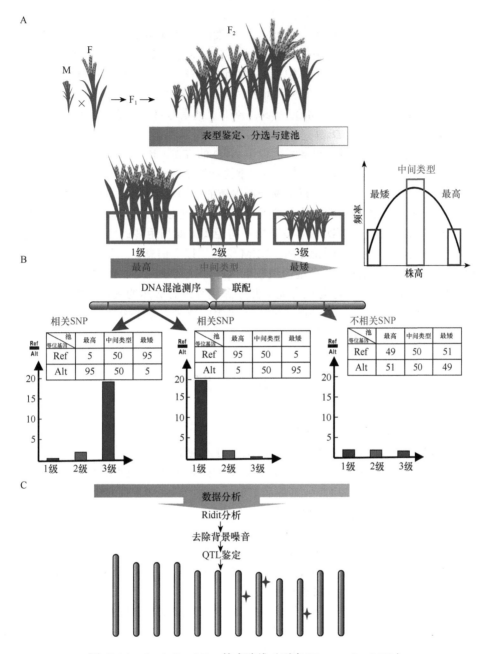

图 13.14 GradedPool-Seq 技术路线（引自 Wang et al., 2019）

A. 定位群体材料的构建及其性状（株高）分离情况，由此可以获得不同等级目标性状的亚群体。B. 不同性状群体材料测序及其不同等位基因频率情况。基于 100× 测序深度，如果某一遗传变异（SNP）与性状无关，则其定位到参照基因组上的两个基因型读序平均各 50%（不相关 SNP），否则表现出明显差异（相关 SNP）。图中给出了三个 SNP 案例（2 个性状相关，1 个性状不相关），表中列出了具有参考基因组相同碱基序列（Ref）和变异（Alt）碱基序列的个体数量。C. 进一步数据分析，包括序数 Ridit 分析和背景降噪算法，最终确定候选 QTL 位点

3）福建农林大学吴为人团队建立了一种新的 BSA-Seq 统计分析方法，称为区块回归定位（block regression mapping，BRM）（Huang et al.，2020），它能够合理地确定 QTL 的显著阈值，估计 QTL 的位置和置信区间。结合该团队发展的对 BSA-Seq 数据估计 QTL 遗传率的方法 PQHE（pooled QTL heritability estimator）（Tang et al.，2018），就构成了一个完整的基于 BSA-Seq 的 QTL 定位统计分析方法体系。估计显著阈值是为了估计 QTL 的位置，也可以称为 QTL 的点估计，是 BSA-Seq 方法在 QTL 定位中必须要经历的一个统计步骤。在 BRM 中，等位频率差（allele frequency difference，AFD）就是 QTL-Seq 的 SNP-index 之差。双等位多态性的情况下，$\sqrt{2} \times |AFD|$ 就是欧几里得距离，可以根据区块回归计算得到。根据试验设计中两个混合池的样本容量，可知零假设下 AFD 的方差，BRM 结合多重检验校正（一种 Bonferroni 校正方法）来估计显著阈值。在多重检验校正时，BRM 考虑了全基因组水平下有效的独立检验次数，而这个参数是每个物种所内蕴的，即每个物种的染色体数、基因组大小决定了该参数，这是因为不同染色体是随机分离，检验是独立的，而基因组大小对应总的遗传图距，同一条染色体上，两次独立检验的平均距离（即相距多远两次检验将会是独立的）也是每个物种及不同作图群体所特异的。BRM 综合了以上信息（还包括 QTL 位置偏分离程度）来估计显著阈值。此外，在全基因组较低测序深度的情况下，BRM 依然可以有效地完成 BSA 分析。混合池的样本量与混合池的测序深度并没有必然的关系，也就是说，并不是混池中的个体数越多，混合池测序深度就一定要相应越多，测序深度影响的只是单标记 AF 的弥散程度，深度越高，散点越集中。

习　题

1．请简述选择压检测主要方法及其原理和特点。

2．简述基于溯祖理论进行群体遗传学分析的方法和具体应用。

3．假设某一基因座有两个等位基因 A 和 a，对某一样本调查了这一基因座的情况，检测到基因型 AA、Aa、aa 的个体数分别为 1787、3039 和 1303，在这个样本中观察到的基因型频率是多少？对观察到的基因频率，按哈迪-温伯格法则预测的基因型频率是多少？观察到的频率和期望值一致性程度如何？

4．在一个回交群体的样本中，标记基因型 MM 的表型值分别为 67.4，72.8，68.4，66.0，70.8，69.6，67.2，68.9，62.6，标记基因型 Mm 的表型值分别为 60.6，66.6，64.9，61.8，61.7，67.2，56.7，62.4，61.3，检验该标记是否与性状存在显著关联。

5．假定一样本有 100 个个体，对两个基因座（A、B）进行基因型检测，每个基因座只有两个等位基因座（A 和 a，B 和 b），检测到的两位点基因型及个体数如下，AABB：45，AABb：10，AAbb：5，AaBB：15，AaBb：10，Aabb：5，aaBB：5，aaBb：0，aabb：5，请检验两基因座间是否存在关联或连锁不平衡。

历史与人物

马莱科特和科克汉姆的"神器"

古斯塔夫·马莱科特（Gustave Malecot，1911～1998）被称为数量遗传学第四人，名列费希尔（Fisher）、莱特（Wright）和霍尔丹（Haldane）三巨头之后（Epperson，1999）。

1932 年马莱科特考入巴黎高等师范学院数学专业，1935 年获得数学学位，之后进入亨利庞卡莱研究所攻读博士，研究内容是 1918 年以来费希尔发表的数量遗传学论文，并于 1939 年获得博士学位。1945～1981 年，在里昂大学教授数学直至退休。

与群体遗传学"三巨头"相比，马莱科特是一位"隐形巨头"。他一生仅发表了约 50 篇群体遗传学相关论文，且基本发表在法语期刊（多数杂志不为人知），他的影响通过少数精英级研究者才慢慢为外界所知。马莱科特在博士研究期间花了整整两年时间全面通读、剖析费希尔的论文。对于如何估算参数，马莱科特并不怎么上心，或者觉得在这个复杂的动态体系下估算未必准确。如果费希尔的目标之一是实证达尔文的进化论，重参数估计和实证，马莱科特则更多依循的是欧洲大陆的理性主义传统，更注重理想状态下平衡态的刻画，而这种平衡态又反过来作为内蕴的参照去研究进化过程中所碰见的"高山"和"峡谷"。

马莱科特流传最广的工作是 IBD，该工作稳居数量遗传学核心位置。遗传学的一个中心问题是如何从基因型的相似性关联到表型的相似性。在数量遗传学发展的早期，个体遗传相似度是通过传统家系文本导出，不同于费希尔给出了基于家系文本导出的平均化的亲属关系，马莱科特的 IBD 大大提高了衡量亲属关系的灵活性。从现代的眼光来看，IBD 就是一种马尔可夫链技术，是后来发展起来的溯祖理论的初级版。IBD 除了应用于厘清亲属关系，在分子标记技术来临时代，IBD 还被引入到基于分子标记的基因定位技术。以 Haseman-Elston 回归为代表的第一代连锁分析技术就是基于连锁状态下两位点 IBD 分析的一个实例。在全基因组关联分析技术出现之前，围绕 IBD 展开的很多实证研究工作几乎统治了整个学科近 30 年。

克拉克·科克汉姆（Clark Cockerham，1921～1996）出生并成长于美国北卡罗来纳州西部山脉，1943 年获得北卡罗来纳州立大学动物生产学位，1949 年在北卡罗来纳州立大学获得畜牧专业硕士，之后携家眷赴爱荷华州立学院，在 Jay Lush 指导下获得数量遗传学博士学位。

彼时爱荷华州立学院的数量遗传学在 Jay Lush 的领导下理论与实践都高歌猛进。科克汉姆 1952 年完成的博士论文涉及费希尔所谓的"上位性"（epistasy）问题，彼时同样在该校任教的 Oska Kempthorne 也在对此问题展开深入研究，1954 年，两人发表了各自的独立研究（Cockerham，1954；Kempthorne，

1954）论文，奠定之后上位性研究的起点。这篇论文应该是科克汉姆最早发表的论文，可谓"一出道便是巅峰"。

科克汉姆的一大贡献是群体固定系数 F_{ST} 统计量的构建。如果上位性的论文承自费希尔，F_{ST} 研究思路则源自群体遗传学的另外一个先贤莱特。科克汉姆关于 F_{ST} 最早的论文发表于 1967 年（Cockerham, 1967），1984 年与 Bruce Weir 发表在 Evolution 的论文则是这一持续十几年研究工作的总结（Weir and Cockerham, 1984）。科克汉姆在厘清和构建 F_{ST} 的过程中，主要依赖指示变量技术（通俗地讲，类似在统计分析中引入了"同位素示踪技术"），指示变量几乎等价于马莱科特发展的 IBD。科克汉姆将 IBD 彻底贯彻于 F_{ST} 研究，将群体基因频率变异剖分为个体内、群体内和群体间三个分量。相比上位性的工作，科克汉姆在 F_{ST} 方面的成就目前更广为所知，Evolution 论文也是他最广为引用的论文，至今仍是群体遗传学研究的一个热点，成为研究群体结构方面不可替代的基础工具。

科克汉姆的研究方式古朴，一般的授课、编撰入门型的教科书非其志趣。他获得博士学位后曾在北卡大学（UNC）为医学生教授统计课程，但一年后就感到厌倦，匆匆迁往北卡州立大学（NCSU）——同时也从助理教授提升为副教授，热情高涨地投入到 Robinson 的双列杂交研究。虽不以授课著称，但科克汉姆突出的逻辑能力和学术鉴别力，使他在面对学术讨论时充分展现领袖风范，每月在他家中举办的讨论会在北卡罗来纳州的 Research Triangle Park 地区很有影响力。

1974 年科克汉姆被选为美国科学院院士，以表彰其在数量遗传学方面的成就。1986 年，在其 65 岁之际，北卡罗来纳州立大学召开的第二届数量遗传学国际大会，是学界同仁对其贡献的集体致敬。1996 年，75 岁的科克汉姆在北卡罗来纳州 Raleigh 辞世。

第14章 生物信息学统计与算法基础

　　统计与算法是生物信息学的核心基础。对于序列数据分析，特别是大规模序列数据分析，高效算法至关重要；基于生物序列进行遗传推断，统计学方法必不可少。生物信息学已吸收了许多经典机器学习算法，包括用于大数据分析的一些最新算法（如深度学习算法）。由于生物序列的复杂性和非典型性，贝叶斯统计更加广泛地用于生物信息学领域。本章系统介绍用于生物信息学领域的主要统计模型及其相关机器学习算法。这些概率模型和算法在前面各章都有所涉及，被用于各类生物信息学分析。统计与算法是一名优秀的生物信息学分析人才或者研究者必备的知识与技能。

本章思维导图

扫码见本章
英文彩图

	隐马尔可夫模型 (HMM)	贝叶斯网络	神经网络	最大期望 (EM)	动态规划	遗传算法	马尔可夫链蒙特卡罗 (MCMC)
第4章-序列联配	○			○	○		
第5章-功能域	○			○			
第6章-系统发生树构建							○
第7章-基因组拼接		○					
第8章-基因预测	○	○				○	
第8章-蛋白质结构预测			○				
第10章-转录组		○					
第10章-调控网络构建		○					
第12章-图像识别			○				
第12章-单细胞组学数据	○		○				
第12章-基因组选择			○				
第13章-群体遗传分析	○		○		○		○

第一节 贝叶斯统计

一、贝叶斯统计概述

1. 两个统计学主要学派　统计学中有两个主要学派：频率学派和贝叶斯学派。我们进行统计推测时一般会涉及三种信息：总体信息、样本信息和先验信息。总体信息是指总体分布或总体所属分布族给我们的信息。例如，"总体是正态分布"，它提供了许多信息。总体信息很重要，是统计推测的基础；样本信息是从总体抽取的样本提供给我们的信息。样本信息是最"新鲜"的信息，且越多越好，人们希望通过样本的加工和处理对总体的某些特征做出较为精确的统计推测；先验信息是抽样之前有关统计问题的一些信息，一般来说，先验信息主要来源于经验和历史资料。所以，贝叶斯统计与经典统计的主要差别在于是否利用先验信息。贝叶斯统计重视先验信息的收集、挖掘和加工，使它数量化，形成先验分布，加入到统计推测中来，以提高统计推断的质量。两个学派对上述三种信息的使用有共同点也有不同点。频率学派（或经典统计）使用前两种信息，而贝叶斯统计基于三种信息进行统计推断。

贝叶斯方法长期未被普遍接受，直到第二次世界大战后，才在优化决策等领域开始被不断研究和完善，陆续在工业、经济和管理等领域成功应用。如今，贝叶斯统计已日趋成熟，发展成一个有影响的统计学派，打破了经典统计学"一统天下"的局面。贝叶斯学派的最基本观点是"任何一个未知量 θ 都可看作一个随机变量，应该用一个概率分布去描述 θ 的未知状态"。这个概率分布是在抽样前就有的，是有关 θ 先验信息的概率陈述。这个概率分布被称为先验分布。因为任一未知量都有不确定性，而在表述不确定性程度时，概率和概率分布是最好的语言。例如，工厂产品的不合格率 θ 是未知量，且每天都会有一些变化，把它看成一个随机变量是合适的，用一个概率分布去描述它也是恰当的。

举一个先验分布的例子：学生估计一位新教师的年龄。依据学生们的生活经历，在看了新教师的照片后立即会有反应："新教师的年龄在 30 岁到 50 岁之间，极有可能在 40 岁左右。"统计学家通过与学生们交流，明确这句话中"左右"可理解为 ±3 岁，"极有可能"可理解为 90% 的把握。于是学生们对这位新教师年龄（未知量）的认识（先验信息）可综合为图 14.1 所示的概率分布，这也是学生们对未知量（新教师年龄）的概率表述。

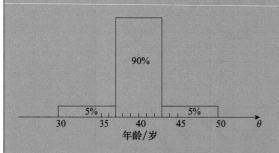

图 14.1　学生判断新教师年龄的先验分布

这里贝叶斯统计有两个问题与经典统计不一样。

1）未知量看作随机变量问题，该例所示的概率分布为未知量 θ 位于某个区间的概率。例如，θ 位于 37～43 岁的概率为 0.90，即 $P(37 \leqslant \theta \leqslant 43) = 0.90$。

这种概率陈述在经典统计学中是不允许的，因为经典统计认为 θ 是常量，它要么在 37～43 岁（概率为 1），要么在这个区间之外（上述事件概率为零），不应有 0.90 的概率。可在实际中类似的说法经常可以听到并使用。这种陈述的基础就是把未知量看作随机变量。

2）主观概率问题。概率 0.90 不是在大量重复试验中获得的，而是学生们根据自己生活经历的积累，对该事件发生可能性所给出的估计，这样给出的概率在贝叶斯统计中是允许的，并成为主观概率。它与经典概率用频率确定的概率有相同的含义，只要它符合概率的公理即可。这一点经典概率学派是难以接受的，他们认为用大量重复试验的频率来确定概率才是"客观的"和符合科学的要求（即无限的和假设的试验），而认为贝叶斯统计是"主观的"、其（至多）只对个人做决策有用（基于已知的和有限事实）。这是当前对贝叶斯统计的主要批评。贝叶斯学派认为，引入主观概率及由此确定的先验分布，可以把统计的研究与应用范围扩大到不能大量重复的随机现象。主观概率的确定不是随意的，而是要求当事人对所考察的事件有较透彻的了解和丰富的经验，甚至是这一行的专家，在此基础上确定的主观概率就能符合实际。把这样一些有用的先验信息引入统计推断中来只会有好处。当然误用主观概率与先验分布的可能性是存在的。贝叶斯学派认为经典学派有关总体分布的选择也是经常主观的，其对答案产生的影响要比先验分布选择所产生的影响来得大。

由此可见，贝叶斯统计方法是以坚实的概率论为基础，为统计推断提供了一套原则和灵活的方法。该体系明确告诉我们，该方法要求明确的先验知识、已有数据和假设；任何模型包括序列模型必须有概率意义，必须用定量方法描述数据的变异和噪音，否则无法对模型进行严格的科学描述，无法确定模型是否与数据相吻合，最终也无法对模型和假设进行比较，无法对问题给出一个明确和唯一的解。

2. 贝叶斯公式推导　对于两个独立事件，它们的联合概率为

$$P(A, B) = P(A|B) P(B) = P(B|A) P(A) \tag{14.1}$$

式中，$P(A|B)$ 为条件概率，即事件 B 发生的情况下事件 A 发生的概率，反之其概率为 $P(B|A)$。条件概率 $P(B|A)$ 可以进一步写成：

$$P(B|A) = \frac{P(A|B) P(B)}{P(A)} \tag{14.2}$$

事件 A 发生的概率 $P(A) = P(A|B) P(B) + P(A|\bar{B}) P(A|\bar{B})$。$P(A|\bar{B})$ 是事件 B 不发生情况下事件 A 发生的概率。

如果上式 $A = D$（data），$B = M$（model），则贝叶斯公式：

$$P(M|D) = \frac{P(D|M) P(M)}{P(D)} \tag{14.3}$$

式中，$P(M|D)$ 为后验概率（posterior）；$P(D|M)$ 为似然概率（data likelihood）；$P(M)$ 为先验概率（prior）；$P(D)$ 为事实概率（evidence probability），即证据因子，在所有可能性下 D 出现的概率。

在进行贝叶斯统计时，需要利用一个真实数据集作为训练数据集来估计概率模型的参数，然后用于统计推断。

下文以一个古老赌博游戏为例，说明贝叶斯统计推断方法（Eddy，2004a）。Alice 和 Bob 在赌场玩一种古老赌博游戏。他们在一个有 8 个分隔的桌子上掷骰子，每轮比赛，第一次随机掷出骰子落入的分隔作为靶标，第二次再随机掷骰子，如果骰子落在靶标分隔内 Bob 得 1 分，落到其他位置 Alice 得 1 分。谁先得到 6 分谁获胜。一次游戏中，Alice 已经以 5 比 3 领先于 Bob，问：Alice 最后赢得 Bob 的比率或概率有多大？这是一个科学推断的有趣问

题，它在 13 世纪首先被提出，但答案千差万别（如 2 : 1 和 3 : 1）。16 世纪中叶，法国数学家帕斯卡（Blaise Pascal）给出了 7 : 1 的答案，这被认为是概率论的起源。帕斯卡计算的依据是在 8 个分隔中，骰子随机落在其中一个分隔的概率是 1/8，即 Bob 获胜的概率是 1/8，所以他输给 Alice 的比率是 7 : 1。当然，还可以用最大似然估计（maximum likelihood estimation）进行估计［即估计 $P(D|M)$］：Bob 在前面 8 轮游戏中获胜 3 次（得到 3 分），获胜概率为 3/8，那么接下去他连续再赢 3 次得到累计 6 分的概率为 $(3/8)^3 = 27/512$，也就是 Alice 获胜的概率为 485/512，即两人获胜比率为 18 : 1。那么贝叶斯会给出怎样的推测？贝叶斯以后验概率即 $P(M|D)$ 作为推断的依据。那么如何获得 $P(M|D)$？

假设 Alice 赢的概率是 p，Bob 赢的概率是 $1-p$，因为 Alice 只需要再赢一次即可赢得比赛，Bob 要赢得比赛，他需要接下来连赢三局，这个概率是 $(1-p)^3$，对于任何其他结果，都将是 Alice 赢，所以 Alice 最终赢得比赛的概率是 $1-(1-p)^3$。我们知道 Bob 要赢得比赛的期望概率 E，对于所有可能的 p 值（$p \in [0, 1]$），应该是 $(1-p)^3$ 的加权平均，其中 $(1-p)^3$ 为给定特定 p 情况下 Bob 赢的概率。$P(p|A=5, B=3)$，为在 Alice 以 5 : 3 领先 Bob 的情况下，对于特定的 p 的概率：

$$E(\text{Bob wins}) = \int_0^1 (1-p)^3 P(p \mid A=5, B=3) \, \mathrm{d}p \tag{14.4}$$

根据贝叶斯公式：

$$P(D|M) = \frac{P(M|D) \; P(D)}{P(M)} = \frac{P(M|D) \; P(D)}{\sum_{D'} P(M|D') \; P(D')} \tag{14.5}$$

可以得到：

$$P(p \mid A=5, B=3) = \frac{P(A=5, B=3 \mid p) \; P(p)}{\int_0^1 P(A=5, B=3 \mid p) \; P(p) \, \mathrm{d}p} \tag{14.6}$$

式中，$P(A=5, B=3|p) = C_8^5 p^5 (1-p)^3$，$P(p)$ 是已知的先验概率，在此服从均匀分布，是个常量。对于定积分的计算与代数整理，我们可以得到：

$$E(\text{Bob wins}) = \int_0^1 (1-p)^3 P(p \mid A=5, B=3) \, \mathrm{d}p$$

$$= \int_0^1 (1-p)^3 \frac{p^5(1-p)^3}{\int_0^1 p^5(1-p)^3 \mathrm{d}p} \mathrm{d}p = \frac{\int_0^1 p^5(1-p)^6 \mathrm{d}p}{\int_0^1 p^5(1-p)^3 \mathrm{d}p} \tag{14.7}$$

上式的分子与分母其实都是 Beta 函数，由 Beta 函数与 Gamma 函数关系：

$B(m, n) = \int_0^1 p^{m-1}(1-p)^{n-1}\mathrm{d}p = \dfrac{T(m) \; T(n)}{T(m+n)}$ 和 $T(n+1) = n!$ 可得

$$E(\text{Bob wins}) = \frac{\dfrac{T(7) \; T(6)}{T(7+6)}}{\dfrac{T(6) \; T(4)}{T(6+4)}} = \frac{\dfrac{6!5!}{12!}}{\dfrac{5!3!}{9!}} = \frac{1}{11} \tag{14.8}$$

即 Alice 最后取胜的概率为 10/11，或两者获胜的比率为 10 : 1。这是基于贝叶斯统计给出的推断。

由此可见，经典统计认为 Alice 赢 Bob 的比率为 7 : 1，其前提是 Alice 与 Bob 玩的游戏桌是一个理想机，没有任何机械瑕疵或其他任何因素影响游戏过程。假设他们换一台游

戏桌，是否会跟前一台完全一样？这就像我们的硬币旋转游戏，在理想状态下，硬币出现正面和反面的概率是一样的，各 0.5。但是，如果随机挑选 100 个硬币来进行游戏，是否每个硬币都会出现正反面各 0.5 的概率？一定不会。例如，某一枚硬币其中一面出现破损，就会影响其出现正反面的概率。由此，贝叶斯统计认为，硬币出现正反面的概率是一个变量，不同的硬币会有所不同。为了准确估计某一枚硬币出现正反面的概率，贝叶斯统计认为最合理的做法是先进行一定的测试或试玩，获得其先验概率，然后基于先验概率再进行概率估计。这的确有其合理性。回到 Alice 与 Bob 的游戏。他们在目前的游戏桌上玩出了 5 比 3 的结果，就是说 Alice 获得了 5/8 的胜率，这明显低于 7/8 的游戏（桌）期望概率（基于经典统计），这说明一定有什么因素影响了他们的游戏过程。因此，这个 5 比 3 的结果应该在概率估计中予以考虑（作为先验概率），这样会更加准确估计出基于目前游戏桌 Alice 最后获胜的概率。

二、贝叶斯统计与生物信息学

贝叶斯统计在生物信息学领域应用非常广泛，是生物信息学分析中的重要方法之一。几个原因决定了贝叶斯统计在生物信息学领域的重要地位。

1）生物信息学面对的是大量生物学序列数据，这些数据相应的机制或理论很不完善，具有高度不确定性，且大量冗余，而生物信息学家需要对这些数据进行归纳和推断，即在存在不确定性的情况下进行推理。度量不确定性正是贝叶斯统计的优势，它是进行这类推理的有效方法。贝叶斯统计使用概率论的语言来描述不确定性，并进行不确定性推理。

2）生物序列数据建模大多基于概率模型。已有信息或知识（先验知识或约束条件）对建模和基于模型进行统计推断具有重要作用，可以明显提高推断的准确性。贝叶斯统计推断首先利用所有背景信息和数据构建模型，然后使用概率论的语言赋予模型一个先验概率，通过概率计算，基于已有数据估计模型的后验概率或置信度，得到唯一的解，然后进行推断。贝叶斯统计方法的上述特征符合大规模生物序列数据要求。

3）贝叶斯统计经过 20 世纪无数研究者的努力，其理论方法体系已日臻完善，而计算机技术的发展，使我们处理复杂模型的计算能力极大提高，通过机器学习方法可以对复杂模型参数等进行有效求解，包括含有几千个参数的模型和大量噪音的序列数据。

由此可见，生物学领域存在大量基于观察数据进行推断的问题，而这些推断往往需要一个概率统计模型在参数不确定或数据缺失的情况下进行。这使贝叶斯统计在生物信息学领域的应用日益普遍。贝叶斯统计最早在生物信息学领域的应用集中在序列联配、进化和模式识别（如基因和剪接位点预测）等方面，相关具体应用已有大量论述（Durbin et al., 1998; Baldi and Bruak, 2003; Mount, 2004）。

需要注意的一个事实是生物序列的复杂性和非典型性，由此造成了统计方法对研究生物学数据的局限性。根据香农定理，生物序列在自然界中经历了几十亿年的突变和选择，从自然界中抽提出来的生物学符号序列不是随机序列，而是属于同等长度或更长的序列集合中的非典型序列子集，对它们几乎要一条一条地具体研究（郝柏林，2015）。这也说明了统计方法对研究生物学数据的局限性。各种数据挖掘、关联分析和统计预测等，使用得当可以提供一些有益信息，但是很难达到较高的精度，更难深入生物过程的本质，即所谓"序列分析的 70% 路障"。其实，问题不在于方法论或数据量，而在于生物现象的特殊和非典型性。因此，对于生物信息的分析，除了统计方法，还必须借助其他离散数学方法，如图论、组合学等。

三、图论与概率图模型

1. 图论及其基本概念　　图论（graph theory）是以"图"为研究对象的一个数学分支，是组合数学和离散数学的重要组成部分。图是对对象之间的成对关系建模的数学结构，由"顶点"（又称"节点"）及连接这些顶点的"边"（又称"线"）组成。图的顶点集合不能为空，但边的集合可以为空。图可能是无向的，这意味着图中的边在连接顶点时无须区分方向；否则，该图为有向图。

说到图论，就不得不先说大数学家欧拉（Leonhard Euler，1707～1783）和哥尼斯堡的七桥问题。有条河穿过哥尼斯堡（Konigsberg，现俄罗斯加里宁格勒市），形成两个大岛，市内建有7座桥连接这些岛（图14.2 A）。哥尼斯堡的市民始终在想一个问题：是否可能从一个地点出发，经过7座桥且每座桥只过一次，然后回到出发地？ 1735年，欧拉给出了答案：不可能。欧拉把这个问题抽象成一个由点和线构成的图问题（图14.2 B）：可能的4个出发地为4个点（a～d），7座桥为7条线，这样市民的问题变成从任何一个点出发，经过7条线且仅路过一次，再回到原点。由于该图不存在欧拉回路（Eulerian circuit），所以不可能找到这样一条路径满足上述要求。欧拉对这个问题的抽象及其解决算法被认为是图论学科的起始。

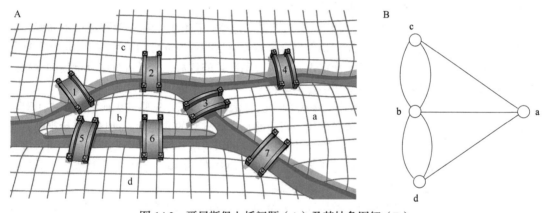

图14.2　哥尼斯堡七桥问题（A）及其抽象图解（B）

（1）图的基本术语及最短路径问题　　图论中涉及的图由顶点（vertex）、边（edge）和关联函数（incident function）组成。关联函数是指使一张图中每条边对应于顶点的规则；顶点的度（degree）是指作为边的端点的个数或连接该顶点边的条数；边分为有向边和无向边，边的权重（weight）指边的长度。

路径（walk）是指一张图的一部分，顶点和边交替连接。途径允许重复经历点和边。同一图中各边互不相同的途径称为迹（trail），起点和终点相同的迹称为回（circuit）或回路；同一图中各顶点互不相同的途径称为路（path），起点和终点相同的路称为圈（cycle）。连通图（connected graph）是指同一图中任何两个顶点都是连通的（图14.3）。

如果图的边设有权重，那么对于任何连接两个顶点之间的边，其权重合计最小的路径称为这两个顶点间的最短路径。许多具体问题都可以转化为寻找最短路径问题，如两条序列联配寻找最优联配问题。如何确定图中最短路径？荷兰计算机科学家Dijkstra（1959）提出了一个寻找连通图最短路径的有效算法（1972年获得图灵奖），该算法类似动态规划算法，这里不再赘述。

（2）欧拉图与汉密尔顿图

欧拉图（Euler graph）是指含有欧拉回路的连通图。半欧拉图是指含有欧拉通路的连通图。

图 14.3 为半欧拉图，其中 "bacbdcedfe" 就是一个欧拉通路。经过图中所有边的迹称为欧拉迹，欧拉回路就是起点和终点为同一顶点的欧拉迹。图 14.3 如果存在 be 边，它就是欧拉图。判断一个连通图是否为欧拉图，可以根据其每个顶点的度是否都是偶数来判断，欧拉图顶点的特征就是具有偶数度。对于一个欧拉图，找到其欧拉回路并非易事。Flewry 于 1921 年提出了一个在欧拉图中寻找欧拉回路的算法。同时，也有一些方法可以计算一个欧拉图中不同欧拉回路的数量。

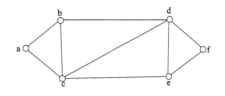

图 14.3　一个具有 6 个顶点的连通图

汉密尔顿图（Hamilton graph）是指含有汉密尔顿圈的图。汉密尔顿圈指经过图中所有顶点且起点和终点为同一顶点的圈，如图 14.3 中 "abdfeca" 就是一个汉密尔顿圈。汉密尔顿路径是指经过图中所有顶点的路径。判断一个图是否为汉密尔顿图是一个 NP（非确定多项式）-完全问题；同样，在一个图中寻找汉密尔顿路径也不容易，没有有效算法解决。

2. 概率图模型　概率图模型（probabilistic graphical model，PGM）是一类用图形模式表达基于概率相关关系的模型总称。概率图模型结合概率论与图论的知识，利用图来表示与模型有关的变量的联合概率分布。基本的概率图模型包括贝叶斯网络、马尔可夫网络等。传统的神经网络就是一个贝叶斯网。概率图模型有很多良好性质，如提供了一种简单的可视化概率模型的方法，有利于设计和开发新模型；用于表示复杂的推理和学习运算，可以简化数学表达等。近 10 年概率图模型已成为不确定性推理的研究热点，在机器学习、人工智能和图像识别等领域有广阔的应用前景。

概率图模型可以大致分为两个类别，分别以贝叶斯网络（Bayesian network）和马尔可夫网络（Markov network）为代表。它们的主要区别在于采用不同类型的图来表达变量之间的关系：贝叶斯网络采用有向无环图（directed acyclic graph）来表达因果关系；马尔可夫网络则采用无向图（undirected graph）来表达变量间的相互作用。这种结构上的区别导致了它们在建模和推断方面的一系列微妙的差异。一般来说，贝叶斯网络中每一个节点都对应于一个先验概率分布或者条件概率分布，因此整体的联合分布可以直接分解为所有单个节点所对应分布的乘积。而对于马尔可夫网络，由于变量之间没有明确的因果关系，它的联合概率分布通常会表达为一系列势函数（potential function）的乘积。通常情况下，这些乘积的积分并不等于 1，因此，还要对其进行归一化才能形成一个有效的概率分布，这一点往往在实际应用中给参数估计造成非常大的困难。

说起概率图模型，就必然要提及美国计算机科学家朱迪亚·珀尔（Judea Pearl）。早期的主流人工智能研究，其专注于以逻辑为基础来进行形式化和推理，但这样很难定量地对不确定性事件进行表达和处理。珀尔在 20 世纪 70 年代将概率方法引入人工智能，开创了贝叶斯网络的研究，提出了信念传播算法，催生了概率图模型这一大类技术。他还以贝叶斯网络为工具，开创了因果推理方面的研究。由于对人工智能中概率与因果推理的重大贡献，他获得 2011 年图灵奖。

第二节　概率图模型

一、隐马尔可夫模型

1. 马尔可夫模型和隐马尔可夫模型

（1）马尔可夫模型　　马尔可夫模型也称为马尔可夫过程或马尔可夫链（Markov chain），

是俄罗斯数学家 Markov 研究俄罗斯文学家普希金的作品《奥涅金》不同音的出现规律时，于 1907 年提出的一个数学模型，它是研究随机过程中统计特征的一种概论模型。

假设存在一个随机变量序列（通常与时间有关），满足这样的条件：每个随机变量之间并非相互独立，并且每个随机变量只依赖序列中前面的随机变量。在很多类似的系统中，可以做出这样的假设：我们可以基于现在的状态预测将来的状态而不需要考虑过去的状态。也就是说，

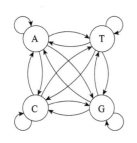

图 14.4　DNA 序列马尔可夫模型

序列中将来的随机变量与过去的随机变量无关，它有条件地依赖于当前的随机变量，这样的随机变量序列通常称为一个马尔可夫链，或者说这个序列具有马尔可夫性质。其中所谓与过去状态无关，指的是先要由"过去"推导出"现状"，由"现在"才能直接推导出"将来"。

马尔可夫模型由一个个状态（所谓"态"）构成，态之间的转换是以一定概率发生的。也就是说，"将来"与"现在"是通过一个概率去联系，同样"现在"与"过去"也是通过一个概率去联系，这样的概率称为转移概率。对于一条 DNA 序列，我们可以构建一个简单的马尔可夫模型（图 14.4）。该模型中只有 4 个"态"：A、T、G、C。对于一条 DNA 序列，它们之间以一定的概率转换。例如，以下 DNA 序列：

CTTCATGTGAAAGCAGACGTAAGTCA

从 A 态向其他态（碱基）转移的次数如下：A→T，1 次；A→G，3 次；A→C，1 次；在原状态转移（即 A→A），3 次。

同样可以统计出其他碱基（态）之间的转换次数及其频率。

一个略为复杂的例子：为了建立识别一个基因内 5′ 端外显子和内含子间剪接位点的方法，我们可以构建这样一个马尔可夫模型，如图 14.5 所示。

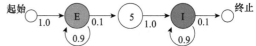

图 14.5　外显子（E）与内含子（I）剪接位点（5′ 端）马尔可夫模型（引自 Eddy，2004b）

图中数字表示转移概率

该模型除了起始和终止点，只有三个态：外显子、内含子和它们之间的 5′ 端剪接位点。三个态之间的转换概率已在图中标出。

基于马尔可夫概率模型，我们可以把任何一条长度为 L 的序列概率描述为

$$P(x) = P(x_L, x_{L-1}, \cdots, x_1)$$
$$= P(x_L | x_{L-1}, \cdots, x_1) P(x_{L-1} | x_{L-2}, \cdots, x_1) \cdots P(x_1) \tag{14.9}$$

如果我们限定任何位点 i 碱基出现仅与其前一个碱基有关，即

$$P(x_i | x_{i-1}, \cdots, x_1) = P(x_i | x_{i-1}) \tag{14.10}$$

则式（14.9）中的 $P(x) = P(x_L | x_{L-1}) P(x_{L-1} | x_{L-2}) \cdots P(x_2 | x_1) P(x_1)$。

（2）隐马尔可夫模型　作为马尔可夫模型的拓展和应用最为广泛的模型，隐马尔可夫模型（hidden Markov model，HMM）是 20 世纪 60 年代由鲍姆（Leonard E. Baum）等发展起来的。HMM 被广泛应用到多个领域，如 70 年代被应用到语音识别；80 年代首次被用于序列联配（Bishop and Thompson，1986），而后在生物信息学领域被广泛应用，如在基因预测、功能域分析等方面，特别是在基因组序列预测编码基因方面取得了巨大成功，成为目前主流的方法。

HMM 是一种用参数表示的用于描述随机过程统计特性的概率模型，是一个双重随机过

程，由两部分组成：马尔可夫链和一般随机过程。其中马尔可夫链用来描述状态的转换，用转移概率描述；一般随机过程用来描述状态与观察序列间的关系，用观察值概率描述。

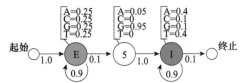

图 14.6　外显子与内含子剪接位点（5′ 端）
HMM 模型（引自 Eddy, 2004b）

仍以上述 5′ 端外显子和内含子间剪接位点识别问题为例。其隐马尔可夫模型如图 14.6 所示。图 14.6 中每个"态"的实际观察值有可能是 A、T、G、C 中的任何一个，其观察值（碱基种类）有一个概率分布（根据训练数据集可获得），同时，三个态的碱基概率分布并不一样。很明显，5′ 端剪接位点上的碱基分布最多的是 G，也会出现 A，但 C、T 不会出现。

因此，对于 DNA 序列，基于 HMM 的解释是：DNA 序列任何一个位点的碱基是由一个 A、T、G、C 四面体骰子随机产生的，每个位点都有一个自己的骰子，每个骰子产生的 A、T、G、C 概率不同。同时，DNA 序列特定位点出现什么样的骰子符合马尔可夫模型特征，即它仅与序列中上一个位点的骰子有关。由于基因组序列虽然有其内在规律（如包含基因等），但总体上，序列的组成和分布具有很多随机性，也就是说基因的信号是很弱的，这种随机特征使 HMM 能够很好地解释 DNA 序列。

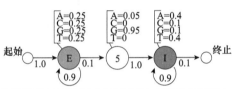

序列：C T T C A T G T G A A A G C A G A C G T A A G T C A
状态路径：E E E E E E E E E E E E E E E E E 5 I I I I I I I

图 14.7　图 14.6 中 HMM 模型的一条马尔可夫"态"链（即一种剪接方式）

隐马尔可夫模型中的"隐"中什么意思？如上所述，对于 HMM 模型，其状态转换过程是未知、不可观察的，我们能看到的就是以一定概率产生的特定观察值（对于 DNA 序列就是具体碱基），因此，称为隐马尔可夫模型。例如，上述 5′ 端外显子和内含子间剪接位点识别问题，对于某一条序列（如图 14.6 序列），其是否有真实剪接位点是看不到的，我们能看到的是其序列中有

14 个位点包含 G 或 A，这 14 个位点都有可能是剪接位点，其中一个可能是真实的（图 14.7）。问题是如何判断这 14 个位点中哪个位点是真实的？或某一位点是真实剪接位点的概率是多少？具体详见下节说明。

初阶（first order）（或称为 0 阶）离散 HMM 是一种时间序列随机通用模型，由有限的状态集 S、离散字符表 A、转换（transition）概率矩阵 $T = (t_{ji})$ 和散发（emission）概率矩阵 $E = (e_{ix})$ 定义。字符散发，指系统由一种状态随机地向另一种状态进化。假设系统处于状态 i，它存在 t_{ji} 的概率转变为状态 j，而字符 x 散发的概率为 e_{ix}。因此，对于 HMM 来说，系统的每一个状态只与两个不同的骰子（dice）节点有关：散发节点和转换节点。0 阶马尔可夫链假设散发和转换仅由现状态决定，而与过去的状态无关。而字符的散发只有模型系统本身可以识别，即所谓"隐藏"（hidden）。如果假设当前状态与前面若干状态有关，这样就构成高阶马尔可夫模型。在不援引任何生物学机制的情况下，k 阶马尔可夫链假定在序列中某一位置上碱基的存在，只取决于前面 k 个位置上的碱基（图 14.8）：

$$P(x_i | x_1, x_2, \cdots, x_{i-1}) = P(x_i | x_{i-k}, x_{i-(k-1)}, \cdots, x_{i-1}) \tag{14.11}$$

即第 i 位点特定碱基出现的概率，取决于前面 k 个位置上的碱基构成。

1 阶链假定一个特定碱基存于位置 i 的概率只取决于在位置 $i-1$ 的 4 种碱基概率。相互独立的碱基所组成的序列将与 0 阶马尔可夫链相对应。阶可以通过似然法估计。在实际基因

序列：CTTCATGTGAAAGCAGAC**G**TAAGTCA

图 14.8　生物序列的 k 阶马尔可夫模型

预测应用中，会使用高阶 HMM 模型，如 5 阶 HMM（图 14.8）。

2. 隐马尔可夫模型的问题与算法　隐马尔可夫模型在实际应用中会涉及三个基本问题：评估问题（evaluation）、解码问题（decoding）和学习问题（learning）。①评估问题是已知观察序列 O 和模型 λ，如何计算由此模型产生此观察序列的概率 $P(O|\lambda)$？②解码问题是已知观察序列 O 和模型 λ，如何确定一个合理的状态序列，使之能最佳地产生 O，即如何选择最佳的状态序列？它是对观察值的最佳解释，揭示的是隐藏的马尔可夫模型的态序列。③学习问题是如何根据观察序列不断修正模型参数，使 $P(O|\lambda)$ 最大。

针对上述 HMM 的三个主要问题，已提出了相应的算法来解决这三个问题：评估问题——向前 - 向后（forward-backward）算法；解码问题——Viterbi 动态规划算法；学习问题——Baum-Welch 算法（最大期望算法）。针对生物序列，我们往往会碰到大量评估问题和解码问题，如找基因和功能域分析等。

（1）解码问题　结合找基因问题，具体介绍其中一个算法（Viterbi 算法）。

在给定的一条基因组序列中，根据基因信号（如编码起始和终止密码子；外显子和内含子剪接信号等），有许多编码基因的可能性，我们如何确定最有可能的基因结构呢？下文还是用上述 5′ 端外显子和内含子间剪接位点查找的例子（图 14.9），简单说明最后确定基因的基本过程。

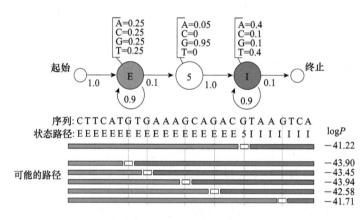

图 14.9　根据给定序列和马尔可夫链状态路径预测基因结构

对于给定序列，其序列内部有 14 个位点中包含 G 或 A，表明 14 个位点都有可能是剪接位点。对于每种可能位点，分别对应一条马尔可夫链状态路径（state path）。基于它们的转移概率和各个态的观察值概率，可以分别计算每条路径的发生概率：

$$P(S, \pi|\text{HMM}, \theta)$$

即具有参数 θ 的 HMM 模型，依据路径产生的观察值为序列 S 的概率：

x	C	T	T	C	A	T	G	T	G	A	A	A	G	C	A	G	A	C	G	T	A	A	G	T	C	A
π	E	E	E	E	E	E	E	E	E	E	E	E	E	E	E	E	E	E	5	I	I	I	I	I	I	I
$P(x_i\|\pi)$	$\frac{1}{4}$	$\frac{1}{4}$	$\frac{1}{4}$	$\frac{1}{4}$	$\frac{1}{4}$	$\frac{1}{4}$	$\frac{1}{4}$	$\frac{1}{4}$	$\frac{1}{4}$	$\frac{1}{4}$	$\frac{1}{4}$	$\frac{1}{4}$	$\frac{1}{4}$	$\frac{1}{4}$	$\frac{1}{4}$	$\frac{1}{4}$	$\frac{1}{4}$	$\frac{1}{4}$	$\frac{95}{100}$	$\frac{2}{5}$	$\frac{2}{5}$	$\frac{2}{5}$	$\frac{1}{10}$	$\frac{2}{5}$	$\frac{1}{10}$	$\frac{2}{5}$
$P(x_{i-1}\|\pi_i)$	1	$\frac{9}{10}$	$\frac{9}{10}$	$\frac{9}{10}$	$\frac{9}{10}$	$\frac{9}{10}$	$\frac{9}{10}$	$\frac{9}{10}$	$\frac{9}{10}$	$\frac{9}{10}$	$\frac{9}{10}$	$\frac{9}{10}$	$\frac{9}{10}$	$\frac{9}{10}$	$\frac{9}{10}$	$\frac{9}{10}$	$\frac{9}{10}$	$\frac{9}{10}$	$\frac{1}{10}$	$\frac{9}{10}$	$\frac{9}{10}$	$\frac{9}{10}$	$\frac{9}{10}$	$\frac{9}{10}$	$\frac{9}{10}$	$\frac{9}{10}$

$$P(x|\pi) = P(\pi_0 \rightarrow \pi_1) \cdot \prod_{i=1}^{n} P(x_i|\pi_i)\ P(\pi_i \rightarrow \pi_{i+1}) \tag{14.12}$$

对于第一个路径（图 14.9 最上方）：

$$P(x|\pi) = \left(1 \times \frac{1}{4}\right)\left(\frac{1}{4} \times \frac{9}{10}\right)^{17}\left(\frac{1}{10} \times \frac{95}{100}\right)\left(\frac{2}{5} \times \frac{9}{10}\right)^{4}\left(\frac{1}{10} \times \frac{9}{10}\right)^{2}\left(1 \times \frac{2}{5}\right) \times \frac{1}{10} = 1.25\,\text{E-18}$$

$\log P = -41.22$（以 e 为底，即 $\ln P$）。

最下面的一条路径：

$$P(x|\pi) = \left(1 \times \frac{1}{4}\right)\left(\frac{1}{4} \times \frac{9}{10}\right)^{21}\left(\frac{1}{10} \times \frac{95}{100}\right)\left(\frac{2}{5} \times \frac{9}{10}\right)\left(\frac{1}{10} \times \frac{9}{10}\right)\left(1 \times \frac{2}{5}\right) \times \frac{1}{10} = 7.66\,\text{E-19}$$

$\log P = -41.71$（以 e 为底，即 $\ln P$）。

如此可以计算获得所有 14 个可能路径的发生概率（表 14.1）。

表 14.1 外显子与内含子剪接位点识别隐马尔可夫模型（图 14.9）中
各个可能路径（剪接方式）的联合概率和后验概率

可能路径 / 剪接方式	剪接位点 （位置 / 碱基）	发生概率（P）	$\log P$	后验概率 /%
1	19G	1.25E-18	−41.22	46.20
2	23G	7.66E-19	−41.71	28.20
3	16G	3.21E-19	−42.58	11.83
4	9G	1.35E-19	−43.45	4.96
5	7G	8.62E-20	−43.90	3.17
6	13G	8.22E-20	−43.94	3.03
7	5A	2.9E-21	−47.29	0.11
8	10A	4.43E-21	−46.87	0.16
9	11A	2.77E-21	−47.34	0.10
10	12A	1.73E-21	−47.81	0.06
11	15A	6.76E-21	−46.44	0.25
12	17A	1.06E-20	−46.00	0.59
13	21A	2.58E-20	−45.10	0.95
14	22A	1.61E-20	−45.57	0.59
合计		2.72E-18		100.00

在实际应用中，有非常多的可能路径可以产生观察序列，这样往往需要一个动态规划算法——维特比算法（Viterbi algorithm）来获得最有可能的路径，即在给定的序列和 HMM 模型下给出 P 值最高的路径。1967 年，安德鲁·维特比（Andrew Viterbi）提出了维特比算法以解决解码问题。维特比算法可以概括为以下三点。

1）如果概率最大的路径经过网络的某点，则从开始点到该点的子路径也一定是从开始到该点路径中概率最大的。

2）假定第 i 时刻有 k 个状态，从开始到 i 时刻的 k 个状态有 k 条最短路径，而最终的最短路径必然经过其中的一条。

3）根据上述性质，在计算第 $i+1$ 状态的最短路径时，只需要考虑从开始到当前的 k 个状态值的最短路径和当前状态值到第 $i+1$ 状态值的最短路径即可，如求 $t=3$ 时的最短路径，等于求 $t=2$ 时的所有状态结点 X_i 的最短路径加上 $t=2$ 到 $t=3$ 的各节点的最短路径。

根据以上定义，该算法假设给定 HMM 状态空间 S，初始状态 i 的概率为 π_i，从状态 i 到状态 j 的转移概率为 $a_{i,j}$。令观察到的输出为 $y_1, \cdots, y_T$。产生观察结果的最有可能的状态序列 $x_1, \cdots, x_T$。由递推关系给出：

$$v_{1,k}=P(y_1|k)\cdot\pi_k \tag{14.13}$$

$$v_{t,k}=P(y_t|k)\cdot\max_{x\in s}(a_{x,k}\cdot v_{t-1,x}) \tag{14.14}$$

$v_{t,k}$ 是前 t 个最终状态为 k 的观测结果最有可能对应的状态序列的概率。通过保存向后指针记住在第二个等式中用到的状态 x，从而可以获得维特比路径。声明一个函数 $\text{Ptr}(k, t)$，它返回若 $t>1$ 时计算 $v_{t,k}$ 用到的 x 值或若 $t=1$ 时的 k。这样：

$$x_{t-1}=\text{Ptr}(x_t, t) \tag{14.15}$$

$$x_T=\text{argmax}_{x\in s}(v_{T,x}) \tag{14.16}$$

利用图 14.10 的例子。假设以碱基 "G" 为断裂点，则断裂点可能在 7、9、13、16、19 和 23 号位置。计算至第 23 位时所有路径的概率。例如，以位点 6 为断裂点的路径抵达位点 23 处的概率为

$$P(x|\pi)=\left(1\times\frac{1}{4}\right)\left(\frac{1}{4}\times\frac{9}{10}\right)^5\left(\frac{1}{10}\times\frac{95}{100}\right)\left(\frac{2}{5}\times\frac{9}{10}\right)^8\left(\frac{1}{10}\times\frac{9}{10}\right)^7\left(1\times\frac{2}{5}\right)=7.39E\text{-}17$$

$\log P=-37.14$。

以位点 19 为断裂点的路径至位点 23 处的概率为 1.07E-15，以位点 23 为断裂点的路径至位点 23 处的概率为 5.9E-16。比较取值大者，即取第 19 位为断裂点的路径为预测结果。

（2）学习问题　　HMM 学习问题涉及 Baum-Welch 算法。对于 HMM 学习问题，枚举法显然是行不通的。因为不可控的元素太多了，不可能像评估问题或解码问题那样得到一个唯一解。不同的初始值和不同的初始矩阵会得到不同的结果，学习类问题通常是这样。同时对于 HMM 学习问题，通常需要观察链比较长（即需要输入更多信息）。目前有一种专门的算法来处理这个问题，即 Baum-Welch 算法。该算法是在有缺失值存在的情况下，估算概率模型参数（或参数集）的方法。它是一种迭代算法，是 EM 算法在解决 HMM 学习问题时的一个特例。

基于上述 EM 算法（详见本章第三节），Baum-Welch 算法缺失的数据是路径 π，所以它求解的是

$$Q(\theta|\theta^t)=\sum_\pi P(\pi|x, \theta^t)\log P(x, \pi|\theta) \tag{14.17}$$

在 HMM 模型中，对于一条给定的路径，模型中的参数，如转移概率 a_{ij}、观察值或发射概率 $e_i(b)$ 等都会在计算 $\log P(x, \pi|\theta)$ 的式子中出现多次。假设 a_{ij} 出现的次数为 A_{ij}，而 $e_i(b)$ 出现的次数为 $E_i(b)$，对于路径 π，则有

$$P(x, \pi|\theta)=\prod_{i=0}^M\prod_{j=0}^M a_{ij}^{A_{ij}(\pi)}\prod_{i=0}^M\prod_b[e_i(b)]^{E_i(b, \pi)} \tag{14.18}$$

则有

$$Q(\theta|\theta^t)=\sum_\pi P(\pi|x, \theta^t)\times\left[\sum_{i=0}^M\sum_{j=1}^M A_{ij}(\pi)\log a_{ij}+\sum_{i=1}^M\sum_b E_i(b, \pi)\log e_i(b)\right] \tag{14.19}$$

由此可以得到：

$$Q(\theta|\theta^t)=\sum_{i=0}^M\sum_{j=1}^M A_{ij}\log a_{ij}+\sum_{i=1}^M\sum_b E_i(b)\log e_i(b) \tag{14.20}$$

其中，$A_{ij} = \sum_{\pi} P(\pi|x, \theta') \, A_{ij}(\pi)$，$E_i(b) = \sum_{\pi} P(\pi|x, \theta') \, E_i(b, \pi)$，确定 a_{ij} 及 $e_i(b)$ 的值，实现 $Q(\theta|\theta')$ 最大化。

令 $a_{ij}^0 = \dfrac{A_{ij}}{\sum_{j'} A_{ij'}}$，$e_i^0(b) = \dfrac{E_i(b)}{\sum_{b'} E_i(b')}$，此时对应的 $Q(\theta|\theta')$ 为其最大值。

需要注意的是：①Baum-Welch 算法通过多次迭代来估算 HMM 模型中的概率参数；②迭代的终止条件，可以是"归一化后的平均对数似然"的变化小于预先设定的阈值，或者迭代次数超出最大迭代次数，迭代终止；③Baum-Welch 算法的最终结果非常依赖初始值的设定。

3．利用贝叶斯统计进行推断　　如上所述，HMM 模型是目前基因组进行蛋白质编码基因预测的主要方法。HMM 模型往往与贝叶斯统计关系密切，在实际预测中，HMM 模型经常利用贝叶斯统计进行统计推断，即利用后验概率进行统计推断。

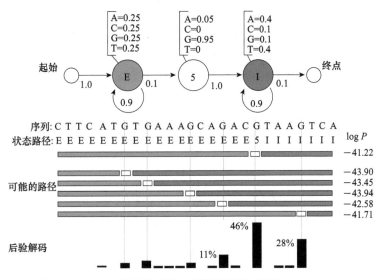

图 14.10　HMM 模型应用贝叶斯统计案例（引自 Eddy，2004b）

仍利用上述 5′ 端外显子与内含子剪接位点识别的例子。由于一些路径的发生概率很相近，如图 14.10 中两个 $\log P$ 分别为 -41.22 和 -41.71，相差不大，如何确定剪接位点到底发生在哪里呢？

此时我们需要结合后验概率来解决此问题。在本模型中，已知只有 A 或 G 位点可能发生可变剪接，我们知道一共只有 14 种可能性，根据前面的方法可以计算获得 14 种发生可变剪接路径的概率（表 14.1）。然后，用每一种可变剪接发生概率除以所有路径可能性概率之和，就是每一种可变剪接发生的可信度（在此处即后验解码概率），例如，此处所有可能性概率之和为

$$P = \sum_{i=1}^{14} P_i = 2.72\text{E-}18$$

式中，P_i 为第 i 种方案（路径）发生的概率。所以第 i 种方案的后验解码概率（PDP）为

$$\text{PDP}_i = \dfrac{P_i}{\sum_{i=1}^{14} P_i}，\quad \text{其中 } \text{PDP}_{19} = \dfrac{1.25\text{E-}18}{2.72\text{E-}18} = 46\%。$$

根据后验概率计算公式：

$$P(A|B) = \frac{P(B|A) \times P(A)}{P(B)}$$

（14.21）

式中，A 为第 i 种方案发生的概率；B 为剪接事件发生的概率。当第 i 种方案发生时，剪接事件一定发生，所以 $P(B|A)=1$，即 $PDP_i = P(A|B) = \frac{P(B|A) \times P(A)}{P(B)} = \frac{P_i}{\sum\limits_{i=1}^{14} P_i}$。

由此我们得到所有 14 个方案的后验概率（表 14.1）。可以推断，在所有 14 个可能剪接位点中，最大可能（46%）发生在该序列第 19 位 G 上（即第 1 种"态"路径）。

二、贝叶斯网络

1. 贝叶斯网络概述　作为一种概率图模型，贝叶斯网络（Bayesian network）可基于不完整或不确定的知识或信息推理，特别适用于描述和分析生物学数据和问题，包括基因调控网络。贝叶斯网络由两部分组成：①以随机变量为顶点的有向无环图（directed acyclic graph, DAG）；②以一组局部条件概率分布（conditional probability table）表示节点间的相关关系的强度。贝叶斯网络模型的基本假设是给定变量的父节点，其概率分布与其他非父节点无关。因此，所有变量的联合分布可以简化为 $P(X_1, \cdots, X_n) \prod\limits_{i=1}^{n} P(X_i | P_a(X_i))$，$P_a(X_i)$ 为变量的父节点。

一个包含 4 个变量或节点的贝叶斯网络及其条件概率如图 14.11 所示。

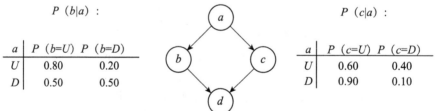

$$P(a): \frac{P(a=U)\quad P(a=D)}{0.70 \qquad 0.30}$$

$P(b|a):$

a	$P(b=U)$	$P(b=D)$
U	0.80	0.20
D	0.50	0.50

$P(c|a):$

a	$P(c=U)$	$P(c=D)$
U	0.60	0.40
D	0.90	0.10

$P(d|b,c):$

b	c	$P(d=U)$	$P(d=D)$
U	U	1.00	0.00
U	D	0.70	0.30
D	U	0.60	0.40
D	D	0.50	0.50

图 14.11　一个包括 4 个变量或节点（$a \sim d$）的贝叶斯网络（改自林标扬，2012）
U 和 D 表示两种不同的状态

给定条件概率表后就可以直接计算网络的联合概率分布，如：

$P\ (a=U,\ b=U,\ c=D,\ d=U)$

$=P\ (a=U)\ P\ (b=U|a=U)\ P\ (c=D|a=U)\ P\ (d=U|b=U,\ c=D)$

$=0.7\times0.8\times0.4\times0.7=0.16$

根据贝叶斯网络可以进行由原因到结果的推理，或从症状推测可能的原因。从知识表述的角度，贝叶斯网络提供了一种紧凑的知识表述方法。例如，要表示图 14.11 中所有可能的联合概率分布，需要 2^4 个列表；而在贝叶斯网络模型中，只需 9 个条件概率列表。随着网络规模的增大，这种存储效果更加明显。目前，贝叶斯网络已被广泛应用于基因调控网络的研究，其中的变量或节点通常表示基因。

2. 贝叶斯网络的学习　　贝叶斯网络的学习是指给定一个数据集 D 和某些特定的先验概率，学习最符合数据集的候选贝叶斯网络，主要包括以下两部分。

1）模型选择：从给定数据集 D 选择最可能的相关关系，即图 G。

2）参数拟合：给定数据集 D 和图 G，求和最可能的条件概率。

其中参数拟合相对比较简单，可以使用最大似然估计或最大期望算法求解。相反，模型选择则要困难很多，通常通过一个贝叶斯计分函数来评价模型 G 拟合数据集 D 的程度：

$$\text{BayesianScore}\ (G|D)=\log P\ (G|D)=\log P\ (D|G)+\log P\ (G)+c \qquad (14.22)$$

式中，$\log P\ (D|G)$ 表示边缘似然度，即对任一模型 G 假定数据集 D 在所有参数上等概率出现；$\log P\ (G)$ 表示模型 G 的先验概率，用来约束模型的复杂度，模型越复杂其出现的概率越小，从而可以防止过学习现象的发生；c 是一个与模型无关的常数。

搜索最佳模型是一个非常困难的 NP 完全问题，为了降低计分函数的计算复杂度，通常假定可以分解为单个节点 X_i 的记分之和。这样可以根据一条边的增加、删除等的影响来决定其可能的状态。实际的应用中还经常使用一些启发式的概率搜索策略，如爬山法、模拟退火算法、马尔可夫链蒙特卡罗方法等，进一步降低计算复杂度。此外，对每个节点根据其相关性限制父节点范围，从而减小搜索空间。

3. 贝叶斯分类器　　贝叶斯分类器是贝叶斯网络用于分类的一种方法，是贝叶斯网络的具体应用之一。利用贝叶斯分类器进行分类主要分为两步：第一步为贝叶斯网络分类器的学习，即从样本数据中构造分类器，包括结构学习和 CPT（compact prediction tree）学习；第二步是贝叶斯网络分类器的推理，即计算类结点的条件概率，对数据进行分类。这两步的时间复杂性均取决于特征值间的依赖程度，甚至可以是 NP 完全问题，因而在实际应用中，往往需要对贝叶斯网络分类器进行简化。根据对特征值间不同关联程度的假设，目前典型的贝叶斯分类器包括朴素贝叶斯（naive Bayes）、TAN、BAN、GBN 等。

朴素贝叶斯分类器是一系列以假设特征之间强（朴素）独立下运用贝叶斯定理为基础的简单概率分类器。朴素贝叶斯是一种构建分类器的简单方法。该分类器模型会给问题实例分配用特征值表示的类标签，类标签取自有限集合。它不是训练这种分类器的单一算法，而是一系列基于相同原理的算法：所有朴素贝叶斯分类器都假定样本每个特征与其他特征都不相关。尽管是带着这些朴素思想和过于简单化的假设，但朴素贝叶斯分类器在很多复杂的现实情形中仍能获取相当好的效果。朴素贝叶斯分类的正式定义如下。

1）设 $x=\{a_1,\ a_2,\ \cdots,\ a_m\}$ 为一个待分类项，而每个 a 为 x 的一个特征属性。

2）有类别集合 $C=\{y_1,\ y_2,\ \cdots,\ y_n\}$。

3）计算 $P\ (y_1|x)$，$P\ (y_2|x)$，$\cdots$，$P\ (y_n|x)$。

4）如果 $P\ (y_k|x)=\max\ \{P\ (y_1|x),\ P\ (y_2|x),\ \cdots,\ P\ (y_n|x)\}$，则 $x\in y_k$。

如果各个特征属性是条件独立的，则根据贝叶斯定理有如下推导：

$$P(x|y_i)\ P(y_i)\ =P(y_i)\prod_{j=1}^{m} P(a_j|y_i)\qquad(14.23)$$

整个朴素贝叶斯分类分为以下三个阶段。

1）准备工作阶段：这个阶段的任务是为朴素贝叶斯分类做必要的准备，主要工作是根据具体情况确定特征属性，并对每个特征属性进行适当划分，然后由人工对一部分待分类项进行分类，形成训练样本集合。这一阶段的输入是所有待分类数据，输出是特征属性和训练样本。这一阶段是整个朴素贝叶斯分类中唯一需要人工完成的阶段，其质量对整个过程将有重要影响，分类器的质量很大程度上由特征属性、特征属性划分及训练样本质量决定。

2）分类器训练阶段：这个阶段的任务就是生成分类器，主要工作是计算每个类别在训练样本中的出现频率及每个特征属性划分对每个类别的条件概率估计，并记录结果。其输入是特征属性和训练样本，输出是分类器。这一阶段是机械性阶段，根据前面讨论的公式可以由程序自动计算完成。

3）应用阶段：这个阶段的任务是使用分类器对待分类项进行分类，其输入是分类器和待分类项，输出是待分类项与类别的映射关系。这一阶段也是机械性阶段，由程序完成。

下文以原发灶不明肿瘤的组织起源判断为例，说明一个朴素贝叶斯分类应用实例：癌细胞除了分裂失控外，还会经由体内循环系统或淋巴系统转移到身体其他部位。对于转移及扩散的肿瘤，准确鉴定肿瘤的组织起源能更好地帮助医生进行诊疗。本书编者开发了一种基于朴素贝叶斯理论的多灶性肝胆胰癌症的组织起源诊断算法（TOD-Bayes）（图14.12）。简而言之，利用肿瘤基因组图谱（The Cancer Genome Atlas，TCGA）的基因表达数据作为训练数据，用于训练朴素贝叶斯分类器，从而对已知基因表达数据的癌症样品进行分类（Jiang et al.，2017）。TOD-Bayes算法分为以下几步：第一步，利用一致性聚类方法（consensus clustering）来区分肝胆胰肿瘤（肝细胞癌、胰腺癌和胆管癌）与其他类别的

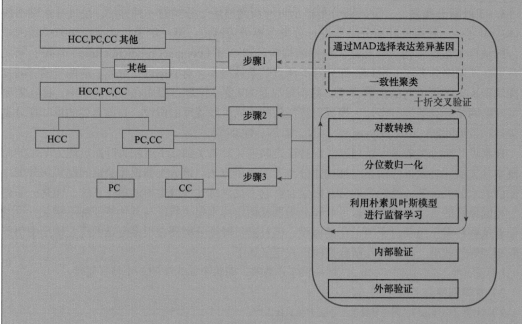

图14.12　利用朴素贝叶斯分类算法诊断多灶性肝胆胰肿瘤组织起源算法流程图（引自 Jiang et al.，2017）

HCC. 肝细胞癌；PC. 胰腺癌；CC. 胆管癌；MAD. 绝对中位差

肿瘤，如果一致性得分大于 90%，则将待分类样品归为肝胆胰癌症，否则归为其他类别；第二步，基于基因表达数据，利用朴素贝叶斯分类方法区分肝细胞癌和胰腺癌或胆管癌；第三步，进一步利用朴素贝叶斯分类方法区分胰腺癌和胆管癌。最终，通过十折交叉验证和外部数据验证，对该方法进行评估。结果表明，该方法可以准确鉴定不明原发灶肝胆胰肿瘤的组织起源，准确率高于 95%。

三、神经网络

1. 人工神经网络与深度学习　人工神经网络（artificial neural network，ANN），简称神经网络（neural network，NN），是机器学习和认知科学领域中一种模仿生物神经网络的结构和功能的数学模型或者计算模型，用于对函数进行估计和近似。神经网络与人工智能、机器学习和深度学习均具有密切关系或包含关系（图 14.13）。

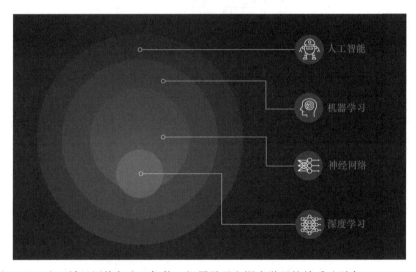

图 14.13　人工神经网络与人工智能、机器学习和深度学习的关系（引自 Akst，2019）

（1）人工智能　人工智能（artificial intelligence，AI）是指计算机模拟人的意识和思维，从而具备人类拥有的感知、学习、推理等能力。1950 年人工智能之父图灵提出图灵测试，用来判断机器是否具备智能。其后在 1956 年的达特茅斯会议上，多名计算机科学家共同提出了"人工智能"的概念。

（2）机器学习　机器学习（machine learning，ML）的概念起源于人工智能发展的早期，是实现人工智能的方法。其定义是计算机用已有的数据得出某种模型，再利用模型预测结果。如果一个程序可以在任务 T 上，随着经验 E 的增加，效果 P 也随之增加，则称这个程序可以从经验中学习。神经网络是机器学习中的一种数学模型或者计算模型（图 14.14）。

（3）深度学习　神经网络自 20 世纪 40 年代被提出，经历了起起落落的发展过程。2000 年以后，随着计算能力的提升及大数据技术的发展，多层神经网络或"深度神经网络"的概念被发展起来，其相关的学习方法——"深度学习"（详见下文）成为最成功的机器学习算法之一，神经网络的研究也再次兴起。

2. 神经网络基本原理　　一个经典的神经网络包含三个层次：输入层、输出层和中间层（也称为隐藏层）（图 14.14 A）。各个网络层包括若干单元，如图 14.14 中示例的输入层有 2 个输入单元，隐藏层有 3 个单元，输出层有 2 个单元。一个神经网络，输入层与输出层往往是固定的，中间层的节点数则可以自由指定。仅包含一层隐藏层的神经网络称为单层神经网络（或感知器、感知机），依次还有两层神经网络（多层感知器）和多层神经网络（深度学习）。神经网络的发展过程经历了从神经元（neuron）模型（MP 模型）到单层、双层和多层神经网络过程（图 14.14）。目前常说的深度学习其实就是基于多层神经网络的一种大数据技术。神经网络结构图中的拓扑与箭头代表着预测过程中数据的流向，与训练时的数据流有一定的区别；结构图里的关键不是圆圈（代表"神经元"），而是连接线（代表"神经元"之间的连接）。每个连接线对应一个不同的权重（其值称为权值），这是需要训练得到的。一个神经网络的训练算法就是让权重的值调整到最佳，以使得整个网络的预测效果最好。

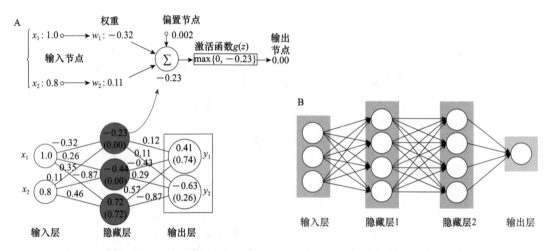

图 14.14　双层神经网络模型（A）和多层神经网络（B）举例（引自 Li et al., 2019b）

神经网络一般使用 a 或 x 来表示输入向量，用 w 来表示权值向量，z 或 y 表示输出向量。一个表示连接的有向箭头可以这样理解：在初端，传递的信号大小仍然是 a，端中间有加权参数 w，经过这个加权后的信号会变成 $a×w$，因此在连接的末端，信号的大小就变成了 $a×w$。z 是在输入和权值的线性加权和叠加一个函数 g 的值。函数 g 也称为激活函数（activation function）。在最初的 MP 模型里，函数 g 是 sgn 函数，也就是符号函数。这个函数当输入大于 0 时，输出 1，否则输出 0。图 14.14 中，$z = g(a_1×w_1+a_2×w_2) = g[1.0×(-0.32)+0.8×0.11] = \max(0, -0.23) = 0$。

可以使用矩阵运算来表达整个计算公式。例如，对于两层神经网络，可以表示如下：

$$g(w^{(1)}×a^{(1)}) = a^{(2)} \qquad (14.24)$$

$$g(w^{(2)}×a^{(2)}) = z \qquad (14.25)$$

式中，$a^{(1)}$ 和 $w^{(1)}$ 分别表示已知输入值向量及其权重值向量；$a^{(2)}$ 和 $w^{(2)}$ 分别表示第二层（隐藏层）输入值向量及其权重值向量。

由此可见，使用矩阵运算来表达是很简洁的，而且不会受到节点数增多的影响（无论有多少节点参与运算，乘法两端都只有一个变量）。因此神经网络的教程中大量使用矩阵运算来描述。

上述对神经网络结构图的讨论中没有提到偏置节点（bias unit）。事实上，这些节点是默认存在的。它本质上是一个只含有存储功能且存储值永远为 1 的单元。偏置节点很好认，因为其没有输入（前一层中没有箭头指向它）（图 14.14）。有些神经网络的结构图中会把偏置节点明显画出来，有些不会（一般情况下，都不会明确画出偏置节点）。在考虑了偏置以后的一个神经网络的矩阵运算如下：

$$g\left(w^{(1)}\times a^{(1)}+b^{(1)}\right)=a^{(2)} \tag{14.26}$$

$$g\left(w^{(2)}\times a^{(2)}+b^{(2)}\right)=z \tag{14.27}$$

需要说明的是，在两层神经网络中，不再使用 sgn 函数作为函数 g，一般使用平滑函数 sigmoid 作为函数 g。事实上，神经网络的本质就是通过参数与激活函数来拟合特征与目标之间的真实函数关系。初学者可能认为画神经网络的结构图是为了在程序中实现这些圆圈与线，但在一个神经网络的程序中，既没有"线"这个对象，也没有"单元"这个对象。实现一个神经网络最需要的是线性代数库。依照这样的方式不断添加，我们可以得到多层神经网络，公式推导的话其实跟两层神经网络类似；使用矩阵运算的话就仅仅是加一个公式而已。

在已知输入 $a^{(1)}$，参数 $w^{(1)}$，$w^{(2)}$，$w^{(3)}$ 的情况下，输出 z 的推导公式如下：

$$g\left(w^{(1)}\times a^{(1)}\right)=a^{(2)} \tag{14.28}$$

$$g\left(w^{(2)}\times a^{(2)}\right)=a^{(3)} \tag{14.29}$$

$$g\left(w^{(3)}\times a^{(3)}\right)=z \tag{14.30}$$

多层神经网络中，输出也是按照一层一层的方式来计算。从最外面的层开始，算出所有单元的值以后，再继续计算更深一层。只有当前层所有单元的值都计算完毕以后，才会算下一层。如此计算过程有不断推进的感觉，即向前计算，所以这个过程叫作"正向传播"。

与单层和两层神经网络使用的激活函数不同，通过一系列的研究发现，ReLU 函数在训练多层神经网络时更容易收敛，并且预测性能更好。因此，目前在深度学习中，最流行的非线性函数是 ReLU 函数。ReLU 函数不是传统的非线性函数，而是分段线性函数。其表达式非常简单，就是 $y=\max\left(x, 0\right)$（图 14.14 A）。简而言之，在 x 大于 0 时，输出就是输入；在 x 小于 0 时，输出就保持为 0。这种函数的设计思路来自生物神经元对于激励的线性响应，以及当低于某个阈值后就不再响应的模拟。

通过研究发现，在参数数量一样的情况下，更深的网络往往具有比浅层网络更好的识别效率。这点也在 ImageNet 的多次大赛中得到了证实。其中以卷积神经网络（CNN）最为耀眼。

以上其实都是从一个神经元开始来介绍神经网络。但是如果难以理解分类器、感知机等，可以从概率角度去看神经网络——概率神经网络，这样能体会到其是多么精妙而省事的设计！概率神经网络（probabilistic neural network，PNN）是一种前馈神经网络，其在分类、模式识别等研究中广泛应用。概率神经网络与其他神经网络的主要区别是利用统计方法推导的激活函数替代 S 形激活函数。概率神经网络通常由输入层、模式层、累加层和输出层 4 层组成。模式层中神经元的传递函数不再是通常的 S 形函数，而是 $g\left(Z_i\right)=\exp\left[\left(Z_i-1\right)/\left(s\times s\right)\right]$，$Z_i$ 为该层第 i 个神经元的输入；s 为均方差。概率神经网络具有训练容易、收敛速度快的特点，此外，其可以实现任意的非线性逼近，基于概率神经网络形成的判决曲面与贝叶斯最优准则下的曲面十分接近。

3. 深度学习（多层神经网络）及其生物信息学应用　　深度学习是以人工神经网络为基础的一个机器学习分支，其定义是通过构建具有很多隐藏层的机器学习模型和海量的训练数据，来学习更有用的特征，从而最终提升分类或者预测的准确性。深度学习可以简单理解为是神经网络的发展。深度学习的模型包括卷积神经网络、递归神经网络、图神经网络，以及以上述网络为基础发展而来的各种深度神经网络（表 14.2）。深度学习的快速发展推动了学科的发展。例如，在计算机视觉领域的图像识别、目标检测等（图像识别应用详见第 12 章第四节）；语言处理领域文本和语音识别，以及机器翻译等；同时，在生物信息学领域也有广泛应用（Li et al., 2019b）。

表 14.2　深度学习（多层神经网络）在生物信息学领域的应用情况（引自 Li et al., 2019b）

研究方向	数据	数据类型	应用模型[*]
序列分析	序列数据（DNA 序列、RNA 序列等）	一维数据	CNN、RNN
结构预测和重构	核磁共振图像、冷冻电镜图像、荧光显微镜图像、蛋白质互作图	二维数据	CNN、GAN、VAE
生物分子性质和功能预测	序列数据、位置特异性打分矩阵、结构特征、基因表达芯片数据	一维数据、二维数据、结构化数据	DNN、CNN、RNN
生物医学图像处理和诊断	CT 图像、PET 图像、核磁共振图像	二维数据	CNN、GAN
生物分子互作预测和系统生物学	基因表达芯片、蛋白互作、基因-疾病互作、疾病相似性网络、疾病变异网络	一维数据、二维数据、结构化数据、图数据	CNN、GCN

　* CNN(convolutional neural networks)．卷积神经网络；RNN(recurrent neural networks)．递归神经网络；GAN(generative adversarial networks)．对抗性生成网络；VAE（variational auto-encoder）．变分自编码器；DNN（deep fully connected neural networks）．深度全连接神经网络；GCN（graph convolutional neural networks）．图卷积神经网络

　　各种网络模型可以应用于不同的生物信息学问题（表 14.2）。例如，递归神经网络会在模型中考虑输入数据的时间/顺序关系。而 DNA 序列中除了模体本身影响这段序列的功能以外，模体之间的顺序也会影响序列的功能实现。递归神经网络能够很好地处理这类问题。图神经网络则是设计用来处理拓扑结构、互作信息的一种网络模型，对生物信息学研究中蛋白质互作等有比较好的适用性（Li, 2019b）。由此可见，可以根据实际研究的问题查找合适的深度学习模型加以利用。除了计算能力的提升及算法的不断改进，组学等生物学大数据的出现也是深度学习在生物信息学领域广泛应用的重要原因。那些曾被认为会对分析造成极大挑战的测序数据却让深度学习得以发挥其优势。已有的研究表明，深度学习可以胜任对 DNA 序列、RNA 序列、蛋白质序列等数据的处理。通过整合反向传播及随机梯度下降，深度学习可以精确鉴定和预测序列背后隐藏的模体、结构域等。递归神经网络和卷积神经网络具备一维过滤器（1D filter），适合这种序列类型的数据处理。相比于递归神经网络，卷积神经网络更易于实现对预测结果进行解释，因而卷积神经网络成为这类研究中的首选（Li et al., 2019b）。Pérez-Enciso 和 Zingaretti（2019）的研究也表明，卷积神经网络相比于其他深度学习模型在基因组预测研究中有更好的表现。

　　传统的浅层神经网络存在参数多和输入特征各自独立的问题：参数多容易出现过拟合的问题，同时训练这些参数需要耗费大量的计算资源；输入特征各自独立指浅层神经网络会独立考虑每个输入特征，忽略了输入特征之间的关联性。生物序列等本身数据量巨大，浅层神经网络难以在生物序列分析中应用。为了解决这两方面的问题，研究人员在相关研究中引入了卷积神经网络。

　　卷积神经网络除了输入层和输出层，其中间层还设计了卷积层（convolutional layer）、池化层（pooling layer）、全连接层（fully-connected layer）等结构（图 14.15）。卷积神经网络输入数据可以是图像像素、序列变异信息（SNP）、表达量等。原始输入数据（一维数字）经过

必要的预处理（pre-processing，包括去噪音、标准化等）后，数据会通过多个卷积层和池化层过程，数据向量的长度变短，而数据的通道数（channel）增加。在最后一个池化层后，所有通道的数据会被归并（flatten）到一个长向量的通道中。最后的这个长向量与最终的输出层全连接（图 14.15）。

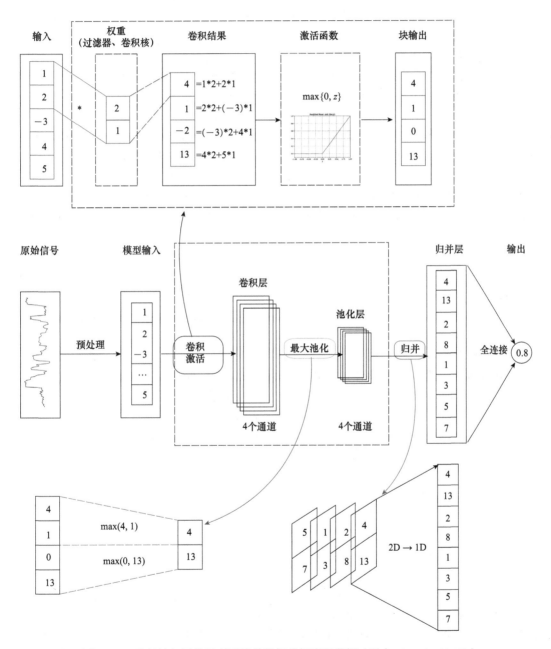

图 14.15 卷积神经网络示意图及其数据分析流程举例（引自 Li et al., 2019b）

卷积神经网络具有两个特征：局部连接（local connectivity）和权值共享（weight sharing）。局部连接表现在卷积层输出向量中，每个单元通过卷积核（kernel）只与卷积层输入向量中的一部分有关联（图 14.15 上）；而权值共享则表示卷积核在输入向量上滑动时，滑动到每个位置的权重都是一致的，即图 14.15 中卷积核（size ＝2）在输入向量上滑动过程中权重（w_1 ＝ 2，w_2＝1）不变。在卷积神经网络中一个卷积层只有一个卷积核［或称为过滤器（filter）］，这个过滤器实质是一个权重向量。这个权重向量比输入向量要短（图 14.15 中输入向量长度为 5，权重向量长度为 2）。权重向量滑动通过整个输入向量时在每个位置都计算一个内积（inner product），这些内积构成了卷积的结果。卷积的结果经过激活函数产生最终的卷积层输出。为了使卷积神经网络能从更高维度提取特征，卷积神经网络设置了池化层。在池化层中，输出的每个元素是其对应输入层区域中的最大值。针对不同的研究内容，我们可以选择不同的池化单位区域和步长，或者可以采用平均池化等其他池化方式。池化层可以让卷积神经网络检测到如 DNA 序列中长距离的互作等。在池化层以后，卷积神经网络需要将多个通道的数据整合到一个通道中，从而便于后续全连接层的分析，这就是归并的作用。

神经网络经常还会包括一个批量归一化层（batch normalization，Batch Norm 或 BN），这是神经网络中一种特殊的层，如今已是各种流行网络的标配。BN 被建议插入在（每个）ReLU 激活层前面。为什么需要归一化呢？一方面在于神经网络学习过程的本质就是为了学习数据分布，一旦训练数据与测试数据的分布不同，那么网络的泛化能力也大大降低；另一方面，一旦每批训练数据的分布各不相同，那么网络就要在每次迭代都去学习适应不同的分布，这样将会大大降低网络的训练速度。

深度神经网络还有一些问题亟待解决：①在训练深度神经网络的时候经常会遇到过拟合的问题。Dropout 算法可以比较有效地缓解过拟合的发生，在一定程度上达到正则化的效果。在每个训练批次中，通过忽略一半的特征检测器（让一半的隐层节点值为 0），可以明显地减少过拟合现象。这种方式可以减少特征检测器（隐层节点）间的相互作用，检测器相互作用是指某些检测器依赖其他检测器才能发挥作用。让某个神经元的激活值以一定的概率 p 停止工作，这样可以使模型泛化性更强，因为它不会太依赖某些局部的特征。②针对神经网络中间层含义问题，研究者试图理解神经网络的"黑箱"。例如，Zeiler 和 Fergus（2014）提出的"去卷积"或"反卷积"（deconvolution）概念，就是解释卷积神经网络的一种尝试。

卷积神经网络应用范围广泛，最典型的应用包括图像识别（详见第 13 章第四节），以及在生物信息学领域的序列分析、表观遗传等方面的应用（表 14.2），特别是在基因组大数据方面应用非常广泛，包括基因组数据育种利用（详见第 13 章第三节）等。

第三节　机器学习算法

一、最大期望算法

最大期望（expectation maximization，EM）算法于 1977 年被提出，它是进行参数极大似然估计的一种方法，该算法可以基于非完整数据集中对参数进行最大似然估计，是一种非常简单实用的学习算法。这种方法可以广泛应用于处理缺损数据和带有噪声等所谓的不完全数据（incomplete data）。它是一种迭代算法，用于含有隐变量（hidden variable）的概率参数模型的最大似然估计或极大后验概率估计。用一个比喻来说明该算法：食堂的大师傅炒了一份菜，要等分成两份给两个人吃，显然没有必要用天平去精确称量，最简单的办法是先随意地把菜分到两个碗中，然后观察是否一样多，把比较多的那一份取出一点放到另一个碗中，这个过程一直重复地执行下去，直到看不出两个碗中的菜有量的不同为止。EM 算法就是这样，假设要估计 A 和 B 两个参数，在开始状态下二者都是未知的，但如果知道了 A 的信息就可以得到 B 的信息，反过来知道了 B 也就得到了 A。可以考虑首先赋予 A 某种初值，以此得到 B 的估计值，然后从 B 的当前值出发，重新估计 A 的取值，这个过程一直持续到收敛为止。

　　EM 算法经过两个步骤交替进行计算：第一步，是计算期望（E），利用对隐藏变量的现有估计值，计算其最大似然估计值；第二步，最大化（M），最大化在 E 步骤求得的最大似然值来计算参数的值。M 步骤找到的参数估计值被用于下一个 E 步骤计算中，这个过程不断交替进行。E 步骤：计算 Q 函数；M 步骤：相较于 θ，最大化 $Q(\theta|\theta')$。最终目标是通过迭代的方法，求解最大对数似然时对应的参数（预先设置终止条件，满足该条件时即停止迭代）：

$$\hat{\theta} = \mathrm{argmax}_{\theta} \log P(x|\theta) \tag{14.31}$$

　　假设 y 为缺失数据，由 $P(x, y|\theta) = P(x|\theta)P(y|x, \theta)$，得到 $P(x|\theta) = \dfrac{P(x, y|\theta)}{P(y|x, \theta)}$，进而可以得出：

$$\log P(x|\theta) = \log P(x, y|\theta) - \log P(y|x, \theta) \tag{14.32}$$

　　在求取最大对数似然的迭代过程中，假设步骤中得到参数 θ'，对应的对数似然是 $\log P(x|\theta')$，则步骤 $t+1$ 中的对数似然应该不小于 $\log P(x|\theta')$，即

$$\log P(x|\theta^{t+1}) - \log P(x|\theta') \geqslant 0 \tag{14.33}$$

　　对式（14.32）两边同时乘以 $\sum\limits_{y} P(y|x, \theta')$，得到：

$$\sum_{y} P(y|x, \theta') \log P(x|\theta) = \sum_{y} P(y|x, \theta') \log P(x, y|\theta) - \sum_{y} P(y|x, \theta') \log P(y|x, \theta) \tag{14.34}$$

即

$$\log P(x|\theta) = \sum_{y} P(y|x, \theta') \log P(x, y|\theta) - \sum_{y} P(y|x, \theta') \log P(y|x, \theta) \tag{14.35}$$

令 $Q(\theta|\theta') = \sum\limits_{y} P(y|x, \theta') \log P(x, y|\theta)$，则有

$$
\begin{aligned}
\log P(x|\theta) - \log P(x|\theta') &= \left[\sum_{y} P(y|x, \theta') \log P(x, y|\theta) - \sum_{y} P(y|x, \theta') \log P(y|x, \theta) \right] \\
&\quad - \left[\sum_{y} P(y|x, \theta') \log P(x, y|\theta') - \sum_{y} P(y|x, \theta') \log P(y|x, \theta') \right] \\
&= Q(\theta|\theta') - Q(\theta'|\theta') + \sum_{y} P(y|x, \theta') \log P(y|x, \theta') \\
&\quad - \sum_{y} P(y|x, \theta') \log P(y|x, \theta) \\
&= Q(\theta|\theta') - Q(\theta'|\theta') + \sum_{y} P(y|x, \theta') \log \frac{P(y|x, \theta')}{P(y|x, \theta)}
\end{aligned} \tag{14.36}
$$

　　其中，$\sum\limits_{y} P(y|x, \theta') \log \dfrac{P(y|x, \theta')}{P(y|x, \theta)}$ 是 $P(y|x, \theta')$ 对 $P(y|x, \theta)$ 的相对熵，所以不小于 0。只要 $Q(\theta|\theta')$ 不小于 $Q(\theta'|\theta')$ 即可，即取 $Q(\theta^{t+1}) = \mathrm{argmax}_{\theta} Q(\theta|\theta')$。

　　EM 算法在生物信息学领域有许多应用。例如，① MEME 工具不经过序列联配，对多条序列进行保守序列查找（详见第 5 章有关多序列联配算法）；② HMM 学习问题——Baum-Welch 算法（详见本章第二节有关 HMM 模型）。

二、马尔可夫链蒙特卡罗方法

1. 概述　　蒙特卡罗方法（Monte Carlo method），也称统计模拟方法，是一种以概率统计理论为指导的一类重要数值计算方法，其使用随机数（或更常见的伪随机数）来解决很多计算问题。基本思路是当所求解的问题是某种随机事件出现的概率，或者是某个随机变量的期望值时，通过某种"实验"的方法，以这种事件出现的频率估计这一随机事件的概率，或者得到这个随机变量的某些数字特征，并将其作为问题的解。因此，蒙特卡罗方法的解题过程可以归结为三个主要步骤：①构造或描述概率过程；②实现从已知概率分布抽样；③建立各种估计量。蒙特卡罗方法于 20 世纪 40 年代，由美国原子弹"曼哈顿计划"成员乌拉姆（Ulam）和冯·诺伊曼（von Neumann）首先提出，并用赌城摩纳哥的地名"Monte Carlo"来命名这种方法，为它蒙上了一层神秘色彩。

马尔可夫链蒙特卡罗方法，简称 MCMC（Markov Chain Monte Carlo），产生于 20 世纪 50 年代早期，是在贝叶斯理论框架下，通过计算机进行模拟的蒙特卡罗方法。该方法将马尔可夫过程引入到蒙特卡罗模拟中，实现抽样分布随模拟的进行而改变的动态模拟，弥补了传统的蒙特卡罗积分只能静态模拟的缺陷。MCMC 是一种简单有效的计算方法，在很多领域广泛应用。20 世纪 90 年代，MCMC 在生物信息学领域得到应用，如被用于解决基序识别和系谱分析等。

从理论上说，贝叶斯推断和分析是容易实施的，即对于任何先验分布，只需要计算所需后验分布的性质（如后验均值、后验方差和概率密度函数等），而这些计算本质上就是计算后验分布某一函数的高维积分。但在实践中，鉴于未知参数的后验分布多为高维、复杂的非常见分布，对这些高维积分进行计算十分困难，这一困难使得贝叶斯推断方法在实践中的应用受到很大限制，在很长一段时间里，贝叶斯推断主要用于处理简单低维的问题，以避免计算上的困难。MCMC 方法突破了这一原本极为困难的计算问题，它通过模拟的方式对高维积分进行计算，进而使原本异常复杂的高维积分计算问题迎刃而解，使贝叶斯方法仅适用于解决简单低维问题的状况大有改观，为贝叶斯方法的应用开辟了新的道路。

2. 生物信息学应用　　MCMC 算法在生物信息学领域有许多应用。下文以寻找基序（motif）问题为例，介绍 Stormo-Hartzell 算法。

DNA 序列中的常见模式具有重要的生物学含义。例如，基因上游非编码区（5′UTR）往往存在共有的短序列——基序，它们可能具有类似调控的功能。如何发现这些基序是生物信息学必须解决的问题。基序发现问题可以概括如下：给定 K 个序列集 R_1，…，R_K，在每个序列中找一特定宽度为 ω 的相似字符串（黑色片段，即最频繁出现的序列段）（图 14.16）。类似的问题是每一个 R_i 表示一个句子，此时我们的任务就是在所考虑的所有句子中找某一个（或一些）出现频率最高的单词。如果这个词组没有一点拼写错误地精确出现在每个句子中，我们就很容易找到它。但在生物世界中，找到一些完全匹配或一样的东西几乎是不可能的，这就暗示了我们不得不以概率的方式来描述常见序列模式。

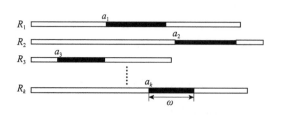

图 14.16　在多重序列（R）中找基序位置的示意图
每条序列中加黑的片段（宽度 ω）表示这些序列期待的"共同模式"（基序）；它的位置（a）和内容都是未知的

Stormo-Hartzell 算法假设"基序"模式中第 i 个位置上的字母是独立地从带参数 θ_i

（$i=1$，$\cdots$，ω）的多项分布中抽样得到的；其他位置上的字母均服从带参数 θ_0 的多项式分布，其中 θ_i 是长度为 d 的概率向量，d 为字母表中字母的个数（DNA 序列 $d=4$；蛋白质序列 $d=20$）。换言之，位于基序模式外的氨基酸或碱基可视为来自参数为 θ_0 的独立同分布的观测值；在基序模式内第 i 个位置上观察到的氨基酸或碱基是由概率向量 θ_i 生成的。使这个问题复杂的原因是我们不知道这个"词"（基序）在序列中的位置。基于这个简单的统计模型和 Gibbs 抽样原则，可以导出如下简单但十分有效的蒙特卡罗算法。在位置抽样中，随机初始化基序所处的位置（位点），即位置 a_k^0（$k=1$，$\cdots$，K）是第 k 个序列中一个随机被选出的位置。对于 $t=1$，$\cdots$，m，算法的迭代步骤如下。

1）指定或随机地选取一个序列，如选中第 k 个序列。

2）根据预测分布 $P(a_k|a_1^{(t)}$，$\cdots$，$a_{k-1}^{(t)}$，$a_{k+1}^{(t)}$，$\cdots$，$a_k^{(t)})$，抽一个新的基序位置 a_k 并且将当前的基序位置 $a_k(t)$ 更新为 $a_k^{(t+1)}=a_k$。

3）当 $j\neq k$ 时，令 $a_j^{(t+1)}=a_j^{(t)}$。

在这个模型中，我们假设每个序列 R_k 正好有一个基序并且它们的位置称为排列变量（alignment variable），记为 $A=(a_1$，$\cdots$，$a_K)$。假设基序可表示成一个 ω 个列的未知矩阵（一个一阶模型）。矩阵中的第 j 列表示基序的第 j 个位置的氨基酸或碱基类型。例如，对于 DNA 序列，一个模式矩阵可被视为一个根据基序中对应位置的 4 种碱基得到的 $4\times\omega$ 的矩阵，其中每列表示的是碱基类型的频率。由此，基序识别问题可被视为找最好的 A，使其"相互的相似性"达到最大。对于 DNA 片段的这一相似性可用信息量（I_A）来度量。

$$I_A=\sum_{j=1}^{\omega}\sum_{b=A}^{T}f_{j,b}\log\frac{f_{j,b}}{p_b} \tag{14.37}$$

式中，$f_{j,b}$ 是碱基 b 在基序位第 j 个位置上的观测频数；p_b 为碱基 b 在整个矩阵中的背景频率。以上方法类似于对 PSSM 等计分矩阵的信息量评估（详见第 5 章第三节）。包含所有真实基序的 PSSM，其 I_A 必将最大。基于找到的最大 I_A 的 PSSM 就能找到相应序列中的所有基序。

以一个实际案例说明 Stormo-Hartzell 算法的具体过程。来自 *E. coli* 的 18 个基因上游非编码区 DNA 片段，长度均为 105nt，其中均包含一个保守的受体蛋白结合位点，长度约 20nt（即 $\omega=20$）。如图 14.17 A 所示，18 条序列的任何一个多序列联配结果（矩阵），22 列每列碱基构成不同，保守性不同，因此每列的信息量（I_{seq}）不同。基于每列碱基构成比例的对数转换（$\log_2$）矩阵，即构成其 PSSM。其 22 列每列信息量累计值即为该 PSSM 信息量（图 14.17 A 为 13.06）。以下具体说明 Stormo-Hartzell 算法。

1）第一个序列 R_1 中每个长度为 ω 的单词都被假定是一个可能的基序模式。图 14.17 A 示例单条 105 个碱基长度序列，20 个碱基长度的结合位点，则包括 86 个单词（$105-20+1=86$），由此构成 86 个"矩阵"（目前每个矩阵仅包括一条序列）来表示可能的基序模式。

2）下一个序列 R_2 被加到分析中。所有先前形成的矩阵与新序列中的所有可能的每个长度为 ω 的单词进行配对，形成新的矩阵，并且对每一个矩阵（包含两条序列）计算其信息量。如此共有 86×86 个可能的配对或矩阵。

3）信息量得分最高的矩阵被保留，并形成一个新的矩阵集。

4）重复前面两步，直到所有序列都被分析为止。

5）最后获得的最高得分的矩阵（PSSM）即为各个保守的结合位点构成的矩阵。

基于上例（图 14.17A 列举的序列），共获得三个得分均为 13.39 的最佳 PSSM

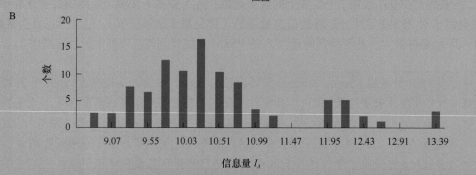

图 14.17　多序列中寻找基序算法举例（引自 Stormo and Hartzell, 1989）

A. 来自 *E. coli* 的 18 个基因上游非编码区 DNA 序列的一个联配结果（总 22 列），图中列出了基于该联配结果的每列
碱基构成比例、对数转换（log₂）数值和信息量；B. 基于 Stormo-Hartzell 算法获得的每个 PSSM 信息量数值分布图

（图 14.17 B）。这说明某两条序列上各存在两个保守的结合位点或某条序列存在三个结合位点。

上面的算法可从序列补借的角度进行理解。算法中的步骤 2）实际上是式（14.36）中的
预测抽样步，$p(a_t|a_1, \cdots, a_{t-1}, R_1, \cdots, R_K)$。这里根据此分布选择了一个用最大概率的选
取方法代替随机抽样。如何用适当的统计模型来解决抽样问题，以及如何用序贯蒙特卡罗算
法来实现其计算详见刘军（2009）《科学计算中的蒙特卡罗策略》一书。

三、动态规划

动态规划（dynamic programming，DP）是运筹学的一个分支。20 世纪 50 年代初，美国

数学家 R.E. Bellman 等在研究多阶段决策过程（multistep decision process）的优化问题时，提出了著名的最优化原理（principle of optimality），把多阶段过程转化为一系列单阶段问题，逐个求解，创立了解决这类过程优化问题的新方法——动态规划。1957 年 Bellman 出版了名著 *Dynamic Programming*，这也是该领域的第一本著作。

动态规划问世以来，在经济管理、工程技术和最优控制等方面得到了广泛的应用。例如，最短路线、库存管理、资源分配等问题。虽然动态规划主要用于求解以时间划分阶段的动态过程的优化问题，但是一些与时间无关的静态规划（如线性规划），只要人为地引进时间因素，把它视为多阶段决策过程，也可以用动态规划方法来方便地求解。寻找最短路径问题是动态规划的一个重要问题。图论中一个经典问题就是最短路径问题。基于动态规划算法，荷兰计算机科学家 Dijkstra 于 1959 年提出迪杰斯特拉算法（或狄克斯特拉算法）。它是从一个顶点到其余各顶点的最短路径算法，解决的是有权图中最短路径问题。迪杰斯特拉算法的主要特点是以起始点为中心向外层层扩展，直到扩展到终点为止。其他类似算法还包括贝尔曼-福特（Bellman-Ford）算法等。

动态规划算法在生物信息学领域具有广泛应用。最著名的应用就是确定两条序列最优联配结果的算法——Needleman-Wunch 算法（详见第 4 章第二节）。另外，在 HMM 模型的解码问题上也有很好的应用，如维特比算法（详见本章第二节 HMM 模型部分）。

四、遗传算法

1. 原理与算法概述　遗传算法（genetic algorithm，GA）是模拟生物进化中自然选择和生物遗传进化过程的计算模型，是一种通过模拟自然进化过程搜索最优解的方法，由美国芝加哥大学的 J. Holland 教授于 1975 年首次提出。

遗传算法是从一个种群（population）开始，该群体包含解决问题潜在的解集。一个种群由一定数目的个体组成，每个个体即为包含染色体的实体，染色体是由基因编码的。染色体作为遗传物质的主要载体，即多个基因的集合，其特征或基因型由若干基因组合，它决定了个体的表型。初代种群产生后，按照适者生存和优胜劣汰的原理，逐代演化产生出越来越好的近似解，在每一代，根据问题域中个体的适应度（fitness）大小来选择个体，并借助自然遗传规则进行杂交组合（crossover）和突变（mutation），产生代表新解集的种群。这个过程将导致种群像自然进化一样，后生代种群比前代更加适应环境，末代种群中的最优个体经过解码，可以作为问题近似最优解。遗传算法的基本运算过程如图 14.18 所示：①编码、随机产生初始群体；②个体评价、选择、确定是否输出；③随机交叉运算；④随机变异运算；⑤转向个体评价，开始新的循环。

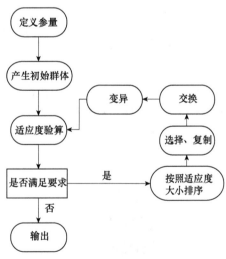

图 14.18　遗传算法基本运算流程图

下文结合著名的组合优化问题——"背包问题"（knapsack problem）讲解其原理。例如，你准备要去野游 1 个月，但是只能背一个限重 30kg 的背包。现在有不同的必需物品，每一个都有自己的"生存值"（survival point）（表 14.3）。因此，你的目标是在有限的背包重量下最大化"生存值"。

表 14.3　背包问题

编号	物品	重量 /kg	生存值
1	睡袋	15	15
2	绳子	3	7
3	小刀	2	10
4	手电筒	5	5
5	瓶子	9	8
6	葡萄糖	20	17

（1）编码、随机产生初始群体　　遗传算法中的编码可以采用实数编码、浮点数编码及二进制编码，下文主要介绍二进制编码。群体以矩阵的形式表示，每一行表示一条染色体（即一个个体），其上包含若干基因。每个基因位点包括两个等位基因型："1"表示该位置的基因存在（即选择该必需物品）；"0"意味着丢失（即不选择）（图 14.19）。本例中为 6 种必需物品，故每条染色体列出 6 个基因及其基因型状态。

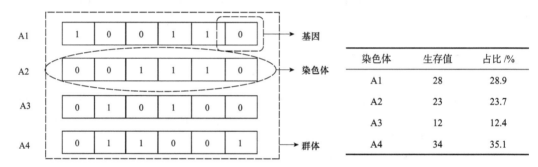

图 14.19　背包问题二进制编码的初始群体

图中给出了基因、染色体和群体的具体定义，其中涉及 4 个个体（即染色体）背包中的物品（即基因）情况、每个个体生存值及其在群体中所占比例

（2）适应度函数　　以函数值作为个体的适应度，计算种群中每个个体的适应度。如图 14.18 所示，对于染色体（即个体）A1［100110］而言，其包括睡袋、手电筒和瓶子，其重量为 29kg（15＋5＋9），生存值为 28（15＋5＋8）。对于染色体 A2［001110］来说，其重量为 16kg，生存值为 23。由此可知，染色体 A1 适应性强于染色体 A2。

（3）选择　　随机选择初始群体的个体进行随机"交配"，产生下一代新个体，体现了"适者生存"的自然法则。Holland 提出了轮盘赌（roulette wheel selection）的方法选择父母本，以防过早收敛。基于轮盘赌的方法，将每条染色体在轮盘上占有的区域面积根据适应度分数（即生存值）成比例表示（图 14.19），根据该比例随机选择父母本进行"交配"（图 14.20）。

（4）基因交换和变异　　交换是产生新个体的主要手段，而变异是种群中多样性的原因。通过随机选择两个个体的部分字符串进行单点或多

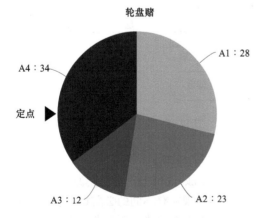

图 14.20　轮盘形式随机选择父母本

以图 14.19 背包问题为例，涉及 4 条染色体（A1~A4）

点交换（图 14.21 A、B），产生的后代中，其体内的基因会发生一些变异，增加种群的多样性（图 14.21 C）。

（5）适应度再验算与迭代循环 交换变异后，适应度函数将再次对新产生的后代进行检验，淘汰掉一部分适应度不足的个体（一些适应度高的个体也会被淘汰，但淘汰概率远小于适应度不足的个体）（图 14.18）。在遗传算法的模型中，通过事先定义的进化次数和预先定义的适应度的值，适应度函数会逐步收敛，以找到问题的最优解或近似最优解。

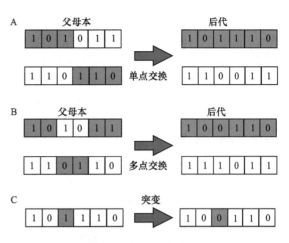

图 14.21 个体间基因交换（单点和多点交换）（A、B）和变异（突变）（C）导致的后代染色体变化

遗传算法是一种基于"适者生存"的高度并行、随机和自适应的优化算法，通过复制、交叉、变异将问题解编码的"染色体"群一代代不断进化，最终收敛到最适应的群体，从而求得问题的最优解或满意解。其优点是原理和操作简单、通用性强、不受限制条件的约束，具有隐含并行性和全局解搜索能力，在组合优化问题中得到广泛应用。目前，遗传算法主要用于研究各种非线性、多变量、多目标且复杂的自适应系统问题，如人工智能、结构优化设计、图像处理和人工生命设计等研究。

2. 生物信息学应用 近年来，测序技术的发展推动了基因数据的爆炸式增长，大数据分析成为目前生物信息学方法的主要瓶颈。遗传算法是受遗传进化启发提出的一类机器学习算法，其不依赖人类先前的知识，在生物信息学领域解决问题具有巨大潜力。目前，遗传算法在基因组、转录组和蛋白质组等组学分析中应用广泛。例如，基因预测、多序列联配、结合位点和启动子等识别、RNA 和蛋白质结构预测等（Piserchia，2018）。

下文以基因预测为例具体讲解遗传算法的应用。准确的基因注释对基因组学研究至关重要。目前基于隐马尔可夫模型（HMM）等开发了多种基因预测软件，如 GENSCAN、FGENESH、Glimmer3 等。Chowdhury 等（2017）基于遗传算法开发了一个基因组注释工具 GPGA（gene prediction with genetic algorithm）。GPGA 将可能的外显子在序列中的起始位置进行实数编码，作为算法中的"染色体"，以数据库中已知基因外显子的同源性作为适应度函数进行评价、选择，以确定未知序列的外显子边界。

该算法初始群体是由 N 个整数 P_i 组成的（N 表示初始群体大小），其中 P_i 表示已知基因外显子（exon，E）在未知基因组序列（query sequence，Q）中的可能位置。P_i 是在上下限范围内随机产生的，其下限值（lower limit，l）是指外显子起始位置的最小值，如设为 1；P_i 的上限值（upper limit，u）则是序列 Q 与外显子长度之差。同时，该算法将与数据库已知外显子序列的局部联配数作为适应度函数，匹配则 +1，错配则为 0。因此适应度函数可表示为 $F=\Sigma w_i\ \forall i\in(1,2,\cdots,n)$。$w_i$ 表示局部联配分数，n 表示局部联配的总数。例如，以下染色体位置 P_1 的适应值 $F(P_1)=2+3+1+1+1=8$。

基因组 Q（染色体 P_1）	A T T G	C C T C	T G G	T	G A T	G G C	A G
	| |	| |	|			| |	|
外显子（E）	A T G G	C C A A	A A G	G	T C A	C G T	A A
局部联配得分	2	3			1	1	1

1）交换算子（crossover operator）：GPGA 采用自适应位置预测（adaptive position prediction, APP）进行染色体交换。APP 方法是一种可自行控制的交换算子，它可根据父母本的适应度分数调整上下限（l 和 u 值）。例如，现从群体中随机选择父母本（P_a 和 P_b），其适应度分数分别为 P_a^{obj} 和 P_b^{obj}。为了产生子代（P'_a 和 P'_b），如果 P_a^{obj} 和 P_b^{obj} 的适应度分数很高（默认超过 $e/2$），APP 可以缩小 l 和 u 的值，使其收敛到最佳位置。交换算子的具体算法框架如下。

输入：父母本 P_a, P_b;

　　适应度分数 P_a^{obj}, P_b^{obj};

　　外显子长度 e;

　　外显子上下限 l, u.

过程：

1: if $P_a^{obj} \geqslant e/2$ and $P_a^{obj} > P_b^{obj}$:

2: $P'_a = P_a + (e - P_a^{obj})$

3: $P'_b = P_a - (e - P_a^{obj})$

4: if $P'_a > u$: $P'_a = u$ endif

5: if $P'_b < l$: $P'_b = l$ endif

6: elif $P_a^{obj} \geqslant e/2$:

7: $P'_a = P_b + (e - P_b^{obj})$

8: $P'_b = P_b - (e - P_b^{obj})$

9: if $P'_a > u$: $P'_a = u$ endif

10: if $P'_b < l$: $P'_b = l$ endif

11: else:

12: $\theta = rnd(P_a, P_b)$ 在 P_a, P_b 范围内随机选择整数 θ

13: $P'_a = rnd(l, \theta)$ 在 l, θ 范围内随机产生子代 P'_a

14: $P'_b = rnd(\theta, u)$ 在 θ, u 范围内随机产生子代 P'_b

15: endif

输出：子代 P'_a, P'_b.

2）突变算子（mutation operator）：GPGA 同样采用 APP 进行突变，将交换的子代中的其中一个进行突变，维持群体的多样性。例如，子代 P'_a 的适应度分数为 $P_a'^{obj}$。如果 $P_a'^{obj} \geqslant e/2$，则突变的子代 P_a'' 会从缩小的上下限（l_m 和 u_m）随机产生。突变算子的具体算法框架如下。

输入：子代 P'_a;

　　适应度分数 $P_a'^{obj}$;

　　外显子长度 e;

　　外显子上下限 l, u.

过程：

1: if $P_a'^{obj} \geqslant e/2$:

2: $l_m = P'_a - (e - P_b'^{obj})$

3: $u_m = P'_a \times (e - P_a'^{obj})$

4: if $l_m < l$:

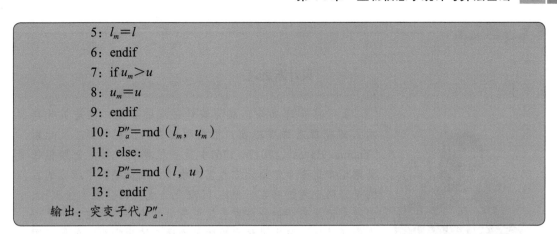

5: $l_m=l$

6: endif

7: if $u_m>u$

8: $u_m=u$

9: endif

10: $P_a''=$rnd (l_m, u_m)

11: else:

12: $P_a''=$rnd (l, u)

13: endif

输出：突变子代 P_a''.

利用两个已知基因序列基准数据集 HMR195 和 SAG（取自专门用于评估基因预测算法的数据集 GeneBench，http://crdd.osdd.net/raghava/genebench/），评估 GPGA 算法的准确性与敏感性。评估结果表明，GPGA 在两个测试数据集中的准确性和敏感性均在 90% 以上，其中 HMR195 数据集分别为 95% 和 94%，均优于 FGENES、GENSCAN 等其他基因注释工具（图 14.22）。

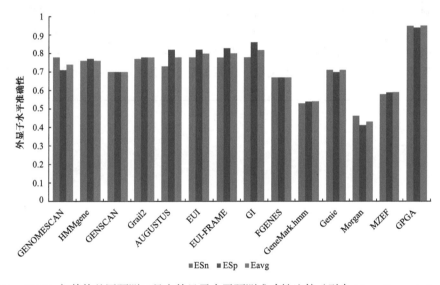

图 14.22　GPGA 与其他基因预测工具在外显子水平预测准确性比较（引自 Chowdhury et al., 2017）

ESn. 敏感性；ESp. 准确性；Eavg. 敏感性与准确性的平均值

习　题

1. 举例说明贝叶斯统计在生物信息学领域的应用。

2. 简述 HMM 与马尔可夫模型的异同。

3. 构建蛋白质序列的 HMM 模型。

4. 简述深度学习与深度神经网络关系及其应用。

5. 举例说明 EM 在生物信息学领域的应用。

6. 简述遗传算法原理及其在生物信息学领域的应用。

历史与人物

贝叶斯之谜

　　贝叶斯定理如今已成为统计领域的新宠，但是贝叶斯本人却笼罩着许多谜团。根据现有资料，托马斯·贝叶斯（Thomas Bayes，1701?～1761）是一位神职人员，长期担任英国坦布里奇韦尔斯地方教堂的牧师，他从事数学研究的目的是证明上帝的存在。他在 1742 年当选英国皇家学会院士，但没有记录表明他此前发表过任何数学论文。他在世时不为人们所熟知，与当时学术界的人沟通交流也很少。他的英国皇家学会院士提名是由皇家学会的重量级人物签署的，但为什么提名及他为何能当选至今仍是个谜。贝叶斯去世后两年（1763 年），他的遗产继承人 Price 牧师在英国皇家学会宣读了他的遗作《论机会学说中一个问题的求解》，其中给出了贝叶斯定理。但由于他的研究工作和他本人在当时很少有人关注，贝叶斯定理很快就被遗忘了。后来法国数学家拉普拉斯（1749～1827）使贝叶斯定理重新被科学界所熟悉，但直到 20 世纪，随着统计学的广泛应用，它才备受瞩目。贝叶斯的出生年份至今也不确定，甚至关于如今广泛流传的他的肖像（上图）是不是贝叶斯本人，也仍存在争议。

第 15 章　生物信息学计算机基础

　　生物信息学是一门研究生物学问题的交叉学科，涉及统计学、计算机科学、数学、信息科学等。它以计算机为工具，将统计学、数学、信息学等研究方法引入生物学数据的挖掘和模拟计算，进而发掘生物内在规律与关联。有人说，生物信息学是计算机科学与生物学两大科学的交集，虽然有些以偏概全，但也说明了计算机在其中的重要作用。随着高通量测序技术等采集方法与技术的不断更新，数据越来越多，生物信息学迎来了前所未有的大数据时代。如何利用计算机驾驭这些数据，挖掘有用信息，找出规律，就"师父领进门，修行在个人"了。本章重点讲述成为一名生物信息学分析人才或工作者必备的计算机知识与技能（见本章思维导图）。一位合格的生物信息学工作者，一定会脚踩两个坚实基石（操作系统和编程语言），满腹经纶（统计与算法），同时拥有一个对生物学问题着迷的大脑和一双抽丝剥茧、化繁为简的巧手！一句话，会写代码、能画出漂亮的图是生物信息学工作者的标配。

扫码见本章
英文彩图

本章思维导图

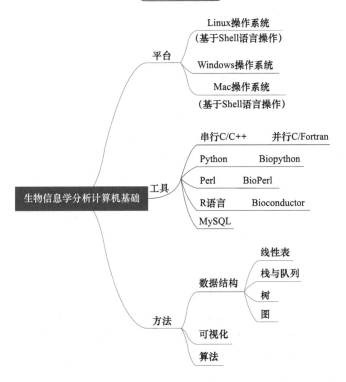

第一节 Unix/Linux 操作系统

一、系统特点及其结构

1. Unix/Linux 操作系统特点

（1）三大主流操作系统 学好生物信息学，第一步需要熟悉不同的操作系统。第二步是摆脱主流 Windows 操作系统使用的惯性。当前的主流操作系统主要分为三类：Linux、Windows 和 Mac。三类操作系统有什么区别呢？最大的区别在于：① Linux 的核心思想是"一切皆为文件"，所有的操作都是基于命令行指令，系统更包容与稳定，支持多用户操作，开源且透明，可定制开发，实现任何你想要的功能。② Windows 的核心思想是"简单易操作"，一切都是基于图形化，用户界面友好，系统不包容，长时间不关机易出故障，用户独占式，代码非开源透明，软件收费且很难实现定制功能开发（如果把 Windows 比作套餐，Linux 就是自助餐）。③而 Mac 则兼具了 Linux 的多用户操作、系统稳定和 Windows 良好的用户体验、代码不开源的特点。

（2）基于 Linux 操作系统的不同版本 由于 Linux 的开源，出现了基于 Linux 操作系统的不同版本，如 Redhat、Ubuntu、Fedora、CentOS、Debian 等。它们的区别在于：① Redhat 的安装不收费，但后续服务收费，系统更具稳定性与兼容性，更新较慢，一个版本的生命周期为十年，更适合企业用户。② Fedora 是 Redhat 支持社区开发版本，这个版本相对于企业版来说使用了更多新技术、新软件，更新快。通俗地说，Fedora 是 Redhat 的试验室，在 Fedora 里被证明稳定可靠的软件才会有机会进入 Redhat 企业级 Linux 系统内。③ CentOS（community enterprise operating system）利用 RHEL 开放的源代码重新编译系统，它修正了 RHEL 中存在的漏洞，去掉了 RHEL 的标志，实际上就是免费版的 Redhat。与 Redhat 每个版本一一对应。④ Debian 是另一个开源 Linux 产物，它的特点是内核和内存相较于 Redhat 要小很多，小内存的虚拟服务器（virtual private server）就可以流畅运行 Debian（如 128M 的内存），它的兼容性更高，软件源更丰富，拥有 4 万多种软件，涵盖了开发、桌面、服务器软件等。相较于 Redhat 和 CentOS，它更适合服务器型和桌面型，但帮助文档和技术资料比较少，适合非常熟悉 Linux 系统且追求性能的虚拟服务器玩家。⑤ Ubuntu 基于 Debian，为桌面用户而设计，界面非常友好，硬件支持度高，适合新手，一个版本的生命周期一般在 3～4 年。在安装一些生物信息学工具和开发工具的时候会用到。

同时，还要注意不同操作系统依赖的库不同，安装库的方式也不同，如 Redhat/CentOS 操作系统，它的软件包管理工具是 rpm 和 yum，而 Debian/Ubuntu 的软件包管理工具是 apt-get 和 dpkg。详细的参考资料见它们的帮助文档。

2. Linux 系统结构 Linux 系统是一种能运行于多种平台、源代码公开、免费、功能强大、遵守 POSIX 标准、与 Unix 兼容的操作系统。Linux 从 20 世纪中期一直发展到现在，前进的脚步从未停止过。Linux 最初的版本是由 Linus Benedict Torvalds 编写的，为了能够使 Linux 更加完善，Torvalds 在网络上公开了 Linux 的源代码，邀请全世界的志愿者来参与 Linux 的开发。在众多人的帮助下，Linux 得到了不断完善，并在短时期内迅速崛起。如今仍以相当快的速度在不断地发展着。Linux 一般由内核、Shell、文件系统、应用程序四部分组成。

（1）内核 内核是系统的心脏，是运行程序和管理像磁盘、打印机等硬件设备的核心程序。系统从用户那里接受命令并把命令送给内核去执行。

Linux 内核由 5 个主要的子系统组成：进程调度（SCHED）、内存管理（MM）、虚拟文件系统（VFS）、网络接口（NET）和进程间通信（IPC）（图 15.1）。各个子系统之间的依赖关系如下。

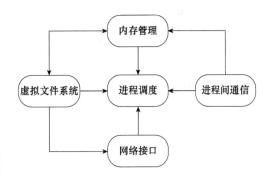

图 15.1　Linux 内核组成部分与关系
箭头表示依赖关系

1）进程调度与内存管理之间的关系：互相依赖。在多道程序环境下，程序要运行必须为之创建进程，而创建进程的第一步，就是要将程序和数据装入内存。

2）进程间通信与内存管理之间的关系：进程间通信子系统要依赖内存管理支持共享内存通信机制，这种机制允许两个进程除了拥有自己的私有内存，还可存取共同的内存区域。

3）虚拟文件系统与网络接口之间的关系：虚拟文件系统利用网络接口支持网络文件系统（NFS），也利用内存管理支持 RAMDISK 设备。

4）内存管理与虚拟文件系统之间的关系：内存管理利用虚拟文件系统支持交换，交换进程定期地由调度程序调度，这也是内存管理依赖于进程调度的唯一原因。当一个进程存取的内存映射被换出时，内存管理向文件系统发出请求，同时，挂起当前正在运行的进程。

在这些子系统中，进程调度子系统是其他子系统得以顺利工作的关键。因为每个子系统都需要挂起或恢复进程。

（2）Shell　Shell 是系统的用户界面，提供了用户和内核进行交互操作的一种接口。它接收用户输入的命令并把它送入内核去执行，是一个命令解释器。Shell 不仅是命令解释器，还是高级编程语言。

（3）文件系统　文件系统是文件存放在磁盘等存储设备上的组织方法，不同于 Windows 的并列文件结构，Linux 文件系统是采用树型结构（图 15.2），可以设置目录和文件权限，设置文件共享程度。Linux 支持多种文件系统，如 ext3、ext2、NFS、SMB、iso9660 等。

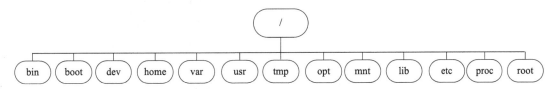

图 15.2　Linux 文件系统树型结构

bin. 存放二进制可执行文件（ls,cat,mkdir 等）；boot. 存放用于系统引导时使用的各种文件；dev. 用于存放设备文件；home. 存放所有用户文件的根目录；var. 用于存放运行时需要改变数据的文件；usr. 用于存放系统应用程序，比较重要的目录是 /usr/local 本地管理员软件安装目录；tmp. 用于存放各种临时文件；opt. 额外安装的可选应用程序包所放置的位置；mnt. 系统管理员安装临时文件系统的安装点；lib. 存放文件系统中的程序运行所需要的共享库及内核模块；etc. 存放系统配置文件；proc. 虚拟文件系统，存放当前内存的映射；root. 超级用户目录

（4）应用程序　标准的 Linux 操作系统都会有一套应用程序，如 X-Window、Open Office 等。

二、Linux Shell 常用命令

Linux Shell 命令很多，表 15.1 列出了 Linux Shell 的常用命令。

表 15.1　常用 Linux Shell 命令

任务	命令	任务	命令
用户和工作组管理	change：修改账号和密码的有效期限	文件操作与备份	grep：文本搜索工具
	groupdel：删除指定工作组		sort：文件排序并输出
	chpasswd：批量更新用户口令工具		bunzip2：创建一个 bz2 文件压缩包
	useradd：创建新的系统用户		bzip：将文件压缩成 bz2 格式
	userdel：删除指定用户及相关文件		gzip：压缩文件
	groupadd：创建新的工作组		tar：Linux 下归档使用工具
	su：切换当前用户身份到其他身份		zcat：显示压缩包中文件的内容
文件查看与查找	which：查找并显示给定命令的绝对路径		scp：本地主机和远程主机间复制文件
	locate：查找文件或目录	系统维护与管理	ntpdate：使用网络计时协议设置日期
	find：在指定目录下查找文件		date：显示或设置系统时间与日期
	whereis：查找文件的路径		awk：文本和数据处理编程语言
	diff：比较给定两文件的不同		clear：清除当前屏幕终端任何信息
	tail：显示指定文件末尾若干行		md5sum：计算和校验文件
	head：显示指定文件开头若干行		rsync：远程数据同步工具
	less：分屏上下翻页浏览文件内容		login：登录系统或切换用户身份
	more：显示文件内容，每次一屏		chkconfig：检查或设置系统各种服务
文件处理	touch：创建新文件		yum：基于 RPM 的软件包管理器
	rename：用字符串替换方式批量修改文件名		ldconfig：动态链接库管理命令
	cat：查看或者连接文件		nohup：将程序忽略挂起信号方式运行
	ln：为文件创建连接		runlevel：打印当前 Linux 系统运行等级
	vi：纯文本编辑器		batch：执行定时任务
	sed：文本编辑		lastlog：显示系统所有用户最近一次登录
文件操作与备份	mkdir：创建目录		mount：加载文件至指定目录
	rm：删除指定文件和目录		reboot：重启正在运行的 Linux 操作系统
	install：安装或升级软件或备份数据		shutdown：执行系统关机命令
	dirs：显示目录记录		poweroff：关闭计算机系统且切断系统电源
	pwd：绝对路径方式显示用户工作目录		lsb_release：显示发行版本信息
	cd：切换用户当前工作目录		time：统计给定命令所花费的总时间
	ls：显示目录内容列表		lsof：显示已打开的文件列表
	mv：移动文件或对文件重新命名		free：显示内存使用情况
	cp：将源文件或目录复制到目标文件或目录中		top：显示或管理执行中的程序
	dos2unix：将 DOS 格式文本转成 Unix 格式		uptime：查看 Linux 系统负载信息
	chmod：变更文件或目录权限		jobs：显示 Linux 中任务列表及状态
	chown：变更文件或目录的拥有者或所属群组		export：设置或显示系统环境变量
	wc：统计文字的字节数、字数和行数		kill：删除执行中的程序或任务
	split：分割任意大小的文件		alias：设置指令的别名

续表

任务	命令	任务	命令
系统维护与管理	echo：输出指定字符串或变量	系统维护与管理	bg：将前台作业放到后台运行
	history：显示历史命令		fg：将后台作业放到前台运行
	logout：退出当前登录的 Shell		df：显示磁盘相关信息
	exit：退出当前的 Shell		du：显示文件和目录的磁盘使用情况
	env：查看系统环境变量		

注：详细学习可参阅《LINUX 与 UNIX shell 编程指南》《鸟哥的 LINUX 私房菜》等书籍

第二节　计算机编程语言

一、计算机编程语言概述

1. 概述　　任何高级编程语言源代码都是接近人类语言习惯的一系列字符串，通过一系列转换转成底层机器可以识别的机器代码（01 序列）来执行。这个字符序列到底层 01 序列的转换是通过编译器或者解释器完成的，根据转换器的不同，当前的编程语言可分为三种：解释型语言、编译型语言和虚拟机语言。编译型语言是最接近底层硬件的语言，可以直接被编译成本地机器代码，如 C、C++；解释型语言通过解释器翻译成虚拟机代码或者机器码，边解释、边执行，如 C shell、JavaScript、Perl、PHP、Python、Ruby、Vbscript 等。编译型语言与解释型语言的编译原理比较如图 15.3 所示。

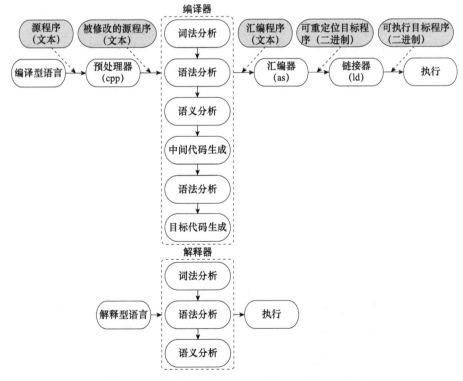

图 15.3　编译型语言与解释型语言的编译原理比较

　　与编译型语言相比，解释型语言的一大优点就是支持跨平台，不需要更改源代码，只需要不同平台上安装有对应的解释器就可以运行。但是由于解释型语言边编译、边执行，所以执行效率低于接近底层的编译型语言。编译型语言针对不同平台需要做相应的优化，选用针对具体某个平台的编译器。在读写数据速度方面，C＞Python＞Perl。对于文本数据，解释型语言在处理上更具优势，因为其含有编译型语言不具备的模式匹配的正则表达。执行相同任务，所需的解释型语言代码更少。对于只需要完成数据分析的人员，掌握一门解释型语言及 Linux、Shell 编程命令即可，如果还能掌握 SQL 等数据库编程语言则更好。如果想从事生物信息学分析工具开发，则不仅需要掌握一门解释型语言（Python 或者 Perl），还需要熟练掌握一门编译型语言（如 C、C＋＋等）。

2. 如何熟练掌握一门编程语言

　　（1）确立目标并完成基础知识储备　　学习编程是一个长期、艰苦且枯燥的过程，一旦决心学习编程，为保证成效并坚持下去，最好给自己确定目标，包括长期目标、短期目标、月目标与周目标。并在训练之前完成基础知识和概念的储备，包括语法、数据结构等。完成入门级经典书籍的阅读，做到对该门语言有全面而清晰的掌握。随后可以在不断的练习中巩固与强化，并阅读进阶级与高级书籍，这是在基础知识熟练掌握基础上的提炼与升华。

　　（2）不轻言放弃　　学习编程语言并不容易，需要愚公移山精神，每天掌握一点、每天进步一点。在编程过程中首先需静，再则细，三则需要有耐心。对每一个概念与原理都需要清晰而透彻地把握，不能有一丝一毫的偏差，多一个或者少一个字符都是不被允许的，否则将事倍功半。遇到非语义表述问题的出乎意料的结果，一定要让自己沉静下来，字斟句酌，认真推敲，仔细勘误。在学习的过程中会遇到许多问题，一定要坚持，通过各种方法力排万难，不轻言放弃，要相信没有解决不了的问题，只有没有掌握的概念与方法。

　　（3）训练逻辑思维能力　　大多数日常编程并不需要太多的数学知识。但学习逻辑，尤其是计算机逻辑，是帮助理解、处理更先进程序的复杂问题的最好方式。每一个优秀的计算机程序必是目标明确、逻辑清晰、思维严密、表述简练的语言表达。因此要学好编程，需要在平时有意识地训练逻辑思维能力，需要掌握一些计算机原理及程序背后的逻辑，然后不断练习，直到掌握为止，推荐阅读《深入理解计算机系统》《编码的奥秘》《编译原理》等书籍。

　　（4）广泛阅读源代码　　多看其他人写的程序，多和其他编程人员交流，通过一个个小任务，以及对比别人的代码，不仅可以获得激励，还能帮助我们从不同的角度来看待问题，拓宽思路，取长补短，以寻找解决问题的最佳方案。还可以多研究行业内免费软件的源代码，这对模块及项目任务的顺序安排、各子任务组织与管理等方面能力的提升十分有利。一旦有了经验，就可以参加一些编程的活动。这些活动的内容通常是个人或团队争分夺秒地开发功能程序，会围绕一个特定的主题展开，通过比赛收获乐趣的同时也可以实现技能的快速提升，并且是一个认识其他优秀编程人员的很好方式。

　　（5）勤加练习　　娴熟地掌握一门编程语言，最关键的还是要勤加练习，而且是正确的练习。每天至少练习几个小时，正所谓量变产生质变，熟能生巧。业内有一种说法"精通一门编程语言至少需要十万行有效代码"，无论这句话正确与否，都说明精通编程需要大量练习和奉献精神。编程之前可以先打草稿来构思可能的解决方法，理清思路然后再编写代码。强化自己的编程技能最好的办法是做项目，或者在 NCBI 上下载开源数据，不断练习，并保持长期专注。

　　（6）多问多思考　　在学习编程的过程中，可以收集并建立自己的代码库，多总结，多思考，多问几个为什么。利用软件发行者提供的最新应用程序接口及官方参考资料，或者网络、论坛、亲朋好友、师长等各种渠道获取问题的解答。Github（https://github.com/）和

SourceForge（https://sourceforge.net/）是开源工具发布及源代码共享平台，上面有许多技术人员分享自己的想法及软件，注册后还可以管理自己的代码版本库，是编程人员经常光顾的优秀网站。

二、Python 语言与 Biopython 简介

Python 与 Perl 都是解释型语言，Python 诞生于 20 世纪 90 年代初荷兰国家数学和计算机科学研究所，起步较 Perl 晚，对于用 Perl 还是 Python，按照个人喜好而定，"萝卜青菜，各有所爱"。Perl 曾是生物信息学领域应用最为广泛的语言之一，但现在 Python 逐步成为主流语言。总体来说，用 Python 可以做到一切用 Perl 能做到的事，两者的领域大部分重叠，但是 Python 更专注于代码的可读性、可重用性、可移植性和可维护性，使得 Python 更适合用于不是写一次就丢掉的程序；Perl 程序代码很容易写，但是很难读。这主要是受它们的创立者背景的影响。Python 的创立者所受的是数学家的训练，因此创造出来的语言具有高度统一性，其语法和工具集都相当一致；而 Perl 语言的创立者是语言学家，追求的是"完成的方法不止一种"，鼓励表达的自由化，解决方法的多元化，但这增加了代码维护工作的难度。如果把 Python 比作严密的工程，Perl 则是发散的艺术。Python 弥补了 Perl 不适合多线程、底层编程的不足，并且不断地优化、改进，使得它的运行速度和效率已经超越 Perl，正在赶超 C。上述特点使得 Python 受到越来越多开发者的青睐。

1. Python 基础　　Python 官网地址为 http://www.python.org/，文档下载地址为 www.python.org/doc/，一般 Linux 系统已经自带安装了 Python，直接键入"python"或者"python--version"即可显示版本信息。当前 Python 分为 Python2.x 和 Python3.0 两支，在将来，Python2.x 有可能被 Python3.0 所取代（两者并不能很好地兼容），现仍采用 Python2.x 编码风格。Biopython（http://www.biopython.org）旨在通过 Python 创造高质量和可重复利用的生物信息学模块和类，使序列数据处理更加高效与便利。Python 的学习资料很多，对于初学者推荐阅读 *Learning Python*（O'Reilly 出版社），对于已有 Python 基础的学习者，推荐阅读 *Programming Python*、*Python in a Nutshell*、*Python Cookbook* 等。

（1）Python 的安装与使用　　Python 的安装主要有两种方法：一种是通过 Linux 系统自带包管理器安装，如通过 yum 安装；另一种是使用源文件编译安装，详见安装说明指导。安装结束后，需将安装文件夹路径添加到环境变量 PATH 中，在程序 Python 脚本首行写上"#!/usr/bin/env python"，如此，无论在哪个路径都可以调用 Python，运行程序。若系统安装了两个不同版本的 Python，则使用时需要指明具体的使用版本，如："#!/usr/bin/python2.6"。

Python 自带交互式解释器，安装 Python 并设置环境变量后，在命令行输入"python"即可进入。除了自带交互式解释器，当前还有很多类似 Linux 下的 vi 文本编辑器，种类繁多，功能越来越完善。常用的有 IDLE、PyScripter 等，用户可根据个人喜好选择。

（2）变量、函数、多态、模块和包　　在任何一段略大的程序脚本中，均涉及变量、函数与模块，有的甚至还有类（class）。换句话说，任何一个程序均是上述结构的组合累加。

2. Python 在生物信息学中的应用——Biopython　　Python 的强大处理能力促使了 Biopython 的诞生。Biopython 工程是使用 Python 来开发计算分子生物学工具的国际团体（http://www.biopython.org），其旨在通过创造高质量和可重复利用的模块和类，使生物信息学工作者在数据处理及工具开发方面更加高效与便利。Biopython 教程与手册（https://biopython-cn.readthedocs.io/zh_CN/latest/，中文翻译版）内容全面，不仅包括解析各种生物信息学格式的文件（BLAST、

ClustalW、FASTA、GenBank 等），还可以访问在线的服务器（NCBI 和 ExPASy 等）、常见程序的接口（ClustalW、DSSP、MSMS 等）、标准的序列类、各种收集的模块和 KD 树数据结构等。

下文举例说明 Biopython 的应用。利用 Biopython 批量下载基因序列，并进行简单处理：将从 NCBI 上查到的目标记录数据（NC_038972.1、NC_038973.1、NC_038974.1、NC_038975.1）保存到名为 test.id 的文件里，最后输出 FASTA 格式文件（文件名 "result.fasta"）。其 Biopython 脚本见图 15.4。当需要下载的基因序列数目庞大时，用上述方法尤为方便与快捷。

提取上述基因序列后，可以用 Biopython 中 NCBI BLASTX 包装模块 Bio.Blast.Applications 来构建命令行字符串并运行（图 15.5），进行编码蛋白注释。

```
#!/usr/bin/python
import sys
from Bio import Entrez
from Bio import SeqIO
file_in_name="test.id"
file_out_name="result.fasta"
    Entrez.email = '0014289@zju.edu.cn'   #email
input_file=open(file_in_name,"r")
output_file=open(file_out_name,"a")
for record_id in input_file:
result_handle = Entrez.efetch(db="nucleotide", rettype="gb", id=record_id)
    seqRecord = SeqIO.read(result_handle, format='gb')
    result_handle.close()
    output_file.write(seqRecord.format('fasta'))

    output_file.close()

    input_file.close()
```

图 15.4　利用 Biopython 批量下载目标基因序列并保存为 FASTA 格式文件

```
>>> from Bio.Blast.Applications import NcbiblastxCommandline
>>> help(NcbiblastxCommandline)
...
>>>  blastx_cline  =  NcbiblastxCommandline(query="result.fasta",  db="nr",  evalue=0.001,
outfmt=5, out="opuntia.xml")
>>> blastx_cline
NcbiblastxCommandline(cmd='blastx', out='result.xml', outfmt=5, query='result.fasta',
db='nr', evalue=0.001)
>>> print blastx_cline
blastx -out opuntia.xml -outfmt 5 -query opuntia.fasta -db nr -evalue 0.001
>>> stdout, stderr = blastx_cline()
```

图 15.5　利用 Biopython 中 Bio.Blast.Applications 模块实现 BLASTX 序列注释

Biopython 不仅可以做 BLAST，还可以对 BLAST 比对结果进行解析、输出等功能。总之，Biopython 是处理序列数据不可多得的有效工具。

三、R 语言与 Bioconductor 简介

R（https://www.r-project.org/）适用于统计分析、绘图的语言和操作环境。遵从 GNU 系统自由、免费、源代码开放的原则。1995 年，新西兰 Auckland 大学统计系的 Robert Gentleman 和 Ross Ihaka 编写了一种能执行 S 语言的软件，并将该软件的源代码公开，即 R 软件，其命令程序称为 R 语言。虽然它起源较其他语言晚，但是发展十分迅速，尤其是最近几年，凭借其强大的统计计算、制图及交互能力，已成为业内认可且使用最多的工具，涵盖了基础统计学、社会学、经济学、生物学等方面。R 的 CRAN 镜像（the comprehensive R archive network，CRAN）提供下载安装程序和相应软件包。每个 R 程序包包含 R 函数、数据、帮助文档、描述文件等，能辅助快速实现特定功能（图 15.6A）。R 程序包（R 包）是由众多的 R 语言爱好者完成，也可以自己写好 R 包上传上去。R 语言工作界面如图 15.6B 所示。在生物学领域，"Bioconductor"是一个基于 R 语言的生物信息学分析工具主要发布平台。

1. R 包的安装和应用

（1）R 包的安装　　电脑或者服务器连网时：直接用 install.packages()，选择镜像后，程序将自动下载并安装程序包。例如，打开 Rgui，在控制台输入：install.packages("vegan")。

本地安装：Packages＞install packages from local files 选择下载到本地磁盘上的 R 包文件夹。Linux 系统上通常采用此种方式安装。

程序包在使用之前，需要在控制台输入 library(vegan)，即先加载此包。

（2）R 对象与函数　　对象的命名：R 语言里的对象是区分大小的，S 与 s 不同。对象名不能用数字开头，但是数字可以放在中间或者结尾，以 "." 作为间隔，如 annot.out1。注意命名对象时不要与保留名称冲突。

R 语言在统计上还有很多应用。推荐阅读 *A Handbook of Statistical Analyses Using R*、*Data Mining with R Learning with Case Studies*、*Machine Learning for Hackers* 等书籍。

2. R 语言在生物信息学中的应用——Bioconductor　　在生物学领域，最出名的 R 包莫过于 Bioconductor（www.bioconductor.org/）。它是一个基于 R 语言的生物信息学分析工具发布平台（图 15.7）。该平台提供了大量开源生物信息学软件包，支持包括 DNA、RNA、Hi-C、染色质免疫沉淀、甲基化和核糖体谱分析等涵盖基因组、蛋白质组学、代谢组学、流式细胞分析、定量成像等各种类型的高通量数据。目前已开发 DNA、RNA-Seq、ChIP-Seq 及单细胞等序列数据分析的基于 R 语言数据分析的完整处理流程（如图 15.8 所示 RNA-Seq 分析解决方案）。每一个软件包都有详尽的说明文档及脚本代码，并附带测试数据，通俗易懂。

四、MySQL 语言

学好结构化查询语言（structured query language，SQL），有利于大数据的管理与维护。SQL 是专为数据库而建立的操作命令集，是一种功能齐全的数据库语言。在使用时只需要发出 "做什么" 的命令，而 "怎么做" 是不用使用者考虑的。SQL 已经成为生物信息学相关数据库操作的基础，并且现在几乎所有的数据库均支持 SQL。在学习 SQL 语法之前，需先熟悉 "数据库" 的概念。数据库（database）：保存有组织的数据的容器。数据库对象是数据库的主要组成部分，通常包括以下几种。

1）表（table）：某种特定类型数据的结构化清单，一个数据库表由一条或多条记录组成，

A

Available CRAN Packages By Name

A B C D E F G H I J K L M N O P Q R S T U V W X Y Z

A3	Accurate, Adaptable, and Accessible Error Metrics for Predictive Models
abbyyR	Access to Abbyy Optical Character Recognition (OCR) API
abc	Tools for Approximate Bayesian Computation (ABC)
ABCanalysis	Computed ABC Analysis
abc.data	Data Only: Tools for Approximate Bayesian Computation (ABC)
abcdeFBA	ABCDE_FBA: A-Biologist-Can-Do-Everything of Flux Balance Analysis with this package
ABCoptim	Implementation of Artificial Bee Colony (ABC) Optimization
ABCp2	Approximate Bayesian Computational Model for Estimating P2
abcrf	Approximate Bayesian Computation via Random Forests
abctools	Tools for ABC Analyses
abd	The Analysis of Biological Data
abf2	Load Gap-Free Axon ABF2 Files
ABHgenotypeR	Easy Visualization of ABH Genotypes
abind	Combine Multidimensional Arrays
abn	Modelling Multivariate Data with Additive Bayesian Networks
abodOutlier	Angle-Based Outlier Detection
AbsFilterGSEA	Improved False Positive Control of Gene-Permuting GSEA with Absolute Filtering
abundant	Abundant regression and high-dimensional principal fitted components
ACA	Abrupt Change-Point or Aberration Detection in Point Series
acc	Functions for Processing and Analyzing Accelerometer Data
accelerometry	Functions for Processing Minute-to-Minute Accelerometer Data
accelmissing	Missing Value Imputation for Accelerometer Data
AcceptanceSampling	Creation and Evaluation of Acceptance Sampling Plans
ACCLMA	ACC & LMA Graph Plotting
accrual	Bayesian Accrual Prediction
accrued	Data Quality Visualization Tools for Partially Accruing Data
ACD	Categorical data analysis with complete or missing responses
ACDm	Tools for Autoregressive Conditional Duration Models
acepack	ace() and avas() for selecting regression transformations
ACEt	Estimating Age Modification Effect on Genetic and Environmental Variance Components in Twin Models
acid	Analysing Conditional Income Distributions
acm4r	Align-and-Count Method comparisons of RFLP data
acmeR	Implements ACME Estimator of Bird and Bat Mortality by Wind Turbines
ACNE	Affymetrix SNP Probe-Summarization using Non-Negative Matrix Factorization
acnr	Annotated Copy-Number Regions
acopula	Modelling dependence with multivariate Archimax (or any user-defined continuous) copulas
acp	Autoregressive Conditional Poisson

B

图 15.6　R 软件简介

A. CRAN 镜像点上 R 程序包及其功能介绍；B. R 语言工作界面

图 15.7　Bioconductor 主页

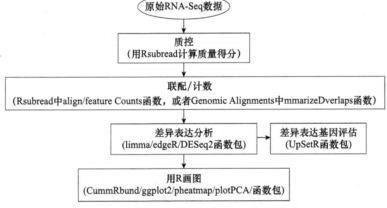

图 15.8　基于 R 语言的 RNA-Seq 有参考基因组完整解决方案
针对 RNA 测序分析相关内容（每个框内），括号里分别提供了这些分析用到的 R 包及函数

没有记录的表称为空表。数据库中每个表都有唯一标识自己的名字，即表名。

2）索引（index）：根据指定的数据库表列建立起来的顺序。它提供了快速访问数据库的途径，并可监督表的数据，使其索引所指向的列中的数据不重复。

3）视图（view）：同表一样，具有一组命名的字段和数据项，但它其实是一个虚拟的表，在数据库中并不存在，是由查询数据库表产生的，由此可知，视图是用来限制用户对数据的查看与访问，只显示用户需要的内容。

4）图表（diagram）：图表其实就是数据库表之间的关系示意图。利用它可以编辑表与表之间的关系。

5）缺省值（default）：缺省值是当在表中创建列或插入数据时，对没有指定其具体值的列或列数据项赋予事先设定好的值。

6）规则（rule）：规则是对数据库表中数据信息的限制。它限定的是表的列。

7）触发器（trigger）：触发器是一个用户定义的 SQL 事务命令的集合。当对一个表进行插入、更改、删除时，这组命令就会自动执行。

8）存储过程（stored procedure）：存储过程是为完成特定的功能而汇集在一起的一组 SQL 程序语句，经编译后存储在数据库中的 SQL 程序。

9）用户（user）：所谓用户就是有权限访问数据库的人。

SQL 包括了所有对数据库的操作，主要由以下 4 个部分组成。

（1）

1. 数据定义　　数据定义（data definition language，DDL）是定义数据库的逻辑结构，包括定义数据库、基本表、视图和索引。详细示例扫二维码（1）可见。

（2）

2. 数据操纵　　数据操纵（data manipulation language，DML）包括数据查询和数据更新两大类操作，其中数据更新又包括插入、删除和更新三种操作。详细示例扫二维码（2）可见。

（3）

3. 数据控制　　数据控制（data control language，DCL）包括对用户访问数据的控制有基本表和视图的授权、完整性规则的描述控制、事务控制和并发控制等。详细示例扫二维码（3）可见。

4. 嵌入式 SQL 语言的使用规定　　SQL 语句在宿主语言的程序中有严格的使用规则。例如，在嵌入式 SQL 中，为了能够区分 SQL 语句与主语言语句，SQL 语句都必须加前缀 EXEC SQL。SQL 语句的结束标准则随主语言的不同而不同，如在 C 中以分号结束。

详细学习 MySQL 可参考《SQL 必知必会》《SQL 权威指南》《SQL 编程风格》等书籍。跨平台的开源 MySQL GUI 可视化管理工具，如 MyDB Studio、phpMyAdmin、Navicat、DBTools Manager 等，集成了 SQL 开发、数据库设计、创建和维护等功能的 MySQL 数据库管理和开发环境，可以协助开发人员更好地对 MySQL 数据库和数据库服务器进行管理与维护。

第三节　其　　他

随着信息化的飞速发展，过去 20 年内计算机领域传输网络、分布式系统、多核处理器体系结构的快速发展，已很清楚地表明并行化是未来科学计算的发展方向，测序技术日更月迭，产出数据的速度越来越快，海量的数据对生物计算及计算机硬件性能提出了越来越高的要求。如何整合现有资源、提升数据处理速度？并行化与自动化是必然的趋势，也是生物信息分析人员摆脱各种常规分析、提高效率的必备技能。

一、并行化

1. 并行式计算原理与应用

（1）原理　　什么是并行式计算呢？它是相对串行式计算而言的。传统上，一般的软件设计都是串行式计算，它具有以下 4 个特点：①软件在一台只有一个 CPU 的电脑上运行；②问题被分解成离散的指令序列；③指令被一条接一条地执行；④在任何时间 CPU 上最多只有一条指令在运行（图 15.9）。

而并行式计算则是使用多个计算资源去解决可计算问题。它的特点是：①用多核 CPU 来运行；②问题被分解成离散的部分可以被同时解决；③每一部分被细分成一系列指令；④每一部分的指令可以在不同的 CPU 上同时执行（图 15.10）。实践证明并行式计算比串行式计算的速度及效率高得多。例如，用 BLAST 进行几十万条序列的注释，设置 num_threads（指定线程数）的速度远远快于单线程运行速度，而 mpiBlast（Blast 的并行化版本）的速度远远（指

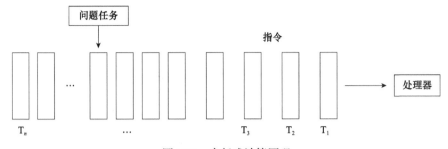

图 15.9　串行式计算原理

T 表示第 *n* 个指令 / 操作 / 任务

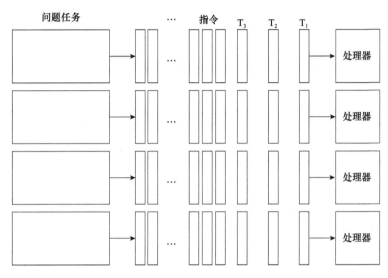

图 15.10　并行式计算原理

T 表示第 *n* 个指令 / 操作 / 任务

数级）快于设置多线程运行速度，如果对于数量级较大的序列，多线程运行需要一个月的时间，而并行式计算可能只需要两三天（速度与使用了多少台计算资源密切相关）。由此可见，并行式计算可以大大提高工作效率，缩短计算时间，甚至可以使用便宜的乃至市面将要淘汰的 CPU 来构建并行聚簇，这就是并行计算的优势。美国 Calvin College 的 Joel Adams 就花费不到 2500 美元实现了 4 台计算机的小超算计算集群组建，整个系统拥有超过 260 亿次的计算性能，规格小、易存放（详见 http://www.calvin.edu/～adams/research/microwulf/ ）。并行式计算还可以解决更大规模的或受限于单台计算资源而无法开展的问题，尤其是那些当计算机的内存受到限制时，用单个计算机来解决是不切实际或者根本不可能的任务。

（2）应用　　当前的并行式计算主要运用在大气环境、地理地震、核能物理、空间飞行等复杂科学计算或真实世界工程问题模拟上。在生物学领域，许多生物信息分析工具都是为了解决某个具体问题而开发，而且很多人都是非计算机背景或对并行化了解甚少，处理的数据也没有如今这么庞大，大部分工具都不支持并行化计算，真正的运用十分少（图 15.11）。mpiBlast 也随着日益庞大的 nr、nt 数据库而优化改进。随着越来越多的著名计算机公司涉足生命科学领域，针对海量数据处理的计算速度及效率瓶颈将得到显著改善与提高。

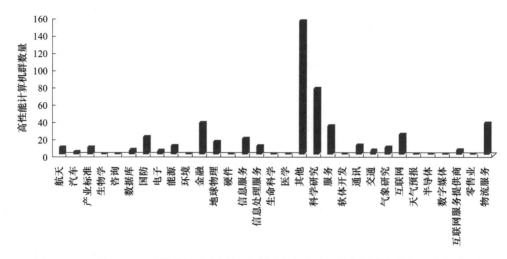

图 15.11　世界 Top500 高性能计算应用领域（图片来自美国劳伦斯利弗莫尔国家实验室）

2. 并行编程模型　　如何实现串行计算任务的并行化计算呢？先了解至今通用的几种并行编程模型：共享内存、线程、消息传递、数据并行及混合模型等（扫二维码见详细介绍）。这些模型并不是为了某个特定的机器或内存体系结构而设计，相反，它们都可以在硬件层下实现。要使用哪个模型通常取决于可以获得哪个模型和个人的选择，每个模型相对其他来说都有其优缺点及实现方法，但没有"最好"的模型。

为了简化编程人员的工作，当前已有一些工具帮助编程人员把串行的程序自动转换成并行的程序。最通用的工具是并行化编译器或预编译器，它们可以自动把串行化程序并行化。例如，并行化编译器主要包括以下两种工作方式。

1）全自动化。编译器分析源代码并识别代码中并行的可能性；分析包括识别并行约束，计算使用并行机制所需要的代价，判断是不是真的提高了性能；循环程序（do，for）是主要的自动并行化对象。

2）编程人员直接指定并行化。使用编译器指令或者编译器标记，程序员清楚地告诉编译器如何来并行化代码，将程序中的一部分使用自动并行化。

如果有串行的代码需要并行化，并且时间和预算有限，自动并行化可能是更好的选择。但是要注意并行可能只能用于代码的子程序（主要是循环），还有可能会经常遇到分析指出程序有依赖或者代码过于复杂而不能并行化的情况，而且自动并行化没有人为编程的并行性和灵活性好。

那么，如何开发设计并行化计算工具呢？

第一步，需要理解要并行处理的问题。如果写好了串行化代码，也有必要理解写好的这份代码。

1）在尝试开发问题的并行解决方案之前，应该判断当前的问题是否真的可以被并行。例如，为几千个独立的模块构造方法计算潜在所需开销，完成后找到花费最少的构造方法。这个例子可以被并行处理。每个模块的构造方法是彼此独立的。最小花费的计算也是可并行的问题。又如生物信息分析当中的序列比对（blast，mapping），每条序列的任务处理都是独立不相关的，故可以并行化处理。而计算斐波那契（Fibonacci）数列（0，1，1，2，3，5，8，13，21…）$F(K+2)=F(K+1)+F(K)$ 这个问题是不可以并行化的，因为斐波那契数列的计算中每一项都依赖其他项，不是独立的。$K+2$ 这个计算用到了 K 和 $K+1$ 的结果。三个子句不可以独立计算，因此不可以并行。再如生物信息分析领域的基因组拼接，也是不可并行。

2）应识别程序中的关键点，也就是程序的核心。了解程序中哪里做了大部分工作（大多数的科学和技术程序通常在某些地方完成了大部分的任务），并做性能分析评估，考虑程序中关键点的并行可能性。

3）还需要识别程序中的瓶颈：是否存在特别慢或者导致可并行的工作停止或延误的程序段？例如，I/O 经常是系统瓶颈。是否有可能通过重构或者使用不同的算法来减少或消除程序中的瓶颈，并识别程序中可能限制因素？常见的限制是数据依赖，像斐波那契数列等，需要尝试研究其他可能的算法。

第二步，将问题分解成离散的可以被分配到多任务中的工作块。这就是任务分解。分解并行任务中的可计算工作的两个基本方式是作用域分解和功能分解。

1）作用域分解：在这个方式中，与问题相关的数据将会被分解。每个并行的任务只能使用部分数据，但是有不同的方法可以分解数据。

2）功能分解：在这种方式中，主要关注要被完成的计算而不是操作数据的计算。问题是根据当前一定要完成的任务划分的。每个任务完成全部工作的一部分（图 15.12）。

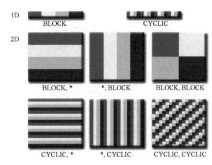

图 15.12　不同方法分解数据
（图片来自美国劳伦斯利弗莫尔国家实验室）

下文以串行和并行打印 hello World 的 C 语言实现为例，讲述并行编程。串行 C、并行 C 和 Fortran 程序的比较如图 15.13 所示，并行计算运行流程如图 15.14 所示。

```#include <stdio.h>``` ```Int main(int argc, char *argv[])``` ```{``` ``` Printf("Hello, World!\n");``` ```}```	```#include <stdio.h>``` ```#include "mpi.h"``` ```main(int argc, char *argv[])``` ```{``` ``` MPI_Init(&argc, &argv);``` ``` printf("Hello, World!\n");``` ``` MPI_Finalize();```	```program main``` ```include'mpif.h'``` ```integer ierr``` ```call MPI_INIT(ierr)``` ```print *, 'Hello, World!'``` ```call MPI_FINALIZE(ierr)``` ```end```
编译并运行： ```gcc-o hello hello.c``` ```./hello```	编译并运行： ```mpicc-O2-o hello hello.c``` ```mpirun-np 4 hello``` (-np:指定运行程序的进程数)	编译并运行： ```mpicc-O2-o hello hello.c``` ```mpirun-np 4 hello```

图 15.13　串行 C（左）、并行 C（中）和 Fortran（右）程序比较

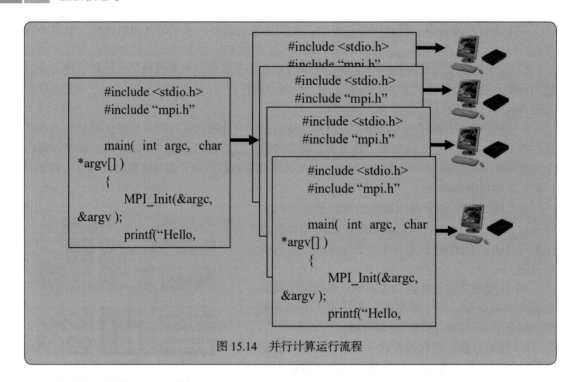

图 15.14　并行计算运行流程

常用的 C 语言 MPI 函数如下。

- MPI_Init(int*argc，char**argv[])：完成 MPI 程序的所有初始化工作。所有 MPI 程序的第一条可执行语句都是这条语句以表示启动 MPI 环境。
- MPI_Finalize(void)：MPI 程序的最后一个调用，表示结束 MPI 程序的运行。
- MPI_Comm_size(MPI_Comm comm，int*size)：获得进程个数（size）。
- MPI_Comm_rank(MPI_Comm comm，int*rank)：获得进程的一个 0 到 $p-1$ 之间的 rank 整数值，类似于进程的 ID。
- MPI_Send(void*buf，int count，MPI_Datatype datatype，int dest，int tag，MPI_Comm comm)：将发送缓冲区的 count 个 datatype（数据类型）的数据发送到目的进程。
- MPI_Recv(void*buf，int count，MPI_Datatype datatype，int source，int tag，MPI_Comm comm，MPI_Status*status)：接收消息。

在开发设计并行程序时还需要考虑通信（包括通信开销、带宽和延迟、通信可见性、同步通信和异步通信，以及通信的范围和效率）、同步、数据依赖、负载平衡、I/O，以及程序的复杂性、可移植性、所需资源、可扩展性等。

相比串行程序来说，并行程序的调试、监视、分析，以及并行程序的执行更加困难。这可以结合很多已有的监视程序执行和程序分析的工具进行。

当前并行计算模型有 MPI、OPENMP、OPENCL、OPENGL、CUDA。可参考资料：Michael J. Quinn 的《MPI 与 OpenMP 并行程序设计》，Paul 的《深入理解并行编程》（mirrors.edge.kernel. org），以及美国劳伦斯利弗莫尔国家实验室网站（https://computing.llnl.gov/tutorials/parallel_comp/）。

如果说并行化是为了提高执行速度、缩短计算时间，那么自动化则是为了避免周而复始的重复劳动，缩减人力成本，增加任务分析的可复制性。无论是对于公司还是研究机构，自动化的重要性均不可估量，其可以让分析人员有更多的时间去突破新且难的问题。在生物信息分析领域，这更是必然。例如，QIIME 就是集成了质控、聚类、序列比对、去嵌合等各种工具中最优者而开发的针对 16S rDNA 测序的自动化分析工具；Galaxy 是囊括了当前常用的各种生物信息分析的工具而整合的一款云计算平台，用户提交数据，选择需要执行的分析任务，然后等待分析结果即可。

二、算法与画图

1. 算法　　　之所以将算法单独提出，是因为程序的核心在于算法。学好编程不仅要掌握编程语言，更关键在于掌握算法。当前生物数据暴发性增长，对处理数据的算法及硬件资源提出了更高的要求。如何在最短时间内最真实地逼近实际结果是每一个生物信息分析人员需要思考的问题。要掌握算法，首先必须意识到算法往往伴随着数据结构一起出现。每一种算法都是基于各种不同数据结构上的实现。不同的数据结构在处理不同的问题时有各自的偏向性。在不同的语言中，各种针对实际问题的数据结构也有一些巧妙和通用的做法。

常用的数据结构有链表、列表、堆栈、队列、二叉树、平衡树、堆、哈希表和图等，除此之外还有各种各样的变形，但是万变不离其宗。围绕着这些数据结构还有各种各样的算法。

1）常用算法：枚举法、贪婪算法、递归和分治法、递推法、构造法、模拟法。

2）图算法：图的深度优先遍历和广度优先遍历、最短路径算法、最小生成树算法、拓扑排序、二分图的最大匹配（匈牙利算法）、最大流的增广路算法（KM算法）。

3）数据结构：串、排序（快排、归并排、堆排）、简单并查集、哈希表和二分查找等高效查找法（数的 Hash，串的 Hash）、哈夫曼树、堆、树（静态建树、动态建树）。

4）简单搜索：深度优先搜索、广度优先搜索、简单搜索技巧和剪枝。

5）动态规划背包问题：最长公共子序列、最优二分检索树。

6）组合数学：加法原理和乘法原理、排列组合、递推关系。

7）数论：素数与整除问题、进制位、同余模运算。

8）计算方法：二分法求解单调函数等。

9）计算几何学：几何公式、叉积和点积的运用、多边形的简单求面积算法、凸包。

要学习好算法，上述基础知识都要研读，熟练掌握，推荐阅读 CLRS 的《算法导论》、Robert Sedgewick 的《算法》和《算法设计与分析》等书籍。Coursera 上也有很多如 Stanford、Princeton、MIT 等著名学校关于算法的课程，可结合这些资源来系统地学习。

2. 画图　　　画图或可视化（visualization）是利用计算机图形学和图像处理技术，将数据转换成图形或图像在屏幕上显示出来，并进行交互处理的理论、方法和技术（图 15.15）。不管哪个行业哪个领域，可视化都是一门重要的研究课题。如何将枯燥、看似无关联的数据及结果通过图形的方式巧妙呈现，并恰到好处地描述其中的关联、内在规律及画图者的思想也是每一个生物信息分析人员需要掌握的技能。不仅仅局限于生物信息分析等大数据挖掘领域，当前主要应用 R 语言、Adobe Illustrator，以及基于各种程序语言开发可视化工具，如 Circos 就是基于 Perl 开发的一款可视化工具（图 15.16）。

在可视化方面，R 语言主要支持 4 套图形系统：基础图形（base）、网格图形（grid）、lattice 图形和 ggplot2。其中前三个都内置于 R 的发行包，功能已经非常稳定，2005 年问世的 ggplot2 日益成为 R 语言中数据可视化

图 15.15　数据的可视化

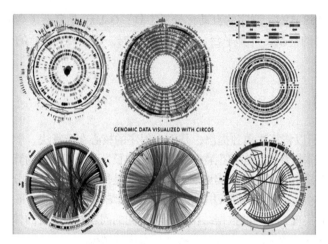

图 15.16　Circos 可视化工具

的主流选择。R 语言的可视化特点举例如图 15.17 所示。由于 ggplot2 具有强大的图形外观，所以吸引了众多使用者和开发者，已开始被移植到其他（如 Python 等）语言中。推荐资料：*R Cookbook*、*R Graphics Cookbook*、*R in action*、*ggplot2: Elegant Graphics for Data Analysis*；如果需要用 R 语言做统计分析及数据挖掘，可参考 *R Programming for Bioinformatics*、*Data Mining with R: Learning with Case Studies*。

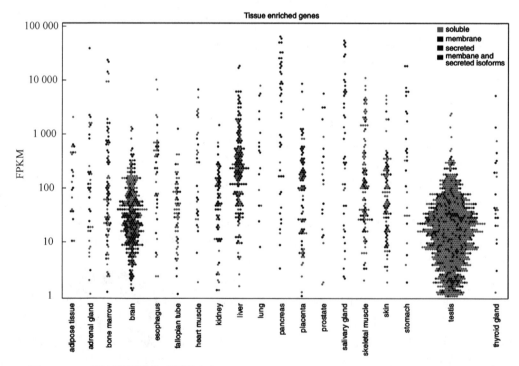

图 15.17　R 语言的可视化（图片来自 http://science.sciencemag.org/content/347/6220/1260419）

　　在生物信息学分析中，经常涉及相关矩阵图的绘制，如基因表达之间的相关性，微生物菌群之间的相关性等。在 R 中可以用 cor 函数来计算相关矩阵，ggplot2 中的 corrplot 包可用于绘制相关矩阵图，大大简便了分析与绘图流程（图 15.18）。图 15.18 的源代码如下。

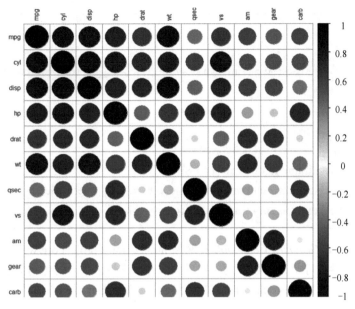

图 15.18　ggplot2 中的 corrplot 包示例

Windows 下：
1. 安装 ggplot2
打开 R 的菜单栏→Packages→"Install packages…"，选择 ggplot2，corrplot
2. R 命令终端
＞library（ggplot2）
＞library（corrplot）
＞mcor＞-cor（mtcars）
＞round（mcor,digits＝2）
＞corrplot（mcor）

R 还可以画网络图，如图 15.19 所示。图 15.19 的源代码如下。

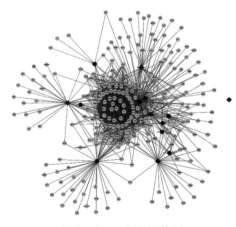

图 15.19　R 包的网络图

Windows 下：
1. 安装 ggplot2
打开 R 的菜单栏→Packages→"Install packages…"，选择 ggplot2,igraph,gcookbook
2. R 命令终端
＞library(igraph)
＞library(gcookbook)
＞m＜-madmen[1:nrow(madmen)%%2==1,]
＞g＜-graph.data.frame(m,directed=FALSE)
＞plot(g,layout=layout.fruchterman.reingold,vertex.size=4,vertex.label=V(g)$name,vertex.label.cex=0.8,vertex.label.dist=0.4,vertex.label.color="black")

更多实例参见 *R Graphics Cookbook* 及网站 https://cran.r-project.org/web/packages。对于没有编程能力的分子生物学者，可以利用一些界面友好、支持多平台的生物信息学工具进行画图（详见本书附录 2）。例如，TBtools，其提供了针对大规模数据分析的各种结果呈现或画图工具。

习　　题

1. Linux 操作系统与 Windows 操作系统有什么区别？常用 Linux 命令有哪些？
2. 请分别用 Python、R 及 MySQL 语言实现将年龄大于 19 岁且选修了数学的学生信息输出。课程信息如下表所示。

name	age	class1	class2	class3
Andy	20	math	art	biology
July	19	computer	art	chemistry
Betty	21	math	computer	language
Jane	18	language	physics	math
Job	20	chemistry	art	language
Bob	19	biology	chemistry	math

3. 常用算法有哪些？使用一门编程语言实现它。
4. 请编写一个并行小程序来计算 π 值。
5. 请用 R 语言根据下表所示功能注释数据，完成下图的绘制，并以 png 格式输出。

class	gene number	annotation
A	239	RNA processing and modification
B	309	chromatin structure and dynamics
C	919	energy production and conversion
D	1206	cell cycle control, cell division, chromosome partitioning

续表

class	gene number	annotation
E	1125	amino acid transport and metabolism
F	225	nucleotide transport and metabolism
G	1795	carbohydrate transport and metabolism
H	489	coenzyme transport and metabolism
I	623	lipid transport and metabolism
J	2243	translation, ribosomal structure and biogenesis
K	2455	transcription
L	2335	replication, recombination and repair
M	1164	cell wall/membrane/envelope biogenesis
N	230	cell motility
O	2157	posttranslational modification, protein turnover, chaperones
P	861	inorganic ion transport and metabolism

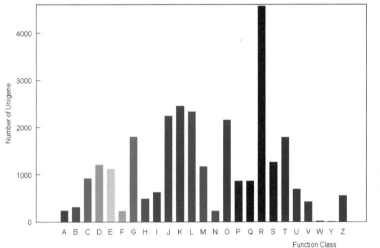

COG Function of All Unigene Classification

A RNA processing and modification
B Chromatin structure and dynamics
C Energy production and conversion
D Cell cycle control, cell division, chromosome partitioning
E Amino acid transport and metabolism
F Nucleotide transport and metabolism
G Carbohydrate transport and metabolism
H Coenzyme transport and metabolism
I Lipid transport and metabolism
J Translation, ribosomal structure and biogenesis
K Transcription
L Replication, recombination and repair
M Cell wall/membrane/envelope biogenesis
N Cell motility
O Posttranslational modification, protein turnover, chaperones
P Inorganic ion transport and metabolism
Q Secondary metabolites biosynthesis, transport and catabolism
R General function prediction only
S Function unknown
T Signal transduction mechanisms
U Intracellular trafficking, secretion, and vesicular transport
V Defense mechanisms
W Extracellular structures
Y Nuclear structure
Z Cytoskeleton

历史与人物

Python 语言与范罗苏姆

　　Python 语言最近很火，在生物信息学领域恰似当年的 Perl（当年如果做生物信息研究的人不会 Perl，那简直有些天方夜谭的感觉）。如今，Python 取代了 Perl。由于 Python 语言的简洁性、易读性及可扩展性，从 2004 年以后，Python 的使用率呈线性增长，目前已经成为最受欢迎的程序设计语言之一。

　　有人说 Python 是由一个"不务正业"的人发明的，这个人就是吉多·范罗苏姆（Guido van Rossum，1956~）。1989

年圣诞节，这位荷兰人在阿姆斯特丹感觉很无聊，决定开发一种新的脚本解释语言——Python。之所以选择"Python"（大蟒蛇）作为程序的名字，是因为他喜爱的一部英国电视喜剧 *Monty Python's Flying Circus*。其实在开发 Python 之前，范罗苏姆也是 ABC 语言的设计者，但 ABC 最终没有获得成功。范罗苏姆认为 ABC 失败的根源在于没有开源。所以在开发 Python 时就特别重视开源和与其他语言的结合。就这样，Python 在范罗苏姆手中诞生了。

范罗苏姆的 Python 设计理念是"优雅""明确"和"简单"，即"用一种方法，最好就这一种方法来做一件事"。在设计 Python 语言时，如果面临多种选择，Python 开发者一般会拒绝花哨的语法，而选择明确的、没有或者很少有歧义的语法（Perl 语言的理念正好相反——"总是有多种方法来做同一件事"）。由于这种设计观念的差异，Python 源代码通常被认为比 Perl 具备更好的可读性，并且能够支撑大规模的软件开发。

范罗苏姆 1995 年从荷兰移居美国。2005 年加入 Google，用 Python 语言为 Google 写了面向网页的浏览工具。2013 年加入 Dropbox。2018 年 7 月，他宣布正式退出 Python 核心决策层。在 Python 社区，他被人称作"仁慈的独裁者"，一直主导着 Python 语言的开发和发展。

主要参考文献 [①]

樊龙江. 2020. 植物基因组学 ［M］. 北京：科学出版社.

郝柏林. 2015. 来自基因组的一些数学 ［M］. 上海：上海科技教育出版社.

周志华. 2016. 机器学习 ［M］. 北京：清华大学出版社.

Attwood TK, Smith DJ. 2002. 生物信息学概论 ［M］. 罗静初，译. 北京：北京大学出版社.

Jonathan Pevsner. 2006. 生物信息学与功能基因组学 ［M］. 孙之荣，译. 北京：化学工业出版社.

Michael Waterman. 2009. 计算生物学导论—图谱、序列和基因组 ［M］. 黄国泰，王天明，译. 北京：科学出版社.

Pierre Baldi, Soren Bruak. 2003. 生物信息学—机器学习方法 ［M］. 张东晖，译. 北京：中信出版社.

Azodi CB, Bolger E, McCarren A, et al. 2019. Benchmarking parametric and machine learning models for genomic prediction of complex traits[J]. G3: Genes, Genomes, Genetics, 9 (11): 3691-3702.

Durbin R, Eddy SR, Krogh A, et al. 1998. Biological Sequence Analysis: Probabilistic Models of Proteins and Nucleic Acids [M]. Cambridge: Cambridge University Press.

Gauthier J, Vincent AT, Charette SJ, et al. 2018. A brief history of bioinformatics [J]. Briefings in Bioinformatics, 20(6): 1981-1996.

Gutaker RM, Groen SC, Bellis ES, et al. 2020. Genomic history and ecology of the geographic spread of rice [J]. Nature Plants, 6 (5): 492-502.

Jones NC, Pevzner PA. 2004. An Introduction to Bioinformatics Algorithms [M]. Cambridge: MIT Press.

Kolmogorov M, Yuan J, Lin Y, et al. 2019. Assembly of long, error-prone reads using repeat graphs [J]. Nature Biotechnology, 37 (5): 540-546.

Lähnemann D, Köster J, Szczurek E, et al. 2020. Eleven grand challenges in single-cell data science [J]. Genome Biology, 21 (1): 1-35.

Li Y, Huang C, Ding L, et al. 2019. Deep learning in bioinformatics: Introduction, application, and perspective in the big data era [J]. Methods, 166: 4-21.

Michael TP, van Buren R. 2020. Building near-complete plant genomes [J]. Current Opinion in Plant Biology, 54: 26-33.

Mount DW. 2004. Bioinformatics: Sequence and Genome Analysis [M]. 2nd edition. New York: Cold Spring Harbor Laboratory Press.

Pérez-Enciso M, Zingaretti LM. 2019. A guide on deep learning for complex trait genomic prediction [J]. Genes, 10 (7): 553.

Pevzner P. 2000. Computational Molecular Biology: An Algorithmic Approach [M]. Cambridge: MIT press.

Shendure J, Balasubramanian S, Church GM, et al. 2017. DNA sequencing at 40: past, present and future [J]. Nature, 550 (7676):345-353.

Teichmann S, Efremova M. 2020. Method of the year 2019: single-cell multimodal omics [J]. Nature Methods, 17 (1): 1.

Varshney RK, Sinha P, Singh VK, et al. 2020. 5Gs for crop genetic improvement [J]. Current Opinion in Plant Biology, 56: 190-196.

Voichek Y, Weigel D. 2020. Identifying genetic variants underlying phenotypic variation in plants without complete genomes [J]. Nature Genetics, 52 (5): 1-7.

Wang H, Cimen E, Singh N, et al. 2020. Deep learning for plant genomics and crop improvement [J]. Current Opinion in Plant Biology, 54: 34-41.

---

① 仅列出主要参考文献，完整参考文献扫二维码可见

附录1 生物信息学常用代码和关键词

一、核苷酸 / 氨基酸代码和遗传密码

生物信息学常用一些国际公认（IUB/IUPAC）代码或兼并码来描述序列信息。

1. 核苷酸单字母代码

代码	核苷酸	代码	核苷酸
A	脱氧腺苷酸（dAMP）或腺苷酸（AMP）	C	脱氧胞苷酸（dCMP）或胞苷酸（CMP）
G	脱氧鸟苷酸（dGMP）或鸟苷酸（GMP）	U	尿苷酸（UMP）
T	脱氧胸苷酸（dTMP）		

2. 兼并代码

代码	碱基	说明	代码	碱基	说明
R	A 或 G	嘌呤（purine）	B	C, G 或 T	非 A（not A）
Y	T 或 C	嘧啶（pyrimidine）	D	A, G 或 T	非 C（not C）
W	A 或 T	弱键（weak）	H	A, C 或 T	非 G（not G）
S	C 或 G	强键（strong）	V	A, C 或 G	非 T（not T）
M	A 或 C	氨基（amino）	N	A, G, C 或 T	任意碱基（any）
K	G 或 T	酮基（keto）			

3. 氨基酸代码

单字母代码	三字母代码	氨基酸	单字母代码	三字母代码	氨基酸
A	Ala	丙氨酸（alanine）	N	Asn	天冬酰胺（asparagine）
B	Asx	天冬酰胺（asparagine）	P	Pro	脯氨酸（proline）
		或天冬氨酸（aspartic acid）	Q	Gln	谷氨酰胺（glutamine）
C	Cys	半胱氨酸（cysteine）	R	Arg	精氨酸（arginine）
D	Asp	天冬氨酸（aspartic acid）	S	Ser	丝氨酸（serine）
E	Glu	谷氨酸（glutamic acid）	T	Thr	苏氨酸（threonine）
F	Phe	苯丙氨酸（phenylalanine）	V	Val	缬氨酸（valine）
G	Gly	甘氨酸（glycine）	W	Trp	色氨酸（tryptophan）
H	His	组氨酸（histidine）	X	Xxx	未知（unknown）
I	Ile	异亮氨酸（isoleucine）	Y	Tyr	酪氨酸（tyrosine）
K	Lys	赖氨酸（lysine）	Z	Glx	谷氨酰胺（glutamine）
L	Leu	亮氨酸（leucine）			或谷氨酸（glutamic acid）
M	Met	甲硫氨酸（蛋氨酸）（methionine）			

4．氨基酸分类

理化性质	氨基酸（单字母代码）	理化性质	氨基酸（单字母代码）
醇类（alcohol）	S T	具有极性（polar）	C D E H K N Q R S T
脂肪族的（aliphatic）	I L V	带正电荷（positive）	H K R
芳香族的（aromatic）	F H W Y	小分子量（small）	A C D G N P S T V
带电的（charged）	D E H K R	微分子量（tiny）	A G S
疏水的（hydrophobic）	A C F G H I K L M R T V W Y	具有转角结构（turnlike）	A C D E G H K N Q R S T
带负电荷（negative）	D E		

5．遗传密码子

第一碱基	第二碱基				第三碱基
	U	C	A	G	
U	UUU ⎫ Phe UUC ⎭ UUA ⎫ Leu UUG ⎭	UCU ⎫ UCC ⎬ Ser UCA ⎪ UCG ⎭	UAU ⎫ Tyr UAC ⎭ UAA-终止 UAG-终止	UGU ⎫ Cys UGC ⎭ UGA-终止 UAG-Trp	U C A G
C	CUU ⎫ CUC ⎬ Leu CUA ⎪ CUG ⎭	CCU ⎫ CCC ⎬ Pro CCA ⎪ CCG ⎭	CAU ⎫ His CAC ⎭ CAA ⎫ Gln CAG ⎭	CGU ⎫ CGC ⎬ Arg CGA ⎪ CGG ⎭	U C A G
A	AUU ⎫ AUC ⎬ Ile AUA ⎪ AUG-Met	ACU ⎫ ACC ⎬ Thr ACA ⎪ ACG ⎭	AAU ⎫ Asn AAC ⎭ AAA ⎫ Lys AAG ⎭	AGU ⎫ Ser AGC ⎭ AGA ⎫ Arg AGG ⎭	U C A G
G	GUU ⎫ GUC ⎬ Val GUA ⎪ GUG-起始	GCU ⎫ GCC ⎬ Ala GCA ⎪ GCG ⎭	GAU ⎫ Asp GAC ⎭ GAA ⎫ Glu GAG ⎭	GGU ⎫ GGC ⎬ Gly GGA ⎪ GGG ⎭	U C A G

二、序列记录特征关键词

国际核苷酸和蛋白质序列数据库记录中，均使用特征关键词（feature key）来描述每条序列。以下分别列出核苷酸（INSDC）和蛋白质序列记录（UniProt）的一些关键词及其说明。

1．核苷酸序列记录　国际核苷酸数据库联盟（INSDC）确定的关键词表（Version 10.9, November 2019）（http://www.insdc.org/documents/feature_table.html#7.2）如下。

关键词	说明
assembly_gap	基因组或转录组拼接中的空洞
C_region	免疫球蛋白 Ig 链羧基末端区；根据特定的链可包括一个或多个外显子
CDS	编码序列
centromere	着丝粒区域，已被实验证实
D-loop	置换环；线粒体 DNA 内的一个区域，其中 RNA 的短序列与 DNA 的一条链配对，代替了这一区域的原始配对 DNA 链；也用于说明在 RecA 蛋白质催化反应中，侵入的单链替代双链 DNA 一条链的区域

续表

关键词	说明
D-segment	免疫球蛋白重链的多变区和 T-细胞受体的 β 链
exon	编码剪接 mRNA 部分的基因组区域；可以含有 5'UTR、所有 CDS 和 3'UTR
gap	序列中的空格（未知序列）
gene	鉴定为具有生物学意义的基因区域，并已经指定名称
iDNA	间插 DNA；通过几种重组中的任何一种能被消除的 DNA
intron	被转录的 DNA 区段，但通过同时剪接位于其两侧的序列（外显子）即可从转录本内部将其除去
J_segment	免疫球蛋白轻链和重链的连接区段和 T-细胞受体的 α、β 和 γ 链
mat_peptide	成熟的肽或蛋白质的编码序列；翻译修饰之后成熟的或最终的肽或蛋白质产物的编码序列；位置不包括终止密码子（与相应的 CDS 不同）
misc_binding	不能用任何其他 binding 关键词（primer_bind 或 protein_bind）表述的与另一个组成成分共价或非共价结合的核酸位点
misc_difference	特征序列与记录中有所不同，并且不能用任何其他不同关键词（conflict, unsure, old_sequence, mutation, variation, allele 或 modified_base）表述
misc_feature	不能用任何其他特征关键词表述的具有生物学意义的区域；新的或少见的特征
misc_recomb	任何一般性的、位点特异性的或复制的重组事件位点，该位点中不能用其他重组关键词（iDNA 和 virion）或来源关键词的修饰词（/transposon, /proviral）表述的双螺旋 DNA 断裂和愈合
misc_RNA	不能用其他 RNA 关键词（prim_transcript, precursor_RNA, mRNA, 5'clip, 3'clip, 5'UTR, 3'UTR, exon, CDS, sig_peptide, transit_peptide, mat_peptide, intron, polyA_site, rRNA, tRNA, scRNA 和 snRNA）定义的任何转录本或 RNA 产物
misc_structure	不能用其他 structure 关键词（stem_loop 和 D_loop）表述的任何二级或三级结构或构象
mobile_element	包含可移动原件的基因组区域
mRNA	信使 RNA；包括 5' 非翻译区（5'UTR），编码序列（CDS，外显子）和 3' 非翻译区（3'UTR）
ncRNA	不编码蛋白质，其 RNA 转录本具有功能（不是 rRNA、tRNA）
N_region	在重排的免疫球蛋白区段之间插入的额外核苷酸
old_sequence	在此位置处，所表述的序列修改了此序列以前的版本
operon	包含多顺反子转录本的区域，包含受相同调控序列/启动子控制并处于相同的生物途径中的一组基因
oriT	质粒接合转移位点
polyA_site	RNA 转录本上的位点，通过转录后聚腺苷酸化，该位点将被加上腺嘌呤残基
precursor_RNA	仍不是成熟 RNA 产物的任何 RNA 种类；可包括 5' 剪接区（5'clip）、5' 非翻译区（5'UTR）、编码序列（CDS，外显子）、间插序列（内含子）、3' 非翻译区（3'UTR）和 3' 剪接区（3'clip）
prim_transcript	初级（最初的，未加工的）转录本；包括 5' 剪接区（5'clip）、5' 非翻译区（5'UTR）、编码序列（CDS，外显子）、间插序列（内含子）、3' 非翻译区（3'UTR）和 3' 剪接区（3'clip）
primer_bind	起始复制，转录或反转录非共价的引物结合位点；包括合成的如 PCR 引物元件位点
propeptide	前体蛋白结构域编码序列，经切割形成成熟蛋白
protein_bind	核酸上非共价的蛋白质结合位点
regulatory	在转录、翻译、复制或染色质结构的调节中起作用的任何序列
repeat_region	含有重复单元的基因组区域
rep_origin	复制起点；核酸复制得到两个相同拷贝的起始位点
rRNA	成熟的核糖体 RNA；将氨基酸装配成蛋白质的核糖核蛋白颗粒（核糖体）中的 RNA 成分
S_region	免疫球蛋白重链的开关区；它参与重链 DNA 的重排，导致来自相同 B-细胞的不同免疫球蛋白类的表达

续表

关键词	说明
sig_peptide	信号肽编码序列；被分泌蛋白质的 N 端结构域的编码序列；此结构域涉及新生多肽与膜的结合；前导序列
source	鉴定序列中特定范围的生物来源；此关键词是强制性的；每一项至少要有一个跨越整个序列的单一来源关键词；每个序列可允许有一个以上的来源关键词
stem_loop	发卡结构；由 RNA 或 DNA 单链的相邻（反向）互补序列之间的碱基配对形成的双螺旋区域
STS	序列标记位点；基因组上作图分子标记并能通过 PCR 检测的单拷贝 DNA 短的序列；可作为分子标记用于遗传图谱构建
telomere	被实验证实的端粒区域
tmRNA	转移信使 RNA，一类兼有 tRNA 和 mRNA 的双功能 RNA 分子
transit_peptide	转运肽编码序列；核编码的细胞器蛋白质 N 端结构域的编码序列；此结构域参与将蛋白质翻译后运送到细胞器中
tRNA	成熟的转移 RNA，小的 RNA 分子（75~85bp），介导核酸序列翻译成氨基酸序列
unsure	不能确定此区域的准确序列，通常是小于 10 个碱基长度的区域
V_region	免疫球蛋白轻链和重链的可变区，以及 T-细胞受体 α、β 和 γ 链；编码可变的氨基末端部分；可由 V_segment、D_segment、N_region 和 J_segment 组成
V_segment	免疫球蛋白轻链和重链的可变区段，以及 T-细胞受体 α、β 和 γ 链；编码大多数可变区和前导肽的最后几个氨基酸
variation	含有来自相同基因的突变类型（如 RFLP、多态性等）
3′UTP	不被翻译成蛋白质的成熟转录本 3′ 端区域（终止密码子之后）
5′UTP	不被翻译成蛋白质的成熟转录本 5′ 端区域（起始密码子之前）

2. 蛋白质序列记录 基于 UniProt 数据库的关键词及其相关说明（2009 年 9 月 10 日，http://www.uniprot.org/help/sequence_annotation）如下。

类别/关键词	解释与说明
分子过程（molecule processing）	
initiator methionine	起始密码子甲硫氨酸切割 cleavage of the initiator methionine
signal	信号序列（前肽）sequence targeting proteins to the secretory pathway or periplasmic space
transit peptide	运转肽的范围（线粒体、叶绿体或微体）extent of a transit peptide for organelle targeting
propeptide	前肽的范围 part of a protein that is cleaved during maturation or activation
chain	成熟蛋白质中多肽链范围 extent of a polypeptide chain in the mature protein
peptide	成熟蛋白质中活性肽的范围 extent of an active peptide in the mature protein
区域（region）	
topological domain	膜蛋白跨膜区的位置 location of non-membrane regions of membrane-spanning proteins
transmembrane	转膜区域的范围 extent of a membrane-spanning region
intramembrane	膜内，指不穿过膜的区域 extent of a region located in a membrane without crossing it
domain	结构域位置及类型 position and type of each modular protein domain
repeat	基序或功能域重复序列位置 positions of repeated sequence motifs or repeated domains
calcium binding	钙结合位置 position（s）of calcium binding region（s）within the protein

续表

类别 / 关键词	解释与说明
区域（region）	
zinc finger	锌指区域的范围 position（s）and type（s）of zinc fingers within the protein
DNA binding	DNA 结合位置和类型 position and type of a DNA-binding domain
nucleotide binding	核苷酸磷酸结合区 nucleotide phosphate binding region
region	序列中的目标区域 region of interest in the sequence
coiled coil	蛋白质内卷曲螺旋区域的位置 positions of regions of coiled coil within the protein
motif	基序（最多 20 个氨基酸）short（up to 20 amino acids）sequence motif of biological interest
compositional bias	蛋白质成分的偏好区域 region of compositional bias in the protein
位置（site）	
active site	涉及酶活性的氨基酸 amino acid（s）directly involved in the activity of an enzyme
metal binding	金属离子的结合位点 binding site for a metal ion
binding site	任何化学基团（辅酶、辅基等）的结合位点 binding site for any chemical group（co-enzyme, prosthetic group, etc.）
site	序列中任何感兴趣的氨基酸位点 any interesting single amino acid site on the sequence
氨基酸修饰（amino acid modification）	
non-standard residue	在蛋白质序列中的非标准氨基酸残基（硒代半胱氨酸和吡咯赖氨酸）occurence of non-standard amino acids（selenocysteine and pyrrolysine）in the protein sequence
modified residue	残基的翻译后修饰 modified residues excluding lipids, glycans and protein cross-links
lipidation	脂质组成成分的共价结合 covalently attached lipid group（s）
glycosylation	共价键链接的多糖基团 covalently attached glycan group（s）
disulfide bond	二硫键；参与二硫键的半胱氨酸残基 cysteine residues participating in disulfide bonds
cross-link	参与蛋白质共价连接的残基 residues participating in covalent linkage（s）between proteins
自然变异（natural variation）	
alternative sequence	由于氨基酸替代变化产生的蛋白异构体 amino acid change（s）producing alternate protein isoforms
natural variant	蛋白质自然变异 description of a natural variant of the protein
实验信息（experimental information）	
mutagenesis	经实验操作诱变改变的位点 site which has been experimentally altered by mutagenesis
sequence uncertainty	蛋白质序列中的不确定区域 regions of uncertainty in the sequence
sequence conflict	来源不明的序列差异 description of sequence discrepancies of unknown origin
non-adjacent residue	序列中的两个不相连残基 indicates that two residues in a sequence are not consecutive
non-terminal residue	序列末端不是末端残基，即序列不完整 the sequence is incomplete; indicate that a residue is not the terminal residue of the complete protein
二级结构（secondary structure）	
helix	实验确定的蛋白质结构的螺旋区 helical regions within the experimentally determined protein structure
turn	实验确定的二级结构转角 turns within the experimentally determined protein structure
beta strand	经实验测定确定的蛋白质二级结构的 β 折叠 beta strand regions within the experimentally determined protein structure

附录 2　生物信息学主要数据库与分析工具

一、重要门户网站和主要分子数据库

1．重要门户网站

美国国家生物技术信息中心（National Center for Biotechnology Information，NCBI），www.ncbi.nlm.nih.gov/

欧洲生物信息学研究所/欧洲分子生物学实验室（European Bioinformatics Institute，EBI）/（European Molecular Biology Laboratory，EMBL），www.ebi.ac.uk

中国国家基因组科学数据中心（National Genomics Data Center，NGDC），https://bigd.big.ac.cn/

蛋白质序列分析专家系统（ExPASy），www.expasy.org

GitHub 生物信息学开源和商业化软件工具平台，https://github.com

2．主要分子数据库

数据库类别	数据库类型及名称	网址
核苷酸相关		
DNA 和 RNA 序列数据库	GenBank	www.ncbi.nlm.nih.gov/genbank
	ENA	www.ebi.ac.uk/ena
	GSA	http://bigd.big.ac.cn/gsa
	RefSeq	www.ncbi.nlm.nih.gov/refseq/
非编码 RNA 数据库	RNAcentral	www.rnacentral.org/
	NONCODE	http://noncode.org/
	miRBase	www.mirbase.org
	Rfam	http://rfam.xfam.org/
	LncBook	https://bigd.big.ac.cn/lncbook
	circAtlas	http://circatlas.biols.ac.cn/
	PlantcircBase	http://ibi.zju.edu.cn/plantcircbase/
	NPInter	http://bigdata.ibp.ac.cn/npinter4/
基因组数据库——综合性	Ensembl	http://ensembl.org
	NCBI Genome	www.ncbi.nlm.nih.gov/genome
	GOLD	https://gold.jgi.doe.gov/

续表

数据库类别	数据库类型及名称	网址
核苷酸相关		
基因组数据库——植物	Phytozome	https://phytozome.jgi.doe.gov
	Gramene	www.gramene.org
	PLAZA	http://bioinformatics.psb.ugent.be/plaza/
	TAIR	http://arabidopsis.org
	IC4R	http://ic4r.org/
	MaizeGD	www.maizegdb.org/
基因组数据库——人类	UCSC Genome Browser	http://genome.ucsc.edu
	The Cancer Genome Atlas（TCGA）	http://cancergenome.nih.gov
	International Cancer Genome Consortium（ICGC）	https://icgc.org
	HCA	www.humancellatlas.org
基因组数据库——模式生物	Flybase	http://flybase.org
	Mouse Genome Informatics（MGI）	www.informatics.jax.org
	Zebrafish Information Network genome database（ZFIN）	http://zfin.org
	WormBase	www.wormbase.org
	Nematode. net	www.nematode.net
	The Saccharomyces Genome Database (SGD)	www.yeastgenome.org
基因功能分类等数据库	GO	http://geneontology.org
	BUSCO	http://busco.ezlab.org
	Expression Atlas	www.ebi.ac.uk/gxa/home
	Dfam	www.dfam.org
蛋白质相关		
蛋白质序列数据库	Swiss-Prot/TrEMBL/UniProtKB	www.uniprot.org
	PIR	http://pir.georgetown.edu
蛋白质结构数据库	wwPDB（PDB/PDBe/PDBj/BMRB）	www.wwpdb.org/
	SCOP	http://scop.mrc-lmb.cam.ac.uk/scop/
	CATH	www.cathdb.info
蛋白质组学数据库	PRIDE	www.ebi.ac.uk/pride/archive/
蛋白质功能域数据库	InterPro	www.ebi.ac.uk/interpro/
	Pfam	http://pfam.xfam.org
	PROSITE	http://prosite.expasy.org
代谢途径数据库	KEGG	www.genome.jp/kegg/
	REACTOME	https://reactome.org
	MetaboLights	www.ebi.ac.uk/metabolights/
	Pathguide	www.pathguide.org
	MANET	https://manet.illinois.edu
	PlantCyc	www.plantcyc.org
	MapMan	http://mapman.gabipd.org/web/guest

二、生物信息学主要在线和开源分析工具

工具类型及名称	在线分析平台	开源软件下载地址
序列搜索		
BLAST	https://blast.ncbi.nlm.nih.gov/Blast.cgi	ftp://ftp.ncbi.nlm.nih.gov/blast/executables/LATEST
HMMER	www.ebi.ac.uk/Tools/hmmer/	http://hmmer.org
BLAT	http://genome.ucsc.edu/cgi-bin/hgBlat	https://genome-test.gi.ucsc.edu/~kent/src/
多序列联配		
ClustalW	www.genome.jp/tools/clustalw/	www.clustal.org
MAFFT	http://mafft.cbrc.jp/alignment/server/	http://mafft.cbrc.jp/alignment/software/
MUSCLE	www.ebi.ac.uk/Tools/msa/muscle/	www.drive5.com/muscle/
T-Coffee	www.ebi.ac.uk/Tools/msa/tcoffee/	https://github.com/cbcrg/tcoffee
基序查找		
MEME	http://meme-suite.org	http://meme-suite.org
SMART	http://smart.embl-heidelberg.de	—
基因预测		
FGeneSH	www.softberry.com/berry.phtml	—
GENSCAN	http://hollywood.mit.edu/GENSCAN.html	http://hollywood.mit.edu/burgelab/software.html
AUGUSTUS	http://bioinf.uni-greifswald.de/webaugustus/	http://bioinf.uni-greifswald.de/augustus/
GeneMark	—	http://exon.gatech.edu/GeneMark/
EVidenceModeler	—	https://evidencemodeler.github.io
开放阅读框查找和翻译		
ORFfinder	www.ncbi.nlm.nih.gov/orffinder/	ftp://ftp.ncbi.nlm.nih.gov/genomes/TOOLS/ORFfinder/linux-i64/
Transeq	www.ebi.ac.uk/Tools/st/emboss_transeq/	ftp://emboss.open-bio.org/pub/EMBOSS/
引物设计		
Primer-BLAST	www.ncbi.nlm.nih.gov/tools/primer-blast/	—
Primer Design	http://bioweb.uwlax.edu/genweb/molecular/seq_anal/primer_design/primer_design.htm	—
非编码 RNA 分析		
MIREAP	—	https://sourceforge.net/projects/mireap/
The ViennaRNA Package	http://rna.tbi.univie.ac.at/	www.tbi.univie.ac.at/RNA/

续表

工具类型及名称	在线分析平台	开源软件下载地址
非编码 RNA 分析		
The UEA small RNA Workbench	—	http://srna-workbench.cmp.uea.ac.uk/downloads/
UNAFold	http://unafold.rna.albany.edu	—
CPC2	http://cpc2.cbi.pku.edu.cn/	http://cpc2.cbi.pku.edu.cn/download.php
CIRI/CIRI2/CIRI-AS/CIRI-full	—	https://sourceforge.net/projects/ciri/
eTM-finder. circseq-cup 等	—	http://ibi.zju.edu.cn/bioinplant/tools/
表观修饰		
Tombo	—	https://github.com/nanoporetech/tombo
Nanopolish	—	https://github.com/jts/nanopolish
DeepMod	—	https://github.com/WGLab/DeepMod
蛋白质结构预测		
InterProScan（功能域）	www.ebi.ac.uk/interpro/search/sequence/	www.ebi.ac.uk/interpro/download.html
PSIPRED（二级结构）	http://bioinf.cs.ucl.ac.uk/psipred/	http://bioinfadmin.cs.ucl.ac.uk/downloads/psipred/
SWISS-MODEL（三级结构）	https://swissmodel.expasy.org	—
I-TASSER（三级结构）	https://zhanglab.ccmb.med.umich.edu/I-TASSER/	https://zhanglab.ccmb.med.umich.edu/I-TASSER/download/
Swiss-PdbViewer	https://spdbv.vital-it.ch	https://spdbv.vital-it.ch/disclaim.html#
蛋白质互作		
STRING	https://string-db.org	https://string-db.org/cgi/download. pl?sessionId=gsiC7vcwA06g
系统发生树构建		
PhyML	www.atgc-montpellier.fr/phyml/	https://github.com/stephaneguindon/phyml
RAxML	https://raxml-ng.vital-it.ch	https://cme.h-its.org/exelixis/web/software/raxml/
Phylogenyfr	www.phylogeny.fr	—
iTOL	http://itol.embl.de	—
MEGA	—	www.megasoftware.net
FastTree	—	http://meta.microbesonline.org/fasttree/
Phylip	—	http://evolution.genetics.washington.edu/phylip.html
PAML	—	http://abacus.gene.ucl.ac.uk/software/paml.html
MrBayes	—	http://nbisweden.github.io/MrBayes/
基因组组装		
SOAPdenovo	—	https://github.com/aquaskyline/SOAPdenovo2
ALLPATHS-LG	—	https://software.broadinstitute.org/allpaths-lg/blog/
Canu	—	https://github.com/marbl/canu
wtdbg2	—	https://github.com/ruanjue/wtdbg2
Flye	—	https://github.com/fenderglass/Flye

续表

工具类型及名称	在线分析平台	开源软件下载地址
基因组组装		
NeCAT	—	https://github.com/xiaochuanle/NECAT
Miniasm	—	https://github.com/lh3/miniasm
Falcon	—	https://github.com/falconry/falcon
hifiasm	—	https://github.com/chhylp123/hifiasm
MaSuRCA	—	https://github.com/alekseyzimin/masurca
pilon	—	https://github.com/broadinstitute/pilon
medaka	—	https://github.com/nanoporetech/medaka
arrow	—	https://github.com/PacificBiosciences/ GenomicConsensus
转录组分析		
HISAT2	—	http://ccb.jhu.edu/software/hisat/
StringTie	—	https://ccb.jhu.edu/software/stringtie/
TopHat	—	https://ccb.jhu.edu/software/tophat/
Cufflinks	—	http://cole-trapnell-lab.github.io/cufflinks/
NetworkAnalyst	www.networkanalyst.ca/ NetworkAnalyst/	—
FLAIR	—	https://github.com/BrooksLabUCSC/flair
TALON	—	https://github.com/mortazavilab/TALON
三维基因组 Hi-C 数据		
HiCNorm	—	https://github.com/ren-lab/HiCNorm
HiC-Pro	—	https://github.com/nservant/HiC-Pro
Chrom3D	—	https://github.com/Chrom3D/Chrom3D
HiCExplorer	http://hicexplorer.usegalaxy.eu	https://github.com/deeptools/HiCExplorer
TADbit	—	https://github.com/3DGenomes/tadbit
HiCPlotter	—	https://github.com/kcakdemir/HiCPlotter
Juicebox	http://aidenlab.org/juicebox	—
3d-dna	—	https://github.com/aidenlab/3d-dna
SALSA	—	https://github.com/marbl/SALSA
基因组变异鉴定		
Bowtie 2	—	https://sourceforge.net/projects/bowtie-bio/
BWA	—	https://sourceforge.net/projects/bio-bwa/files/
SAMtools	—	https://sourceforge.net/projects/samtools/files/ samtools/
GATK	—	https://github.com/broadinstitute/gatk/releases
Pickey	—	https://github.com/TheJacksonLaboratory/Picky
Sniffles	—	https://github.com/fritzsedlazeck/Sniffles

续表

工具类型及名称	在线分析平台	开源软件下载地址
基因组浏览器与可视化		
Gbrowser	—	https://sourceforge.net/projects/gmod/files/ Generic%20Genome%20Browser/
JBrowser	—	http://jbrowse.org
IGV	—	http://software.broadinstitute.org/software/igv/
Circos	—	http://circos.ca/software/
ggplot2	—	https://ggplot2.tidyverse.org
综合		
Galaxy	https://usegalaxy.org/	https://github.com/galaxyproject/galaxy
Multiple tools for genome analysis	http://molbiol-tools.ca/Genomics.htm	—
VISTA	http://genome.lbl.gov/vista/	http://pipeline.lbl.gov/software.shtml
TBtools	—	https://github.com/CJ-Chen/TBtools/

附录 3　生物信息学常用英文术语及释义

扫码看内容

中文名词索引

英文名词索引

后　记①

昨日深夜，郝先生千古的消息着实叫人震惊。如此健康活跃，好像才刚刚联系过的郝先生怎么就走了？一早打开电脑，他的音容笑貌历历在目，就想写点什么。

第一次认识郝先生是缘于杭州华大及其与浙江大学的合作。2001 年，杭州华大当时正在组织水稻基因组测序，王俊当主任，邀请了一批科学家来杭州参与工作，郝院士便是其中一员。他在杭州华大有个研究小组，当时王希胤（华北理工大学）和戚继（复旦大学）等都是小组成员。在杨焕明和郝院士倡议下，2002 年浙江大学与杭州华大联合建设生物信息学学科，浙江大学设立生物信息学专业并开始招收第一批 30 位研究生。郝先生、杨焕明、于军，以及浙江大学朱军、郑树、吴平等任研究生导师，其中郝院士带了多位学生（张忠华、卫海滨、叶葭、田相军、王羿等）。郝院士主动承担了《生物信息学》课程讲授任务，但希望能安排一位助教来辅助他，浙江大学就指派我作为他的助教。郝先生在浙大讲授了三年课程，我就如此当了三年助教。三年助教的经历使我受益良多。

郝先生记性极好，旧事和事中人（包括名字）都能一一道来，所以讲起课来极具情景效果。班上学生，以及他接触过的学生和教师，他都能叫出名字。我问他如何记住的，他说这要自我训练，记忆是有方法的。他给了我一些学习材料，可惜他的记忆方法我至今没有学会。

郝先生讲课极具感染力。他对教授的内容非常熟悉，包括学科发展过程、关键人物等都了然于心，娓娓道来，趣味无穷。同时，他还是一位爱国主义者，对许多时事都有其独立的想法，往往引起极大共鸣。虽然他经历过不少磨难，但你总能感受到他的那颗拳拳之心。

郝先生很直率，科学上不懂绝对不会不懂装懂。我印象极深的一件事是有关统计方法的一个问题。数量遗传学上经常利用刀切法（Jackknife）进行统计测验。当时他特意叫我向朱军老师约一个时间，想当面请教。朱老师听后很感动，后来让我带路到郝先生的玉泉校区住处登门交流（杭州华大当时位于曲院风荷，为了方便郝先生，学校安排了玉泉校区宿舍）。

郝先生很勤奋，研究很投入，充满激情，同时工作一丝不苟。由于做他的助教，他也把我纳入了他的水稻基因组研究小组。在杭州华大，我第一次看到密密麻麻的大量水稻基因组序列，很震撼，但也很迷茫：用它能做什么？郝先生仔细讲解可能的研究思路和着眼点；王希胤和戚继入道早，给予了我许多帮助。同时，他也让我参加华大内部分析进展讨论会。于军、王俊主持的讨论会不少人很紧张，信息量很大，很受启发。这段经历叫我终生难忘。

郝先生做事粗中有细。他是一位具有国际视野和大局观的人，同时他又很细心。三年与他一起的经历令我切实感受到了这一点，从对研究方向的把握，到人际关系的处理，往往成竹在胸，水到渠成。他看我批改学生作业太过斤斤计较，就叫我"粗略化"处理，既节省了我的时

① 原文题为《郝柏林院士在浙大的那三年——我眼中的郝先生》，由浙江省生物信息学学会 2018 年 3 月 9 日在线发布（http://suo.im/6wz9s8）

间，又不失对学生作业的准确评价。同时，对于如何带好学生（当时我也带了一位研究生），他也经常给我一些具体建议。郝先生的教诲和熏陶使我终身受益。

郝先生阅文极广，笔头很勤，点点滴滴都能系统总结出来，形成自己的东西。他的书，从2002年的《生物信息学手册》，到2015年出版的《来自基因组的一些数学》等，影响了许多人。书如人，从书中你可以窥见著者的个性和视野。郝先生写书的习惯是亲力亲为，"一手落"。2017年我编写了一本《生物信息学》教材，请他写序。他听说我让其他人也参与编写，就担心撰写风格的统一，嘱咐我一定要好好修改和统稿。出好书是我们这些授业者的职责所在，一本好书会使许多学生了解和喜欢某一学科或领域，郝先生是我们的楷模。

郝先生文才武略，博古通今，我们这些后生很是惭愧和羡慕。郝先生是理论物理出身，是标准"理科男"背景。但其文采和格调绝对不输任何当今偶像。一次酒桌上，我曾听他当场脱口背诵整篇古诗词，简直跪拜了。他对国内外一些文教历史及相关人物也有许多妙评，非常有趣。

郝先生是一位模范丈夫，也是一个好爸爸。他的夫人张淑誉老师与郝先生志同道合，同进同出，郝先生对张老师那种无微不至的关怀，常人难以做到。我的脑海里永远保留着两老搀扶同行的背影。

先生已去，我辈当追随他的精神和理想，奋发图强，这是对他最好的纪念。

樊龙江

2018年3月8日于浙江大学紫金港校区